Torsten Schwarz
Herausgeber

LEITFADEN E-Mail Marketing 2.0

marketing BÖRSE
www.marketing-boerse.de

Kommentieren Sie dieses Buch.
Verwenden Sie dazu in Twitter
den Hashtag #LFEMM

ISBN-13: 978-3-00-027180-9
ISBN-10: 3-00-027180-5

Melanchthonstr. 5, D-68753 Waghäusel
Internet: http://www.marketing-boerse.de
Kontakt: info@marketing-boerse.de

Umschlagsgestaltung: Maren Wendt, Hamburg
Satz und Layout: KOMM-ON Peter Föll, Karlsruhe
Druck und Bindung: Wilhelm & Adam, Heusenstamm
Printed in Germany

INHALT

Vorwort

Erstmals seit dem zweiten Weltkrieg sind letztes Jahr in den USA die Ausgaben für Werbebriefe nicht gestiegen, sondern gesunken. Über die Hälfte der US-Unternehmen baut dagegen ihre E-Mail-Marketing-Aktivitäten aus. Mit weniger Budget mehr erreichen, lautet die Devise.

Seit zehn Jahren gibt es nun schon professionelles E-Mail-Marketing. Waren es damals noch ein Viertel der unter Vierzigjährigen, die das Medium nutzten, sind es heute neunzig Prozent. Damals war es durchaus möglich, mit selbstgestrickter Software Serienmails zu versenden. Heute haben die Anbieter professioneller E-Mail-Marketing-Systeme jeweils über hundert Mannjahre Erfahrung. Damit stehen unzählige Möglichkeiten bereit, E-Mail-Kampagnen zu optimieren. Die meisten Versandhändler nutzen die Palette der Instrumente, und sie wissen warum: Über ein Viertel des Online-Versandhandelsumsatzes sind auf einen Anstoß per E-Mail zurückzuführen.

Obwohl inzwischen knapp fünf Milliarden Euro E-Commerce-Umsatz auf E-Mail-Marketing zurückgeführt wird, gibt es drei Hürden:

1. Die meisten Manager können sich nicht vorstellen, dass Newsletter funktionieren. Warum? Weil sie an sich selbst beobachten, dass sie die meisten ungelesen löschen. Susanne Fittkau hat auf Seite 25 Zahlen, die das Gegenteil beweisen.

2. Die meisten E-Mail-Marketing-Abteilungen leiden unter mangelnder Aufmerksamkeit, weil sie fast kein Budget haben. Klar, dass die Kollegen, die für Tausende von Euro Werbebriefe versenden, mehr Beachtung erhalten.

3. E-Mail-Marketing wird meist nebenher erledigt. Selten ist die Zeit da, all die Optimierungsmöglichkeiten auch zu realisieren, die in diesem Buch beschrieben werden.

Und dann gibt es noch eine vierte Hürde: Vielen Marketern ist noch nicht bewusst, wie weit inzwischen der Wissensstand im E-Mail Marketing fortgeschritten ist. Genau das war der Grund für dieses Buch. Den letzten „Leitfaden E-Mail-Marketing" konnte ich noch selbst schreiben. Inzwischen ist das Fachwissen dermaßen spezialisiert, dass die einzelnen Detailbereiche nur noch von Spezialisten überblickt werden können. Mein großer Dank geht daher an all die Autoren, die viel Zeit und Mühe investiert haben, um den Stand des Wissens zu ihren jeweiligen Themen zu dokumentieren.

Das erste Kapitel dieses Buchs richtet sich an diejenigen, für die E-Mail-Marketing noch Neuland ist. In den Folgekapiteln werden einzelne Detailaspekte vertieft. Das letzte Kapitel umfasst eine Reihe von Praxisbeispielen.

Möge dieses Buch dazu beitragen, dass Unternehmen mehr interessante und relevante E-Mails schreiben. Denn auch im Zeitalter von Twitter und Social Web kommt kein Unternehmen darum herum, mit seinen Kunden auch per E-Mail zu kommunizieren.

Torsten Schwarz

Waghäusel im September 2009

EINLEITUNG

TORSTEN SCHWARZ

Niemand kommt heute mehr auf die Idee, die professionelle Gestaltung der Unternehmenshomepage in Frage zu stellen. Noch immer gibt es jedoch Unternehmen, die von der Notwendigkeit eines professionellen E-Mail-Marketing nicht überzeugt sind. Stattdessen werden **Serienmailings mit Outlook** verschickt. Dass dabei riskiert wird, als „Spammer" gebrandmarkt zu werden, ist vielen nicht bewusst. Die Deutsche Post führt mit ihrem „Dialogmarketing-Monitor" alljährlich eine sehr umfassende Studie durch [1]. Über dreitausend Unternehmen wurden befragt. Im Jahr 2008 wurden demnach in Deutschland 81 Milliarden Euro für Werbung ausgegeben. Dreißig Milliarden Euro davon entfielen auf Werbung durch **Dialogmarketing-Medien**. Während im Bereich der traditionellen Dialogmedien Werbesendungen und Telefonmarketing die Nutzerzahlen konstant bis rückläufig sind, verzeichnet das Online-Marketing Zugewinne. Der eigene Internetauftritt sowie das E-Mail-Marketing sind dabei die hauptsächlichen Treiber.

Online gewinnt, Klassik verliert

Zwei Drittel der deutschen Unternehmen haben inzwischen einen eigenen Internetauftritt. Die **Homepage** stellt damit die nutzerstärkste Medienform im Dialogmarketing dar. Dabei beschränken sich die Webseiten in den meisten Fällen auf eine bloße Informationsbereitstellung. Die vielfältigen Möglichkeiten per Website in den **Kundendialog** zu treten, schöpfen nur wenige Unternehmen voll aus: Nur jedes zweite Unternehmen bietet die Möglichkeit, auf seiner Website **Informationsbroschüren zu bestellen**, jedes fünfte Unternehmen hat einen Onlineshop und nur jedes achte Unternehmen eine interaktive Kommunikationsplattform.

Noch schlimmer sieht es beim E-Mail-Marketing aus. Nur 18 Prozent der vom Dialogmarketing-Monitor befragten deutschen Unternehmen nutzen E-Mail-Marketing. Ein Jahr davor waren es 14 Prozent. Das ist immerhin eine Steigerung um 29 Prozent. Angesichts der Tatsache, dass **E-Mail die preiswerteste Form** der direkten Kundenansprache ist, entsprechen diese Zahlen jedoch noch immer nicht der Bedeutung des Mediums.

29 Prozent Steigerung im E-Mail-Marketing

Über neunzig Prozent sind online

Die offiziellen Zahlen gehen davon aus, dass inzwischen zwei Drittel der deutschen Bevölkerung im Internet surfen. Dieser Zahl liegt ein statistischer Irrtum zugrunde. In Wirklichkeit sind es über neunzig Prozent, die das Internet nutzen. Allerdings betrifft das nur jüngere Menschen. Unter den älteren Menschen gibt es erschreckend viele, die sich nicht mit den Möglichkeiten

http://www.marketing-boerse.de/Experten/details/Torsten-Schwarz

des weltweiten Informationsnetzes anfreunden können oder wollen. Bei den Senioren über sechzig sind es nur ein Viertel, die das **Internet nutzen**. So kommt der oft zitierte Mittelwert von 67 Prozent zustande. In Wirklichkeit sind jedoch über neunzig Prozent der unter Vierzigjährigen online. Die meisten sogar täglich: Von den Jugendlichen unter 18 sind inzwischen über 85 Prozent täglich online. Diese Zielgruppen mit Werbekampagnen ohne Internetkomponente anzusprechen, ist im besten Falle ineffizient und im schlechtesten Fall zum Fenster herausgeworfenes Geld.

85 Prozent sind täglich online

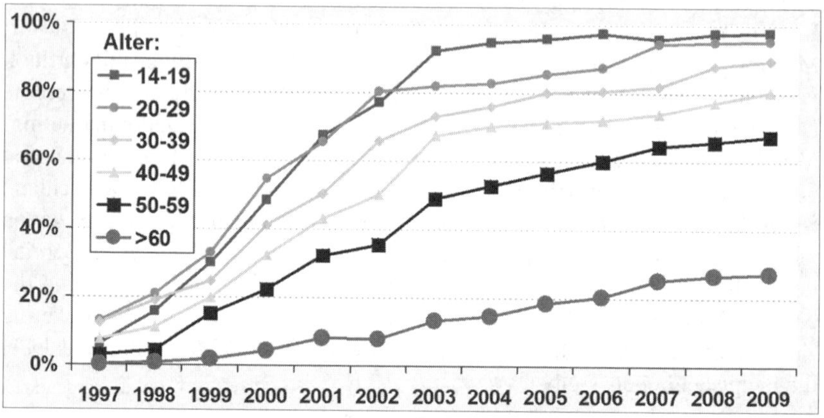

Abb. 1: Anteil der Menschen, die das Internet nutzen [3].

E-Mail gehört zu den fünf Pflichten des Online-Marketing

In Zeiten der Krise werden Unternehmen gezwungen, ihre Werbung zu überdenken. **Online-Marketing profitiert** davon, weil es oft effizienter ist. Für die Studie „Online-Marketing-Trends 2009" wurden knapp fünfhundert onlineaffine Unternehmen gefragt, welche Medien sie einsetzen [2].

Usability, E-Mail-Marketing, Web-Controlling, Seitenoptimierung (SEO) und bezahlte Textanzeigen (SEM) gehören demnach zum **Pflichtprogramm** des Online-Marketing. Diese fünf Instrumente werden von über drei Viertel der befragten Unternehmen eingesetzt. Usability heißt, dass Nutzerführung und Inhalte auf der Homepage verbessert werden. SEO ist die Suchmaschinen-Optimierung. Damit soll die eigene Seite in Trefferlisten weiter oben erscheinen. SEM bezeichnet das Schalten von bezahlten Suchwortanzeigen wie zum Beispiel Google-Adwords. Web-Controlling oder Webanalyse ist die Auswertung der Besucher- und Klick-Statistiken auf Homepage und Newsletter.

In Suchmaschinen oben stehen

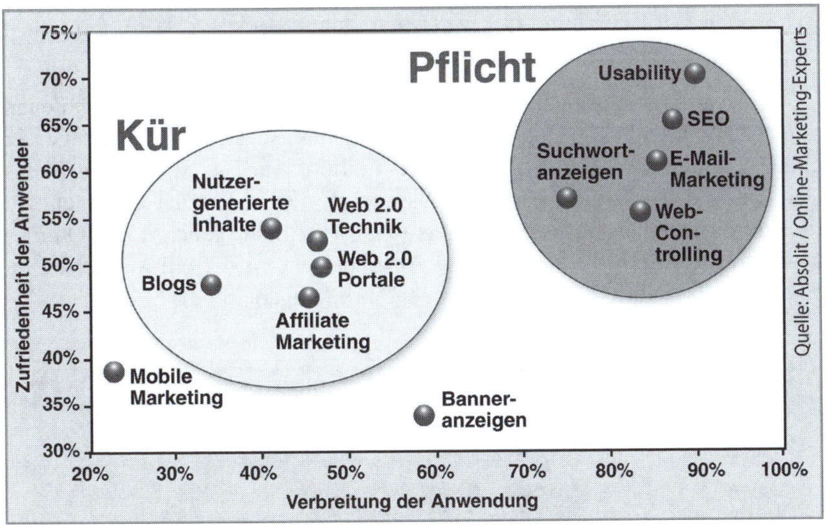

Abb. 2: Bedeutung der Online-Marketing-Instrumente [2]

E-Mailings und Newsletter sind Standard

E-Mail-Marketing bezeichnet den Einsatz von **E-Mailings und Newsletter** im Kontakt zu Interessenten und Kunden. Mengenmäßig kommt dabei dem Newsletter die wichtigste Rolle zu. Hierbei handelt es sich um das regelmäßige Zusenden einer E-Mail an den gesamten Verteiler. Diese E-Mail enthält meist mehrere Themen. Diese werden oft nur angerissen, Details erhalten die Leser durch Anklicken eines **Hyperlinks**. Sie werden dann auf eine Webseite weitergeleitet. E-Mailings enthalten wie Briefmailings meist nur ein einziges Thema oder Anliegen. Dafür wird das Mailing auch nicht an den gesamten Verteiler geschickt. Es werden nur die Adressen selektiert, für die das Thema relevant ist. Professionelles E-Mail-Marketing wird nicht mit dem eigenen Mailprogramm, wie zum Beispiel Outlook betrieben. Drei Gründe sprechen für die **Verwendung von Spezialsoftware**: Das Blockieren von Serienmails durch Spamfilter, die Analysemöglichkeiten und das bequeme Erstellen einer professionell gestalteten HTML-Mail.

E-Mail-Marketing ist wichtigster Onlinetrend

In den USA hat E-Mail-Marketing bereits eine weit höhere Bedeutung als hierzulande [4]. Auf die Frage nach dem leistungsstärksten Marketinginstrument gaben achtzig Prozent E-Mail an [5]. Suchmaschinen nannten 57 Prozent. 59 Prozent steigern ihr Budget für E-Mail-Marketing. Bei Suchmaschinen sind es 54 Prozent. Newsweaver hat B2B-Marketer befragt, von denen 78 Prozent E-Mail-Marketing für wichtig hielten und 77 Prozent ihr Budget erhöhen [6]. Noch wichtiger ist Online-Marketing für Onlinehändler. Forrester befragte US-Onlinehändler: **92 Prozent investieren in E-Mail-Marketing** und neunzig Prozent in Suchmaschinenwerbung. E-Mail-Käufer geben im Schnitt doppelt soviel Geld aus wie andere Kunden [7]. Jeder zweite Onlinekauf wurde von einer E-Mail angestoßen [8]. Ein Viertel des deutschen Onlinehandelsumsatzes geht nach eigenen Recherchen inzwischen auf einen Anstoß per E-Mail zurück.

E-Mail ist an Effizienz nicht zu überbieten. Das ist besonders in kritischen Zeiten relevant. Während viele Unternehmen bei der klassischen Werbung den Gürtel enger schnallen, werden **Onlinebudgets** erhöht. Im Business-to-Business-Bereich ist dieser Trend besonders ausgeprägt: 48 Prozent der Unternehmen reduzieren ihre Gesamtwerbebudgets [9] – aber nicht generell. Im Online-Marketing steigern 31 Prozent ihre Ausgaben, beim E-Mail-Marketing an eigene Adressen erhöhen sechzig Prozent ihre Ausgaben.

60 Prozent erhöhen ihr Budget

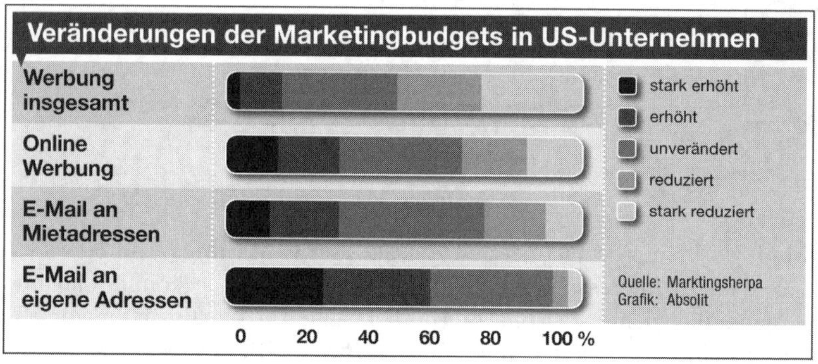

Abb. 3: Werbeausgaben werden reduziert, während E-Mail-Marketing ausgebaut wird [9].

94 Prozent der von MarketingSherpa befragten 1200 US-Marketer nutzen E-Mail-Marketing für Mailings an den eigenen Adressverteiler. 53 Prozent versenden auch an gemietete Adressen. Jupiter Research prognostiziert eine Verdoppelung des E-Mail-Marketing-Umsatzes bis 2012.

E-Mail ist beliebteste Internetanwendung

Die Zeit ist reif für E-Mail-Marketing. Zwei Drittel aller Deutschen haben inzwischen eine E-Mail-Adresse [3]. 53 Prozent rufen ihre E-Mails täglich ab [10]. In den USA checkt die Hälfte sogar über **viermal täglich** [11]. 42 Prozent haben auch eine dienstliche E-Mail-Adresse [10]. 89 Prozent der Onliner nutzen das Internet, um E-Mails zu senden und zu empfangen. Damit ist E-Mail die **meistgenutzte Onlineanwendung** [12]. In den USA liest schon jeder fünfte während des Essens seine E-Mails [11]. 13 Prozent sind während des Fernsehens im Internet [13].

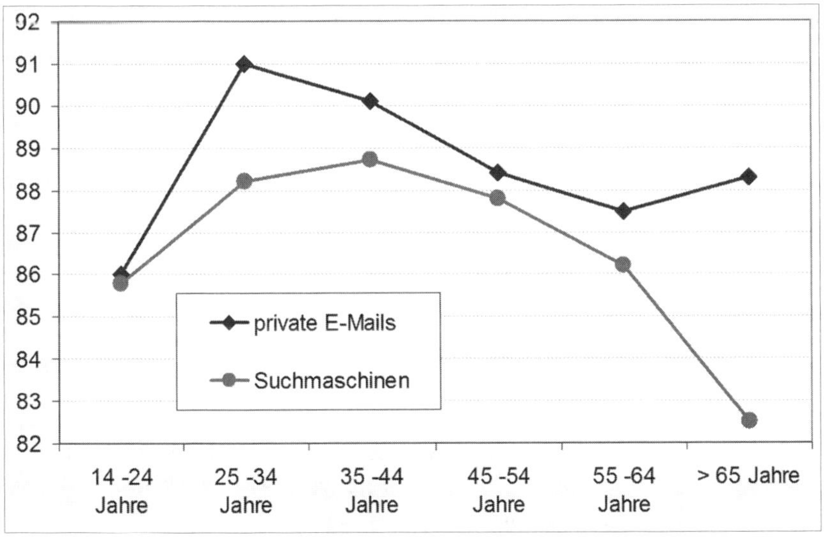

Abb. 4: E-Mail ist in allen Altersgruppen vor Suchmaschinen die meistgenutzte Internetanwendung (Daten: AGOF, Auswertung: Absolit).

Auch unter jüngeren Menschen ist E-Mail nach wie vor beliebt. Bei Jugendlichen steht E-Mail ganz knapp auf Platz Eins der meistgenutzten Internetanwendungen. Erst mit dem Eintritt ins Berufsleben jedoch steigt auch die Verbreitung. Am stärksten wird E-Mail in den Altersgruppen 25 – 34 sowie von Menschen im **Rentenalter** genutzt.

Trends im E-Mail-Marketing

Während in den USA das Thema E-Mail-Marketing schon länger das anerkannt effizienteste Online-Tool ist, hinken deutsche Unternehmen in der Nutzung noch hinterher [14]. Am stärksten beschäftigt Unternehmen das Erarbeiten interessanter Inhalte (73 Prozent) und der **Ausbau des Adressverteilers** (67 Prozent). Nur jede zehnte Firma kümmert sich um die Trendthemen Mobile Marketing (12 Prozent) und Social Web (11 Prozent).

Ganz oben auf der Agenda geplanter Maßnahmen steht die Verbesserung der Begrüßungsmail sowie das systematische Testen der Mailings. Viel zu wenige planen, in Zukunft die Wirkung ihres E-Mail-Marketing zu potenzieren, indem sie es kombinieren mit Word-of-Mouth Marketing (29 Prozent), Mobile Marketing (27 Prozent) oder dem Social Web (27 Prozent). Wie stiefmütterlich Multichannel-Marketing behandelt wird, zeigt, dass nur ein Viertel E-Mail und Brief kombinieren.

E-Mail-Marketer arbeiten mit Scheuklappen: Sie sehen nur die Verbesserung der eigenen E-Mails und die Vergrößerung des Verteilers als wichtig. Unterschätzt wird auch die Verstärkung der Wirkung durch Kombination mit anderen Kommunikationskanälen. Insbesondere das Thema **„Share-with-**

your-Network" war in Deutschland zumindest im April 2009 noch nicht angekommen. Dabei wird E-Mail-Empfängern angeboten, eine Nachricht bequem an Freunde weiterzuleiten.

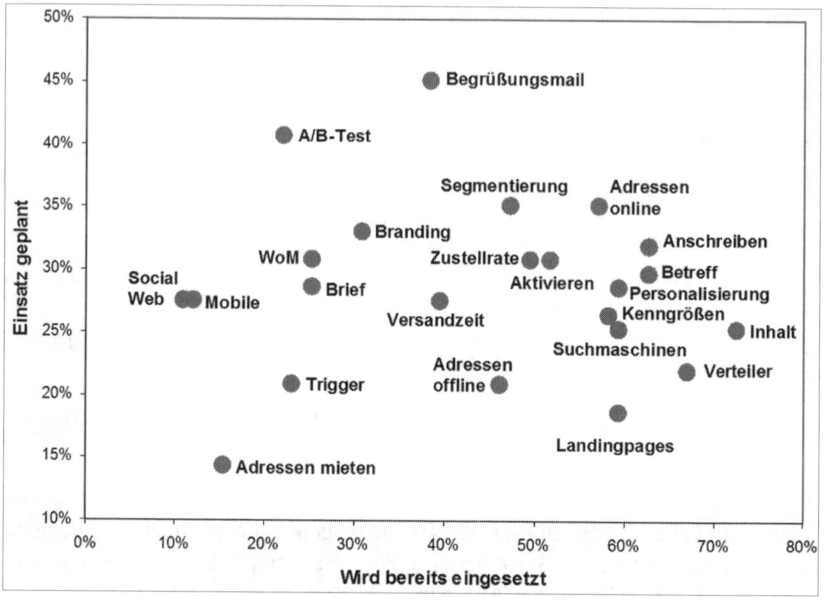

Abb. 5: Trends im E-Mail-Marketing [14]

Die wichtigsten Themen im E-Mail-Marketing

An einer Reihe von Baustellen sind deutsche E-Mail-Marketer bereits aktiv. Dazu gehört die Konzentration auf **interessante Inhalte** sowie der Auf- und Ausbau des eigenen Adressverteilers.

Interessante Inhalte	73%
Adressverteiler aufbauen	67%
Anschreiben persönlicher gestalten	63%
Betreffzeile optimieren	63%
Inhalte personalisieren	59%
Suchmaschinen und Lead-Generierung	59%
Landing-Pages	59%
Kenngrößen messen	58%
Online mehr Adressen gewinnen	57%

Tab. 1: Anteil der Unternehmen, die an diesen Themen bereits arbeiten.

Folgende Punkte konnten bei der im April 2009 durchgeführten Umfrage unter E-Mail-Marketern angekreuzt werden:

- **Interessante Inhalte**: Wir erarbeiten systematisch interessante Inhalte, die unsere Leser an den Newsletter binden.
- **Adressverteiler aufbauen**: Wir bauen uns gerade einen eigenen E-Mail-Verteiler auf.
- **Anschreiben persönlicher gestalten**: Wir versuchen systematisch, unsere Anschreiben so persönlich wie möglich zu halten.
- **Betreffzeile optimieren**: Wir arbeiten kontinuierlich daran, mit verbesserten Betreffzeilen die Öffnungsrate zu erhöhen.
- **Inhalte personalisieren**: Jede Person bekommt bei uns eigene, individuelle Inhalte.
- **Suchmaschinen und Lead-Generierung**: Wir gewinnen über Suchmaschinen neue Interessenten und gewinnen systematisch deren Adresse auf eigens dafür konzipierten Landing-Pages.
- **Landing-Pages**: Wir testen systematisch die Konversionsraten unserer Landing Pages.
- **Kenngrößen messen**: Wir messen und analysieren systematisch Werte wie Klick-, Öffnungs- und Zustellrate.
- **Online mehr Adressen gewinnen**: Wir versuchen systematisch online neue Wege zu finden, noch mehr E-Mail-Adressen zu gewinnen.

An diesen Themen wird noch gearbeitet

Zu den folgenden Themen sagten die Unternehmen, dass geplant sei, sich damit zu beschäftigen.

Begrüßungsmails verbessern	45%
A/B-Tests	41%
Segmentierung	35%
E-Mail-Dialog für Branding	33%
Kombination mit Brief	31%
Zustellrate verbessern	31%
Nutzer reaktivieren	31%
Versandzeit optimieren	27%
Offline noch mehr Adressen gewinnen	21%

Tab. 2: Anteil der Unternehmen, die planen, sich mit dem Thema zu beschäftigen.

- **Begrüßungsmails verbessern**: Wir optimieren die Begrüßungsmails und arbeiten mit einer Aufeinanderfolge verschiedener E-Mails.
- **A/B-Tests**: Wir testen systematisch verschiedene Varianten unserer E-Mails gegeneinander.
- **Segmentierung**: Wir bilden Zielgruppensegmente, die jeweils unterschiedlich angesprochen werden.
- **E-Mail-Dialog für Branding**: Der Dialog per E-Mail ist integraler Bestandteil unserer crossmedialen Markenkommunikation.
- **Kombination mit Brief**: Wir kombinieren E-Mailings mit klassischen postalischen Mailings.
- **Zustellrate verbessern**: Wir beschäftigen uns systematisch mit Spamfiltern und Bounce-Analyse, um die Zustellrate unserer E-Mailings zu erhöhen.
- **Nutzer reaktivieren**: Wir versuchen systematisch, mit verschiedenen Techniken inaktive Adressaten zu reaktivieren.
- **Versandzeit optimieren**: Wir fahren eigene Tests, um den für unseren Verteiler optimalen Versandzeitpunkt herauszufinden.
- **Offline mehr Adressen gewinnen**: Wir nutzen alle Möglichkeiten, offline noch mehr E-Mail-Adressen zu gewinnen.

Das ist (noch) kein Thema

Eine Reihe spannender Themen wurde zumindest im April 2009 noch nicht für so wichtig gehalten. Insbesondere gehört dazu auch die Verknüpfung mit dem Social Web. Diese auch als Share-with-your-Network (SWYN) genannte Technik erlaubt es, Newsletterinhalte bequem an seine Freunde weiterzuleiten.

Adressen mieten	70%
E-Mail-to-Social-Web	62%
Mobile E-Mail-Marketing	60%
Trigger-Mails	56%
Word of Mouth Marketing	46%

Tab. 3: Anteil der Unternehmen, für die das noch kein Thema ist.

- **Adressen mieten**: Wir testen, welche Mietadressen mit welchen Zielgruppenselektionen uns den besten Erfolg bringen.
- **E-Mail-to-Social-Web**: Wir fordern Empfänger gezielt auf, unsere Inhalte in ihren jeweiligen Communities weiterzugeben.

- **Mobile E-Mail-Marketing**: Wir berücksichtigen systematisch, dass ein Teil unserer Nutzer E-Mails unterwegs liest.
- **Trigger-Mails**: Wir versenden Einzelmails, die aus einer Datenbank ereignisbezogen angestoßen werden.
- **Word of Mouth Marketing**: Wir nutzen E-Mail-Marketing systematisch, um Mund-zu-Mund-Propaganda zu initiieren.

Literatur:

[1] Deutsche Post 2009: Dialog Marketing Monitor. – 92 Seiten, www.deutschepost.de/dmm

[2] Absolit 2009: Online-Marketing-Trends 2009. – 36 Seiten, www. absolit.de/trends

[3] ARD/ZDF 2009: ARD/ZDF-Onlinestudie 2009. – www.ard-zdf-onlinestudie.de

[4] Absolit 2009: Zahlen zu E-Mail-Marketing. – www.absolit.de/zahlen.htm

[5] Datran 2009 3rd Annual Marketing & Media Survey Results. – www.datranmedia survey2009.com

[6] Newsweaver 2008: B2B marketers accelerate use of email marketing. – www.newsweaver.co.uk/press_b2bsurvey.php

[7] Forrester 2008: Online Sales to Climb Despite Struggling Economy. – www.absolit-blog.de/studien/usa-e-mail-liegt-vor-suchmaschinenmarketing.html

[8] eMarketer 2008: Online-Shopping Survey. – www.absolit blog.de/studien/jeder zweite-online-shopper-von-e-mail-angestosen.html

[9] MarketingSherpa 2009: Year-End Survey Shows ROI and Budgets by Tactic. – www.marketingsherpa.com/article.php?ident=31037

[10] Bitkom 2008: ARIS Umfrage unter 1.001 deutschsprachigen Personen in Privathaushalten 27.10.2008

[11] AOL 2008: Fourth Annual Email Addiction Survey. – www.absolit.de/studien/die-haelfte-checkt-e-mails-viermal-taeglich.html

[12] AGOF 2008: Internet Facts. – www.absolit-blog.de/studien/e-mailen-ist-beliebteste-online-aktivitaet.html

[13] Mindline 2009: mindline media REPORT. – www.absolit-blog.de/studien/13-prozent-surfen-beim-fernsehen.html

[14] Absolit 2009: E-Mail-Marketing Trends 2009. – 28 Seiten, www.absolit.de/EmailTrends.htm

GRUNDLAGEN

INTRO

Die E-Mail ist tot – es lebe die E-Mail: Maya Reinshagen erläutert die Nutzung von E-Mail. Sie zitiert eine Reihe von Studien, die die Bedeutung des Mediums belegen.

E-Mail-Nutzung und Newsletter-Akzeptanz: Susanne Fittkau führt selbst regelmäßig Erhebungen durch. Ihre W3B-Studie ist die umfassendste Untersuchung der deutschen Internetnutzer. Sie beleuchtet die Wirkung von E-Mails, die zwar meist nur überflogen werden, trotzdem aber eine große Wirkung entfalten.

E-Mail-Marketing im Marketing-Mix: Martin Aschoff betont, wie wichtig die Einbindung des Kanals E-Mail in den gesamten Kommunikationsmix eines Unternehmens ist.

E-Mailing oder Briefmailing: Oliver Reinke geht der Frage nach, wieweit E-Mail und Brief geeignet sind, neue Kunden zu gewinnen. Dabei wird klar, dass die E-Mail bei der Neukundengewinnung auch einige Grenzen setzt.

Einen E-Mail-Adressverteiler rechtssicher aufbauen: René Kulka erläutert, worauf Unternehmen achten sollten, wenn sie einen guten Bestand eigener E-Mail-Adressen mit Einwilligung aufbauen möchten.

Konzeption und Realisierung eines Newsletters: Yvonne Perdelwitz beschreibt das am weitesten verbreitete Instrument des E-Mail-Marketing – nämlich den Newsletter. Dieser enthält meist mehrere interessante Meldungen, die an den gesamten Verteiler geschickt werden.

Wichtige Grundlagen: Format und Gestaltung: Wer einen eigenen Newsletter aufsetzen möchte, muss eine Reihe von Details bei der Gestaltung beachten. Sebastian Badenberg verrät, was die wichtigsten Punkte sind.

Zusammenarbeit mit einer Full-Service-Agentur: Yvonne Perdelwitz plaudert aus ihrer Agenturerfahrung, wenn sie erklärt, wo die Knackpunkte einer nachhaltig fruchtbaren Kooperation sind.

Kenngrößen im E-Mail-Marketing: Britta Queda dokumentiert, auf welche Zahlen erfolgreiche E-Mail-Marketer achten sollten. Einer der Vorteile des E-Mail-Marketing liegt nämlich in der präzisen und bequemen Messbarkeit des Marketingerfolgs.

Torsten Schwarz

DIE E-MAIL IST TOT – ES LEBE DIE E-MAIL

MAYA REINSHAGEN

In letzter Zeit kursieren vermehrt Gerüchte über den Untergang des Mediums E-Mail. Im Zeitalter von Instant Messaging, RSS und Social Media sei E-Mail „out", vor allem bei der jungen Generation. Ganz abgesehen davon, dass derzeit keine realistische Aussicht besteht, der Spamproblematik Herr zu werden. Nun leben aber Totgesagte bekanntlich länger. Dies wird auch und ganz besonders für E-Mail gelten.

Die „Generation X" kommt in die Jahre. Wer in der Schule noch Kopfrechnen trainiert und das Zehnfingersystem an der Schreibmaschine (mit entferntem Korrekturband, wohlgemerkt) erlernt hat, gerät rückblickend leicht in Erstaunen, wie sich die Bildungs- und Arbeitsumgebung seit der eigenen Schulzeit verändert hat.

Ein „Kind" dieser Generation sind die Neuen Medien; dazu gehört auch die E-Mail. Die heute Vierzig- bis Fünfzigjährigen (die mittlerweile auch in Entscheider-Positionen sitzen) haben oft erst nach dem Studium gelernt, mit diesen Medien umzugehen.

E-Mail: Ein alter Zopf?

Die „Generation Y" und vor allem deren Nachfolger kennen die Welt aus einer anderen Perspektive; Internet und E-Mail hatten für sie nie den Charakter des Neuen; im Gegenteil. E-Mail ist in den Augen der heute Fünfzehn- bis Dreißigjährigen ein „alter Hut". Der deutsche Branchenverband Bitkom publizierte im Februar 2008 die Ergebnisse einer Studie zur Mediennutzung [1] von 12- bis 19-Jährigen Jugendlichen. Nicht überraschend: 72 Prozent dieser Gruppe gaben an, am häufigsten per Instant Messaging zu kommunizieren, und vierzig Prozent sind bei mindestens einer Online-Community registriert.

Das Medium E-Mail hat ein Image-Problem. So praktisch, einfach und leicht zugänglich das Medium ist, so anfällig ist es auch für den Missbrauch; je nach Studie geht man heute davon aus, dass bis zu neunzig Prozent der weltweit versandten E-Mails Spam sind. Zudem haben verschiedene Untersuchungen ergeben, dass E-Mail die Arbeitseffizienz schmälert; denn wer nicht genügend Selbstdisziplin aufbringt, seine Mailbox nur sporadisch zu konsultieren, wird von der dauernden Mail-Berieselung (durchschnittlich erhalten wir je nach Schätzung zwanzig - 120 E-Mails pro Tag!) laufend unterbrochen.

E-Mail-Bewältigung erfordert Selbstdisziplin

http://www.marketing-boerse.de/Experten/details/Maya-Reinshagen

Einfach, weit verbreitet und für jedermann zugänglich

Bedeutet dies, dass sich das Medium E-Mail weniger als zwanzig Jahre, nachdem es seinen Siegeszug angetreten hat, bereits auf dem absteigenden Ast befindet? Wer gründlich recherchiert, kommt zu einem anderen Schluss.

E-Mail hat eine schier unglaubliche Verbreitung. So schätzt das IT-Beratungsunternehmen IDC [2], dass an jedem Werktag 35 Milliarden E-Mails verschickt werden. Radicati [3] geht von 1.1 Milliarden E-Mail-Nutzern, 1.4 Milliarden aktiven E-Mail-Accounts und 171 Milliarden verschickten E-Mails pro Tag aus.

E-Mail ist das Hauptmotiv für die Internetnutzung

E-Mail ist zwar nicht mehr neu und schon gar nicht „in" oder „hip". E-Mail ist aber – wie das Telefon – schlicht und einfach unverzichtbar geworden. Gemäss der Erhebung der WEMF von 2007 [4] ist E-Mail für 82 Prozent der Schweizer Nutzer das Hauptmotiv für deren Internetnutzung.

Eine Studie der CNET Networks [5] aus dem Jahr 2007 hat ergeben, dass ganz besonders unter den Beeinflussern (übrigens vornehmlich Angehörige der „Generation X") die E-Mail-Nutzung sehr intensiv und wichtig ist; Menschen, die regelmässig einhundert oder mehr Kontakte pflegen, nutzen E-Mail sogar öfter als das Telefon; die vor allem bei den Jüngeren beliebten Instant und Text-Messages landen abgeschlagen auf dem letzten Platz. Social Communities bleiben gar unerwähnt.

Und auch, wenn leicht angegraute „Generation Xler" ungläubig beobachten, wie Jugendliche blind und in atemberaubender Geschwindigkeit „simsen", sogar mit dem Büronachbarn via Messenger chatten und sich auf Youtube, Facebook und anderen Social Communities ein tägliches Stelldichein geben: Die bereits erwähnte Studie der Bitkom hat auch ergeben, dass die befragten 12- bis 19-Jährigen mit sechzig Prozent an zweitwichtigster Stelle das Medium E-Mail nennen.

USA: E-Mail-Dienste sind die meistgenutzte Onlineapplikation

Natürlich, das sind Zahlen aus Europa. Aber auch in den USA ist E-Mail alles andere als tot. Die aktuelle Untersuchung der US-Forschungsinitiative Pew Internet & American Life Project [6] hat ergeben, dass E-Mail-Dienste weiterhin die am häufigsten genutzte Onlineapplikation sind; sie werden von sechzig Prozent der Nutzer verwendet.

Im Geschäftsleben unentbehrlich

Wie wichtig E-Mail besonders im geschäftlichen Umfeld ist, zeigt eine Erhebung von Knoll Ontrack, einem US-Anbieter für Datenrettung und -löschung. Danach gefragt, wie sie entscheiden würden, wenn sie zwischen der Rettung ihrer E-Mail-Dateien oder aller anderen elektronischen Informationen des Unternehmens wählen müssten, entschieden sich 54 Prozent für den Inhalt ihrer Mailbox.

Damit zeigt sich klar, wo die Stärken der E-Mail liegen und weshalb der Stellenwert des Mediums durchaus eine Altersfrage ist. Jugendliche kommunizieren überall, wo sie sind und oft per Mobiltelefon; der Kommunikationsfokus liegt dabei in den meisten Fällen im privaten Bereich. Sobald die Ausbildung abgeschlossen ist und die geschäftliche Kommunikation an Wichtigkeit gewinnt, gehört aber auch das Medium E-Mail zum Alltag; denn die geschäftliche Kommunikation wird heute zu einem großen Teil via E-Mail abgewickelt.

Im Geschäftsleben ist E-Mail unverzichtbar

Als Marketing-Instrument beliebt und bewährt

Natürlich haben auch die Marketer das Medium längst für sich entdeckt. So wird E-Mail seit Jahren nicht nur zur schnellen und einfachen geschäftlichen und privaten One-to-One-Kommunikation genutzt, sondern ist auch das effizienteste Direktmarketing-Instrument. Je nach dem, welcher Studie man Glauben schenkt, generiert nachhaltiges, Erlaubnis-basiertes E-Mail-Marketing einen Return-on-Investment von bis zu fünfzig Dollar pro investierten Dollar. Auch, wenn man diese Zahlen zu bezweifeln wagt: Hochwertige, möglichst persönliche E-Mail-Newsletter werden nicht nur vom Leser geschätzt, sondern fördern nachhaltig dessen Loyalität zum Absender sind deshalb ein beliebtes und bewährtes Marketing-Instrument. Natürlich immer vorausgesetzt, der Absender hält sich an die strengen Vorgaben des echten Permission-Marketing und distanziert sich klar von Aktionen, die einer undefinierbaren „Grauzone“ oder dem Spam zuzuordnen sind.

So hat eine im Januar 2008 veröffentlichte Studie von Jupiter Research [7] ergeben, dass die Ausgaben für E-Mail-Marketing sich bis 2012 fast verdoppeln werden. Gemäss Datran Media Research [8] werden 82 Prozent der befragten Marketing-Profis in Zukunft vermehrt auf E-Mail setzen, und achtzig Prozent glauben, dass E-Mail vor Suchmaschinenoptimierung und Display-Werbung die effektivste Werbeart sei.

E-Mail-Marketing ist leistungsstärkste Werbeform

Neues kommt – E-Mail bleibt

Während das konventionelle Telefon noch zwei Generationen brauchte, um sich vollständig durchzusetzen, gelang dies der E-Mail in gerade mal zehn Jahren. Mittlerweile hat das Medium zwanzig Jahre auf dem Buckel. Etwas angegraut wie seine Erfinder, bestimmt nicht perfekt und entsprechend verbesserungsfähig, harrt die E-Mail den Veränderungen, die da kommen werden – und die durchaus nötig und willkommen sind. So wird sich das Medium der massiven Verbreitung E-Mail-fähiger mobiler Endgeräte anpassen müssen, und das Zusammenspiel zwischen interaktiven Videoformaten und E-Mail wird heute noch vorhandene technische Hürden überwinden.

Allen Unkenrufen zum Trotz ist E-Mail jedoch alles andere als tot: Obwohl in Blogs, via RSS und in Social Communities seit Monaten Gerüchte über den Niedergang der E-Mail kursieren, scheint das Pendel nun zurückzuschwingen. Ganz nach dem Motto „Back to the Roots“ hat der US-Blogger Jason Calacanis (TechCrunch) [9] kürzlich verkündet, dass er aufgehört habe, seinen Blog zu

Jason Calacanis: Vom Blog zurück zur E-Mail

führen, um anstelle dessen wieder per E-Mail mit den Mitgliedern seiner Community zu kommunizieren. Weshalb? Die Blogsphere sei verschmutzt von zu viel Lärm um nichts und Selbstbeweihräucherung.

E-Mail ist durch nichts zu ersetzen

Die neueren Dienste RSS, Blogs, Social Communities und Instant Messaging haben ihre Nützlichkeit und gewiss auch einen bestimmten „Coolness-Faktor“ unter Beweis gestellt und sich schnell und gut etabliert. Sie bilden mittlerweile eine legitime und wichtige Ergänzung zur E-Mail, werden diese aber nicht ersetzen können; und ob sie in zwanzig Jahren noch genau so „hip“ und beliebt sind wie heute, steht in den Sternen.

Wir dürfen also guten Gewissens behaupten, dass das Medium E-Mail, in welcher Form auch immer, seinen Stellenwert als wichtiges Kommunikations- und damit auch als Marketinginstrument behalten wird.

Literatur

[1] Medienpädagogischer Forschungsverbund Südwest: Jim-Studie 2008 – Jugend, Information, (Multi-) Media, http://tinyurl.com/affgqg

[2] IDC: Report 2007, http://www.idc.com

[3] The Radicati Group, Inc.: Messaging & Collaboration – Business User Survey, 2008, http://www.radicati.com/?p=2378

[4] WEMF AG für Werbemedienforschung: Report 2007, http://tinyurl.com/m67n9z

[5] CNET Networks: Understanding Influence, and Making It Work For You, 2007, http://tinyurl.com/kwft6f

[6] Pew Internet & American Life Project: Search Engine Use, 2008, http://tinyurl.com/komj5r

[7] Jupiter Research a Forrester Research Company: Strong Spend Ahead for E-Mail Marketing, 2008, http://tinyurl.com/mvuwcm

[8] Datran Media Research: Datran Media Survey 2009, http://www.datranmediasurvey2009.com/

[9] TechCrunch: Jason Calacanis' First New Email Post, 2008, http://tinyurl.com/5v7gtq

E-MAIL-NUTZUNG UND NEWSLETTER-AKZEPTANZ

SUSANNE FITTKAU

Die Zahlen sprechen für sich: Praktisch jeder deutsche Onlinenutzer ist heute per E-Mail erreichbar. Man findet kaum einen Internet-User, der nicht mindestens eine eigene E-Mail-Adresse besitzt und diese nutzt, um elektronische Post zu senden und zu empfangen. Laut Internet-Studie „WWW-Benutzer-Analyse W3B" [1] (Umfrage vom Frühjahr 2009, über 120.000 befragte deutschsprachige Onlinenutzer) zählen zu den E-Mailern gut 99 Prozent der Gesamtnutzerschaft. Rund neunzig Prozent der Internetnutzer lesen und schreiben E-Mails sogar mindestens einmal wöchentlich. Fast unabhängig von Alter, Geschlecht, Bildung, Beruf oder sonstigen Nutzungsinteressen ist nahezu jede Internet-zielgruppe per (Werbe-)E-Mail ansprechbar.

99 Prozent der Onliner nutzen E-Mail

Was liegt also näher, als den Kommunikationskanal E-Mail für den werblichen Einsatz zu erschließen? Die Ergebnisse des W3B-Reports „E-Mail-Marketing" erlauben einen detaillierten Einblick in das **E-Mail-Nutzungsverhalten**. Sie zeigen sowohl die Potentiale als auch die Hürden beim E-Mail-Marketing auf. Denn damit dieses von Erfolg gekrönt ist, gilt es einiges zu beachten. Fakt ist: Längst nicht jeder Newsletter wird vom Adressaten im gewünschten Umfang wahrgenommen.

Nicht jeder Newsletter wird wahrgenommen

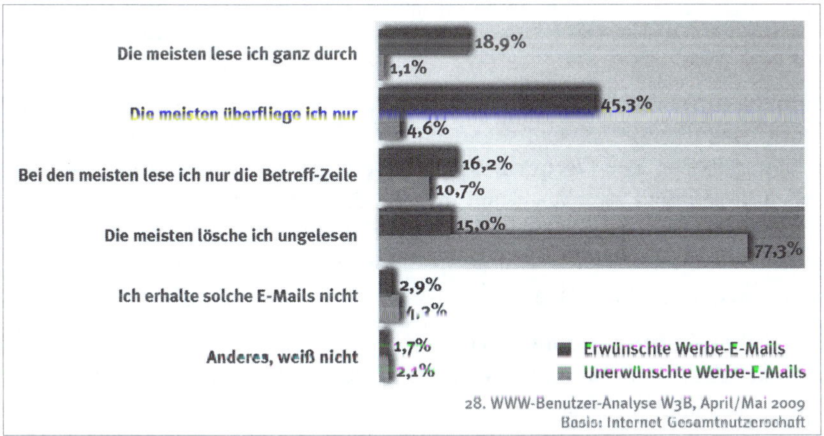

Abb. 1: Bestellte Newsletter werden gelesen, unerwünschte werden gelöscht [1].

http://www.marketing-boerse.de/Experten/details/Susanne-Fittkau

Über Nutzer und Nutzung von Newslettern

42 Prozent lesen wöchentlich Newsletter

Hinsichtlich des Zielgruppenpotentials sind die Voraussetzungen für das E-Mail-Marketing geradezu ideal. Insgesamt 42 Prozent aller deutschsprachigen Internetnutzer lesen mindestens einmal wöchentlich einen Newsletter, weitere sechzehn Prozent zumindest einmal pro Monat. Damit liegen Mail-Newsletter im **Ranking der Online-Kommunikationswege** gleich hinter den E-Mails auf Platz zwei. Mit deutlichem Abstand folgen Online-Chats (dreißig Prozent), Internet-Messenger (25 Prozent) sowie Voice over IP und Internet-Foren (mit je etwa sechzehn Prozent wöchentlichen Nutzern).

Während sich Internetanwender im Alter unter zwanzig Jahren wenig interessiert an der Kommunikationsform Newsletter zeigen (26 Prozent wöchentliche Leser), steigt die Nutzung mit dem Alter deutlich. Unter den Dreißig- bis Vierzigjährigen beispielsweise lesen vierzig Prozent wöchentlich Newsletter, in der Altersgruppe „50 plus" ist es sogar jeder Zweite.

Newsletter im beruflichen Einsatz ganz oben

Interessant sind auch die Studienergebnisse zur Nutzung von Newslettern im beruflichen und geschäftlichen Bereich. So geben 41 Prozent der beruflichen Internetnutzer an, dass sie Newsletter aus diesen Gründen lesen. Newsletter befinden sich somit auch im **Ranking des beruflichen Internet-Einsatzes** ganz weit oben. Sie liegen auf Platz drei gleich hinter der Onlinekommunikation mit Kollegen und Geschäftspartnern sowie der Onlinerecherche nach Informationen und Produkten.

Wie Werbemails und -Newsletter wirken

Nicht nur das Zielgruppenpotential, auch die Wirkung von Newslettern ist erfolgversprechend. Unter den Abonnenten von Werbe-Newslettern geben 41 Prozent an, dass sie durch solche Werbemails schon oft auf interessante Themen aufmerksam geworden sind. In der Gruppe der Abonnenten, die ihre Newsletter meist ganz durchlesen, sind sogar schon 69 Prozent auf interessante Online-inhalte gestoßen. Die **Werbewirkung von Newslettern** kann sich also durchaus sehen lassen, und zwar auch und insbesondere im Vergleich zur klassischen Internetwerbung. So geben lediglich 31 Prozent der Internetnutzer an, dass Sie durch Onlinewerbung (wie zum Beispiel Banner) bereits auf interessante Inhalte aufmerksam geworden sind.

Jeder fünfte hat auf Werbemail hin gekauft

Auch die **Kaufbereitschaft** lässt sich durch die Zusendung von Werbe-Newslettern positiv beeinflussen. Mehr als jeder fünfte Newsletter-Abonnent hat nach eigenen Angaben schon häufig etwas gekauft, von dem er durch Werbe-E-Mails oder -Newsletter erfahren hat. Unter den sehr aktiven Newsletter-Lesern sind es sogar fast doppelt so viele.

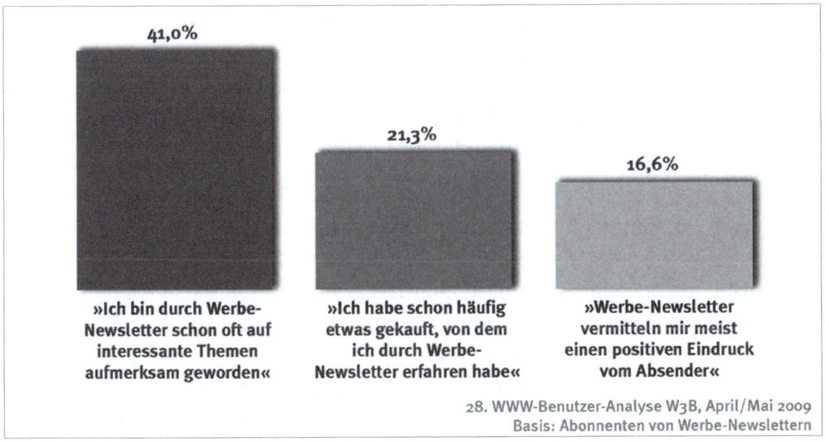

Abb. 2: Von der E-Mail zum Onlineeinkauf [1].

Wenngleich es offensichtlich relativ einfach ist, per Werbe-Mailing Aufmerksamkeit für Produkte und Themen zu generieren, so ist das Verfassen eines Newsletters bei weitem kein „Selbstgänger". Auffällig ist, dass dem Statement „Werbe-E-Mails/-Newsletter vermitteln mir meist einen positiven Eindruck vom Absender" lediglich siebzehn Prozent der Newsletter-Abonnenten uneingeschränkt zustimmten. Über fünfzig Prozent widersprachen dagegen der Aussage deutlich. Es liegt auf der Hand, dass bei Gestaltung und Versand eine Reihe wichtiger Faktoren zu beachten sind. Zahlreiche praxisnahe Werke wie auch der vorliegende Leitfaden E-Mail-Marketing können dabei zielgerichtet unterstützen.

Über den Umgang mit Werbe-E-Mails und -Newslettern

Ein weiterer wichtiger Aspekt ist, dass Internetnutzer ganz klar zwischen selbst bestellten und unerwünschten Werbemails und -Newslettern differenzieren. Trotz spezieller Software, die sogenannte „Spam-E-Mails" herausfiltern soll, landen tagtäglich in den Postfächern der Internetnutzer Dutzende, manchmal gar Hunderte, unerwünschte E-Mails. Vor diesem Hintergrund ist es nicht verwunderlich, dass tatsächlich nur bestellten beziehungsweise abonnierten Newslettern Aufmerksamkeit geschenkt wird.

Nur selbst bestellte Newsletter erzielen Wirkung

Nach den Ergebnissen der W3B Studie lesen beachtliche 64 Prozent der Internetnutzer **erwünschte Werbemails** – mehr als ein Drittel davon liest sie sogar meist ganz durch. Lediglich fünfzehn Prozent geben an, dass sie einen selbst bestellten Werbe-Newsletter einfach ungelesen löschen, in den jüngeren Zielgruppen ist das Löschpotential noch etwas größer.

Betrachtet man hingegen den Umgang mit **unerwünschten Werbe-E-Mails (Spam)** kehrt sich das Bild um. Über drei Viertel der Internetnutzer löschen Spam meist sofort, in dem sie die betreffenden Mails ungelesen in den virtuellen Papierkorb verschieben. Dem gegenüber fällt die Lesequote unerwünschter

Mails äußerst überschaubar aus. Nur ein Prozent der Internetnutzer liest solche Mails meist vollständig durch, weitere fünf Prozent geben an, sie zumindest zu überfliegen. Im Ergebnis ist die deutliche Mehrheit der Onlinenutzer nur an solchen Werbemails interessiert, die willentlich selbst abonniert wurden. Kein Absender tut sich einen Gefallen damit, E-Mails an Empfänger zu versenden, die sich nicht zweifelsfrei als Abonnenten eingetragen haben.

Bei zu hoher Frequenz wird abbestellt

Doch auch im Umgang mit einem Kreis registrierter Newsletter-Abonnenten ist Umsicht geboten. Denn nur wenn die Anzahl der versendeten Mails vernünftig dosiert wird, sind diese langfristig willkommen. Die Ergebnisse der W3B-Studie zeigen ganz klar, dass eine steigende Anzahl ausgesendeter Mails ein und desselben Absenders zur erhöhten Abmeldungen beim betreffenden Newsletter-Absender führt. Immerhin 58 Prozent der Newsletter-Abonnenten geben an, dass sie sich abmelden, sobald die **Aussende-Frequenz** aus ihrer Sicht unverhältnismäßig gesteigert wird.

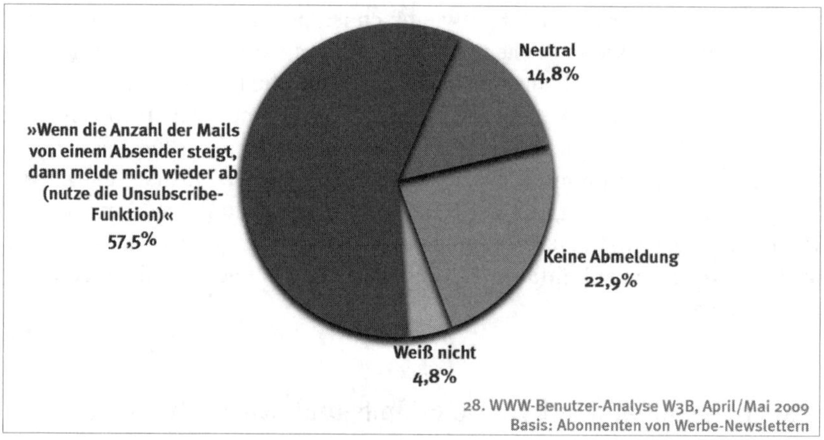

Abb. 3: Bei steigender Mail-Anzahl eines Absenders droht das Aus [1].

Ausblick

Das Verhalten der Internetnutzer beim Umgang mit Werbe-E-Mails und -Newslettern macht deutlich, dass nur mit bestellten Werbe-Newslettern der erhoffte Werbeerfolg erzielt werden kann. Demnach sollten nur E-Mails versendet werden, mit deren Inhalt, Umfang und Aussendefrequenz die Abonnenten einverstanden sind.

Spam ist einer der größten Störfaktoren

Dass die deutschsprachigen Internetnutzer mit E-Mails, die als Spam wahrgenommen werden, so rigoros umgehen, ist angesichts der Spammenge durchaus nachvollziehbar. Nach den aktuellsten W3B-Ergebnissen wird Spam sogar als einer der größten Störfaktoren im Internet überhaupt empfunden.

An dem Problemfeld „Spam" sollte daher in Zukunft ernsthaft gearbeitet und alles technisch und rechtlich Mögliche erwirkt werden, um die Spamflut einzudämmen. Nur dann ist sichergestellt, dass dem Instrument „E-Mail-Marketing“ nicht das Fundament entzogen wird: Nämlich eine große Anzahl interessierter und aufmerksamer Newsletter-Leser.

Literatur

[1] W3B-Report "E-Mail-Marketing", 28. WWW-Benutzer-Analyse W3B, April/Mai 2009, Fittkau & Maaß Consulting GmbH (Hrsg.), http://www.fittkaumaass.de/reports

E-MAIL-MARKETING IM MARKETING-MIX

MARTIN ASCHOFF

Wer für ein neues Produkt oder eine Dienstleistung möglichst schnell einen hohen Bekanntheitsgrad in der Bevölkerung erreichen möchte, für den ist Marketing per E-Mail sicherlich nicht der beste Weg. Die Schaltung von Anzeigen oder TV-Spots in reichweitestarken Medien ist in diesem Fall die bessere Alternative.

Wenn dagegen die Zielgruppe für die zu vermarktenden Produkte beziehungsweise Dienstleistungen schon so weit aufbereitet wurde, dass die Interessenten oder Kunden namentlich bekannt sind, ist E-Mail-Marketing eine interessante Ergänzung für den Marketing-Mix.

E-Mail ist eine Ergänzung im Marketing-Mix

Es gibt eigentlich nur zwei Voraussetzungen, die für den Einsatz von E-Mail-Marketing zu erfüllen sind: Zum einen müssen die Interessenten und Kunden über einen Internetzugang verfügen, damit sie E-Mails empfangen (und senden) können. Zum anderen muss der Anbieter Themen rund um seine Produkte oder Dienstleistungen identifizieren, die so interessant sind, dass die Empfänger bereit sind, dem Anbieter ihre E-Mail-Adressen mit der Einwilligung zur Zusendung dieser Informationen zu überlassen.

Im Idealfall lassen sich zu den definierten Themen immer wieder neue Informationen generieren, sodass der Anbieter E-Mail-Marketing in Form von regelmäßigen E-Mail-Aussendungen betreiben und damit als Dialogmarketing-Instrument einsetzen kann.

Damit das Ganze etwas anschaulicher wird, folgen drei Paradebeispiele für den praktischen Einsatz von E-Mail-Marketing:

Beispiel 1

Ein Versandhändler kommuniziert mit seinen Interessenten und Kunden nur zweimal im Jahr durch die Zusendung des jeweils aktuellen Sommer- und Winter-Katalogs. Zur Erhöhung der Kommunikationsfrequenz bietet der Versandhändler über den Katalog und seine Website einen wöchentlichen E-Mail-Newsletter mit aktuellen Angeboten an. Mit Hilfe dieses Newsletters kann er die Empfänger über Änderungen und Ergänzungen in seinem Sortiment zeitnah informieren, neue Kaufimpulse geben und die Bindung zu seinen Kunden intensivieren.

E-Mail mit Katalog kombinieren

Bespiel 2

Ein Reiseveranstalter möchte zeitnah über Last-Minute-Angebote informieren und bietet auf seiner Website Interessenten die Registrierung ihres Reiseprofils an (zum Beispiel Zielgebiet, Anzahl der Reisenden, Preisobergrenze). Sobald ein

Last-Minute-Angebote

http://www.marketing-boerse.de/Experten/details/Martin-Aschoff

neues Last-Minute-Angebot vorliegt, wird dieses per E-Mail an alle Empfänger, deren Profilangaben zu dem jeweiligen Angebot passen, versendet.

Beispiel 3

Weiterführende Informationen und Aktuelles

Ein Pharma-Hersteller möchte den Kontakt zu den Endverbrauchern aufbauen. Dazu weist er auf den Beipackzetteln seiner Medikamente auf einen E-Mail-Service hin, der telefonisch über eine Hotline oder über seine Website bestellt werden kann und regelmäßig weiterführende Informationen sowie neue Erkenntnisse zu der Krankheit liefert, die das jeweilige Medikament behandelt.

In allen drei Fällen bietet E-Mail-Marketing einen extrem attraktiven Kommunikationskanal, um kostengünstig sehr aktuelle und individuelle Informationen an die Interessenten und Kunden zu übermitteln.

Varianten von E-Mail-Marketing-Aktionen

E-Mailing, Newsletter und Kampagne

Grundsätzlich gibt es mehrere Arten von E-Mail-Marketing-Aktionen. Die populärste Variante ist sicherlich der **E-Mail-Newsletter**, der periodisch an einen festen Verteiler gesendet und auf den im nächsten Abschnitt noch genauer eingegangen wird. Denkbar sind aber auch **einzelne E-Mailings** (neudeutsch auch „Standalone" genannt) zu besonderen Anlässen oder **mehrstufige E-Mail-Kampagnen**, deren Aussendungen unmittelbar aufeinander aufbauen und in den Folgestufen variieren – abhängig von der Reaktion des jeweiligen Empfängers auf die vorige Stufe.

Follow-up-Mails zum Nachfassen

Ein Beispiel für eine mehrstufige Kampagne: Ein Versicherungskonzern versendet ein E-Mailing mit allgemeinen Informationen zu seinen verschiedenen Versicherungen. Die Empfänger können über ein Formular in der erhaltenen E-Mail wählen, zu welcher Art von Versicherung sie weitergehende Informationen wünschen. Abhängig von ihrer Wahl erhalten die Empfänger in der zweiten Stufe eine E-Mail mit den gewünschten Informationen und einem Formular, das Angaben für ein konkretes Angebot abfragt. Empfänger, die auf die erste Stufe nicht reagiert haben, erhalten in der zweiten Stufe eine freundliche Erinnerung per E-Mail (Follow-up-Mail).

In der dritten Stufe erhalten diejenigen, die das Formular aus der zweiten Stufe ausgefüllt haben, ein auf ihren Angaben basierendes, maßgeschneidertes Angebot, das nur noch durch einen Klick bestätigt werden muss, um den unterschriftsreifen Versicherungsvertrag anzufordern.

Eine neuere Entwicklung im Bereich E-Mail-Marketing sind aktions- und datumsgesteuerte E-Mailing (die aber noch nicht von allen Dienstleistern angeboten werden). Mit dieser Klasse von E-Mailings lassen sich individuelle E-Mail-Dialoge im Sinne des 1:1-Marketings in Echtzeit (das heißt Real-Time-Marketing) umsetzen.

Bei **aktionsgesteuerten E-Mailings** erhalten nur diejenigen Empfänger eine E-Mail, die eine Aktion generiert haben, beispielsweise indem sie einen bestimmten Link angeklickt oder den Warenkorb abgebrochen haben. Auf diese Weise lassen sich beispielsweise automatische Follow-up-Mails produzieren, die sofort (oder auch mit zeitlicher Verzögerung) versendet werden, sobald ein E-Mail-Empfänger durch einen Link-Klick anzeigt, dass er sich für ein bestimmtes Thema interessiert.

Datumsgesteuerte E-Mailings werden nur an die E-Mail-Empfänger versendet, auf die eine zuvor definierte Datumsregel zutrifft. Ein typischer Fall ist das Geburtstags-Mailing, das jeden Tag nur an diejenigen Empfänger versendet wird, deren Geburtstag und -monat mit dem aktuellen Datum übereinstimmt. Weitere Anwendungsgebiete für datumsgesteuerte E-Mailings sind Erinnerungs-Mails, die beispielsweise sechs Wochen vor einem Urlaubsantritt oder drei Monate vor dem Auslaufen des Mobilfunkvertrages versendet werden und Jubiläums-Mails, wenn ein Empfänger seit fünf oder zehn Jahren Kunde ist.

Per E-Mail automatisch Erinnerungen aussenden

Plädoyer für den E-Mail-Newsletter

Neben den allgemeinen Argumenten, die für E-Mail-Marketing gelten, gibt es spezielle Vorteile, die für die Einführung eines regelmäßigen E-Mail-Newsletters sprechen.

Wie bereits erwähnt wurde, haben E-Mailings gegenüber Post-Mailings den großen Vorteil, dass sie deutlich preiswerter sind. Aus diesem Grund ist für E-Mailings eine wesentlich höhere Kommunikationsfrequenz als bei Post-Mailings möglich – bei gleichem finanziellem Einsatz. Ein wöchentlicher E-Mail-Newsletter muss daher in Summe beispielsweise nicht teurer sein als ein Post-Mailing, das lediglich alle zwei bis drei Monate versendet wird.

Ein E-Mail-Newsletter, der regelmäßig verschickt wird (üblich sind Frequenzen von zweiwöchentlich bis monatlich), hat den weiteren Vorteil, dass sich der Anbieter mit seinen Produkten und Leistungen immer wieder aktiv in das Gedächtnis der E-Mail-Empfänger bringt und auf diese Weise regelmäßige Kaufanreize bewirken kann. Die hohe Kommunikationsfrequenz sorgt zudem dafür, dass die Empfänger stets über aktuelle Entwicklungen, Produkte, Leistungen und Angebote auf dem Laufenden sind und kein Leser den Anbieter vergisst.

Alle zwei bis vier Wochen versenden

Ein regelmäßiger, professionell gestalteter und getexteter E-Mail-Newsletter vermittelt den Empfängern zudem ein vom Anbieter kontrolliertes Image seines Unternehmens (Branding) und trägt durch seine informations- oder unterhaltungsorientierten Inhalte zur Kundenbindung bei. Dazu müssen die Newsletter-Ausgaben allerdings optisch stringent gestaltet und inhaltlich einheitlich strukturiert sein, wie es auch bei einer guten Kundenzeitschrift der Fall ist.

Wenn für den jeweiligen E-Mail-Empfänger Profilinformationen vorliegen, lässt sich ein E-Mail-Newsletter über variable und/oder optionale Textbausteine sogar inhaltlich individualisieren, so dass nicht alle Empfänger die gleiche E-Mail erhalten, sondern deren Inhalt von Empfänger zu Empfänger variiert. Damit ist eine noch gezieltere Ansprache der Leser möglich.

Über einen E-Mail-Newsletter lässt sich nicht nur Direktmarketing betreiben, indem den Empfängern regelmäßig neue Angebote unterbreitet werden. Durch den regelmäßigen Versand ist ein E-Mail-Newsletter auch ideal als Instrument für Dialogmarketing-Aktionen geeignet. Das heißt, der Newsletter wird nicht nur als kommunikative Einbahnstraße benutzt, sondern bietet den Lesern einen Rückkanal an, indem der Versender beispielsweise die Klicks auf die Links in den E-Mails misst, E-Mail-Adressen für alle Arten von Feedback anbietet oder eine Leserbrief-Rubrik einführt.

Auf diese Weise lässt sich von den E-Mail-Empfängern wertvolles Feedback erhalten, das genutzt werden kann, um die Kommunikation mit den Lesern noch zielgerichteter und individueller zu gestalten. Dies wird sich wiederum in besseren Rücklaufwerten und letztendlich in höheren Umsätzen niederschlagen.

Die Evolutionsstufen im E-Mail-Marketing

E-Mail-Marketing ist nicht gleich E-Mail-Marketing. Die Resultate des Direkt- und Dialogmarketings per E-Mail hängen entscheidend vom technischen und Marketing-Aufwand ab, den der Anbieter eines E-Mailings oder E-Mail-Newsletters betreibt.

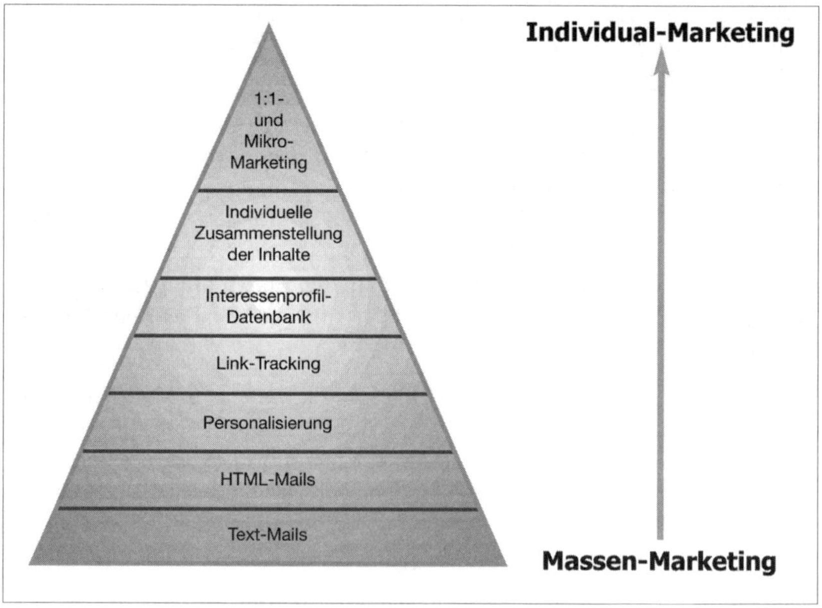

Abb. 1: Die Evolutionsstufen im E-Mail-Marketing vom Massen- zum Mikro-Marketing

Einen minimalen Aufwand bedeutet das Versenden von einheitlichen Massenmails (auch „Bulk Mails“ genannt) im **Text-Format**. Doch die Ergebnisse dieser schlichten E-Mails entsprechen oft dem Aufwand – sie sind bescheiden.

Einen Schritt weiter geht das Versenden von E-Mails im **HTML-Format**, da sich der Inhalt dieser Mails gegenüber Mails im Text-Format wesentlich übersichtlicher, lesefreundlicher und attraktiver gestalten lässt. Erfahrungsgemäß kann sich die Response auf ein E-Mailing allein durch den Wechsel vom Text- zum HTML-Format um den Faktor 2 bis 4 erhöhen.

HTML-Mails wirken professioneller

Noch einen Schritt weiter geht das Versenden von E-Mails, die Datenbank-gestützt **personalisiert** werden, sodass jeder Empfänger im An-Feld mit seiner persönlichen E-Mail-Adresse (statt eines allgemeinen Platzhalters) angeschrieben und in der E-Mail mit seinem eigenen Namen begrüßt wird. Dies, so weiß es jeder Direktmarketer aus Erfahrung, garantiert eine erhöhte Aufmerksamkeit beim E-Mail-Empfänger.

Das **Link-Tracking** stellt die nächste Stufe in der E-Mail-Marketing-Evolution dar. Für das Link-Tracking werden die Links in jeder E-Mail speziell codiert, sodass sich später für das E-Mailing feststellen lässt, auf welchen Link wie oft geklickt wurde. Auf diese Weise erhält der Versender eine klare Rückmeldung, welche Angebote in seinem E-Mailing von den Empfängern wie gut angenommen wurden und kann seine Mailing-Inhalte entsprechend optimieren.

Welche Angebote kommen besonders gut an?

Alternativ können die Links in jeder E-Mail mit der Kundennummer des Empfängers personalisiert werden, sodass sich sogar feststellen lässt, welcher Empfänger wann und wie oft auf welchen Link geklickt hat. Auf diese Weise ist es dem Anbieter möglich, **Interessenprofile** der Empfänger zu ermitteln und in einer **Profildatenbank** zu speichern.

Während zum personenbezogenen Messen und Auswerten der Link-Klicks aus Datenschutzgründen vorab das Einverständnis der E-Mail-Empfänger eingeholt werden muss, kann den Lesern alternativ eine Auswahl an Themenfeldern für E-Mailings angeboten werden, sodass diese ihre Interessengebiete freiwillig selbst definieren.

Existiert eine Datenbank mit den Interessenprofilen der E-Mail-Empfänger, lassen sich diese Informationen nutzen, um E-Mails inhaltlich zu individualisieren. Das bedeutet, die Meldungen der einzelnen E-Mails werden für jeden Empfänger abhängig von dessen Profilangaben **individuell zusammengestellt**. Mit Hilfe der inhaltlichen Individualisierung lassen sich Response-Quoten erfahrungsgemäß um den Faktor 2 bis 10 erhöhen.

Individualisierte Inhalte können die Response-Rate vervielfachen

Bei einer großen Auswahl an Interessengebieten sind entsprechend viele Kombinationen für die E-Mail-Inhalte möglich, sodass sich auch kleinste Zielgruppen mit ganz bestimmten Interessenprofilen gezielt ansprechen lassen (**Mikro-Marketing**).

Werden nicht nur E-Mailings mit inhaltlich individualisierten Inhalten verschickt, sondern erhalten die Empfänger entsprechend ihrer Reaktion auf diese E-Mailings zeitlich unabhängig voneinander einzelne E-Mails mit von ihnen gewünschten oder auf sie fokussierten Inhalten, so handelt es sich um echtes **1:1-Marketing**. Dies ist die höchste Stufe im Dialogmarketing, weil mit jedem Empfänger ein inhaltlich und zeitlich individueller, persönlich auf ihn zugeschnittener E-Mail-Dialog geführt wird. Solche E-Mail-Dialoge lassen sich mit Hilfe von aktions- und datumsgesteuerten E-Mailings automatisiert durchführen.

Die Prozesskette im E-Mail-Marketing

Der typische Ablauf einer E-Mail-Marketing-Kampagne lässt sich grundsätzlich in folgende acht Schritte unterteilen:

Schritt 1: Marketingstrategie planen

Zuerst müssen die globalen Ziele und Meilensteine definiert werden, die mit Hilfe von E-Mail-Marketing erreicht werden sollen. Wenn solche Ziele nicht definiert sind und nur Aktionismus vorherrscht, werden E-Mail-Marketing-Aktionen keinen Erfolg haben. E-Mail-Marketing ist kein Sprint, sondern ein Marathon. Daher müssen Weg und Ziel klar abgesteckt sein, damit der Anbieter nicht von der Strecke abkommt.

Schritt 2: Zielgruppendaten sammeln

Nachdem die übergeordneten Ziele feststehen, ist auch klar, welche Zielgruppen angesprochen werden sollten. Jetzt müssen die E-Mail-Adressen der Mitglieder dieser Zielgruppen gesammelt beziehungsweise angemietet werden. Zusätzlich ist deren Einverständnis mit der Zusendung von E-Mails einzuholen.

Schritt 3: Datenbank aufsetzen

Datenbank steuert E-Mail-Versand automatisch

Die Daten der Zielgruppen wie E-Mail-Adressen und eventuelle weitere Angaben (zum Beispiel Vornamen, Nachnamen, Geschlecht, gewünschtes E-Mail-Format) müssen in einer Datenbank abgelegt werden, auf deren Basis die zu versendenden E-Mails personalisiert werden. Falls weitere Profilinformationen von den E-Mail-Empfängern abgefragt oder erhoben werden sollen, beispielsweise um die E-Mails inhaltlich individualisieren zu können, werden auch diese in der Datenbank gespeichert.

Schritt 4: E-Mailing-Konzept definieren

Im nächsten Schritt wird das konkrete Konzept des E-Mailings festgelegt, also die taktischen Ziele und daraus abgeleitet zum Beispiel die Kommunikationsfrequenz (eine einzelne Aktion, ein regelmäßiger Newsletter oder eine mehrstufige Kampagne) oder die Tonalität (von gediegenem Stil und dezentem Design bis hin zur flapsigen Sprache mit flippigem Layout).

Schritt 5: Produktion der Inhalte

Für jedes E-Mailing müssen der Zielgruppe und dem Konzept entsprechende Inhalte produziert werden. Diese bestehen aus redaktionellen und/oder werblichen Texten und bei E-Mails im HTML-Format zusätzlich aus Fotos, Grafiken und gegebenenfalls weiteren Bildelementen.

Schritt 6: E-Mailing aufsetzen

Wenn Konzept und Inhalte für das jeweilige E-Mailing feststehen, muss das E-Mailing aufgesetzt werden. So muss beispielsweise die Reihenfolge der Texte definiert werden und bei variablen und optionalen Textbausteinen zusätzlich angegeben werden, welche Zielgruppen den jeweiligen Textbaustein erhalten sollen. Abschließend kommen noch die Kopf- und Fußzeilen hinzu sowie die Angaben für den E-Mail-Header (zum Beispiel Absenderadresse, Betreffzeile).

Schritt 7: E-Mailing versenden

Beim Versand eines E-Mailings wird für jeden Empfänger dessen persönliche E-Mail zusammengestellt und versendet. Bei der Zusammenstellung sind das vom Empfänger gewünschte E-Mail-Format (zum Beispiel Text, HTML, Flash, PDF), die persönliche Anrede und eventuelle variable oder optionale Textbausteine zu berücksichtigen. E-Mails, die als unzustellbar zurückkommen, müssen abhängig vom Grund der Nicht-Zustellung entsprechend weiterverarbeitet werden. Darüber hinaus sollte bei den großen Providern über Test-Accounts geprüft werden, ob die E-Mails ordnungsgemäß zugestellt oder als Spam-Mails ausgefiltert werden.

Rückläufer werden automatisch verarbeitet

Schritt 8: Ergebnisse auswerten

Zuletzt werden die Ergebnisse des E-Mailings wie zum Beispiel die Quote der unzustellbaren und der geöffneten E-Mails, die Menge und Verteilung der Link-Klicks, die Anzahl und der Umsatz der Bestellungen sowie sonstige Rückmeldungen erfasst und analysiert.

Abb. 2: Die Prozesskette im E-Mail-Marketing besteht aus acht Stufen.

Mit der Auswertung im Schritt 8 sollte eine E-Mail-Marketing-Aktion jedoch nicht beendet sein. Vielmehr müssen die Erkenntnisse, die im Rahmen der Auswertung gewonnen werden, in das Konzept des nächsten E-Mailings oder der nächsten Kampagnenstufe einfließen, sodass ein kontinuierlicher Dialogmarketingprozess entsteht.

Mit Closed-Loop-Marketing Kampagnen optimieren

Ziel dieses sich selbst steuernden Regelkreises, der auch als Closed-Loop-Marketing bezeichnet wird (siehe Abbildung 3), muss es sein, die Wirkung der E-Mail-Marketing-Aktivitäten immer weiter zu verbessern, die Rücklaufquoten stetig zu erhöhen und daraus resultierend das Globalziel aus Schritt 1 (häufig eine Steigerung des Umsatzes auf der eigenen Website) zu erreichen.

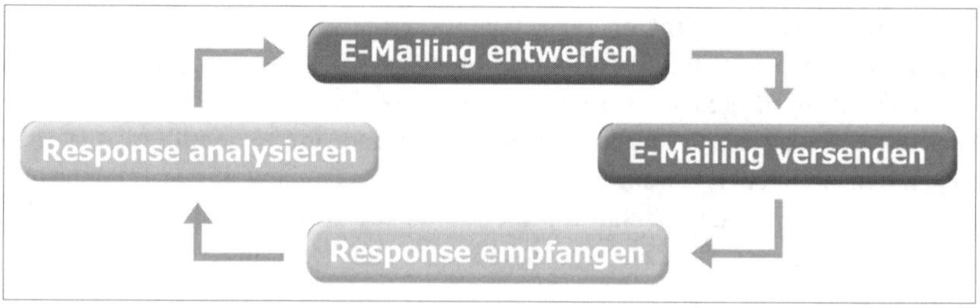

Abb. 3: Über einen Closed-Loop-Marketing-Ansatz lassen sich die Ergebnisse einer Kampagne optimieren.

E-Mailings im Vergleich zu Post-Mailings

Ein großer Vorzug beim E-Mail-Marketing ist der Preisvorteil des Mediums E-Mail gegenüber dem Postbrief. Während man selbst bei einfachen Post-Mailings abhängig von der Auflage mit Kosten von fünfhundert bis eintausend Euro pro eintausend Empfänger (**TKP**, Tausender-Kontakt-Preis) rechnen muss, betragen die Kosten bei E-Mailings in der Regel ein Hundertstel bis ein Zehntel davon, das heißt der TKP-Wert liegt bei fünf bis maximal einhundert Euro weil die Ausgaben für Papier, Druck und Porto entfallen.

Hohe Konvertierungsrate – niedrige Kosten

Demgegenüber besteht der Rücklauf auf ein E-Mailing in der Regel aus zwei Stufen: zum einen der Klick auf einen E-Mail-Link, um eine Webseite aufzurufen (**Klickrate**), und zum anderen die eigentliche Aktivität auf der Webseite, zum Beispiel eine Registrierung oder Bestellung (**Konvertierungsrate**).

Rechnet man beispielsweise für die erste Stufe mit einer Response-Quote von zehn Prozent und für die zweite mit zwei Prozent, so beträgt der Rücklauf insgesamt 0,2 Prozent, was ein durchaus üblicher Wert bei hochauflagigen E-Mailings an Privatkundenadressen ist. (Es gibt allerdings auch einstufig arbeitende E-Mailings wie HTML-Mails mit integriertem Bestellformular, die aber nicht zwangsläufig höhere Response-Werte erreichen.)

Gegenüber der Response-Quote auf ein E-Mailing von 0,2 Prozent kann der Rücklauf auf ein Post-Mailing erfahrungsgemäß höher sein, wobei Werte von ein Prozent bei Standard-Mailings in der Praxis bereits einen guten Wert darstellen. Doch auch bei Einrechnung dieses Response-Wertes sind die Ergebnisse eines E-Mailings wirtschaftlich besser als die eines Post-Mailings: Bei einem E-Mailing-TKP von fünf bis einhundert Euro und einer Response-Quote von 0,2 Prozent, kostet eine Bestellung (**CPO**, Cost-per-Order) 2,50 bis fünfzig Euro während bei einem Post-Mailing-TKP von fünfhundert bis eintausend Euro und einer Response-Quote von einem Prozent der CPO-Wert zwischen fünfzig und einhundert Euro liegt.

Die Erfahrung zeigt übrigens, dass die Response-Werte bei E-Mailings an Stammkunden deutlich besser als bei E-Mailings an Interessenten oder Neukunden sind. So ist bei Letzteren mit Klickraten von zwei bis fünf Prozent und Konvertierungsraten von zwei bis fünf Prozent zu rechnen, während

Stammkunden Klickraten von zehn bis zwanzig Prozent und Konvertierungsraten von fünf bis zehn Prozent generieren!

E-Mailings in Kombination mit Post-Mailings

E-Mail-Marketing wird ein immer wichtigerer Bestandteil in jedem Marketing-Mix. Durch die Kombination des elektronischen Mainstream-Mediums E-Mail mit dem klassischen Medium Postbrief lassen sich moderne Crossmedia-Marketingkampagnen realisieren, die für die Anwender zu noch besseren wirtschaftlichen Ergebnissen führen.

Darüber hinaus zeigen Erfahrungen des Versandhandels, dass Kunden, die crossmedial angesprochen werden und für ihre Bestellungen mehr als nur einen Kommunikationskanal nutzen (das heißt den Postweg für Bestellungen per Katalog **und** das Internet für Onlinebestellungen), signifikant höhere Bestellwerte und -frequenzen aufweisen gegenüber Kunden, die sich auf die Nutzung nur eines einzigen Kanals beschränken.

Wer auf mehr Kanälen kommuniziert, kauft auch mehr

Post- und E-Mailings lassen sich prinzipiell auf folgende drei Arten kombinieren:

Alternativer Einsatz
Abhängig vom Wunsch des Empfängers erhält dieser die Mailings entweder per Post oder als E-Mail.

Einsatz im Mix
Im Rahmen von mehrstufigen Mailing-Kampagnen werden sowohl Briefpost als auch E-Mails als Kommunikationskanal genutzt. Solche crossmedialen Kombinationen produzieren oft höhere Response-Werte als die simple Addition der Rückläufe aus getrennten Post- und E-Mail-Aktionen.

Substitutiver Einsatz
Empfänger, deren E-Mail-Adresse unbekannt oder nicht vorhanden ist, werden per Post angeschrieben, und Empfänger, die postalisch unbekannt verzogen sind, erhalten die Informationen per E-Mail.

Wie kann ein Crossmedia-Ansatz konkret aussehen? Ein Anwendungsbeispiel aus dem Permission-Marketing ist, den Empfänger das Medium (Post oder E-Mail) frei wählen zu lassen. Ein anderer Ansatz ist, die beiden Medien nach ihrer Zweckmäßigkeit zu mixen:

- Post-Mailings für dauerhafte Unterlagen, um „etwas in der Hand zu haben" oder, falls der Empfänger nicht über einen Internetzugang verfügt.
- E-Mailings, um den Empfänger augenblicklich (ohne Postlaufzeit) und/oder interaktiv zu informieren.

Ein weiteres typisches Beispiel aus dem Versandhandel: Der Postversand von Broschüren oder Katalogen wird dem Empfänger durch eine Teaser-E-Mail im Voraus angekündigt und durch eine Follow-up-Mail nochmals in Erinnerung gebracht. Während sich in diesem Fall die Kosten durch die ergänzende E-Mail-Marketing-Maßnahme lediglich um fünfzehn bis 25 Prozent erhöhen, kann die Zahl der Bestellungen um fünfzig bis einhundert Prozent steigen, so dass die Kosten pro Bestellung deutlich sinken!

E-Mailings senken die Kosten von Printmailings

Bei einem Crossmedia-Ansatz lassen sich die Kosten für Mailings durch die Einbeziehung von E-Mailings signifikant senken. Ein Beispiel: In einer bestimmten Zielgruppe erhalten künftig nicht mehr einhundert Prozent, sondern nur noch 67 Prozent der Empfänger Mailings per Post. Das restliche Drittel der Empfänger hat der Kommunikation per E-Mail zugestimmt und erhält daher E-Mails. Betragen in diesem Beispiel die Kosten für ein E-Mailing fünfzehn Prozent der Kosten eines Post-Mailings, so lassen sich bei einem E-Mail-Anteil von 33 Prozent insgesamt 28 Prozent der Mailing-Kosten sparen!

Fazit: Durch die intelligente Verzahnung von Post- und E-Mailings zu crossmedialen Kampagnen und Aktionen lassen sich die Kosten für Kundenakquisitions- und -bindungsmaßnahmen reduzieren, beim Verkauf günstigere CPO-Werte erzielen und die Ausgaben für Papier, Druck und Porto signifikant senken.

Couponing per E-Mail

Eine weitere empfehlenswerte Einsatzmöglichkeit für E-Mail-Marketing ist das Couponing per E-Mail. Im stationären Handel sind Coupons, also Wertmarken, die einen gewissen Rabatt auf eine bestimmte Ware gewähren, schon seit langem ein beliebtes Marketing-Instrument zur Verkaufsförderung und für Produkt-Promotions am Point of Sale. Diese Coupons sind häufig in regionalen Tageszeitungen abgedruckt und müssen vom Käufer ausgeschnitten werden (das so genannte „Coupon Clipping").

Um die Coupons einzulösen, muss der Käufer diese im Handel an der Kasse präsentieren, um den versprochenen Rabatt zu erhalten. In den USA ist es auch üblich, die Coupons zusammen mit einem Kaufnachweis an den Hersteller einzuschicken, der dem Käufer den Rabatt rückvergütet. Letzteres Verfahren hat den Vorteil, dass der Hersteller auf diese Weise die Adresse des Käufers erhält (allerdings nicht die Bankverbindung, weil in den USA der Zahlungsverkehr in der Regel per Scheck abgewickelt wird).

Couponing per E-Mail ist preiswert

Nachdem die Papier-basierten Coupons in Deutschland seit dem Fall des Rabattgesetzes im Sommer 2001 bereits erfolgreich eingesetzt werden, ist das Couponing per E-Mail immer noch relativ wenig verbreitet. Dabei bieten Coupons per E-Mail gegenüber Coupons in Zeitungen und Zeitschriften zahlreiche Vorteile:

- Coupons lassen sich per E-Mail sehr kostengünstig versenden.
- Über Mediacodes und personenbezogene Kennungen lässt sich die Response auf elektronische Coupons exakt messen.

- Coupons lassen sich personalisieren, so dass sie nur vom jeweiligen Empfänger eingelöst werden können.
- Coupons lassen sich personenbezogen individualisieren, so dass Neukunden beispielsweise einen anderen Rabattsatz als Stammkunden erhalten.
- Weil die Coupons elektronisch sind, lässt sich die Verarbeitung beim Onlinekauf vollständig automatisieren, so dass die Handlingkosten sehr gering sind.

US-Anwender berichten über ihre Coupon-Aktionen per E-Mail von Klickraten von bis zu fünfzig Prozent und durchgerechneten Nutzungsraten von immerhin noch fünf bis zehn Prozent, was weit über den Nutzungsraten von Coupons in Tageszeitungen liegt.

Couponing per E-Mail ist für Kundengewinnung, -bindung und -rückgewinnung möglich. Auf diese Weise lassen sich beispielsweise Interessenten bei einer Filialeröffnung anlocken, Altkunden reaktivieren oder neue Produkte mit einem zeitlich befristeten Nachlass einführen.

Dass das Couponing bei den Kunden in Deutschland ankommt, belegt eine Befragung des Onlinemarktforschers Dialego von eintausend Verbrauchern aus dem Sommer 2002. Diese Untersuchung ergab, dass sich 75 Prozent der Befragten durch Coupons in ihrer Kaufentscheidung beeinflussen lassen (vierzehn Prozent „auf jeden Fall", 33 Prozent „eher ja" und 28 Prozent „teils/teils"), fünfzehn Prozent meinen „eher nein", aber nur zehn Prozent der Befragten geben an, dass Coupons keinerlei Einfluss auf ihr Kaufverhalten haben.

Es darf jedoch nicht verschwiegen werden, dass das Couponing per E-Mail auch Schattenseiten haben kann. Werden Coupons beispielsweise nicht personenbezogen versendet, so können sie bei den falschen Empfängern landen (zum Beispiel bei Stammkunden statt Interessenten) und von diesen eingelöst werden. Auch das Image von Coupons ist teilweise negativ behaftet, weil es insbesondere Schnäppchenjäger anspricht. Aus diesem Grund sollten Coupon-Aktionen beispielsweise grundsätzlich zeitlich befristet sein und niemals für Premium-Marken eingesetzt werden.

Literatur

Aschoff, M.: Professionelles Direkt- und Dialogmarketing per E-Mail: Inhalte richtig formulieren und gestalten. E-Mails sicher zustellen und auswerten. Praxistipps und Fallbeispiele. – 300 S., 2. vollst. überarb. Aufl., Hanser Fachbuchverlag, 2005.

E-MAILING ODER BRIEFMAILING?

OLIVER REINKE

Noch vor zehn Jahren brauchte ein Marketing-Verantwortlicher im Distanzhandel, der das Ziel hatte, Neukunden zu gewinnen, sich die Frage „E-Mailing oder Briefmailing" gar nicht stellen. Einerseits waren nicht genug E-Mail-Adressen verfügbar, die für Neukunden-Gewinnungsmailings zur Verfügung standen, andererseits lag die Internet-Durchdringung in Deutschland weit unter 25 Prozent. Um also die relevante Zielgruppe ohne Streuverluste in einer lohnenswerten Größenordnung im „below the line"-Marketing erreichen zu können, blieb nur der klassische Postweg.

Durch die stark gewachsene Verfügbarkeit und Nutzung des Internets können sich Unternehmen mittlerweile auch erfolgreich des Onlinemediums bedienen. Insbesondere klassische Versandhändler aber auch jegliche andere Unternehmen, die Direktmarketing als Neukundengewinnungs- und Absatzkanal nutzen, können die digitale Welt zunehmend effizient nutzen.

Neukunden-gewinnung per E-Mail unterscheidet sich stark vom Anschreiben bereits vorhandener Adressen

Die nachfolgenden Zeilen sollen sowohl Unterschiede als auch Stärken und Schwächen der beiden oben genannten Möglichkeiten in der Praxis beleuchten. Es geht dabei explizit um die Neukundengewinnung und nicht um das Anschreiben bereits vorhandener Adressen. Wie ein eigener E-Mail-Verteiler aufgebaut wird, ist Gegenstand der folgenden Ausführungen.

Die Adressbeschaffung bei Postadressen

Adressen für Briefmailings können sich Unternehmen in Deutschland über klassische Listbroker anmieten. Die Adressherkunft ist klar definiert. **Haushaltsdatenbanken** der Adressanbieter ermöglichen im Rahmen des rechtlich Zulässigen Anmietungen von tief profilierten Adressen oder Adressgruppen. Über verschiedene Kooperationspartner werden zusätzliche Merkmale bereitgestellt. Das statistische Bundesamt zählt für 2007 in Deutschland 39,7 Millionen Haushalte mit rund 82,4 Millionen Haushaltsmitgliedern [1]. Sämtliche Haushalte sind in den Datenbanken der klassischen Listbroker verfügbar. Somit kann das Adressen anmietende Unternehmen auf die größtmögliche Anzahl von Adressen zugreifen und durch Selektionen Streuverluste weitgehend vermeiden.

http://www.marketing-boerse.de/Experten/details/Oliver-Reinke

Die Adressbeschaffung bei E-Mail-Adressen

Im Markt für Adressanmietungen für E-Mailings hingegen gibt es bis heute noch keinen „Listbroker", der über alle existierenden E-Mail-Adressen verfügt. Der Markt ist fragmentierter. Listeigner bieten ihre Daten oftmals direkt an oder kooperieren lose mit verschiedenen Vertriebspartnern, Agenturen und Direktmarketingdienstleistern. Die verfügbare Menge an vermietbaren E-Mail-Adressen wird in Fachkreisen auf vierzig Millionen geschätzt. Hierbei ist zu beachten, dass mehrere E-Mail-Adressen gegebenenfalls von der gleichen Person genutzt werden. E-Mail-Adressen sind somit nicht so valide wie Postadressen. Allerdings dürfen E-Mail-Adressen nur dann vermietet werden, wenn der Konsument seine ausdrückliche Zustimmung zur werblichen Verwendung seiner E-Mail-Adresse gegeben hat. Diese explizite Zustimmung spricht somit für eine höhere Aufmerksamkeit für den Empfang von Werbebotschaften.

Vierzig Millionen deutsche E-Mail-Adressen anmietbar

Die Nutzungsunterschiede

Sicherlich könnten nachfolgend viele einzelne Nutzungsunterschiede aufgeführt werden. Jedoch sollen an dieser Stelle nur die wichtigsten Drei erläutert werden.

Opt-in-Regelung

Der größte Nutzungsunterschied zwischen Post- und E-Mail-Adressen liegt sicherlich darin, dass bei der Anmietung von Postadressen für ein Briefmailing der Mieter auch der Absender sein kann. Wenn ein E-Mailing versendet wird, dann ist immer der Listeigner der Absender.

Absender ist immer der Eigner einer Adressliste

In Deutschland muss der Konsument seine ausdrückliche Erlaubnis für die Zusendung von E-Mails erteilt haben, also sein „**Opt-in**" gegeben haben, damit ihm Werbemails zugestellt werden können. Das „Opt-in" gilt nur für den dedizierten Listeigner. Der Listeigner muß somit der Absender der E-Mail sein. Das werbende Unternehmen oder dessen Produkte werden empfohlen. Somit sind Absender und werbendes Unternehmen fast immer unterschiedlich. Ein E-Mailing ist immer ein **Empfehlungsmailing**.

Weiterhin werden die angemieteten Daten für ein E-Mailing weitestgehend direkt vom Listeigner versendet und nicht an einen Dienstleister weitergegeben. Der Konsument bekommt in seinem E-Mail-Account somit immer Nachrichten/ Werbebotschaften von einem Absender, dem er vertraut und den er kennt.

Messbarkeit von Mailings

Ein weiterer großer Unterschied zwischen Brief- und E-Mailing liegt in der Messbarkeit des Erfolgs. Bei einem Briefmailing kann lediglich gemessen werden, wie viele Mailings in Relation zu den angemieteten Adressen tatsächlich zugestellt wurden und wie viel Adressaten final respondieren. Das E-Mailing ermöglicht hier aufgrund des digitalen Trackings weitergehende Analysen.

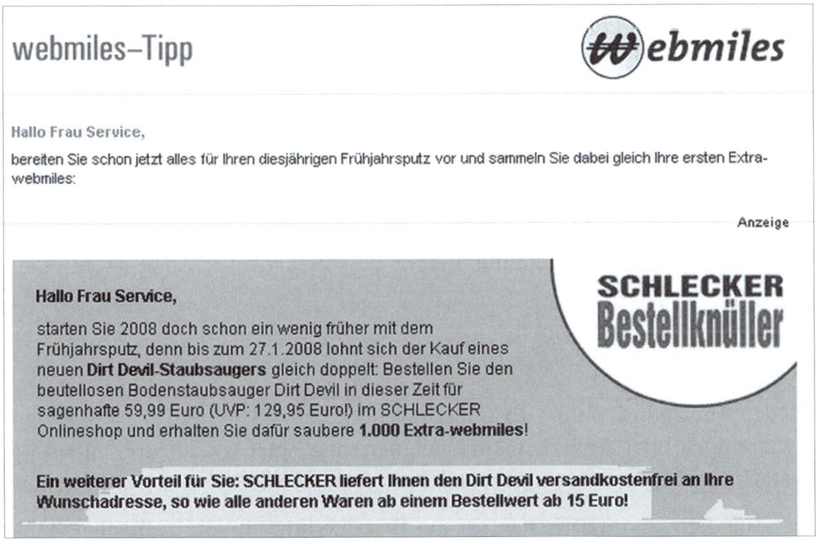

Abb. 1: Beispiel für ein E-Mailing: Der Listeigner webmiles empfiehlt ein Angebot des Adressmieters Schlecker.

Im Regelfall werden folgende Werte gemessen:

Wer hat geklickt und wer hat gekauft?

- Wie viel E-Mailings wurden tatsächlich zugestellt?
- Wie viel Mails wurden geöffnet?
- Wie viel Empfänger haben sich auf das konkrete Angebot des Werbenden durchgeklickt?
- Wie viel Empfänger haben respondiert?

Die **Reportings** stellt der Listeigner oder Broker zur Verfügung. Oftmals erhält der Mieter auch Zugang zu einem webbasierten Online-Tool, über welches er in „live time" die Messdaten beobachten kann.

Vorsicht ist hinsichtlich der Interpretation von Reportings unterschiedlicher Listeigner/Broker geboten. Der Mieter sollte genau nachfragen, wie Ergebnisdaten interpretiert werden. Handelt es sich bei der Darstellung von Klick- und Öffnungsraten um **„unique" Zählungen**? Werden also mehrere Öffnungen der E-Mail und mehrere Klicks von einer IP-Adresse nur einmal gezählt oder werden Mehrfachöffnungen einer IP-Adresse mehrfach gezählt? Und auf welche Reportingdaten beziehen sich ausgewiesene Prozentwerte? Beziehen sich Prozentwerte nur auf versendete E-Mail-Mengen oder auf den jeweils vorhergehenden Wert? Da leider noch kein verbindlicher Reportingstandard existiert, sollte der Mieter genau nachfragen, um eine Vergleichbarkeit von Reportings zu gewährleisten.

Zustellbarkeit von Mailings

Ein letzter Unterschied sei hinsichtlich der Zustellbarkeit erwähnt. Der Mieter von Postadressen weiß genau, dass sämtliche produzierten Briefmailings im Briefkasten des Adressaten angekommen sind; bis auf die Postrückläufer, die

Zustellbarkeit ist nicht immer gewährleistet

faktisch nicht zustellbar waren. Der Mieter von E-Mail-Adressen sieht in seinen Reportings ebenfalls, welche E-Mail-Adresse „gebounct" hat, also nicht mehr existent ist.

Aber hier ist noch eine weitere Hürde zu nehmen. Es muß sichergestellt werden, dass der E-Mail-Provider den Absender durch ein sogenanntes **„white listing"** in die E-Mail-Accounts der jeweiligen Besitzer zustellt. Die Gefahr besteht, dass ansonsten das E-Mailing im Spamfilter des Account-Besitzers landet und weniger bis gar keine Beachtung findet.

Die Kosten

Bei der Abwägung, ob ein Briefmailing oder ein E-Mailing für Neukundengewinnungen oder Abverkaufsmaßnahmen eingesetzt werden soll, spielt die Kostenbetrachtung erfahrungsgemäß eine große Rolle.

Grundsätzlich sind die Kosten für ein Briefmailing um ein Vielfaches höher als die Kosten für ein E-Mailing. Das Briefmailing ist ein haptisches Produkt und muss produziert werden. Sämtliche Personalisierungen und der Adresskopf müssen in einem Lettershop auf den Brief aufgespendet werden. Für die Zustellung muss das entsprechende Porto entrichtet und die Adressanmietung muss finanziert werden.

Für das E-Mailing müssen nur Adressen angemietet und die digitale HTML-/Texterstellung finanziert werden. Das kostet einen Bruchteil des vergleichbaren Budgets für Brief-Mailings. Allerdings spiegelt diese Betrachtung nur das reine Kostenbudget wider. Um den Erfolg einer Maßnahme zu ermitteln, ist sicherlich die Betrachtung des **CPR**, also die Betrachtung der Kosten pro erzielter Response ausschlaggebend.

Zusammenfassung

Es gibt keine generelle Empfehlung für oder gegen eine Direktmarketingmaßnahme per E-Mailing oder Briefmailing. So wie bei einer Reiseplanung das beste Verkehrsmittel unter den bekannten Voraussetzungen gewählt wird, muss auch für das Marketingziel der beste Werbekanal gewählt werden.

Überlegungen für eine Entscheidungsfindung (ohne Anspruch auf Vollständigkeit) können folgende sein:

- Welche Zielgruppe möchte ich erreichen?
- Kann die erwünschte Transaktion direkt online erfolgen (Kauf, Registrierung, Abbestellung)?
- Welche Rolle spielt die Haptik für den Erfolg meiner Marketingaktion?
- Wie tief/spitz soll selektiert werden?
- Ist mein Produkt/meine Dienstleistung regional oder deutschlandweit verfügbar?

Im Zweifel bietet sich an, beide Werbekanäle zu testen, um dann Budgets in dem erfolgreicheren Kanal zu platzieren.

Alle Werbekanäle auf Ihre Effizienz testen

Aktuelle Entwicklungen und Empfehlungen

Auffällig ist, dass immer mehr Unternehmen durch Gewinnspiele, kostengünstige Co-Registrierungs- oder gar Co-Sponsoring-Kampagnen versuchen, E-Mailing-Adresspools aufzubauen. Diese Adressen werden dann potenziellen Interessenten angeboten.

Oftmals weiß der Konsument nicht, dass er durch die Teilnahme an Gewinnspielen oder auf die Response von Kampagnen sein **Opt-in** für Werbe-E-Mailings an viele unterschiedliche Listeigner vergibt. Oder der Konsument weiß um diesen Sachverhalt und hinterlegt eine E-Mail-Adresse, die er nur für solche Zwecke nutzt und nicht seine eigentliche Hauptadresse. Folglich ist auch die Response auf dann zugestellte Werbeangebote, an solche Adresspools sehr gering. Unternehmen sollten sich also immer genau nach der Datenherkunft und Datenaktualität von E-Mail-Adressen vor entsprechender Anmietung erkundigen.

Datenerhebung entscheidet über Adressqualität

Ein anderes Phänomen ist, dass aufgrund der geringen beziehungsweise weitestgehend mengenunabhängigen Kosten im Bereich E-Mailing Unternehmen dazu tendieren, große Adressmengen anzumieten und Streuverluste billigend in Kauf nehmen.

Das verschlechtert einerseits die direkte Response auf E-Mailing-Kampagnen, andererseits empfinden Konsumenten diese Werbebotschaften nicht als Mehrwert.

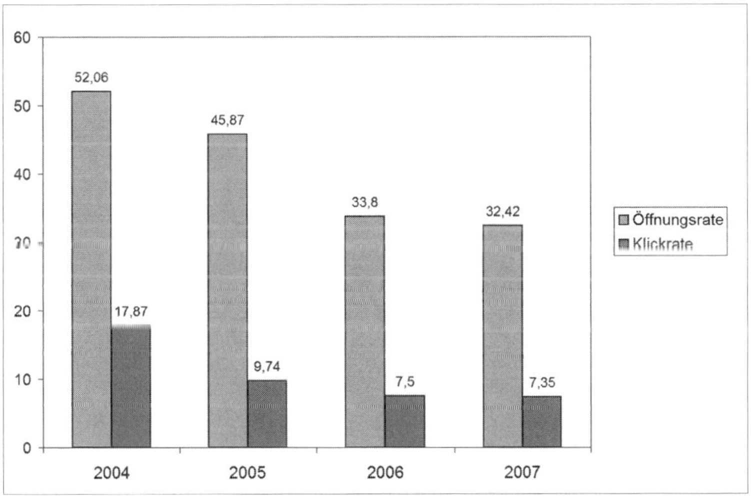

Abb. 2: Entwicklung von Öffnungs- und Klickraten in Deutschland 2004-2007 (Quelle: Newsmarketing Statistik aus Oktober 2007)

Setzen sich diese Trends fort, wird es zukünftig immer schwerer werden, Konsumenten-Opt-ins für Werbe-E-Mailings einzuholen. Andererseits könnten sich Responses so sehr verringern, dass definierte Response-Kosten nicht mehr erreicht werden.

Dienstleistungsunternehmen, Verbände und Auftraggeber müssen durch ihr sorgfältiges Verhalten gemeinsam daran arbeiten, dass die Qualität des Werbekanals E-Mailing erhalten bleibt. Nur dann können gute Response-Raten dauerhaft erzielt werden und nur dann wird der Werbekanal E-Mailing weiter an Bedeutung gewinnen.

Abschließend finden Sie hier die wichtigsten Empfehlungen für erfolgreiche E-Mailing-Kampagnen:

- Zielgruppen definieren,
- Angebote über Listeigner beziehungsweise Listbroker einholen,
- Adressherkunft und Adressaktualität verifizieren,
- Datenabgleich für überschneidungsfreie Versände vornehmen,
- Reporting Kennzahlen erläutern lassen und Onlinezugang für Reportingtool beantragen,
- Kosten pro Response mit entsprechenden Briefmailings vergleichen.

Literatur

[1] www.destatis.de; Statistisches Bundesamt; Wiesbaden

EINEN E-MAIL-ADRESSVERTEILER RECHTSSICHER AUFBAUEN

RENÉ KULKA

Der Aufbau des eigenen Adressbestandes ist nicht von heute auf morgen zu realisieren, sondern erfordert Geduld und Know-how. Letzteres vor allem in rechtlicher Hinsicht, denn E-Mail-Marketing funktioniert nur dann, wenn die Adressaten Ihnen den Empfang Ihrer E-Mails vorher erlaubt haben. Versenden Sie unbestellte E-Mails, weil die Erlaubnis nicht rechtskonform oder gar nicht vorhanden ist? Sie fügen sich durch Abmahnungskosten, Imageeinbußen, E-Mail-Zustellungsprobleme mehr Schaden zu. Die gute Nachricht: Mit dem notwendigen Wissen um die rechtlichen Rahmenbedingungen und einer geeigneten Strategie zur Abonnentengenerierung ist der Verteileraufbau für Sie ein Leichtes. Im Folgenden finden Sie die nötigen Informationen, um Ihren eigenen Verteiler aufzubauen. So können Sie in Kürze das besonders effiziente Medium „E-Mail" im Rahmen Ihrer Marketing-Aktivitäten nutzen.

Rechtliche Grundlagen der Einwilligung

Ausdrückliche Einwilligung sowohl bei privaten wie auch geschäftlichen Empfängern erforderlich

Die Zusendung von Werbe-E-Mails und Newslettern ist im privaten sowie geschäftlichen Bereich nur bei vorheriger Einwilligung erlaubt [1]. Versenden Sie ohne Einwilligung, handeln Sie unlauter gegenüber anderen Marktteilnehmern und belästigend gegenüber dem E-Mail-Empfänger. Basis für den Aufbau eines Newsletterverteilers ist die **ausdrückliche Einwilligung** der Empfänger, E-Mails von Ihnen zu erhalten.

Die Einwilligung ist ausdrücklich, wenn sie zum einen **aktiv** herbeigeführt wurde. Also durch eine Aktion des Interessenten, wie zum Beispiel das Setzen eines Ankreuzhäkchens im Anmeldeformular oder in einem Rückfax. Zum anderen muss die Einwilligung **bewusst** abgegeben werden, damit sie ausdrücklich ist. Somit reicht es nicht aus, diese etwa in den Allgemeinen Geschäftsbedingungen (AGB) oder in kontrastarmen Fließtext zu verklausulieren. Statt dessen müssen bei der Anmeldung Thema sowie Erscheinungsweise des Newsletters soweit wie möglich transparent kommuniziert werden. Zudem muss die Einwilligung losgelöst von allen anderen Zustimmungen, also durch ein separates, eigenes Ankreuzkästchen eingeholt werden.

Über die ausdrückliche Einwilligung hinaus gibt es Fälle, bei denen Sie eine Einwilligung annehmen können (die so genannte mutmaßliche oder **konkludente Einwilligung**). Haben Sie beispielsweise einer Person Waren oder Dienste verkauft, dürfen Sie ihr Werbung für **ähnliche Waren und Dienste** aus Ihrem Sortiment schicken [2]. Was hierbei allerdings „ähnlich" ist und was nicht, entscheidet im Zweifel der Richter. Neben dieser Ausnahmeregelung gibt

http://www.marketing-boerse.de/Experten/details/Rene-Kulka

es weitere **Einzelfallentscheidungen**, bei denen ein E-Mail-Empfänger zum Beispiel aufgrund seines Geschäftes mit der Zusendung bestimmter E-Mails rechnen muss [3]. Wegen der rechtlichen Unsicherheit bei der Mutmaßung einer Einwilligung sollten Sie diese nach Möglichkeit stets ausdrücklich einholen.

Formen der elektronischen Einwilligung (Opt-in)

Es existieren verschiedene Varianten elektronischer Einwilligungen. Verboten in Deutschland ist das **Opt-out-Verfahren** („wahlweise Austragung"). Hierbei würde vom E-Mail-Versender zunächst generell eine Einwilligung angenommen. Der User kann diese durch Entfernen eines automatisch gesetzten Häkchens bei der Anmeldung oder erst später in der E-Mail durch Klick auf den Abmelden-Link widerrufen. Auch die konkludente Einwilligung, die als **modifiziertes Opt-out** oder als **Soft-Opt-in** bezeichnet wird, ist – wie im vorangegangenen Abschnitt beschrieben – nicht zu empfehlen.

Beim **Single-Opt-in-Verfahren** („einfache Eintragung") trägt ein Besucher eine E-Mail-Adresse in Ihr Onlineformular für die Newsletteranmeldung ein. Problem: Ob tatsächlich der Besitzer der E-Mail-Adresse oder ein Dritter diese eingetragen hat, um möglicherweise den Besitzer mit Spam zu belästigen. Dies können Sie im Falle eines Falles nur schwer nachweisen. Das **Confirmed-Opt-in**-Verfahren („bestätigte Eintragung") ergänzt Single-Opt-in um eine Bestätigungs-E-Mail über die Eintragung in den Newsletterverteiler. Falls ein Dritter die Adresse eingetragen hat, kann sich der Besitzer idealerweise nun wieder austragen. Allerdings wäre in diesem Fall bereits die Willkommens-E-Mail Spam. Trotz der Problematik besitzt das Confirmed-Opt-in Verfahren eine hohe Verbreitung.

Double-Opt-in ist die rechtlich sicherste Variante der Einwilligung

Die rechtlich sicherste Variante ist die doppelte Eintragung (**Double-Opt-in**). Hierbei erhält der Interessent nach seiner Eintragung eine **Aktivierungs-E-Mail**, in der er nochmals per Mausklick auf einen **Bestätigungslink** das Newsletterabonnement bewahrheiten muss. Bleibt die Bestätigung aus, erhält der Adressat keine weiteren E-Mails. Vorteil: Da nur der tatsächliche Besitzer der E-Mail-Adresse diese bestätigen kann, wird Spam wirksam vorgebeugt. Nachteil: Das Wachstum Ihres Verteilers kann leiden. Denn möglicherweise wird die Aktivierungs-E-Mail nicht zugestellt (Spam-Filter), der Bestätigungslink ist nicht anklickbar (zum Beispiel durch einen Zeilenumbruch im Link). Auch kann die E-Mail-Bestätigung vergessen werden oder der Prozess wird nicht verstanden („Warum soll ich mich doppelt anmelden?").

Weisen Sie daher bei der Registrierung gezielt darauf hin, dass die Newsletter-anmeldung zur Missbrauchsvorbeugung noch in einer Aktivierungs-E-Mail bestätigt werden muss, damit diese wirksam wird. Weisen Sie ferner darauf hin, dass die Aktivierungs-E-Mail eventuell fälschlicherweise in den Spam-Ordner aussortiert werden könnte.

Keine Werbung in der Aktivierungs-mail

Die Aktivierungs-E-Mail darf **keinerlei Werbung** enthalten. Sie sollte zudem die **Details der Einwilligung**, wie Newsletterthema und -frequenz, Datenschutz und Kündigungsmöglichkeit (siehe nächster Abschnitt) erneut beinhalten, damit die Einwilligung bewusst erfolgt.

Weitere, wichtige Rechtsvorschriften

Generell muss Ihr Newsletterservice **anonym** nutzbar sein und Sie dürfen nur so wenige persönliche Daten erheben, wie für den Versand nötig sind („**Datensparsamkeitsgebot**") [4]. Daher darf bei der Newsletteranmeldung nur die E-Mail-Adresse **Pflichtangabe** sein. Alle anderen persönlichen Daten müssen **freiwillige Angaben** sein, bei denen jeweils auch die **Zweckbestimmung** angeführt werden sollte (zum Beispiel Anrede und Name für eine persönliche Anrede oder Postleitzahl für spezielle Angebote der nächstgelegenen Filiale). Zudem sollte bei der Newsletteranmeldung ein Hinweis auf die **Datenschutzerklärung** platziert werden. In dieser wird dem Abonnenten die Verarbeitung und Nutzung sowie sein Anspruch auf Sperrung, Löschung sowie Auskunft bezüglich der gespeicherten Daten kommuniziert.

Einwilligung muss protokolliert werden

Die Einwilligung und deren Inhalt müssen **protokolliert** werden [5]. Speichern Sie hierzu in der Datenbank alle Vorgänge, die die Einwilligung betreffen, beim betreffenden Datensatz ab. Hierunter fallen Internet Protokoll (IP)-Adresse, Datum, Uhrzeit und Website bei einer Anmeldung über ein Onlineformular. Auch Ort, Medium und Gesprächspartner nach einem Telefonat oder Messebesuch können protokolliert werden. Der E-Mail-Empfänger hat jederzeit einen Auskunftsanspruch über die Einwilligung und seine gespeicherten Daten („In was wurde wann, wo und womit eingewilligt?"), dem Sie nachkommen können müssen [6].

Ferner hat der Abonnent jederzeit ein **Widerrufsrecht** bezüglich seiner Einwilligung [7]. Auf dieses Recht müssen Sie bei der Erhebung der Einwilligung – sowohl bei ausdrucklicher als auch bei mutmaßlicher – bereits **hingewiesen** haben, andernfalls ist diese nicht rechtskonform. Fügen Sie jeder E-Mail einen **Abmelden-Link** hinzu, der eine einfache Kündigungsmöglichkeit (maximal zwei Klicks und keine Hürden wie Kosten oder ein Login) einräumt. Die Abmeldemöglichkeit über eine Antwort-E-Mail sowie weitere Kanäle (Post, Telefon) ist darüber hinaus empfehlenswert. Die Bearbeitung einer Abmeldung sollte ab Eingang nicht länger als 24 Stunden dauern. Bitte versenden Sie **keine Kündigungsbestätigung** per E-Mail, da diese nach der Abmeldung bereits als Belästigung aufgefasst werden könnte. Zudem sind nach der Abmeldung persönliche Daten des Betroffenen, die nicht mehr benötigt werden zu **löschen** beziehungsweise zu sperren.

Quellen für die Abonnentengenerierung

Prinzipiell kann jeder Kontakt mit bestehenden Kunden und potenziellen Interessenten als Gelegenheit für die Generierung eines Abonnenten aufgefasst werden. Die gängigste Variante ist ein Hinweis auf der **Website**: eine prominente

Platzierung auf der Homepage ist quasi Pflicht, eine einfache Erreichbarkeit über Unterseiten darüber hinaus empfehlenswert. Hierbei bietet sich ein Punkt „Newsletter" in der Website-Navigation oder ein Ankreuzkästchen an markanten Stellen, wie zum Beispiel nach einer Bestellung im Shop an. Wer die Newsletteranmeldung noch stärker in den Blickpunkt rücken möchte, kann mittels eines Pop-Up-Fensters, das sich automatisch öffnet, oder über eine Layereinblendung (vergleiche Abb. 1) auf den Newsletter hinweisen. Vorsicht: Machen Sie dabei allerdings auf keinen Fall die Newsletter-Anmeldung zur Voraussetzung für die Nutzung Ihrer Webseite – die Preisgabe von persönlichen Daten als Nutzungsvoraussetzung für einen Teledienst ist rechtlich verboten („Koppelungsverbot") [10].

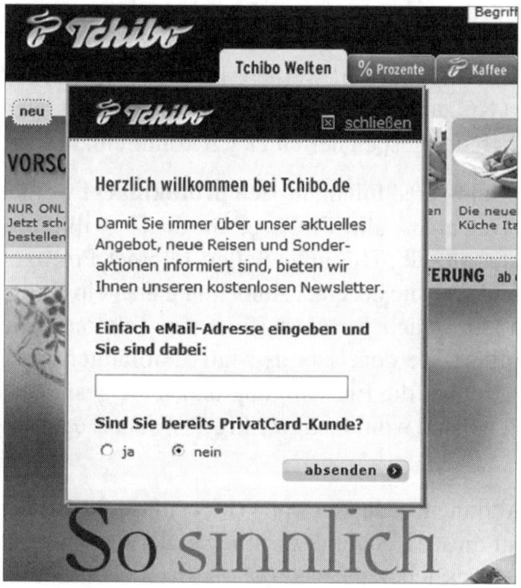

Abb. 1: Beispiel eines gelungenen Onlineformulars zur Newsletterregistrierung in einem Layer (Quelle: www.tchibo.de).

Überall auf die Newsletteranmeldung hinweisen

Weisen Sie in Ihrer **E-Mail**-Signatur mit einem passenden Link auf die Newsletteranmeldung hin. Fügen Sie die Signatur zusätzlich den Nachrichten hinzu, die Sie etwa über Xing versenden, erschließen Sie diese Potenziale ebenfalls. Und auch automatisch generierte E-Mails, wie zum Beispiel die Abwesenheitsnotiz bergen weiteres Potenzial, das Sie nutzen sollten.

Erzeugen Sie über **Anzeigenschaltungen** Aufmerksamkeit für Ihr Newsletterangebot. Hierfür bieten sich in erster Linie thematisch ähnliche Newsletter etwa für einen Anzeigentausch (Barter) an. Auch ein Stand-Alone-Mailing, das allein Ihre Anzeige zum Inhalt hat, kann lohnenswert sein. Des Weiteren können Sie über Google Adwords Schaltungen zu Suchbegriffen ausprobieren, die zu Ihrem Newsletter passen. Und schließlich existieren verschiedene Möglichkeiten, **Verweise** auf Ihr Newsletterangebot zu lancieren, sei es durch

Newsletterverzeichnisse im Netz, durch Gastbeiträge in Weblogs oder durch einen Link in Ihren Foren-Signaturen.

Persönliche Empfehlungen von Meinungsführern genießen höchste Akzeptanz. Nutzen Sie dies und bedanken Sie sich bei Ihren Newsletter-Abonnenten gezielt für eine **Weiterleitung** oder **Empfehlung** an Freunde und Bekannte. Dies mit dem Ziel, über Mund-zu-Mund-Werbung weitere Abonnenten zu erhalten. Hierbei können Sie auch Weiterleitungen in **soziale Netzwerke** wie etwa Twitter oder MySpace forcieren [8]. Und auch umgekehrt kann gegebenenfalls die Facebook-Fangruppe zu Ihrem Unternehmen hilfreich sein, um auf Ihren Newsletter aufmerksam zu machen.

Empfehlungen wirken am stärksten

Treten Sie als so genannter **Co-Sponsor** eines Projektes zur Datengenerierung auf (zum Beispiel bei einem Gewinnspiel). Veranstalter und „Mit-Sponsoren" teilen sich die Nutzungsrechte an den Daten und die – durch Verbundvorteile günstigeren – Kosten für die Generierung. Platzieren Sie ferner Ihr Newsletter-abonnement im Rahmen einer **Co-Registrierung** im Registrierungsformular eines anderen, thematisch passenden Basisservices. Der interessierte User nimmt Ihr Newsletter-Abonnement dann bei der Registrierung für den Basisservice einfach als „Mit-Registrierung" per Mausklick mit.

Natürlich sollten Sie auch versuchen, geeignete **Offlinekontakte** in Newsletter-abonnenten umzuwandeln. Auch wenn hier ein Medienbruch vorliegt: versuchen Sie hierbei primär, auf die eigenständige Onlineanmeldung des Kontaktes abzuzielen. Hierdurch sparen Sie Aufwand für die Dateneingabe und (Papier)-Archivierung ein. Ferner wird die Protokollierung der Einwilligung so automatisiert und vereinfacht. Fehler bei der manuellen Eintragung werden vermieden und die Bestätigungs-E-Mail wird automatisch versandt und erreicht den Abonnenten somit zeitnah.

Nutzen Sie zum Beispiel Kopf- oder Fußzeilen Ihrer **Briefe** und **Faxe**, wie auch über ein gezieltes Nachfragen am Ende jedes **Telefonats** von Ihrer Seite oder seitens Ihrer Mitarbeiter. Je nach Adressatenkreis eignen sich auch klassische **Direktmailings**, um per Hinweis auf die Newsletterseite, per unterschriebenem Rückbrief oder -fax Abonnenten zu generieren. Sammeln Sie ferner Adressen in persönlichen Gesprächen per **Visitenkarte**, über **Listen** auf Veranstaltungen (zum Beispiel Seminare), über ausgefüllte **Kärtchen** am Verkaufsort, auf Messen oder als Produktbeilagen.

Print-kommunikation nutzen

Warnung: Machen Sie nicht den Fehler, Ihre Kontakte „einfach so", das heißt ohne explizite Einwilligung in den Newsletterverteiler einzutragen. Beantworten Sie sich die Frage, ob der Kontakt einen Newsletter von Ihnen erwartet, oder ob dieser überraschend käme. Wenn Sie sich unsicher sind, fragen Sie lieber vorher per Brief oder – bei Geschäftskunden – telefonisch noch einmal nach. Ferner empfiehlt es sich gerade bei der Einwilligung, die nicht auf elektronischem Wege gegeben wurde, schnellstmöglich eine Bestätigungs- beziehungsweise Willkommens-E-Mail über das Newsletterabonnement zukommen zu lassen, damit die ungenutzte Einwilligung nicht gedanklich oder sogar rechtlich **nach zwei Jahren verfällt** [9].

Weitere Praxis-Tipps

„Newsletter“ ist ein gängiger Begriff

Sorgen Sie dafür, dass die Newsletteranmeldung auf der Webseite einfach zu finden ist. Dies betrifft sowohl Platzierung als auch Aussehen. Puristen mögen ihn gerne als „Neuigkeitenbrief“ oder „Infoletter“ bezeichnen. Aber der Begriff „**Newsletter**“ ist gängig und wer einen solchen Service beziehen möchte, dem fällt dieses Wort ins Auge beziehungsweise der sucht hiernach. Ferner sorgt ein Textfeld für die Eingabe der E-Mail für Aufmerksamkeit und Wiedererkennung.

Die Erhebung von Profildaten ist ein Spagat zwischen Qualität und Quantität. Die Qualität steigt mit der Anzahl der verfügbaren Merkmale wie Alter oder Interessen. Je mehr Informationen verfügbar sind, desto zielgerichteter können Ihre E-Mails sein. Allerdings ist die Datenmenge wiederum stark abhängig von der Anzahl der Felder im Onlineformular. Je **kürzer** das Anmelde-Formular wirkt, desto höher ist die Bereitschaft, sich einzutragen und desto schneller wächst somit Ihre Datenbasis. Fragen Sie nur die Daten ab, die Sie unbedingt benötigen und nutzen. Zusatzinformationen können optional im Nachhinein auf der letzten Seite der Registrierung oder über die Einstellungen, die gegebenenfalls aus dem Newsletter heraus aufrufbar sind, erhoben werden.

Stellen Sie von Beginn an eine **perfekte Datenqualität** sicher, um Problemen im Nachhinein vorzubeugen. Prüfen Sie bei der Erfassung der E-Mail-Adresse, ob diese dem Standard entspricht und zum Beispiel genau ein @-Zeichen sowie keine unerlaubten Zeichen (Leerzeichen, Umlaute, Sonderzeichen) enthält. Kontrollieren Sie ebenso, ob die Domain hinter dem @-Zeichen existiert („anpingen“) und ob sich die E-Mail-Adresse nicht bereits in Ihrer Datenbank befindet (Dubletten-Check). Zur Vereinheitlichung der Daten empfiehlt sich im Onlineformular bei der Newsletteranmeldung der Einsatz vordefinierter Auswahllisten statt Freitextfeldern, wo dies möglich ist. Erheben Sie also die Anrede mit „Herr“ und „Frau“ als Auswahlmöglichkeiten und verfahren Sie bei Land, Geburtstag oder Region analog.

Nutzen kommunizieren

Kommunizieren Sie prägnant den **Nutzen** Ihres Newsletters. Dies können zum Beispiel Vorabinformationen über neue Produkte, exklusive Vergünstigungen oder themenspezifisches Know-how sein. Besonders attraktiv wirken **Anreize** wie Downloads oder Gewinnchancen. Diese bergen allerdings die Gefahr, dass die Anmeldungen nur wegen des kurzfristigen Anreizes und nicht wegen eines nachhaltigen, langfristigen Interesses an Ihrem Newsletter erfolgen.

Menschen neigen dazu, andere zu imitieren. Nutzen Sie Testimonials, um zu **überzeugen**. Dies kann etwa in Form von Expertenmeinungen, Aussagen Ihrer Kunden oder allgemein zielgruppentypischer Personen geschehen, mit denen sich der Interessent identifiziert. Ebenfalls überzeugend sind konkrete Zahlen, die den Wert des Newsletters verdeutlichen. Schreiben Sie zum Beispiel, welchen Betrag in Euro Sie im vergangenen Jahr durch den Newsletter einsparten. Oder nennen Sie stellvertretend für eine hohe Nachfrage die Zahl derjenigen, die sich bereits für den Bezug Ihres Newsletters entschieden haben. Beweisen Sie den

Wert des Newsletters, indem Sie transparent die vergangenen Ausgaben über die Webseite für Besucher zur Verfügung stellen.

Individuelle Anmeldeseiten wirken besser

Nutzen Sie Informationen über Ihre Website-Besucher, um **passgenaue Anmeldeformulare** auszuliefern. Beispielsweise können Sie für jede AdWords-Anzeige eine eigene Anmeldeseite erstellen, die die Suchbegriffe Ihrer Anzeige aufgreift. Gleiches kann auch für Besucher von Websites, die auf Ihre Seite verweisen. Anhand des so genannten Referrers können Sie die verweisende Seite ermitteln und so Ihre Seite dynamisch angepasst anzeigen. Wer über „forum.fische.de" auf Ihre Seite kommt, kann einen anderen Anmeldetext angezeigt bekommen als der, der über die Seite „hundeshop.de" zu Ihnen gelangt.

Checkliste: die fünfzehn wichtigsten Dinge

❑ Kommt Ihr Newsletter für keinen Empfänger überraschend sondern wird er stattdessen erwartet?

❑ Liegt Ihnen für jeden E-Mail-Empfänger eine rechtlich gültige Einwilligung darin vor, E-Mails zuzusenden (Business-to-Consumer und Business-to-Business)?

❑ Kann jede Einwilligung – egal ob diese online oder offline erteilt wurde – nachgewiesen werden?

❑ Wurde jede Einwilligung aktiv („Häkchen setzen") erteilt?

❑ Wurden Thema, Frequenz, Datenverarbeitung und Abbestellmöglichkeit bei der Anmeldung klar kommuniziert?

❑ Ist klar, dass bei der Anmeldung nur die E-Mail-Adresse eine Pflichtangabe ist?

❑ Werden nur solche Daten erfasst, die auch wirklich benötigt und genutzt werden?

❑ Ist klar, dass die Anmeldung in einer Aktivierungs-E-Mail noch bestätigt werden muss (Double Opt-in)?

❑ Ist die Aktivierungs-E-Mail frei von Werbung?

❑ Sind über die Aktivierungs-E-Mail erneut die einwilligungsrelevanten Informationen zugänglich?

❑ Ist eine Abmeldung jederzeit einfach, zügig und ohne Hindernisse möglich?

❑ Ist der „Newsletter" Hinweis prominent an allen wichtigen und sinnvollen Stellen auf Ihrer Webseite platziert?

❑ Wird der Nutzen des Newsletters herausgestellt?

❑ Kommen weitere Hinweise auf den Newsletter in Frage, wie zum Beispiel Ihre E-Mail- oder Forensignaturen oder Newsletterverzeichnisse?

❑ Gibt es eine Qualitätskontrolle bei der Datenerfassung?

Literatur

[1] § 7 Abs. 2 Nr. 3 Gesetz gegen unlauteren Wettbewerb (UWG).

[2] § 7 Abs. 3 UWG.

[3] Vergleiche zum Beispiel BGH Urteil vom 17.07.2008 mit Aktenzeichen: I ZR 75/06 – Gewerbliche Nachfragen und Ankaufangebote per Telefax und E-Mail.

[4] § 3a Bundesdatenschutzgesetz (BDSG) sowie § 13 Abs. 6 Telemediengesetz (TMG).

[5] § 13 Abs. 2 TMG.

[6] § 13 Abs. 7 TMG.

[7] § 13 Abs. 2 Nr. 4 TMG.

[8] http://emailmarketingtipps.wordpress.com/2009/03/10/email-share-to-social-facebook-und-myspace/: Praxis: Newsletter auf Facebook und MySpace teilen.

[9] LG Berlin Urteil vom 02.07.2004 mit Aktenzeichen: 15 O 653/03 – Zeitliche Geltungsdauer einer Einwilligungserklärung.

[10] § 12 Abs. 3 TMG.

http://www.eco.de/dokumente/Richtlinie_OnlineMarketing_2009.pdf: eco Richtlinie für zulässiges Online-Marketing, 3. Auflage 2009.

http://www.advisign.de/webdesign-recht/2009-04/rechtliche-fallstricke-im-email-marketing:Rechtliche Fallstricke im E-Mail-Marketing.

KONZEPTION UND REALISIERUNG EINES NEWSLETTERS

YVONNE PERDELWITZ

Unternehmen wissen meist recht genau, was sie mit einem Newsletter erreichen möchten. Dies reicht von Kundenbindung bis zu Direktverkauf. Die Kunst einer guten Newsletter-Gestaltung ist jedoch, Leser zu binden und deren Interesse dauerhaft zu halten. Ist der Abonnent „genervt" oder fühlt er sich nicht angesprochen, so ist es schwierig, ihn zurück zu gewinnen. Deswegen sind ein gutes Newsletterkonzept und eine saubere Realisierung wichtig.

Leserbindung ist oberstes Ziel

Grundlage und Zielgruppe: Abonnentendatenbank

Der Anfang ist zäh und datenlastig: Wer ist im bestehenden Verteiler enthalten? Ist die Zielgruppe einheitlich oder bietet es sich an zu segmentieren? Habe ich bei allen Datensätzen einen Ansprechpartner? Ist der Nachname korrekt formatiert, also der erste Buchstabe groß, der Rest klein? Welche weiteren Informationen habe ich über meine Kunden, die sich für eine weitere Personalisierung oder Segmentierung eignen?

Gewöhnlich steht am Anfang eine **Analyse und Überarbeitung des Verteilers**: Anpassung der Schreibweise, Recherche der Ansprechpartner, Einteilung in Zielgruppen, etwa nach Produktkauf, Sprache, Branche, Region, Alter oder Geschlecht.

Das Arbeitsmittel: Mailing-Software

Unabdingbare Grundlage ist eine professionelle Mailing-Software, die einige Funktionen aufweisen muss: Eine gute Software sollte ein gutes Adressmanagement haben. Dies umfasst den einfachen Im- und Export von Dateien und die Möglichkeit nach verschiedenen Kriterien Dubletten abzugleichen. Außerdem ein funktionierendes und frei konfigurierbares An- und Abmeldemanagement, ein gutes Bounce- (Rückläufer-)Management und die Möglichkeit, Zielgruppen nach verschiedenen Kriterien zu bilden. Darüber hinaus ist eine HTML-/Plain-Text-Template-Funktion für den HTML-ungeübten User vorteilhaft. Eine Übersicht über die Leserreaktionen durch die Auswertung von Öffnungs- und Klickrate bietet die Möglichkeit der Kampagnenüberprüfung.

Ein gutes Adressmanagement ist unabdingbar

http://www.marketing-boerse.de/Experten/details/Yvonne-Perdelwitz

ASP oder Lizenzsoftware?

Eine **Application Service Provider(ASP)**-Lösung oder eine eigene **Softwarelösung**? Mit einer ASP-Lösung erspart man sich gegenüber einer eigenen hausinternen Lösung viel Arbeit und auch so manchen Ärger mit Hard- und Software. Kalkuliert man die Arbeitszeit mit ein, so sind ASP-Lösungen meist kostengünstiger.

Die meisten großen deutschen Software-Anbieter sind in der **C**ertified **S**enders **A**lliance (CSA) und bei den großen E-Mail-Providern in einer Positivliste als „No-Spam" white gelistet. Sie stehen außerdem im kontinuierlichen Kontakt mit diesen. Das bedeutet konkret, dass **auf Providerebene** die **Massen-E-Mails durchgestellt** werden. Für Sie bedeutet das, dass durch die Zusammenarbeit mit einem professionellen Software-Anbieter die unumgängliche Kommunikation mit den E-Mail-Service-Providern entfällt. Auch muss nicht bei jedem Provider ein Testaccount eingerichtet und die Zustellbarkeit jedes Mailings getestet werden.

Nur mit zertifizierten Versendern zusammenarbeiten

Außerdem bieten einige große Lösungen, wie zum Beispiel mailingwork/pn.mail, schon einen integrierten **Spamfilter- und Zustellbarkeitstest** an. Inklusive ist eine Vorschaufunktion in allen relevanten Webmailern und E-Mail-Clients. Kleine Screenshots zeigen, wie das jeweilige Mailing in den Posteingängen dargestellt wird, von Strato über Outlook 2007 bis hin zum „Problemkind" Lotus Notes. So wird sichergestellt, dass Ihre Mailings bei den Abonnenten sicher und gut ankommen.

Strukturierung: Der inhaltliche Aufbau

Ein Newsletter sollte nicht länger als etwa eineinhalb Seiten sein. Gewöhnlich werden deswegen die Inhalte nur mit einem Kurztext „angeteasert" und auf Webseiten weiter ausgeführt. Hilfreich für die kontinuierliche Themenfindung ist es, sich im Vorfeld einen Aufbau zu überlegen. Ihre Themenrubriken sollten Sie dann an gleicher Stelle im Newsletter belassen, damit der Leser bei jeder neuen Ausgabe seine Lieblingsthemen sofort wiederfindet. Und nicht zu vergessen: das Wichtigste sollte oben platziert sein – vermeiden sollte man daher zu große Bildheader und Anredetexte. Kommen Sie zum Punkt.

Relevante Inhalte sind Grundvoraussetzung

Unsere Erfahrung zeigt, dass eine gewisse Themenvarianz gut ankommt. **Welche Themen Sie konkret nutzen können?** Natürlich Ihre eigenen Produkte. Liegen Informationen zum Kaufverhalten und/oder der Branche der Zielgruppe vor, bietet es sich an, diese zu nutzen und Produkte zielgruppengenau zu platzieren. Auch Referenzen und wichtige Brancheninformationen können für den Leser interessant sein. Um die Mischung abzurunden, bietet sich etwas Persönliches aus dem Unternehmen an. Mitarbeiter- oder Abteilungsvorstellungen mit Bildern und direkten Ansprechpartnern werden gut angenommen. Oder schaffen Sie eine für Ihre Leser passende Serie: eine Wissensreihe, Lieblingsprodukte, Kurioses aus der Branche oder Ähnliches. Im Endkundenbereich oder auch bei großen

Geschäftskundenverteilern können Gewinnspiele oder Umfragen mit direkter Ergebnispräsentation sinnvoll sein.

Usability und Lesbarkeit: Das Newsletter-Template

An erster Stelle stehen Lesbarkeit und eine eingängige Leserführung. Achten Sie darauf, dass sich die Schrift gut vom Hintergrund abhebt und nicht zu klein ist. Sind die Hyperlinks deutlich als solche zu erkennen? Ein gutes Text-Bild-Verhältnis unterstreicht die Kernaussagen und ist ansprechend.

Eingeschränkte HTML-Möglichkeiten

Eine E-Mail ist keine Website. Um die korrekte Darstellung in allen E-Mail-Clients und Webmailern zu gewährleisten, gilt es bei der **Programmierung** verschiedene Parameter **zu beachten**. Beispielsweise erkennen viele Webmailer keine **CSS-Stile** (Cascading Style Sheets) oder Hintergrundfarben, bei zu breiten Newslettern wird der rechte Rand „abgeschnitten“. Falls möglich, lassen Sie sich ein HTML/Plaintext-Template von einer spezialisierten Agentur erstellen. Möchten Sie Ihren Hausgrafiker mit dem Grafikentwurf für die Programmierung beauftragen, sollte er Folgendes beachten:

- Breite nicht mehr als 650 px,
- möglichst dunkle Schrift auf hellem Hintergrund,
- Standardschriftart wählen, die jeder auf seinem PC hat.

Die **Template-Funktionen** in den Mailing-Softwares sind schon recht weit gediehen. Meist können **flexibel Inhaltsbausteine** zusammengestellt werden, so dass der Newsletter variabel gestaltet werden kann. Der Benutzer benötigt für die Bedienung keine HTML-Kenntnisse. Wechselt Ihr Design regelmäßig, haben Sie auch die Möglichkeit eine Software-/E-Mail-Marketing-Agentur zu wählen, die Services mit anbietet. Diese stellt Ihnen dann jeweils die Inhalte in HTML und Plaintext ein oder überprüft zumindest noch einmal final den HTML-Quelltext.

Manchmal menschelt es: Personalisierung

Der Newsletter mag noch so schön gestaltet sein, sind die Inhalte für den Leser nicht relevant, wird er ihn spätestens beim dritten Empfang nicht mehr lesen oder sogar abbestellen. Je **zielgruppengenauer** Sie die **Inhalte des Newsletters** auf die Empfänger abstimmen, umso höher ist der Erfolg. Sie können unterschiedliche Newsletter für verschiedene Zielgruppen gestalten oder aber nur ein bis zwei Sparten „dynamisch“ auf die Empfängergruppen zuschneiden.

Abb. 1: Hier steht ein Mensch hinter dem Produkt. Aussage: Wir sind für Sie da.

Anschreiben von Personen kommen besser an

Darüber hinaus, hier noch ein paar **Tipps**, die hilfreich sein können: Im persönlichen Posteingang haben die meisten Empfänger lieber Post, die einen „menschlichen" Touch hat. Ein persönlicher Anredetext, eine glaubwürdig geschriebene Empfehlung. Unterstrichen werden kann diese persönliche Herangehensweise zum Beispiel dadurch, dass eine Person als Gesicht des Newsletters bestimmt wird und immer unterschreibt. Ein kleines Bild des Verantwortlichen im Anredetext lässt ihn greifbarer erscheinen. Auch die Absendeadresse und der Absendename müssen nicht unbedingt newsletter@firmaxy.de heißen.

Mit kleinen Mitteln lassen sich unter **Nutzung** vorhandener **Datenbankinformationen** Teile des Inhalts personalisieren. Die Anrede ist Standard, doch auch mit Städten lässt sich viel machen: „Freundliche Grüße nach München" zum Beispiel, statt nur „freundliche Grüße". Mittels Postleitzahlen können Veranstaltungen zielgenau angeboten werden und, immer gerne genutzt, sind Angaben zu Kaufdatum und Kaufverhalten. „Ihre letzte Buchung vom DATUM über PRODUKT ist schon eine Weile her, weswegen wir Ihnen heute dieses ANGEBOT vorstellen. Sicherlich ist es interessant für Sie?". Keine Frage, dass diese Informationen dann auch im Betreff, dem Eintrittsfenster zum Mailing, stehen sollten! „Ihr Kauf von PRODUKT am DATUM".

In manchen Bereichen bietet es sich auch an, **User Generated Content** zu verwenden und den Leser interaktiv einzubeziehen. Dies kann durch Leser-

Empfehlungen geschehen, Wikipedias, Forenbeiträge, Umfragen oder einfach nur „Ihre Frage an uns“. Hier sollte man auf Authentizität achten.

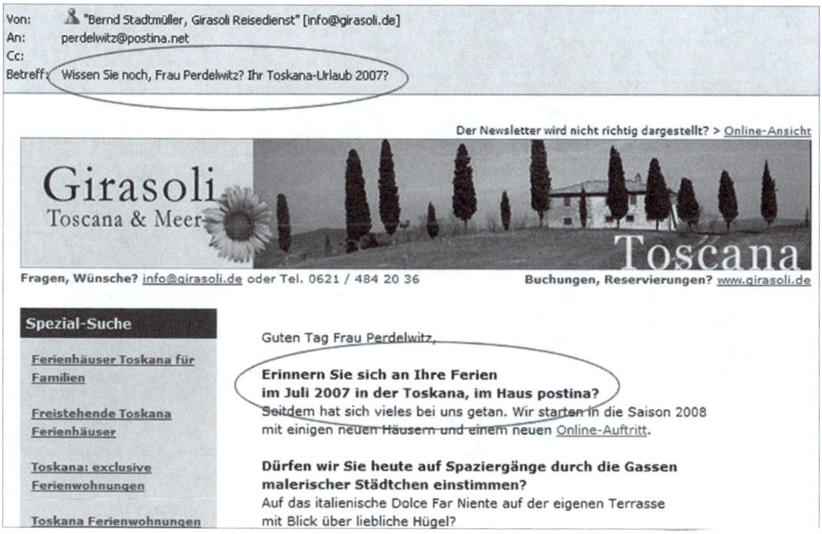

Abb. 2: Persönliche Ansprache in Betreff und Anrede: Wissen Sie noch, Frau Perdelwitz? Ihr Toskana-Urlaub 2007?

Kleine Geschenke und die Freundschaft

Bereits bei der Konzept- und Budgetplanung sollte man sich einige kleine Überraschungen und Goodies für seine Leser überlegen. Im E-Mail- und Onlinebereich gibt es vielfältige und zudem bezahlbare Möglichkeiten. Und genauso viele Gelegenheiten: Geburtstage des Kunden oder eigenes Firmenjubiläum, Weihnachten, Ostern, Valentinstag, Ferienbeginn, die Auswahl fällt schwer. Kostengünstig und trotzdem persönlich sind personalisierte E-Cards, bei denen der Name des Kunden grafisch in ein Foto integriert wird. Oder eine virtuell aufklappbare Karte, ein kleines Gewinnspiel, ein Fotowettbewerb oder einfach nur ein schön gestalteter exklusiver Gutschein oder auch einmal ein Gratisdownload. Denn kleine Überraschungen erhalten die Freundschaft und auch das Leserinteresse.

Gewinnung neuer Abonnenten: Newsletter-Werbung

Grundlegend ist eine Platzierung der Newsletteranmeldung an prominenter Stelle – möglichst schon auf der Startseite Ihrer Website – und eine prägnante Vorteilskommunikation. Was hat der Interessent vom Newsletter? Gut ist, wenn Sie direkt die Möglichkeit zum „Hineinschnuppern“ bieten, also den letzten Newsletter zur Ansicht bereitstellen oder ein Archiv gestalten.

Abb. 3: Bildpersonalisierung als Möglichkeit der persönlichen Ansprache. Copyright Originalfoto: Volker Derlath. Bearbeitung: postina.net.

Der Newsletter kann unterschiedlich beworben werden. Im selben Medium, also online, erzielt die besten Resultate: Durch Artikel in anderen Newslettern, Verlinkung auf Portalen, Onlinepressearbeit. Eine weitere Verbesserung der Anmelderaten erzielen Sie mit kleinen Incentives wie Gutscheine oder Gratis-Downloads. Darüber hinaus können Sie auf Ihren Newsletter in der E-Mail-Signatur, bei Gewinnspielen, auf Veranstaltungen et cetera aufmerksam machen.

Ist mehr wirklich mehr beim Versandrhythmus?

Sicherlich, mit manchen Aussagen muss man penetrieren. Dennoch, versenden Sie lieber seltener als zu häufig und nur, wenn Sie etwas mitzuteilen haben. Ist der Verteiler einmal verdorben, ist er schwierig zu reaktivieren.

Die Leser wählen ihren eigenen Rhythmus

Ein dennoch regelmäßiger Versand liegt auch in Ihrem eigenen Interesse. Sonst geht die Newsletter-Gestaltung in hektischen Zeiten im Tagesgeschäft unter. Ein Themenplan lässt sich im Vorfeld gut festlegen, auch Versandzeitpunkte lassen sich planen. Immer am ersten Dienstag im Monat zum Beispiel. Möchten Sie wöchentlich oder sogar täglich versenden, so bieten Sie dem Kunden im Profillink im Newsletter oder beim An- und Abmelden die Möglichkeit, einen anderen, langsameren Rhythmus zu wählen. So obliegt die Entscheidung ihm und Sie erreichen nicht nur sein Postfach.

Wann ist der optimale Versandzeitpunkt?

Diese häufig gestellte Frage ist schwer zu beantworten. Denn: es kommt auf die Zielgruppe an. Generell gilt im Geschäftskundenbereich in jedem Fall nicht am Wochenende und Freitag nachmittags. Außerdem nicht abends, wenn die meisten PCs schon aus sind und man im nächstmorgendlichen Spam untergeht. Privatkunden lesen ebenfalls oft ihre E-Mails während der Arbeitszeit, somit ist hier auch das Wochenende nicht empfehlenswert. Die meisten Studien empfehlen den Dienstag oder Mittwoch als Versandtag, doch wenn hier alle Newsletter versenden… Optimal: Testen Sie selbst, indem Sie Ihren Verteiler aufteilen und verschiedene Zeitpunkte ausprobieren.

Einige Rahmenzahlen zur Erfolgsbewertung

Bei der Erfolgsbewertung von Mailings spielen Zielgruppe und Adressqualität eine große Rolle, sowie insbesondere der Mehrwert von anklickbaren Inhalten für den Leser. Ein Onlineshop wird beispielsweise selten die Klickrate eines Fachartikels oder Gratisdownloads erreichen. Jedes Unternehmen sollte auf eigene Daten und Werte zurückgreifen, um die Erfolgsentwicklung seiner Mailings einzuschätzen, diese zu optimieren und den Bedürfnissen der eigenen Kunden anzupassen.

Allgemeine Anhaltswerte kann beispielsweise der Benchmark Report bieten, den die emarsys eMarketing Systems AG seit 2002 jährlich veröffentlicht. Die Zahlen für 2008 basieren auf Untersuchungen von mehr als 20.000 Business-to-Business- und Business-to-Customer-E-Mail-Kampagnen von emarsys im deutschsprachigen Raum. Die Studie ist die Größte in Deutschland und kann bereits auf langjährige fundierte Vergleichszahlen zurückgreifen.

Die durchschnittliche einfache Öffnungsrate bei HTML-Mailings liegt 2008 bei 30,24 Prozent. Gezählt wird, wie viele Empfänger die im Newsletter enthaltenen Bilder herunter geladen haben. Die Gesamtklickrate liegt bei 15,6 Prozent. Einfach haben 8,5 von hundert Empfängern durchgeklickt. Die Bounce-Rate ist bei ersten Mailings knapp acht Prozent, bei laufenden Mailings 2,86 Prozent. Die durchschnittliche Abmelderate liegt 2008 bei laufenden Mailings bei 0,38 Prozent, bei ersten Mailings bei 0,67 Prozent.

Agentur und Realisierung

Die Gestaltung eines guten Newsletters ist kein Hexenwerk. Es erfordert ein bisschen Überlegung, Planung und Ideenkraft und ist natürlich mit Arbeit verbunden. Die Zusammenarbeit mit einer spezialisierten Agentur kann fruchtbar sein und eine Entlastung bedeuten. Die wichtigsten Informationen müssen in jedem Fall von Ihnen kommen, doch die Agentur kann bei Datenbearbeitung, Textbearbeitung und der grafischen Gestaltung unterstützend und bereichernd tätig sein. Auch bei der Konzeption von Kampagnen ist eine professionelle Unterstützung ein Plus.

Überarbeiten des Newsletters durch Profis kann Wunder bewirken

Die meisten Agenturen bieten unterschiedliche Lösungen an, von reiner Konzeptberatung über Do-it-yourself-Lösungen verbunden mit technischem Support bis hin zu Full-Service. Sie schicken die Rohtexte und die Agentur überarbeitet diese, erstellt Newsletter und Landeseiten, entwirft ein Anschreiben und sendet Ihnen den Newsletter zur Freigabe und Korrektur zu. So müssen Sie sich gar nicht erst nicht in die Bedienung der Mailing-Software einarbeiten und können die professionellen Erfahrungen der Agentur für die Umsetzung Ihres Newsletters nutzen. Mittels eines Onlinezugangs haben Sie dennoch Zugriff auf Ihre Daten und natürlich auf die Erfolgsauswertung.

Literatur

emarsys eMarketing Systems AG: E-Mail-Benchmarks 2008. Durchschnittliche Response-Raten im Vergleich 2002-2008. www.emarsys.com, 2009.

WICHTIGE GRUNDLAGEN: FORMAT UND GESTALTUNG

SEBASTIAN BADENBERG

Text oder HTML? Online- oder Offline-HTML? Und was ist eigentlich Multipart? Erfolgreiches E-Mail-Marketing ist in erster Linie eine Frage des richtigen Formats. Es gibt einige Grundregeln, die Sie bei der Gestaltung eines erfolgreichen Newsletters unbedingt beachten sollten. Manche Regeln sind aber auch dazu da, um zum richtigen Zeitpunkt gebrochen zu werden.

Das Format Ihres Newsletters

Grundsätzlich können Sie beim Versand von Newslettern zwischen zwei Formaten wählen:. **Text-Newsletter** und **HTML-Newsletter**. Um es gleich vorweg zu nehmen: HTML-Newsletter sind im **B2C**-Umfeld (Business-to-Consumer) heutzutage Standard. Das belegen eindrucksvoll die Zahlen einer aktuellen Studie [1]. Hierbei wurden 40.421 Newsletter von 473 Versendern unter die Lupe genommen. Das Ergebnis: Knapp siebzig Prozent der Newsletter wurden im HTML-Format, knapp dreißig Prozent im Textformat verschickt. Das sieht auf den ersten Blick nach einem klaren Punktsieg für die HTML-Variante aus. Doch es gibt auch gute Gründe, beim Newsletter-Versand auf die „einfachere" Textvariante zu setzen.

Es gibt auch Gründe für die einfache Textvariante statt HTML

Vor- und Nachteile der beiden Formatvarianten:

Text oder HTML? Für welches Format entscheide ich mich? Diese Frage werden Sie früher oder später beantworten müssen. Gleich vorweg: Eine allgemein gültige Antwort gibt es nicht. Aus den einzelnen Vor- und Nachteilen der beiden Formatvarianten lassen sich aber Rückschlüsse auf das für Sie passende Format ableiten.

Die Vorteile eines Text-Newsletters

Die einfachste Form des Newsletters ist der Versand als Text-E-Mail, bestehend aus reinen **ASCII**-Zeichen (American Standard Code for Information Inter change). Text-Newsletter enthalten ausschließlich Textinformationen und keine weiteren Daten oder gestalterischen Elemente wie beispielsweise Fotos, Hyperlinks oder Grafiken. Sie haben dadurch eine sehr geringe Dateigröße, im Schnitt sieben Kilobyte [2]. Die geringe Größe sorgt für einen schnellen und kostengünstigen Versand. Ein weiterer Vorteil ist, dass reine Text-Newsletter weniger anfällig für Virenscanner und Spamfilter sind und daher sehr beliebt bei sicherheitsbewussten Empfängern sind. Auch viele Journalisten schätzen aufgrund der schlanken Strukturen diese reduzierte Form des Newsletters.

http://www.marketing-boerse.de/Experten/details/Sebastian-Badenberg

Comeback des Text-Newsletters

Viele E-Mails werden auf dem Smartphone gelesen

Darüber hinaus hat die zunehmende Zahl der mobilen Endgeräte besonders bei der Ansprache von Geschäftskunden für ein Comeback des Text-Newsletters gesorgt. Im **B2B**-Umfeld (Business-to-Business) lassen sich also durchaus Argumente für einen Text-Newsletter finden. Ein weiterer Sonderfall ist die Unix-Welt. Hier haben sich textorientierte E-Mail-Clients durchgesetzt. Somit ist ein nicht unerheblicher Teil der Empfänger gar nicht in der Lage, etwas anderes als Text-Newsletter darzustellen.

Die Nachteile eines Text-Newsletters

Die schlichte Aufmachung eines Text-Newsletters ist auch seine größte Schwachstelle. Die fast nicht vorhandenen Gestaltungsmöglichkeiten sind ein klarer Nachteil für werbliche Newsletter. Ohne grafische Elemente und Fotos ist beispielsweise eine emotionale Ansprache nur schwer möglich. Auch sind der Navigation innerhalb des Newsletters und der Verknüpfung mit Internetseiten durch die fehlende Möglichkeit, Hyperlinks einzubauen, enge Grenzen gesetzt. Ein weiterer Nachteil ist, dass sich der Erfolg von Text-Newsletter im Gegensatz zur HTML-Variante nicht umfassend messen lässt. So ist die statistische Auswertung der Öffnungsraten aus technischen Gründen nicht möglich.

Die Vorteile eines HTML-Newsletters

HTML-Mails erzielen meist höhere Klickraten

In einen HTML-Newsletter können Sie problemlos Hyperlinks, Bilder, Tabellen und Formatierungen einbauen. Im Gegensatz zum Text-Newsletter haben Sie hier einen viel größeren Gestaltungsspielraum. Sie können Ihre Zielgruppe optimal mit einer werblichen und emotionalen Ansprache erreichen. Durch eine konsequente Einhaltung des Corporate Designs und durch attraktivere Inhalte lässt sich eine höhere Klickrate und eine bessere Response erzielen. Und: Auch die statistische Auswertung der Öffnungsraten und die damit verbundene Erfolgskontrolle ist mit der Einbindung von Zählpixeln problemlos möglich.

HTML-Newsletter sind technisch anspruchsvoller

Übrigens: Vor zehn Jahren konnten nicht einmal ein Drittel aller Empfänger HTML-Mails lesen. Das hat sich glücklicherweise geändert. Heute sind achtzig bis neunzig Prozent aller Empfänger in der Lage, HTML-Newsletter zu lesen. Zwar ist es immer noch technisch anspruchsvoller, einen HTML-Newsletter unbeschadet zum Empfänger zu bringen, aber die Rahmenbedingungen dafür verbessern sich Tag für Tag [3].

Die Nachteile eines HTML-Newsletters

Der größere Gestaltungsspielraum – ein HTML-Newsletter hat im Schnitt 28 Hyperlinks und 14 Bilder [4] – macht sich in der zu transportierenden Datenmenge bemerkbar, die im Durchschnitt 64 Kilobyte beträgt [5]. Ein weiterer Nachteil ist die eingeschränkte Darstellbarkeit von HTML-Newslettern in manchen E-Mail-Programmen und Webmail-Systemen. Auch Filtersysteme reagieren sensibel auf HTML-Newsletter und schicken den Newsletter im schlechtesten Fall direkt in den Spam-Ordner.

HTML: Offline oder Online?

Beim Versand von HTML-Newslettern gibt es zwei Möglichkeiten: **Offline-HTML** und **Online-HTML**. Gestalten Sie Ihren HTML-Newsletter beispielsweise mit einem Foto, dann können Sie dieses Element entweder fest einbetten (Offline-HTML) oder als Referenz (Online-HTML) einfügen. Die Referenz verweist dann auf die entsprechenden Bilddateien auf Ihrem Server. Beide Varianten haben – wie könnte es anders sein – ihre Vor- und Nachteile.

Vor- und Nachteile von Offline-HTML

In der Offlinevariante sieht der Empfänger Ihres Newsletters sofort alle gestalterischen Elemente – eben auch, wenn er offline ist. Es entstehen – im Gegensatz zur Onlinevariante – keine „Löcher" im Layout. Auch versucht der PC nicht automatisch, eine Verbindung zum Internet aufzubauen und dort die fehlenden Bilder nachzuladen. Ein weiterer Vorteil dieser Variante ist, dass die Elemente auch bei Programmen, die das Nachladen von Bildern unterdrücken, angezeigt werden. Doch wo Licht ist, da ist auch Schatten. Die Dateigröße eines Offline-HTML-Newsletters nimmt durch die zusätzlichen Bilddaten deutlich zu. Der größte Nachteil dieser Variante ist jedoch: Viele Server, Firewalls und Lotus-Notes-Installationen blockieren Offline-HTML-Newsletter beim Weiterleiten zum Empfänger.

Offline-HTML hat größere Dateien

Vor- und Nachteile von Online-HTML

Der Einbau von Bilddaten als Referenz hat einen entscheidenden Vorteil: Die Dateigröße der E-Mails ist erheblich kleiner als bei der Offlinevariante. Der Nachteil von Online-HTML: Die Bildelemente sind bei E-Mail-Programmen, die das automatische Nachladen blockieren, nicht sichtbar. Es entstehen hässliche „Löcher" im Layout. Hier empfehle ich Ihnen, das erste Bildelement mit einem Alt-Tag zu versehen. Ein Alt-Tag bewirkt, dass dem Empfänger der zugehörige Text als Alternative angezeigt wird, sofern sich das Bild nicht laden lässt. In diesem Text fordern Sie den Empfänger Ihres Newsletters auf, den Bildblocker im E-Mail-Programm zu deaktivieren.

Online-HTML hat Löcher

Ich würde Ihnen Online-HTML empfehlen

Newsletter mit eingebetteten Grafiken werden von vielen Programmen automatisch blockiert. Online-HTML stellt deshalb trotz des Problems der standardmäßigen Bildunterdrückung, die sinnvollere Alternative für Ihr Unternehmen dar. Unter Umständen ist auch ein wohldosierter Mix möglich: Banner, Unterschrifts- oder Logografiken betten Sie dabei als Offline-HTML fest ein. Das schafft Vertrauen beim Empfänger. Die restlichen Bilder sollten Sie aber unbedingt als Referenz hinterlegen.

Mein Tipp: Setzen Sie auf das Multipart-Format

Text oder HTML? Sie haben es selbst gelesen: Beide Formate haben zahlreiche Vor- und Nachteile. Stellt sich die Frage: Welche Variante eignet sich für Ihr Unternehmen? Meine Antwort: beide. Gehen Sie auf Nummer sicher und versenden Sie Ihren Newsletter im Multipart-Format. Bei dieser Variante wird Ihr Newsletter zeitgleich als Text- und als HTML-Variante verschickt. Beim Empfänger wird dann die Variante dargestellt, die von seinem E-Mail-Programm unterstützt wird.

Die Gestaltung Ihres Newsletters

Jugendliche Basketballfans oder kulturbegeisterte Senioren? Die Gestaltung Ihres Newsletters hängt in hohem Maße von den Seh- und Klickgewohnheiten Ihrer Zielgruppe ab. Hier werden Sie – besonders am Anfang – ausprobieren müssen, was bei Ihren Kunden ankommt. Es gibt allerdings auch ein paar allgemeingültige Regeln für die Gestaltung eines Newsletters. Diese sollten Sie unbedingt befolgen – unabhängig von Ihrer Zielgruppe.

Die Grundregeln der Newsletter-Gestaltung

1. Bei zu großen Datenmengen reagieren Empfänger wegen der langen Wartezeiten beim Download oft verärgert. Sie sollten deshalb dreißig Kilobyte im B2C-Bereich und sechzig Kilobyte im B2B-Bereich nicht überschreiten. Wichtiger Hinweis: Spamfilter mögen große E-Mails nicht. Mails über hundert Kilobyte landen schneller im Spamordner.

2. Begrenzen Sie die Breite Ihres Newsletters. Bei HTML-Newslettern empfehlen sich 550 bis 600 Pixel. Bei Text-Newslettern sollten Sie nach Möglichkeit nicht mehr als 65 Zeichen pro Zeile schreiben.

Kurze übersichtliche Texte

3. Newsletter werden schnell gelesen. Verwenden Sie deshalb kurze und aussagekräftige Sätze. Vermeiden Sie Textwüsten und langatmige Teaser.

4. Kleiner als elf Punkt sollte der Text auf gar keinen Fall gesetzt sein. Wechseln Sie nicht zu oft die Schriftgröße. Das wirkt schnell marktschreierisch und unseriös. Negativschriften sollten vermieden werden. Auch sollten Sie Wörter nicht komplett in GROSSBUCHSTABEN schreiben.

5. Legen Sie sich auf einen Schrifttyp fest. Setzen Sie bevorzugt serifenlose Schriften wie Arial und Verdana ein. Schriftarten mit Serifen erschweren die Lesbarkeit des Textes am Bildschirm.

6. Bei Sätzen findet der Satzanfang die größte Beachtung. Stellen Sie wichtige Informationen deshalb nach vorne. Beispiel: Statt „Dreißig Jahre Autowerkstatt Schneider – Dreißig Prozent Rabatt auf alles!“ sollten Sie besser schreiben: „Dreißig Prozent Rabatt auf alles – Autowerkstatt Schneider wird Dreißig!“

7. Das Vorschaufenster erhält die meiste Aufmerksamkeit. Dort sollten die relevantesten Informationen stehen. Verschwenden Sie diesen Platz nicht für unnötige Grafiken oder für ein nichts sagendes Firmenlogo.
8. Schaffen Sie eine klare und übersichtliche Struktur in Ihrem Newsletter. Dies gelingt mit Absätzen, Aufzählungen und Zwischenüberschriften. Pflicht ist auch ein Inhaltsverzeichnis. Hier genügen drei bis fünf Themen.
9. E-Mail-Marketing ist Beziehungsmarketing. Nutzen Sie deshalb den größten Vorteil des E-Mail-Marketings – die Personalisierung. Beispielsweise mit einer Anrede: „Sehr geehrter Herr Schneider" ist in jedem Fall einer Anrede wie „Liebe Newsletter-Leser" vorzuziehen.
10. Die Betreffzeile entscheidet, ob Ihr Newsletter überhaupt geöffnet wird. Eine gute Betreffzeile ist kurz (nicht länger als dreizig bis vierzig Zeichen) und aussagekräftig.
11. Stellen Sie sicher, dass Ihr Newsletter mit den gängigsten E-Mail-Programmen richtig dargestellt wird. Halten Sie dazu den HTML-Code einfach. In manchen E-Mail-Programmen (beispielsweise Outlook 2007) gibt es Darstellungs-Einschränkungen, die Sie unbedingt berücksichtigen sollten.
12. Ihr Newsletter-Design und Ihr Homepage-Design sollten eine Einheit bilden. Nutzen Sie ein stimmiges Corporate-Design zur Kundenbindung.
13. Bilder von Menschen werden besonders intensiv erfasst. Lassen Sie es bei der Abbildung von Produkten also „menscheln".
14. User klicken überall hin – nicht nur auf Links. Bieten Sie deshalb zahlreiche Klick-Möglichkeiten an. Bilder sollten unbedingt verlinkt sein. Auch Überschriften und Preis-Informationen können Sie ruhig verlinken. Doch übertreiben Sie es nicht: Spamfilter reagieren allergisch auf zu große Linkanteile in Newslettern.

Viele Klickmöglichkeiten bieten

15. Navigationsmenüs sind – besonders, wenn sie über die gesamte Breite der E-Mail gehen – eine perfekte Mauer, die dafür sorgt, dass nicht weiter nach unten gelesen wird. Deshalb sollten Sie Menüs unbedingt in eine Randspalte oder an das Ende Ihres Newsletters setzen.
16. Vermeiden Sie Fachjargon. Der Newsletter muss den „Großmutter-Test" bestehen. Sprich: Prüfen Sie, ob der Inhalt Ihres Newsletters allgemein verständlich ist.
17. Vermeiden Sie Rechtschreibfehler.
18. Achten Sie auf einen hellen Hintergrund. So kann der Empfänger Ihren Newsletter besser ausdrucken.
19. Verzichten Sie auf Anhänge. Hier besteht die Gefahr, im Spamordner zu landen. Auch laden Empfänger – aus Angst vor Viren – nicht gerne unnötig Dateien herunter.

20. Sex, Porno, Casino, Supersonderangebot: Vermeiden Sie typische Spam-Begriffe! Verzichten sollten Sie auch auf mehrere Ausrufe-, Dollar- und Eurozeichen.

21. Fordern Sie Ihre Abonnenten dazu auf, Ihren Newsletter weiterzuempfehlen!

22. Fordern Sie die Empfänger Ihres Newsletters dazu auf, Ihre Absenderadresse ins Adressbuch (oder in eine „Whitelist") aufzunehmen. Auf diesem Weg verringern Sie das Risiko, dass Ihr Newsletter im Spamordner landet.

Alle Links vorher testen

23. Testen Sie vor dem Versand alle Links.

24. Verzichten Sie auf Hintergrundbilder. Diese werden beispielsweise bei neueren Outlook-Versionen nicht angezeigt.

25. Ein Impressum ist Pflicht!

26. Ein Abmeldelink ist Pflicht!

27. Wenn Sie ein zweispaltiges Layout nutzen, dann machen Sie durch die Spaltenbreite klar, wo der Haupttext steht. Und: Mehr als zwei Spalten sollte Ihr Layout auf gar keinen Fall haben.

28. Integrieren Sie Testimonials und positive Kundenbewertungen in Ihre Newsletter. Auch eine Online-Feedback-Seite, auf der Käufer Bewertungen abgeben, fördert die Kundenbindung und das Vertrauen.

29. Belohnen Sie Ihre Kunden. Arbeiten Sie mit Gutscheinen und Rabatten.

30. Bauen Sie Spannung auf. Schreiben Sie, was den Leser in der nächsten Ausgaben Ihres Newsletters Interessantes erwartet.

31. Nutzwertige „Give-Aways" (beispielsweise PDF-Downloads) sind ebenfalls ein schönes Instrument zur Kundenbindung. Tipp: Besser verlinken als in den Anhang packen.

32. Verwenden Sie ein gleich bleibendes Rahmen-Layout. Das erleichtert dem Lesern die Orientierung im Newsletter.

33. Personalisierung 2.0. Die Personalisierung des Betreffs mit dem Namen des E-Mail-Empfängers ist heutzutage Standard. Spannender sind da Betreffzeilen, die mit Attributen, wie beispielsweise dem Wohnort personalisiert werden. Ein Beispiel: Der Betreff „Dreißig-Prozent-Coupon für Sommerkleidung" könnte auch folgendermaßen personalisiert werden: „Hitzewelle in Hamburg? Dreißig-Prozent-Gutschein für Sommerkleidung".

34. Trigger-Mails. Newsletter, die zu bestimmten Anlässen (beispielsweise zum Geburtstag oder zu einer Messe) ausgelöst werden, sind bei Kunden beliebt.

FC St. Pauli: Keine Regel ohne Ausnahme

Der Fußballverein FC St. Pauli präsentiert seinen Shop-Newsletter im horizontalen Design. Der Leser scrollt hier nicht wie gewohnt von oben nach unten, sondern von links nach rechts. Eigentlich eine „Usability-Todsünde" [6], aber dadurch natürlich extrem aufmerksamkeitsstark und passend zum bunt-kreativen Image des Vereins. Mit welchem Stilbruch können Sie Ihre Kunden überraschen?

Testen Sie, so viel Sie nur können!

Gerade in der Anfangszeit sollten Sie verschiedene Newsletter gegeneinander laufen lassen. Testen Sie, welches Format und welche Gestaltung sich bei Ihrer Zielgruppe durchsetzt. Sammeln Sie Erfahrungswerte und bauen Sie diese in Ihr Marketing ein. Beispiel: Betreffzeile. Senden Sie an fünf Prozent Ihres Verteilers einen Newsletter mit der Betreffzeile A und an weitere fünf Prozent eine Variante mit der Betreffzeile B. Die verbleibenden neunzig Prozent Ihres Verteilers erhalten den Newsletter mit der Betreffzeile, welche die höhere Öffnungsrate gebracht hat. Nach dem gleichen Prinzip können Sie auch Bilder oder andere Inhalte Ihres Newsletters vergleichen. Auch bei der Wahl des richtigen Versandzeitpunktes lohnt sich ein Test.

Zwei Varianten testen und dann die bessere versenden

Best Practice: New Yorker Academy of Science

Zum Schluss noch ein motivierendes Beispiel aus der Praxis. Eine Fallstudie des amerikanischen Marktforschungsunternehmens MarketingSherpa zeigt, wie groß der Einfluss der Gestaltung auf den Erfolg eines Newsletters ist. In der Studie wurde die E-Mail-Kampagne der New Yorker Academy of Science unter die Lupe genommen. Die Academy of Science verschickt regelmäßig Newsletter, in denen zwischen den redaktionellen Inhalten durch Eigen-Banner für Veranstaltungen, Publikationen und Mitgliedschaften geworben wird.

Kleine Änderungen, große Wirkung

Das Unternehmen verbesserte mit großer Wirkung einige Kleinigkeiten am Design seines Newsletters. Beispielsweise wurde die Spaltenbreite des Textes und der Banner auf 468 Bildpunkte verbreitert. Eine weitere Änderung: Man verabschiedete sich bei der Bannerplatzierung von optischen Abstandskriterien. Es wurde eine hierarchische Reihenfolge der Themenwichtigkeit aufgebaut. Die Banner wurden in der Nähe wichtiger Textpassagen platziert.

Es lohnt sich, in die Gestaltung zu investieren

Das Ergebnis dieser Newsletter-„Kosmetik": Die Klickrate (Click-Through-Rate) wurde um knapp achtzig Prozent verbessert. Darüber hinaus wurde eine zu 57,1 Prozent verbesserte Umwandlungsrate (Conversion-Rate) erzielt. Die Einnahmen wuchsen um sechzig Prozent, die Zahl der Mitgliedschaften sogar um 260 Prozent und die Zahl der Ticketverkäufe um siebzig Prozent [7]. Sie sehen: Es lohnt sich, Zeit in die Gestaltung Ihres Newsletters zu investieren.

Verdoppelung des Umsatzes ist machbar

Beispiele

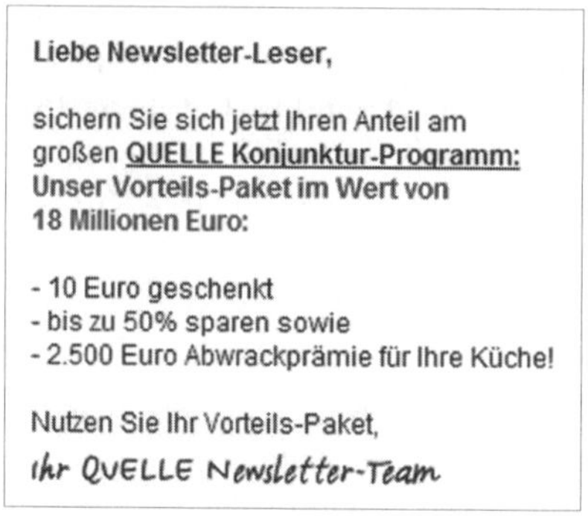
Liebe Newsletter-Leser,

sichern Sie sich jetzt Ihren Anteil am großen QUELLE Konjunktur-Programm: Unser Vorteils-Paket im Wert von 18 Millionen Euro:

- 10 Euro geschenkt
- bis zu 50% sparen sowie
- 2.500 Euro Abwrackprämie für Ihre Küche!

Nutzen Sie Ihr Vorteils-Paket,
Ihr QUELLE Newsletter-Team

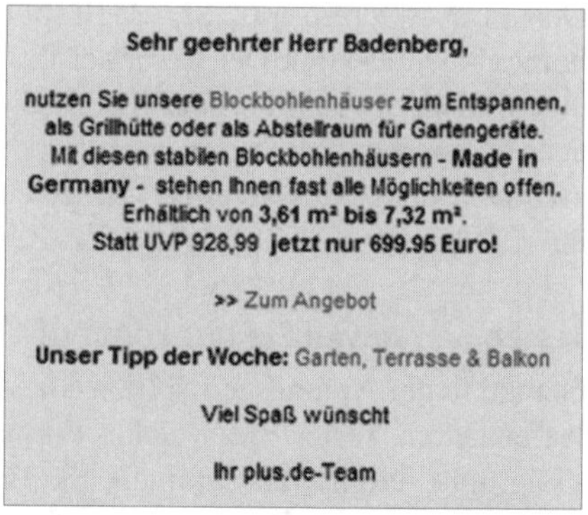
Sehr geehrter Herr Badenberg,

nutzen Sie unsere Blockbohlenhäuser zum Entspannen, als Grillhütte oder als Abstellraum für Gartengeräte. Mit diesen stabilen Blockbohlenhäusern - Made in Germany - stehen Ihnen fast alle Möglichkeiten offen. Erhältlich von 3,61 m^2 bis 7,32 m^2. Statt UVP 928,99 jetzt nur 699.95 Euro!

>> Zum Angebot

Unser Tipp der Woche: Garten, Terrasse & Balkon

Viel Spaß wünscht

Ihr plus.de-Team

Abb. 1 und 2: „Liebe Newsletter-Leser, sichern ..." (links) Die unpersonalisierte Ansprache wirkt wenig professionell. Besser wäre gewesen: „Sehr geehrter Herr Badenberg, nutzen ..." (rechts). Screenshot: Quelle/Plus

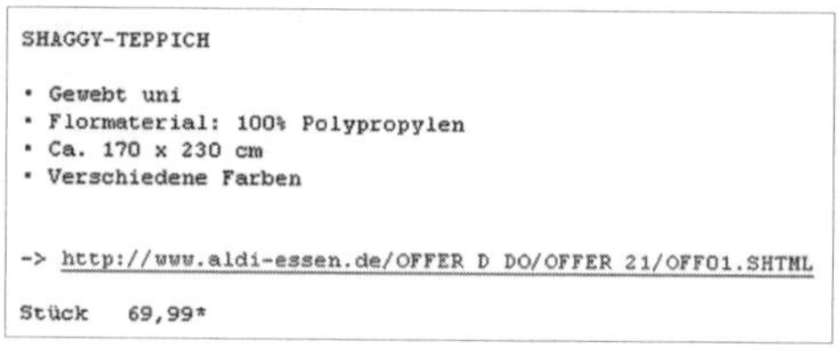
SHAGGY-TEPPICH

- Gewebt uni
- Flormaterial: 100% Polypropylen
- Ca. 170 x 230 cm
- Verschiedene Farben

-> http://www.aldi-essen.de/OFFER D DO/OFFER 21/OFF01.SHTML

Stück 69,99*

Abb. 3 und 4: Gleicher Inhalt, unterschiedliche Optik. Die Empfänger des ALDI-Newsletters können zwischen einer HTML- und einer Text-Variante wählen. Screenshot: ALDI Nord

stern.de

Newsletter | Täglich | 14.05.2009

Zur Wetterseite Hamburg: 18 °C | Köln: 17 °C | München 22 °C

Milliarden-Steuerausfälle

Deutschlands Schulden explodieren

Hiobsbotschaft für die Staatskassen: Bis 2013 müssen Bund, Länder und Gemeinden wegen der Wirtschaftskrise Steuerausfälle in Höhe von gut 316 Milliarden Euro verkraften. Deutschland steuert damit in den nächsten vier Jahren auf eine Rekordverschuldung von mehr als zwei Billionen Euro zu. mehr...

> Staatseinnahmen: **Warum die Steuerschätzung jeden betrifft** > Steuerschätzung: **Das Ende des Geldregens**

Weitere Meldungen

Alex Christensen im Interview

"Die Deutschen haben viele Fehler gemacht"

Das werde sein Untergang, haben ihm Freunde prophezeit: Alex Christensen wagt es trotzdem, beim Eurovision Song Contest für Deutschland anzutreten. Im stern.de-Interview verrät er, welche Fehler er vermeiden will und wie viel er Dita von Teese für ihren Auftritt bezahlt. mehr...

> Fotostrecke: **Germany, sex Points!** > Eurovision Song Contest: **Warum der Party-Proll der Richtige ist**

Abb. 5: Gut: Das Corporate Design des stern.de-Newsletters orintiert sich an der Internetseite der Wochenzeitschrift. Schlecht: Keine Personalisierung, kein Editorial, kein Inhaltsverzeichnis … Screenshot: STERN

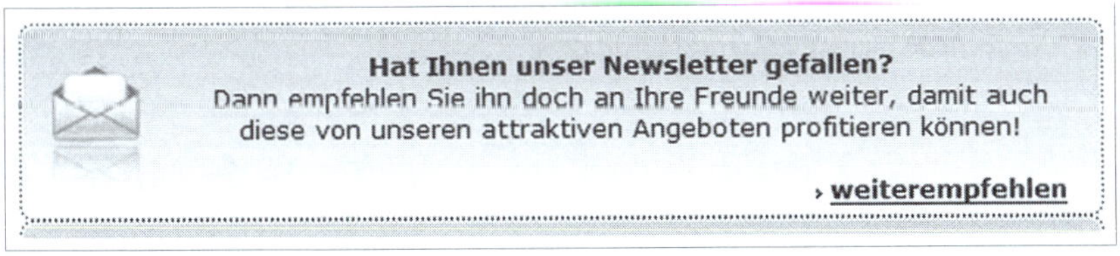

Hat Ihnen unser Newsletter gefallen?

Dann empfehlen Sie ihn doch an Ihre Freunde weiter, damit auch diese von unseren attraktiven Angeboten profitieren können!

› weiterempfehlen

Abb. 6: Hat Ihnen unser Newsletter gefallen? Sie sollten unbedingt einen Weiterempfehlungs-Button in Ihren Newsletter einbauen. Screenshot: Tchibo

TRUSTED SHOPS®
The safe way to web shopping

Newsletter Ausgabe: 20/2009
Versand an: badenberg@databecker.de

Mitgliederbereich | Kontakt

Guten Tag Herr Badenberg.
Ich begrüße Sie zu einer neuen Ausgabe des Experten-Newsletters für Shop-Betreiber wie immer mit einer geballten Ladung Nutzwert für Ihr Tagesgeschäft. Alle Beiträge finden Sie auch im shopbetreiber-blog.de.

1. Online-Marketing Tipps von der SEMSEO
2. Trusted Shops beim Mauve Ecommerce Event am 17.06.2009 bei Libri
3. Shoptipp: Die 5 häufigsten Fragen zur Verpackungsverordnung
4. POWERGAP integriert neue Trusted Shops Excellence Schnittstelle
5. Meine 10 Lesetipps der Woche für Shopbetreiber
6. Tradoria ist die „Multimediagründung des Jahres"
7. 5 Tipps zur Kostenreduzierung ohne Verlust der Kundenzufriedenheit
8. LG Stade: Rechtsmissbrauch bei zu hoher Anzahl von Abmahnungen
9. Über den (Un)Sinn von Disclaimern
10. Persönliche Haftung des Geschäftsführers bei Rechtsverletzungen
11. 97 Prozent der deutschen Internetnutzer kaufen online
12. Wichtige Links für Trusted Shops Mitglieder

Bitte beachten Sie: dieser Newsletter dient lediglich Informationszwecken. Wir bitten um Verständnis, dass wir aufgrund des Rechtsberatungsgesetzes individuelle Rückfragen zu den einzelnen Themen weder per E-Mail noch telefonisch beantworten können. Wir freuen uns über Anregungen, Lob und Kritik. Schreiben Sie doch eine Mail an shopbetreiber@trustedshops.de.

Gern können Sie diesen Experten-Newsletter auch an Kollegen und andere Interessenten weiterleiten!

Freundliche Grüße aus Köln wünscht Ihr

Abb. 7: Gut: Personalisierung durch eine persönliche Ansprache, ein Foto des Geschäftsführers und die „handschriftliche" Unterschrift. Schlecht: Zu viele Punkte im Inhaltsverzeichnis. Screenshot: Trusted Shop

Literatur

[1], [2], [4], [5] www.absolit.de/studien

[3] Schwarz T.: Leitfaden E-Mail-eMail Marketing und Newsletter-Gestaltung. – 194 S., Absolit, 2004.

[6] www.emailmarketingblog.de, Zitat: Nico Zorn

[7] www.ecin.de, www.marketingsherpa.com

ZUSAMMENARBEIT MIT EINER FULL-SERVICE-AGENTUR

YVONNE PERDELWITZ

Bei der Realisierung von E-Mail-Kampagnen wird gerne die professionelle Hilfe einer spezialisierten Agentur in Anspruch genommen. Dies um ein bestmögliches Ergebnis zu erzielen und gleichzeitig Personalkosten einzusparen.

Eine Full-Service-Agentur unterstützt Unternehmen bei der Konzepterarbeitung. Sie arbeitet außerdem in den Bereichen Redaktion, Grafik, Versand und Evaluierung von E-Mail-Marketing-Kampagnen mit dem Unternehmen zusammen. Wie aber funktioniert so eine Zusammenarbeit mit einer Agentur genau?

Full-Service-Agentur finden

Die Zusammenarbeit mit einer Full-Service-Agentur kann gegebenenfalls recht eng sein. Vorteilhaft ist eine persönliche und kontinuierliche Betreuung durch einen Projektverantwortlichen, der sich in das Thema einarbeitet. So werden Flüchtigkeitsfehler vermieden, Einarbeitungszeiten nicht mehrfach bezahlt und mit der Zeit entsteht ein optimaler Workflow.

Abb. 1: Full-Service-Agenturen unter www.marketing-boerse.de

Unter www.marketing-boerse.de findet sich zum Beispiel eine Auswahl an Experten. Eine andere Quelle können Newsletter sein, wo sich oftmals der Name einer beteiligten Agentur findet. Auch viele der großen Mailing-Software-Provider bieten Services mit an oder arbeiten mit entsprechenden Agenturen zusammen. Für welchen Partner man sich entscheidet, hängt von Anforderungen und Budget ab. Sind Sie selbst im E-Mail-Marketing firm, benötigen Sie vielleicht nur eine Agentur, die Ihren Newsletter final überarbeitet und ausführend tätig ist. Möglicherweise möchten Sie jedoch neue Wege gehen und suchen eine Agentur, die neben technischem Know-how auch Kreativität, Kritikfähigkeit und Offenheit mitbringt.

Fullservice oder nur Newsletter überarbeiten

Das Grobkonzept: Erstgespräch am runden Tisch

Optimal ist es, wenn sich nach einem ersten telefonischen oder persönlichen Kennenlernen mit der Agentur, alle Projektbeteiligten für das Erstgespräch an einen Tisch setzen. Je nach Projektstatus und Gruppengröße kann das Gespräch am „runden Tisch" oder als moderierter Workshop stattfinden. Hierfür sollten zwei bis sechs Workshop-Stunden eingeplant werden. In diesem ersten Gespräch werden alle wichtigen Themen schon einmal angesprochen. Die Konkretisierung findet dann in den einzelnen Projektstufen statt.

Checkliste Erstgespräch:

1. Datenbank
- ✓ Zielgruppe und Segmentierung
- ✓ Adressaustausch und/oder Datenbankanbindung
- ✓ Anmeldeseite Homepage; Form der An-/Abmeldung

2. Inhaltlicher Aufbau
- ✓ Newsletterrubriken
- ✓ Landeseiten
- ✓ Personalisierung Newsletter
- ✓ Stand-Alones und Extras

3. Gestaltung Newsletter
- ✓ Farben und Schriftart
- ✓ Grafiken und Bilder
- ✓ Header und Navigation
- ✓ Aufbau (Spalten) und Breite

4. Versandplanung
- ✓ Versandfrequenz
- ✓ Versand Stand-Alones und Specials
- ✓ Workflow

Abb. 2: Checkliste Erstgespräch

Begonnen wird gewöhnlich mit dem Wichtigsten. Was möchten Sie mit den Mailings erreichen? Wer ist Ihre **Zielgruppe**? Ist die Zielgruppe **segmentierbar**? Welche Informationen über die Empfänger liegen vor, die für **zielgruppenspezifische Mailings** genutzt werden können?

Gemeinsam werden mögliche Inhalte und Sparten erarbeitet. Im Normalfall hat sich das Unternehmen bereits Gedanken gemacht und die Agentur hilft beim Strukturieren. Sie zeigt auf, welche technischen Möglichkeiten gegeben sind, um Mailings zu verfeinern und zu personalisieren und steuert Tipps und Anregungen aus der Praxis bei.

Welcher Versandrhythmus ist sinnvoll, um die Zielgruppe zu erreichen und nicht zu nerven? Wie oft können die Projektbeteiligten mit interessanten Themen aufwarten? Welche Themen und Termine bieten sich für Stand-Alones oder Kampagnen an? Optimalerweise wird schon ein **grober Themen- und Versandplan** erstellt und **Verantwortlichkeiten** und **Workflow** festgelegt.

Zum Gespräch am besten einige Lieblings-Newsletter mitbringen

Nun geht es an die **Gestaltung**. Hilfreich ist es, wenn entweder die Agentur oder das Unternehmen einige gute Newsletter zeigt und gemeinsam bespricht. Grafik und Farben sind bei der Template-Gestaltung meist an das Corporate Design angelehnt. Soll der Inhalt zweispaltig oder einspaltig sein? Was wird als Header genommen, soll die Navigation der Homepage integriert werden? Wechselnde oder kontinuierliche Bildwelten? Wo werden Abmelde-, Profil- und Weiterempfehlungslink platziert, wo die Onlineansicht? Hat der Newsletter „ein Gesicht", also einen Absender oder gegebenenfalls sogar mehrere, zum Beispiel die jeweiligen Kundenbetreuer?

Die Agentur steuert das Gespräch durch die verschiedenen Punkte und berät, welche Parameter bei der Programmierung für verschiedene E-Mail-Clients beachtet werden müssen.

Dann sind Datenbank- und Homepage-Verantwortliche gefragt. Wie findet der **Adressabgleich** zwischen **CRM-System** (Customer-Relationship-Management) und **Mailing-Software** statt? Ist eine Datenbankanbindung sinnvoll? Welche Kunden- und Stammdaten werden übermittelt? Wie werden neue Kontakte, Anmeldungen, Abmeldungen, Dubletten, Bounces und Profiländerungen zwischen den beiden Datenbanken ausgetauscht?

Last but not least: Wie werden **neue Newsletter-Abonnenten** gewonnen? Welche Anmeldeform soll auf die Homepage? Das sicherere Double-Opt-in oder nur ein Confirmed-Opt-in? Wird die Anmeldung mit einem bestimmten Anreiz verknüpft? Gibt es schon Konzepte zur Bewerbung des Newsletters oder der Kampagne?

Nach dem Erstgespräch ist gewöhnlich noch nicht alles geklärt. Doch alle **Verantwortlichen** haben eine **Vorstellung** von **ihrem Aufgabengebiet**, den anstehenden **Fragestellungen** und dem **Gesamtkonzept** Newsletter/Mailings. Nun geht es an die konkrete Umsetzung.

Set-up: Der Versand wird vorbereitet.

Beim **Einspielen der Adressdaten** sind meist der Datenbankverantwortliche, der Newsletter-Hauptverantwortliche und die Agentur beteiligt. Es wird festgelegt, welche Kundendaten für den Newsletterversand relevant sind und in die Software eingespielt werden müssen. Vorher ist manchmal eine Überarbeitung/Formatierung notwendig, damit die Personalisierung und Zielgruppenzuordnung perfekt funktioniert. Eingespielt werden die Daten zumeist als csv-Datei oder es wird eine Datenbankanbindung programmiert.

Adressen überarbeiten kann sich lohnen

Anschließend **sortiert** die Agentur mit ihrer Software **unlogische E-Mails aus**, also E-Mails, bei denen zum Beispiel statt des @ ein q steht oder ein Umlaut enthalten ist. Diese werden nachqualifiziert und wieder eingespielt. Danach werden **Dubletten abgeglichen** und aussortiert. So wird sichergestellt, dass nicht eine Person dreimal dieselbe E-Mail erhält, beziehungsweise dieselbe E-Mail zwar an sieben unterschiedliche Personen in einem Unternehmen aber immer an die info@Adresse gesandt wird. Diese Informationen werden optimalerweise in beiden Datenbanken aktualisiert. Abschließend werden in der Software die **Zielgruppen angelegt**.

Ein weiterer Bereich des Set-ups ist die **An- und Abmeldefunktion des Newsletters** auf der Kunden-Webseite. Die Skripte zur Einbindung erstellt im Normalfall die Agentur. Alle Anmeldungen fließen automatisch in die Software ein, die Abmeldungen werden ausgetragen. Dies natürlich richtliniengemäß protokolliert.

Aber das Technische ist in diesem Fall Nebensache, es muss nur funktionieren. Wichtig ist die Positionierung und Bewerbung der Newsletter-Anmeldung. Eine gute Vorteilsargumentation, Übersichtlichkeit, vielleicht ein kleines Incentive? Hier ist die Agentur wieder beratend tätig, auf Wunsch auch mit weiterführenden Online-Marketing-Konzepten.

Auch die automatisierten Dialogmails sollten gut gestaltet sein. Eine aussagekräftige **Anmeldebestätigung** und eine **Abmeldebestätigung**, die vielleicht doch den einen oder anderen Kunden noch hält oder zumindest den Abmeldegrund erfragt. Diese Kommunikationsmails werden meist komplett von der Agentur gestaltet, die dem Kunden Vorschläge unterbreitet.

Designvorschläge für das Template

Auf Basis der im Erstgespräch beschlossenen und im weiteren Kontakt vertieften Informationen erstellt die Agentur ein bis zwei Designvorschläge für **das Newsletter-Template**. Hierzu muss das Unternehmen Farbcodes, Schriftart, Logo und gegebenenfalls weitere Bildwelten zur Verfügung stellen. Vorteilhaft ist, wenn die inhaltlichen Rubriken schon feststehen. Nach einigen Absprachen und Optimierungen steht dann das Design und wird im nächsten Schritt sauber für alle Mail-Clients in HTML programmiert. Erfahrungsgemäß werden am Template in der Benutzung immer noch kleine Änderungen durchgeführt, doch die Grundlage ist geschaffen. **Absendeadresse** und **-name** werden festgelegt und der Set-up ist abgeschlossen. Einem Versand steht nichts mehr im Wege.

Der Newsletterversand

Optimal ist es, wenn der **Versandzeitpunkt** immer fix ist und der Versandplan fest eingehalten wird. So spielt sich nach und nach ein **Workflow** ein und die Zeitkalkulation ist leichter abzuschätzen. Je nach Umfang und Inhalt des Newsletters sollte für die Erstellung ein Zeitrahmen von vier bis sieben Werktagen eingeplant werden. Hiervon benötigt die Agentur für ihren Part inklusive Freigabeprozess je nach Umfang der Zusammenarbeit gewöhnlich ein bis vier Werktage, beziehungsweise zwischen vier und zwanzig Stunden.

Ist der Versandplan nicht fix, sollte die Agentur zumindest zehn Tage vor Versand informiert werden. Denn geht es einmal in die Realisierung, muss es schnell gehen.

Einige **Themenwelten**, insbesondere die Hard-Facts, werden im Unternehmen vorbereitet und als Grobtexte bereitgestellt. Die Agentur überarbeitet diese ansprechend und sorgt für eine anregende Handlungsaufforderung zum Klicken. Die weiterführenden Texte und/oder Produktwelten werden vom jeweiligen Homepage-Verantwortlichen oder der Agentur auf die Unternehmenswebsite gestellt. Die dazugehörigen **Bilder** werden bearbeitet und eingestellt.

Die Vorbereitung und Gestaltung von Incentives und Specials wie **Kunden-interviews, Serien und interaktiven Newsletter-Elementen** liegt oft bei der Agentur. Sie kann hier ihre Erfahrung und Kreativität einbringen.

Strukturierter Workflow spart Aufwand und damit Geld

Zeit und Geld wird eingespart, wenn das Unternehmen alle **Informationen gesammelt** in der richtigen Reihenfolge sendet, beispielsweise als Word-Datei. Bilder sollten immer separat als Anhang mit gesendet werden. Auch hier ist es vorteilhaft, einen aussagekräftigen Bildnamen zu wählen oder eine Zuordnung zu erstellen. So sieht die Agentur auf einen Blick, was wohin gehört und kann zügig arbeiten.

Nachdem die Inhalte fertig und in HTML und Text eingestellt sind, testet die Agentur die Links, Inhalte werden noch einmal Korrektur gelesen. Außerdem wird die Zustellbarkeit bei verschiedenen Spam-Filtern und in unterschiedlichen E-Mail-Clients und Webmailern getestet. Bei positivem Ergebnis geht es in den Freigabeprozess. Je nach Unternehmen und Anzahl und Art der Mitspracheberechtigten kann dieser mehr oder minder komplex und zeitaufwendig sein. Auch hier gilt wieder: Kleckerweise E-Mails mit kleineren Korrekturen zu senden kostet Geld und Zeit. Soll dies eingespart werden, ist es vorteilhaft die Korrekturen zu sammeln und auf einmal zu schicken. Nach ein bis drei Korrekturrunden ist der Newsletter gewöhnlich versandbereit.

Nun wird noch einmal **final überprüft,** ob die Zustellbarkeit auch mit den geänderten Inhalten gewährleistet ist. Ist wirklich die richtige Zielgruppe eingestellt, der richtige Anhang beigefügt? Dann wird zu einem geeigneten Versandzeitpunkt versendet.

Und nun das Spannendste: **die Erfolgsauswertung**. Diese wird in Echtzeit verfolgt. Der Kunde hat einen eigenen Zugang auf die Software und kann direkt sehen, wie sich Öffnungsrate und Klickrate entwickeln.

Beim ersten Versand erläutert die Agentur, was welche Werte bedeuten und wie sie einzuschätzen sind. Wünscht der Kunde dies, so kann ihm auch kontinuierlich eine Erfolgsauswertung zusammengestellt werden. Doch meist reicht es aus, sich einmal in die Software einzufinden, um Werte einzuschätzen. Auch Vergleichsmöglichkeiten zwischen verschiedenen Mailings und Kampagnen finden sich online.

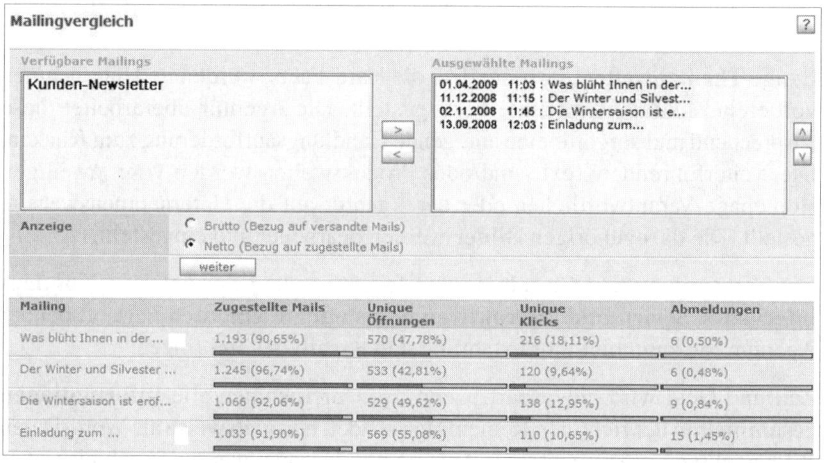

Abb. 3: Erfolgsvergleich von Mailings in pn.mail/Mailingwork

Kontinuierliche Optimierung.

Ein guter Verteiler ist das A und O, insofern ist **kontinuierliche Datenbankpflege** ein Muss. Nach jedem Versand sendet Ihnen die Agentur die rückläufigen E-Mails (Bounces) zur Aktualisierung zu oder telefoniert diese für Sie nach. Ebenfalls weitergeleitet werden die Profiländerungen. Vor jedem neuen Versand oder in regelmäßigen Abständen, sendet das Unternehmen offline gewonnene Abonnentendatensätze. Die Anmeldungen über die Homepage fließen automatisch in den Verteiler ein und werden wiederum umgehend an das Unternehmen weiter geleitet. Regelmäßig werden Dubletten und unlogische E-Mails aus den Verteilern aussortiert.

Eine Agentur bringt frische Ideen

Bei jedem Versand sollte natürlich das Beste gegeben werden. Sinnvoll ist es sich aber mindestens einmal jährlich mit der betreuenden Agentur zusammen zu setzen. Die bisherigen Erfolgskennzahlen werden in Ruhe begutachtet und neue Konzepte und zielgruppenspezifische Inhalte entwickelt. So wird der **Newsletter kontinuierlich verbessert und optimiert.**

Besonders wichtig und bereichernd ist die Zusammenarbeit mit einer Agentur, wenn es um Spezialaktionen geht. Mit kleinen Aufmerksamkeiten kann man das Interesse der Leser dauerhaft halten. Etwa ein bis drei Mal jährlich, zu Weihnachten, Geburtstagen oder einfach nur zum Ferienbeginn, kommt ein gut gemachtes **Sondermailing** sehr gut an. Hierbei unterstützt die Agentur mit originellen Ideen.

Warum nicht den Verteiler nutzen, um die Meinung der Kunden zu erfragen? **Kundenumfragen** zu Produkten, eigener Performance oder auch dem Newsletter selbst lassen sich sehr einfach realisieren. Auch hier haben die Agenturen gewöhnlich eine gewisse Erfahrung.

Ist das Textmaterial für den Newsletter gut aufgearbeitet, kann es einfach weiter verwendet werden. Beispielsweise für die **eigene Homepage** aber vor allem für **Pressearbeit**. Sicher kann auch hier die Agentur unterstützen oder hat einen geeigneten Kooperationspartner.

Fazit

Die Zusammenarbeit mit einer Agentur erleichtert den Erstellungsprozess eines Newsletters und von Mailing-Kampagnen. Insbesondere im Konzept- und Setup-Bereich wird vieles von Anfang an richtig eingestellt und geplant.

In der kontinuierlichen Zusammenarbeit profitiert man vom geschulten Auge, das Texte und Inhalte überprüft und Qualität sicherstellt. Auch der Ideenaustausch mit einem E-Mail-Marketing-Experten ist fruchtbar und anregend. Sicherlich dürfen dabei nicht alle Ideen und Konzeptvorschläge kritiklos übernommen werden, denn der Experte für die eigenen Kunden und die eigene Branche ist immer das Unternehmen selbst. Der Newsletter bleibt durch die Zusammenarbeit lebendig und für den Leser interessant.

Der Kostenaufwand hält sich bei einer guten Vorbereitung und einem gut eingespielten Workflow in Grenzen und ist sogar oftmals günstiger als eine komplette Inhouse-Erstellung. Voraussetzung für eine gute Zusammenarbeit ist eine offene Kommunikation, bei der optimalerweise die Agentur im Sinne des Unternehmens denkt.

Literatur

Übersicht E-Mail-Marketing-Agenturen auf der marketing-BÖRSE:
http://www. tinyurl.com/ncfyyy

KENNGRÖSSEN IM E-MAIL-MARKETING

BRITTA QUEDA

Kaum ein anderes Werbemedium bietet derart transparente und vielfältige Möglichkeiten zur Erfassung von Reportingdaten wie das E-Mail-Marketing. Hierbei gibt es folgende Ansatzpunkte zur Auswertung von Ergebnissen:

- Statistiken zur Verteileranalyse.
- Dokumentation der Adressqualität.
- Darstellung des einzelnen Kampagnenerfolges.
- Verhalten in Shops oder auf Landing-Pages.
- Ergänzende Reports und abgeleitete Maßnahmen.
- Reporting als Abrechnungsgrundlage.

Statistiken zur Verteileranalyse

Während häufig großes Augenmerk auf die Ergebnisse von einzelnen Newsletterkampagnen gelegt wird, kommt der **Verteilerentwicklung** meist kaum Beachtung zu. In ihr liegt jedoch die Basis für alles Folgende. Es genügt nicht, die perfekte Newsletterinfrastruktur anzulegen und einen Anfangsbestand an Kundendaten in eine Datenbank zu importieren. Ein Verteiler wächst nicht mit jedem Newsletterversand von alleine. Verschiedene Kennzahlen helfen, sowohl die **Verteilerstruktur** als auch deren Entwicklung im Auge zu behalten und positiv zu beeinflussen.

Verteilerentwicklung

Zunächst sollten An- und Abmeldungen in verschiedenen **Zeitintervallen** betrachtet werden. Wieviele Neuzugänge und Abmeldungen sind für den aktuellen Tag, die laufende Woche, den kompletten Monat und das gesamte Jahr zu verzeichnen?

Wie viele Adressen kamen neu hinzu und welche gingen warum verloren

Ausgereifte Versandsysteme bieten **statistische Hochrechnungen**, welche zusätzlich die zu erwartenden künftigen Entwicklungen widerspiegeln.

Eine Kombination aus Registrierungen und Abmeldungen über die Homepage und den einzelnen Newsletterkampagnenergebnissen ergibt ein Gesamtbild. Die tatsächliche Verteilerentwicklung spiegelt sich in **Fluktuation oder Wachstum** wider.

http://www.marketing-boerse.de/Experten/details/Britta-Queda

Opt-in-Protokoll

Um jederzeit den **Auskunftsrechten** eines Newsletterempfängers nachkommen zu können, empfiehlt es sich, das Opt-in (Einwilligung) zu protokollieren. Hierbei sollte beim Anmeldeprozess der **Anmeldezeitpunkt** und die **zugehörige IP-Adresse** (Internetprotokoll) gespeichert werden. Übrigens besteht kein Grund zur Sorge gegen Datenschutzrechte zu verstoßen beim Speichern von IPs. Mit einem Urteil vom 30.09.2008 hat das Amtsgericht München festgehalten, dass es sich bei IP-Adressen nicht um personenbezogene Daten handelt, sodass die Speicherung zulässig ist.

Reduzierung um Bounces

Rückläufer lassen sich teilweise vermeiden

Bounces beeinflussen das Verteilerwachstum in negativem Sinne. Es muss daher in jedem Fall überwacht werden, wie sich diese in den einzelnen Newsletterkampagnen und hochgerechnet auf den Gesamtverteiler verhalten. Während in den einzelnen Kampagnen eine differenzierte Auswertung der Bounces nach **Bounce-Typ** und **Bounce-Grund** erfolgt, genügt für die Verteilerbeurteilung eine Gesamtkennziffer. Diese beinhaltet in der Regel alle E-Mail-Adressen, die mehrfach ein **Hard-, Soft-** oder **Block-Bounce** erzeugt haben und die somit aufgrund eines Rankings vom Gesamtverteiler ausgeschlossen werden. Blieben Bounces unberücksichtigt, würde der Verteiler zwar nicht um diese schrumpfen, ständiges erneutes Anmailen jedoch könnte den Versender schnell auf Blacklists befördern.

Reduzierung um Unsubscribes

Abbestellraten sind ein wichtiges Zufriedenheitsbarometer

Selbstverständlich beeinflussen neben den Ausfällen durch Bounces auch die Abmeldungen das Verteilerwachstum in negativem Sinne. Diese können sowohl in den jeweils einzelnen Newsletterkampagnen gemessen, als auch verteilerweit als Gesamtkennzahl ausgewertet werden. Steigende **Abmelderaten** im Zeitverlauf können auch wichtige **Indikatoren für die Qualität** der einzelnen Newsletterkampagnen sein. Sie sollten daher immer zu Konsequenzen in der Newsletterstrategieplanung führen.

Checkliste Verteileranalyse

Das sollten Sie bei der Verteileranalyse regelmäßig auswerten:

- ❑ An- und Abmeldungen in verschiedenen Intervallen (wöchentlich, monatlich, quartalweise)
- ❑ Separates Opt-in-Protokoll (Erfüllung rechtlicher Anforderungen)
- ❑ Verringerung des Verteilers durch Bounces
- ❑ Fluktuation durch Abmeldungen
- ❑ Kennzahlen im Zeitverlauf
- ❑ Prognosen und Hochrechnungen

Darstellung im Zeitverlauf

Die größte Aussagekraft beinhaltet die **Untersuchung** von An- und Abmeldungen, Bounces und Unsubscribes **im Zeitablauf**. Hierbei helfen neben Zahlenmaterial und Wachstumsstatistiken oft einfache grafische Darstellungen, die mehrere Tage oder Monate auf einen Blick abbilden. Ausgereifte Reports erlauben den Vergleich unterschiedlichster Kennzahlen in individuell definierten Intervallen.

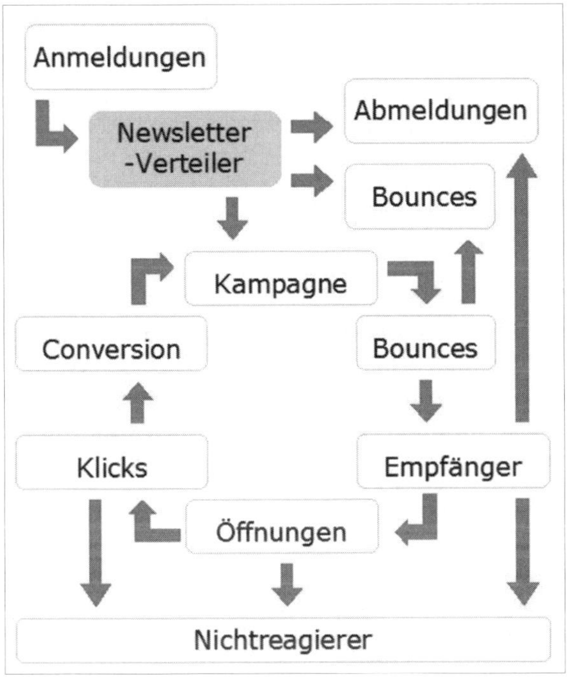

Abb. 1: Kreislauf Verteilerentwicklung

Dokumentation der Adressqualität

Bei einem Bounce (englisch: abprallen, zurückwerfen) handelt es sich um eine automatisch von einem Mailserver generierte Fehlermeldung, wenn eine Nachricht nicht zugestellt werden konnte.

Verschiedene **Informationen innerhalb einer Bounce-Meldung** geben dem Versender Hinweise darauf, weshalb ein Bounce erzeugt wurde. Basisinformationen sind beispielsweise Datum und Uhrzeit, eine Bezeichnung des Mailservers, durch den die Bounce-Meldung generiert wurde, ein Bounce-Grund und der Header der unzustellbaren E-Mail.

Die häufigsten Ursachen für Bounces sind in falscher Adressierung, Filtern oder Hardware-Problemen zu finden. In Zeiten von Spam, Firewalls, Blocks und Junkfiltern ist leider auch das E-Mail-Marketing schwieriger geworden. Genügte vor wenigen Jahren noch eine pauschale Kennzahl zum Thema Bounces, werden heute **unterschiedliche Bounce- und Blockgruppen** unterschieden. Die Ergebnisse werden darüber hinaus noch zusätzlich mit einem Ranking versehen.

Hard-Bounces

Hard-Bounces gezielt auswerten

Hard-Bounces sind **dauerhaft** nicht zustellbare E-Mail-Adressen. Die Empfänger haben weder diese Kampagne erhalten noch werden sie voraussichtlich künftige Botschaften an diese Adresse zugestellt bekommen. Ursache hierfür ist beispielsweise eine falsche Adress-Syntax oder ein unbekannter Benutzer.

Beispiele für Hard-Bounce-Gründe:
- Host not found
- Invalid user
- User is unknown
- User doesn't have a yahoo.de account

Soft-Bounces

Soft-Bounces sind nur **temporär** nicht zustellbar. Den Empfänger hat diese Kampagne nicht erreicht, künftige Nachrichten könnten jedoch ihr Ziel erreichen. Die Ursachen für Soft-Bounces sind vielfältig. Sie können zum Beispiel durch eine volle Mailbox oder einen aktuell nicht erreichbaren Server ausgelöst werden.

Beispiele für Soft-Bounce-Gründe:
- Mail system full
- User has too many messages
- Speichervolumen ueberschritten
- Connection timed out

Block-Mails

Blocks entstehen immer dann, wenn die **E-Mail-Annahme** vom Empfangsserver aufgrund bestimmter Filterregeln **verweigert** wird. Steht der absendende Server beispielsweise auf einer Blacklist, auf deren Basis der Empfangsserver eingehende E-Mails prüft, wird die Nachricht abgewiesen. Auch wenn sehr viele User eingegangene E-Mails von einem bestimmten Absender als Spam markiert haben, kann die Annahme verweigert werden. Zudem sind auch sehr große Mengen E-Mails an einen Provider innerhalb kürzester Zeit eher schädlich, denn oftmals schließen diese sämtliche Türen, wenn sie eine Spamwelle befürchten. Dies hatte beispielsweise auch zur Folge, dass das Wettrüsten um die schnellsten **Versandgeschwindigkeiten** nachgelassen hat. Zu hohe Geschwindigkeit wirkt in diesem Fall eher kontraproduktiv.

Beispiele für Blocks:
- Delivery not authorized, message refused
- Doesn't_want_to_receive_mails_from_your_address

- System not accepting network messages
- Sender address rejected

Während Hard- und Soft-Bounces oftmals einfach hingenommen werden müssen, bieten Block-Bounces durchaus Handlungsspielraum. Der Provider oder der Administrator eines Firmenservers kann direkt kontaktiert und um Freischaltung gebeten werden.

TLD- und Providerauswertung

Sinnvoll ergänzt werden die drei Bounce-Kenngrößen noch um eine **Top-Level-Domain (TLD) Auswertung**. Diese liefert einen Überblick über die wichtigsten in einer Mailing-Liste enthaltenen Domains. Eine **Providerauswertung** legt dar, bei welchen Anbietern unbedingt auf Whitelisting und somit eine fehlerfreie Zustellung der E-Mails geachtet werden muss.

Welcher Provider verweigert die Zusammenarbeit?

Sowohl Blocks als auch Providerauswertungen werden auch heute noch teilweise sträflich vernachlässigt. Dies rächt sich jedoch nicht nur in sinkender Adressqualität, sondern auch in Umsatzeinbußen aufgrund stetig schlechter werdender Zustellraten und Performance des Datenpools.

Checkliste Adressqualität

- ❑ Getrennte Auswertung von Hard-, Soft- und Block-Bounces.
- ❑ Detailliertes Auslesen und Auswerten der Bounce-Gründe.
- ❑ Automatische Verarbeitung von Hard- und Soft-Bounces mittels Ratingsystem.
- ❑ Überwachung der Blocks im Zuge des Whitelisting-Prozesses.
- ❑ Überwachung einer Top-Level-Domainauswertung.
- ❑ Auswertung der Providerverteilung als Basis des Whitelistings.

Darstellung des Kampagnenerfolges

Neben den Kenngrößen zur Auswertung der Qualität des Adresspools, sind auch diverse Erfolgsgrößen zur Überwachung einzelner Kampagnen wichtig. Nachdem von den Bruttoadressen (Total Sent) alle Hard-, Soft- und Block-Bounces abgezogen wurden, bleiben die **Nettoempfänger** (Total Delivered) übrig. Auf diese beziehen sich die nachfolgenden Kennziffern.

Öffnungsrate

Zu Beginn der E-Mail-Marketing-Aktivitäten wurden **Öffnungen** in **einmalige (unique)** und **wiederholte (total)** Öffnungen pro User unterteilt und diese Aussage war lange zufriedenstellend. Erst nach und nach – bedingt durch den technischen Wandel der E-Mail-Programme – wurden Öffnungen kritischer betrachtet.

Technischer Hintergrund

Eine Öffnung wird rein technisch gesehen erst dann registriert, wenn ein sogenanntes **Zählpixel** geladen wurde. Hierzu muss der User die Anzeige von Bildern zulassen und online sein. Durch die Übergabe einer speziellen **ID pro User**, lässt sich die Öffnung jeweils den einzelnen Empfängern zuordnen.

Die Öffnungsrate ist stark fehlerbehaftet

In alten Outlookversionen jedoch werden beispielsweise alle Bilder einer HTML-Mail automatisch in der Vorschau geladen und somit eine Öffnung gemessen. Dies geschieht auch dann, wenn der Empfänger die E-Mail nicht wirklich geöffnet und angesehen hat. Im umgekehrten Fall werden heute – besonders von Programmen mit Spamschutz – Bilder zunächst geblockt. Sie lassen sich erst per Mausklick nachladen oder nur dann automatisch anzeigen, wenn der Absender bereits im Adressbuch des Empfängers verzeichnet ist.

Während ein Teil der Empfänger die E-Mail vielleicht tatsächlich nicht liest und löscht, lesen sie andere vielleicht ohne sich das zugehörige Bildmaterial einblenden zu lassen. Um dieses Problem zumindest teilweise abzufangen, wird eine Vorgehensweise genutzt, die auch bei Textmails zum Einsatz kommt. Eine Öffnung wird in jedem Fall gemessen, sobald ein erster Klick getätigt und gemessen wurde.

Sowohl bei E-Mails im Textformat als auch bei HTML-Mails, bei denen die Bilder nicht nachgeladen werden, geht jedoch eine Öffnung verloren, wenn die E-Mail ohne einen Klick gelesen wurde. Die **Öffnungsrate ist daher nach wie vor relativiert zu betrachten** und liegt in der Regel tatsächlich höher, als sie gemessen werden konnte.

Statistische Gewichtung

Unterschieden wird in Öffnungen unique und Öffnungen total. Während bei den **Unique-Öffnungen** jeder Empfänger nur einmal gezählt wird, erfassen die **Total-Öffnungen** alle insgesamt erzielten Öffnungen.

Werden Öffnungsnummern vermerkt, kann auch ermittelt werden, wie oft ein Mailing einmal, zweimal, oder etwa dreimal geöffnet wurde. Aufgrund der Vorschau-Ladefunktionen vieler E-Mail-Programme ist auch diese Kenngröße allerdings wenig aussagekräftig.

Einflussfaktoren

Zahlreiche Einflüsse können die Öffnungsrate verbessern. Die beiden stärksten Faktoren sind der **Versandzeitpunkt** und die **Betreffzeile**. Die folgenden Studienergebnisse verdeutlichen dies:

- „Der beste Versandzeitpunkt ist Montag Abend (48 Prozent durchschnittliche Öffnungsrate).
- Ein Mailing am Donnerstag Abend wird doppelt so häufig (+94 Prozent!) geöffnet wie nachmittags!
- Personalisierte Betreffzeilen erzielen eine um 64 Prozent höhere Öffnungsrate als nicht-personalisierte Betreffzeilen.
- Sachliche Betreffzeilen haben eine deutlich höhere Chance, geöffnet zu werden (+28 Prozent), als Mailings mit werblichem Betreff.

- Für die Länge der Betreffzeile gilt eindeutig: Je kürzer, desto besser.
- Männer öffnen deutlich mehr Mailings als Frauen." [1]

Klickrate

Die Messung von Klicks wurde in den letzten Jahren immer weiter verfeinert und bietet mittlerweile nicht nur eine Fülle an Informationen, sondern ist auch absolut problemlos und verbindlich messbar.

Technischer Hintergrund

Anders als die Öffnungsrate, ist die **Klickrate** (englisch: Click-Through-Rate/CTR) eine technisch unumstößliche Größe, die nicht manipulierbar ist. Erst wenn der Empfänger tatsächlich aktiv wird und einen Klick ausführt, erfolgt über einen Trackinglink ein Aufruf auf dem Versandserver, der somit protokolliert wird. Sowohl der Empfänger als auch der Link selbst sind per ID verschlüsselt, sodass sich der Klick sowohl dem Empfänger als auch dem Link genau zuordnen lässt. Die Klickrate beinhaltet alle ausgeführten Klicks bezogen auf die zugestellten E-Mails. Gute Versandlösungen ermöglichen auch die genaue Aufspaltung des Klickreportings nach Format. Dies ermöglicht dem Versender Rückschlüsse auf die Verteilung von HTML- zu Text-Empfängern.

Statistische Gewichtung

Während die **Total-Klickrate** alle erzeugten Klicks beinhaltet – auch mehrfach auf denselben Link ausgeführte – registriert die **Unique-Klickrate** die Anzahl der Klicks pro Empfänger. Jeder Empfänger wird dabei nur einmal pro Link gezählt.

Nicht von der Total-Klickrate blenden lassen

First-Klick

Neben der Verteilung der Klicks auf die Links in ihren jeweiligen Formaten kann auch die Auswertung des zuerst geklickten Links sehr spannend sein. Dieser liefert wichtige Informationen über die Relevanz von Themen oder die Beliebtheit von Produkten, die in einem Newsletter oder Stand-Alone-Mailing vorgestellt wurden.

Link-Liste

Eine Link-Liste dient als sinnvolle Ergänzung zu den Klicks und zeigt, wie sich die einzelnen Klicks auf die in einem Mailing enthaltenen Links verteilen. Hierbei können auch Formate unterschieden werden. Auf diese Weise erhält der Kampagnenbetreiber ein sehr genaues Bild von der Relevanz seiner einzelnen Artikel, Produkte oder Inhalte.

Einflussfaktoren

Klickraten lassen sich steigern

- Positionierung des Links (im Text, exponiert darunter, als Navigationsmenü)
- Verlinkung über Text, separater Link, Bildlink
- Benennung des Links
- Farbliche Hervorhebung des Links
- Versandzeitpunkt

Die höchsten Klickraten im Consumer-Bereich werden beispielsweise samstags erreicht, wenn das Mailing ab 15.30 Uhr verschickt wurde [2].

Vergleichbarkeit von Klickraten

Sollen mehrere Kampagnen oder Newsletter mit einer unterschiedlichen Anzahl enthaltener Links verglichen werden, muss ein Quotient gebildet werden:

$$\frac{\left(\dfrac{\text{Anzahl Klicks}}{\text{Anzahl Hyperlinks in E-Mail}}\right)}{\text{Anzahl erfolgreich verschickter E-Mails}}$$

$$= \text{Anzahl Klicks je Link und je E-Mail}$$

Abb. 2: Quotient zum Vergleich von Klickraten [3]

Verhältnis der Öffnungs- zu Klickrate

Wird die Klickrate durch die Öffnungsrate geteilt, kann eine Aussage darüber getroffen werden, ob der Inhalt des Mailings inhaltlich verstanden wurde. Selbstverständlich setzt diese Messung voraus, dass auch ausreichend weiterführende Links enthalten waren und diese entsprechend benutzergerecht platziert waren.

Bounce-Rate

Bounces sollten sowohl für jede Kampagne einzeln gemessen, als auch im Bezug auf den Gesamtverteiler analysiert werden. In jedem Mailing kann eine E-Mail-Adresse ein Bounce erzeugen und somit Negativ-Punkte für ein **Ranking** sammeln. Ist ein gewisses Maß erreicht (dies definiert jeder Versender anders), wird die Adresse verteilerweit markiert (sie erhält ein Flag) und wird nicht mehr angeschrieben. In der Regel erhält ein Hard-Bounce mehr Punkte für das Ranking, als ein Soft-Bounce oder Block. Würden Adressen direkt beim ersten Bounce deaktiviert, würden sich die Verteiler schnell dezimieren. Selbst Hard-Bounces können von Zeit zu Zeit auftreten, ohne das die Adresse für immer unerreichbar sein muss.

Unsubscribe-Rate

Schwankende Abbestellraten deuten auf schwankende inhaltliche Qualität

Wie die Bounces auch, können Unsubscribes einmal bezüglich des Verteilers und einmal bezogen auf die einzelne Kampagne betrachtet werden. Schwanken die Abmeldungen von Newsletter zu Newsletter merklich, dann ist dies ein möglicher Indikator für inhaltlich interessante oder schwächere Ausgaben. In Ergänzung mit einer detaillierteren Klickauswertung lassen sich gegebenenfalls Optimierungspotentiale aufdecken.

Aktueller Status der Kennzahlen

Einen aktuellen Status über den **durchschnittlichen Stand von Bounces, Öffnungen und Klicks** liefert der „E-Mail-Benchmarks 2008"-Report von emarsys eMarketing Systems.

Betrugen die **Bounce-Raten** 2003 im B2B-Bereich (Business-to-Business/ Geschäftskunden) noch durchschnittlich 8,87 Prozent, verbesserte sie sich 2008 auf 3,88 Prozent. Auch im B2C-Bereich (Business-to-Consumer/Endkunden) wurden statt der 2003 gültigen 8,13 Prozent nun nur noch 2,36 Prozent erzielt. Dies deutet auf eine Verbesserung der Adressqualität hin.

Die **Öffnungsraten** fallen jedoch seit 2003 aufgrund der Bildunterdrückung. 2008 konnten durchschnittlich 31,19 Prozent (B2B) und 28,56 Prozent (B2C) erreicht werden.

Klickraten sind derzeit auf dem zweitniedrigsten Stand seit Beginn der Dokumentation 2003. Im B2B-Bereich konnten nur noch 8,89 Prozent und 17,09 Prozent (unique und total) erzielt werden. Im B2C-Bereich wurden 8,08 Prozent und 14,28 Prozent (unique und total) erreicht.

Checkliste Kampagnenerfolg

Folgende Kennzahlen sollten von Zeit zu Zeit ermittelt werden:

- ❑ Öffnungen unique und total (relativiert zu betrachten)
- ❑ Klicks unique und total (technisch hieb- und stichfest)
- ❑ First Klick (welcher Link war der beliebteste)
- ❑ Link-Liste nach Format getrennt
- ❑ Verhältnis Öffnungen zu Klicks
- ❑ Bounces nach Hard-Bounce, Soft-Bounce und Block getrennt
- ❑ Unsubscribes

Verhalten in Shops oder auf Landing-Pages

Bei entsprechender Verknüpfung mit einer Webseite oder einem Webshop, muss das Reporting nicht bei der E-Mail enden.

Conversion

Die Auswertung von **erzielten Aktionen** (Conversion), die durch eine E-Mail-Kampagne ausgelöst wurden, können weitere Einblicke in den Erfolg eines Mailings bieten. Hierbei kann es sich zum Beispiel um Registrierungen, Umfrageteilnahmen, Anmeldungen oder Käufe handeln.

Wichtig zur Ermittlung einer **Conversion-Rate** ist eine genaue Zieldefinition vor Start einer Kampagne. Welches Ziel soll durch ein E-Mailing genau erreicht werden? Ist dieses definiert, erfolgt die Berechnung der Conversion-Rate im Anschluss recht einfach:

$$\text{Conversion} = \frac{\text{Versandte E-Mails}}{\text{erzielte Aktionen (Kauf, Registrierung ...)}}$$

Return-on-Investment (ROI)

Mailingkosten und Umsatz gegeneinander rechnen

Durch die Fortführung des Trackings über die Grenzen der E-Mail hinaus lässt sich eine Kampagne auch in konkreten **Umsatzresultaten** messen. Eine weitere beliebte Kennziffer ist beispielsweise der **Return-on-Investment** (ROI). Die Kampagnenkosten werden den erzielten Umsätzen gegenübergestellt und somit ein direkter Erfolg abgeleitet. Durch die geringen Produktionskosten eines E-Mailings im Vergleich zu denen einer Printkampagne, ist der ROI in der Regel bei diesem Werbemedium höher. Dieser Vorteil sollte nicht außer Acht gelassen werden.

$$\text{ROI} = \frac{\text{Umsatzerlöse}}{\text{Kampagnenkosten}}$$

Ergänzende Reports und abgeleitete Maßnahmen

Zusätzlich zu den herkömmlichen Messgrößen, ermöglichen ausgereifte E-Mail-Marketing-Lösungen weitere Reports und Maßnahmen, die gleichzeitig mehrere Kampagnen umfassen.

Kampagnen- und Zielgruppenvergleiche

Professionelle Versandsysteme bieten beispielsweise einen Kampagnenvergleich per Knopfdruck. Durch eine Relativierung aller Kennziffern lassen sich auf diese Weise auch Aktionen mit unterschiedlich großen Verteilern in direkten Bezug zueinander setzen.

Auch Untersuchungen innerhalb einer Kampagne – beispielsweise unterschiedliche Zielgruppen untereinander – sind technisch abbildbar und dienen der Optimierung künftiger Kampagnen.

Durch Segmentierung lassen sich die Kenngrößen erheblich verbessern

Begrenzt werden diese ergänzenden Auswertungen ausschließlich durch die Struktur der eingesetzen Newsletterprofile und die technischen **Features der Versandsoftware**. Ohne gespeicherte Merkmale in einer sinnvoll angelegten **Datenbankstruktur** sind keine **Zielgruppenvergleiche** möglich.

Behavioral Targeting und Closed-Loop-Marketing

Die genaue Messbarkeit von Aktionen eines Empfängers, ermöglicht es dem Versender von E-Mails oder Newslettern Botschaften gemäß seinem **Verhalten** genau auf ihn zuzuschneiden. Dies verspricht höhere Response-Raten und unnötige Kontaktaufnahmen mit den „falschen" Themen können vermieden werden. Ähnlich wie bei diesem **Behavioral Targeting** kommen auch beim **Closed-Loop-Marketing** detaillierte **Nutzerdaten** zum Einsatz. Newsletter werden bis auf den einzelnen Empfänger heruntergebrochen, angepaßt und individuell auf ihn zugeschnitten. Durch ständige Messung aller Aktionen (Öffnungen, Klicks, Käufe) die ein Empfänger ausführt, wird sein Profil stetig erweitert und gestaltet somit beständig neu den zukünftigen Newsletter mit.

Triggermails

Eine weitere sinnvolle Nutzungsmöglichkeit von gewonnenen Reportingdaten kann im Auslösen von **automatisierten Folgekampagnen** liegen. Sogenannte Triggermails werden durch ein bestimmtes Verhalten des Empfängers in einer Initialmail ausgelöst. Beispielsweise wird eine Einladung zu einem Workshop versendet. Empfänger, die weder geöffnet noch geklickt haben, erhalten nach wenigen Tagen nochmals einen **Reminder**. Empfänger, die geöffnet, aber nicht geklickt haben, erhalten nach wenigen Tagen eine zweite E-Mail mit nochmaliger Betonung der Vorteile des Workshops. Empfänger, die geöffnet und geklickt haben, aber keine Teilnahme gebucht haben, erhalten einen Coupon mit zehn Prozent Rabatt auf das Ticket bei Last-Minute-Buchung. Das Spiel kann fortgeführt werden, bis der Empfänger schließlich sein individuelles Workshop-Ticket inklusive aller Reiseinformationen erhält.

Reporting als Abrechnungsgrundlage

Mehr und mehr wird dazu übergegangen, auch bei E-Mail-Kampagnen **erfolgsabhängige Kosten** zugrunde zu legen. In Anlehnung an Klickvergütungen auf Banner oder Affiliate-Prämien bei erzielten Kaufabschlüssen wird auch die E-Mail erfolgsabhängig vergütet – ausgereifte Reportings bieten die Basis hierfür. Vergütet werden kann nach Klicks oder nach erzielten Aktionen, wie zum Beispiel Newsletteranmeldungen oder Einkäufe. Bei Registrierungen jeglicher Art wird von Leads gesprochen. Käufe werden als Sales bezeichnet.

Zahlreiche Abkürzungen sind in diesem Zusammenhang gebräuchlich, wie beispielsweise
CPC – Cost-per-Click – bei klickabhängiger Vergütung
CPL – Cost-per-Lead – bei registrierungsabhängiger Vergütung oder
CPS – Cost-per-Sale – bei kaufabhängiger Vergütung.

Was kostet ein Interessent und was ein Verkauf?

Auch können vor sent-Out einer Kampagne Ziele definiert werden, die mindestens zu erreichen sind, um eine volle Vergütung des Adresspreises zu gewährleisten, sofern dieser rein mengenabhängig ist. Denkbar sind beispielsweise eine Einigung auf mindestens fünfzehn Prozent Öffnungsrate oder drei Prozent Klicks. Wichtig ist in solch einem Fall immer genau mit dem Adressbroker abzustimmen, ob sich diese Vergütungshürden auf unique oder total Öffnungen oder Klicks beziehen. Dies schließt Missverständnisse im Vorfeld aus.

Fazit

Detaillierte Erfolgskontrolle verursacht Aufwand, doch wenn dieser als Chance zur Optimierung und Umsatzsteigerung verstanden wird, kann er sich lohnen.

Erfolgsmessung macht Sinn wenn:
- jede Kennzahl gemäß ihrer **Relevanz** gewichtet betrachtet wird (siehe geminderte Aussagekraft der Öffnungsrate),
- eine Erfolgskontrolle **regelmäßig** und nicht nur sporadisch stattfindet,
- aus den gewonnenen Kennzahlen **Optimierungspotentiale** abgeleitet werden,
- aus den gewonnenen Ergebnissen **Folgekampagnen** abgeleitet werden können,
- die Erkenntnisse zur **Umsatzsteigerung** beitragen,
- Werbegelder **effizienter** eingesetzt werden.

Keinesfalls sollten Kampagnen „tot analysiert" werden. Reine Statistikwälzerei macht schließlich auch keinen Spaß. Erfahrene E-Mail-Marketer verstehen es jedoch, die Potentiale, die in den Kennzahlen stecken, richtig zu deuten und entsprechende Maßnahmen abzuleiten. Der unmittelbar messbare Erfolg dieser Bemühungen macht die Angelegenheit umso spannender.

Literatur

[1] http://www.E-Mailmarketingblog.de/2008/11/03/studie-untersucht-die-einflussfaktoren-von-e-mail-oeffnungsraten/ – Blog-Eintrag des Autors Nico Zorn im E-Mail-Marketingblock.

[2] Quelle: http://www.newsmarketing.ch/studie2009.pdf – E-Mail-Studie 2009 der Newsmarketing GmbH.

[3] http://www.dialogue1.de/de/E-Mail_marketing_wissenspool_fachartikel_klickraten_1.html – Fachartikel dialogue1 GmbH.

KENNZAHLEN OPTIMIEREN

2

INTRO

Optimierung von Multichannel-Kampagnen: Steffen Stahl und Karsten Winkler erläutern, wie wichtig die Einbeziehung aller Kommunikationskanäle ist. Der Erfolg von E-Mail-Kampagnen ist nämlich das Produkt aus einer Vielzahl auch externer Faktoren.

Newsletter-Reporting: Von der Zahl zum Wissen: Frank Strzyzewski betrachtet kritisch die Kenngrößen des E-Mail-Marketing. Fazit: Die interessantesten Kennzahlen werden derzeit gar nicht gemessen.

Key-Performance-Indicators im E-Mail-Marketing: Olav A. Waschkies beschreibt, welche zum Teil subtilen Wechselwirkungen zwischen den Kenngrößen bestehen und wo die Grenzen der Messbarkeit liegen.

Webanalyse und E-Mail-Marketing verbinden: Ralf Haberich bricht die Lanze für eine stärkere Verknüpfung der E-Mail-Anstöße mit dem, was anschließend auf der Website geschieht.

Die Rolle von E-Mail im Performance-Marketing: Burkhard Köpper verrät, mit welchen Tricks sich die Konversionsraten steigern lassen und worauf dabei geachtet werden sollte.

Torsten Schwarz

OPTIMIERUNG VON MULTICHANNEL-KAMPAGNEN

2

STEFFEN STAHL • KARSTEN WINKLER

Ein typischer Fehltritt im E-Mail-Marketing 1.0 ist schnell skizziert: Ein Konsument erhält einen Newsletter, in dem ein kurz zuvor von ihm gekauftes Produkt beworben wird. Kurz darauf bietet ihm sein Berater das Produkt erneut zum Kauf an, allerdings zu einem höheren als dem tatsächlich bezahlten Preis.

Das Beispiel zeigt, wie moderne Medien und Multichannel-Marketing zwar operativ funktionieren und doch zugleich auf ganzer Linie fehlschlagen können. Wirksames E-Mail-Marketing der nächsten Generation erfordert einerseits das Einverständnis der Adressaten für diese Form der Ansprache. Andererseits ist eine hohe Treffgenauigkeit individuell vorhandener Bedürfnisse unerlässlich, die beispielsweise durch inhaltliche und terminliche **Relevanz** aus Sicht der Konsumenten erzielbar ist. Die Kommunikation per E-Mail findet in der Regel nicht solitär statt, sondern ist lediglich einer von mehreren gleichzeitig genutzten Dialogmarketingkanälen. Deshalb ist die **Konsistenz** der Werbebotschaften über alle Kanäle hinweg ebenso erfolgskritisch wie die Einhaltung einer angemessenen **Kundenkontaktstrategie**.

Kanäle müssen aufeinander abgestimmt werden, sonst verärgert das Kunden

Dieser Beitrag illustriert zunächst die wesentlichen Herausforderungen einer Einbettung von E-Mail-Marketing in das kanalübergreifende Direktmarketing. Anschließend wird deren Lösung durch „echte“ Optimierung von Multichannel-Kampagnen dargestellt, um knappe Budgets bestmöglich auf Kunden, Kanäle und Angebote zu verteilen.

E-Mail-Marketing 2.0 in der Komplexitätsfalle?

Aus Sicht des Kunden wird erfolgreiches Dialogmarketing im Idealfall als funktionierende, unterhaltsame und vor allem **nützliche Konversation mit dem Unternehmen** wahrgenommen. Die angesprochenen Themen sind interessant, stehen nicht in Widerspruch zueinander und auf Rückfragen wird zeitnah und kompetent geantwortet. Neben technischen Aspekten wie einer direkten Antwortmöglichkeit auf erhaltene E-Mails sind besonders Häufigkeit und Intensität der „Dialoge“ erfolgsentscheidend. Schließlich soll die Kommunikation aus Kundenperspektive jederzeit angemessen erscheinen. Zugleich soll sie bewirken, dass aktuell Relevantes aus der Flut täglich neuer Informationen erkennbar hervortritt.

Unternehmen reduzieren Kommunikation auf wirklich Wichtiges

Wurden in der Vergangenheit häufig noch so viele E-Mails wie möglich versandt, so reduzieren erfolgreiche Unternehmen heute das Mailaufkommen im Sinne einer tatsächlich nützlichen Konversation. Auch fanden früher Betrachtungen

http://www.marketing-boerse.de/Experten/details/Steffen-Stahl
http://www.marketing-boerse.de/Experten/details/Karsten-Winkler

zur Verbesserung der Wirksamkeit des E-Mail-Marketings meist isoliert, das heißt ohne Berücksichtigung von **Wechselwirkungen mit anderen Kommunikationskanälen** statt: Wann ist der beste Versandzeitpunkt für E-Mails? Wie sind Betreffzeilen zu personalisieren? Lässt sich die Öffnungsrate der E-Mails erhöhen? Die Beantwortung derartiger Fragestellungen ist unzweifelhaft bedeutsam und stellt wichtige Orientierungspunkte für die qualitative Verbesserung der Ansprache dar. Es bedarf jedoch einer ganzheitlichen Perspektive, um den Wirkungsgrad des E-Mail-Marketings als Teil einer Multikanalkommunikation zu verbessern.

Zur Konversation mit Kunden bedienen sich Unternehmen heute meist mehrerer Kommunikationskanäle und Kampagnentypen zur gleichen Zeit, um damit eine **Vielzahl möglicher Angebote** parallel zu bewerben. Neben der klassischen Unterscheidung von Onlinekanälen (etwa E-Mail, Website oder SMS) und Offlinekanälen (etwa Brief, Call-Center oder Berater) ist auch die Kontaktrichtung beachtenswert. Während bei Outbound-Kampagnen das Unternehmen seine Zielgruppen adressiert, geht bei einem Inbound-Kontakt der Kunde aktiv auf das Unternehmen zu. Kanalübergreifend werden im Wesentlichen drei Kampagnentypen eingesetzt:

- **Konventionelle Kampagnen** werden vom Unternehmen zum Beispiel zur Produktwerbung, Verkaufsförderung oder Regelkommunikation initiiert.
- **Ereignisbasierte Kampagnen**, wie etwa die Mitteilung der nächstgelegenen Filiale nach Meldung einer Adressänderung, werden durch das Kundenverhalten initiiert.
- **Echtzeitgesteuerte Kampagnen** werden während der Interaktion von Kunde und Unternehmen angestoßen, um zum Beispiel passgenaue Empfehlungen zu geben.

Ziel dieser Dialogmarketingkampagnen ist neben der Etablierung von Marken und der Entwicklung partnerschaftlich geprägter Kundenbeziehungen vor allem die Verkaufs- oder Absatzförderung.

Aus Unternehmenssicht ergibt sich ein **Kräftefeld von Kunde, Kanal, Kampagnentyp und Angebot**, in das ein E-Mail-Marketing 2.0 nahtlos und konfliktfrei einzubetten ist. Bei Multichannel-Kampagnen muss deshalb sichergestellt werden, dass der gesamte Dialog aus Kundensicht tatsächlich relevant und in sich konsistent ist. Gleichwohl erfolgen derartige Maßnahmen nicht im budgetfreien Raum. Knappe und bei Sparrunden oft bevorzugt infrage gestellte Budgets für Direktmarketing sind somit bestmöglich auf Kanäle, Kampagnen und Angebote aufzuteilen.

Knappes Budget möglichst effektiv einsetzen

Bisherige Ansätze: Ignorieren oder priorisieren

Die Integration des E-Mail-Marketings in ein **kanalübergreifendes, multithematisches Dialogmarketing** ist konzeptionell wie systemisch obligatorisch. Für die Beschreibung möglicher Lösungsansätze wird nachfolgend ein vereinfachtes Szenario verwendet. Das Zusammenspiel aus Kunde, Kanal, Kampagnentyp und Angebot wird hierfür auf die Zuordnung von Kunden zu einzelnen Kampagnen in einem Planungszeitraum reduziert.

Für jede einzelne Kombination aus Kunde und Kampagne ist ein potenzieller **Wertbeitrag** bekannt. Dieser kann für den Fall der Ansprache in einer Dialogkampagne erstens als Produkt von Deckungsbeitrag und historischer Response-Quote näherungsweise ermittelt werden. Zweitens können Experten die Wertbeiträge unterschiedlicher Kundensegmente schätzen oder diese drittens mittels Data Mining kundenindividuell vorhersagen. Zur Sicherstellung einer angemessenen Kontaktfrequenz ist außerdem eine Kundenkontaktstrategie unerlässlich. Jeder Kunde erhält zum Beispiel maximal zwei E-Mails pro Quartal und mindestens einen Anruf pro Jahr.

Zwei E-Mails pro Quartal und einen Anruf im Jahr

Wie erfolgt nun aber der finale Abgleich der für jede einzelne Kampagne bereits selektierten Kunden mit den in einer Planungsperiode insgesamt vorgesehenen Maßnahmen? Ein Perspektivenwechsel hin zu einer **Gesamtkampagnensicht** ist zwingend erforderlich, um die geforderte Relevanz, Konsistenz und Angemessenheit des Dialogmarketings dauerhaft zu gewährleisten. In Anlehnung an [1] und [2] sind **drei konventionelle Lösungsansätze** zu unterscheiden.

Ignorieren einer Gesamtkampagnensicht

Das Kampagnenmanagement der ersten Generation unterstützt lediglich eine Einzelkampagnensicht. Verantwortliche, zum Beispiel für Produktgruppen oder Kanäle, agieren innerhalb desselben Unternehmens vollkommen unabhängig voneinander. Eine unternehmensweite Kundenkontaktrichtlinie ist entweder nicht existent oder wird durch die Spartenverantwortlichen nicht beachtet.

Globale Priorisierung der Kampagnen

Bei der zweiten Generation des Kampagnenmanagements erfolgt die Umsetzung der Kontaktstrategie durch Priorisierung auf Kampagnenebene. Bei diesem häufig genutzten Ansatz wird jeder in einer Planungsperiode auszuführenden Kampagne eine Priorität zugewiesen. Unternehmensweite Kontaktrichtlinien werden dabei oft mit einer so genannten Kollisionsmatrix umgesetzt, die bei Ausführung jeder Kampagne als zentrales Ausschlusskriterium herangezogen wird. Dieses oft sehr komplexe Regelwerk reserviert etwa Kunden im Planungszeitraum für eine hoch priorisierte Kampagne.

Überholspur für Kampagnen

Individuelle Priorisierung der Kampagnen

Das Kampagnenmanagement der dritten Generation fokussiert auf den Kunden. Im Planungszeitraum werden Kunden einzeln den geplanten Kampagnen zugeordnet, bei denen jeweils der größte Wertbeitrag erzielbar ist. Dieser Wertbeitrag beinhaltet bei fortgeschrittenen Unternehmen die kundenindividuelle Produktaffinität als Kaufwahrscheinlichkeit und reflektiert somit auch die Relevanz des Angebotes. Bei diesem Ansatz bestimmt ein kundenzentriertes, oft mit Heuristiken verknüpftes Regelwerk das Gesamtkampagnenszenario einer Periode. Dieses Regelwerk umfasst auch die unternehmensweiten Kontaktrichtlinie.

Ignoranz ist für ein erfolgreiches Dialogmarketing keine überzeugende Lösung. Die beiden anderen Lösungsansätze zur Schaffung einer Gesamtkampagnensicht fokussieren entweder auf Kampagnen oder auf Kunden. Bei begrenzten Budgets, knappen Ressourcen (etwa Höchstauflage einer Kampagne) und ergänzenden Vorgaben (etwa Mindestbudget für strategische Kampagnen) sind zwei **Herausforderungen** offensichtlich. Erstens erfordert der **Variantenreichtum** der Dimensionen Kunde, Kanal, Kampagnentyp und Angebot die Pflege immer größerer Regelwerke. Zweitens mündet die isolierte, regelbasierte Priorisierung entweder aus Kampagnen- oder Kundensicht meist nicht in ein Gesamtkampagnenszenario der größtmöglichen **Wertschöpfung**.

Marketingoptimierung im Überblick

Die genannten Beschränkungen einer globalen oder kundenindividuellen Kampagnenpriorisierung resultieren primär aus dem lokalen Lösungsansatz mit Regeln und Heuristiken. Der nachteilige Effekt einer Priorisierung gewinnt mit zunehmender Anzahl von Zielgruppen, Kanälen und möglichen Angeboten an Einfluss. Im Gegensatz dazu wird durch Anwendung von **Verfahren des Operations Research** ein ganzheitlicher Ansatz zur Schaffung einer Gesamtkampagnensicht verfolgt.

Operations Research erforscht als Teilgebiet der angewandten Mathematik vielfältige Fragestellungen auf dem Gebiet der Optimierung. Wie sind begrenzte Ressourcen einzusetzen, um ein Ziel unter bestimmten Nebenbedingungen bestmöglich zu erreichen? Klassische Anwendungsgebiete sind die Routenplanung, die Projektplanung oder die Portfolio-Optimierung. In gleicher Weise ist die **Schaffung einer Gesamtkampagnensicht** im Kampagnenmanagement der vierten Generation [1] als Optimierungsproblem formulierbar. Wie sind Kunden auf geplante Kampagnen einer Periode aufzuteilen, damit bei begrenztem Budget und Einhaltung der Kontaktstrategie der größtmögliche Wertbeitrag sämtlicher Kampagnen erzielt wird?

Die richtigen Kampagnen den richtigen Kunden zuordnen

Wie sieht eine Gesamtkampagnensicht für fünf Millionen Kunden, ein halbes Dutzend Kanäle und hundert geplante Kampagnen im Monat aus? Im komplexen Multichannel-Umfeld von E-Mail-Marketing 2.0 ist diese Herausforderung kein triviales, aber ein durchaus geläufiges Szenario.

Die Marketingoptimierung duch Spezialsoftware ermöglicht Anwendern im Direktmarketing die „echte" **Optimierung von Multichannel-Kampagnen ohne Programmierung** oder mathematisches Spezialwissen. Die Software verknüpft eine für Fachanwender leicht verständliche Benutzeroberfläche mit einem von Spezialisten entwickelten Operations-Research-Verfahren. Dieses bringt vor allem bei herausfordernden Szenarien mit einer Vielzahl an Kunden, Kampagnen und Angeboten sowie fachlichen Vorgaben seine Leistungsfähigkeit zur Geltung. Das jeweils optimale Gesamtkampagnenszenario wird dabei trotz der hohen Komplexität in akzeptabler Zeit berechnet und zur Ausführung an das Kampagnenmanagementsystem übergeben.

Ausgangspunkt für das zu optimierende Kampagnenszenario sind die in einem Zeitraum zur Ausführung anstehenden Dialogkampagnen mit vorab selektierten Zielgruppen [2]. Im Gegensatz zur globalen oder kundenindividuellen Priorisierung arbeiten Kampagnenmanager hier aber nur noch mit den thematisch relevanten **Selektionskriterien**. Welche Adressaten kommen bei isolierter Betrachtung grundsätzlich als Zielgruppe dieser Kampagne in Frage? Der manuelle Abgleich komplexer Regelwerke, etwa um Überschneidungen von Zielgruppen abzufangen oder unternehmensweite Kontaktregeln zu beachten, entfällt deshalb bei jeder einzelnen Maßnahme. Während der Zielgruppenselektion im Kampagnenmanagement der vierten Generation werden „einfach nur" passgenaue Zielgruppen für die jeweils anstehenden Marketingaktivitäten bestimmt.

Der Ausführung von Kampagnen in einer Planungsperiode wird die Marketingoptimierung vorgeschaltet, um bei konkurrierenden Maßnahmen die tatsächliche Kundenansprache festzulegen. Zur Bestimmung eines optimalen Gesamtkampagnenszenarios ist ein Ziel, fachliche Rahmenbedingungen und die Kundenkontaktrichtlinie durch das Direktmarketing vorzugeben. Das **Ziel der Optimierung** variiert dabei je nach Marktsituation oder den im Unternehmen ausgegebenen Strategien. Typische Managementvorgaben sind etwa die Maximierung des Return-on-Marketing-Investments oder die Minimierung des Kreditausfallrisikos der adressierten Zielgruppe.

Maximierung des Return-on-Marketing-Investments oder Minimierung des Ausfallrisikos

Die finale Zuordnung der Zielgruppen auf die auszuführenden Multichannel-Kampagnen erfolgt unter Einhaltung zuvor definierter Nebenbedingungen. Diese fachlichen oder organisatorisch bedingten **Restriktionen** ermöglichen es dem Anwender im Direktmarketing, das optimierte Gesamtkampagnenszenario zu beeinflussen. Folgende beispielhafte Restriktionen sind oft relevant:

- **Budget:** Beschränkungen gelten zum Beispiel für das Gesamtbudget für Direktmarketingmaßnahmen oder für Teilbudgets, wie sie für spezielle E-Mail-Marketing-Kampagnen vorgesehen sind.
- **Kanalkapazität:** Interne oder externe Dienstleister wie etwa Callcenter oder E-Mail-Versender können häufig nur begrenzte Kontingente (beispielsweise Anrufe oder Auflagen) pro Zeitraum verarbeiten.
- **Zielgruppengröße:** Strategische Vorgaben beispielsweise bei der Einführung neuer Produkte erzwingen oft Mindestauflagen, auch wenn der Wertbeitrag von Einführungskampagnen noch sehr gering ist.

Eine Marketingoptimierung berücksichtigt außerdem bestehende Kontaktrichtlinien, welche die Frequenz und Intensität der Kommunikation regeln [3]. Die sich hieraus ergebenden Rahmenbedingungen werden zentral durch Anwender im Direktmarketing erfasst. Eine **Kontaktstrategie** umfasst zum Beispiel Vorgaben zur minimalen und maximalen Kontaktanzahl je Kunde oder Haushalt und bezieht sich auf bestimmte Kampagnengruppen, Kanäle oder

Angebote. Diese Richtlinien betreffen nicht nur die aktuelle Planungsperiode, sondern berücksichtigen auch Kontakte in Vorperioden oder in rollierenden Zeitabschnitten. Beispielsweise dürfen Kunden maximal zwei E-Mails innerhalb von acht Wochen erhalten.

Werttreiber der Marketingoptimierung

Nach Festlegung der Rahmenbedingungen wird die Optimierung von Multichannel-Kampagnen automatisiert in den Prozess des Kampagnenmanagements eingebunden. Ergänzend ist eine interaktive **Analyse unterschiedlicher Szenarien** möglich. Dabei wird zum Beispiel die Auswirkung fachlicher Vorgaben auf die zu optimierende Zielgröße in verschiedenen Szenarien untersucht. Welchen Einfluss auf das zu erwartende Ergebnis hätte etwa eine Reduktion der hohen Mindestauflage einer E-Mail-Kampagne? Wie würde sich eine Kapazitätserweiterung durch Einstellung zusätzlicher Callcenter-Agenten auswirken?

In welcher Auflage soll gedruckt werden?

Die **Opportunitätskosten limitierender Restriktionen** verdeutlichen den Effekt auf die zu optimierende Zielgröße (zum Beispiel den erwarteten Umsatz), wenn eine vorgegebene Limitierung gelockert wird. Ihre Berücksichtigung ermöglicht deshalb eine faktenbasierte Diskussion über die Verteilung von Ressourcen zwischen den beteiligten Unternehmensbereichen. Abbildung 1 zeigt die Benutzeroberfläche der SAS-Lösung für Marketingoptimierung bei Durchführung einer Szenarioanalyse. In der Darstellung sind die limitierenden Nebenbedingungen des betrachteten Anwendungsfalles markiert. Die strategisch geforderte Mindestauflage der Kampagne 8654 von 38.000 Stück weist beispielsweise Opportunitätskosten von -13,52 Euro auf. Eine weitere Erhöhung dieser Mindestauflage um eine Einheit würde den erwarteten Umsatz entsprechend reduzieren. Deshalb ist eine Verringerung dieser Mindestauflage kommerziell sinnvoll.

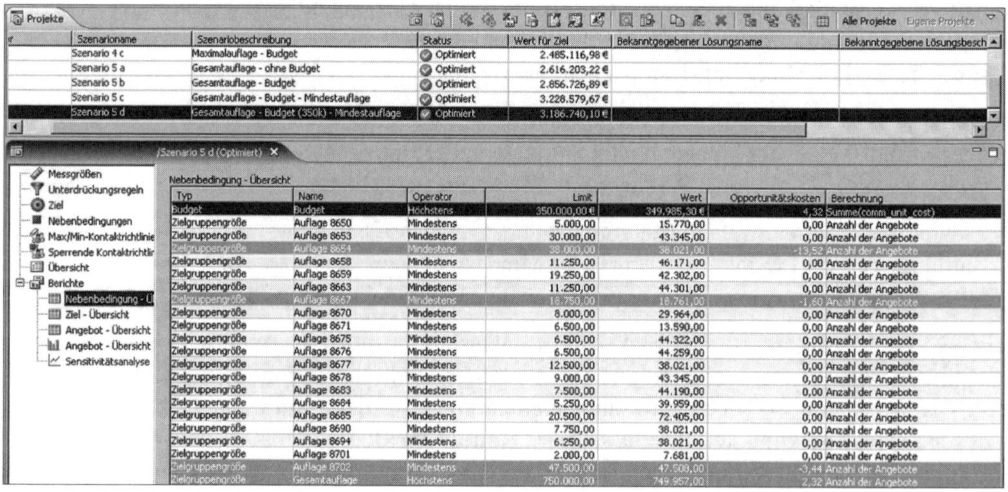

Abb. 1: Szenarioanalyse in SAS Marketing Optimization

Neben Erkenntnissen über den Einflussgrad limitierender Ressourcen im Direktmarketing gibt es zwei zentrale Werttreiber bei der Optimierung von Multichannel-Kampagnen. Erstens führt die optimierte Budgetverteilung auf Basis einer Gesamtkampagnensicht zu deutlichen Ergebnisverbesserungen. Der Einsatz von Marketingoptimierung bewirkt neben einer **Beschleunigung der Kampagnenplanung** eine signifikante Steigerung des **Return-on-Marketing-Investments**. Anwender berichten zum Beispiel von einer Vervierfachung der Kampagnenrentabilität [4]. Zweitens zeigt die Erfahrung, dass die **Kundenzufriedenheit** erheblich gesteigert wird. Die ganzheitliche Abstimmung von Kampagnen führt demnach tatsächlich zu einer aus Kundensicht relevanten, konsistenten und angemessenen Kommunikation. Unkoordinierte oder widersprüchliche Werbebotschaften werden dabei gänzlich eliminiert.

Zusammenfassung und Ausblick

Die durchgängige Optimierung von Multichannel-Kampagnen richtet das Direktmarketing an **unternehmensweiten Interessen** aus. Kanal- oder Produktverantwortliche vertreten oft Partikularinteressen, und diese nicht immer zum Wohl der Gesamtorganisation. Durch Schaffung einer Gesamtkampagnensicht sind diese Interessen deutlich erkennbar, aus Unternehmenssicht bewertbar und auch adjustierbar. Unternehmen profitieren davon in doppelter Hinsicht. Einerseits erhalten Kunden fortan aus ihrer Sicht relevantere Angebote. Andererseits wird aus Unternehmenssicht der größte zu erwartende Wertbeitrag angestrebt.

Integration und Intelligenz sind zwei Schlüsselanforderungen für ein innovatives E-Mail-Marketing der nächsten Generation. Die in diesem Beitrag diskutierte intelligente Marketingoptimierung sollte deshalb in eine integrierte **Plattform für analytisches Kundenbeziehungsmanagement** eingebunden sein [5], [6]. Eine Customer Intelligence Plattform unterstützt sämtliche Prozesse des analytischen Kundenbeziehungsmanagements. Ausgehend von einer strategischen Marketingplanung erfolgt die Integration und Qualitätssicherung relevanter Daten. Eine Erklärung und Vorhersage des Kundenverhaltens ermöglicht die passgenaue Ausführung optimierter Multichannel-Kampagnen. Den Kreislauf des analytischen Kundenbeziehungsmanagements schließt die Werbeerfolgskontrolle.

Analytisch orientierte Unternehmen sind erfolgreicher

Ob Mittelstand oder Großunternehmen: Nach Davenport und Harris sind analytisch orientierte Unternehmen im Vergleich zum Wettbewerb erfolgreicher [7]. Diese Erkenntnis gilt besonders für den Umgang mit der wertvollsten Ressource eines Unternehmens, dem Kunden.

Literatur

[1] Hippner, Hajo; Leusser, Wolfgang; Wilde, Klaus D.: Campaign Management of the Fourth Generation. – In: Proceedings of the 42nd Hawaii International Conference on System Sciences (HICSS-42). IEEE Computer Society, Los Alamitos, CA, 2009.

[2] SAS Institute Inc.: Marketing Optimization: An Introduction. – White Paper, SAS Institute Inc., Cary, NC, 2009.

[3] SAS Institute Inc.: Adaptive Contact Planning: Building Customer Trust and Value through Improved Contact Policy Management. – White Paper, SAS Institute Inc., Cary, NC, 2008.

[4] SAS Institute Inc.: Customer Success: By Topic: Customer Relationship Management: Marketing Optimization, 2009, http://www.sas.com/success/indexByTopic.html.

[5] Reinnarth, Jörg: Leitfaden Kampagnenmanagement. – Altran CIS GmbH, Frankfurt, 2008.

[6] LeSueur, Jeff: Marketing Automation: Practical Steps to More Effective Direct Marketing – John Wiley & Sons, Hoboken, NJ, 2007.

[7] Davenport, Thomas H.; Harris, Jeanne G.: Competing on Analytics. The New Science of Winning. – Harvard Business School Press, Boston, MA., 2007.

NEWSLETTER-REPORTING: VON DER ZAHL ZUM WISSEN

FRANK STRZYZEWSKI

2

„Zahlen gibt es im Überfluss – aber echtes Wissen ist Mangelware“. So lässt sich die Situation in den Onlinewerbemedien generell beschreiben, und das gilt genauso für das E-Mail-Marketing. Nur mit aussagekräftigen Kennzahlen und Reportings sowie deren sachkundiger Interpretation lässt sich die Werbeeffizienz bestimmen und das Wertpotential des Mediums E-Mail nachhaltig entwickeln.

Die Kennzahl als Freund

Die extrem gute Messbarkeit der Onlinemedien, eingeschlossen E-Mail-Marketing, ist eine der Grundvoraussetzungen für die Bestimmung und Analyse der Werbeeffizienz und damit für deren Optimierung. Die zentrale Kennzahl ist dabei der ROI oder konkreter der Return-On-E-Mail. Dieser ist oft nicht leicht präzise zu bestimmen und wird in der Regel aus anderen, E-Mail-spezifischen Kennzahlen angenähert. Damit wird für Onlinemarketer der sichere Umgang mit den relevanten **Kennzahlen** und **Leistungsparametern** des E-Mail-Marketing immer wichtiger, um die Response-Potentiale des Mediums E-Mail auszuschöpfen.

Nur mit den richtigen Zahlen lassen sich die Response-Potentiale des Mediums E-Mail auch ausschöpfen

Gleichzeitig steigen durch technologische Innovationen sowohl die Menge, als auch der Detailgrad und die Komplexität der verfügbaren **Messdaten** kontinuierlich an. Damit steht der Werbetreibende vor immer größeren Herausforderungen, diese Daten einzuordnen, zu priorisieren und vor allem: anwendbares Wissen und richtige Schlüsse daraus zu ziehen.

Das Vorgehen

Der erste Schritt zur Lösung ist zunächst die Definition beziehungsweise Auswahl möglichst weniger aussagekräftiger **Kennzahlen**, sogenannten Key-Performance-Indikatoren (KPIs). Das sind diejenigen Kennzahlen, die – gemessen oder vermutet – den stärksten Einfluss auf den ROI haben. Teil dieser Aufgabe ist auch das Festlegen der geeigneten Methoden und Verfahren zur Werbeeffizienzmessung. Um diese **Kennzahlen** im zweiten Schritt nutzbringend interpretieren zu können, ist außerdem eine Grundkenntnis der Beziehungen zwischen den **Kennzahlen** notwendig. Ein guter Finanzanalyst kann aus den Bilanzkennzahlen eines Unternehmens belastbare Schlüsse über die Effizienz eines Unternehmens ziehen.

http://www.marketing-boerse.de/Experten/details/Frank-Strzyzewski

Analog dazu kann man nur mit einem Portfolio an guten **Kennzahlen**, eine präzise Standortbestimmung des eigenen E-Mail-Marketing vornehmen und langfristigen Erfolg erzielen. Das kennzahlenbasierte Stärken-Schwächen-Profil bildet also die Grundlage für weitere Analysen sowie Optimierungen. Das ist der dritte Schritt. Der vierte und letzte Schritt dieses Closed-Loop ist schließlich der Vergleich der Ergebnisse des optimierten E-Mail-Marketing mit dem nicht optimierten, um die Unterschiede in der Werbewirkung auch quantitativ bewerten zu können. Dies erfolgt in der Regel über Vorher-Nachher-Vergleiche oder A/B-Split-Tests.

Die Herausforderungen

Auf dem Weg zu belastbaren, aussagekräftigen **Kennzahlen** sind einige Herausforderungen zu überwinden:

Verschiedene Standards

Es fehlen standardisierte Metriken

Der Email Experience Council in den USA – das ist der auf E-Mail-Marketing spezialisierte Zweig der Direct Marketing Association – hat vor kurzem eine beunruhigende Feststellung getroffen: „Eines der größten Probleme des heutigen E-Mail-Marketing ist das Fehlen standardisierter E-Mail-Metriken."

Die unique Öffnungsrate ist am wichtigsten

Ein Beispiel: Die Öffnungsrate ist die vielleicht am häufigsten genannte **Kennzahl** einer E-Mail-Versendung, und selbst bei deren Messung existieren verschiedene Definitionen. Der Deutsche Direktmarketing Verband definierte die Kennziffer „Öffnungsrate" als Anzahl aller Öffnungen pro zugestellter Menge an E-Mails (das ist die ausgesendete Menge abzüglich der Bounces, das heißt der nicht zustellbaren E-Mails). Mit dieser Berechnung sind Öffnungsraten größer als einhundert Prozent ohne Weiteres möglich. Die meisten Anwender und Software-Pakete definieren Öffnungsrate jedoch als Anteil der „unique Öffnungen" an den zugestellten E-Mails. Diese Kennzahl heißt beim DDV „unique Öffnungsrate". Daneben existieren weitere, kaum benutzte Kennzahlen wie „Brutto-Öffnungsrate", Mehrfachöffnungsrate" oder „Brutto-Mehrfachöffnungsrate".

Solange die E-Mail-Branche keine einheitlichen Definitionen und standardisierten Messverfahren nutzt, also etwas vergleichbares wie das von IVW für die Messung der Reichweite von Webseiten, ist die Belastbarkeit von Vergleichszahlen eingeschränkt.

Wissen um die Grenzen einer Kennzahl

Gängige E-Mail-Marketing-Systeme liefern heute detaillierte Statistiken über unzustellbare E-Mails, so genannte „Bounces", in der Regel sortierbar nach „Hard-Bounces" und „Soft-Bounces". Dabei kommen die Begriffe „hard" und „soft" in den entsprechenden Dokumenten der Internet-Standards (wie etwa RFCs 1893, 2821, 2822, 3461 und 3463) überhaupt nicht vor. Sie sind eine Vereinfachung der technischen Sicht und deshalb in gewissem Umfang unscharf.

Außerdem sind Mailserver oft nicht korrekt konfiguriert. Beispielsweise wird die Fehlerbedingung „Mailbox voll" – normalerweise ein temporäres Problem – nicht selten mit dem Fehlercode 5.2.2, also einem permanenten Fehler versehen.

Vollständigkeit und Abdeckungsgrad

Es gibt eine ganze Reihe an Teilbereichen des E-Mail-Marketing, die bisher nur selten oder gar nicht gemessen werden. Ein Beispiel ist Challenge-Response. Challenge-Response-Systeme wie zum Beispiel Spamarrest sind darauf ausgelegt, möglichst nicht maschinell verarbeitbar zu sein und lassen sich deshalb auch nur zum Teil automatisiert messen. Wenn in Ihrem Umfeld solche Kennzahlen wichtig sind, dann müssen dafür geeignete IT-seitige und manuelle Lösungen geschaffen werden.

Vergleichbarkeit der Kennzahlen

Die Vergleichbarkeit der Kennzahlen wird nicht nur durch unterschiedliche Standards, sondern auch durch unterschiedliche Verfahren der Automatisierung beeinträchtigt.

Bei der Verarbeitung von Bounces gibt es beispielsweise zahlreiche Fälle, in denen eine Bounce-E-Mail nicht mehr einer bestimmten Versendung zugeordnet werden kann. Der Grund dafür ist, dass der antwortende Mailserver die dafür notwendigen Header-Informationen gelöscht hat. Je nachdem, ob ein solcher Bounce dem Kunden-Account zugeordnet wird oder ignoriert wird, ist die Bounce-Rate über alle Versendungen dann höher oder niedriger. Eine höhere Bounce-Rate kann also durchaus besser sein als eine niedrigere, weil ein lückenloseres System der Bounce-Erkennung eingesetzt wurde.

Unterschiedliche Messverfahren behindern die Vergleichbarkeit

Detailgrad

Ein höherer Detailgrad kann verschiedene Kennzahlen noch viel aussagekräftiger machen. Zum Beispiel ergänzt das Abfragen von Abmeldegründen die Interpretierbarkeit der Abmelderate enorm. Ebenso ist das Detailreporting der Klicks auf die einzelnen Links im Newsletter eine wichtige Voraussetzung sowohl für die Optimierung des Newsletters als auch für die Profilierung der Empfänger. Solche Profile sind die Voraussetzung für moderne Ansätze wie etwa **Behavioral Targeting**.

Intelligente Messung

Bestimmte Kennzahlen lassen sich auch innerhalb der durch ihre Definition gesetzten Grenzen präziser messen. Ein Beispiel dafür sind Empfänger, die in der Textversion einer Multipart-E-Mail einen Link klicken. Obwohl bei reinen Text-E-Mails technisch keine Öffnungen registriert werden können, können alle Empfänger, die geklickt haben, auch als Öffner reportet werden. Ein weiteres Beispiel ist die automatische Verarbeitung von Autoresponder-Nachrichten in Fremdsprachen.

Auch in Textmails kann ein Teil der Öffnungen gemessen werden

Zusatzdaten

Daten aus dem Shopsystem integrieren

Bestimmte Kennzahlen erfordern die Verknüpfung von E-Mail-Kennzahlen mit den Kennzahlen aus anderen IT-Systemen. Ein Beispiel ist die Kaufrate oder Newsletter-Umsatz, bei dem Daten aus Onlineshops oder Warenwirtschafts-Systemen erforderlich sind. Dies stellt Anforderungen an die Systemintegration, speziell an geeignete Schnittstellen.

Die primären Newsletter-Kennzahlen

Diese Kennzahlen sind in der Regel originärer Bestandteil kommerzieller E-Mail-Marketing-Systeme.

Bounce-Rate

Berechnung: Anzahl Bounces / Anzahl versendeter E-Mails

Beschreibung/Interpretation:

Die Bounce-Rate beschreibt, welcher Anteil der versendeten E-Mails nachweislich nicht zugestellt werden konnte. Bounces entstehen an zwei Punkten innerhalb eines E-Mail-Versandes:

- entweder kann der versendende Mailserver die Mail gar nicht erst zustellen, weil zum Beispiel die Empfängerdomain überhaupt nicht existiert, oder
- der empfangende Mailserver meldet über eine E-Mail die Nichtzustellbarkeit.
- Die Gründe der Nichtzustellbarkeit sind in den entsprechenden Internet-Standards festgelegt [1].

Die zwei wesentlichen Kategorien von Bounces sind temporäre Fehler (sogenannte Soft-Bounces) mit Fehlercodes im Format 4xx und permanente Fehler (sogenannte Hard-Bounces) mit Fehlercodes im Format 5xx.

Bei der Interpretation beziehungsweise dem Vergleich von **Bounce-Raten** muss beachtet werden, dass diese von verschiedenen Faktoren beeinflusst wird. Dazu gehört unter anderem die Mailserver-Konfiguration, die Qualität der Bounce-Erkennung, die Adressqualität oder auch das Regelwerk der Bounce-Bereinigungen die Bounce-Rate beeinflussen.

Eine gute Mailserverkonfiguration stellt zum Beispiel sicher, dass im Falle von Mailserverproblemen auf Empfängerseite eine Reihe von Zustellversuchen über mehrere Stunden oder Tage erfolgen. Deshalb sind Bounce-Reportings in der Regel auch erst nach mehreren Stunden oder Tagen wirklich aussagekräftig.

Für Bounce-Bereinigungen, in anderen Worten – Listenhygiene – hat die Certified Sender Alliance, das Whitelist-Projekt des DDV und des eco-Verbandes klare Regeln [2]. Eine E-Mail-Adresse muss nach dreimaligen, aufeinanderfolgenden Hard-Bounces aus dem Verteiler genommen werden.

Bounces nach dem dritten Versand aus dem Verteiler nehmen

Hohe **Bounce-Raten** verursachen nicht nur höhere Versendekosten, sondern können auch die Reputation des Versenders negativ beeinflussen und damit zu Zustellproblemen führen. Der Grund dafür ist, dass hohe **Bounce-Raten** ein Merkmal typischer Spamversender sind. Mittel- bis langfristig sollten Bounce-Raten deshalb sechs bis acht Prozent nicht übersteigen.

Zustellrate (Delivery-Rate, Deliverability-Rate)

Berechnung: einhundert Prozent minus Bounce-Rate

Beschreibung/Interpretation:

Die Komplementärgröße der **Bounce-Rate**, also einhundert Prozent abzüglich der **Bounce-Rate** wird bei vielen Versendern als **Zustellrate (Delivery-Rate, Deliverability-Rate)** bezeichnet.

Bei der Interpretation der **Zustellrate** ist allerdings Vorsicht geboten. Die Zahl suggeriert, dass alle E-Mails, die nicht gebounced sind, auch in die Inbox des Empfängers zugestellt werden konnten. Das ist nur bedingt richtig, denn die Kennzahl sagt nichts darüber aus, wie viele der E-Mails von Spamfiltern geblockt wurden. Was gemessen wird, das ist der Anteil an E-Mails, die erfolgreich an die Mailserver der Empfänger ausgeliefert werden konnten. **Delivery-Rate** sollte vielleicht präziser mit „Auslieferungsrate" übersetzt werden.

Will man wissen, wie viele der E-Mails tatsächlich in der regulären **Inbox** des Empfängers angekommen sind (statt im Spamordner), muss man zu Näherungsverfahren greifen. Ein Ansatz dafür ist der Einsatz von Testadressen (sogenannte **Seed-List**) auf den wichtigen ISPs und Webmailern (AOL, Hotmail, Yahoo!). In den USA gibt es bereits auf E-Mail-Zustellung spezialisierte Anbieter, die viele Adressen pro Domain einsetzen, um den Zustellerfolg sogar im Zeitverlauf einer E-Mail-Versendung messen zu können (sogenannte **Seedbox-Monitoring**).

Zustellrate ist nur mit Näherungen berechenbar

Schwieriger ist die Messung bei anderen Domains, vor allem im B2B-Umfeld. In diesem Fall empfiehlt sich die Auswertung der Bounce-, Öffnungs- und Klickraten auf Domain-Ebene. Gibt es deutliche Abweichungen nach oben (Bounces) oder unten (Öffnungen, Klicks), dann können das Hinweise auf Spamfilterprobleme sein.

Zur Erhöhung der Zustellrate sind Tests gegen gängige Spamfilter – beispielsweise SpamAssassin – vor dem eigentlichen Versand zu empfehlen. Parallel dazu sollte überwacht werden, ob die eigenen IP-Adresse(n), über die versendet wird, in den zahlreichen Blacklists oder Metablacklists auftauchen, von denen Spamfilter ihre aktuellen Informationen beziehen [3], [4]. Dafür gibt es zum Teil bereits automatisierte Tools.

Öffnungsrate

Berechnung: Anzahl unique Öffnungen / Anzahl zugestellter E-Mails (versendete E-Mails abzüglich Bounces)

Beschreibung/Interpretation:

Die **Öffnungsrate** ist eine der zentralsten Response-Messgrößen des E-Mail-Marketing, und soll anzeigen, welcher Anteil der E-Mail-Empfänger die E-Mail mindestens einmal geöffnet hat.

Neben dem Standardisierungsproblem der Kennzahl (siehe oben) gibt es weitere Beschränkungen, die zu wissen wichtig sind:

Nur die wenigsten Öffnungen werden gemessen

Zum einen werden erfolgte **Öffnungen** nur näherungsweise gemessen, konkret zu niedrig. Der Grund dafür liegt im Messverfahren über sogenannte Zählpixel, das heißt dem Laden eines Bildes bei der Ansicht einer E-Mail. Die **Öffnungen** von offline-lesenden E-Mail-Empfängern oder Empfängern, die Bilder in der E-Mail blocken, können durch Zählpixel nicht erfasst werden.

Auf der anderen Seite suggeriert die Kennzahl eine Art „Leserate". Auch das ist nur näherungsweise zutreffend, denn selbst das Anzeigen einer E-Mail im Vorschaufenster für eine Millisekunde beim Scrollen durch die Mailbox wird als **Öffnung** gezählt. Selbst wenn der Empfänger die E-Mail unmittelbar nach dem Durchscrollen der Inbox löscht, wird eine Öffnung gezählt.

In anderen Worten: Die tatsächliche **Öffnungsrate** ist höher als die gemessene, und die gemessene **Öffnungsrate** ist nur eine Schätzung für die tatsächliche Leserate. Diese Schwierigkeiten bei der Definition und Begriffsbestimmung führen dazu, dass man die **Öffnungsrate** möglicherweise als so genannte „Renderrate" neu definieren wird.

Typische **Öffnungsraten** sinken im Zeitverlauf. Dieser Effekt ist das kombinierte Ergebnis von vier Faktoren:

- Das kontinuierlich steigende generelle E-Mail-Volumen.
  Dadurch sinkt die durchschnittliche Aufmerksamkeit pro E-Mail.

- Der sogenannte Listenermüdungs-Effekt. Neue E-Mail-Adressen zeigen in der Regel eine stärkere Response als Adressen, die schon länger auf dem Verteiler sind. Bei konstanter E-Mail-Adress-generierungsrate sinkt der Anteil neuer Adressen am Gesamtverteiler.
- Spamfilter werden durch das steigende Spamaufkommen immer schärfer geschaltet. Dadurch sind auch mehr reguläre E-Mails betroffen.
- Durch das voreingestellte Bilder-Blocken in immer mehr E-Mail-Programmen, ist auch das Zählpixel betroffen, und es können keine **Öffnungen** registriert werden.

Das folgende Diagramm zeigt ein anonymisiertes Kundenbeispiel für sinkende **Öffnungsraten** über 28 Monate nach dem Erstversand. Im betreffenden Zeitraum wuchs der Verteiler um dreißig Prozent. Die Betreffzeile und Design waren immer identisch, der Inhalt weitgehend standardisiert.

Je älter die Adressen, desto niedriger die Öffnungsrate

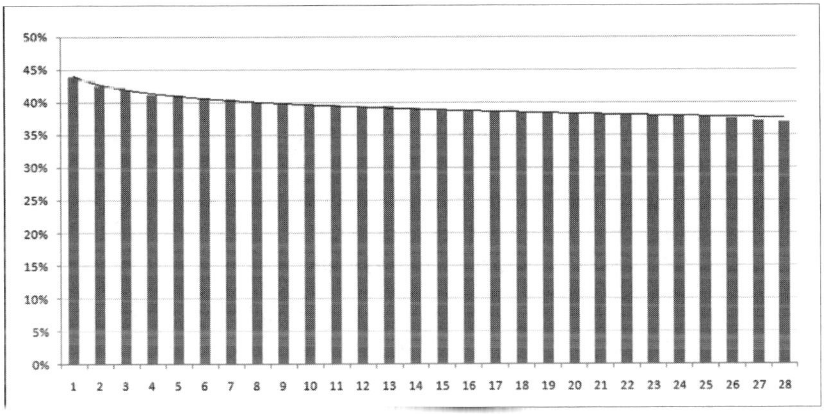

Abb. 1: Beispiel für sinkende Öffnungsraten

Klickrate (Click-Through-Rate – CTR)

Berechnung: Anzahl unique Klicks / Anzahl zugestellter E-Mails

Beschreibung/Interpretation:

Die **Klickrate** beschreibt, welcher Anteil der zugestellten E-Mails auch geklickt wurde. Während die Öffnungsrate nur näherungsweise ein Maß für die Interaktion des Empfängers mit der E-Mail ist, ist ein **Klick** der konkrete Nachweis einer solchen Interaktion. Ein **Klick** zeigt, dass die E-Mail nicht nur in den Inbox, sondern im Kopf des Empfängers angekommen ist.

Insofern ist ein **Klick** nicht nur besser interpretierbar, sondern auch relevanter für das Abschätzen des Kundeninteresses als die Öffnungsrate. Empfänger, die geklickt haben, weisen in der Regel eine viel höhere Kaufwahrscheinlichkeit auf als Empfänger, die „nur" geöffnet haben.

Die **Klickrate** ist dadurch wahrscheinlich die wichtigste Kennzahl des E-Mail-Marketing.

Um **Klickraten** möglichst genau zu messen und gut vergleichbar zu machen, sollten in allen kommerziellen E-Mails alle Links und klickbaren Bereiche (Bilder) eindeutig messbar sein. Damit kann später bei jedem **Klick** der einzelne Link eindeutig identifiziert werden.

Abmelderate

Berechnung: Anzahl Abmeldungen / Anzahl zugestellter E-Mails

Beschreibung/Interpretation:

Die **Abmelderate** beschreibt, welcher Anteil der Empfänger sich von weiteren E-Mail-Versendungen abgemeldet hat.

Für Adressänderungen wird oft die Abmeldung benutzt

Interessant ist in dem Zusammenhang, dass Empfänger, deren E-Mail-Adresse sich geändert hat, sich oft **abmelden**, um sich kurz darauf mit der neuen E-Mail-Adresse wieder anzumelden. Um diesen Effekt aus der **Abmelderate** herauszurechnen, empfiehlt sich eine **Ummeldefunktion** bereits im Newsletter oder zumindest auf der Landing-Page, auf die der Abmeldelink im Newsletter verweist. Außerdem sollten idealerweise auch Abmeldungen, die per E-Mail, Telefon oder auf anderen Kanälen eintreffen, der **Abmelderate** zugerechnet werden.

Da die kumulierte Wirkung von **Abmeldungen** einen Verteiler schnell dezimieren kann, sind selbst Verbesserungen im zehntel-Prozentpunkte-Bereich wichtig, um das Abschmelzen von Verteilern zu verlangsamen.

Die **Abmelderate** ist mit der Öffnungsrate positiv korreliert, sodass höhere Öffnungsraten in der Regel auch zu höheren **Abmelderaten** führen. Es klingt zunächst überraschend, warum das aufgrund der höheren Öffnungsrate vermutlich höhere Kundeninteresse zu mehr **Abmeldungen** führen sollte. Die Begründung wird aber plausibler, wenn man sich die Umkehrung klarmacht. Ein Empfänger kann sich nämlich nicht von einer E-Mail abmelden, die er erst gar nicht geöffnet hat, sprich: geringe Öffnungsraten bedeuten auch oft geringe **Abmelderaten**.

Die sekundären Newsletter-Kennzahlen

Die sekundären Kennzahlen betreffen mehr oder weniger spezielle Teilbereiche des E-Mail-Marketing. Je nach Produktausprägung sind sie bereits Bestandteil kommerzieller E-Mail-Marketing-Systeme oder müssen im Nachhinein als Produkterweiterung programmiert werden. Neben den im Folgenden vorgestellten lassen sich eine Reihe weiterer solcher Kennzahlen definieren.

Werbedruck

Berechnung: Anzahl zugestellter E-Mails / Anzahl E-Mail-Adressen, an die zugestellt wurde

Beschreibung/Interpretation:

Der **Werbedruck** zeigt die Kontakthäufigkeit beziehungsweise die Kontaktfrequenz im untersuchten Zeitintervall.

Der **Werbedruck** ist als eigenständige Kennzahl, aber auch in Zusammenhang mit anderen Kennzahlen interessant, zum Beispiel in Verbindung mit der Abmelderate. Hilfreich ist dabei nicht nur die Erhebung des durchschnittlichen **Werbedrucks** über alle Adressen. Falls einzelne Adressen unterschiedlich oft beschickt werden, ist auch der **Werbedruck** für einzelne E-Mail-Adressen eine wichtige Information.

Der Werbedruck ist eine eigenständige Kennzahl

Manuelle Antwortrate (und Autoresponder-Rate)

Berechnung: Anzahl manueller Antworten / Anzahl zugestellter E-Mails

Beschreibung/Interpretation:

Die manuelle Antwortrate beschreibt, welcher Anteil der Empfänger auf die versendete E-Mail mit einer manuell erstellten Antwort-E-Mail reagiert haben.

Die größte Herausforderung bei der Messung dieser Kennzahl ist das automatische Herausfiltern der **manuellen Antworten** aus den zahlreichen eingehenden E-Mails nach einer E-Mail-Versendung. Die eingehenden E-Mails beinhalten neben Spam und Bounces auch Autoresponder in verschiedenen Ausprägungen (zum Beispiel Urlaub, Challenge-Response, Änderung der E-Mail-Adresse). Der Anteil **manueller Antworten** auf eine E-Mail-Versendung ist meist weit unter einem Prozent.

Ein hilfreiches Zusatzfeature ist die automatische Klassifizierung bestimmter **manueller Antworten**, etwa von Bestellungen, Ummeldungen, Abmeldungen oder Beschwerden.

Weiterleitrate (Tell-a-Friend, Forward-to-a-Friend (F2F))

Berechnung: Anzahl angegebener Weiterleit-Adressen / Anzahl zugestellter E-Mails

Beschreibung/Interpretation:

Diese Kennzahl beziffert, um wieviel Prozent die Reichweite eines Newsletters über eine **Weiterleitfunktion** gesteigert werden konnte.

Diese Kennzahl hat zwei signifikante Nachteile.

- F2F-Funktionen sind juristisch bedenklich, da in der Regel das Einverständnis des oder der Empfänger nur schwer nachgewiesen werden kann und so leicht Missbrauch möglich ist.
- Erfahrungswerte zeigen, dass F2F-basierte **Weiterleitungen** nur selten genutzt werden, typischerweise im zehntel Prozentbereich des Original-Verteilers.

Zum Weiterleiten auffordern – auch wenn die Funktion nicht genutzt wird

Das heißt allerdings nicht, dass **Weiterleiteffekte** nur selten vorkommen. 65 Prozent der Empfänger gaben an, Newsletter manchmal weiterzuleiten [5]. Diese erfolgen direkt über die **Weiterleitfunktion** aus den E-Mail-Programmen der Empfänger oder über Plattformen für Social Netzworks und nicht über umständliche Onlineformulare.

Eine Kennzahl, um **Weiterleiteffekte** näherungsweise zu bestimmen, wird weiter unten beschrieben (Alle Öffnungen im Verhältnis zu den unique Öffnungen).

Challenge-Response-Rate

Berechnung: Anzahl Challenge-Response-E-Mails / Anzahl zugestellter E-Mails

Beschreibung/Interpretation:

Diese Kennzahl quantifiziert den Anteil der Empfänger, die den Versender zunächst auf „die Probe stellen“, bevor sie ihn auf ihre persönliche Whitelist aufnehmen.

Unter **Challenge-Response (CR)** versteht man Verfahren, die für Maschinen sehr schwer, für Menschen jedoch vergleichsweise einfach sind. Empfänger mit **CR**-Systemen (zum Beispiel Spamarrest) senden auf den Newsletter zunächst eine Antwortmail mit einer manuell zu lösenden Aufgabe (zum Beispiel ein Captcha). Erst wenn dieses erfolgreich gelöst wurde, kommt der Versender (automatisch) auf die Whitelist des Empfängers.

Eine prinzipielle Schwierigkeit bei der Bestimmung der **CR-Rate** ist, dass **CR** per Design nicht maschinell erkennbar sein soll. Trotzdem ist das zum Teil möglich. Die gemessene **CR**-Rate hängt aber ganz eindeutig von der Qualität der Erkennungsalgorithmen ab. In jedem Fall sollten die identifizierten **CR-Mails** zur Bearbeitung an eine Kundenservice-Adresse weitergeleitet werden.

Change of E-Mail-Address-Rate

Berechnung: Anzahl Adressänderungen / Anzahl zugestellter E-Mails

Beschreibung/Interpretation:

Diese Kennzahl misst die Rate der erfassten E-Mail-Adressänderungen.

Die Rate erfasster Adressänderungen beobachten

Das Management von **E-Mail-Adressänderungen** spielt aufgrund der kürzer werdenden Verweildauer von Mitarbeitern bei Unternehmen eine wichtige Rolle. Ein weiterer Faktor ist die hohe Dynamik von neuen, aber auch veralteten Domains. Innerhalb eines Jahres ändern sich in manchen Branchen beispielsweise zwanzig Prozent der Ansprechpartner.

Der größte Teil von **Adressänderungen** können über spezielle Ummelde-Links und Formulare, Profiländerungs-Seiten oder entsprechende Autoresponder-Nachrichten automatisiert erfasst werden. Ein geringer Teil der **Adressänderungen** erfolgt über manuelle Antworten.

Einwilligungsrate (sowie Nichteinwilligungsrate)

Berechnung: Anzahl bestätigter Double-Opt-in-E-Mails / Anzahl zugestellter Double-Opt-in-E-Mails

Beschreibung/Interpretation:

Diese Kennzahl beschreibt, welcher Anteil der generierten E-Mail-Adressen auch den Bestätigungslink in der Double-Opt-in-E-Mail geklickt haben.

Nicht bestätigte Double Opt ins können optimiert werden

Geringe oder sinkende **Einwilligungsraten** können verursacht werden durch Zustellprobleme, Darstellungsprobleme (zum Beispiel durch Zeilenumbruch nicht klickbarer Link) oder Zeitpunkt-Probleme. Letzteres kann vorkommen, wenn der Zeitabstand zwischen der Anmeldung und der Bestätigungs-E-Mail zu lang ist.

Analog dazu lässt sich bei Confirmed-Opt-in-E-Mails die **Nichteinwilligungsrate** messen.

Beschwerderate (Feedback Loops)

Berechnung: Anzahl Beschwerden / Anzahl zugestellter E-Mails

Beschreibung/Interpretation:

Manche Webmailer und ISPs (Internet Service Provider wie zum Beispiel AOL und Yahoo!) stellen E-Mail-Versendern so genannte **Feedback Loops** zur Verfügung, mit denen Versender feststellen können, wieviel Prozent der Empfänger diesen Newsletter als Spam klassifiziert haben.

Erhöhte Beschwerden werden mit Sperrung bestraft

Diese Information ist wichtig, weil diese Webmailer und ISPs ab einem bestimmten Schwellenwert die Versender als Spam-Versender klassifizieren. Dadurch werden in der Regel alle E-Mails dieses Versenders für einen bestimmten Zeitraum blockiert und unter Umständen die Absenderinformationen auf Blacklist-Seiten publiziert (zum Beispiel Spamcop). Von solchen Blacklist-Seiten beziehen viele Spamfilter ihre aktuellen Informationen.

Aus diesem Grund ist es hilfreich, die **Beschwerderate** zu messen, kontinuierlich zu monitoren/überwachen und Empfänger, die sich beschweren, sofort automatisch von den betreffenden Newsletter abzumelden.

Text-to-HTML-Rate

Berechnung: Anzahl unique Klicks in der Textversion / Anzahl alle unique Klicks des Newsletters

Beschreibung/Interpretation:

Diese Kennzahl beschreibt den Anteil der Text-Empfänger im Verhältnis zu allen Empfängern.

Obwohl nur eine Näherung, gibt diese Kennzahl einen Überblick über die **Nutzungsintensität der Text- und der HTML-Version**, und gestattet Optimierungen der angebotenen Newsletter-Formate.

Abgeleitete und zusammengesetzte Kennzahlen

Diese folgenden Kennzahlen lassen sich aus den primären Kennzahlen ermitteln, und sind teilweise auch schon Bestandteil kommerzieller E-Mail-Marketing-Systeme.

E-Mail-Adress – Akquisekosten

Berechnung: Kosten für die Newsletter-Abonnentenakquise / Anzahl generierter E-Mail-Adressen

Beschreibung/Interpretation:

Diese Kennzahl beziffert die **Kosten** pro generierter E-Mail-Adresse. Auch wenn sich die **Kosten** oft nicht eindeutig dem Adresszuwachs zuordnen lassen, ist eine grobe Zahl immer noch entscheidend besser als gar keine Zahl.

Was kostet eine E-Mail-Adresse?

Wichtig ist in diesem Kontext noch die Adressqualität. Gewinnspieladressen sind in der Regel günstiger, aber auch weit weniger Response-stark, also weniger wertvoll als Adressen, die aus den originären Geschäftsprozessen heraus generiert wurden.

Kaufrate (sowie Newsletter-Umsatz / CPO)

Berechnung: Anzahl Käufer / Anzahl zugestellter E-Mails

Beschreibung/Interpretation:

Die **Kaufrate** gibt an, wieviel Prozent der Empfänger direkt als Folge eines Klicks auf einen der Links in der E-Mail gekauft haben.

Die tatsächliche **Kaufrate** liegt in der Regel deutlich höher als die gemessene. Der Grund dafür ist, dass ein Teil der Käufer nicht direkt nach dem Link-Klick kauft, sondern später über einen Aufruf der URL oder über einen anderen Kanal. In diesen Fällen kann der Kauf dem Newsletter nicht so leicht zugerechnet werden. Auch Käufe aus E-Mail-Weiterleitungen können nur in begrenztem Umfang erfasst werden.

Zur Berechnung dieser Kennzahl ist eine Verknüpfung mit den Shopdaten beziehungsweise eingesetzten Webanalytik- und Tracking-Systemen notwendig.

Aus den gleichen Basisdaten lassen sich weitere betriebswirtschaftliche Kennzahlen bestimmen, etwa

- der gesamte Newsletter-Umsatz
- die Marketingkosten pro Kauf in Form des CPO (Cost-per-Order)

Klickrate im Verhältnis zur Öffnungsrate (Click-to-Open-Rate – CTOR)

Berechnung: Anzahl unique Klicks / Anzahl unique Öffnungen

Beschreibung/Interpretation:

Diese Kennzahl sagt aus, welcher Anteil der geöffneten E-Mails auch mindestens einen Klick nach sich zog.

Diese Kennzahl ist aus zweifacher Sicht hilfreich.

Zum einen erlaubt sie eine Abschätzung des Passgrades der Betreffzeile auf den Newsletter-Inhalt. Eine hohe Öffnungsrate bei gleichzeitig geringer Klickrate lässt tendenziell den Schluss zu, dass der Inhalt der E-Mail nicht hielt, was die vielleicht „zu clevere" Betreffzeile versprach. In diesem Fall zahlt der Versender mit potentiell höheren Abmelderaten und geringeren Öffnungsraten in der Zukunft. Insofern ist die **CTOR** ein Maß für die wichtige Usability-Dimension der Erwartungskonformität.

Hat der Call-to-Action funktioniert?

Auf der anderen Seite ist die **CTOR** ein Maß dafür, wie effektiv die Response-Treiber innerhalb der E-Mail waren. Das beinhaltet Faktoren wie Design, Tonalität, Text-Bild-Verhältnis, Call-to-Action, Incentivierung und so weiter. Eine hohe **CTOR**, das heißt eine hohe Interaktionsrate der Öffner mit der E-Mail, signalisiert eine hohe Qualität dieser Response-Treiber.

Eine B2C-Analyse (Business-to-Consumer) zeigte eine interessante Abhängigkeit der Click-to-Open-Rate von der Tageszeit. Bei Maximum morgens um 8 Uhr wurden signifikant mehr der geöffneten E-Mails auch geklickt als abends um 17 Uhr, wobei ein Klick in der Regel innerhalb weniger Sekunden nach der Öffnung erfolgt.

Alle Öffnungen im Verhältnis zu den unique Öffnungen

Berechnung: Anzahl aller Öffnungen / Anzahl unique Öffnungen

Beschreibung/Interpretation:

Diese Kennzahl ist ein Näherungswert für den Grad der **Viralität** einer E-Mail.

Warum das so ist, soll an folgendem Beispiel erläutert werden:
Wird eine E-Mail genau ein Mal geöffnet, dann ist davon auszugehen, dass es der Empfänger dieser E-Mail ist, denn nur dieser hat vermutlich Zugriff auf die beschickte Mailbox. Wird diese E-Mail zwei oder drei Mal geöffnet, dann kann es durchaus sein, dass der Empfänger diese E-Mail an weitere Personen weitergeleitet hat, die dann weitere Öffnungen der Original-E-Mail generiert haben.

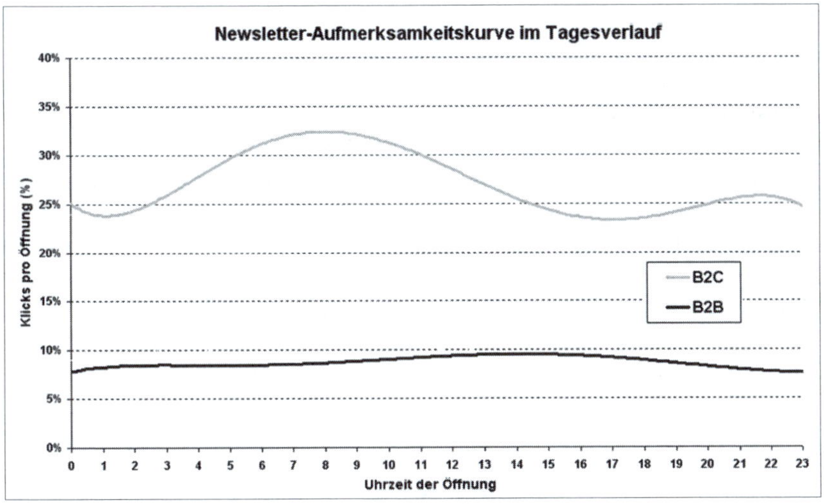

Abb. 2: Beispiele für Click-To-Open-Rate im Tagesverlauf als Indikator für die Aufmerksamkeit der Empfänger eines B2C- und eines B2B-Versenders (Business-to-Business).

Wird diese E-Mail nun einhundert oder zweihundert Mal geöffnet, dann kann mit hoher Sicherheit davon ausgegangen werden, dass die E-Mail oft weitergeleitet wurde. Entweder vom Empfänger an viele weitere, oder stafettenartig über mehrere Stationen. In jedem Fall ist die generierte Zusatzreichweite aus Marketingsicht extrem nützlich. Sie ist kostenlos und wirkungsvoll, denn persönliche Empfehlungen sind das vielleicht stärkste Marketinginstrument überhaupt. Ein eindeutiger **viraler Effekt**.

Virale Effekte sind das Geheimnis besonders erfolgreicher Kampagnen

Manchmal kommt es sogar vor, dass hinter einer unauffälligen E-Mail-Adresse ein ganzer weiterer Verteiler liegt, an den alle Mails an diese Adresse weitergeleitet werden.

Die Kennzahl kann für eine Gruppe von Versendungen, für eine einzelne Versendung oder für jede einzelne E-Mail einer Versendung berechnet werden. Der Durchschnitt über viele Millionen E-Mails liegt bei etwa 1.5, das heißt, wenn eine E-Mail versendet wird, dass dann im Durchschnitt 1,5 Öffnungen gemessen werden. Durch die Berechnungen dieser Kennzahl für einzelne E-Mails lässt sich herausfinden, welche der E-Mail-Adressen im Verteiler besonders häufig weiterleiten. Über das Loggen der IP-Adressen hinter den einzelnen Öffnungen sowie deren Abgleich mit Onlineshopdaten lassen sich auch die durch Newsletter generierten Umsätze genauer quantifizieren.

Obwohl bei dieser Kennzahl mehrfache Öffnungen gemessen werden, unterscheidet sie sich von der „Mehrfachöffnungsrate“. Letztere Kennzahl ist definiert als die Anzahl aller Öffnungen geteilt durch die Anzahl der zugestellten E-Mails.

In der E-Mail-Marketing-Industrie entstehen kontinuierlich neue Ideen, um die aussagekräftigere Kennzahlen zu entwickeln, und mehr und schneller **Response-relevantes Wissen** aufzubauen. Ein Beispiel dafür ist die „Abmelderate im Verhältnis zur Rettungslink-Klickrate". Der Rettungslink ist im sogenannten Preheader der E-Mail, und verweist bei Darstellungsproblemen auf eine Webansicht der E-Mail. Diese Kennzahl gibt an, ob unter den Rettungslink-Klickern überdurchschnittlich viele Abmelder sind. Falls ja, dann sind die Darstellungsprobleme der E-Mail im E-Mail-Programm oder im Browser offenbar so häufig und schwerwiegend, dass sich Empfänger deswegen abmelden. Ein neuer, interessanter Ansatz ist der Versuch, eine Kennzahl für die **Relevanz einer E-Mail** als aggregierter Score aus Öffnungen, Klicks, Abmeldungen und Spambeschwerden zu berechnen [6].

Darstellungsproblemen auf den Grund gehen

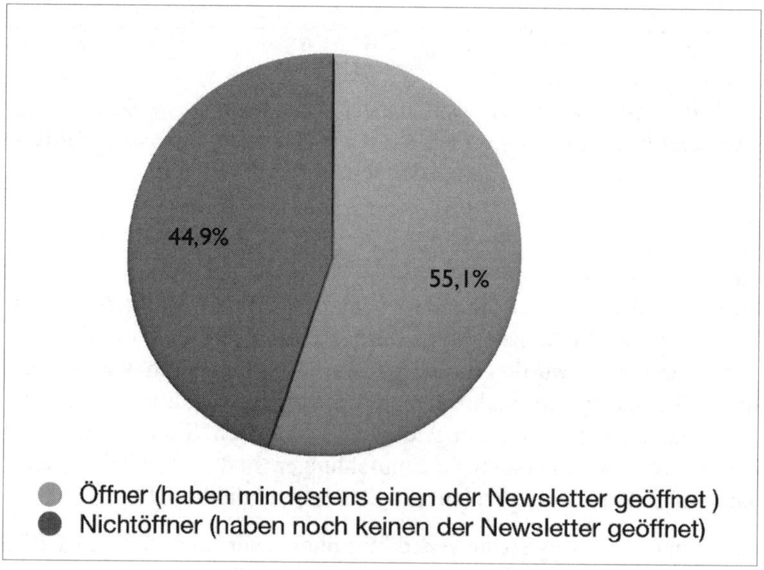

Abb. 3: Beispiel für Öffner und Nichtöffner über sechs Monate aggregiert

Kennzahlen-Reportings

Die einzelnen Kennzahlen liefern punktuelle Informationen über den Status und Qualität der untersuchten E-Mail-Marketing-Aktivitäten. Die Verknüpfung dieser Daten mit weiteren Daten ist eine wichtige Quelle für tiefere Einblicke und Erkenntnisse. Im Gegensatz zu den meist numerischen Kennzahlen werden solche Reportings oft grafisch aufbereitet und sind damit leichter und schneller interpretierbar.

Zeitreihen

Das vielleicht am häufigsten anzutreffende Reporting sind **Zeitreihen** auf der Basis regelmäßig erfasster Kennzahlen. Zum Beispiel die Entwicklung der Öffnungsrate im monatlichen Zeitverlauf der vergangenen zwei Jahre oder die Klickrate der letzten zwölf Wochen. Damit lassen sich schnell erste Rückschlüsse auf **Trends, Variabilität und Periodizität** ziehen.

Ein Spezialfall der **Zeitreihen** sind Reportings über Zeitintervalle. Ein Beispiel dafür ist der Zusammenhang zwischen Öffnungsrate und Wochentag, oder zwischen Öffnungszeitpunkt (Uhrzeit) und Klick-to-Open-Rate.

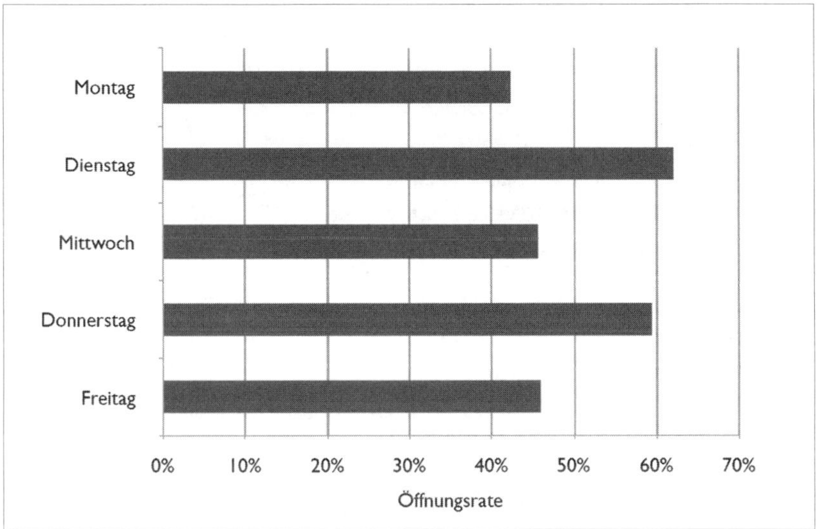

Abb. 4: Beispiel für Zusammenhang zwischen Öffnungsrate und Wochentag

Kennzahlen gefilterter Daten

Kennzahlen lassen sich auch auf beliebige Teilmengen der verfügbaren Daten berechnen, beispielsweise die Klickrate aller Yahoo!-Empfänger. Dazu vergleicht man die auf **gefilterten Daten** berechneten Kennzahlen mit denen der **Grundgesamtheit** oder mit denen anderer **gefilterter Daten**. Dadurch lassen sich Rückschlüsse auf Zusammenhänge zwischen Selektionskriterium (also zum Beispiel Domain) und der Kennzahl (zum Beispiel Klickrate) ziehen. Solche Auswertungen können über jedes verfügbare Merkmal vorgenommen werden. Häufig verwendete **Filterkriterien** sind dabei

Vorher testen, ob Selektionen sinnvoll sind

- Domain (zum Beispiel weist eine einhundert Prozent Bounce-Rate oder eine null Prozent Öffnungsrate für eine Domain auf ganz fundamentale Zustellprobleme hin).
- Einzelne E-Mail-Adressen (zum Beispiel lassen sich Adresslisten für einen bestimmten Zeitraum in Reagierer und Nichtreagierer unterteilen und ermöglichen damit eine gezieltere Ansprache).

- Geografische Region (zum Beispiel lassen sich mit so genannten Geo-Reportings leicht regionale Unterschiede in der Adressmenge oder in der Response nachweisen. Geoinformationen lassen sich aus den Stammdaten der Adressaten sowie – in begrenztem Umfang – aus den IP-Adressen der Reagierer ermitteln).
- Andere Stammdaten der Adressaten (zum Beispiel Alter oder Geschlecht).

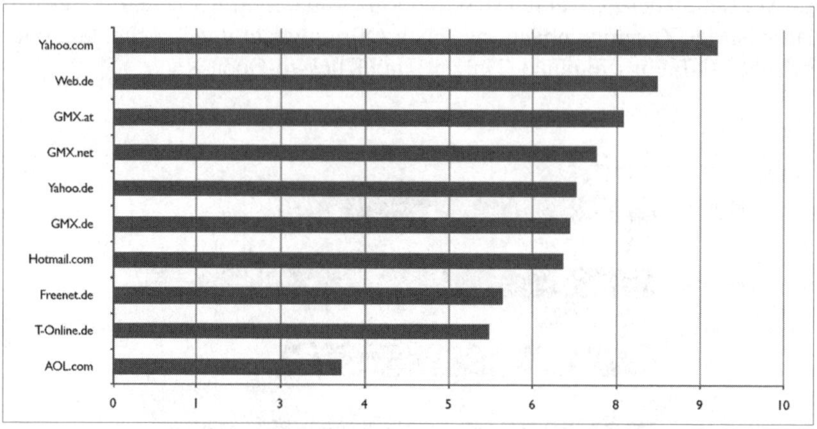

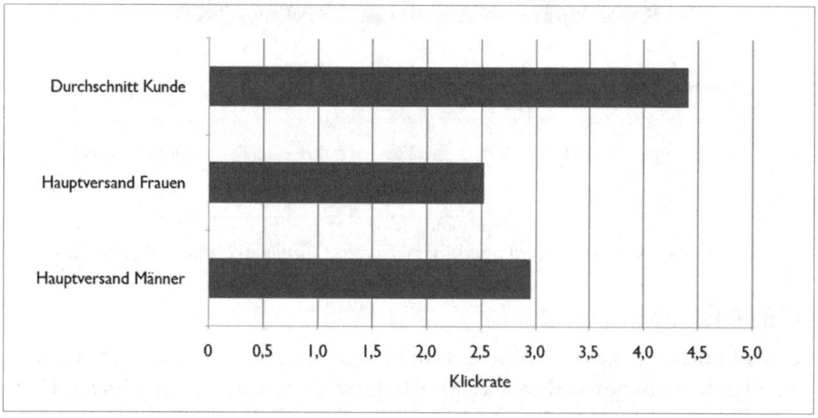

Abb. 5: Beispiel für Klickraten-Reporting gefiltert nach Domain-Ebene und Geschlecht

Häufigkeitsverteilungen

Die absoluten und relativen **Häufigkeiten** bestimmter Kennzahlen-Details, zum Beispiel

- zeigt die Verteilung des Versendevolumens nach Wochentag Präferenzen von Versendeseite (interessant ist in diesem Fall zum Beispiel der Vergleich mit der Öffnungsrate nach Wochentag).
- zeigt die Verteilung der Domains in der Verteilerliste die Wichtigkeit von Zustellungs- und Darstellungstests auf einzelnen Domains, etwa Web.de oder GMX.

- zeigt die Verteilung der Klicks auf die einzelnen Links in der E-Mail die Wichtigkeit der Link-Position (zum Beispiel im Vorschaubereich) oder auch die Wichtigkeit des Link-Typs (Text oder Bild). Die Häufigkeitsverteilung der Klicks lässt sich mit an Heatmaps angelehnten Konzepten gut visualisieren.
- zeigt die Verteilung der genannten Abmeldegründe Ansatzpunkte für Verbesserungen in der E-Mail-Kommunikation, etwa wenn die Frequenz als ein wichtiger Abmeldegrund genannt wurde.

Abmeldegründe liefern wertvolle Informationen über Verbesserungsmöglichkeiten

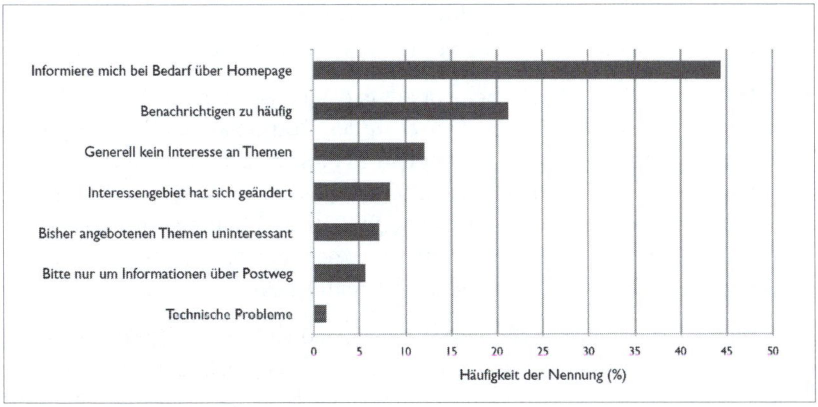

Abb. 6: Beispiel für Verteilung von Abmeldegründen (Mehrfachnennungen möglich)

Auswertungen mit Zusatzdaten

Die Newsletter-Response-Daten können mit **weiteren Daten angereichert** werden, um noch weitergehende Erkenntnisse zu gewinnen. Ein immer häufiger eingesetztes Verfahren sind die bereits erwähnten Geo-Reportings.

Eine andere Idee ist, eigene E-Mail-Adressen anonym mit **Konsumentendaten aus Lifestyle-Datenbanken** abzugleichen, um charakteristische Merkmale des Adressverteilers zu identifizieren. Damit lässt sich nicht nur die Ansprache und Selektion der Adressen optimieren, sondern auch die Generierung weiterer Adressen.

Lifestyle-Daten ermöglichen differenziertere Analysen

Eine weitere Möglichkeit ist das Anreichern mit verfügbaren **statistischen Daten**, zum Beispiel mit Daten des statistischen Bundesamtes zur Bevölkerungsdichte oder Kaufkraft. Mit Hilfe solcher Daten lassen sich leicht regionale Muster in Preis- oder Produktpräferenzen erkennen.

Eine Form dieser Auswertungen ist der Vergleich mit verfügbaren Branchenkennzahlen, etwa der durchschnittlichen Öffnungsrate in Deutschland [7]. Solche Vergleiche sind aufgrund der Unterschiede in der Auswahl der Daten und Messung der Kennzahlen jedoch nur bedingt aussagekräftig.

Punktewolken

Zusammenhänge zwischen verschiedenen Kennzahlen können sehr wichtige Erkenntnisse liefern. Eine erste Möglichkeit, solche Zusammenhänge festzustellen, sind Visualisierungen als Punktewolken.

Ein Beispiel dafür ist die Verknüpfung von Werbedruck-Klassen (zum Beispiel Adressen mit null bis eine E-Mail pro Woche, Adressen mit zwei bis drei E-Mails pro Woche, und so weiter) mit der Abmelderate. Dadurch lässt sich aufzeigen, wie stark mit steigendem Werbedruck die Abmelderate steigt. Kennt man diesen Zusammenhang genauer, dann lässt sich die maximale Kontakthäufigkeit unterhalb einer ökonomisch noch vertretbaren Abmeldeschwelle bestimmen.

Aus Marketingsicht sind natürlich vor allem das Wissen um die Art, Stärke und Richtung der **Zusammenhänge** zwischen der **Response** und den **Response-Treibern** essentiell. Zu den **Response-Treibern** zählen dabei nicht nur Faktoren wie Versendezeitpunkt, Absender, Selektion, Betreffzeile oder Länge der E-Mail. Auch Faktoren wie Design, Text-Bild-Verhältnis, Incentivierung, Tonalität, Linkanzahl, Preisniveau, Vertrauen oder Personalisierungsgrad können den Erfolg eines E-Mailings maßgeblich beeinflussen.

Da E-Mail-Marketing also sehr multivariat ist, und viele dieser Zusammenhänge bisher kaum untersucht wurden, ist oft die Wahl der richtigen Fragestellung entscheidend. Pablo Picasso brachte es überspitzt auf den Punkt „Computer sind nutzlos, sie können uns nur Antworten geben." Es kommt auf die Fragen an.

Literatur

[1] RFC 3461 – Simple Mail Transfer Protocol (SMTP) Service Extension for Delivery Status Notifications (DSNs), RFC 3463 – Enhanced Mail System Status Codes, RFC 3464 – An Extensible Message Format for Delivery Status Notifications.

[2] Certified Sender Alliance: http://www.certified-senders.eu.

[3] Ceyp, M.H., Koch, K.C.: Blacklists und Whitelists im E-Mail-Marketing. – Norderstedt : Books on Demand, 2007.

[4] IP und Domain Blacklists sind zum Beispiel http://www.spamcop.net, http://www.spamhouse.org, http://www.rbls.net. Einen Überblick über verfügbare Blacklisten und Metablacklisten gibt http://spamlinks.net.

[5] Nielsen, J., Schade A.: Email Newsletter Usability (3rd Edition), S. 50. Fremont, USA : Nielsen Norman Group, 2006.

*[6] Relevanz = (unique Öffnungen / zugestellte E-Mails) + (unique Klicks * 3 / unique Öffnungen) – (Abmeldungen / unique Öffnungen) – (Spam-Beschwerden * 10 / zugestellte E-Mails)*

[7] E-Mail-Marketing Benchmarks: www.emarsys.net/benchmarks2008, http://www.email-marketing-reports.com/benchmarking-metrics.htm, http://www.sherpastore.com/embmg09.html, http://www.emailstatcenter.com.

Baggott, C.: Email Marketing by the Numbers. – S. 185 - 203. Hoboken: John Wiley & Sons, Inc., 2007.

Epsilon International: Email Trends and Benchmark Q3 2008, (http://www.epsilon.com/pdf/EPS_EmailTrendReport_Q3_2008_020408_FINAL.pdf), 2008.

Jenkins, S.: The Truth about Email Marketing. S. 143 150. Upper Saddle River, New Jersey, Pearson Education, 2009.

MailerMailer. Email Marketing Metrics Report (http://imagehosting.mailermailer.com /email-marketing-metrics-2008h2.pdf). 2009.

McKinsey Quarterly. How poor metrics undermine digital marketing, (http://www.m ckinseyquarterly.com/Marketing/Digital_Marketing/How_poor_metrics_undermine_ digital_marketing_2220). 2008.

KEY-PERFORMANCE-INDICATORS IM E-MAIL-MARKETING

OLAV A. WASCHKIES

2

Key-Performance-Indikatoren sind das A und O nicht nur im E-Mail-Marketing, sondern in allen digitalen Marketing-Disziplinen. Dennoch zeigt sich immer wieder, dass in der Praxis die Nutzung von zentralen Kennzahlen zur Messung und Steuerung der digitalen Marketing-Aktivitäten auf Schwierigkeiten stößt. Der vorliegende Artikel soll für Praktiker eine Übersicht der typischen Herausforderungen und Fallen im Bereich der Key-Performance-Indikatoren im E-Mail-Marketing geben.

Hierfür wird zuerst noch einmal eine kurze Abgrenzung zwischen Kennzahlen und Key-Performance-Indikatoren vorgenommen. Im zweiten Schritt wird das E-Mail-Marketing in seine drei logischen Einheiten unterteilt: die Abonnentenliste, die E-Mail- und die Landing-Page. Diesen werden spezifische Key-Performance-Indikatoren zugeordnet und typische Eigenarten der KPIs diskutiert. Anschließend wird auf die Tücken der „richtigen" Berechnung von KPIs eingegangen, um vor der Zusammenfassung mit einer Betrachtung der Zielkonflikte im E-Mail-Marketing abzuschließen.

Drei Einheiten: Abonnentenliste, E-Mail, Landeseite

Definition Key-Performance-Indikatoren

Zur begrifflichen Klarstellung soll am Anfang noch einmal eine kurze Definition der zentralen Begriffe erfolgen.

Performance-Indikatoren

Performance-Indikatoren ist das Synonym für Kennzahlen. Diese werden in allen betriebswirtschaftlichen Disziplinen zur Bewertung und Erfolgsmessung der wirtschaftlichen Aktivitäten eingesetzt. Naturgemäß lassen sich für die Bewertung der eigenen Maßnahmen eine Vielzahl von Kennzahlen erheben. Die Konzentration auf wenige relevante Kennzahlen, die Key-Performance-Indikatoren empfiehlt sich daher.

Konzentration auf wenige relevante Kennzahlen

Key-Performance-Indikator (KPI)

Key-Performance-Indikatoren (KPI) sind die Verdichtung der theoretisch möglichen Kennzahlen mit dem Ziel, eine Aussage über den Zielerreichungsgrad der digitalen Aktivitäten zu liefern [1]. Es ist also wesensimmanent, dass es zwar viele Kennzahlen geben kann, aber immer nur einige wenige (in reiner Form nur einen) KPI(s).

http://www.marketing-boerse.de/Experten/details/Olav-A-Waschkies

Welche Kennzahlen am Ende als KPI genutzt werden, hängt von den eigenen Zielen ab, da nur unter Berücksichtigung der Zielsetzungen die KPIs unter den Kennzahlen identifiziert werden können. Übliche Fragen in der Definition der KPIs im E-Mail-Marketing können sein:

- Welches Marketing-Ziel verfolge ich mit der Maßnahme (zum Beispiel Neukundengewinnung, Up-Selling bei Bestandskunden, Abverkaufssteigerung, Kundenbindung)?
- Welche Kennzahl habe ich in der Gesamtstrategie als KPI definiert (zum Beispiel Leads, Absatzmenge, Image-Wert)?
- Welche Kennzahlen liefert mir mein E-Mail-Marketing-Tool und welche lassen sich mit einem adäquaten Aufwand erheben?

Welche Zahlen können beeinflusst werden und welche nicht?

- Welche Kennzahlen kann ich unmittelbar beeinflussen und haben somit eine hohe Steuerungswirkung?
- Welche Prozessschritte gilt es mit den KPIs zu steuern (zum Beispiel Lead-Generierung, Erstellung Creatives, Redaktion)?

Wenn Sie Ihre KPIs definieren (zum Beispiel Öffnungsrate und Klickrate), gilt es zu überlegen, ob die KPIs über alle Zielgruppen-Segmente den gleichen Wert haben – oder aufgrund segmentspezifischer Unterschiede skaliert werden sollen. Ein konkretes Beispiel könnte sein, dass Sie einen Newsletter anbieten, der sowohl in deutsch, als auch in einer weiteren Sprache verschickt wird. Sie könnten nun mit den gleichen KPIs eine Differenzierung über den zu erreichenden Wert haben. Ansonsten besteht die Gefahr, dass Sie zwei offensichtlich unterschiedliche Zielgruppen über „den gleichen Kamm" scheren.

Im E-Mail-Marketing gibt es einen Performance-Funnel, der im Kern drei Hauptbereiche hat. Diese Bereiche gilt es in Bezug auf die KPIs zu betrachten. Da sie sich wesentlich unterscheiden, sind sie getrennt zu betrachten.

Abonnentenliste – Key-Performance-Indikatoren

Qualität und Größe der Adressliste sind die wichtigsten Werte

Die **Abonnentenliste** ist das Fundament aller E-Mail-Marketing-Aktivitäten. Die Quantität und die Qualität der Liste ist ein entscheidender Erfolgsfaktor für alle Maßnahmen. Der üblichste KPI der Abonnentenliste ist die Größe der Liste beziehungsweise deren Steigerungsrate. Die **Abmelderate**, die aus der Anzahl der Abmelder pro Mailing errechnet wird, ist eine weitere Kennzahl, die es zu erfassen gilt. In der Regel liegt diese bei 0,15 bis 1,5 Prozent – und auch wenn sie als möglicher KPI zusätzliche Umsatzpotenziale birgt [2], wird sie in der Regel nicht als KPI definiert. Sollte Ihre Abmelderate allerdings über dem marktüblichen Durchschnitt liegen, ist es dringend geboten, dass Sie mit Ihren Maßnahmen gegensteuern bis der Abonnentenschwund gestoppt ist.

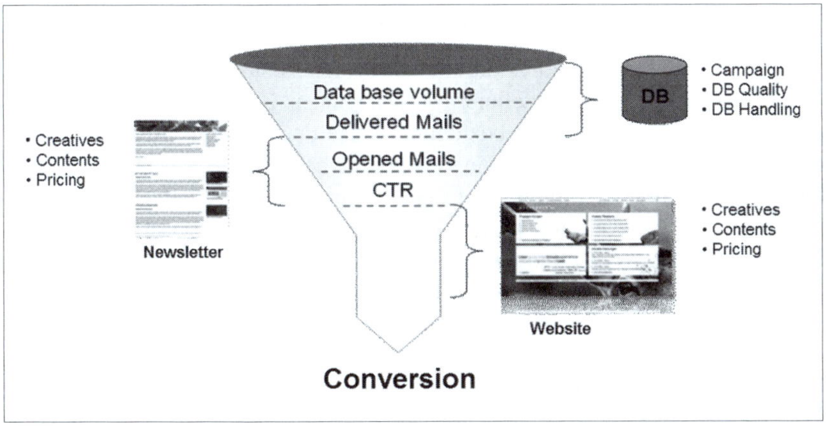

Abb. 1: Performance-Funnel im E-Mail-Marketing

Weitere Kennzahlen der Abonnentenliste sind die Anzahl der **Bounces**, das heißt der versendeten Mails, die nicht den Adressaten erreichen, aus der sich die Bounce-Rate errechnen lässt. Die Anzahl der **Schläfer/Nicht-Reagierer** ist im Rahmen des Datenbank-Managements von großer Bedeutung. Sie sollten sich intensiv damit beschäftigen, welcher Anteil Ihrer Datenbank aktiv ist. Wer reagiert regelmäßig, wer gelegentlich, wer reagiert nicht mehr? Von denen die nicht mehr reagieren, wer lässt sich wieder aktiviert (Schläfer) und welche Daten sind in der Tat Karteileichen (Nicht Reagierer)?

Wie viele Schläfer sind in der Liste?

Man sieht häufig, dass die Wachstumsrate der Liste als Ziel definiert wird, ohne sich mit einem echten **Bounce-Management** zu beschäftigen. Wenn man nach dem Verfahren „viel hilft viel" verfährt und es mit der Effizienz der eigenen Maßnahmen nicht so genau nimmt, mag dies ein akzeptables Vorgehen sein.

Wenn man die Steigerung der Abonnentenliste mit einem weiteren KPI (wie zum Beispiel Öffnungsrate oder Klickrate) kombiniert, ist die Vernachlässigung des Bounce-Managements fatal. Wenn die Liste sehr groß ist, aber faktisch viele Karteileichen enthält, wirkt sich dies negativ auf die Öffnungs- und Klickrate aus. Bildet man den Wert in Bezug auf die gesamte Abonnentenliste, wird dieser gesenkt. Wenn man die Öffnungs- und Klickrate auf Basis der zugestellten Mails errechnet, sieht es zwar geringfügig besser aus. Wenn man sich aber nicht intensiv mit den Personen beschäftigt, die zwar die eigenen Mails im Postfach erhalten, diese aber nie öffnen, stellt man sich ebenfalls rechnerisch schlechter.

Was ist die Konsequenz? Häufig wird mit hohem Aufwand an den Mails optimiert, um die Personen, die sowieso zu den Reagierern gehören, weiter zu aktivieren, als sich gezielt um die Personen zu kümmern, die nicht reagieren. Hier können dedizierte Mailings zur Aktivierung helfen. Wenn trotz aller Bemühungen die Personen sich nicht aktivieren lassen, sollte man ernsthaft darüber nachdenken, ob an dieser Stelle weniger nicht mehr ist und man sich von diesen Datensätzen trennt.

Viel wird für die Reagierer optimiert – zu wenig für die Nichtreagierer getan

E-Mail – Key-Performance-Indikatoren

Die Öffnungsrate und die Klickrate sind die beiden Kennzahlen, die in Bezug auf das eigentliche Mail als KPI definiert werden können. Grundsätzlich ist zwischen der Öffnungs- und Klickrate, beziehungsweise der **unique Öffungsrate** und **unique Klickrate** zu unterscheiden. Die einfache Öffnungs- beziehungsweise Klickrate gibt den absoluten Wert der Öffnungen oder Klicks an, das heißt inklusive aller Wiederkehrer, die das Mail mehrfach geöffnet oder geklickt haben. Wenn der Wert „unique" erfasst wird, dann wird jeder Abonnent nur einmal gezählt, das heißt sowohl, wenn er das Mail öffnet, als auch wenn er die Links klickt. Der Vorteil der „unique" Messung ist, dass man dadurch den Aktivierungsgrad des Mails auf die Gesamtheit der Abonnenten besser erfasst. Statistische Verzerrungen durch die Wiederkehrer werden somit nicht gemessen.

Unique-Werte erfassen die Abonnenten besser

Die Öffnungsrate gehört zu den zentralen Kennzahlen im E-Mail-Marketing und wird sehr häufig auch als KPI definiert. Daher muss an dieser Stelle auf die Problematik eben dieser Kennzahl eingegangen werden. Die Öffnungsrate wird durch ein **Zählpixel** gemessen, das dem Mail mitgegeben wird. Wenn das Mail vom Empfänger geöffnet wird, zählt dieses die Öffnung und gibt den Wert an das System zurück. Es werden also nur die Öffnungen gezählt, bei denen zum einen ein HTML-Client genutzt wird und dieser Mail-Client keine Bilder unterdrückt. Reine Text-Mails und HTML-Mails, in denen die Bilder unterdrückt werden, gelten also immer als „nicht geöffnet".

In den E-Mail-Benchmarks 2008 wurde von den Kollegen von emarsys daher bereits der Vorschlag gemacht, dass man die Öffnungsrate aufgrund ihres konstanten Verfalls besser in „E-Mail-Client-Bilder-Darstellrate" umbenennen solle [3]. Hintergrund sind die immer verbreiteteren Clients, die die Bilddarstellung unterdrücken.

Als Gegenmaßnahmen lassen sich Incentives für Abonnenten setzen, damit diese den eigenen Newsletter „whitelisten", das heißt ihn als vertrauenswürdig in ihren Client eintragen. Die Client-Software würde dann automatisch alle Bilder anzeigen. In der Befragung von MarketingSherpa gaben immerhin 62 Prozent der Befragten an, dass sie geneigt wären, Mails zu „whitelisten". MarketingSherpa äußert aber Skepsis, da zwischen verbal geäußerter Bereitschaft und tatsächlicher Handlung ein großes Delta besteht [4]. Es ist eher zu empfehlen, die Öffnungsrate als Indikator zu nutzen, der wichtig, aber aufgrund seiner begrenzten Validität vorsichtig zu interpretieren ist.

Die Klickrate stellt im Gegensatz zur Öffnungsrate kein Problem dar, da die Klicks, die der Abonnent tätigt, ohne Problem zu tracken sind.

Landing-Page – Key-Performance-Indikatoren

Die Landing-Page ist die Seite, auf die der Abonnent durch das Mail gezielt gebracht werden soll. Auf der Seite selbst gibt es den „Call-to-Action", das heißt den Link, der den Besucher dazu veranlassen soll, genau die gewünschte Handlung durchzuführen. Welche Handlung das ist, hängt von der übergeordneten Zielsetzung der jeweiligen Maßnahme ab. Zum Beispiel Aktualisierung der eigenen Daten, Bestellung von Infomaterial, Anmeldung einer Probefahrt oder Kauf eines Produkts. Auch hier kann die Klickrate als KPI definiert werden.

Bestellung von Infomaterial oder Anmeldung einer Probefahrt kann die Zielgröße sein

Es empfiehlt sich aber, die Landing-Page so aufzubauen, dass man direkt die Conversion-Rate für die gesamte Maßnahme ermitteln kann. Somit erhält man eine Aussage über den Gesamterfolg der Aktivität. Entscheidend ist klar zu definieren, was man auf der Landing-Page erreichen möchte, diese entsprechend gestaltet und im Idealfall durchtestet und optimiert, um die besten Ergebnisse zu erlangen [5].

Wenn man die Conversion als eigentlichen Zweck, das heißt als Erfolg der Maßnahme sieht, dann sieht man, dass alle anderen zu definierenden KPIs nur Teilerfolge sind. In Summe zahlen diese aber auf die Erreichung des Gesamtziels ein und sind daher in keiner Weise zu vernachlässigen.

Richtige Zahlen und falsche Ergebnisse

„Es war die Art zu allen Zeiten, durch Drei und Eins, und Eins und Drei – Irrtum statt Wahrheit zu verbreiten." [6] Goethe und Performance-Marketing, geht das zusammen? Es geht, da darauf zu achten ist, dass mit den Zahlen, die gewonnen werden, die richtigen Entscheidungen gefällt werden.

Wenn man für seine E-Mail-Marketing-Maßnahme entlang des Performance-Funnels seine KPIs definiert hat, wird man bei der Auswertung und Analyse immer wieder vor dem Problem stehen. Man erhält mathematisch korrekte Zahlen, die aber nicht zwingend zu korrekten Ergebnissen führen.

Ein Beispiel: Es kann passieren, dass man absolut höhere Conversions erzielt, obwohl Öffnungsrate und Klickrate zeitgleich sinken. Um das richtige Ergebnis zu erhalten, ist es jetzt entscheidend, alle Zahlen im Griff zu haben und diese richtig zu analysieren. Man könnte bei sinkenden KPIs des Mails (Öffnungs- und Klickrate) die Schlussfolgerung treffen, dass die gestiegenen Conversions auf die bessere Konvertierung auf der Landing-Page zurückzuführen sind. Die Schlussfolgerung kann richtig sein, aber genauso falsch. Sie müssen auch analysieren, was in Ihrer Abonnentenliste zeitgleich passiert ist. Haben Sie diese zum Beispiel zum gleichen Zeitpunkt deutlich ausgeweitet, dann kann es sein, dass Sie dies zu Kosten der Adressqualität gemacht haben. Im Ergebnis wäre Ihre Adressliste nicht mehr so performant, das heißt Öffnungs- und Klickrate wären geringer. Durch die gestiegene Abonnentenzahl würden aber absolut vielleicht immer noch mehr Menschen auf Ihre Landing-Page kommen und dort konvertieren.

Mehrere Veränderungen können sich überlagern

Am genannten Beispiel zeigt sich, dass alle Bestandteile des Performance-Funnels zu beachten sind, damit man keine falschen Ergebnisse produziert.

Im Folgenden sei daher noch einmal auf wesentliche Punkte im inhaltlichen Umgang mit der Datenanalyse eingegangen.

Effektivität bezeichnet die Wirksamkeit einer Maßnahme, das heißt „die richtigen Dinge zu tun“. Effizienz bezeichnet die Wirtschaftlichkeit einer Maßnahme, das heißt „die Dinge richtig zu tun“. Beim oben genannten Beispiel kann man sehen, dass die E-Mail-Marketing-Aktivitäten wirkungsvoller waren (es wurden zum Beispiel mehr Tickets verkauft). Die Maßnahme selbst verlor aber proportional an Wirtschaftlichkeit (es wurde bei steigendem Output, das heißt mehr Mails, weniger Ergebnis erzielt).

Nicht nur relative Raten sondern auch die Absolutzahlen im Auge behalten

Absolute Zahlen geben eine abzählbare Einheit wieder, zum Beispiel die Anzahl der verkauften Produkte. Relative Zahlen geben ein Verhältnis wieder, zum Beispiel der Anteil der Käufer, in der Menge der angesprochenen Interessenten. Hätte man im obigen Beispiel nur die jeweilige Rate ausgewiesen, hätte man unter Umständen gar nicht gemerkt, dass man eigentlich ein positives Ergebnis erzielt hat. Man hat mehr verkauft, aber die Conversion-Rate würde bei steigenden Abonnentenzahlen ebenfalls gesunken sein. Man sollte also nicht nur die jeweilige Rate genau im Auge haben, sondern immer noch eine Validitätsprüfung mit den absoluten Zahlen machen.

Ein weiterer entscheidender Punkt ist die Berechnung der Raten, welche Bezugsgröße man als relevant definiert. Am Beispiel der Öffnungsrate sei dies kurz noch einmal aufgezeigt. Zwei Unternehmen haben die gleiche Anzahl an Abonnenten in ihrer Liste und die gleiche Anzahl an Abonnenten, die ein Mail öffnen. Haben daher die beiden Unternehmen auch die gleiche Öffnungsrate? Nicht zwingend, wie die folgende Darstellung zeigt:

	Liste	Ausgelieferte Mails	Geöffnet	Berechnung	Öffnungs-rate
Unter-nehmen 1	1.000.000	900.000	200.000	200.000 / 900.000	22,22 Prozent
Unter-nehmen 2	1.000.000	900.000	200.000	200.000 / 1.000.000	20,22 Prozent

Vergleichbarkeit muss gegeben sein

Unternehmen 1 hat eine Öffnungsrate von 22,22 Prozent und scheint daher im Vergleich performanter mit seinem E-Mail-Marketing als Unternehmen 2, das nur eine Öffnungsrate von zwanzig Prozent ausweist. Man sieht aber, dass beide Unternehmen die gleiche Anzahl an Abonnenten anschreiben und dass bei beiden Unternehmen 200.000 Abonnenten das Mail öffnen. Der Unterschied ist die Berechnung, bei der Unternehmen 1 die Öffnungsrate in Bezug auf die ausgelieferten Mails berechnet und Unternehmen 2 auf seine gesamte Abonnentenliste.

Wie sind die beiden Ergebnisse zu beurteilen? Im Grund ist es jedem Marketer überlassen, welche Bezugsgröße er verwendet, schwierig wird es, wenn es um die Vergleichbarkeit von Daten geht. Sollten Sie zum Beispiel über einen Newsletter in mehreren Landesgesellschaften verfügen, müssten Sie klären, dass alle Kollegen mit den gleichen Bezugsgrößen arbeiten. Nur so lassen sich alle Newsletter miteinander vergleichen.

Laut dem E-Mail-Marketing Benchmark Guide 2009 von MarketingSherpa weisen 75 Prozent der befragten Unternehmen nach ausgelieferten Mails wie Unternehmen 1 aus und 23 Prozent in Bezug auf die versendeten Mails [7]. Der Autor selbst vertritt ebenfalls die Mehrheitsmeinung, mit der Begründung, dass die Versendung des Mails nur die notwendige Bedingung für das Öffnen des Mails ist. Damit eine E-Mail tatsächlich geöffnet werden kann, muss die hinreichende Bedingung erfüllt werden, nämlich: die Mail muss auch beim Empfänger angekommen sein.

Bei allen weiteren KPIs lassen sich durch reine Rechenoperationen die Werte verändern. Wenn man gerade beim Vergleich von Werten nicht genau darauf achtet, dann vergleicht man schnell Äpfel und Birnen, ohne dass man es merkt. Das einführende Zitat von Johann Wolfgang von Goethe hat also auch (oder gerade) im Performance-Marketing seine Gültigkeit.

Zielkonflikte im E-Mail-Marketing

So beeindruckend auch Management-Dash-Boards in Analyse-Tools oder riesige Spreadsheet in Excel wirken mögen, es darf ein wesentlicher Umstand nie vergessen werden: Mathematik ist nur ein Handwerkszeug. Es dient dazu, wirtschaftliche Fragen zu beantworten und hilft die „richtigen" Managemententscheidungen zu treffen. Es können sich daher eine Reihe von Zielkonflikten ergeben, die nur durch die intellektuelle Leistung des Managements gelöst werden können. Die Key-Performance-Indikatoren dienen hier nur als Entscheidungsunterstützung und müssen rational auf die unternehmerische Entscheidung transponiert werden. Ein typischer Zielkonflikt wurde bereits erwähnt und sei abschließend noch einmal diskutiert.

Je stärker Listen wachsen, desto schlechter ist meist die Adressqualität

Quantitative Ziele in Bezug auf die Größe der Abonnentenliste üben in der Regel Druck auf die Öffnungs- und Klickrate aus. Das Wachstum erfolgt zumeist nicht organisch, das heißt nicht über Opt-ins von der eigenen Website, sondern durch Lead-Generierung. Diese Datensätze sind daher weniger affin zum eigenen Produkt und performen mithin schlechter.

Es lassen sich zwar bedingt wertigere Adressen „einkaufen" und Maßnahmen ergreifen, diese zu „veredeln", aber auch hier steht die Frage der Wirtschaftlichkeit dessen im Vordergrund. Im Ergebnis sind die Adressen häufig doch günstiger und performen schlechter als die „eigenen" Adressen. Wie im Verlauf des Artikels diskutiert, kann es sich aber dennoch positiv auf die Conversion ausweisen, selbst wenn andere KPIs darunter leiden.

Vor dem Hintergrund des aktuellen wirtschaftlichen Umfelds also durchaus eine valide unternehmerische Entscheidung. Es geht zurzeit eben nicht nur darum, die Dinge richtig zu machen, entscheidend ist es für alle Unternehmer, die richtigen Dinge zu machen.

Zusammenfassung

Ziele klar definieren und Zahlen immer hinterfragen

Weniger ist manchmal mehr, auch im Bereich der Key-Performance-Indikatoren im E-Mail-Marketing. Wichtig ist es, alle seine Kennzahlen zu erfassen, genauso wichtig ist es aber, sich auf die zielführenden Kennzahlen zu konzentrieren. Diese sollten Ihre KPIs sein. Es ist absolut entscheidend, dass Sie Ihre Ziele im E-Mail-Marketing klar definieren und die Ergebnisse des Reportings kritisch hinterfragen. Wenn Sie dieses tun, können Sie Ihre E-Mail-Marketing-Maßnahmen mit Ihren KPIs sicher steuern. Sie haben so ein effektives und effizientes Instrument in Ihren Händen, das sie unterstützt, Ihren unternehmerischen Erfolg nachhaltig auszubauen.

Literatur

[1] Koch, M.: Erfolgsfaktoren im Keyword Advertising in Leitfaden Online Marketing. – In: Schwarz, T. (Hrsg.): Leitfaden Online Marketing. – S. 331-337, marketing-BÖRSE, 2007. Sowie Brommund, Thomas; Amthor, Axel: Web Analytics – Web Controlling. – In: Schwarz, T. (Hrsg.): Leitfaden Online Marketing. – S. 566-577, marketing-BÖRSE, 2007.

[2] Strzyzewski, F.; Tripicchio, F.: Newletter-Abmeldungen: Der vergessene Erfolgsfaktor. – In: Schwarz, T. (Hrsg.): Online-Marketing Beratungsbrief, 7/2008.

[3] Emarsys: E-Mail-Benchmarks 2008. Durchschnittliche Responsedaten im Vergleich. – 2002-2008, 2009.

[4] MarketingSherpa: E-Mail Benchmark Guide 2009. – S. 157, 2008.

[5] Büttner, K.: Landeseiten im Online-Marketing. – In: Schwarz, T. (Hrsg.): Leitfaden Online Marketing. – S. 331-337, marketing-BÖRSE, 2007.

[6] Goethe, Johann Wolfgang: Faust I, Vers 2560 ff. / Mephistopheles.

[7] MarketingSherpa: E-Mail Benchmark Guide 2009. – S. 242, 2008.

Büttner, K.: E-Mail- & Newslettermarketing. – 296 S., Data Becker, 2007.

Schwarz, T.: Leitfaden eMail Marketing und Newsletter-Gestaltung. – 194 S., Absolit, 2. Aufl., 2005.

Waschkies, O.A.: Performance im Online Marketing mit E-Mail-Marketing. – Fachartikel: http://www.pixelpark.com/de/pixelpark/_ressourcen/attachments/publikationen/070415_Pixelpark_Artikel_E-Mail-Marketing.pdf, 2007.

WEBANALYSE UND E-MAIL-MARKETING VERBINDEN

2

RALF HABERICH

Mobile Mail-Marketing, E-Mail-Marketing-Automation und die Kombination mit Elementen des Web 2.0 (wie etwa Twitter) sind Themen, denen Aufmerksamkeit geschenkt werden will. Es vergeht kaum ein Quartal, in dem nicht ein neuer Ansatz auftaucht, der das **E-Mail-Marketing** zu „revolutionieren" scheint. Ein genauerer Blick auf die darunter liegenden Zahlen und Daten zeigt jedoch einige langfristige Trends und zum Teil bemerkenswerte Konstanten.

In den Jahren 2004 bis 2008 kann man eine deutliche Abnahme der „**Open-Rate**" von vierzig auf zwanzig Prozent verzeichnen. Darunter versteht man die Anzahl der vom Empfänger geöffneten Mails. Es wird für die mailenden Unternehmen also immer schwieriger, mit ihren Kampagnen die E-Mail-Empfänger direkt zu erreichen. Die Klick-Rate ist hingegen nur relativ gering auf fünf Prozent gesunken, während die Bounce-Rate und die Response-Rate (click/open) sehr stabil geblieben sind.

Bei all diesen Zahlen stellt sich natürlich die Frage, wie man den Erfolg der Kampagnen messen und die Mailing-Aktionen entsprechend optimieren kann. Die Zeiten, in denen ein einfaches Mailing alleine ausreicht, sind längst vorbei (falls es sie überhaupt gegeben hat). Vielfach wird jedoch nach wie vor nach dem Gießkannenprinzip gearbeitet, nach dem Motto „Bei einer ausreichend großen Anzahl von Empfängern werden wir schon Resultate erzielen". Dieser Ansatz ist jedoch mehr als ineffektiv und verursacht hohe Kosten. Die Empfänger irrelevanter Mails löschen diese zudem meist direkt wie Spam.

Es wächst zusammen, was zusammen gehört

Webanalyse-Zahlen in E-Mail-Kampagnen integrieren

Erfolgsversprechender sind gezielte Kampagnen, die mittels Segmentierung auf entsprechende Empfänger zugeschnitten werden. Dies gilt insbesondere für die Gewinnung von Kunden, die auf ein erstes Mailing nicht oder nicht wie gewünscht reagieren. Hierfür werden Erkenntnisse aus der Webanalyse in die Mail-Kampagne integriert. Das Ziel ist es, durch eine **intelligente Segmentierung** der Zielgruppen, jedem einzelnen Kunden überzeugende Botschaften zu übermitteln.

Dabei zeigt sich, dass Unternehmen, die Webanalyse-Daten berücksichtigen, deutlich erfolgreicher sind. Sie erzielen fast viermal so viel Umsatz und sage und schreibe **18-mal höhere Gewinne** als solche, die einfache Mailings ohne Zielgruppenausrichtung verwenden [1]. Insbesondere Remarketing-Maßnahmen können auf diese Weise optimiert werden. So lassen sich durch integrierte Kampagnen-Empfänger identifizieren, die an unterschiedlichen Punkten des

http://www.marketing-boerse.de/Experten/details/Ralf-Haberich

erwünschten Prozesses „ausgestiegen" sind. Entsprechend können spezielle (Remailing-)Kampagnen entwickelt werden, um deren Interesse zu wecken oder auf spezielle Themengebiete im Detail einzugehen.

Das Mailing

Um die E-Mail-Kampagnen mit der **Webseiten-Analyse** optimal zu verbinden, muss die genutzte Webanalyse-Lösung in der Lage sein, auch Mailing-Aktionen einzubinden. Durch ein einheitliches Management wird so ein genauer und detaillierter Überblick gewährleistet und der Erfolg kann leicht nachvollzogen werden.

Landing-Pages sollten angepasst werden

Darüber hinaus sind unter Umständen bereits vor dem ersten Versand entsprechende Änderungen beziehungsweise Anpassungen an der Homepage vorzunehmen. Das betrifft etwa die Gestaltung einer entsprechenden Landing-Page, die Integration von Messcodes und dergleichen.

Bereits im Erstmailing einer Kampagne können und sollen die Empfänger in Gruppen segmentiert werden, zum Beispiel in Bestandskunden und Newsletter-Abonnenten, die bislang noch nicht bestellt haben. Vielfach werden hierbei noch veraltete **Segmentierungsmethoden**, wie etwa Umfragedaten zur Kundenzufriedenheit, zu Grunde gelegt. Eine intelligente Bewertung durch Webanalyse ist jedoch in der Lage, detaillierte Empfängerlisten zu erstellen. Diese können beispielsweise nach geografischem Gebiet oder Kaufverhalten der letzten zwölf Monate unterteilt werden.

Bitte nicht aussteigen

In dieser Phase wird auch ein Funnel definiert, also ein Prozess, den der Adressat durchlaufen soll. Die verschiedenen Stufen innerhalb des Prozesses werden vom Website-Betreiber festgelegt. Damit kann man herausfinden, wie viele Besucher den Funnel vollendet haben und wie viele vorher bei welchen Stufen ausgestiegen sind. Typischerweise sieht ein solcher **Funnel** etwa so aus: Aufrufen der (unter Umständen extra geschaffenen und gestalteten) Landing-Page – Produktdarstellung – Warenkorb – Bestellvorgang – Bestellbestätigung.

Die so gewonnenen Informationen sind für ein erfolgreiches Remailing von fundamentaler Bedeutung. Durch die Integration der Mailingkampagnen in die Managementoberfläche der Webanalyse-Lösung stehen alle Informationen „auf einen Blick" zur Verfügung. Hier lassen sich Konversionsraten feststellen und die **Resultate** lassen sich durch Segmentierung noch genauer **aufschlüsseln**.

Wer steigt an welcher Stelle aus?

Bei welchen Gruppen war das Mailing erfolgreich, bei welchen nicht? Welche Personengruppe stieg am häufigsten an welcher Stelle aus? Was für Schlüsse sind hieraus zu ziehen? Man kann genau erkennen, welche Click-Paths genommen, welche Seiten besucht wurden, wie lange der Visit gedauert hat, ob eventuell etwas in den Warenkorb gelegt aber dann doch nicht gekauft wurde. Aus diesen

Erkenntnissen lassen sich gezielte Remailings erstellen, bei denen die Nutzer beispielweise je nach „Ausstiegspunkt" eine entsprechend individualisierte Mail erhalten.

Das Remailing

Vor dem gezielten Remailing steht zunächst die **Auswahl der Adressaten**. Auch hier kann beispielsweise wieder in Kunden und Abonnenten untergliedert werden. Dabei kommt natürlich auch die Management-Strategie zum Tragen. Sollen vermehrt Neukunden gewonnen werden, so bietet man diesen einen Gutschein an. Gleichzeitig werden etwa die Bestandskunden nur auf Produkt-Highlights oder ein neues Sortiment hingewiesen. Ebenso ist aber auch der umgekehrte Fall denkbar. Sollen die Bestandskunden besonders gepflegt werden, kann man selbstverständlich ihnen Preisnachlässe, Sonderkonditionen oder Produkt-Bundles anbieten.

Aussteiger erneut anschreiben

Dabei können viele der Elemente, wie E-Mail-Vorlagen, mehrmals verwendet werden. Dies bedeutet, dass sich die anfänglich entstehenden Arbeits- und Planungskosten schnell amortisieren. Integrierte Kampagnen beziehen sich beispielsweise auf abgebrochene Einkaufswagenvorgänge und auf **Clickstreams**. Dabei treten in jedem Mailing im Wesentlichen dieselben Anforderungen an Datenintegration und Inhalt auf. Somit ist der manuelle Aufwand sehr gering und es nicht mehr notwendig, jede Woche neue Mailings einzurichten, wie es bei Aktionen ohne Zielgruppenausrichtung der Fall ist.

Gezielte Ansprache

Durch die Auswertung der Funnel-Daten kann man aber auch Kunden je nach ihrem „Ausstiegspunkt" gezielt angehen. Dabei erscheinen diejenigen Empfänger am viel versprechendsten, die den Bestellprozess im letzten Moment abgebrochen haben. Diese haben zwar Produkte in den Warenkorb gelegt, aber den Prozess nicht abgeschlossen. Diese kann man gezielt mit Gutscheinen locken. Empfänger, die immerhin auf die Produktseite gekommen sind, sollten anders angesprochen werden als jene, die lediglich die Mail geöffnet haben. Überdies lassen die hier gewonnenen Daten auch Rückschlüsse auf die **Gestaltung der Homepage** und die entsprechenden Prozesse ziehen. Die Seite kann auf diese Weise optimiert werden. Der klassische Ansatz kommt hier zum Tragen.

Incentivieren kann helfen

Es versteht sich von selbst, dass ein zweites Mailing deutlich weniger Adressaten hat, als die ursprüngliche Aktion. Führt man es jedoch mit spezifischeren Angeboten durch, zeigt sich eine deutlich höhere Konversionsrate.

Konversion steigern

So erzielte etwa die anfängliche Newsletter-Kampagne eines niederländischen Anbieters für Zuchtprodukte eine Konversionsrate von 0,61 Prozent. Beim Remailing konnte diese auf 10,71 Prozent gesteigert werden. Dadurch ergab sich eine gesamte Konversionsrate von 0,72 Prozent. Dies mag in Zahlen eher gering klingen, entspricht aber einer **Steigerung von fünfzehn Prozent**.

Wer Interesse hat, jedoch nichts bestellt, wird erneut angeschrieben

Ähnlich sehen auch die Zahlen eines französischen Anbieters von Kindermode aus. Das Remailing wurde hier in Newsletter-Abonnenten und Bestandskunden segmentiert. Diese hatten zwar jeweils die Produktseite aufgerufen, letztlich jedoch nichts bestellt. Die angeschriebenen Abonnenten erhielten dabei spezielle Rabatte. Bei einer Opening-Rate von 52,9 Prozent konnte eine Konversionsrate von 0,8 Prozent erzielt werden. Die Anzahl an Bestellungen erhöhte sich um 18 Prozent, es wurden dreißig Prozent mehr Produkte gekauft und auch der Durchschnittsbestellwert stieg signifikant von 20,74 auf 32,39 Euro. Dies entspricht einem **Plus von 56 Prozent**.

Für den nachhaltigen **Erfolg von E-Mail-Kampagnen** führt über kurz oder lang kein Weg an der Integration von Webanalyse und E-Mail-Marketing vorbei. Anbieter beider Seiten arbeiten verstärkt zusammen und übernehmen die technische Abwicklung. Die strategische Richtung bestimmt dabei selbstverständlich nach wie vor der Marketingverantwortliche des Unternehmens.

Literatur

[1] Forrester Consulting Studie „Integration von Web Analytics und E-Mail Marketing zur Steigerung der Kampagnen-Performance“ (www.nedstat.de/veroeffentlichungen).

Reese, F.: Web Analytics – Damit aus Traffic Umsatz wird. – 286 S. Business Village, 2008.

www.clickz.com: News für Marketingverantwortliche im digtalen Bereich.

www.e-commerce-magazin.de: Sammlung zu aktuellen Online-Vertriebsmaßnahmen.

www.emailmarketingblog.de: Detaillierte Infos zum Medium E-Mail.

www.forrester.com: Diverse Studien von renommierten Analysten im Bereich Online-Marketing.

www.web-analytics.blog.de: „Web Analytics Europa“: deutschsprachiger Blog mit detaillierten und objektiven Informationen zum Thema Web-Analytics.

DOs und DON'Ts

DOs

- Anaysieren Sie Ihre E-Mail-Marketing-Aktionen mit Hilfe von Webanalyse.
- Vergleichen Sie nur Kampagnen, die die gleichen Parameter besitzen (beispielsweise Laufzeit, Jahreszeit, inhaltliche Aktion).
- Nutzen Sie die Daten aus der Webanalyse für Ihre nächsten E-Mail-Kampagnen.
- Testen Sie jede einzelne Kampagne vor Aussendung bei einer kleineren Zielgruppe.
- Prüfen Sie in der Webanalyse jeden einzelnen Konversionsschritt, um Schwachstellen aufzudecken.
- Vergleichen Sie in der E-Mail die einzelnen Links auf Konversion und Platzierung.

DON'Ts

- Nutzen Sie die Analyse-Zahlen nicht als statistische Betrachtung.
- Senden Sie nicht jede Kampagne an alle registrierten Teilnehmer.
- Versenden Sie Ihre E-Mail-Kampagne nicht ohne vorherige Segmentierung im Hinblick auf Ihre Zielgruppe.
- Vermeiden Sie eine unpersönliche Ansprache Ihrer E-Mail-Abonnenten.
- Senden Sie Ihre E-Mail-Kampagne nicht ohne vorher formulierte Ziele aus.
- Schreiben Sie Hard-Bounces et cetera nicht erneut an.

DIE ROLLE VON E-MAIL IM PERFORMANCE-MARKETING

2

BURKHARD KÖPPER

E-Mail-Marketing liefert Marketingentscheidern kostengünstig Erfolgskennzahlen, die auch für andere Werbekanäle genutzt werden sollten.

„Wer aufhört zu werben, um Geld zu sparen, kann ebenso seine Uhr anhalten, um Zeit zu sparen." Dass es keinen Sinn macht, auch in wirtschaftlich schlechten Zeiten komplett auf Werbung zu verzichten, hatte der Gründer der Ford Motor Company, Henry Ford, bereits zu Anfang des 20. Jahrhunderts erkannt. Doch quälte ihn bekanntermaßen ein Leben lang die Frage, welche Hälfte seines Werbebudgets rausgeworfenes Geld ist.

Der moderne Performance-Marketer des 21. Jahrhunderts ist dem bekannten Autobauer hier um Längen voraus. Er kann im Internet sofort und effektiv messen, welche Werbung am besten wirkt und wie viele Menschen auf seine Werbung reagieren. Jeder eingesetzte Marketing-Euro kann via **Performance-Marketing** im Web das zehn- bis zwanzigfache an Umsatz zurückbringen. Ein unschlagbares Argument gegen die gängige Strategie von Unternehmen, in Zeiten der Wirtschaftskrise einfach die Werbebudgets zusammenzustreichen.

Messen, welche Werbung wo am besten wirkt

Integrierte Erfolgsanalysen für optimale Lernkurve

Zu kurz allerdings springt, wer bei Performance-Marketing nur an Suchmaschinenmarketing, Onlinemedia oder Affiliate-Marketing denkt. Daneben kann auch **E-Mail-Marketing** im Performance-Marketing-Mix eine wichtige Rolle spielen. Vorausgesetzt, Marketer verstehen es, den Werbekanal kontinuierlich zu optimieren. Und natürlich müssen die Erfahrungen im E-Mail-Marketing geschickt in das Zusammenspiel mit anderen Kommunikationskanälen eingebracht werden.

Grundlegende Voraussetzung für einen effizienten Einsatz von E-Mail-Marketing ist ein ganzheitliches Kennzahlenmodell. Was auf den ersten Blick ausgesprochen plausibel erscheint, setzen jedoch nur wenige Marketing-Verantwortliche tatsächlich konsequent in die Tat um. Laut einer Marktstudie von Forrester Research nutzen knapp sechs von zehn E-Mail-Marketern zur Überprüfung des Kampagnenerfolges lediglich Standardmessgrößen wie **Öffnungs- und Klickraten**. Hingegen fehlen Analysen wie Umsatzsteigerungen, erzielte Leads, durchgeführte Downloads, Kosteneinsparungen oder andere Business-Kennzahlen. Diese würden es Werbungtreibenden nicht nur erlauben, ihre Kunden und deren Bedürfnisse besser zu verstehen, sondern auch das eigene Marketingbudget gegen den allgemeinen Sparzwang zu verteidigen.

Zwei Drittel verzichten auf weitergehende Analysen

http://www.marketing-boerse.de/Experten/details/Burkhard-Koepper

Die wichtigsten Kennzahlen im Überblick

Um sich im Dschungel möglicher Marketingstatistiken nicht gänzlich zu verlieren, sollten Marketer sich in einem ersten Schritt allerdings auf einige wenige sinnvolle **Kennzahlen** beschränken. Dazu zählt als erstes die Erfassung der **Bounce-Rate**, also der Zahl derjenigen E-Mails, die erst gar nicht im E-Mail-Postfach des vermeintlichen Empfängers ankommen.

Dabei unterscheiden Experten zwischen so genannten **„Hard"-Bounces und „Soft"-Bounces**. **Hard-Bounces** sind E-Mails, die aufgrund einer ungültigen oder falschen E-Mail-Adresse nicht zugestellt werden konnten. Gründe dafür können Eingabefehler bei der manuellen Erfassung sein, der Weggang eines Mitarbeiters oder die Änderung der E-Mail-Adresse. Um den eigenen Adressbestand sauber zu halten, sollten derartige Retouren nach jedem Versand nachbearbeitet werden, indem man die E-Mail-Adresse entweder gleich ganz löscht oder telefonisch nachhakt.

Soft-Bounces werden beim Auftreten vorübergehender Fehler versandt. So kann es beispielsweise sein, dass das Speichervolumen des Mailpostfachs überschritten wurde oder ein Konfigurationsfehler beim Empfänger vorliegt. Eine weitere Möglichkeit ist, dass Empfänger per Autoresponder über seine Abwesenheit informiert. E-Mail-Marketer können hier reagieren, indem sie mehrere Zustellversuche ihres Newsletters starten.

Auch die **Spamfilter** der Internet Service Provider (ISP) machen Marketingverantwortlichen das Leben schwer. Studien ergaben, dass jede fünfte vom Empfänger eigentlich per **Double-Opt-in-Verfahren** (zweifach bestätigte Registrierung) abonnierte Werbemail von Providern als vermeintlicher Spam ausgemustert wird. Auch hier lohnt es sich, nach jedem Versand genau zu überprüfen, welche Mails von ISPs oder Unternehmen zurückgewiesen wurden. Und beim Design der Werbebotschaften sollte auf größtmögliche Vertrauenswürdigkeit geachtet werden.

Wie viele Leser haben etwas angeklickt?

Die zweite wichtige Kennzahl zur Erfolgsmessung von E-Mail-Marketing ist die **Effizienzrate**, also die Kombination von Öffnungs- und Klickrate. Sie zeigt, wie viel Prozent der Empfänger, die eine Werbemail geöffnet haben, sich vom Inhalt tatsächlich zu einem Klick auf einen weiterführenden Link motivieren ließen. Beispiel: Wenn zehn Empfänger die E-Mail öffnen und fünf davon klicken, liegt die Effizienzrate bei fünfzig Prozent. Für Werbungtreibende ist diese Zahl ein wichtiger Anhaltspunkt dafür, wie relevant ihre Werbebotschaft für die Empfänger war.

Response-Raten als dritte wichtige Messgröße werden zwar von vielen Marketern analysiert, doch gibt es auch hier Optimierungspotenzial. Denn eine allgemeine Response-Rate, die über den gesamten Verteiler ermittelt wird, gibt vergleichsweise wenig Einblick in die Wünsche und Bedürfnisse der Empfänger. Mehr Aussagekraft erhält man, wenn diese für bestimmte Teilzielgruppen wie beispielsweise Männer zwischen vierzig und 45 Jahren, Einwohner einer Region oder bestimmte Einkommensschichten ermittelt wird.

Darüber hinaus analysieren viele Marketingverantwortliche derartige Response-Raten nicht über den Klick auf eine entsprechende **Landing-Page** hinaus. Dabei könnten sie über eine geeignete Software auch genau nachvollziehen, was ein Empfänger nach diesem Klick tut. Füllt er ein Formular aus, bricht er an einer bestimmten Stelle ab oder klickt er sich durch den kompletten Bestellprozess? Das Ergebnis sind detaillierte Zahlen über Leads oder Umsätze. Und auch Aufschlüsse über die **Usability** einer Website lassen sich so gewinnen.

Und schließlich sollten Marketer die Erfolgsmessung ihrer E-Mail-Kampagnen nicht als Momentaufnahme verstehen. Oft ergeben sich interessante Erkenntnisse, wenn man die Messergebnisse über einen bestimmten Zeitraum miteinander vergleicht. So lässt sich beispielsweise ableiten, welche Tageszeit für den E-Mail-Versand am geeignetsten ist oder in welchen Monaten man am besten für welche Produkte wirbt.

Per E-Mail testen, was als Adwords funktioniert

Bislang nutzen Marketing-Verantwortliche, die die Wirkung ihrer E-Mailings anhand der oben dargestellten Kennzahlen messen, die Ergebnisse in der Regel nur zur **Optimierung** zukünftiger Kampagnen. Doch mit zunehmender Vernetzung der verschiedenen Kommunikations-Maßnahmen bietet es sich geradezu an, die Erfolgskennzahlen aus einem Kanal auch für die Optimierung anderer Kanäle zu nutzen.

Dem schnellen und kostengünstigen Werbemittel E-Mail kommt hier eine besondere Bedeutung zu. Über rasch hintereinander getaktete **Versandwellen** lassen sich schnell grundlegende Erfahrungen für Kommunikationsaufbau oder Gestaltung von Angeboten im Rahmen weiterer Marketingaktionen sammeln.

Beispielsweise für Suchmaschinen-Marketing, Bannerwerbung oder Printmailings. Über **Splitmailings** können Marketing-Verantwortliche effizient testen, welcher **Kommunikationsaufbau** einer Kampagne funktioniert. Man erhält Erkenntnisse, mit welchen Teasern sich Kunden zum Klick motivieren lassen, welche **Designs** am meisten ansprechen oder welche **Produkte** zum aktuellen **Zeitpunkt** gerade besonders gefragt sind. Denn genau diese Aspekte sind die wesentlichen Erfolgsfaktoren im Direktmarketing.

Testen, welche Teaser am besten zum Klick motivieren

Statt in jedem Kanal in der Lernkurve bei null anzufangen, lässt sich schon aus Ergebnissen des E-Mail-Marketing ableiten, welche Begriffe im Suchmaschinen-Marketing den meisten Erfolg versprechen. Gleiches gilt für die Werbetexte. Auch erhält man Informationen, welche Grafiken in **HTML-Newslettern** bei der Bannerwerbung zum Klick motivieren könnten oder wie Landing-Pages zu gestalten und Printmailings zu texten sind. Umgekehrt sollten aber auch die Learnings aus den anderen Kommunikationskanälen bei der Konzeption von E-Mail-Kampagnen angewendet werden. Nur so können Marketingverantwortliche wirklich sicher stellen, dass die Performance aller Kommunikationsinstrumente im Marketing-Mix steigt.

Erfolgskriterium	
① Zielgruppenspezifische Ansprache	40% – 55%
② Produkt-/Dienstleistungsangebot	20% – 35%
③ Zeitpunkt der Ansprache	15% – 25%
④ Kreation (Aufbereitung der Ansprache)	10% – 20%

Abb. 1: Einflussgrad der Erfolgsfaktoren im Direktmarketing

Kernzielgruppe effizient über alle Kanäle ansprechen

Wie die Vernetzung der Erfolgsmessung in verschiedene Kommunikationskanäle tatsächlich aussehen kann, konnte am Beispiel eines internationalen Weiterbildungsinstitutes intensiv getestet werden.

In regelmäßigen zweimonatigen Werbeflights sucht das Unternehmen Interessenten für seine deutschlandweiten Kurse, aber auch für Fortbildungen, die vom Bund gefördert werden. Bislang nutzte man vornehmlich Suchmaschinenmarketing, Printmailings und Anzeigen in Wirtschaftszeitungen und -magazinen, um Teilnehmer zu akquirieren. Seit kurzem spielt auch E-Mail-Marketing im integrierten Maßnahmenmix eine zentrale Rolle, um themenspezifische **Aktionskampagnen** zielgruppenorientiert zu versenden.

Verteiler unterschiedlicher Adressanbieter miteinander vergleichen

Beim Start der ersten Kampagnen war zunächst der Aufbau eines qualifizierten Adressverteilers wichtig. Hierfür wurden hauseigene Daten sowie Fremdadressen verwendet. Um eine höchstmögliche **Adressqualität** sicherzustellen, sind **Testverteiler** unterschiedlicher Adressanbieter eingekauft und in ersten Testmailings qualitativ geprüft worden. Darüber hinaus wurde das im Unternehmen verfügbare Adressmaterial bereinigt und, so weit wie möglich, Adressen qualitativ um zusätzliche persönliche Informationen aufgewertet.

Per **Splitversand** wurden anschließend jeweils mehrere 10.000 E-Mail-Adressen anhand unterschiedlicher **Selektionskriterien** gegeneinander getestet. Auf diese Weise konnte beispielsweise genau analysiert werden, in welchen Regionen Empfänger am ehesten auf die Weiterbildungsangebote anspringen. Außerdem war ersichtlich, ab welcher Unternehmensgröße Personalleiter Interesse an den Fortbildungsmaßnahmen für ihre Mitarbeiter signalisieren.

Die gewonnenen Erkenntnisse sichern nicht nur eine höhere Akzeptanz für zukünftige E-Mailings. Vielmehr geben sie der Marketingabteilung auch wertvolle Informationen über die eigene Kernzielgruppe. Diese kann künftig über andere Kommunikationskanäle wie Printmailings ebenfalls gezielter angesprochen werden.

Zusätzlich konnten die Learnings aus den E-Mail-Marketing-Kampagnen genutzt werden, die Nutzerfreundlichkeit für Landing-Pages und Webseiten anderer Performance-Marketing-Kampagnen zu optimieren. Doch die Integration von Kampagnenerfahrungen funktioniert auch anders herum. Erfahrungen aus den Lernkurven anderer Onlinekampagnen und von Direktmailings verwendet das Weiterbildungsinstitut auch bei der Planung von E-Mail-Kampagnen.

Klickrate stieg um zwanzig Prozent

Die Bemühungen zahlen sich aus: Im eigenen Verteiler konnte durch kontinuierliche **Adressbestandspflege und -qualifizierung** die **Bounce-Rate** um über achtzig Prozent gesenkt werden. Gleichzeitig hat sich die Öffnungsrate der Werbenewsletter durch die sehr sorgfältige **Zielgruppenselektion** mehr als verdoppelt. Auch die **Klickrate** stieg um fast zwanzig Prozent.

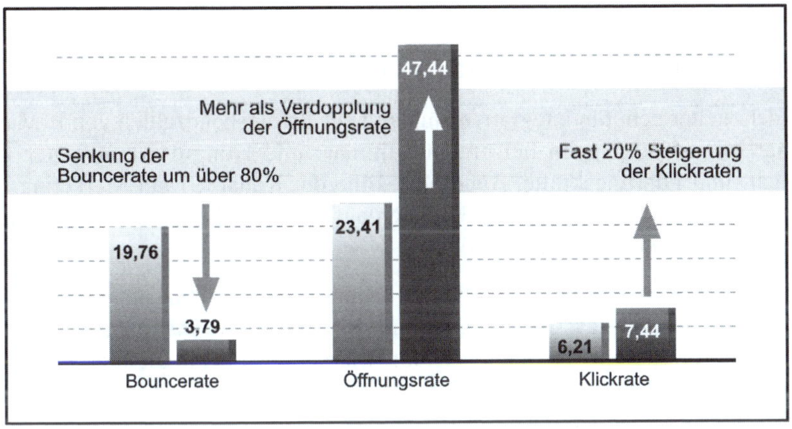

Abb. 2: Optimierungspotenzial beim Einsatz des eigenen Adressbestandes

Dass es vor dem Einkauf von **Fremdadressen** durchaus Sinn macht, verschiedene Verteiler gegeneinander zu testen, zeigt ein weiteres Ergebnis der Erfolgsmessung. So hatte der für eine Aktionskampagne beste Fremdverteiler zwar eine fast 25 Prozent geringere Öffnungsrate. Doch erzielte er eine um 160 Prozent bessere Klickrate und generierte 14 Mal mehr Leads als der Ursprungsverteiler.

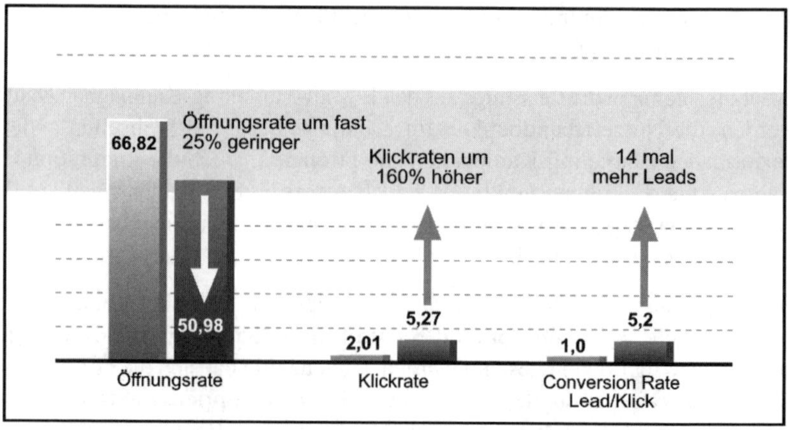

Abb. 3: Performance-Steigerung beim Einsatz von Fremdadressen

Rückschlüsse für Inhalt und Design weiterer Kanäle

Noch weiter geht die integrative Nutzung der Erfolgskennzahlen von E-Mail-Marketing-Kampagnen bei einem Seminar- und Kongressveranstalter für Fach- und Führungskräfte. Auch hier sollte der Kanal E-Mail-Marketing im Gesamtkontext zu anderen Maßnahmen aufgebaut und die Rückschlüsse auf andere Kanäle ausgeweitet werden.

Bei diesem Kunden sollten vor allem per Newsletter-Marketing unterschiedliche **Designs, Templates, Ansprache** und **Kommunikationsansätze** getestet werden. Auf diesem Weg sollte auch die Marketingstrategie für andere Kanäle optimiert werden.

Im Rahmen des Aufbaus des Newsletter-Marketing wurden zunächst bereits umgesetzte Maßnahmen analysiert und Optimierungsvorschläge diskutiert. Vor allem die visuelle und inhaltliche Kommunikation sollte attraktiver und lebendiger werden. Voraussetzung seitens der Marketingverantwortlichen war, dass sich die neu gestalteten **Mastertemplates** in die Gesamtkommunikation integrierten und mit dem Corporate Design konform blieben.

Drei Templates vorab miteinander vergleichen

Dazu wurden für einen monatlichen Newsletter drei Designs kreiert, die im **Splitversand** an jeweils gleich große, homogene Zielgruppen verschickt wurden. Das erste Design (Version 1) bildete die Website des Seminarveranstalters 1:1 ab. Das zweite Layout (Version 2) lehnte sich ebenfalls stark an die Vorgaben der Website an, wurde aber etwas ansprechender gestaltet. Und das dritte Design (Version 3) entfernte sich komplett vom Website-Layout und präsentierte sich stattdessen in attraktiverer, frischerer Optik.

Die ersten Messergebnisse zeigten: Während Version 1 abgeschlagen auf dem letzten Platz lag, kam Version 3 als neue, frische Variante bei den Empfängern am besten an. Da die Unterschiede zu Version 2 prozentual aber nicht allzu sehr abwichen, wählte das Unternehmen für künftige monatliche Newsletter die zweite Variante. Diese orientierte sich zwar noch immer an der Website, ist aber ansprechender gestaltet. So wird bei Weiterverlinkung auf die Website ein höherer Wiedererkennungswert im Vergleich zu Version 3 gewährleistet.

Doch auch die aufmerksamkeitsstarke, frische Designvariante wurde an anderer Stelle in die Kommunikationsstrecke integriert. Sie kommt künftig im Rahmen aktionsbasierter, dreistufiger Mailings zum Einsatz – mit Vorankündigung, Programmübersicht und Reminder. Das Aktionslayout, das für jede **Anstoßkette** neu gestaltet wird, soll helfen, Burnout-Effekte bei den Empfängern zu vermeiden. Diese verringert man dadurch, dass jede Veranstaltung ein individuelles Design im Rahmen der **Template-Spezifikationen** erhält.

Darüber hinaus haben die Erkenntnisse aber auch Auswirkungen auf andere Kanäle. So konnte im Rahmen weiterer Tests verifiziert werden, ob sich die neuen Kommunikationsansätze auch im Bereich Onlinemedia bewähren. Des Weiteren wurde anhand der Testergebnisse auch das Kommunikationskonzept der Unternehmenswebsite auf Optimierungsansätze hin überprüft.

Dass hier erhebliches Potenzial zur Performance-Verbesserung besteht, zeigen allein die Erfolgszahlen aus den E-Mail-Kampagnen. Tests unterschiedlicher Kommunikationsansätze erzielten eine um drei Prozent höhere Öffnungs- und eine um 25 Prozent höhere Klickrate bei gleichzeitiger Senkung der Bounce-Rate um fast zehn Prozent.

Klickrate steigt, Bounce-Rate sinkt

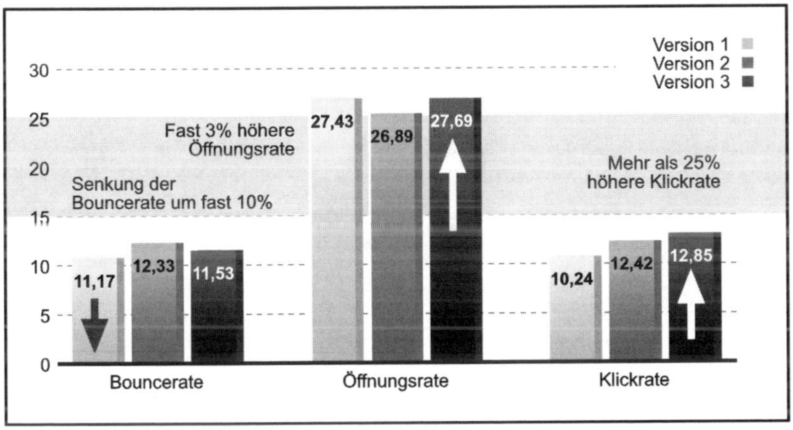

Abb. 4: Optimierung durch Testings mittels Splitversand

Diese Erfahrungen zur Kommunikationsoptimierung sollen nun in den Kanal Onlinemedia einfließen. So können die Marketingverantwortlichen hier mehr Aufmerksamkeit und Akzeptanz für das Unternehmen und dessen Angebote schaffen.

Literatur

Eisinger, T., Rabe, L., Thoma, W. (Hrsg.): Performance-Marketing: Onlinewerbung – messbar, transparent, erfolgsorientiert. – 244 S., Businessvillage, 2. Aufl., 2006.

Dannenberg, M., Wildschütz, F.: Erfolgreiche Online-Werbung: Werbekampagnen planen, umsetzen, auswerten. – 120 S., Businessvillage, 2006.

Fischer, M.: Website Boosting 2.0: Suchmaschinen-Optimierung, Usability, Online-Marketing. – 456 S., mitp, 2006.

Schwarz, T. (Hrsg.): Leitfaden Dialogmarketing: Das kompakte Wissen der Branche. – 580 S., marketing-Börse, 2008.

Holland, H.: Direktmarketing. – 499 S., Vahlen, 3. Aufl., 2009.

ADRESSEN GEWINNEN UND PFLEGEN

3

INTRO

Gewinnung und Anmietung von E-Mail-Adressen: Stefan Appenrodt erklärt, welche Rechtsfallen es bei der Einwilligung geben kann. Ebenso verrät er aber auch, warum es bei Mietadressen so wichtig ist, darauf zu achten, wie diese gewonnen wurden.

Co-Sponsoring und Co-Registrierung: Jan-Philip Ziebold erläutert die beiden wichtigsten Methoden, um den eigenen Adressbestand schnell zu erweitern. Er sagt auch, an welchen Stellen man den Dienstleistern genau auf die Finger schauen sollte.

Optimale Maßnahmensteuerung in der Lead-Genierung: Daniel Augustin spricht aus der Erfahrung eines großen Versandhändlers, wenn er beschreibt, wie die Adressgewinnung gesteuert werden soll. Am Ende geht es nämlich nicht um Masse, sondern darum, zahlende Käufer zu gewinnen.

Adressbestand analysieren und bereinigen: Gregor Abt gibt konkrete Tipps, wie ein Adressverteiler auf alte und schlechte Adressen untersucht werden kann. Die Adressdaten zu analysieren und dann eventuell zu bereinigen, bringt große Vorteile bei der Zustellung.

Listenpflege durch Rückläuferbearbeitung: Sebastian Böttger erläutert, welcher Informationsschatz in den Rückläufern steckt. Kann eine E-Mail nicht zugestellt werden, nennt der Mailserver die genauen Gründe. Wer hier analysiert, kann viele Kontakte davor bewahren, verloren zu gehen.

Digitale Körpersprache für die Neukundengewinnung nutzen: Uwe-Michael Sinn beschreibt einen der aktuellen Trends aus den USA: Die Analyse des Nutzerverhaltens mit dem Ziel, die Effizienz von Mailings zu verbessern. Insbesondere geht er auch auf Fragen des Datenschutzes ein.

Torsten Schwarz

GEWINNUNG UND ANMIETUNG VON E-MAIL-ADRESSEN

3

STEFAN APPENRODT

Nur mit wirklich seriöser Adressgewinnung geht man auf Nummer sicher. Wer heute E-Mail-Marketing betreibt, muss nicht mehr nur auf Double-Opt-in achten. Es gibt weitere Faktoren, die Rechtssicherheit und saubere Adressdatengewinnung ausmachen. Denn die Rechtslage hat sich geändert.

Ohne ausdrückliche Erlaubnis gewonnene Adressen dürfen nur noch übergangsweise genutzt werden. Datenschutz geht vor Adresshandel: Nach diesem Prinzip wurde kürzlich die gesetzliche Grundlage angepasst.

Unsauber generierten Verteilern droht Wertverlust

Damit dürfen die alten Adressbestände vieler Adressbroker übergangsweise nur noch ein Jahr genutzt werden und werden nach Ablauf dieser Frist wertlos. Trotzdem arbeiten noch immer nicht alle E-Mail-Marketingunternehmen wirklich sauber. Alle Punkte, auf die man bestehen sollte, haben wir praxisorientiert zusammengefasst. So gewinnen Sie **rechtssicher Adressdaten**.

Double-Opt-in: Pflicht

Verfahren wie das Confirmed-Opt-in, bei dem der User sich nur einträgt und eine Begrüßungsmail erhält (auch Single-Opt-in genannt), sind rechtlich bedenklich: Dritte könnten Daten Fremder eintragen. Eine seriöse Adressgewinnung sieht vor, dass ein **Kunde seine Angaben selbst noch einmal bestätigen** muss, bevor seine Adressdaten in irgendeiner Weise genutzt werden.

Keine Werbung in der Bestätigungsmail

Die E-Mail, mit der die Bestätigung eingeholt wird, sollte auf die Weitergabe der Adressdaten hinweisen sowie frei von Werbung sein. Gerichte könnten nämlich schon den Versand der Double-Opt-in-Mail als Werbebelästigung einstufen. Inzwischen haben rund neunzig Prozent der Adressgenerierer auf Double-Opt-in umgestellt. Das Single-Opt-in wird damit praktisch nur noch verwendet, wenn Unternehmen Adressen für die Eigennutzung generieren: Also wenn ein Nutzer auf der Webseite eines Anbieters auch dessen Newsletter bestellen kann.

Schon Double-Opt-in-Mail kann Belästigung sein

Kurz gesagt:

- Bei Datengewinnung für Marketingzwecke und Weitergabe von Daten: Double-Opt-in.

http://www.marketing-boerse.de/Experten/details/Stefan-Appenrodt

- Bei Datengewinnung für den Versand eigener Newsletter: Single-Opt-in grundsätzlich ausreichend, wegen uneinheitlicher Rechtsprechung aber Double-Opt-in empfohlen.

Einwilligungsklausel: nicht verschleiern

Seriös kann E-Mail-Marketing nur sein, wenn dem Verbraucher zweifelsfrei klar ist, dass er der Nutzung seiner Daten für Marketing zustimmt. Ganz neu: Die **Einwilligung darf nicht mehr generell formuliert sein**. Stattdessen muss die konkrete Verwendung genannt werden – und damit **alle möglichen Verwender** des Datensatzes!

- Nicht mehr erlaubt: „Ja, ich bin damit einverstanden, dass ich telefonisch/ per E-Mail/per Post über interessante Angebote – auch durch Dritte und Partnerunternehmen – informiert werde. Ich kann mein Einverständnis jederzeit widerrufen."
- **Rechtskonform** liest sich ein Formulierungsbeispiel so: „Ja, ich bin damit einverstanden, dass meine Angaben vom Gewinnspielveranstalter [Name und Ort des Veranstalters] sowie von den Sponsoren des Gewinnspiels für Werbezwecke (Telefonmarketing, E-Mail-Werbung und schriftliche Werbung) verarbeitet und genutzt werden. Namentlich sind dies NamedesSponsors.de (Sponsorfirmierung GmbH, Firmensitz) und NameZwei GmbH, Ort. Diese Organisationen und Unternehmen dürfen mir Informationen, Angebote und Werbung (Telefonmarketing, E-Mail-Werbung und schriftliche Werbung) übermitteln. Ich kann mein Einverständnis jederzeit mit Wirkung für die Zukunft widerrufen."

Beim Co-Sponsoring konkret alle Partner nennen

Oftmals nehmen Anbieter diese Regel nicht sehr genau und nennen nicht alle Sponsoren und Adressabnehmer, die die Adressdaten später verwenden.

Klarheit schaffen

Mit der ausführlich formulierten Einwilligung sieht ein Teilnehmer vorab, an wen und an wie viele Unternehmen seine Adressdaten weitergegeben werden. Diese Regel bedeutet im Umkehrschluss, dass **Daten nicht mehr „auf Halde"** für unbestimmte Werbeaktionen aller Art gewonnen werden können.

Kurz gesagt:

- Alle möglichen Verwender des Datensatzes sind namentlich aufzuführen.
- Alle Wege, auf denen Werbung gestattet sein soll, sind zu listen.
- Daten aus unspezifischen Datenpools sind nicht rechtskonform.

AGB und Einwilligung: Koppelungsverbot

Unseriöse Gewinnspielveranstalter generieren Adressen, indem sie die Weitergabe der Adressdaten in den allgemeinen Teilnahmebedingungen oder AGB (Allgemeine Geschäftsbedingungen) verstecken. Dies ist laut Telemediengesetz (§ 12, Absatz 3) verboten. Seriöse Gewinnspiele gewinnen die Daten unabhängig von der Teilnahme und bieten zwei unabhängige Felder zum Ankreuzen an. Somit muss der Verbraucher zwar die AGB bestätigen, wenn er bei einem Gewinnspiel mitspielen möchte, nicht jedoch die Weitergabe seiner Daten akzeptieren.

Gewinnspielteilnahme auch ohne Werbeeinwilligung

Hier wird oft unsauber gearbeitet, beispielsweise wird die Datenschutzerklärung – also die Einwilligung in die Weitergabe der Adresse – an die Teilnahmebedingungen gekoppelt. Letzteren aber muss man zustimmen. Solches Vorgehen verstößt klar gegen das Telemediengesetz. **Unsauber** sind auch Lösungen, bei denen der Nutzer die AGB und die Informationen zum Datenschutz **nicht auf einen Blick** erfassen kann. Solange die Links jedoch auffindbar sind und die Verwendung der Daten verständlich erklärt wurde, gilt dies dennoch als rechtskonform.

☐ **Ja,** ich akzeptiere hiermit die Teilnahmebestimmungen/AGB. Wenn ich die Teilnahmebedingungen nicht akzeptiere, kann ich leider nicht am Gewinnspiel teilnehmen Ich kann mein Einverständnis jederzeit widerrufen.

☐ **Ja,** ich bin damit einverstanden das meine Angaben vom Veranstalter Jan Ringleb, Ebergötzen und die Sponsoren Sponsor SIA, Riga - Lettland ~ MyMovies Online GmbH, München ~ EuMedien GmbH, Lüneburg ~ Centurixx GmbH, Lüneburg ~ points24.com Online Marketing GmbH, Linz ~ EBCS Ltd., Bad Sachsa ~ Network Business Partner Service Ltd., Nordhausen ~ McCrazy GmbH, Wieda ~ Gesellschaft fuer Online-Gewinnspiele Ltd., Bad Lauterberg ~ Bauer Vertriebs KG, Hamburg ~ SuperComm GmbH, Bonn ~ Conrad Electronic SE, Hirschau ~ DMK Consulting GmbH, Nürnberg ~ mobilcom Communicationstechnik GmbH, 24782 Büdelsdorf ~ Quelle GmbH, Fürth ~ Bon Prix Handelsgesellschaft mbH, Hamburg ~ VIP Gewinnspiele, München ~ Interactive One GmbH, Erlangen ~ Ad1Media AG, CH-Walzenhausen ~ 089 Munich Media GmbH, München ~ DWMS New Business GmbH, Hamburg ~ BTN Versandhandel GmbH, Langen ~ DMM Direct Media Marketing GmbH, Langen ~ Deutsche Telekom AG, Darmstadt ~ DZ-Media Verlag GmbH, Essen ~ Addatis Ltd., Frankfurt am Main ~ EuroClix, Amsterdam, Netherlands ~ Adportum Media GmbH, München ~ Neckermann Versand AG, Frankfurt ~ E.T. Concept Dienstleistung & Unternehmensberatung GmbH, Berlin ~ Neue Medien Roth - 93158 Teublitz ~ Leadworks GbR, München ~ BSW.Der BonusClub e.V., Bayreuth ~ des Gewinnspiels für Werbezwecke (Telefonmarketing, eMail-Werbung und schriftliche Werbung) verarbeitet und genutzt werden. Diese Organisationen und Unternehmen dürfen mir Informationen, Angebote und Werbung (Telefonmarketing, eMail-Werbung und schriftliche Werbung) übermitteln. Ich kann mein Einverständnis jederzeit mit Wirkung für die Zukunft widerrufen. Diese ist unabhängig von der Gewinnspielteilnahme.

Abb. 1: Beispiel für seriöse Adressdatengewinnung

Kurz gesagt:

- Die Teilnahme an einem Gewinnspiel muss ohne Marketing-Einwilligung möglich sein.

- Teilnahmebedingungen und Datenschutzbedingungen im Optimalfall auf der selben Webseite per Opt-in bestätigen lassen.
- Das Koppeln der Gewinnspielteilnahme an die Marketing-Verwendung der Daten ist verboten.

Datenschutzgesetz: drei Punkte erfüllen

Wer personenbezogene Daten automatisiert verarbeitet, muss erstens einen **Datenschutzbeauftragten** benennen, der nicht Mitglied der Geschäftsführung sein darf. Zweitens müssen die Adressunternehmen ihr **Datenverarbeitungsverfahren definieren** und den Ablauf bei der Datenschutzaufsichtsbehörde anmelden. Zudem müssen sie drittens ein **Verfahrensverzeichnis führen** und veröffentlichen. Viele Unternehmen beachten insbesondere die letzten beiden Punkte nicht. Ein Verfahrensverzeichnis ist bei den wenigsten Anbietern auffindbar. Als Adresskäufer sollte man dieses beim Händler anfordern. Adresshändler müssen dieses bereithalten.

Kurz gesagt:

- Adressbroker müssen einen Datenschutzbeauftragten benennen (kein Mitglied der Geschäftsführung).
- Adressbroker müssen ihr Datenverarbeitungsverfahren bei der Datenschutzaufsichtsbehörde anmelden.
- Adresskäufer sollten ein Verfahrensverzeichnis abfordern.
- Adressbroker müssen ein Verfahrensverzeichnis bereitstellen.

Internetspiele: Die Gewinner feiern

Gibt es echte Gewinner?

Obskure Gewinnspiele halbseidener Veranstalter erkennt man an sehr langen Laufzeiten oder daran, dass sie immer wieder neu aufgelegt werden. Hier wird niemals ein Gewinner genannt, oder **gestellte Gewinnerfotos** sollen Verbrauchern die Teilnahme schmackhaft machen. **Seriöse Veranstalter** hingegen veröffentlichen regelmäßig ihre glücklichen Gewinner. Ein Beispiel hierfür findet man auf www.siegerstrasse.de.

Günstige Gewinnspielabsicherung

Eine beliebte Möglichkeit, Gewinnspiele kostengünstig veranstalten zu können, ist die so genannte Gewinnspielabsicherung. Dabei wird der meist sehr hohe Gewinn auf **eine Vielzahl von Gewinnspielteilnehmer** gestreut – unabhängig davon, ob die angenommeneTeilnehmerzahl realisiert werden kann.

Abb. 2: Beispiel für einen seriösen Gewinnspielveranstalter: siegerstrasse.de

Geringe Chancen einkalkuliert

Die Chance auf einen Gewinn besteht für den Nutzer dann theoretisch noch immer, die rechnerische Gewinnchance sinkt jedoch erheblich. Weil solche **Gewinnspiele oft ohne Gewinner enden**, sind die Absicherungsprämien relativ kostengünstig.

Hoher Gewinn und geringe Chancen

Gewinnspielabsicherungen erfolgen durch professionelle Veranstalter, die Vorgehensweise ist recht einfach. Ein illustrierendes Beispiel: Das im Gewinnfall auszuschüttende Preisgeld von beliebig angenommenen 160.000 Euro wird im Vorfeld festgelegt. Zudem wird die Höchstanzahl von Teilnehmern eine Million betragen, die Laufzeit des Gewinnspiels auf ein Jahr festgelegt sowie eine neunstellige Zahlen- und Buchstabenkombination zu treffen sein.

Je mehr Stellen die Zahlenkombination hat, **desto geringer ist für die Teilnehmer auch die Gewinnchance**. Die Versicherungsprämie, die für einen solchen Preis zu zahlen ist, orientiert sich an dieser Gewinnchance. Vor Spielbeginn wird die Gewinnerkombination in einem versiegelten Umschlag übermittelt. Nach Spielende ermittelt der Versicherer, ob ein Mitspieler diese Glückskombination hat. Ist ein Gewinner dabei, zahlt die Versicherung das Preisgeld aus.

Oftmals kein Gewinner

Ist kein Gewinner dabei, gilt das Spiel dennoch als ordnungsgemäß beendet (dem Veranstalter wird zur Prüfung der Umschlag geöffnet). Die Versicherung berechnet für die genannte Methode rund 1.500 Euro – im Vergleich zum Preisgeld von 160.000 Euro **ein überschaubarer Einsatz**.

Sogar Markenunternehmen arbeiten mit Gewinnspielabsicherung

Obwohl die Gewinnchancen bei dieser Methode für die Teilnehmer nur sehr gering sind, arbeiten selbst namhafte Adresserzeuger und Markenunternehmen mit solchen Versicherern zusammen. Prominentes Beispiel war T-Home mit dem „Jeden Tag eine Million gewinnen“ Gewinnspiel. Das genaue Prozedere ist in den AGB aufzuführen.

Seriöse Gewinnspielveranstalter setzen auf **kleinere und bezahlbare Preise**, um auch echte Gewinner zu haben.

Kurz gesagt:

- Seriöse Veranstalter losen Gewinner aus und veröffentlichen diese.
- Unseriöse Gewinnspiele erkennt man an langen Laufzeiten.
- Vorsicht bei Gewinnspielen, die öfter neu aufgelegt werden und ohne Gewinner blieben.
- Vorsicht bei gestellt wirkenden Gewinnerfotos.
- Gewinnspielabsicherung ist rechtskonform aber moralisch fragwürdig.

Grundsätzlich dienen alle beschriebenen Punkte der Transparenz. Der Nutzer hat stets das Recht, seine Daten für Marketingzwecke freizugeben oder die Freigabe zu verweigern. Nur wenn alle Schritte im Adressgewinnungsverfahren offen, eindeutig und nachvollziehbar gestaltet sind, ist die Datengewinnung seriös und rechtskonform.

Literatur

Bahr, M.: Glücks- und Gewinnspielrecht: Eine Einführung in die wichtigsten rechtlichen Aspekte. – 219 S. 2. Neu bearb. u. erw. Aufl., Verlag Erich Schmidt, Berlin 2007

CO-SPONSORING UND CO-REGISTRIERUNG

3

JAN-PHILIP ZIEBOLD

Die Grundprinzipien von **Co-Sponsoring** und **Co-Registrierung** (kurz CoReg oder auch CrossSale genannt) gibt es schon lange. Beide sind auch außerhalb des Online-Marketing bekannt, wurden jedoch von der Begrifflichkeit online geprägt. Bei beiden Methoden geht es vereinfacht ausgedrückt um Folgendes: In einem bestehenden Kundendialog weitere Angebote zu platzieren, mit dem Ziel, dass der Kunde diese ebenfalls wahrnimmt. Dies unter der Annahme, dass es im Vorfeld vom Kunden nicht eingeplant war. Es ist somit eine Form der **prozessintegrierten Produktwerbung** innerhalb eigener oder auch fremder Prozesse zur aktiven Absatzsteigerung.

Diese zwei Grundprinzipien lassen sich auf die unterschiedlichsten Bereiche verschiedenst integriert anwenden. Ein paar Beispiele, was man generieren kann:

Nicht nur Adressen, auch Terminvereinbarungen oder Informationsanforderungen können gewonnen werden

- Zusätzliche Bestellungen (ergänzender, eigener oder fremder Produkte)
- E-Mail-Adressen (Newsletter-Leser) sowie Adressen allgemein
- Rückrufanforderungen (zum Beispiel für Beratungs-/Verkaufsgespräche)
- Anforderung von Produktinformationen per Post (Infoflyer, Kataloge)

Allgemein dienen diese zwei Grundprinzipien somit der **Anforderungs- beziehungsweise Adressdatengenerierung** mit nahezu unbegrenzten vielfältigen Anwendungsmöglichkeiten.

Primärer Unterschied beider Methoden ist der **Aktivitätsgrad** der Endverbraucher im Dialogprozess. Muss der Kunde bei der Co-Registrierung beispielsweise aktiv ein Angebot aktivieren/annehmen, so muss er beim Co-Sponsoring nichts dergleichen unternehmen. Das entsprechende Angebot/Produkt wird ihm passend zu seiner, durch den Anbieter eingeschätzten, Affinität automatisch zugeordnet.

Beispiel Co-Registrierung:
Sie begeben sich mit dem Wunsch ein Konto zu eröffnen auf die Webseite der Beispielbank. Innerhalb der Onlineanmeldung zum Konto werden Sie von der Beispielbank gefragt, ob Sie nicht zusätzlich eine Kreditkarte des Anbieters Beispiel-Card zum Konto hinzubestellen möchten. Um dies zu tun, müssen Sie lediglich eine weitere Checkbox anklicken, schon wird Ihr Wunsch an den Anbieter Beispiel-Card weitergeleitet.

> Bei der Co-Registrierung hat der Teilnehmer somit die Möglichkeit, sich „wahlweise" neben dem eigentlichen Produkt noch für weitere – in der Regel thematisch passende – Services zu registrieren. Die Mitnahme der Co-Registrierungen erfolg aktiv als Opt-in per Mausklick.

http://www.marketing-boerse.de/Experten/details/Jan-Philip-Ziebold

Beispiel Co-Sponsoring:

Co-Sponsoren sind Mitveranstalter

Ein Unternehmen veranstaltet ein Quiz zur Kontaktgenerierung. Fremde Unternehmen können sich hier nun als Co-Sponsoren mit auf dem Projekt platzieren lassen. Diese sind nun indirekt Mitveranstalter und erhalten, passend zur Wunschselektion und entsprechenden Affinität, ebenfalls die Teilnehmerdaten.

> Beim Co-Sponsoring tritt somit mindestens ein Unternehmen neben dem Betreiber als "Mit-Sponsor" eines Projektes zur Datengenerierung auf. Jeder Co-Sponsor wird namentlich genannt und erwirbt ebenfalls, passend zur Selektion (Alter, Geschlecht, Region, et cetera), ein Nutzungsrecht an den generierten Daten.

Dieses sehr simpel dargestellte Beispiel unterliegt natürlich vieler rechtlicher Voraussetzungen sowie aus Marketingsicht nötigen Einschränkungen, hierzu aber später mehr. Grundsätzlich kann man hier gut erkennen, dass es sich bei dieser Methode primär um die Generierung von Adressdaten meist größerer Mengenbereiche handelt. Selbstverständlich kann man aber auch beim Co-Sponsoring gezielt seine Wunschzielgruppe generieren und muss nicht pauschal Masse abnehmen. Simple Stellregler wie Alter, Geschlecht, Region, Interessen oder andere Scoringwerte ermöglichen den Aufbau eines sehr guten Datenbestandes.

Welche Methode für welchen Zweck?

Nicht immer liefert Co-Registrierung die besseren Kontakte

Beide Methoden lassen sich gleichermaßen gut nutzen, um für seine eigenen Produkte Neukunden zu gewinnen. Doch es stellt sich schnell die Frage, welche Methode hierfür die Bessere ist. Pauschal kann man dies nicht beantworten, beide Methoden haben je nach Zielrichtung, Produkt und Selektion ihre Für und Wider. Die zum Teil weit verbreitete Meinung, Co-Registrierung sei der bessere Weg, da eine höhere Affinität und die aktive Zustimmung des Endverbrauchers (Opt-in) notwendig ist, ist falsch. Dies mag natürlich bei einigen Produkten durchaus zutreffen, aber pauschal bewertet stimmt dies nicht. Ganz wichtig ist es, sich selber sehr bewusst darüber zu werden, wie die genauen Ziele der eigenen Neukundengenerierung lauten. Hierzu sollten Sie sich mit Ihrer Direktmarketingagentur genügend Zeit für eine vorbereitende Beratung nehmen. Erst dann steht sicher fest, welche Methode für Sie die Optimale ist. Und testen kann man ja ohnehin beide Methoden einmal.

Zur groben Orientierung kann man jedoch wie folgt unterteilen und verallgemeinern:

Co-Registrierung macht Sinn wenn:
- Sie ein sehr spezielles Produkt besitzen, das keine allgemeine Affinität besitzt und daher ganz explizit vom Endverbraucher gewählt werden muss/sollte und die ausdrückliche Erlaubnis benötigt.

- Sie einen hohen Wert auf eine langfristige Kundenbindung legen, wenig Streuverluste wünschen und bereit sind, hierfür auch deutlich mehr zu zahlen als vergleichsweise beim Co-Sponsoring.

Co-Sponsoring macht Sinn wenn:
- Sie schnell und kostengünstig eine größere Menge an Neukunden gewinnen möchten, die aus Qualitätssicht durchaus einen erhöhten Streuverlust und eine kurzlebige Lebenszeit beinhalten dürfen. Die aber meist, durch die niedrigeren Gewinnungskosten im Vergleich zur Co-Registrierung, kompensiert werden.
- Sie eine bekannte Markte und/oder ein Produkt besitzen, das sehr allgemeine Affinität besitzt und somit eine große Zielgruppe anspricht und wenig Vorwerbung benötigt. Streuverluste sind dann meist selten.

Co-Sponsoring für bekannte Marken

Es gibt bei beiden Varianten natürlich verschiedene Formen der Integration. Bei der Co-Registrierung ist ein guter Text, der einfach in wenigen Worten Ihre Dienstleistung heraus stellt, wichtig. Vermeiden Sie lange Sätze oder große Erklärungen. Gerade bei der Co-Registrierung hängen die Qualität und das Volumen massiv von der **Einbindungsdarstellung** ab. Man kann ein CoReg einbauen:

- simpel als Grafik (meist 88 x 31 Pixel) und zweizeiligen Text inklusive Zustimmungskasten,
- per Options-Button im Ja-Nein-Frageprinzip,
- in eine Liste von dutzenden oder wenigen anderen CoRegs,
- einzeln oder auch als Integration auf eine Dankesseite zum Beispiel mit einer großen Abbildung und umfangreicherem Text.

Die Darstellungsvarianten und Extras sind sehr umfangreich.

Wo, welche Methode einsetzen?

Die wichtige Frage des „Wo?“ hängt wie alles stark von Ihrem Ziel ab. Der rechtliche Rahmen, den es zu beachten gilt, sowie die Umsetzungkriterien hinsichtlich der Qualität sind sehr umfangreich. Man sollte ohne größere Erfahrungswerte hier nicht alleine handeln, da dies meist nicht zu einer zielführenden Umsetzung führt und viele Risiken birgt. Ein auf diese Methoden **spezialisiertes Direktmarketingunternehmen** zu beauftragen, ist daher ratsam.

Allgemeine Seiten oder Spezialportale?

Am weitverbreitetsten sind die beiden Methoden auf Webseiten, die sich rund um die Themen Verlosung/Quiz und Marktumfragen drehen. Für sehr hochwertige Produkte oder auch sehr finanzaffine Dienstleistungen (Beispiel: Private Krankenversicherung, Lebensversicherungen) sind speziellere Quellen sinnvoller. Generell erfüllen auch Verlosungen durchaus ihren Zweck und haben, allen Vorurteilen zum Trotz, einen guten gesellschaftlichen Schnitt im Kundenstamm. Lassen Sie sich im Vorfeld immer Details zu der Webseite zukommen, sprich: Zielgruppe, Seitenzugriffe und sonstige soziodemografische Informationen, die der Seitenbetreiber besitzt.

Das richtige „Wo“ ist mit viel Bedacht zu wählen, denn es ist mit der wichtigste Teil des Erfolgs – und „DEN“ Weg gibt es ohnehin nicht.

Qualitätssicherung

Zu den selbstverständlichen Standards gehören Punkte wie Plausibilitätskontrollen, Dubletten-Abgleich und die Datensatzaufbaukontrolle. Folgende Punkte sollte Sie zusätzlich beachten:

- Achten Sie darauf, dass Sie keine E-Mail-Adressen mit Domainendungen wie xxx@trashmail.com.... annehmen. Diese Datensätze sind zwar oft **Double-Opt-in** bestätigt und/oder sogar zeitweise aktiv. Der Grund, es handelt sich bei diesen Domainendungen um so genannte Wegwerf-Adressen, die nur einmal oder nur kurz funktionieren und somit nicht die wirkliche E-Mail-Anschrift des Kunden darstellt.

Alle Webseiten vorher ansehen

- Die Webseiten, auf denen Sie Ihre Co-Registrierung- oder Co-Sponsoring-Kampagnen platzieren möchten, sollten Ihnen im Vorfeld alle von der Agentur vorgestellt werden. In der Branche ist es leider oft üblich, Aufträge an weitere Sub-Agenturen im Ganzen oder in Teilen weiter zu geben, ohne dass der Auftraggeber hiervon Kenntnis hat. Sie sollten sich daher immer schriftlich sämtliche Webseiten nennen lassen, auf denen Sie platziert werden. Bestehen Sie weiterhin auf eine genaue **Quellenangabe** bei allen an Sie gelieferten Datensätzen.

Sofort eine individuelle Begrüßungsmail senden

- Senden Sie möglichst zeitnah (maximal nach sieben Tagen, optimal jedoch unmittelbar nach der Datenerhebung) eine **Willkommensnachricht** an die extern generierten Kundenprofile. Achten Sie darauf, dass es sich nicht einfach um Ihren Standard-Newsletter handelt, sondern um eine gesonderte Willkommensnachricht. In dieser sollten Sie optimalerweise auch die Quelle erwähnen, wo der Endverbraucher für Ihren Dienst generiert wurde.
- **Ursprung der Daten**. Damit meine ich jetzt nicht direkt die Seite auf der die Daten erhoben werden. Vielmehr die Quellen, von denen die Endverbraucher auf die Seite gelangen, wo Ihre Co-Registrierung- oder Co-Sponsoring-Integration eingebunden wurde. Oft kommt der Traffic von Seiten, die meist keine kaufkräftige Zielgruppe darstellen, sondern nur Masse produzieren können (zum Beispiel von Paidmailern). So kann es schnell passieren, dass Sie zwar viele Neukunden gewinnen, aber diese Ihnen keine Freude bringen werden. Sprechen Sie also aktiv die Quellen/Werbestrategien mit Ihrem Dienstleister durch. Auch IP-Sperren helfen, um beispielsweise Traffic von Eintragsdiensten oder auch Spam-Programme abzublocken.
- Co-Sponsoring: Achten Sie darauf, dass Sie nicht zusammen mit dutzenden anderen Sponsoren/Anbietern bei einem Projekt als Co-Sponsor vertreten sind. Solche Daten sind meist nicht zu gebrauchen. Denn diese E-Mail-

Adressen sind innerhalb kürzester Zeit durch die hohe Anzahl an Standalone-Werbemails (durch die vielen Sponsoren), schlicht und einfach verbraucht. Niedrige Öffnungsraten, hohe Abmeldequoten sowie Klickraten weit unter einem Prozent sind die typischen Erkennungsmerkmale qualitativ niedriger Adresspotentiale. Die Endverbraucher gehen nicht mehr ans Telefon, ändern ihre E-Mail-Adresse und reagieren immer gereizter auf Werbung. Dieses Problem holt Sie somit, wenn nicht direkt, spätestens nach einiger Zeit ein.

- Lassen Sie sich von Ihrem Dienstleister eine **Branchenexklusivität** zusichern. Fragen Sie aktiv nach, an welcher Stelle der Verwertungskette Sie stehen (Erstnutzung, Zweitnutzung, et cetera). Fragen Sie wie viele Anbieter noch die Medienkanäle (Post, Telefon, E-Mail) parallel zu Ihnen nutzen. Vereinbaren Sie nach Möglichkeit Sperrzeiten, in denen nur Sie die Daten ansprechen dürfen. Serviceorientierte Anbieter sollten hiermit kein Problem haben und im Regelfall erhöht dies den Einkaufspreis nicht oder nur minimal. Es ist somit grundsätzlich nicht schlimm, wenn mehrere Co-Sponsoren (circa fünf bis fünfzehn) gemeinsam auf einem Projekt integriert sind, solange nicht alle Daten an alle Anbieter gehen und diese gleichzeitig und/oder zeitnah auf diese Daten werben.

Nicht alle gleichzeitig auf die Interessenten stürzen

- **Sparen Sie nicht an der falschen Stelle.** Gute Daten sind meist nicht unter 0,50 Euro (pro E-Mail Datensatz, ohne Post- und Telefonmerkmal) zu bekommen, meist liegen die Preise um ein Euro (bei Daten von Privathaushalten). Spezielle Daten (beispielsweise Anfragen zur Privaten Krankenversicherung) oder auch Geschäftskundendaten, liegen oft sogar Richtung fünf Euro bis achtzig Euro pro Datensatz. Seien Sie misstrauisch bei niedrigeren Preisen, grundsätzlich gilt: Was zu gut klingt, ist es auch. Einen genauen Preis kann man seriös erst nach einer genauen Selektion ermitteln, zudem schwankt dieser sehr individuell je nach Produkt (besonders bei Co-Registrierung). Generell gilt: Daten sind nicht gleich Daten, auch wenn es oberflächlich so aussieht. Ich vergleiche das gern mit Wein, der auch je nach Winzer/Auslese und anderen Kriterien, unterschiedlicher in Art und Preis nicht sein kann.

Datenqualität/-wert erweitern, kurzer Exkurs: Für Ihre Werbemaßnahme können Sie die gewonnenen Daten nun durch Datenanreicherung noch weiter aufwerten. Dies kann beispielsweise durch Scoring nach Familiendichte, Arbeitslosigkeit, Wohngebieten mit hohem oder niedrigen Einkommen oder durch einen Abgleich gegen die Schufa-Datenbank erfolgen.

Rechtliche Aspekte

Die wichtigsten rechtlichen Grundlagen für den deutschen Markt als Schnell einführung zur Orientierung im Datengeschäft.

Hier muss man zwischen E-Mail-, Post- und Telefondaten sowie der Kombinationen aus diesen unterscheiden. Je nachdem welche Datenmerkmale Sie erheben möchten, gelten andere Regeln und Generierungswege. Da die Erläuterung der

Rechtslage den Rahmen dieses Beitrags sprengen würde, möchte ich Ihnen nachfolgend die wichtigsten Punkte, die Sie in jedem Fall beachten sollten, näher bringen:

Für beide Methoden gilt, dass der Endverbraucher klar darüber aufgeklärt werden muss: Wer seine personenbezogenen Daten wo, wie speichert, an wen diese gehen und was er hierdurch zu erwarten hat. Wenn Sie einen externen Anbieter mit der Generierung von Neukundenprofilen per Co-Registrierung oder Co-Sponsoring beauftragen, dürfen Sie sich nicht drauf verlassen, dass dieser alles richtig macht. Sie sind rechtlich in der sogenannten **Sorgfaltspflicht**, und haften im Fall eines Verstoßes gegen Gesetzesauflagen als Mitstörer oder sogar als Verursacher. Eine Schuldweiterreichung auf die Dienstleister wird im Zweifelsfall nicht funktionieren. Umso wichtiger ist es, dass Sie sich sehr gut informieren, was die aktuelle Rechtslage hinsichtlich der Verarbeitung und Erhebung von personenbezogenen Daten fordert. Sie sollten grundsätzlich nur mit entsprechend geprüften Anbieter als Dienstleister zusammenarbeiten.

Sie sollten unbedingt wissen, dass bei diesem Thema (wie man Daten rechtlich einwandfrei erheben darf) sehr viele unterschiedliche Auffassungen existieren. Ich empfehle Ihnen daher im Zweifelsfall, immer den schwierigeren Weg zu gehen. Dieser Grundsatz geht zwar oft zu Lasten der möglichen Menge an Neukunden, aber mit Sicherheit nicht zu Lasten der Qualität oder Rechtssicherheit. Aber wie alles, ist auch das eine normale **Kosten-/Nutzenrechnung**.

Explizite, klare Einwilligung wichtig

Bei der **personenbezogenen Datenverarbeitung** gibt es einen nicht zu unterschätzenden Anteil an „schwarzen Schafen" in der Agenturenlandschaft. Leidtragender dieser Art von Dienstleistern sind im nachhinein immer Sie als Auftraggeber. Denn man holt sich entweder rechtlich bedenkliche Werbeeinverständnisse und/oder schlecht bis überhaupt nicht nutzbare Adressdaten in seine Datenbank. Dass gerade Datenskandale, neben rechtlichen Problemen, auch große negative Medienaufmerksamkeiten erzeugen, sollte jedem bekannt sein. Dennoch merke ich bei vielen Konzernen hier nach wie vor kein Umdenken oder einen leider sehr unbedarften Umgang mit diesem Thema. Hier sollten Sie äußerst sensibel die gewünschten Prozesse überprüfen.

Kurze Checkliste: So generieren Sie Daten online rechtlich sehr sicher

- ❑ Achten Sie darauf, dass Ihr vollständiger Firmennamen sowie Ihre komplette Postanschrift auf der Generierungsseite, für den Endverbraucher leicht und klar zugänglich, platziert ist. Optimal ist zusätzlich auch Ihr Firmenlogo integriert.
- ❑ Stellen Sie sicher, dass die rechtliche Klausel des **Werbeeinverständnisses** für Ihr Unternehmen nicht in den AGB platziert ist, sondern in einer gesonderten Klausel zur Datenweitergabe enthalten ist.
- ❑ Prüfen Sie, ob alle Zustimmungsfelder (Punkt 2, AGB sowie Datenfreigabe) aktiv angeklickt werden müssen und keine Pflichtfelder sind. Die Teilnahme an einem Projekt (jeglicher Art) muss den Endkunden kopplungsfrei, sprich ohne zwingende Weitergabe seiner Daten für Werbezwecke zugänglich sein.
- ❑ Lassen Sie, sofern möglich, alle Daten per **Double-Opt-in** bestätigen.
- ❑ Lassen Sie sich zeigen, wie Ihr Dienstleister den rechtlich notwendigen **Opt-in-Nachweis** erhebt/speichert und welche Merkmale dieser beinhaltet. Auf folgende Merkmale sollten Sie bestehen: Quelle, Timestamp, IP, Host sowie wenn möglich dasselbe auch für den Double-Opt-in-Zeitpunkt. Sie sollten zusätzlich sicherstellen, dass die Server des Dienstleisters, zur richtigen Ermittlung des Timestamps, mit der Atomzeituhr abgeglichen werden.

Einwilligung darf nicht in den AGB versteckt sein

Die Punkte vier und fünf sind ebenfalls für den Bereich Co-Registrierung wichtig. Die Punkte eins bis drei nicht, da dies rechtlich durch das explizite Anklicken Ihres Angebots gewährleistet wird.

Externe Direktmarketingagentur

Die Agentur sollte ihren Sitz optimalerweise im Zielland der Generierung haben, so gewährleisten Sie eine einfache Greifbarkeit. Weiterhin kann so auch sichergestellt werden, dass die komplexe Rechtslage der personenbezogenen Datenverarbeitung und -erhebung richtig beachtet wird. Es ist kein Geheimnis, dass viele Unternehmen die Rechtslage leider nicht ernst genug nehmen. Dies holt einen jedoch oft schneller ein als gedacht und trifft meist nur Sie als Kunde und weniger die Agentur.

Auf seriöse Dienstleister achten

Bei Unternehmen aus Deutschland rate ich nur zu Agenturen mit einer Mitgliedschaft im **DDV** (Deutscher Dialogmarketing Verband). Weiterhin optimal im DDV zudem nur zu Mitgliedern, die den Ehrenkodex E-Mail-Marketing (sowie optimal noch weitere) unterschrieben haben. Dies können Sie online auf der Webseite des DDV selber prüfen. Die DDV-Mitglieder gewähren einen allgemein anerkannten Standard und Ehrenkodexunterzeichner stellen sich zusätzlich noch höheren Richtlinien, als vom Gesetzgeber gefordert.

Wenn Sie alle Ratschläge beherzigen, haben Sie bei beiden Methoden eine solide Grundlage für die ersten Schritte zur Neukundengewinnung.

Literatur

http://adressdaten.wordpress.com, Direktmarketing Blog

Ist Co-Sponsoring sinnvoll?! Ja, aber bitte anders! http://adressdaten.wordpress.com/2009/06/05/ist-co-sponsoring-sinnvoll-ja-aber-bitte-anders/

Nicht ohne mein „Opt-In"... Aber wie muss es aussehen? http://adressdaten.wordpress.com/2009/07/22/nicht-ohne-mein-%e2%80%9copt-in%e2%80%9d-aber-wie-muss-es-aussehen/

OPTIMALE MASSNAHMENSTEUERUNG IN DER LEAD-GENERIERUNG

DANIEL AUGUSTIN

3

Der Einsatz, Aufbau und Ausbau eines eigenen Newsletter-Verteilers mit aktuellen und rechtlich einwandfreien E-Mail-Adressen ist heute Standard. Er bietet den schnellsten und preiswertesten Weg, einen nachhaltigen (Online-) Kundendialog aufzubauen. So sehen sich gerade in Krisenzeiten Marketing- und Vertriebsabteilungen vor die Herausforderung gestellt, kontinuierlich qualifizierte Leads zu generieren, um zukünftige Umsätze zu sichern.

Ziel der Verteilerentwicklung

Allerdings ist es nicht zu empfehlen, lediglich das Verteilerwachstum zu betrachten, sondern auch die Qualitätsentwicklung der Adressen aufmerksam zu prüfen. Das **Nettowachstum** eines Verteilers spiegelt die Anstrengungen des Marketings wieder. Eine tatsächliche Erfolgsbetrachtung kann allerdings erst durch die erweiterte **Betrachtung des ROMI** (Return-on-Marketing-Invest) erreicht werden. Dabei werden die Kosten der Lead-Generierung gegen die Umsätze einer neuen Adresse gestellt und aufgezeigt, wann eine neu generierte Adresse ihre eigenen Kosten wieder amortisiert.

Kosten der Lead-Generierung vergleichen mit den Umsätzen, die eine Adresse erzielt

Unterschiedliche Maßnahmen zur Lead-Generierung

Die meisten erfolgreichen Wachstumsstrategien für Verteiler vertrauen nicht auf ihr Glück, sondern nutzen unterschiedlichste Taktiken in ihrem Maßnahmen-portfolio. Eine Studie des „E-Mail Marketing Clubs“ [1] zeigt ein Ranking mit unterschiedlichen Möglichkeiten den Listenaufbau voranzutreiben. Das unten angeführte Ranking hilft Ihnen zu entscheiden, welche Taktiken für Sie interessant sein könnten. Denn grundlegend gilt: jedes Unternehmen muss durch eigene Tests seine Erfahrungen sammeln, um den bestmöglichen Mix an Taktiken für sich zu entdecken.

http://www.marketing-boerse.de/Experten/details/Daniel-Augustin

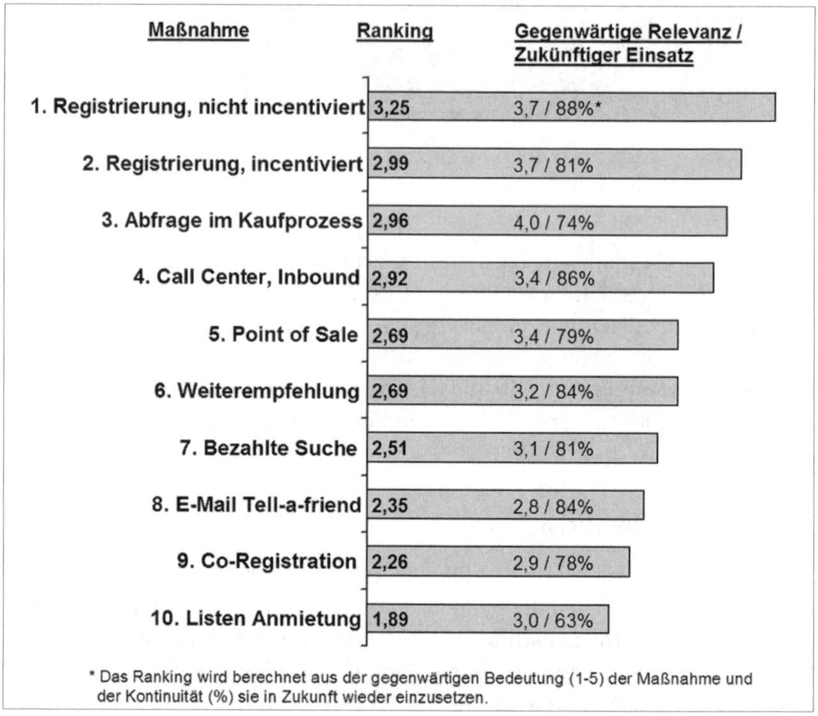

Abb. 1: Ranking interessanter Lead-Generierungsmaßnahmen [1]

Sinnvolle Kennzahlensteuerung

Es existieren grundlegend drei Komponenten einer sinnvollen Bewertung der Lead-Generierung. Die erste offensichtliche Komponente stellt den tatsächlichen **Zuwachs neuer Adressen** dar. Dieses Nettowachstum errechnet sich aus den Neuanmeldungen und der natürlichen Schmelze durch Abmeldungen und nicht erreichbaren Adressen.

Aktivität der Kunden kontinuierlich messen

Die zweite Komponente spiegelt den **wirtschaftlichen Wert der Adressen** wieder. So kann eine Adresse letztendlich sehr günstig eingekauft oder generiert werden. Wenn sie aber anschließend keine Nachfrage erwirtschaftet, verbrennt das Unternehmen mit jeder weiteren Adresse bares Geld. Eine Amortisationsrechnung hilft die Kosten und den Umsatz zusammenzufassen und vergleichbar darzustellen. Sollte es für Ihre Organisation eine Herausforderung sein, die entsprechende Nachfrage zu messen, ist es zweckmäßig, die **Aktivität der Abonnenten** in einer dritten Komponente zu messen. Diese prognostiziert die (zukünftige) Kaufkraft der Adressen, indem sie die Response des Newsletter-Abonnenten betrachtet. Sie können damit sofort „tote Adressen" erkennen und ausschließen, um ihre Response-Zahlen nicht unnötig zu belasten.

Eine Zusammenführung und ausgewogene Kombination aller Komponenten bildet die optimale Basis einen Verteilerzuwachs nach Quanti- und Qualität zu bewerten. Als Erfolgskriterien einer Lead-Generierung bieten sich also in granularer Form folgende Werte an:

1. Wachstum	2. Amortisation	3. Aktivität
• Anzahl neuer Adressen	• Nachfrage	• Öffnungen
• Abmeldungen/Bounces	• Kosten der Generierung	• Klickverhalten

Abb. 2: Zweckmäßige Bewertungskomponenten

Effektive Portfoliosteuerung

Anhand der vorgestellten Kennzahlen lassen sich Lead-Generierungsmaßnahmen zügig auswerten und überschaubar miteinander vergleichen. Ein übersichtliches System ist die **Darstellung als Schulnoten**. Dies geschieht, indem die einzelnen Kennzahlen gewichtet und zusammengefasst werden. Jede Maßnahme erhält eine Schulnote, die im Vergleich den Erfolg oder Misserfolg bestimmt. Dies hilft Ihnen die Entscheidung zu treffen, welche Brokerlieferungen oder Maßnahmen ausgebaut, verringert oder eingestellt werden sollen.

Jede Kampagne mit Schulnoten bewerten

Mit dieser systematischen Vorgehensweise können Unternehmen effizient ihre Lead-Generierung steuern. Allerdings: Nur wer **kontinuierlich neue Taktiken testet**, kann auch neue Erkenntnisse für eine Optimierung des Portfolios erkennen und sich sicher sein, dass das maximal Mögliche angestrebt wird.

Literatur

[1] http://email.exacttarget.com/Resources/Whitepapers/ListGrowth.html: 2009 Email Marketing List Growth Study

http://www.marketingsherpa.com/email-list-growth-maintenance-category.html

ADRESSBESTAND ANALYSIEREN UND BEREINIGEN

3

GREGOR ABT

Seit Jahren verzeichnet die Mehrheit der Unternehmen rückläufige Öffnungs- und Klickraten im Bereich E-Mail-Marketing. Neben dem weiterhin zunehmenden Volumen an E-Mails und dem dadurch entstehenden Konkurrenzdruck, spielt auch der eigene Datenbestand eine gewichtige Rolle.

Immer noch herrscht bei vielen Versendern eine gewisse Unkenntnis über die eigenen Daten und der Versand erfolgt größtenteils noch nach dem Gießkannenprinzip. An welche ISP (Internet Service Provider) wird geschickt beziehungsweise welche Daten verstecken sich in meinem Datenbestand? Viele dieser einfachen Fragen bleiben offen – und das nicht ohne Konsequenzen!

Versand nach dem Gießkannenprinzip

Im Folgenden soll gezeigt werden, wie man im ersten Schritt analysiert, welche ISP überhaupt hinter den „realen" Empfängern stecken. Im zweiten Schritt wird überprüft, welche Gefahren und Performance-Killer sich in einer E-Mail-Datenbank verbergen können. Zusätzlich wird gezeigt, wie die Performance, ausgehend von der Bereinigung des Datenbestand, kontinuierlich und automatisiert optimiert werden kann. Es heißt die Vergangenheit zu analysieren und zu korrigieren, um die Zukunft zu sichern!

Domain-Analyse des Datenbestandes

Die gängigsten Versandtechnologien der ESP (Email Service Provider) bieten unzählige Reporting-Möglichkeiten mit grafischer Ergebnis Darstellung an. Neben Kampagnenreports sind auch Domain-Analysen verfügbar. Sollte dies nicht der Fall sein, lässt sich eine Analyse auch leicht mit Tabellenkalkulationsprogrammen erstellen.

Ziel dieser Analyse ist es herauszufinden, welche Domains beziehungsweise ISPs (web.de, t-online, gmx) sich in der Datenbank befinden.

Steht fest, an wen genau der Versand überhaupt adressiert ist, muss man sich im zweiten Schritt mit den Besonderheiten der ISPs beschäftigen. Bei web.de gibt es nicht den normalen Posteingang sondern es wird hier zwischen „Freunden & Bekannten" sowie „Unbekannt" unterschieden. Um eine höhere Aufmerksamkeit bei web.de-Usern zu erzielen, sollte zum Beispiel, die Bitte um Aufnahme ins Adressbuch individuell ausgesteuert werden. Die standardmäßige Unterdrückung von Bildern bei HTML-Nachrichten ist unter deutschen ISPs nicht so sehr verbreitet wie bei den großen vier Playern aus Amerika. Dies gibt zur Steigerung der Performance die Möglichkeit, HTML-Nachrichten in

Nicht jeder braucht die Bitte um Aufnahme ins Adressbuch

http://www.marketing-boerse.de/Experten/details/Gregor-Abt

verschiedenen Designs zu versenden und sich so den technischen Limitierungen optimal anzupassen.

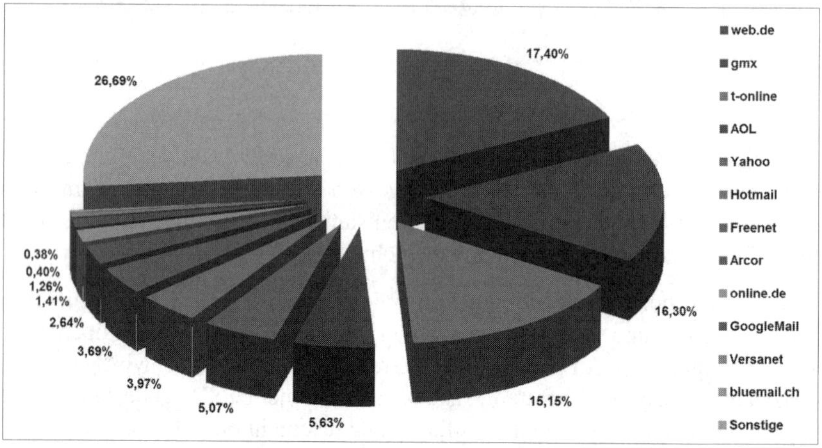

Abb. 1: Grafische Darstellung einer Domain-Analyse

Betreffzeilen werden unterschiedlich abgeschnitten

Auch hinsichtlich der Länge der Betreffzeilen herrschen Unterschiede, die bei der Planung einer E-Mail-Kampagne beachtet werden sollten. Jedem ist heutzutage bewusst, dass bei einer Betreffzeile die Grundinformation vorne angestellt werden soll. Aber insbesondere bei personalisierten Betreffzeilen sollte die Grundinformation im Fokus stehen, um den Platz optimal zu nutzen.

Ein Blick über den Tellerrand zeigt weitere Möglichkeiten zur Nutzung der Analyse: Die Konvertierung eines Users zu einem Interessenten bedarf mehrerer Blickkontakte. Um die Konvertierungsraten zu steigern, empfiehlt es sich eine E-Mail-Kampagne durch **SEM-** (Search Engine Marketing) **und Display-Kampagnen** zu unterstützen. Zeigt der Datenbestand eine Mehrheit an bestimmten ISPs, kann man den ersten Blickkontakt vor der E-Mail-Kampagne durch Bannerkampagnen erzeugen.

Bereinigung des Ist-Datenbestandes

Nach der Makroebene der Domains sollte im zweiten Schritt die Mikroebene, das heißt, die einzelnen Adressen im Datenbestand, analysiert werden. Jeder E-Mail-Datenbestand enthält Adressen, die aus Performance-Sicht minderwertig sind oder schlimmer, sogar eine Gefahr für die **Zustellsicherheit** der Kampagnen bedeuten können.

Im Folgenden werden verschiedene Arten von Adressen vorgestellt und erläutert, wie man am besten mit diesen umgeht.

Generische E-Mail-Adressen

Unter generischen E-Mail-Adressen versteht man Adressen, die keiner bestimmten, natürlichen Person gehören. Es handelt sich stattdessen um Kontakt-

oder Arbeitsadressen automatisierter Dienste oder Funktionen. Hierunter fallen E-Mail-Adressen, die zum Beispiel mit info@, kontakt@, presse@, postmaster@ oder ähnlichem beginnen. E-Mail-Adressen die mit abuse@ beginnen, sollten definitiv nie in einem E-Mail-Verteiler vorkommen.

Generische Adressen isoliert betrachten

Hier sollte auf jeden Fall überprüft werden, ob wirklich eine Einwilligung zum Erhalt von Marketing-E-Mails vorliegt. Bei einem Double-Opt-in-Verfahren ist dies sicherlich der Fall. Arbeitet man jedoch mit Confirmed-Opt-in sollte man sich die Frage stellen, ob diese Adressen eventuell nicht von einer dritten Person eingetragen wurden. Bei einer größeren Menge von generischen Adressen muss auch auf deren Herkunftsort geachtet werden. Schlechte Datenquellen sollten umgehend geschlossen werden. Sollte jedoch die Einwilligung vorliegen, empfiehlt es sich diese E-Mail-Adressen isoliert zu betrachten. Das heißt, zu überprüfen wie sich Öffnungs- und Klickraten im Vergleich zu den anderen E-Mail-Adressen verhalten. Bei signifikant schlechteren Performance-Werten sollten diese Adressen aus Kostengründen vom Versand ausgeschlossen werden.

E-Mail-Adressen von Realtime-Blackhole-List-Betreibern

Realtime-Blackhole-List-Betreiber führen qualitative Listen mit IP-Adressen und Domains, die Spam verschicken. Die Einträge basieren auf den individuellen Definitionen des jeweiligen Betreibers. Zu den großen Betreibern zählen hier Spamhaus, Sorbs und Spamcop. Ähnlich wie bei den generischen Adressen sollte überprüft werden, ob eine eindeutige Einwilligung für diese E-Mail-Adressen vorliegt. Für den Fall, dass Adressen von solchen Anbietern aus externen Datenquellen stammen, sollte diese Datenquelle umgehend geschlossen und einer näheren Analyse unterzogen werden.

Spam-Trap E-Mail-Adressen

Spamtrap-Adressen sind meist für Harvester gemacht

Spam-Traps sind Adressen, die bewusst von verschiedenen Unternehmen zum Kampf gegen das hohe Aufkommen von Spam im Internet gestreut werden. Diese E-Mail-Adressen sind nur für sogenannte „Harvester" gedacht. Harvester sind Skripts, die im Internet wahllos E-Mail-Adressen sammeln, um Spam-E-Mails zu verbreiten. Dadurch lassen sich Versender identifizieren und sofort blockieren. Selbstverständlich werden diese Spam-Traps nicht einfach so von Anbietern publiziert, da sie sonst ihren Wert verlieren. Arbeiten sie aber mit einem erfahrenen ESP zusammen, kann dieser ihnen sicherlich helfen, Spam-Traps in ihrem Datenbestand zu identifizieren

E-Mail-Adressen, die das Wort „spam" enthalten

Gerade wenn große Mengen an E-Mail-Adressen über viele externe Quellen wie zum Beispiel Co-Sponsoring, Co-Registrierung generiert werden, lohnt sich die Suche nach Adressen, die das Wort „spam" enthalten. Eine Adresse wie zum Beispiel schickmirspam@domainxx.de sollte auf Ihre Einwilligung hin geprüft werden. Bei größeren Mengen solcher Adressen, gilt es die Performance isoliert zu betrachten. Auch hier gilt wieder die Regel, dass wenn viele solcher Daten den gleichen Herkunftsort haben, diesen Generierungsweg vorerst zu schließen und näher zu untersuchen.

E-Mail-Adressen, die Schimpfwörter enthalten

Hier bietet sich die gleiche Herangehensweise wie bei E-Mail-Adressen, die das Wort „spam" enthalten, an. Überprüfen Sie, ob eine Einwilligung vorliegt und wenn ja, betrachten Sie diese Adressen isoliert hinsichtlich ihrer Performance.

Wegwerf-E-Mail-Adressen

Sogenannte Wegwerf-E-Mail-Adressen werden heutzutage gerne zum Eintragen bei Gewinnspielen oder Foren genutzt, um möglichst anonym zu bleiben. Als klassische Anbieter sind hier spamgourmet, spambog oder trash-mail zu nennen. Diese E-Mail-Adressen sind meist nur für einen bestimmten Zeitraum valide oder haben nur minimale Darstellungsmöglichkeiten von Bildern und Links. Öffnungs- und Klickraten tendieren gegen Null, daher sollten solche Adressen in keinem Verteiler zu finden sein. Auch eine isolierte Betrachtung solcher Adressen verspricht keinen Nutzen.

Nicht mehr existierende Domains

Da das Internet ein schnelllebiges Umfeld darstellt, kommt es immer wieder mal vor, dass ISPs ihren Service einstellen. Als gutes Beispiel kann hier die Einstellung des E-Mail-Services bei Lycos Anfang 2009 erwähnt werden. Ein professionelles Bounce-Management verhindert, dass sich E-Mail-Adressen von nicht existierenden Domains im Datenbestand befinden. Eine regelmäßige Analyse lohnt sich trotzdem.

Bot-generierte Adressen

E-Mail-Adressen die von einem sogenannten Bot, das heißt einem Skript zur automatischen Erstellung von E-Mail-Adressen, generiert wurden, sind am schwierigsten zu identifizieren. Normalerweise zeichnen sie sich durch eine zusammenhanglose Zahlen- oder Buchstabenkolonne aus. Hier gilt aber zu beachten, dass es Provider gibt, die vor dem @-Zeichen die Kundennummer anzeigen. Es ist also Vorsicht geboten, wenn man keine validen E-Mail-Adressen aus seinem Verteiler entfernen möchte.

Adressquellen systematisch auf Qualität hin vergleichen

Insbesondere bei E-Mail-Datenbanken mit mehr als 350.000 Empfängern lohnt sich eine Mikroansicht der Datenbank. Es lassen sich Versandkosten sparen und die Öffnungs- und Klickraten langfristig verbessern, beziehungsweise stabilisieren. Zusätzlich kann man diese Analyse dazu nutzen Datenquellen zu identifizieren, die minder- beziehungsweise hochwertige Daten generieren. Je nach Ergebnis können so ineffiziente Quellen eingestellt und Quellen mit hochwertigen Daten ausgebaut werden. Dabei sollten sowohl die Generierungskosten als auch die Versandkosten in Betracht gezogen werden.

Kontinuierliche Optimierung des Datenbestands

Neben einem sauberen E-Mail-Datenbestand wünscht sich natürlich jedes Unternehmen, dass die Empfänger auch möglichst regelmäßig auf die Werbebotschaften reagieren. Nicht selten stellt sich nach einer retrospektiven

Analyse heraus, dass ein Großteil des Datenbestandes schon seit längerer Zeit nicht mehr aktiv ist.

Aktivitäts-Index im E-Mail-Datenbestand berechnen

E-Mail-Marketing bietet ein lückenloses Tracking aller Erfolgsdaten entlang des gesamten Lebenszyklus eines Users. Zur Berechnung der Aktivität können die Öffnungen, Klicks oder Käufe herangezogen werden. Die genaue Gewichtung der Faktoren ergibt sich je nach Präferenz des Betrachters.

Inaktive Adressen identifizieren

Eine Methode zur Berechnung des Aktivitäts-Index im E-Mail-Datenbestand, die von Experten seit geraumer Zeit genutzt wird, ist der **„Segment-Engagement-Quotient“** [1]. Diese Berechnung ist ein guter Anfang, wenn keine Möglichkeit besteht, die Aktivität für einzelne Empfänger zu berechnen.

Für die Formel werden folgende Zahlen benötigt:
- Gesamtzahl an E-Mail-Adressen im Datenbestand.
- Anzahl aller E-Mail-Adressen, die in den letzten sechs Monaten keine Nachricht geöffnet oder geklickt haben.

Diese Zahlen müssen nun in folgende Formel eingesetzt werden:

$$\frac{\text{Gesamtzahl an E-Mail-Adressen} - \text{Anzahl inaktiver Adressen}}{\text{Gesamtzahl an E-Mail-Adressen}} \times 10 = \text{Aktivitäts-Index}$$

Das Ergebnis liegt auf einer Skala zwischen null und zehn. Ein vollständig aktiver Datenbestand wird durch den Maximalwert von zehn dargestellt. Der Wunschtraum aller Versender! Null hingegen ist der wahrgewordene Albtraum. Ein völlig inaktiver Datenbestand. Der Quotient sollte trotz seiner simplen Berechnung nicht unterschätzt werden. Er ist leicht verständlich, aussagekräftig und hilft den Erfolg von Anpassungen und Optimierung im E-Mail-Programm zu messen. Die Verwendung dieser Formel ist auch abhängig von der spezifischen Versandfrequenz und der Größe des Datenbestandes und kann gegebenenfalls an die entsprechenden Bedingungen angepasst werden.

Churn-Rate im Auge behalten

Neben der Aktivität im Datenbestand muss immer auch ein Auge auf die Gesamtentwicklung im Hinblick auf die absoluten Zahlen an Abonnenten geworfen werden. Hier empfiehlt es sich, die sogenannte **Churn-Rate** auf monatlicher Basis zu berechnen. Die Churn-Rate ist der prozentuale Anteil der Abmeldungen von Abonnenten am gesamten Datenbestand an E-Mail-Adressen.

Um ein detailliertes Ergebnis zu erhalten, sollten auch die Anmeldungen mit einbezogen werden. Die Formel zur Berechnung der Churn-Rate in Prozent sieht dann folgendermaßen aus:

$$\frac{\textbf{Anzahl Abmelder}}{\textbf{Gesamtzahl an E-Mail-Adressen} + \textbf{Anzahl Neuanmelder}} \times 100 = \textbf{Churn-Rate}$$

Die regelmäßige Berechnung beider Werte ist notwendig, um negativen Entwicklungen im Adressbestand rechtzeitig entgegen wirken zu können. Jegliche Optimierung bezüglich des Inhalts oder Designs sind wirkungslos, wenn keine aktive und ausreichende Leserschaft existiert.

Automatisierte Optimierung des Datenbestandes

Neben der Status-Quo-Analyse und der Überwachung der Datenbestandsentwicklung, sollte man auch aktiv die Veränderung im Datenbestand messen und Maßnahmen zur Optimierung automatisieren. Die bekannten Versandtechnologien auf dem Markt bieten hier unzählige Features, die einen dabei unterstützen, entsprechende Prozesse aufzusetzen.

Adressen kontinuierlich kontrollieren

Unter Berücksichtigung des Öffnungs- und Klickverhaltens bei entsprechender **Versandfrequenz** lässt sich ein automatisierter Prozess erstellen, der die E-Mail-Adressen kontinuierlich kontrolliert. Die Grafik unten zeigt eine Methode zur Performance-Optimierung, bei der E-Mail-Empfänger je nach ihrer Aktivität in verschiedene Töpfe geschoben werden.

Nach der Anmeldung zum Newsletter gelangt jede E-Mail-Adresse erst einmal in Performance-Topf A. Hier erhalten Empfänger die Newsletter auf regelmäßiger Basis mit den aktuellen Angeboten oder Nachrichten. Je nach Frequenz des Versands werden Empfänger, die innerhalb drei bis sechs Monaten weder geöffnet noch geklickt haben, in Performance-Topf B verschoben. Hier wird die Versandfrequenz minimiert und die ersten Tests, wie zum Beispiel andere Betreffzeilen, Sonderrabatte et cetera durchgeführt, um den Empfänger wieder zu aktivieren. Erfolgt eine Öffnung oder ein Klick, wird der Empfänger wieder in Topf A verschoben.

Reagiert der Empfänger nach sechs bis zwölf Monaten weiterhin nicht, werden Reaktivierungskampagnen gefahren. Inhaltlich sollten diese Kampagnen mit möglichst attraktiven Angeboten versehen werden, die der Stammleserschaft im Datenbestand normalerweise nicht angeboten werden. Empfänger, die auf die Reaktivierung ansprechen, werden erst in den Performance-Topf B verschoben, um diese langsam wieder an die Stammleserschaft heranzuführen.

Bei ausbleibender Reaktion auf diese Kampagnen sollte man diese Adresse in der Datenbank deaktivieren und für zukünftige Kampagnen ausschließen. Vor allem bei größeren Datenbeständen lassen sich hier die Kosten einer Versendung signifikant senken und die Öffnungs- und Klickraten erhöhen.

Konzept für die Deaktivierung von Adressen erstellen

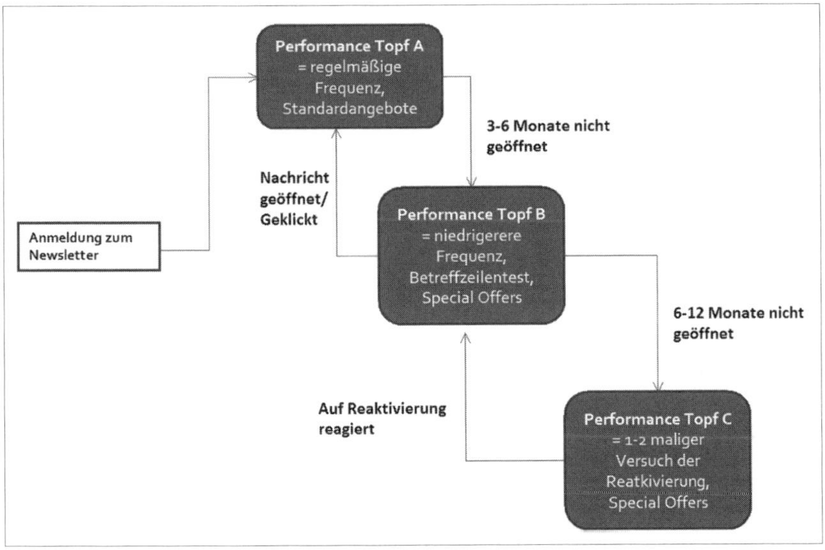

Abb. 2: Modell der automatisierten Performance-Optimierung

Eine kontinuierliche Bereinigung und Optimierung des Datenbestandes sichert auf mittel- bis langfristige Sicht ein profitables E-Mail-Marketing. Risiken und Gefahren im Datenbestand werden eliminiert, Öffnungs- und Klickraten gesteigert und der Return-On-Investment wird verbessert. Essentiell für jeden Versender.

Literatur:

[1] http://blog.deliverability.com/: Advise Me: Tip of The Week

http://www.zdnet.de/spring_cleaning_time_to_end_to_your_email_database_download-39002355-88043146-1.htm

LISTENPFLEGE DURCH RÜCKLÄUFERBEARBEITUNG

3

SEBASTIAN BÖTTGER

Ein wesentlicher Bestandteil des E-Mail-Marketings ist die Bearbeitung der Rückläufer (Bounces) – auch wenn diese oft unterschätzt wird. Noch immer werten viele Versender ihre Rückläufer nicht aus, obwohl sich hier wertvolle Informationen gewinnen lassen.

Viele Gründe sprechen für die Bearbeitung von Rückläufern, die wichtigsten sind:

Listhygiene – Wenn Bounces nicht bearbeitet werden, „versandet" ein Verteiler und enthält immer mehr ungültige Adressen. Überschreiten diese ein kritisches Volumen, sperren große E-Mail-Provider wie GMX und web.de einen Versender.

Aufträge – Oft ist der Newsletter die einzige oder erste Kontaktadresse, die ein potentieller Kunde mit einem Unternehmen hat. Daher antworten Abonnenten auf den Newsletter, zum Teil sogar um darin beschriebene Produkte zu bestellen. Mehrere Kunden finden regelmäßig Bestellungen in ihren Bounces, die ansonsten untergegangen wären.

Kunde droht mit Auftrag – und Sie hören nicht zu

Zustellkontrolle – Eine wichtige Kenngröße von Mailings ist die Zahl der ausgelieferten Mails (Zustellrate). Die Rückläufer enthalten wichtige Informationen, warum eine Mail nicht zugestellt werden konnte. Ohne diese Information kann die effektive Zustellrate nicht korrekt ermittelt werden.

Rückläuferbearbeitung ist auf lange Sicht wichtiger als viele andere Kennzahlen: wenn Bounces nicht bearbeitet werden, reichern sich in einem Verteiler immer mehr ungültige Adressen an. Überschreiten diese ein kritisches Volumen sperren große E-Mail-Provider wie GMX und web.de einen Versender. Dieser Grund allein macht ein funktionierendes Bounce-Management für erfolgreiches E-Mail-Marketing erforderlich.

Arten von Rückläufern

Bounces werden grundsätzlich in zwei große Kategorien eingeordnet: Hard-Bounces und Soft-Bounces. Vereinfacht gesagt sind Hard-Bounces alle Rückläufer, die schon beim Versand entstehen, zum Beispiel weil die E-Mail gar nicht erst ausgeliefert werden kann. Ein Grund hierfür kann sein, dass die Empfängerdomain falsch geschrieben ist (joe@t/online statt joe@t-online.de).

http://www.marketing-boerse.de/Experten/details/Sebastian-Boettger

Soft-Bounces sind alle „weichen" Rückläufer, E-Mails, die erstmals ausgeliefert werden, aber zu einem späteren Zeitpunkt wieder zurückkommen. Hierzu zählen Eingangsbestätigungen („Hier ist Bank XY, wir haben Ihre E-Mail erhalten und kümmern uns darum...") oder Autoresponder („Ich bin vom 1.6. bis 31.9. im Urlaub....").

Hard-Bounces können in der Regel direkt aus einem Verteilerstamm gelöscht werden.

Bei **Soft-Bounces** muss eine Inhaltsanalyse erfolgen bevor man weitere Aktionen anschließen kann. Die Analyse erfolgt dabei in der Regel in drei bis vier Schritten:

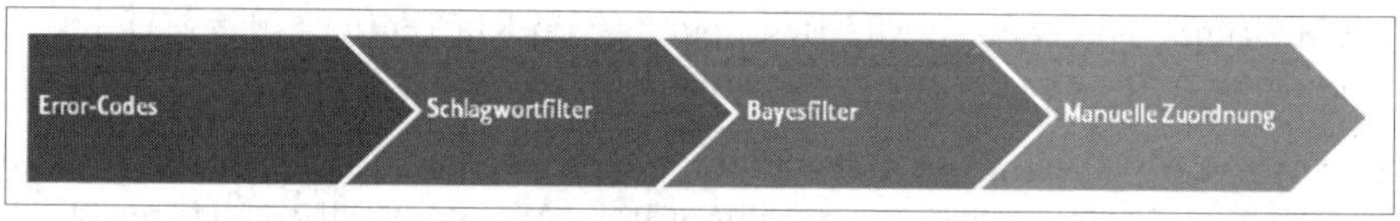

Abb. 1: Analyse von Soft-Bounces

Zuerst wird die Bounce-Mail nach standardisierten Fehlercodes durchsucht (zum Beispiel „550 – unzustellbar"). Diese Codes geben eindeutig Aufschluss über die Fehlerursache.

Wenn diese Analyse kein Ergebnis bringt, greift eine zweite Stufe, der Schlagwortfilter. Hier wird die Mail nach Schlagworten durchsucht, die in einer Liste gepflegt werden. Gute Systeme werden bereits mit mehreren 10.000 Schlagwörtern in verschiedenen Sprachen ausgeliefert, um hier eine gute Quote zu erreichen. Das Wichtigste sind verschiedene Abmeldefloskeln: sie glauben gar nicht, wie falsch man die Worte „Abmelden" und „Unsubscribe" schreiben kann. Die meisten Abmelde-Mails enthalten in der Praxis das Wort „**Abmelden**" nicht.

Die dritte Stufe funktioniert wie die Spam-Filter, die aus E-Mail-Programmen wie Outlook oder Apple Mail bekannt sind. Eingehende Mails werden mit bereits zugeordneten Mails verglichen. So entsteht ein lernfähiges und trainierbares System.

Möglichst wenige Rückläufer manuell zu bearbeiten ist das Ziel

Wenn auch diese Stufe kein Ergebnis liefert, dann muss die Bounce-Mail manuell verarbeitet werden. Der große Vorteil der mehrstufigen **Bounce-Verarbeitung** ist, dass nur wenige (das Ziel ist weniger als 0,1 Prozent der Rückläufer) manuell betrachtet werden müssen, mit der Zeit mit sinkender Tendenz.

Eine aktive Bounce-Management-Verwaltung im Live-Betrieb kann dann so aussehen:

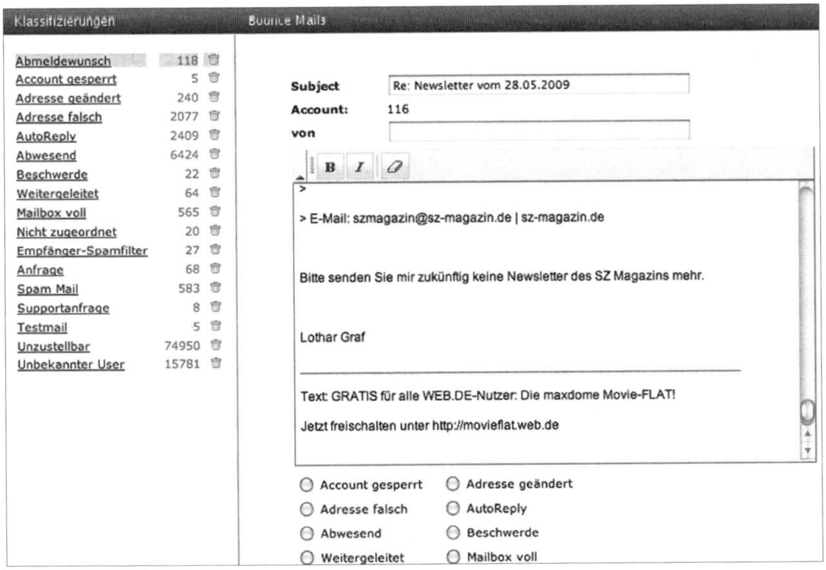

Abb. 2: Bounce-E-Mail-Archiv

Im linken Teil sind die Kategorien zu erkennen, rechts eine geöffnete Bounce-Mail aus der Kategorie „Abmeldewunsch". Wie man sehen kann, melden sich immer wieder Abonnenten per E-Mail ab, indem sie auf eine Mail antworten anstatt den Abmeldelink zu nutzen. Und fast immer kommt das Wort „Abmelden" nicht vor, hier steht im Betreff davon gar nichts. Nur am Ende der Mail ist – nachdem die ganze Mail von vorher zitiert wurde – der Abmeldewunsch zu erkennen.

In diesem Fall hat das System eine Abmeldung vorgenommen, genau so als ob der Empfänger den Abmeldelink benutzt hätte.

Den Kasten sauber halten

Kategorien mit Aktionen hinterlegen

Die Untergliederung in Hard-Bounces und Soft-Bounces ist nur ein erster Schritt. Sinnvollerweise untergliedert man Rückläufer in etwa zehn bis zwanzig Kategorien und hinterlegt bei jeder Kategorie eine Aktion.

Bei einem Abmeldewunsch, einer ungültigen Adresse oder einem inaktiven Postfach sollte das Abonnement automatisch beendet werden. Weitere Zustellungen sind unnötig und verschlechtern nur die Zustellchancen an funktionierende Adressen bei derselben Zieldomain. Außerdem verschlechtern solche Adressen die Statistik, da diese nie eine Mail öffnen werden oder einen Link darin klicken.

Bei Abwesenheitsbenachrichtigungen oder **Eingangsbestätigungen** muss keine Aktion folgen. Bei diesen Mails handelt es sich zwar auch um Bounces, allerdings keine, bei denen irgendein Handlungsbedarf besteht.

Bei Anfragen oder Beschwerden sollte eine manuelle Prüfung erfolgen. Diese Fälle tauchen (hoffentlich) nicht häufig auf, so dass in der Regel eine qualifizierte Bearbeitung möglich ist. Idealerweise kann das E-Mail-Marketing-System solche Mails intern weiterleiten.

Kategorien		Aktion	Prio	
55779	**Abwesend**	IGNORIEREN	3	Keywords
14360	**Abmeldewunsch**	ABMELDEN	7	Keywords
12650	**Account gesperrt**	LÖSCHEN	5	Keywords
70393	**Spam Mail**	IGNORIEREN	3	Keywords
79351	**Adresse falsch**	LÖSCHEN	3	Keywords
10801	**Unzustellbar**	BEOBACHTEN	3	Keywords
19748	**Empfänger-Spamfilter**	IGNORIEREN	3	Keywords
12428	**Anfrage**	WEITERLEITEN	3	Keywords
18152	**Beschwerde**	WEITERLEITEN	8	Keywords
12292	**AutoReply**	IGNORIEREN	3	Keywords

Abb. 3: Abwesenheitsmeldungen und Eingangsbestätigungen

Ein Sonderfall ist hier die Adressänderung: häufig erhält man als Versender auch Mails in denen ein Empfänger mitteilt, dass sich seine Adresse geändert hat. In einigen Systemen ist auch das eine eigene Kategorie. Man ist oft versucht, den Datensatz dann bei sich zu aktualisieren, jedoch sollte man sich das überlegen. In den meisten Fällen ändern die Abonnenten ihre E-Mail-Adresse, weil sie die Zahl der eingehenden Mails auf diese Weise schlagartig reduzieren wollen. Ob der Empfänger nun eine automatische Aktualisierung seines Abonnements wünscht, ist fraglich – jeder Listenverwalter sollte für sich selbst abwägen, ob er bei sich den Datensatz ändert oder deaktiviert. Meine Empfehlung ist, die Adresse nicht zu ändern, rechtlich handelt man in einer Grauzone.

Das Universal Bounce-Postfach

Einer der häufigsten Kundenwünsche beim E-Mail-Marketing ist eine frei wählbare Absenderadresse. Manche Mailings werden im Namen von Mitarbeitern verschickt, andere mit einem Absender der Form newsletter@ unternehmen.de. In allen Fällen möchte man jedoch, dass nicht alle Bounce-Mails an den Mitarbeiter gehen, sondern durch das Bounce-Management verarbeitet werden. In größeren Konzerninstallationen sind zweihundert und mehr unterschiedliche Versandadressen keine Seltenheit.

Rückläufer in einem zentralen Postfach sammeln und weiterverarbeiten

In allen Fällen hat es sich bewährt, eine zentrale **Bounce-Adresse** zu verwenden, in der alle Rückläufer gesammelt und verarbeitet werden. Typischerweise handelt es sich bei diesem Postfach um ein normales E-Mail-Postfach, das vom Bounce-Management regelmäßig geleert wird.

Um das Ziel zu erreichen, mit beliebiger Adresse zu verschicken, aber die Rückläufer zentral zu sammeln, arbeitet man mit einem Trick: eine E-Mail besteht aus mehreren Teilen. Dazu gehört der BODY mit der eigentlichen Nachricht und der HEADER, der zum Beispiel die Betreffzeile (SUBJECT) enthält. Dazu kommt ein FROM-Feld, die E-Mail-Adresse und der Name des Absenders, der im E-Mail-Programm angezeigt wird. Im Header können beliebig viele weitere Informationen verpackt werden, zum Beispiel steht hier auch oft ein **Spam-Rating** oder der Weg, den die Mail vom Absender zum Empfänger genommen hat.

BODY und HEADER sind jedoch verpackt in einem „Umschlag“ (analog zum klassischen Briefumschlag). Auf dem Umschlag stehen nur zwei Informationen: der „ENVELOPE SENDER“ und ein Datum. Das sind im Übrigen die einzigen beiden Pflichtangaben, die eine Mail haben muss. Beide Informationen sieht ein Empfänger aber in den allermeisten Fällen nicht, weil Mailprogramme nur BODY und HEADER darstellen (und daraus speziell FROM und SUBJECT).

Empfänger sehen nur das Wenigste

Abb. 4: Aufbau einer Mail: Pflichtangaben auf technischer Ebene sind nur der Envelope Sender und ein Datum, alle anderen Felder können frei definiert werden.

Als ENVELOPE SENDER konfiguriert man nun die Adresse des Bounce-Postfachs, und im FROM-Feld im HEADER gibt man eine beliebige Absender-Adresse an die dem Empfänger gezeigt werden soll. Die Rückläufer landen ab sofort im Bounce-Postfach.

Absender erkennen

Wenn man eine Weile E-Mail-Marketing betreibt, stellt man fest, dass viele Mails im Bounce-Postfach von Adressen stammen, die man noch nie bemailt hat. Solche Mails haben zwei Ursachen: Spam-Mails und weitergeleitete Mails.

Als E-Mail-Versender steht man in den Adressbüchern sehr vieler Empfänger und oft auch noch in Webarchiven. Damit ist die Absenderadresse für Spam-

Werbung statt Bounces

Versender eine leicht zu ermittelnde E-Mail-Adresse. Bei einem Verteiler mit 5.000 Empfängern reicht ein einziger befallener PC aus um die eigene Versandadresse an ein Spam-Netzwerk zu übermitteln. Als Folge landen im Bounce-Postfach regelmäßig Werbe-E-Mails. Spätestens jetzt ist der Punkt bei dem sich viele Kunden, die noch mit ihrer eigenen E-Mail-Adresse als Absender arbeiten, ein professionelles System wünschen.

Der erste Ansatz ist, dass man alle E-Mails im Bounce-Management verwirft, die von Absendern eingehen, die man nie bemailt hat. Allerdings verliert man so die zweite Quelle von Absendern, die man nie bemailt hat – weitergeleitete Mails.

Das Problem der Weiterleitungen

Es gibt eine Anfrage die in unserer Supportstatistik in den Top 3 liegt: ein Kunde ruft an und berichtet den folgenden Fall: „Ich habe mit Herrn XY telefoniert, der will unseren Newsletter nicht mehr – ich finde seine E-Mail-Adresse aber nicht in der Datenbank". Die Antwort ist in solchen Fällen fast immer: Herr XY hat eine Weiterleitung konfiguriert von dem Mail-Account, auf den er den Newsletter bekommt zu seinem eigentlichen Postfach. Die Weiterleitung hat er inzwischen vergessen, er stellt nur fest, dass er eine Mail bekommt und ruft gleich mal an anstatt den Abmeldelink zu benutzen.

Weil dieser Grund so häufig ist, empfehlen wir allen Kunden in jeden Newsletter eine Zeile einzubauen: „Sie haben mit Ihrer E-Mail-Adresse xy@xy.de diesen Newsletter abonniert". Das hilft – wirklich.

Manchmal antwortet Herr XY auch von seiner neuen Mailadresse und wünscht eine Abmeldung. Die Schwierigkeit ist nun, diese Mail der eigentlichen Empfängeradresse zuzuordnen. Der Trick heisst **VERP** – Variable Envelope Return Path.

VERP und CatchAll

Catch-All-Adressen sollten in der Mail genannt werden

Variable Envelope Return Path erzeugt für jede verschickte Mail eine eigene Absenderadresse. Dabei macht sich VERP eine Eigenschaft vieler Mailer zu Nutze, die oft als CatchAll bezeichnet wird: diese ignorieren alle Zeichen in einer E-Mail-Adresse nach einem Schlüsselzeichen (meist + oder =). So kommt eine E-Mail an test@melin.de im selben Postfach an wie test+12345@melin.de – weil alle Zeichen ab dem Plus-Zeichen ignoriert werden.

Damit kann man nun für jeden Empfänger eine individuelle Absenderadresse erzeugen und diese trotzdem in einem Postfach sammeln. E-Mail-Marketing-Systeme machen so etwas automatisch.

Mindestens sollte der Empfänger in die Adresse codiert werden, meist schreibt man auch noch das Mailing hinein. So kann man eine Bounce immer eindeutig einem Empfänger und einem Mailing zuordnen.

Return-Path: <bounce+NLM82S1-ID2931596@melin.de>

Garantiert haben Sie in Ihrem Posttach die eine oder andere Mail, die so oder ähnlich codiert ist. Die Bounce-Adresse ist bounce@melin.de. In der E-Mail-Adresse ist aber auch noch das Mailing enthalten (M82S1 Split 1). Die ID (Identifikation) ist die systeminterne ID des Empfängers und entspricht der E-Mail-Adresse.

Wenn diese Mail zurückkommt, kann das Bounce-Management diese eindeutig zuordnen, unabhängig von wem die Mail kommt. Auch das ist wichtig, viele manuelle Antworten enthalten nicht mehr das Original-Mailing – ohne die Mailing-Codierung kann dann die Bounce nicht mehr eindeutig einem Mailing zugeordnet werden.

Ebenso wird diese Codierung verwendet, um Spammails zu erkennen. Eine verschickte Mail erzeugt in der Regel höchstens eine Bounce, wenn nun gehäuft Mails eingehen, kann man von SPAM ausgehen.

Zusammenfassung

Rückläuferbearbeitung (Bounce-Mail-Management) unterscheidet den Spammer vom seriösen Versender.

Schnell und richtig bearbeitete Bounces halten die Verteilerliste sauber. Sie verhindern Beschwerden schon im Vorfeld und helfen dabei Sperrlisten zu vermeiden, da ungültige Adressen umgehend aussortiert werden.

Durch die Verwendung variabler Absenderadressen kann der ursprünglich bemailte Empfänger und das verwendete Mailing immer eindeutig identifiziert werden. Auch wenn die ursprüngliche Mail nicht mehr enthalten ist.

Für ein funktionierendes Bounce-Mail-Handling wird ein E-Mail-Marketing-Tool und E-Mail-Postfach benötigt das VERP (Variable Envelope Return Path) unterstützt.

Bounce-Management auch bei kleinen Verteilern automatisieren

Schon kleine Verteiler erzeugen regelmäßig Bounce-Mails, daher sollte die Verarbeitung weitgehend automatisch erfolgen.

Literatur

http://en.wikipedia.org/wiki/Variable_envelope_return_path (Englische Wikipedia, Variabler Rückpfad für E-Mailings)

http://de.wikipedia.org/wiki/Bounce_Message (Deutsche Wikipedia, Allgemeines zu Bounce-Mails

http://www.melin.de/de/101/deliverability.php (Melin GmbH, Grundlagen zur Zustellbarkeit von E-Mails

http://searchsecurity.techtarget.com/generic/0,295582,sid14_gci1081390,00.html (Englisch, The Envelope Sender Address, warum man keine Bounce ablehnen sollte)

DIGITALE KÖRPERSPRACHE FÜR DIE NEUKUNDENGEWINNUNG NUTZEN

3

UWE-MICHAEL SINN

E-Mail-Marketing als Verkaufsinstrument ist mittlerweile zu einem Standard im Online-Marketing geworden. Gerade wenn **Impulskäufe** ausgelöst werden sollen, funktionieren E-Mailings als Abverkaufskanal hervorragend.

Aber: Wie nutze ich E-Mail-Marketing, wenn ich Telefonanlagen verkaufen möchte? Oder Fertighäuser, Spezialmaschinen oder komplexe Dienstleistungen? Funktioniert der Verkauf auch solcher Produkte via E-Mail?

Eines ist sicher: Es gelten andere Regeln als im klassischen E-Mail-Marketing. Das Design des „Call to Action" und die Frage, ob das Editorial eher vier oder doch lieber acht Zeilen lang sein muss, ist weit weniger relevant.

Alle Verkaufsprozesse, die entweder

- Business-to-Business-Geschäft betreffen (ausgenommen C-Teile, für diese gelten dieselben Regeln wie im „klassischen" E-Mail-Marketing)
- oder die hochpreisige Business-to-Consumer-Güter (zum Beispiel Autos, Fertighäuser) tangieren,

Bei einer langen Verkaufsanbahnung wird das Internet wichtig

benötigen eine andere, langfristig orientierte Herangehensweise. Was haben diese Verkaufsprozesse gemeinsam? Vor allem während der Verkaufsanbahnung werden eine Vielzahl von Informationen ausgetauscht. Teure und komplexe Güter werden erfahrungsgemäß erst nach einer umfangreichen Evaluierungs- und Vergleichsphase gekauft – und diese Tätigkeiten werden immer mehr online erledigt.

Früher – etwa vor zehn Jahren – war der erfahrene Verkäufer Dreh- und Angelpunkt eines **Verkaufsprozesses**. Er konnte diesen Prozess steuern. Dazu stellte er zum Beispiel den an der Entscheidung beteiligten Personen (dem Entscheider, dem Promoter, dem Anwender) wichtige Informationen zur Verfügung – und zwar immer zu einem jeweils passenden Zeitpunkt. Und er konnte bei persönlichen Treffen an der Körpersprache seiner Gegenüber ablesen, wie sie auf einzelne Argumente reagierten.

Heute sind vor allem die frühen Phasen eines Kaufprozesses mehr und mehr ins Internet verlagert. Verkäufer können damit zu diesem Zeitpunkt kaum noch Einfluss auf die Entscheidung nehmen. Umso wichtiger ist es, die Kauf Anbahnung des potenziellen Käufers im Internet optimal zu begleiten.

Interessenten in einer frühen Phase identifizieren

Wie schafft man es, dem Interessenten immer die in diesem Moment relevanten Informationen zur Verfügung zu stellen? Man beobachtet ihn! In der Onlinewelt

http://www.marketing-boerse.de/Experten/details/Uwe-Michael-Sinn

ist die „**Digitale Körpersprache**" das Pendant zum genauen Beobachten der Körpersprache durch einen qualifizierten Verkäufer.

Der Begriff „Digitale Körpersprache" wurde vom amerikanischen Autor Steven Woods geprägt. Er versteht darunter die Beobachtung und Deutung aller von potenziellen Kunden online hinterlassener Signale, mit dem Ziel, besser mit ihnen zu kommunizieren.

In der Praxis sieht dies beispielsweise so aus:

Aktionen individuell auf das digitale Verhalten des Interessenten abstimmen

1. Ein potenzieller Kunde wurde auf einer Messe kennengelernt und erhält eine Nachfass-Mail.
2. Nun wird gemessen, ob er diese öffnet und welche Links er klickt. Öffnet er die Mail nicht, wird mit einem anderen Betreff nochmals verschickt.
3. Geht der Empfänger auf die Website, wird erfasst, welche Inhalte er anschaut.
4. Füllt er Formulare aus, werden die relevanten Informationen ebenfalls erfasst.
5. Meldet er sich zu einem Webinar an, geht diese Information ebenso in das Profil ein wie die Information, ob er auch teilgenommen hat.
6. Ruft er nach dem Webinar ein ergänzendes Whitepaper ab und abonniert den Newsletter, wird dies registriert und in die Bewertung der nächsten Schritte mit einbezogen.

Es gibt Spezialsoftware

Das ist an sich nichts wirklich Neues. Spannend – aber auch beunruhigend – wird dieses Konzept durch die Möglichkeiten moderner Software. Mit ihr kann heute ein **360-Grad-Blick** auf alle **Onlineaktivitäten** eines potenziellen Kunden geworfen werden. Daraus lassen sich anschließend entsprechende Maßnahmen ableiten. Entsprechend sorgfältig muss mit diesen Daten umgegangen werden.

Datenschutz und Digitale Körpersprache

Relevant im Zusammenhang mit allem, was Digitale Körpersprache angeht, ist § 12 Telemediengesetz (TMG). Dort heißt es:

„Der Diensteanbieter darf personenbezogene Daten zur Bereitstellung von Telemedien nur erheben und verwenden, soweit dieses Gesetz (...) es erlaubt oder der Nutzer eingewilligt hat.

(2) Der Diensteanbieter darf für die Bereitstellung von Telemedien erhobene personenbezogene Daten für andere Zwecke nur verwenden, soweit dieses Gesetz (...) es erlaubt oder der Nutzer eingewilligt hat.

Im Ergebnis bedeutet dies: Jeder Nutzer einer Website oder eines E-Mail-Service, welche die Digitale Körpersprache ihrer Besucher personalisiert auswerten mochte, muss vorab seine **Erlaubnis** dazu erteilen. Nur dann sind diese Daten in dem gewünschten Zusammenhang nutzbar. Dieses Einverständnis kann zum Beispiel im Rahmen einer hinreichend präzise formulierten Erlaubnis beim Opt-in für einen E-Mail-Service eingeholt werden.

Nicht alles tun, was technisch machbar ist

Unabhängig von der Frage, was man sich vom Empfänger erlauben lassen kann, stehen Unternehmen vor einer zu klärenden Grundsatzfrage: In welchem Umfang betreiben wir das „Aushorchen“ potenzieller Kunden? Möglicherweise liegt die moralische Grenze weit diesseits der Grenze des technisch Machbaren.

Kauf- und Verkaufsprozesse

Der **Einkaufsprozess** für komplexe Güter beziehungsweise **Investitionsgüter** kann heute in drei Phasen unterteilt werden:

1. **Aufmerksamkeit/Bewusstsein**: Diese Phase ist von einem generellen Beobachten von Markttrends geprägt. Typischerweise informieren sich potenzielle Käufer auf Messen, Konferenzen oder via Newsletter über ein Thema. Ihr Interesse ist dabei eher unspezifisch. Diese Phase kann sich über Jahre hinziehen, bevor eine Investitionsentscheidung getroffen wird.

In der Evaluationsphase wird es interessant

2. **Entdecken/Evaluieren**: Das Problem wird genauer definiert und verschiedene Problemlösungs-Optionen werden untersucht. Online zeigt sich dies durch den intensiveren Besuch von Websites, dem Download von Whitepapern oder Spezifikationen sowie der Teilnahme an Webinaren.
3. **Abschließen**: In dieser Phase werden Angebote verglichen und Verhandlungen geführt. Diese Phase kann online nur sehr begrenzt unterstützt werden.

Der „klassische“ Sales-Prozess hingegen ist wie folgt strukturiert:

1. Potenzielle Kunden ansprechen (oder angesprochen werden)
2. Qualifizierung
3. Lösung erklären
4. Angebot abgeben
5. Kauf verhandeln/Abschließen
6. Fullfillment

Das Hauptproblem dabei ist offenkundig. Der „typische“ Sales-Prozess läuft nicht mehr parallel zum „typischen“ Einkaufsprozess: Potenzielle Käufer rufen viel früher und viel mehr Informationen ab. Daraus ergeben sich zwei Herausforderungen:

1. Wie lassen sich Leads in einer frühen Phase des Einkaufsprozesses angemessen betreuen?

2. Welche Leads sind wirklich spannend? Auf wen sollte sich der (teure) persönliche Verkauf konzentrieren?

Im Modell der Digitalen Körpersprache werden diese beiden Herausforderungen mit **Lead-Nurturing** und **Lead-Scoring** beschrieben.

Lead-Nurturing

Jeder, der schon einmal als „Standbesatzung" auf einer Messe war, kennt das Phänomen: teilweise sehr viele Leads – aber wenig konkrete Anfragen. Ist das schlecht? Aus Sicht des Vertriebes: ja. Aus Sicht des potenziellen Kunden: Nein, er informiert sich eben „unverbindlich" – wie er es auch im Internet tut. Nach der Messe werden die Leads vom Vertrieb kategorisiert. Dies geschieht typischerweise nach der **A/B/C–Methode**. Kunden mit einem konkreten Kauf-Interesse werden sofort betreut. B-Leads erfahren oft auch noch eine angemessene Betreuung. Und die C-Leads?

Der richtige Moment ist entscheidend

Einer Studie von Sirus Decisions zufolge werden vom Vertrieb meist um die siebzig Prozent Leads aussortiert. Davon kaufen aber rund achtzig Prozent trotzdem – aber später. Und meist bei einem Wettbewerber, der – vielleicht – das bessere Produkt hat. Vielleicht hatte der Wettbewerb aber auch nur Glück und „erwischte" den Kunden zum richtigen Zeitpunkt.

„Lead-Nurturing" ist die Antwort auf dieses häufige Problem. Die Philosophie dahinter ist einfach: Man möchte den potenziellen Kunden „warmhalten", teilweise über Jahre, da

1. es dem Verkäufer hilft, „top of mind" beim potenziellen Käufer zu bleiben.
2. es dem potenziellen Käufer eine Vielzahl von Möglichkeiten bietet, mit dem Verkäufer in Kontakt zu treten. Jede dieser Möglichkeiten addiert sich zum „digitalen Bild" des künftigen Käufers und hilft, ihn im weiteren Nurturing-Prozess immer präziser anzuschreiben.

Kein Kommunikationsmedium ist für Lead-Nurturing besser geeignet als E-Mail-Marketing:

Whitepaper und Checklisten anbieten

1. Bieten Sie auf Ihrer Website möglichst viele wertvolle Unterlagen wie Whitepaper oder Checklisten zum Download an. Vergessen Sie dabei nicht die E-Mail-Adresse des Interessenten zu erfragen – etwa indem das begehrte Dokument nur über einen zugeschickten Link erhältlich ist. Holen Sie sich bei dieser Gelegenheit das Opt-in für weitere Mailings.
2. Sammeln Sie explizite Informationen. Diese Informationen können Sie entweder beim Erhalt der E-Mail-Adresse abfragen oder beispielsweise im Rahmen einer Messe hinzufügen lassen.

3. Jetzt kommt die Digitale Korpersprache ins Spiel: Sammeln Sie implizite Informationen – etwa Öffnungen der E-Mails, Klicks auf bestimmte Link-Kategorien, Website-Besuche, Downloads und Ähnliches.
4. Bauen Sie auf Basis dieser Informationen individuelle Anstoßketten. Geschäftsführer bekommen andere Informationen als Technische Leiter. Empfänger in kleinen Unternehmen andere als in Großunternehmen. Menschen, die auf eine bestimmte Link-Kategorie geklickt haben, erhalten wieder andere Informationen. Oder werden möglicherweise in eine andere Anstoßkette „geschoben".
5. Überfordern Sie niemanden: Sorgen Sie zum Beispiel dafür, dass bei Empfängern, die mutmaßlich weit von einer Investitionsentscheidung entfernt sind, kein „Hardselling" betrieben wird.
6. Planen Sie Ihre Kampagnen sorgfältig und rechnen Sie für die Nurturing-Phase viel Zeit ein. Vom Erstkontakt bis zur Kaufentscheidung kann durchaus ein Jahr vergehen.
7. Definieren Sie den Punkt, an dem ein „echter Verkäufer" ins Spiel kommt. Investitionsgüter werden letztlich nicht über E-Mail verkauft. Zu einem definierten Zeitpunkt muss ein direkter telefonischer Kontakt erfolgen. Abgesehen davon sollte natürlich jede E-Mail auf ein Rückfrageformular oder Rückrufbutton verlinken.

Wann kommt ein richtiger Verkäufer ins Spiel?

Lead-Scoring

Das Internet ermöglicht es Unternehmen, wesentlich mehr potenzielle Lieferanten zu identifizieren. Entsprechend steigt die Zahl der Anfragen. Aber: Welche Anfragen lohnt es sich wirklich zu bearbeiten? Hier hilft das Prinzip des Lead-Scoring weiter.

Dabei wird jeder expliziten sowie jeder impliziten Information (also jeder Aktion) ein Punktwert zugeordnet. Je nachdem, wie „attraktiv" ein Lead ist (etwa wegen seiner Branche) und wie aktiv der Lead auf die **Nurturing-Kampagnen** reagiert, wird sein individueller Score errechnet. So einfach das klingt, der Teufel steckt im Detail:

- Gibt es einen maximalen Score je Aktion (wenn jemand alle Whitepapers downloadet, werden diese nicht alle gleich hoch gescored)?
- Können Scores auch wieder abgebaut werden (zum Beispiel im Zeitablauf)?
- Welche Aktion beziehungsweise Stamminformation ergibt welche Punkte? Hier muss sorgfältig abgewogen und austariert werden.

Technische Unterstützung

Die meisten E-Mail-Marketing-Systeme sind bereits jetzt grundsätzlich für Lead-Nurturing-Kampagnen geeignet. Bei der Auswahl sollte Wert auf ein besonders flexibles System gelegt werden.

Lead Scoring ist oft in Ansätzen möglich – allerdings meist nicht so ausgereift wie für die praktische Anwendung notwendig. Es reicht eben nicht, einfach immer nur „+1" zu zählen, wenn ein Link geklickt wird. Abnehmende Scores im Zeitablauf und Ähnliches sind in den meisten **E-Mail-Marketing-Systemen** nicht abbildbar.

Aus den USA kommen die meisten Systeme, die solche Anwendungen beherrschen. Die zwei größten Anbieter sind auch auf dem deutschen Markt aktiv.

Zusammenfassung

Spannende Leads früher identifizieren als andere

Das Internet hat auch im Investitionsgüter-Bereich Kaufprozesse drastisch verändert. Der „klassische Verkäufer" kommt erst zu einem späteren Zeitpunkt ins Spiel als früher. Gerade in der Verkaufsanbahnung leistet vor allem eine speziell abgestimmte E-Mail-Marketing-Strategie hervorragende Dienste. Und zwar genau dann, wenn es darum geht einen potenziellen Kunden „warm zu halten". Um diese Anstoßketten optimal auf den Empfänger abzustimmen, wird im Idealfall seine „digitale Körpersprache" gelesen und interpretiert. Diese Analyse dient auch dazu, die spannenden Leads zu identifizieren und die Bearbeitung auf die erfolgversprechendsten möglichen Kunden zu konzentrieren.

Literatur

Steven Woods: Digital Body Language, Deciphering Customer Intentions in an Online World. – New Year Publishing LLC, 2009

www.rabbit-emarketing.de/know-how/unser-wissen-fuer-sie/fallstudien-bestellen Fallstudien zur Illustration des Beitrags auf der Website des Verfassers Uwe-Michael Sinn.

E-MAILS GESTALTEN

4

Usability – Stolpersteine im Posteingang wegräumen: Maya Reinshagen betont, wie wichtig die einfache Lesbarkeit von E-Mails ist. Alles was nicht optimal dargestellt ist, wird mit Missachtung bestraft. Und da gibt es einiges zu beachten.

Erfolgsfaktor Betreffzeile: Swen Krups belegt mit einer umfassenden Studie, worauf beim Texten der Betreffzeile zu achten ist. Nichts entscheidet mehr über Wohl und Wehe, als diese wenigen Worte.

Gestaltung erfolgreicher Verkaufsmails: Uwe-Michael Sinn plaudert aus seiner langjährigen Erfahrung als Chef einer mehrfach preisgekrönten E-Mail-Marketing-Agentur. Die von ihm gezeigten Beispiele verdeutlichen, wie erfolgreiche Verkaufsmails aussehen sollten.

Segmentierung und Personalisierung: Dirk Ploss erläutert die vielfältigen Möglichkeiten, E-Mails persönlicher zu gestalten. Sei es durch die Bildung sinnvoller Segmente oder sei es durch echte Personalisierung. Entscheidend ist, dass die E-Mails für die Empfänger relevant sind.

Gestaltung der Anrede: Nicola Battistini und Joana Kruse geben Tipps zur richtigen Anrede in einer E-Mail. Nichts ist wichtiger als die korrekte Ansprache in einem Anschreiben, egal ob Mail oder Brief. Aber bei der Mail gelten oft eigene Regeln.

Mit Videomails Response steigern: René Kulka zeigt auf, welche Möglichkeiten es gibt, E-Mails mit Videos interessanter zu gestalten. Die Öffnungsraten sind in der Tat wesentlich besser. Aber die Technik setzt Grenzen.

Kampagnenoptimierung durch selbstlernende Systeme: Marcus Mende und Christina Rasimus-Aust beschreiben den Übergang von der E-Mail zur Landing-Page. Wer es dabei schafft, Informationen über das Reaktionsverhalten in Echtzeit wiederum in die aktuellen Inhalte einzubauen, kann die Konversionsrate steigern.

Torsten Schwarz

USABILITY – STOLPERSTEINE IM POSTEINGANG WEGRÄUMEN

4

MAYA REINSHAGEN

Usability im Internet: Vor wenigen Jahren noch kein Thema, ist sie spätestens seit dem Einzug der CSS 2 (Cascading Style Sheets)-fähigen Browser-Generationen Pflicht. Von professionellen Internetauftritten wird erwartet, dass sie auf allen gebräuchlichen Browsern sauber und ansprechend dargestellt werden. Dabei sind die ungeschriebenen Gesetze der Benutzerfreundlichkeit zu befolgen.

Was aber ist mit E-Mails? Zwar gilt dieses populäre Medium mittlerweile gemeinhin als effizientestes Marketing-Instrument, und ein E-Mail-Newsletter gehört nicht mehr nur für Großunternehmen zum guten Ton. Professionelle, benutzerfreundlich gestaltete E-Mails sind jedoch die Ausnahme. Genau wie vor einigen Jahren bei Webauftritten werden strukturierter Aufbau und gute Benutzerführung bei E-Mailings meist sträflich vernachlässigt. Woran liegt's?

Usability ist im Web Standard aber bei E-Mail die Ausnahme

So einfach das Gestalten eines E-Mailings auf den ersten Blick erscheint, so tückisch ist die Aufgabe im Endeffekt. Denn die Usability eines Newsletters hängt von unterschiedlichsten Faktoren ab – die sich teilweise diametral gegenüberstehen. Ein schöner, benutzerfreundlicher Newsletter: Die Quadratur des Kreises!

Der Betreff: Wichtige 64 Zeichen!

Durchschnittlich fünfzig bis siebzig E-Mails erhält jeder von uns täglich. Unmöglich, alle konzentriert zu lesen! Um beachtet zu werden, muss eine E-Mail deshalb schnell und gezielt die Aufmerksamkeit des Lesers erregen; das „Zaubermittel“ dafür ist der Betreff. Unterschiedliche Studien haben ergeben, dass der Betreff in hohem Maße darüber entscheidet, ob eine E-Mail überhaupt geöffnet wird. Auf maximal 64 Zeichen (um auch in Webmail-Clients nicht abgeschnitten zu werden) sollte dieser „des Pudels Kern“ enthalten. Ob dies bei leider nach wie vor häufig verwendeten Betreffzeilen wie „Februar-Newsletter“ zutrifft, bleibt zu bezweifeln.

600 Pixel

Während die Bildschirme und deren Auflösung laufend wachsen, bleibt eines immer gleich: Die maximale Breite einer E-Mail-Nachricht von ungefähr 600 Pixel. Diese Tatsache ist oft unbekannt oder geht vergessen. Die Gründe für diese Maximalbreite: Erstens ist bei den meisten Webmail-Clients die Breite des Anzeigefensters fix; E-Mails, die breiter als 600 Pixel sind, müssen seitwärts

E-Mail-Fenster sind kleiner als der normale Monitor

http://www.marketing-boerse.de/Experten/details/Maya-Reinshagen

gescrollt werden. Zweitens: Das menschliche Auge ist nicht in der Lage, lange Textzeilen schnell und fließend zu lesen. Der Leser verliert den Zeilensprung, weil die Fixation des Auges auf die nächste Zeile verhindert wird. Dass dem so ist, wurde bereits in den Anfängen des Zeitungsdrucks erkannt. Eigentlich eigenartig, dass diese alte, bewährte Erkenntnis beim E-Mail-Design so oft sträflich vernachlässigt wird.

51 Sekunden

Keine Zeit – ein Problem, das wir alle kennen. Und trotzdem grassiert unter Newsletter-Redaktoren der Hang zur Länge. Norman Nielsen hat bereits 2006 nachgewiesen, dass der durchschnittliche Newsletter-Leser ganze 51 Sekunden für das Lesen einer Nachricht aufwendet. Und: Nur neunzehn Prozent der Studienteilnehmer lasen den gesamten Newsletter [1].

Schnell-Lesbarkeit ist Pflicht

Benutzerfreundlichkeit für Mails heißt also: In der Kürze liegt die Würze! Die persönliche Ansprache, eventuell ein kurzes Intro, ein klickbares Inhaltsverzeichnis und die gute Gliederung der Inhalte sind matchentscheidend, wenn es darum geht, dem Leser höchste Usability und echten Mehrwert auf kleinstem Raum zu bieten.

Bilder: Schön wär's

Bilder sparsam einsetzen

Immer mehr Mail-Clients unterdrücken aus Sicherheitsgründen die automatische Anzeige von Bildern in E-Mails. Dass dem so ist, ist zwar bekannt – trotzdem wird die Tatsache beim Design von E-Mailings oft ignoriert. Je nach Schätzung sehen ungefähr sechzig bis siebzig Prozent der E-Mail-Empfänger die Bilder einer Nachricht erst, nachdem sie diese explizit heruntergeladen haben. Basiert eine Nachricht nur oder maßgeblich auf Bildern, sieht der Leser erst mal gar nichts – und ist schneller weg, als dies dem Versender lieb sein kann. Benutzerfreundlichkeit in E-Mails heißt deshalb auch: Bilder nur als Ergänzung und – vor allem im Kopfbereich (Vorschaufenster!) – sparsam einsetzen.

Der Inhalt macht's

Und selbst wenn Betreff, Zeilen- und Inhaltslänge stimmen und Bilder richtig eingesetzt werden: Ein E-Mail-Newsletter ohne Mehrwert bringt nichts. Noch schlimmer: Er kann sogar das Gegenteil dessen bewirken, was der Absender erreichen wollte: Ablehnung beim Leser. Nur Newsletter, die regelmäßig wertvolle Inhalte liefern, werden gern und wiederholt gelesen – und erreichen damit ihr Ziel. Usability heißt also ganz einfach vor allem: Mehrwert!

HTML? Ja, aber...

Nach wie vor gibt es keine gängigen Standards für das Coding von E-Mails; die unzähligen Mail-Softwares und Webmail-Clients interpretieren den HTML-Code sehr unterschiedlich und oft fehlerhaft. Zwar bemüht sich das amerikanische „Email Standards Project" seit einiger Zeit um die Definition allgemein gültiger Standards. Solange sich große Mailanbieter wie Gmail, Microsoft (Outlook) oder Lotus (Notes) nicht um deren Anwendung scheren, bleibt die Entwicklung von HTML-Code für E-Mails jedoch eine hohe Kunst.

Google, Microsoft und Lotus Notes halten sich an keine Standards

Wer will, dass seine Nachricht auf allen Clients identisch (oder zumindest ähnlich und lesbar) dargestellt wird, muss sämtliche Kenntnisse modernen HTML-Designs über Bord werfen. Das Coding von E-Mails ist eine aufwendige Sisyphus-Arbeit. Denn durch die stetige Weiterentwicklung der Mail-Softwares und -Clients muss jeder Mail-Code laufend den neusten Bedingungen angepasst werden. So darf Code, der von einem herkömmlichen Web-Content-Management-System generiert wurde, keinesfalls für E-Mails verwendet werden. Andernfalls ist die Wahrscheinlichkeit groß, dass die Nachricht beim Empfänger nicht korrekt oder gar nicht dargestellt wird.

Plain Text

Usability – das heißt auch, dass jeder Newsletter nicht nur in HTML-, sondern auch in Plain Text-Format angeboten wird. Denn nach wie vor gibt es Leute, die E-Mails nur in Plain Text lesen können – oder dieses simple Format dem HTML-Format schlicht vorziehen.

Professionelle Newsletter-Systeme versenden HTML-Mails meist als so genannte „Multipart"-Mails. Bei dieser Format-Variante wird die Nachricht gleichzeitig in HTML- und Plain Text-Format versandt. Öffnet der Empfänger die Nachricht in einem nicht HTML-fähigen Client, wird einfach die Plain Text Variante angezeigt. Ein Punkt, der ganz klar für den Einsatz einer spezialisierten E-Mail-Marketing-Lösung spricht!

Profis versenden Multipart

Formelles

E-Mail-Marketing hat immer auch mit Datenschutz und der expliziten Einwilligung des Empfängers zu tun. Benutzerfreundlichkeit bedeutet deshalb auch: Alle Informationen zu Absender, An- und Abmeldung, Datenänderung und Datenschutz müssen in jeder Nachricht zu finden sein. Neben der Online- gehört auch eine Offline-Kontaktmöglichkeit (Telefonnummer, Adresse) ins Impressum. Und – ganz wichtig: Will sich der Leser abmelden, muss er dies schnell und einfach tun können. Denn nur wer eine E-Mail wirklich erhalten möchte, wird diese auch lesen!

Des Lesers Wunsch...

...ist des Versenders Befehl! Benutzerfreundlichkeit in E-Mails bedeutet, dass der Absender alles tut, um dem Leser die übermittelten Inhalte „auf dem Silbertablett", in appetitlicher und gut geordneter Form darzubieten. Und auch, wenn in einer E-Mail alle hier genannten Aspekte berücksichtigt werden: Es gilt, die Vorlieben der Leserschaft durch fortwährendes Testen und Beobachten der Reaktionen herauszufinden – und sie zu treffen. Denn Benutzerfreundlichkeit verfolgt auch bei E-Mails keinen Selbstzweck. Sie ist vielmehr der Schlüssel zum Erfolg eines jeden Newsletters.

Literatur

[1] Jakob Nielsen›s Alertbox 2006. – Fittkau & Maass 2004.
http://www.sitepoint.com/article/code-html-email-newsletters/
http://email-marketing.me/category/html-email-analyzer/
http://www.email-standards.org/
http://www.mayoris.com/wissen/fachartikel

ERFOLGSFAKTOR BETREFFZEILE 4

SWEN KRUPS

Kürzere Betreffzeilen werden in der Regel mit einer größeren E-Mail-Effizienz assoziiert. Das gilt sowohl für das Öffnen von E-Mails als auch für Klicks. Auch wenn dieses Thema bereits in vielen Fachzeitschriften behandelt wurde, ist der Zusammenhang zwischen der Betreffzeilenlänge und dem Öffnen von E-Mails oder Klicks in den meisten Unternehmen nur unzureichend bekannt. Wichtiger noch als die Anzahl der Zeichen in einer Betreffzeile ist wohl aber ihr Satzbau. Das bedeutet zum Beispiel, dass jede Betreffzeile so aufgebaut sein sollte, dass die wichtigsten Elemente der Betreffzeile am Anfang stehen.

Betreffzeile entscheidet, ob eine E-Mail geöffnet wird

Betreffzeile ist wichtigster Erfolgsfaktor

Die Betreffzeile ist von entscheidender Bedeutung für das E-Mail-Marketing. Das ist das Ergebnis einer Analyse der E-Mailings von fünf Versandhandelsunternehmen, die regelmäßig E-Mails versenden. Das Ergebnis der Analyse aller Messdaten hat ergeben, dass sich fast immer die Betreffzeile als derjenige Faktor erwiesen hat, der im Wesentlichen für die Öffnungsrate und die Klickrate verantwortlich ist.

Ihre Bedeutung ist ganz offensichtlich, denn die Betreffzeile ist für den Empfänger einer der wenigen Anhaltspunkte, um zu entscheiden, ob er eine E-Mail öffnen soll oder nicht. Tatsächlich wird die Betreffzeile zumeist nur unzureichend getestet. Verglichen mit der Zeit, die Unternehmen für die Entwicklung des Creative aufwenden, verbringen sie nicht genügend Zeit mit der Formulierung und dem Test der Betreffzeile, obwohl sehr viel mehr Personen die E-Mail-Betreffzeile sehen als das Creative [1].

Über die Länge von Betreffzeilen wurde viel geschrieben, mit ganz unterschiedlichen Ergebnissen: Die meisten Publikationen kommen zu dem Schluss, dass kürzere Betreffzeilen besser sind, andere halten längere Betreffzeilen für die optimale Lösung. Dieser Artikel analysiert die jüngsten Forschungsergebnisse über den Zusammenhang zwischen der Betreffzeilenlänge und der Reaktion auf E-Mails.

Warum ist die Betreffzeilenlänge so wichtig?

MarketingSherpa kommt im Email Benchmark Guide von 2007 zu dem Schluss: „Eine Betreffzeile ist umso besser, je kürzer sie ist. Es ist fast schon eine allgemeine Regel des Internets, dass einfache, sofort verständliche Botschaften der kurzen Aufmerksamkeitsdauer im digitalen Medium am besten gerecht

http://www.marketing-boerse.de/Experten/details/Swen-Krups

werden." Doch sind kürzere Betreffzeilen nicht nur besser als längere, weil der eilige Verbraucher den Betreffzeilen nur kurz seine Aufmerksamkeit schenkt.

Betreffzeile oft abgeschnitten

AOL zeigt nur 38 Zeichen an

Internet-Provider beschränken mittlerweile auch die Anzahl der Zeichen einer Betreffzeile, die standardmäßig im Posteingang angezeigt werden. Der für etwa 22 Prozent des US-E-Mail-Markts verantwortliche Anbieter AOL beispielsweise begrenzt die Betreffzeile auf etwa 38 Zeichen. Yahoo!, mit einem Anteil von 21 Prozent am US-E-Mail-Markt, zeigt maximal etwa 47 Zeichen pro Betreffzeile an. Hotmail, mit einem Anteil von 14 Prozent am US-E-Mail-Markt, nutzt den automatischen Zeilenumbruch bei mehreren Textzeilen, und zeigt etwa 45 Zeichen pro Zeile an.

Das heißt, dass 57 Prozent aller E-Mail-Leser nur die ersten 38 - 47 Zeichen einer Betreffzeile sehen, um zu entscheiden, ob sie eine E-Mail öffnen sollen oder nicht. Die Tatsache, dass immer häufiger Mobilgeräte, die noch weniger Zeichen anzeigen, verwendet werden, um E-Mails zu lesen, beeinflusst diesen Trend ebenfalls [2].

Primärforschung: Je kürzer, desto besser

Die meisten Untersuchungen zum Thema Betreffzeilenlänge und E-Mail-Effizienz kommen zu dem Schluss, dass kurze Betreffzeilen die beste Wirkung erzielen. Diese Quellen begehen jedoch den Fehler, Rangfolgen für Betreffzeilenlängen zu erstellen und stellen dann die durchschnittliche Effizienz für die einzelnen Ränge dar. Auf diese Weise wird verschleiert, wie stark der Zusammenhang zwischen der Betreffzeilenlänge und der Reaktion auf E-Mails ist.

Bei der Analyse bezüglich des Zusammenhangs zwischen der Betreffzeilenlänge und der Reaktion auf E-Mails, wurde das Verhältnis zwischen der Länge der Betreffzeile einer jeden Kampagne und der jeweiligen Häufigkeit, mit der E-Mails geöffnet wurden, sowie die Gesamtzahl an Klicks der Kampagne betrachtet [3]. Dadurch konnte nicht nur festgestellt werden, ob ein Zusammenhang zwischen kürzeren Betreffzeilen und der E-Mail-Effizienz besteht, sondern auch eine Aussage über die Stärke dieses Zusammenhangs getroffen werden, was nach unserem Wissen bisher noch nicht in dieser Art ausgewertet wurde.

Über eine halbe Million E-Mails analysiert

Untersucht wurden die E-Mails von fünf ausgewählten **Versandhandelsunternehmen**. Alle zwischen Juni 2007 und Juni 2008 von diesen Unternehmen verschickten Nachrichten wurden in die Analyse einbezogen, mit Ausnahme der an weniger als hundert Personen verschickten Nachrichten und der Nachrichten mit personalisierter Betreffzeile [4]. Diese Analyse beinhaltete

568,7 Millionen E-Mails aus 2.365 Kampagnen. Die Öffnungsrate von E-Mails wurde als Unique Öffnung/(versendete Multipart-E-Mails + versendete HTML-E-Mails) berechnet. Klicks wurden als Gesamtanzahl an Klicks/ Gesamtzahl versendeter E-Mails berechnet. Nachfolgend dieselbe Analyse für eine andere Branche, der Dienstleistungsbranche. Diese Analyse beinhaltete 17,516 Millionen Kampagnen und mehr als 507,3 Millionen E-Mails. Es gibt in dem Bereich der Dienstleistungsbranche sehr viel mehr Kampagnen als bei der Versandhandels-Analyse, da in dieser Branche mehr Trigger-Mails auf Basis von Kundeninteraktion versendet werden.

Aus der Untersuchung ging hervor, dass E-Mails mit längeren Betreffzeilen in beiden Branchen weniger häufig geöffnet werden und mit geringeren Klickraten einhergehen. Abgesehen von einigen wenigen Ausnahmen besteht nur ein ziemlich schwacher Zusammenhang zwischen Betreffzeilenlänge und E-Mail-Effizienz. So sehr das Mantra der kurzen Betreffzeilen auch heruntergebetet wird: Offenbar hat die Länge einer Betreffzeile im Allgemeinen weniger Bedeutung als angenommen. Veröffentlichungen geben Empfehlungen zur maximalen Länge einer E-Mail-Betreffzeile: 35, 50, 60 oder sogar 70 Zeichen. Ein guter erster Schritt besteht darin, anzuerkennen, dass die Entscheidung zum Öffnen einer E-Mail von den ersten 38 - 47 Zeichen der Betreffzeile abhängig ist. Das Problem hat jedoch weniger damit zu tun hat, eine Betreffzeile von 38 - 47 Zeichen Länge zu erstellen, als vielmehr damit, dass diese ersten 38 - 47 Zeichen die wesentlichen Informationen enthalten.

Das Wichtigste am Anfang

Betreffzeilen: Jenseits der Längenbetrachtung

Betrachten Sie die folgenden beiden Betreffzeilen:

Betreffzeile 1:
„Dieses Wochenende bei Ihrem XYZ-Händler: Sonderrabatte auf Damenbekleidung"

Betreffzeile 2:
„Sonderrabatte auf Damenbekleidung bei Ihrem XYZ-Händler nur diesesWochenende!"

Diese beiden fiktiven Betreffzeilen sind gleich lang, haben jedoch eine unterschiedliche Struktur:

Betreffzeile 1:
Zeit, Marke, Vorteil, Warengruppe.

Betreffzeile 2:
Vorteil, Warengruppe, Marke, Zeit.

Es ist wahrscheinlich, dass die Effizienz dieser beiden Betreffzeilen unterschiedlich ist. Ohne jedoch Marke und Zielgruppe zu kennen, lässt sich nur schwer sagen, welche effizienter ist. Die daraus gewonnene Erkenntnis lautet, dass Anordnung und Auswahl von Begriffen wichtiger sind als die allgemeine Länge.

Ein weiteres Beispiel:

Betreffzeile 1:
„Letzte Gelegenheit zur Bestellung für Valentinstag diesen Mittwoch: Jetzt bestellen"

Betreffzeile 2:
„Nur noch 48 Stunden bestellen für garantierte Lieferung am Valentinstag"

Betreffzeile 2 ist kürzer und verwendet eine Zahl, was in vielen Augen als Best Practice gilt. Dennoch steigerte der Blumenhändler, der eine E-Mail mit Betreffzeile 1 verschickte, damit seine Verkäufe um 23 Prozent. Warum? Wahrscheinlich, weil die erste Betreffzeile einen absoluten Termin nennt („diesen Mittwoch") gegenüber dem relativen Termin („nur noch 48 Stunden") in der zweiten Betreffzeile.

Die zweite Betreffzeile entstand aus der Perspektive des Unternehmens – 48 Stunden ab dem Zeitpunkt des Versands der E-Mail, nicht 48 Stunden ab dem Lesen der Betreffzeile. Die erste Betreffzeile war also weniger verwirrend für den Kunden [5]. Ein weiterer Grund für die größere Effizienz der ersten E-Mail ist die frühere Verwendung des Wortes Valentinstag in der Betreffzeile und die Formulierung „Letzte Gelegenheit", die eine gewisse Dringlichkeit vermittelt.

Zwei Aspekte sind hierbei zu beachten: Erstens können Betreffzeilen einen erheblichen Einfluss auf Ihren Umsatz beziehungsweise Gewinn haben und zweitens lassen sich Betreffzeilentests mit Zeitfaktor in der Praxis teilweise schwer realisieren. Entfernt man ein Wort aus einer Betreffzeile oder ersetzt man es mit einem kürzeren Synonym, verändert sich die allgemeine Bedeutung und die Effizienz der Nachricht.

Hier ein letztes Beispiel:

Betreffzeile 1:
„USA erwartet Mangel an Allgemeinchirurgen"

Betreffzeile 2:
„29.4.2008: USA erwartet Mangel an Allgemeinchirurgen"

Einzelne Elemente können Wirkung verstärken

Der einzige Unterschied zwischen diesen beiden Betreffzeilen ist das Datum am Beginn der Betreffzeile. In diesem Fall wurde die E-Mail mit Betreffzeile 2 häufiger geöffnet und verzeichnete mehr Klicks. Einfach ausgedrückt rechtfertigt sich eine längere Betreffzeile gelegentlich dadurch, dass ein Element zu einer größeren Reaktion führt. Weitere Beispiele für dieses Phänomen sind die Einbeziehung der Marke oder die Personalisierung in der Betreffzeile.

Schlussfolgerung

Unsere Faustregel zur Formulierung von Betreffzeilen lautet:

- Bringen Sie die wichtigsten Informationen alle am Anfang der Betreffzeile.
- Halten Sie die Betreffzeile so kurz wie möglich, um Ihre Botschaft zu vermitteln.
- Verwenden Sie längere Betreffzeilen nur aus gutem Grund, denn trotz aller Erfahrungen gilt: Ausnahmen bestätigen die Regel.
- Führen Sie im Zweifelsfall einen Test durch.

Literatur

[1] Der Email Marketing Benchmark Guide 2008 von MarketingSherpa (S.185) berichtet, dass die Verwendung von Betreffzeilentests bei Unternehmen, die von der Branche oder dem Marktsegment abhängig sind, relativ weit verbreitet ist (80 - 95 Prozent). Es wird jedoch nicht erwähnt, wie häufig diese Unternehmen Betreffzeilentests durchführen. Nach Erfahrung von Epsilon International testen Unternehmen die Betreffzeilen gelegentlich, aber nicht regelmäßig.

[2] Internal Epsilon Research

[3] Die Korrelation misst die Stärke und Richtung der linearen Beziehung zwischen zwei Variablen. Die Messung erfolgt auf einer Skala von -1 bis +1, wobei die Korrelation -1 einen perfekten negativen Zusammenhang darstellt (da eine Variable zunimmt und die andere im selben Maße abnimmt) und +1 ein perfekter positiver Zusammenhang ist. Korrelation 0 bedeutet, dass kein linearer Zusammenhang zwischen den Variablen existiert.

[4] Durch ein personalisiertes Element bekommt die Betreffzeile eine variable Länge.

[5] Vorausgesetzt, die Leser öffneten die E-Mail in dieser Woche. Sollten sie sie erst in der folgenden Woche geöffnet haben, könnten sie glauben, dass damit der Mittwoch der folgenden Woche gemeint ist. Ein Test des aktuellen Tags des Monats mit dem Wochentag ist hier die wohl beste Option.

GESTALTUNG ERFOLGREICHER VERKAUFSMAILS

4

UWE-MICHAEL SINN

Circa 25 Prozent des Umsatzes deutscher Onlineshops werden durch E-Mailings ausgelöst – ein klarer Beleg für die Wichtigkeit des E–Mail-Marketing für das gesamte E-Business. Statt „klassischen" Newslettern spielen daher verstärkt „reine" Abverkaufsmails die Hauptrolle im E-Mail-Marketing-Mix. Aber auch Trigger- und Transactional-Mails haben ihren festen Platz und werden an Bedeutung zunehmen. Besonders hoch sind jedoch die Anforderungen professioneller E-Mail-Marketer an die Optimierung ihrer Abverkaufsmailings.

Entwicklungs-Stufen im E-Mail-Marketing

Aus Opfern wurden Freunde – so könnte man die Evolution des E-Mail-Marketing in wenigen Worten zusammenfassen:

Schüsse ins Blaue: E-Mail-Marketing 1.0

In den Anfangszeiten des E-Mail-Marketing glich der elektronische Kundendialog einer Entenjagd: Mailings der Generation 1.0 entsprachen häufig einem ungezielten Schuss in einen Schwarm Enten. Weder hatten die Vögel jemals eingewilligt, dass sie beschossen werden wollten. Noch kannten die Jäger ihre Zielobjekte. Kein Problem: Flogen die Vögel weg, wartete man einfach auf den nächsten Schwarm. War die Zahl der Enten groß genug und feuerte man nur genügend Schüsse ab, erzielte man auch ausreichend Treffer.

Der Souvenirladen: E-Mail-Marketing 2.0

Was haben Souvenirläden und E-Mail-Marketing 2.0 gemeinsam? Beiden bieten Menschen an der richtigen Stelle zum richtigen Zeitpunkt etwas Passendes an. Dabei hat der Empfänger die Möglichkeit, sich entsprechend seiner Interessen bestimmten Gruppen anzuschließen – stets in der Erwartung, vom Sender interessanten Content zu erhalten. Jeder Sender sollte daher Inhalte produzieren, die für die Empfängergruppen eine möglichst hohe Relevanz besitzen. Die Beobachtung der Entwicklung der Gruppen und deren Klickverhalten geben Absendern hier wertvolles Feedback über den Erfolg seiner E-Mail-Marketing-Maßnahmen.

Interessante Inhalte als Schlüssel zum Erfolg

Austausch unter Freunden: E-Mail-Marketing 3.0

Freunde kennen sich. Sie tauschen sich aus, lernen voneinander und unterstützen sich. So funktioniert E-Mail-Marketing 3.0: Der Sender wertet persönliche

http://www.marketing-boerse.de/Experten/details/Uwe-Michael-Sinn

Empfänger besser kennen lernen

Feedbacks seiner Empfänger aus. Dabei fragt er: Wird eine E-Mail geöffnet? Klickt der Empfänger? Welche Wege geht er im Webshop? Welche Themen sind für ihn besonders wichtig? Werden Informationen weitergegeben? Die Auswertung erfolgt also hoch individuell, um eine ganz persönliche Kundenansprache zu entwickeln.

Wer heute professionelles E-Mail-Marketing betreibt, für den sollte die Version 1.0 ins Museum gehören. Es sei denn, er will zukünftig komplett auf E-Mail-Marketing und seine Vorteile verzichten. 2.0 sollte Standard sein und E-Mail-Marketing 3.0 ins Auge gefasst werden.

Das Zauberwort: Relevanz

„Wir bekommen alle zu viele E-Mails", ist ein häufig gehörter Satz. Das Thema Relevanz wird damit zum alles entscheidenden Faktor für erfolgreiches E-Mail-Marketing. Was folgt daraus?

- Die Verteilergröße ist nicht relevant – sondern „aktive Empfänger" – Menschen, die Mailings öffnen und (hoffentlich) klicken und kaufen.
- Der Fokus bewegt sich hin zur Messung des Kundenwertes. „Messbarkeit" im E-Mail-Marketing wird damit relativiert.
- E-Mail-Marketing ist weiterhin eine der günstigsten Kommunikationsformen. Aber es ist nicht kostenlos. Der Versand über professionelle Anbieter, die Systeme für relevante Mailings bereitstellen, kostet Geld. Vor allem aber kostet die Produktion der Inhalte und das Projektmanagement der zahlreicher werdenden Kampagnen – das ist mit Abstand der größte Posten.

Gute Kampagnen sind aufwendig

- Dauerhaft erfolgreiches E-Mail-Marketing ist nur möglich, wenn relevante Inhalte zielgerichtet an die Empfänger geschickt werden. Dies ist in erster Linie eine Prozess- und Organisationsfrage. Dabei sollte die Produktion von Inhalten aus Kostengründen so schlank und gleichzeitig so hochwertig wie möglich gestaltet werden.

Relevanz entscheidet über den Erfolg eines E-Mailings. Eine sehr gute Lösung hierfür bietet iTunes. Der Musik-Downloadstore geht davon aus, dass jemand, der Musik eines Künstlers geladen hat, sich dafür interessiert, wenn dieser Musiker ein neues Album veröffentlicht:

Der entscheidende Satz in diesem Mailing: „Da Sie bereits zuvor Musik von Moby bei iTunes geladen haben, interessiert Sie vielleicht auch das neue Album ‚Go – The very best of Moby'". Ja, es interessiert – zumindest einen Großteil der Empfänger.

Auffällig ist, wie offen iTunes damit umgeht, dass man die Mailings auf Basis früherer Käufe verschickt: „Da Sie bereits zuvor Musik von Moby bei iTunes gekauft haben ....". Manche Menschen könnten sich „ausgehorcht" vorkommen. Aber warum eigentlich nicht? Oft sorgt Transparenz im Umgang beim Empfänger für ein „besseres Gefühl“. Und wer den Satz „... bereits zuvor Musik von Moby ....“ liest, fühlt sich „abgeholt“ und ernst genommen.

Abb. 1: Zielgruppen-Mails: Wo es hingehen wird.
Beispiel: Musik von Moby bei iTunes.

Individualisierung im Mailing

Im Beispiel oben wird ein E-Mailing individuell für eine bestimmte Zielgruppe produziert. Ein ähnlicher Ansatz: Die Produktion eines „Standard-Mailings“ für eine größere Zielgruppe innerhalb dessen einzelne Teile individualisiert werden.

Der Drucker-Hersteller Epson nutzt dies beispielsweise. Abhängig vom Kauf des Kunden, wird das Mailing an verschiedenen Stellen individualisiert:

Personalisierung mit Bild und Text bereits gekaufter Produkte

- Name des Druckers
- Bild des Druckers
- Passende Drucker-Patrone

Die zur Personalisierung notwendige Funktionalität enthält jedes moderne E-Mail-Marketing-System. Diese Technik kann fast immer angewandt werden: Mit ihr lassen sich bei überschaubarem Aufwand individuelle und damit relevante Mails erstellen. Dazu werden nur Teile eines Mailings auf den Empfänger abgestimmt. In einem Abverkaufs-Newsletter etwa die zu seiner Einkaufs-Historie passenden Sonderangebote. Zur Auswahl dieser Artikel können „Recommendation Engines“ genutzt werden.

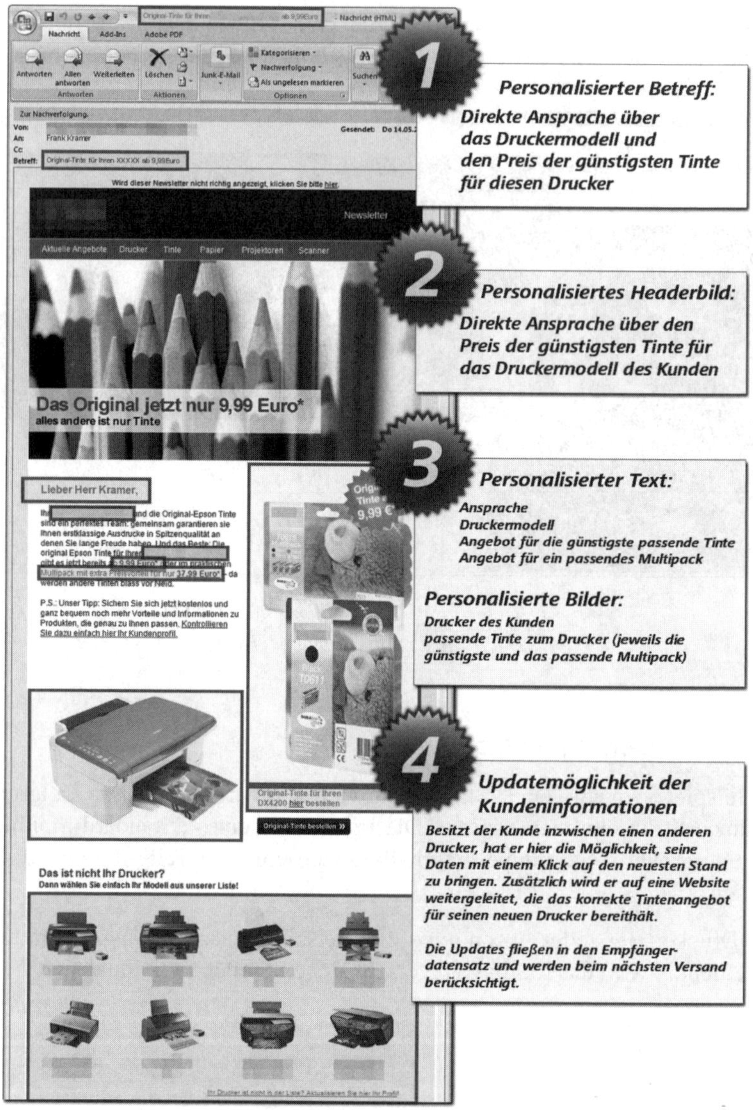

Abb. 2: Epson-Mailing mit individuellen Tinten-Angeboten

Berücksichtigung des Lebenszyklus

Neue Empfänger anders ansprechen als Stammleser

Traditionelles E-Mail-Marketing geht von einem regelmäßigen, für alle Empfänger im Wesentlichen gleichen Rhythmus der Mailings aus. Als zusätzliche Dimension sollte jedoch der Faktor Zeit eingeführt werden. Es macht einen erheblichen Unterschied, ob jemand zum allerersten Mal mit einem Unternehmen in E-Mail-Kontakt steht. Oder ob er bereits seit Jahren angemailt wird.

Neu-Abonnent: Am Beginn der Kommunikation sollten spezielle Opt in Kampagnen stehen. Meist passiert jedoch nichts, wenn jemand neu in einen Newsletter-Verteiler aufgenommen wird. Dabei sind in den ersten acht Wochen nach Opt-in die Öffnungsraten um rund zwanzig Prozent höher als im Gesamtverteiler. Diese Chance sollte genutzt werden, etwa mit speziellen Eröffnungsangeboten, der Abfrage weiterer Informationen oder Umfragen.

Erste acht Wochen zwanzig Prozent mehr Öffnungen

Abonnent im „Standard-Modus": Hier ergeben sich vielfältige Chancen, die Kundenbeziehung zu vertiefen. Dazu zählen zum Beispiel Treue-Aktionen, Abverkäufe zu bestimmten Themen oder zielgruppenspezifische Angebote.

Inaktiver Abonnent: Spezielle Reaktivierungs-Kampagnen mit besonderen Angeboten und/oder E-Mail-Formaten (zum Beispiel „nur-Text" oder besonders preis-aggressive Angebote).

Besonders erfolgreich sind Opt-in-Kampagnen. Sie sollten Teil jeder E-Mail-Marketing-Konzeption sein.

Trigger-Mails

Trigger-Mails sind hochrelevant für den Empfänger, weil sie immer auf Basis eines bestimmten Ereignisses verschickt werden. Typische Beispiele für Trigger-Mails sind:

- Geburtstagsmailings,
- Gewisse Zeit seit letzter Bestellung vergangen,
- Warenkorb-Abbrecher-Mails,
- Begrüßungsmail, wenn man einer Community beitritt,
- „Sie sind seit einem Jahr Kunde"-Mails.

Sie sind seit einem Jahr Kunde

Aus drei Gründen sind Trigger-Mails so erfolgreich:

1. **Relevanz**: Man trifft den Empfänger in einer speziellen Situation und kann relevanten Mehrwert bieten, ohne aufdringlich zu sein.

2. **Automation**: Ist einmal eine „Brücke" zwischen den Systemen geschaffen, sind Trigger-Mails recht schnell eingerichtet. Im Optimalfall kann eine Trigger-Mail eine Kombination aus Standardtexten und dynamisch eingespielten Inhalten (zum Beispiel tagesaktuelle Sonderangebote) sein.

3. **Anwendungsbreite**: In jedem Unternehmen finden sich Dutzende von Anwendungsfällen.

Trigger-Mails sind das Thema der nächsten Jahre im E-Mail-Marketing, denn: Sie bieten die Chance, völlig automatisiert Abverkaufs-Impulse zu setzen. Sie werden damit immer mehr zum „Grundrauschen" der E-Mail-Kommunikation.

Zur Planung von Trigger-Kampagnen kann eine einfache Excel-Tabelle genutzt werden. Sie umfasst folgende Spalten:

- Trigger: Was ist der Auslöser (etwa Warenkorb-Abbruch)?
- Definition: Was genau löst aus (Warenkorb-Abbruch über 100 Euro)?
- Trigger 1: Welche Trigger-Aktion wird ausgelöst? Genaue Definition.
- Optional: Trigger 2, 3 - n.

Blickverlaufsanalysen: perfektes E-Mail-Design

Blickverlaufs-Analyse lohnt sich

Bei vielen großen Zeitschriftenkampagnen werden Blickverlaufsanalysen mit Augenkameras zur Anzeigen-Optimierung durchgeführt. Bei E-Mailings hat sich dieses Verfahren noch nicht durchgesetzt. Der Grund: Die Kosten für eine professionell durchgeführte Blickverlaufsanalyse betragen deutlich über eintausend Euro – die sich jedoch lohnen.

Die wichtigsten Erkenntnisse aus Blickverlaufsanalysen:

- Der Leser fixiert zwei oder drei Punkte in der E-Mail – die so genannten „Fixationspunkte". Im Vergleich zu Print ist das wenig.
- „Unwichtige" Information darf daher keine besondere Aufmerksamkeit erzielen sonst leidet eine wichtigere Info. Beispiele zeigen, dass eine besonders auffällig gestaltete aber inhaltlich belanglose Überschrift dazu führte, dass der wichtigere Text weniger gelesen wurde. Ähnliches gilt für eine Grafik, die vom eigentlichen Inhalt ablenkt.
- Bilder von Menschen werden besonders intensiv erfasst.
- Die oberen drei Zentimeter erhalten die meiste Aufmerksamkeit – vor allem links oben. Dort sollte die relevanteste Information stehen.
- Der Satzanfang findet die größte Beachtung: Ein idealer Platz für wichtige Infos. Beispiel: Statt „80 Jahre Quelle – 25 Prozent Rabatt auf alles" sollte dort „25 Prozent Rabatt auf alles – Quelle wird 80!" stehen.

Bilder sollten verlinkt werden – aber nicht nur die

- Menschen klicken überall hin – nicht nur auf Links. Konsequenz: Mehr Klickmöglichkeiten anbieten. Auf jeden Fall müssen Bilder verlinkt werden. Auch Überschriften sowie Preis-Informationen werden sehr gerne geklickt. Tipp: Vermeiden Sie, alles zu verlinken – zu große Linkanteile werden von vielen Spamfiltern negativ bewertet.
- Die beliebten Menüs sind – wenn sie die gesamte Breite der E-Mail einnehmen – oft eine perfekte Mauer, die dafür sorgt, dass nicht weiter nach unten gelesen wird. Menüs sollten in eine Randspalte gesetzt werden.

Jeder Klick zählt: der optimale Call-to-Action

Ihr Mailing ist „nur" der Auslöser für eine Aktion: Die eigentliche „Conversion" findet auf der Landeseite statt. Entscheidend für den Erfolg eines Mailings ist daher der „Call-to-Action" (CTA). Er führt Leser auf die Landeseite, auf der sie ihre Transaktion abschließen können.

Der meist-genutzte Call-to-Action: „Hier klicken“. Kurz, knapp, allgemein bekannt – eigentlich perfekt. Nein, leider gar nicht perfekt:

„Hier klicken“ beantwortet die alles entscheidende Frage des Lesers nämlich nicht: „Was hab ich davon?“ „Hier klicken“ beschreibt zudem nicht, was Sie vom Leser möchten. Er soll ja nicht klicken, sondern kaufen oder: mehr Informationen einholen, an einer Umfrage teilnehmen. Ein Call-to-Action besteht aus drei Elementen:

Warum soll jemand „hier klicken!“?

1. Der eigentlichen Aktion.
2. Der Worte, die Sie nutzen, um die Aktion zu beschreiben.
3. Die optische Erscheinung des CTA (handelt es sich um einen Link oder ein Image?).

Stefan Pollard von den amerikanischen E-Mail-Labs hat den perfekten Call-to-Action erforscht. Seine Erkenntnisse sind in acht Tipps zusammenzufassen, die in den meisten Fällen zu einer deutlich besseren Klickrate führen:

Tipp 1: Berücksichtigen Sie, was im Kopf des Lesers vorgeht.
Was möchte Ihr Leser wissen, wenn er auf den Link klickt? Bei einem redaktionellen Newsletter will er den Artikel lesen. Konsequenz: „Ganzen Artikel lesen“ ist ein aussagekräftiger Call-to-Action. Beim Verkaufsmailing soll er kaufen. „Jetzt kaufen“ kann funktionieren, ist aber eine große Hürde, denn: Viele Kunden möchten sich erst einmal informieren. Also: „Mehr Infos“ oder „Klicken Sie hier für Produktdetails“. Passen Sie den CTA an die Position des Sales-Cycles an, in der sich der Käufer gerade befindet.

Tipp 2: Beantworten Sie die „Was hab ich davon?"-Frage.
Marketing – ob Online oder Offline, ob E-Mail oder ein anderes Medium – dreht sich um diese Frage. Keiner klickt nur, weil „hier klicken“ in der E-Mail steht. Marketer, die verkaufen wollen, tun gut daran, den Call-to-Action auf die dazugehörige Landeseite abzustimmen. Ein Beispiel: Werden auf der Landeseite viele Varianten des Produkts dargestellt, könnten Sie schreiben: „Alle zehn Varianten anzeigen“. Oder Sie: „Hier klicken für Produktdetails der Premium-Version“. Schreiben Sie so deskriptiv wie möglich, heben Sie den „Informationsvorsprung“, den man durch Klicken auf den Link erhält, klar hervor.

Tipp 3: Bieten Sie mehr als einen Link an.
Leser klicken überall hin: Besonders häufig werden Bilder angeklickt – diese sollten Sie unter allen Umständen verlinken. Dasselbe gilt für Überschriften. Aber auch im Fließtext werden Links gerne geklickt: Stellen Sie wichtige Satzteile wie den Produktnamen, oder wichtige Vorteile des Produktes als Link dar!

Tipp 4: Nutzen Sie Fett-Druck, formatieren Sie Ihren Text!
E-Mails werden nicht gelesen, sie werden überflogen. Deshalb: Schreiben Sie wichtige Worte und Satzteile fett. Verstecken Sie den Call-to-Action nicht. Heben Sie ihn deutlich hervor. Dafür eignen sich Fettung, Farbe, eine

Mit Fettschrift hervorheben

größere Schrift oder ein Abheben vom restlichen Text mit einem zusätzlichen Zeilenumbruch.

Tipp 5: Experimentieren Sie mit der Position des CTA in Ihren Mailings!
Meistens steht der Call-to-Action unten im E-Mailing. Das ist alles andere als ideal. Menschen lesen E-Mailings anders, sie springen hin und her. Positionieren Sie den Call-to-Action so, dass er im Vorschaufenster (das nutzen viele Leser, um zu entscheiden, ob sie die Mail überhaupt öffnen) zu sehen ist.

Tipp 6: Nutzen Sie NIE nur eine Grafik als Call-to-Action.
Immer mehr E-Mail-Programme blockieren zunächst alle Bilder. Besteht der Call-to-Action nur aus einem Bild, haben Sie Pech gehabt. Bieten Sie immer auch alternativ einen oder mehrere „normale" Links an.

Falls Sie anklickbare Images als CTA nutzen: Machen Sie diese Bilder nicht zu klein. In größeren Grafiken können klickbare „Regionen" hinterlegt werden. Verlinken Sie ruhig das ganze Bild – oder wenigstens große Teile davon. Der Klickrate nutzt es auf jeden Fall.

Testverfahren

Abgesehen von trivialen Betreffzeilen-Tests laufen die meisten Tests nach einem recht einfachen Schema ab:

1. Sie entwickeln eine Mail in zwei Varianten.
2. Sie versenden diese Varianten an eine Testgruppe.
3. Sie warten ein paar Stunden und versenden die „Sieger-Variante" dann an den Rest-Verteiler.

Dieses Verfahren ist gut und vielfach erprobt. Doch es hat Mängel:

1. **„multivariate Tests"** – also Tests bei denen eine Kombination verschiedener Varianten getestet werden – sind wegen des Aufwandes nahezu unmöglich.

2. Es bedeutet, vor allem bei eng getakteten Mailing-Abfolgen, einen gewissen Zeitverzug.

3. Die Größe des Testverteilers lässt sich zwar berechnen. Da die Klickrate vorab jedoch unbekannt ist, kann dies immer nur ein Näherungswert sein.

Tests sind nötig, verursachen aber Mehraufwand und Zeitverzug

4. Diese Tests sind mit einem erheblichen **Organisations-Aufwand** verbunden, man spart sie sich daher häufig.

Es geht jedoch auch eleganter:

1. Sie selbst oder eine Agentur für professionelles E-Mail-Marketing erstellen ein Design.

2. Die zu testenden Bereiche des Designs – vor allem der Call-to-Action, die Darstellung von Top-Produkten und Störern – werden in verschiedenen Varianten gestaltet.

3. Diese Varianten werden in ein spezielles Test-System geladen
4. Der Clou: WÄHREND Sie die Mail versenden, schickt dieses System an jeden Empfänger eine andere Kombination.
5. Gleichzeitig werden die Klicks auf die Testbereiche der Mail gemessen.
6. Hat eine Kombination einen statistisch relevanten „Vorsprung" vor anderen Kombinationen erreicht, wird für alle weiteren Empfänger nur noch diese Kombination ausgeliefert.

Mit solchen Systemen (die in professionelle E-Mail-Marketing-Software integriert werden können) ist es möglich, multivariate Tests sinnvoll durchzuführen. Mit messbarem Erfolg: Etliche Kombinationen, auf die man selbst mit dem üblichen „Bauchgefühl" niemals kommen würde, erweisen sich als hochwirksam. Und eine Steigerung der Conversion-Rate bedeutet bei einem entsprechenden Verteiler sofort eine Umsatz- und Ertrags-Steigerung um Tausende von Euro.

Multivariate Tests sind effizienter

Literatur

www.marketingsherpa.com: Website des gleichnamigen renommierten amerikanischen Marktforschungsinstitutes

www.emailmarketingblog.de: Blog zu aktuellen Trends, Studien und Entwicklungen im E-Mail-Marketing weltweit von Nico Zorn

www.rabbit-emarketing.de/knowhow/unser-wissen-fuer-sie/fallstudien-bestellen: Fallstudien zur Illustration des Beitrags auf der Website des Verfassers Uwe-Michael Sinn

SEGMENTIERUNG UND PERSONALISIERUNG

DIRK PLOSS

4

„Märkte sind Gespräche. Märkte bestehen aus Menschen, nicht aus demografischen Daten. Gespräche zwischen Menschen klingen menschlich. Sie werden mit einer menschlichen Stimme geführt." So lauteten die ersten drei der 95 Thesen des „Cluetrain Manifest", das im Jahr 1999 erschien und als einer der Wegbereiter des One-to-One-Marketings gelten darf.

Personalisierung – Was heißt das eigentlich?

Heute, im Jahre 2009, steht Personalisierung jedoch immer noch allzu oft für uniforme, massenhaft verschickte Botschaften, die nur in der Anrede persönlich ausgestaltet werden. Nicht selten folgt hinter dem persönlichen „Guten Tag, lieber Herr Ploss!" eine Auflistung irrelevanter Belanglosigkeiten, lieblos dargestellt und ohne jede Relevanz für mich oder mein Umfeld. Genau dort jedoch, beim Inhalt und der Aufmachung einer werblichen Botschaft, setzt Personalisierung an. Denn die persönliche Anrede ist mittlerweile nur noch eine Basisanforderung ohne nennenswerten Einfluss auf Öffnungs- und Klickraten.

Personalisierung ist der Versuch, im E-Mail-Marketing eine maximale **Relevanz** der werblichen Botschaften für den Empfänger zu erreichen. Personalisierungsbemühungen gehen von der Überlegung aus, dass jeder Mensch ein Individuum mit einem ganz spezifischen Mix aus Bedarf und Bedürfnissen ist. Dass sich jeder in einer ganz eigenen Lebensphase befindet und auch über ein einzigartiges soziodemografisches und psychologisches Profil verfügt. Personalisierung versucht, auf all diese Aspekte einzugehen.

Die Ziele, die mit der Personalisierung verfolgt werden, sind recht überschaubar – im Wesentlichen gibt es ihrer drei:

Ziel Nr. 1: Absatzförderung

Wenn die Marketingbotschaften eine höhere Relevanz haben und die Inhalte dem einzelnen Empfänger passgenau ausgeliefert werden, bekommt eine werbliche E-Mail nicht nur höhere Aufmerksamkeit, sondern wirkt sich auch auf die **Abschlusswahrscheinlichkeit** aus. „Genau, was ich gesucht habe!" beziehungsweise „Genau, was ich brauche!" sind die Empfindungen, die man beim Leser auslösen möchte. Das Ziel der Absatzförderung ist das Kernziel der meisten im E-Commerce tätigen Unternehmen.

Mehr verkaufen mit passgenauen E-Mails

Ziel Nr. 2: Kundenbindung

Der wichtigste Bestandteil des **Customer-Relationship-Management** (CRM) ist nicht das Management, sondern die Kundenbeziehung. Auf die Bedürfnisse

http://www.marketing-boerse.de/Experten/details/Dirk-Ploss

und Wünsche des Kunden einzugehen, ihn als einzigartiges Individuum wahrzunehmen und zu behandeln und ihm nichts anzubieten, was ihn nicht interessiert – all das wirkt sich positiv auf die Kundenbeziehung aus. Ein Kunde wird im Zweifel immer wieder dort einkaufen, wo er sich verstanden und ernstgenommen fühlt. Hat er dagegen den Eindruck, nur „einer unter vielen" zu sein, so wendet er sich früher oder später vom Unternehmen ab.

Ziel Nr. 3: Reputation

Den Kunden die Wahl lassen

Natürlich kann Personalisierung im E-Mail-Marketing dazu eingesetzt werden, das Image eines Unternehmens positiv zu beeinflussen. Individuell einstellbare **Versandfrequenzen** beispielsweise haben einen positiven Effekt auf das Bild, das der Empfänger vom Unternehmen hat: Ganz offensichtlich ist dem Unternehmen der einzelne Kunde wichtig. So wichtig, dass ihm selbst die Wahl gelassen wird.

Was lässt sich personalisieren?

In den meisten Fällen sprechen wir im Zusammenhang mit Personalisierung von der Personalisierung der Botschaft an sich – also zum Beispiel dem Empfehlen von passenden Zubehörartikeln nachdem ein Kunde sich einen neuen Computer gekauft hat. Seltener, jedoch auch möglich ist natürlich die Personalisierung des Absenders – so kann zum Beispiel der jeweils zuständige Vertriebs- oder Servicemitarbeiter zum Absender für seine Kunden werden.

Zusätzlich lassen sich jedoch eine ganze Reihe anderer Aspekte des E-Mail-Marketings für den einzelnen Kunden maßschneidern. So lassen sich personalisieren:

Formate

Was soll dem Kunden oder Interessenten geschickt werden? Viele Unternehmen verfügen nicht nur über einen, sondern mehrere verschiedene **Newsletter-Typen** – seien es Schnäppchen-Tipps, Markenangebote, redaktionelle Ausgaben oder Neuheiten. Da im Zweifel jedoch nicht jeder Abonnent gleichrangiges Interesse an all diesen Publikationen hat, erscheint eine Personalisierung durchaus sinnvoll.

Häufigkeit

Versandfrequenz frei wählen lassen

Wie oft soll dem Empfänger eine werbliche E-Mail zugestellt werden? In Deutschland gibt es Unternehmen, die schicken ihren Newsletter-Abonnenten bis zu neun Ausgaben pro Woche – also mehr als eine pro Tag. Ist einem Empfänger das zu viel, hat er oftmals nur die Möglichkeit, sich vollständig aus dem E-Mail-Verteiler auszutragen. Besser wäre eine Personalisierung: Diese ließe hier persönliche **Präferenzen** und Frequenzen festlegen.

Dabei muss sich die Personalisierung nicht zwangsweise nur auf die Häufigkeit an sich beziehen; genauso denkbar ist es auch, E-Mails anlassbezogen zu versenden. In einem solchen Falle könnte der Kunde oder Interessent beispielsweise angeben, dass er immer dann E-Mails vom Unternehmen erhalten möchte, wenn ein neues Produkt erschienen ist, neues Zubehör zu seinen bisherigen Einkäufen erscheint oder sich der Preis eines Produktes ändert.

Inhalte

Mit welchen Inhalten soll der Leser angesprochen werden? Im E-Mail-Marketing kann grundsätzlich zwischen so genannten „breiten" und „spitzen" Inhalten unterschieden werden. Breite Inhalte sind klassische Massenkommunikation – hier erhalten alle Empfänger die gleichen Themen. Spitze Inhalte dagegen werden nur an bestimmte Teilgruppen oder Einzelpersonen gesendet. Ein Beispiel dafür sind **Neukundengutscheine** – diese an Bestandskunden zu versenden, ergibt relativ wenig Sinn, daher sollte ein solcher Inhalt selektiert – sprich: personalisiert – versendet werden.

Gutscheine nur an Neukunden oder Interessenten

Bei der Personalisierung der Inhalte besteht sicherlich der größte Spielraum aller Personalisierungsmöglichkeiten. Ob Themen, Sortimente, individuelle Preise, Angebote oder Promotion-Tools; beinahe alles einer E-Mail lässt sich für den Empfänger individuell maßschneidern. Manche Unternehmen sind mittlerweile sogar dazu übergegangen, die Inhalte einer E-Mail erst in dem Moment zu erstellen, in dem die E-Mail geöffnet wird. Dies funktioniert über den Einsatz individueller Bildpfade oder Bildnamen, in denen eine Kundenidentifikationsnummer integriert wurde. Wird die E-Mail geöffnet und beispielsweise das Bild „kid1234567_angebot1.jpg" geladen, erzeugt eine auf dem Versandsystem arbeitende Software das Bild anhand des Kundenprofils im Moment des Abrufs.

Aufmachung

Auch das „wie", also das Aussehen eines Newsletters und seiner Inhalte lassen sich personalisieren. Zwar geschieht dies aufgrund von Corporate Design-Vorgaben relativ selten, doch kann eine unterschiedliche Aussteuerung von Grafiken und Texten anhand spezifischer Kundenmerkmale durchaus sinnvoll sein. Die Palette der Möglichkeiten reicht dabei von einfachen Mann-/Frau-Unterscheidungen über regionale Gegebenheiten bis hin zu **Bilderwelten**, die je nach psychografischem Profil unterschiedlich ausgesteuert werden. Ebenso in dieser Kategorie anzusiedeln ist die so genannte Bildpersonalisierung, bei der zum Beispiel der Name des Empfängers als Gestaltungselement innerhalb eines Bildes genutzt wird.

Auslieferung

Wann sollten die E-Mails an den Empfänger gesendet werden? Auch der **Zeitpunkt** eines E-Mail- oder Newsletter Versands lässt sich personalisieren. Manche Empfänger erhalten E-Mails lieber im Büro, andere dagegen am Wochenende. Wieder andere schauen nur ein- oder zweimal pro Woche in ihr E-Mail-Postfach; auch dann sollte das Unternehmen diese Zeitpunkte kennen. Schließlich ist es sehr ärgerlich, wenn ein Kunde eine E-Mail erst dann öffnet, wenn das darin ausgelobte Sonderangebot schon nicht mehr gültig ist.

Morgens ins Büro oder abends nach Hause senden?

Ziele

Schlussendlich lässt sich auch personalisieren, was nach einem Klick auf einen Link in der E-Mail geschehen soll. Soll auf eine Landing-Page oder Microsite eingesprungen werden, soll ein Artikel direkt in den Warenkorb gelegt werden oder sollen alternative Produkte mit angezeigt werden?

Wie kann eine Personalisierung erfolgen?

Explizite oder implizite Personalisierung?

Es muss grundsätzlich unterschieden werden, auf welcher Basis personalisiert werden soll. Im Wesentlichen werden dabei zwei Verfahren angewendet. Entweder kann der Empfänger selbst Einfluss nehmen (explizite Personalisierung) oder aber das Unternehmen nimmt die Personalisierung zum Beispiel anhand seines bisherigen Einkaufsverhaltens vor (implizite Personalisierung). Während die explizite Personalisierung rechtlich unkritisch ist und eher aus Praktikabilitätsgesichtspunkten beleuchtet werden muss, bedarf es bei der impliziten Personalisierung des Einverständnisses des Empfängers. Ohne Wissen des Kunden sein Öffnungs-, Klick- oder Einkaufsverhalten zu speichern und zu verarbeiten, kann den Tatbestand einer unerlaubten Profilbildung erfüllen.

Betrachten wir zunächst einmal die verschiedenen Ebenen der Personalisierung etwas genauer.

Ebene 1: Implizite Personalisierung auf Basis der Existenz des Nutzers
Jeder Mensch ist anders, eben ein Individuum. Und daher kann allein auf Basis seiner Existenz schon eine Individualisierung der Inhalte, Aufmachung oder Frequenz von E-Mails erfolgen. So hat ein junger Berufsanfänger grundsätzlich andere Wünsche und Möglichkeiten als beispielsweise eine junge Familie oder ein Rentnerehepaar. Für ein Unternehmen ist es daher wichtig zu wissen, in welcher **Lebensphase** sich seine E-Mail-Abonnenten befinden und welche Gruppen ausreichend groß sind, um eine Personalisierung auch wirtschaftlich zu rechtfertigen. Für eine Handvoll frisch Geschiedener innerhalb einer ansonsten überwiegend glücklich verheirateten Kundschaft eine „Extrawurst zu braten", lohnt im Regelfall den Aufwand nicht.

Newsletter für die Schwangerschaft

Typische Lebensphasen von Kunden, die sich näher zu betrachten lohnen, sind: Ausbildung, Studium, Berufsstart, frühe Karriere, feste Partnerschaft, junge Familie, mittlere und späte Karriere, Kinderauszug, Trennung und Scheidung, Eintritt ins Rentenalter. Jede dieser Phasen ist durch einen spezifischen Bedarf- und Bedürfnismix gekennzeichnet, der sich sowohl auf Sortimente als auch auf Preise, Design, Dienstleistungen und Services oder redaktionelle Themen erstrecken kann. Viele Handels- und Markenartikelunternehmen bieten zum Beispiel speziell Newsletter für Schwangerschaft und Babyzeit an, da hier eine sehr spezielle Lebensphase mit hohem Informationsbedarf vorliegt.

Natürlich bietet auch das soziodemografische Profil eines Menschen schon genug Anlässe und Möglichkeiten zur Personalisierung. So reagieren beispielsweise die beiden **Geschlechter** sehr unterschiedlich auf Layouts, Bild- und Sprachwelten. Das Alter bestimmt in vielen Fällen nicht nur über das gewünschte Maß an Informationen, sondern auch über Lesegewohnheiten und bevorzugte Themen. Der Familienstand hat sogar einen ganz maßgeblichen Einfluss auf das Konsumverhalten, ebenso wie Bildung und Einkommen. Liegen diese Daten vor, können schon auf Basis dieser Daten Segmente von Kunden geschaffen werden, die dann unterschiedlich angesprochen werden.

Als dritte Möglichkeit der existenzbezogenen Personalisierung bleiben Psychografie und Lebensstil zu nennen. Sicherlich sind Sie schon mit Sinus-Milieus oder Schober-Lifestyle-Segmenten in Kontakt gekommen. Beide Modelle versuchen Kundengruppen nach sowohl sozio- als auch psychografischen Elementen zu bilden. Auch eine Segmentierung nach der Ausprägung des **limbischen Typs** kann erfolgreich sein. Das limbische System im menschlichen Gehirn bestimmt maßgeblich, wer wir sind und wie wir handeln. Dabei kennt es nur drei grundsätzliche Instruktionen, nämlich „Dominanz“, „Balance“ und „Stimulanz“. Alle drei sind in jedem Menschen angelegt, allerdings in unterschiedlich starker Ausprägung:

Die Sicherheitsbewussten

Menschen mit einer sehr starken **Balanceinstruktion** beispielsweise sind von Natur aus ängstlicher und misstrauischer, sie reagieren sehr stark auf werbliche Motive, die Sicherheit, Vertrauen und Geborgenheit ausstrahlen. Zudem ist diese Gruppe sehr angetan von Testimonials, Kundenbewertungen und Vorschlägen wie „Kunden, die dies kauften, kauften auch…“.

Eine hohe **Dominanzinstruktion** ist bei Menschen vorhanden, die nach Macht und Leistung streben. Sie suchen vor allem den Vorteil für sich selbst und reagieren stark auf Statussymbole, Bildwelten und Sprache sollten kraftvoll und autonom sein.

Menschen mit einer hohen **Stimulanzinstruktion** schlussendlich sind immer auf der Suche nach etwas Neuem, Interessanten. Sie haben eine hohe Affinität zu Gewinnspielen, Rätseln und Onlinespielen. Sie entscheiden aus dem Bauch und fühlen sich von langatmigen Argumentationsketten eher abgestoßen.

Ebene 2: Implizite Personalisierung auf Basis des Nutzerverhaltens

Einer der größten Vorteile des Online-Marketings ist seine **Messbarkeit**. Dies ist vor allem der Tatsache zu verdanken, dass jede Aktion im Internet von Servern getrackt, also in so genannten Logfiles gespeichert wird. Gerade im E-Mail-Marketing beherrschen zudem alle professionellen Versandsysteme detaillierteres Tracking in Bezug auf Öffnungen, Clicks und oftmals auch Conversions. Liegt das Einverständnis des Empfängers vor, können diese Daten natürlich hervorragend für Personalisierungszwecke genutzt werden. Im Wesentlichen lassen sich dabei alle generierten Daten einer von drei Kategorien zuordnen: E-Mail-Nutzungsverhalten, Surfverhalten und Kaufverhalten.

E-Mail-Nutzung, Surf- und Kaufverhalten

Am interessantesten ist sicherlich eine Personalisierung auf Basis der tatsachlichen E-Mail-Nutzung des Empfängers. Fragestellungen sind hierbei zum Beispiel:

- Wie oft hat der Nutzer unsere E-Mails geöffnet?
- Welche Themen und Betreffzeilen hatten die geöffneten E-Mails?
- Wann hat der Empfänger unsere E-Mails geöffnet?
- Wie oft klickt der Empfänger auf enthaltene Links?

- Auf welche Angebote, Themen oder Artikel hat der Nutzer geklickt – was interessiert ihn also so sehr, dass er mehr darüber erfahren möchte?
- Wie affin ist der Empfänger für verschiedene Promotions? Klickt er eher auf Gewinnspiele, Gutscheine, Gratiszugaben, Sales-Aktionen oder Limitierungen?

Aus all diesen Informationen lässt sich ein individuelles E-Mail-Profil für jeden Nutzer erstellen und nutzen.

Einen Schritt weiter lässt sich natürlich auch das **Verhalten** des Empfängers nach einem Klick messen und speichern. Auf Basis dieser Daten lässt sich das empfängerindividuelle Profil noch weiter schärfen:

- Wie lange hat sich der Nutzer mit der Landing-Page oder dem Internetauftritt beschäftigt (Verweildauer)?
- Wie viele Seiten hat er sich nach dem Klick angeschaut?
- Welche Themen oder Sortimente haben ihn besonders interessiert?

Schlussendlich lässt sich – zumindest bei Onlineshops – auch das tatsächliche **Kaufverhalten** speichern und auswerten. Auch hier ergeben sich eine ganze Reihe von personalisierungsrelevanten Fragestellungen:

- Was hat der Kunde gekauft oder angefordert?
- Gibt es Abweichungen zwischen dem Klick- und dem Kaufverhalten?
- Ist der Kunde Erstbesteller, Stammkunde oder Topkunde?
- Hat er Produktbewertungen abgegeben – und wie fielen diese aus?

Welche Artikel sollten zusätzlich angeboten werden?

Hinzu kommen zwei weitere Themenkomplexe, die einer etwas genaueren Betrachtung bedürfen. Da ist zum einen das **Cross-Buying-Verhalten**: Kauft der Kunde Produkte, die Ähnlichkeiten zu bereits gekauften Artikeln haben? Und wenn ja: Sind diese eher ergänzender Natur oder sind sie Ersatzartikel? Wenn es sich um den Ersatz bereits getätigter Käufe handelt – hat der Kunde gleichwertig, höherwertig oder niederwertig gekauft?

Des Weiteren lohnt sich ein vertiefender Blick auf das Thema „Preisbereitschaft“. Gerade im Online-Marketing bietet es sich an, hier auf die individuellen Kundenwünsche und Möglichkeiten einzugehen. Denn genau so, wie es viele Kunden gibt, die einen Artikel wahrscheinlich gekauft hätten, wenn er nur ein bisschen günstiger gewesen wäre, gibt es auch viele Kunden, die bereit gewesen wären, noch mehr für diesen Artikel auszugeben. In beiden Fällen verschenkt ein Unternehmen, das „einen Preis für alle“ bietet, bares Geld.

Eine Möglichkeit zur Ausschöpfung individueller Preisbereitschaften bietet sich zum Beispiel in Form von Bundlings an. Nehmen wir an, Herr Mustermann hat Interesse an den Produkten A und B. Für Produkt A wäre er bereit, 25 Euro auszugeben, für Produkt B dagegen nur 15 Euro. Herr Mustermann öffnet nun unsere E-Mail und sieht dort beide Produkte – Produkt A wird bei uns für 20 Euro angeboten, Produkt B ebenfalls. Dies führt dazu, dass Herr Mustermann nur Produkt A – ein offensichtliches Schnäppchen – kauft und Produkt B als „überteuert“ links liegen lässt. Im Rahmen einer Personalisierung auf Basis individueller Preisbereitschaften hätten wir Herrn Mustermann allerdings auch ein **Bundling** anbieten können: „Kaufen Sie A und B für zusammen nur 40 Euro!“ In diesem Fall hätte Herr Mustermann seine beiden Preisbereitschaften zusammenaddiert, die Gesamtsumme von 40 Euro gesehen und wahrscheinlich beide Produkte gekauft.

Ebene 3: Explizierte Personalisierung auf Basis von Nutzerangaben
Noch immer taucht in Diskussionen rund um das Thema One-to-One-Marketing der Vorschlag auf, dass Kunden nach Möglichkeit alles selbst bestimmen können sollten. Von der Frequenz über die Inhalte bis zur Aufmachen und dem Versandzeitpunkt. Dabei wird jedoch gern die Fragestellung außer Acht gelassen, ob der Kunde dies überhaupt will – schließlich bedeutet jede persönliche Einstellmöglichkeit ein Plus an Komplexität und Aufwand. Große E-Commerce-Anbieter, die zwischen fünf und zwanzig verschiedene Newsletter-Formate anbieten, haben bei dieser Thematik oft das Problem, dass der Kunde die Unterschiede zwischen den einzelnen Formaten nicht einmal versteht.

Ein paar der grundsätzlichen **Einflussmöglichkeiten** sollen hier dennoch näher beleuchtet werden.

Da ist zunächst einmal die Frage nach der Frequenz. Wie häufig möchte der Nutzer von Ihnen E-Mails bekommen? Täglich, wöchentlich, zweiwöchentlich, monatlich, quartalsweise oder nach Bedarf? Da eine gefühlt zu häufige Versendung von Newslettern nach wie vor den Hauptgrund für Abmeldungen darstellen, lohnt sich hier der Einsatz von expliziter Personalisierung in jedem Fall. Dabei muss diese Information nicht zwangsläufig schon bei der Anmeldung erhoben werden; vielmehr besteht eine sinnvolle Möglichkeit auch darin, die **Frequenzauswahlmöglichkeit** entweder in einer Rubrik „Persönliche Newsletter-Einstellungen“ oder aber auf der Abmeldeseite unterzubringen. Sehr viele Kunden und Interessenten wollen sich nämlich nicht unbedingt ganz abmelden sondern nur etwas gegen die Mail-Flut in ihrem Postfach tun.

Vorsicht bei der expliziten Personalisierung

Ein weiteres Feld der expliziten Personalisierung ist das nutzerbestimmte Auswählen von Themen beziehungsweise Inhalten. Die theoretischen Einstellmöglichkeiten sind dabei beinahe grenzenlos, doch sollte immer auf die Übersichtlichkeit der Varianten sowie die Anwendbarkeit durch den Empfänger geachtet werden. E-Mail-Empfänger zur Personalisierung „zu zwingen“ ist genau so wenig ratsam wie eine völlige Überforderung des Kunden durch Dutzende Einstellungsmöglichkeiten. Doch welche Personalisierungsvarianten ergeben hier Sinn? Das hängt ganz vom Geschäftsmodell des Unternehmens ab.

So wird ein Onlineshop beispielsweise Möglichkeiten zur Personalisierung von Sortimenten und/oder Marken sehen, während sich ein Business-to-Business-Dienstleister eher mit Geschäftsfeldern, Regionen oder Veranstaltungen beschäftigen wird. Neben der grundsätzlichen Auswahl von „Themen“ können natürlich auch Anlässe vom Nutzer gewählt oder abgewählt werden. Populär sind hier unter anderem **Neuheitenvorstellungen**, Preissenkungen und Sales oder Ergebnisse von abgespeicherten Suchanfragen.

Neben diesen Ebenen der Personalisierungsmöglichkeiten gibt es natürlich auch ganz handfeste Fragestellungen praktischer Natur, die zu klären sind. Eine der wichtigsten ist dabei die Betrachtung der datentechnischen Fragestellungen.

Wo kommen die Daten für die Personalisierung her?

Da die Antwort auf diese Fragestellung von zu vielen unternehmensindividuellen Gegebenheiten abhängt, möchte ich an dieser Stelle nur kurz die grundsätzlichen Möglichkeiten beleuchten. Im Wesentlichen stehen für die Personalisierung von E-Mails zwei mögliche Quellen zur Verfügung: interne und externe.

Daten zentral zusammen führen

Aktualität ist Grundvoraussetzung

Interne Datenquellen können zum Beispiel das E-Mail-Versandsystem, das Shop-System oder eine Webtrackingsoftware sein, die in der Lage sind, das Verhalten des Nutzers zu messen und aufzubereiten. Wichtig ist hierbei vor allem darauf zu achten, dass sämtliche Daten in einer zentralen Datenbank zusammengeführt werden – ansonsten ist eine Auswertung nämlich ein sehr langwieriger, manueller und damit fehleranfälliger Prozess. Für eine grundsätzliche **Segmentierung** kann natürlich auch mit einem Data-Mining-Tool gearbeitet werden; dies ist vor allem in einer Phase hilfreich, in der es darum geht, ein grundsätzliches Bild über die eigene Kundenstruktur zu haben. Da sich jedoch die Kundendaten und auch das Verhalten des Kunden permanent verändern, besteht eine starke Notwendigkeit zum dauerhaften und automatisierten Tracking. Einen Kunden mit personalisierten Botschaften zu beglücken, deren Grundlage schon völlig veraltet ist (und das kann im Online-Business innerhalb weniger Wochen oder Monate geschehen) ist tatsächlich kontraproduktiv.

Neben den internen Datenquellen kann selbstverständlich auch auf externe Datenquellen zugegriffen werden. Dabei stehen eine ganze Reihe von Möglichkeiten zur Verfügung, die wichtigsten sind:

Anreicherung

Diverse Dienstleister aus dem Direktmarketingumfeld bieten die Anreicherung von Adressdaten mit qualifizierenden Merkmalen wie Kaufkraft, Produktaffinitäten, soziodemografischen oder psychografischen Merkmalen als Standardleistung an. Voraussetzung dafür ist im Regelfall, dass neben der E-Mail-Adresse auch eine **postalische Adresse** vorhanden ist, da die Qualifizierung solcher Daten zumeist auf Basis des Wohnortes und -umfeldes erfolgt.

Befragungen

Deutlich aufwendiger ist eine Befragung, die auch vom Unternehmen in Eigenregie durchgeführt werden kann. Hierbei sollte allerdings beachtet werden, dass sich der Kunde nicht durch einen endlosen **Fragebogen** klicken muss. Zudem empfiehlt es sich, die Teilnahme an der Befragung zu belohnen; beispielsweise mit einem Einkaufsgutschein, einer Versandkostenbefreiung, kostenlosem Download der Ergebnisse oder einer Zugabe (die auch in digitaler Form erfolgen kann). Wichtig ist, dass bei Befragungen natürlich nur ein Teil der Kunden teilnimmt, es sollte also wohl überlegt sein, ob eine ausreichend große und hinreichend repräsentative Stichprobengröße erreicht werden kann.

Marktforschung

Weniger für die tatsächliche Personalisierung im operativen Tagesgeschäft, wohl aber bei der Ausarbeitung einer Personalisierungsstrategie kann auch eine **qualitative Marktforschungsstudie** von Nutzen sein. Hier können, zum Beispiel im Rahmen von Fokusgruppen, typische Kunden kennen gelernt und direkt befragt werden. Wichtig ist hierbei, darauf zu achten, dass es sich auch wirklich um repräsentative Kunden handelt.

Nutzerinput

Die letzte Möglichkeit schließlich ist die, die auch schon im Absatz über explizite Personalisierung beschrieben wurde: Der Nutzer kann selbst durch das Ausfüllen eines **Formulars** Einfluss auf seine persönlichen E-Mail-Einstellungen nehmen. Hierbei gibt es übrigens auch Mischformen aus impliziter und expliziter Personalisierung. Dies ist zum Beispiel dann gegeben, wenn auf Basis der vom Kunden abgegebenen Produktbewertungen, Kommentare oder Feedbacks eine Personalisierung der E-Mail-Aussendungen erfolgt.

Produktbewertungen und Kommentare nutzen

Die Erfolgsfaktoren der Personalisierung

„Personalisierung ist nur in einem Falle wirklich sinnvoll – wenn sie sich auch rechnet“ So oder ähnlich könnte man wohl das Credo beschreiben, dem die Personalisierungsbemühungen folgen (sollten). Nichtsdestotrotz gilt es, auf dem Wege zu einer wirtschaftlichen Personalisierungsstrategie einige grundsätzliche Erfolgsfaktoren zu beachten.

Verteilergröße

Die Personalisierung von E-Mails sollte nach Möglichkeit automatisiert erfolgen. Das bedeutet aber auch, dass eine gewisse Grundmenge an E-Mail-Adressen im Verteiler vorhanden sein muss. Da ausgereifte Personalisierungssysteme schnell ein paar tausend bis mehrere hunderttausend Euro kosten können, lohnt sich dieser **Aufwand** bei einem zu kleinen E-Mail-Verteiler schlichtweg nicht. Auf der anderen Seite ist es jedoch ab einem Verteiler von wenigen hundert E-Mail-Adressen kaum noch möglich, die Personalisierung manuell vorzunehmen. Deshalb gilt die Grundregel: Je größer der E-Mail-Verteiler, desto sinnvoller und wirtschaftlicher gestaltet sich auch die Personalisierung der versendeten E-Mails.

Datenbasis

Viele Unternehmen erfassen bei einer Anmeldung zum Newsletter nur die E-Mail-Adresse des Empfängers. Dies ist auch grundsätzlich richtig, da jedes weitere Datenabfragefeld die Anzahl der Anmeldungen spürbar reduziert. Allerdings geht es hier weniger um die Frage nach dem „ob“, sondern vielmehr um eine Frage nach dem „wie“. Nachdem sich der User initial mit seiner E-Mail-Adresse registriert hat, ist es nämlich durchaus sinnvoll, ihm weitere

Jedes Formularfeld senkt die Zahl der Anmeldungen

Personalisierungsoptionen anzubieten. Maßvoll zwar, aber für Anrede, Vorname, Nachname sowie ein bis zwei Präferenzen (zum Beispiel in Bezug auf Lieblingsthemen und Frequenz) ist allemal Platz. Für den Empfänger bedeutet dies keinen wirklichen Mehraufwand, das Unternehmen profitiert jedoch von jedem ausgefüllten „Extra-Formular" erheblich.

Auswertungssysteme

Es gibt mehrere hundert Software-Anwendungen, die in der Lage sind, Ihnen die wichtigsten Fragen in Bezug auf Ihre E-Mail-Empfänger zu beantworten. Die Frage bleibt jedoch: Welches Tool ist das richtige für mich? Wenn Sie über ein schnelllebiges E-Commerce-Geschäft verfügen, kann sich die Anschaffung einer so genannten **Recommendation Engine** (kurz: RE) lohnen. Diese Software generiert individuelle Empfehlungen für den Nutzer aufgrund seines historischen Verhaltens, das in Bezug zum Verhalten anderer gesetzt wird. Wenn Sie also in einer E-Mail oder auf einer Homepage lesen „Kunden, die dieses Produkt kauften, kauften auch..." oder „Dazu passt:", dann ist meistens eine Recommendation Engine am Werk. Die Gefahr beim Einsatz von Recommendation Engines liegt darin, dass Sie Ihrem E-Mail-Empfänger so gut wie nie etwas Inspirierendes, Neues zu bieten haben. Hat er bislang Elektronik-Artikel gekauft, wird er wahrscheinlich auch von einer RE weiterhin andere Elektronik-Artikel angeboten bekommen – dass Sie zudem auch Badezusätze und exklusiven Wein anbieten, erkennt die RE nur selten.

Recommendation Engines bringen nichts Neues

Deshalb empfiehlt es sich auch, E-Mails, die mit Inhalten aus einer RE bestückt werden, immer auch um „breite Inhalte", also generische Promotions oder Sonderangebote, zu ergänzen. Data-Mining-Tools auf der anderen Seite haben den Nachteil, dass sie nur so gut sein können, wie die Fragen, die man ihnen stellt. Und das wiederum bedeutet Aufwand in Form von nicht nur technischen, sondern auch personellen Ressourcen, was wiederum erst ab einer sehr hohen Empfängerzahl sinnvoll ist. Dann jedoch können Data-Mining-Systeme einen exzellenten Mehrwert für Ihre Personalisierungsstrategie generieren, da sie in der Lage sind, Kunden zum Beispiel nach Warenkörben, Besuchszeiten auf der Homepage oder Surfverhalten zu analysieren und zu homogeneren Gruppen zusammenzufassen.

Kunden-Involvement

Eines der ganz wesentlichen Erfolgsgeheimnisse der Personalisierung ist eigentlich gar kein Geheimnis, sondern schlichtweg gesunder Menschenverstand. Es geht um den persönliche Bezug, den Ihr E-Mail-Abonnent zu Ihren Produkte, Sortimenten oder Themen hat. Generell unterscheidet man zwischen „High Involvement Produkten", also solchen, bei deren Auswahl sich der potenzielle Kunde sehr intensiv informiert und genau abwägt sowie solchen, zu denen Kunden eine hohe emotionale Bindung haben, und „Low Involvement Produkten", auch „Commodities" genannt. Bei diesen ist dem Kunden die Marke an sich egal, in seiner Wahrnehmung sind diese Produkte vollkommen austauschbar. Kochsalz ist zum Beispiel ein solches Produkt, das allenfalls über künstliche Differenzierungskriterien (wie Zusatzstoffe) differenziert werden kann. Auch Benzin fällt in die Kategorie der Commodities; hier gelingt eine Unterscheidung höchstens anhand des Preises.

Grundsätzlich gilt: Je höher das Kunden-Involvement, desto höher auch die Sinnhaftigkeit der Personalisierung. Wenn ein Mensch zu einem Produkt oder einer Produktkategorie einen stark **emotionalen Zugang** hat, dann will er auch auf genau seinem Level angesprochen werden. Und genau das kann sich im Rahmen einer Personalisierungsstrategie auszahlen.

Versandtechnologie

Nicht jedes E-Mail-Versandsystem kommt mit personalisierten oder individualisierten E-Mail-Aussendungen gleichermaßen gut klar. Neben der generellen **Versandgeschwindigkeit** gilt es bei personalisierten E-Mails zusätzlich zu beachten, dass jede einzelne Mail erst einmal zusammengesetzt werden muss, bevor sie versendet werden kann. Das mag bei 50.000 E-Mail-Adressen noch halbwegs realistisch sein; spätestens ab 250.000 Adressen sind hier jedoch ausschließlich professionelle Versanddienstleister noch dazu in der Lage. Ein weiterer Aspekt ist natürlich, ob die Versandtechnologie überhaupt in der Lage ist, anhand von kundenindividuellen Attributen einzelne Inhalte beziehungsweise Module einer E-Mail zuzuordnen und zu versenden. Auch dafür bedarf es häufig schon einer professionellen Versandsoftware oder eines Dienstleisters.

Ressourcen

Personalisierung im E-Mail-Marketing stellt erhebliche Anforderungen – nicht nur an die Technologie an sich, sondern auch in Bezug auf andere Aspekte. Dazu gehören zum Beispiel die personellen und finanziellen Ressourcen. Je weiter die Personalisierung entwickelt und vorangetrieben werden soll, desto höher werden auch hier die Anforderungen. Da die meisten Unternehmen E-Mail-Marketing mehr oder minder als einen „Nebenaspekt" des Online-Marketings betrachten, dürfte hier eine der größten Herausforderungen für die Unternehmenslandschaft liegen. Auch das notwendige finanzielle Investment ist in Summe nicht unerheblich – wenngleich das E-Mail-Marketing auch bei einer konsequenten Personalisierung nichts von seiner beispiellosen **Kosteneffizienz** einbüßt.

Personalisierung ist wesentlicher Kostenfaktor im E-Mail-Marketing

Einflussmöglichkeiten des Empfängers

Wie bereits beschrieben, kann die Steuerung einzelner Aspekte des E-Mail-Marketings durch den Empfänger selbst einen erheblichen Beitrag zu mehr Relevanz und Wirksamkeit des E-Mail-Marketings insgesamt leisten. Dennoch muss an dieser Stelle auf eine Gefahr hingewiesen werden – und diese Gefahr heißt Komplexität. Der Versandhändler Amazon beispielsweise hatte sehr lange eine ganze Reihe von E-Mail-Formaten zur individuellen An oder Abwahl der Kunden bereitgestellt. Dies führte zu einer so hohen Komplexität für den Kunden, dass die meisten Kunden diese Einstellmöglichkeit überhaupt nicht nutzten. Mittlerweile gibt es bei Amazon.de nur noch fünf grundsätzliche Einstellmöglichkeiten: „Benachrichtigungen über unsere AGBs" (ja, mit dem Schreibfehler bei AGB!)," Infos zu neuen Produkten", „Kundenbefragungen", „Sonderangebote" und „Partner-Shops". Nichtsdestotrotz ist es nach wie vor eine große Herausforderung, diese Einstellmöglichkeiten bei Amazon.de überhaupt zu finden…

Kundenwissen
Der wichtigste aller Erfolgsfaktoren ist natürlich das Wissen über den Kunden selbst. Und dabei geht es beileibe nicht nur um das reine Sammeln von Daten, sondern vielmehr auch um die richtige Strukturierung und Auswertung dieser. Wenn in keiner **Datenbank** gespeichert ist, wie lange zum Beispiel ein Kunde bereits Kunde ist, dann kann auch keine Personalisierung aufgrund des individuellen Standes im Kundenlebenszyklus erfolgen. Sehr viele Unternehmen scheitern schon an einer simplen Unterscheidung ihrer E-Mail-Empfänger in Kunden und Interessenten – doch gerade hier sind die Unterscheidungsmöglichkeiten in Bezug auf das E-Mail-Marketing nicht nur enorm groß, sondern auch essenziell wichtig.

Das Vorgehen – so erarbeiten Sie eine Personalisierungsstrategie

Genug der Theorie. Nun zur wahrscheinlich wichtigsten Frage im Zusammenhang mit Personalisierung: „Wie mache ich es?"

Schritt 1: Analyse
Zunächst einmal sollten Sie analysieren, ob Personalisierung für Ihr Unternehmen überhaupt infrage kommt und, wenn ja, ob sich daraus ein nachhaltiger **wirtschaftlicher Effekt** ergäbe. Natürlich ist diese Fragestellung alles andere als trivial – doch nichtsdestotrotz essenziell. Sofern Sie nicht über die Ressourcen verfügen, diese Frage selbst zu beantworten, holen Sie sich Hilfe. Wichtig ist nur, dass Sie diese Frage beantworten; wie (ob intern oder extern) ist zunächst einmal sekundär.

Wie verbessern sich die Kenngrößen durch die Personalisierung?

Als Anhaltspunkte können Ihre bisherigen Erfahrungswerte dienen – und, wenn Sie es nicht messen können, Annahmen in Bezug auf die Zusatzwirkung personalisierter E-Mails. Um wie viel Prozent wird die Öffnungsrate mittel- und langfristig steigen? Was ergibt sich danach für die Klickrate? Und – gleichbleibende oder sogar steigende Klickraten vorausgesetzt – wie wird sich die Conversion-Rate entwickeln? Im Normalfall werden Sie bei Ihren Berechnungen feststellen, dass durch personalisierte Formate, Frequenzen und Inhalte alle drei der so genannten Key-Performance-Indicators (KPI) steigen: Zunächst die Klickrate, dann die Conversion-Rate und schlussendlich auch die Öffnungsrate.

Gehen Sie dabei immer von drei Szenarien aus. Berechnen Sie die Effekte zunächst möglichst konservativ, gehen also von minimalen Zuwächsen aus. Im zweiten Schritt nehmen Sie dann Zuwachsarten, die Sie in den diversen Studien und Fachbeiträgen zum Thema finden, und errechnen Sie einen „Maximal-Positiv-Fall". Ihr realistisches Szenario wird sich am Ende dann bei ungefähr einem Drittel der Differenz zwischen beiden Werten bewegen. Wenn sich dann noch ein positiver oder sehr positiver Wert ergibt – tun Sie es!

Schritt 2: Strategie

Als nächstes gilt es, die Personalisierungsstrategie festzulegen. Dabei sollten Sie erarbeiten, auf welchen Ebenen (Implizit auf Basis der Existenz, Implizit auf Basis des Verhaltens oder Explizit) und in welchem Maße Sie Personalisierung einsetzen wollen. Wie soll das Verhältnis von breiten zu spitzen Inhalten aussehen? Orientieren Sie sich dabei an einem ganz klar formulierten, messbaren **Ziel** – das vermeidet Missverständnisse und hilft bei der späteren Umsetzung, alle Maßnahmen auf ihren tatsächlichen Erfolg im Sinne der Strategie zu überprüfen („strategic fit"). Dieses Ziel kann, muss aber nicht monetärer Natur sein. Denn genauso können Sie mit einer Personalisierungsstrategie natürlich auch Ziele wie Kundenzufriedenheit, Kundenbindung oder Kundenaktivierung verfolgen.

Schritt 3: Segmentierung

Segmentierung entlang des Kundenlebenszyklus

Im nächsten Schritt nehmen Sie eine Segmentierung Ihrer Kunden vor. Dabei müssen Sie sich entscheiden, nach welchem Segmentierungsmodell Sie vorgehen wollen. Unterteilen („clustern") Sie Ihre Kunden entlang des **Kundenlebenszyklus** (Neukunde, Stammkunde, Reaktivierungskunde)? Oder wollen Sie lieber auf unterschiedliche Kundenwertgruppen eingehen? Natürlich können Sie auch verschiedene Segmentierungsdimensionen miteinander kombinieren, wie dies beispielsweise bei einem dreidimensionalen Kundenkubus geschieht. Dabei werden jeweils drei Werte – zum Beispiel für Kundenwert, Kundenzufriedenheit und Kundenlebenszyklus – miteinander kombiniert und jeweils als Achse genutzt. Den so entstandenen Würfel können Sie in acht oder mehr Segmente aufteilen und dann für jedes einzelne Segment anhand seiner darin enthaltenen Kunden festlegen, ob hier eine Personalisierung zum einen sinnvoll und zum anderen machbar ist.

Schritt 4: Maßnahmenplan

Entscheiden Sie nun, was und in welcher Form Sie personalisieren wollen. Daraus abgeleitet legen Sie fest, woher die Daten kommen sollen und leiten gegebenenfalls Maßnahmen ein, um diese **Datenbereitstellung** sicherzustellen. Ob Sie dabei auf eine Befragung zurückgreifen, ein neues Tracking-Tool oder eine Recommendation Engine einsetzen, hängt von Ihren Ressourcen und Zielen ab.

Schritt 5: Testing

Einer der wichtigsten Schritte im gesamten Prozess ist ein mittel- bis langfristig angelegter Test, ob die eingeleiteten Maßnahmen auch Wirkung zeigen. Dabei lohnt es sich, immer auch mit Kontrastgruppen und teilweise sogar Nullgruppen zu arbeiten. Das bedeutet, dass ein gewisser Teil Ihrer Empfänger, die Kontrastgruppe, die Werbemittel ohne Personalisierung erhält und eine Nullgruppe überhaupt keine E-Mailings. Beobachten Sie die aus Ihrer Strategie folgenden **Kennzahlen** (zum Beispiel Bestellungen, Umsatz, Zufriedenheit, Weiterempfehlungen et cetera) dann dauerhaft über den Zeitraum des gesamten Tests im Vergleich zueinander. So werden Sie im Laufe der Zeit herausfinden, welche Maßnahmen tatsächlich die gewünschten Effekte bringen, welche „nice to have" sind und welche den Aufwand nicht lohnen. Nutzen Sie den Vorteil, den Ihnen Internet, Online-Marketing und E-Mail-Marketing bieten: Die hervorragende Messbarkeit.

Schritt 6: Einsatz und permanente Optimierung

Wenn Sie schließlich fertig sind – stehen Sie eigentlich wieder am Anfang. Denn das E-Mail-Marketing ist, genau wie Ihre Kunden und Ihr Unternehmen beziehungsweise Ihre Produktpalette – ständigen **Veränderungen** unterworfen, die es zu berücksichtigen gilt. Überprüfen Sie daher in regelmäßigen Abständen (das heißt: mindestens einmal im Jahr) Ihre Strategie, Ihre Segmentierung und natürlich auch Ihre Maßnahmen, inwieweit diese noch aktuell und zielführend sind.

GESTALTUNG DER ANREDE 4

NICOLA BATTISTINI, JOANA KRUSE

96 Prozent der US-Unternehmen sind der Meinung, dass personalisiertes E-Mail-Marketing die Wertschöpfung der E-Mails verbessert. Zu diesen Ergebnissen kamen die Marktforscher der Aberdeen Group in einer im Juni 2008 veröffentlichten Studie. Das größte Problem, welches die befragten Unternehmen beim E-Mail-Marketing hatten, ist die Unfähigkeit überhaupt personalisierte Marketing-Inhalte zu erschaffen.

Diese Aussage gab uns den Anstoß zu untersuchen, wie das Thema Personalisierung beim Versand von kommerziellen E-Mail-Standalone-Kampagnen in Deutschland eingesetzt wird. In dieser Kategorie von E-Mails kommen in der Regel viel weniger komplexe Technologien zum Einsatz, als bei groß angelegten Newsletter-Versendungen, da es hierbei meist um die Bewerbung eines spezifischen Produktes geht. Doch gerade in kommerziellen Werbemailings kann der Einsatz von Personalisierung den Erfolg der Kampagne positiv beeinflussen. Dies zeigen die Resultate unserer E-Mail-Studie 2009 sehr deutlich.

Die persönliche Anrede ist heute Standard

Im deutschsprachigen Raum wird mittlerweile das Werbemittel (Creative) bei Standalone-Mailings häufig mit einer persönlichen Anrede wie „Hallo lieber *Vorname* *Nachname*“ personalisiert. Einige Kampagnen jedoch werden nach wie vor unpersonalisiert versandt. Und einige – sehr wenige – Creatives werden auch **innerhalb des Textes personalisiert** mit zum Beispiel dem Vornamen.

Im letzteren Fall steht das psychologische Phänomen im Vordergrund, dass wir (unbewusst) kaum etwas lieber lesen als unseren eigenen Namen und dies unsere Aufmerksamkeit stark auf den Text bündelt.

Hat diese psychologische Hypothese aber auch wirklich einen Einfluss auf kommerzielle E-Mail-Kampagnen? Können wir durch eine Personalisierung des Creatives die Klickrate und die Anzahl der uniquen Besucher wirklich steigern? Welches Gewicht hat dabei die persönliche Anrede und wie verhält es sich mit dem Personalisieren des eigentlichen Werbetextes?

Da uns auf all diese Fragen die fundierten Antworten fehlten, beschlossen wir den Teil 2 unserer E-Mail Studie dem Thema Personalisierung zu widmen.

http://www.marketing-boerse.de/Experten/details/Nicola-Battistini
http://www.marketing-boerse.de/Experten/details/Joana-Kruse

Untersuchung und Ablauf

Für drei unterschiedliche Freizeit-Communities wurden jeweils ein **unpersonalisiertes**, ein **mit Anrede-personalisiertes** und ein **Text-personalisiertes Creative** erstellt. Der Versand pro Community fand an jeweils vier unterschiedlichen Zeitpunkten (den „Top 4" aus unserer Versandzeitpunkt-Studie) statt. Insgesamt kamen wir somit auf 36 Versendungen, jede mit exakt der selben Anzahl an Empfängern – es wurden aber immer unterschiedliche Leser angeschrieben. Pro Durchlauf wurden über 700.000 E-Mails versandt. Untersucht wurden die erzielten Anzahl Klicks und uniquen Besucher pro Versandfolge. Die Öffnungsrate haben wir in dieser Untersuchung nicht mit einbezogen, da die Betreffzeile in keinem Fall personalisiert wurde und die Öffnungswahrscheinlichkeit somit für alle Creatives gleich war. Dem Thema „Optimierung der Betreffzeile" werden wir uns in einer gesonderten Untersuchungsreihe widmen.

Die Performance-Werte wurden exakt und minutengenau nach einer Woche des Versands erhoben. Beispiel: Wenn der Versandzeitpunkt Freitag, der 20. März 2009 um 13 Uhr war, so wurden als Endergebnis die Performance-Werte genommen, die bis Freitag, den 27. März 2009 um minutengenau 13 Uhr eingegangen waren.

- Das unpersonalisierte Creative war lediglich mit der Werbebotschaft versehen.
- Das mit Anrede personalisierte Creative wurde mit „Lieber *Vorname* *Nachname* personalisiert.
- Beim Text-personalisierten Creative wurde der Vorname des Lesers zehn Mal innerhalb des Textes eingebaut. In der Überschrift, innerhalb einzelner Sätze, in Fragesätzen, in Beschriftungen von Links und auch in Werbesprüchen. Ebenfalls wurde dieses Creative mit einer Begrüßung personalisiert.

Einbau des eigenen Namens in Überschrift, Sätze oder Links

Wie wurde ausgewertet? Das Ranking

Um den Einflussfaktor „Versandzeitpunkt" zu eliminieren, wurde pro Versandzeitpunkt dasselbe Creative mit den unterschiedlichen Personalisierungs-Stufen zeitgleich versandt.

Beispiel: Freitagmittag
Creative Community A – unpersonalisiert, Anrede-personalisiert, Text-personalisiert

Die Ergebnisse dieses einen Versandzeitpunkts wurden untereinander verglichen und dann in ein Ranking gebracht. Das beste Ergebnis erhielt drei Punkte, das mittlere zwei Punkte, das schlechteste einen Punkt. Jede der drei Communities hatte insgesamt vier Versandzeitpunkte, die gerankt wurden. Das Ranking wurde zusammengezählt, so dass sich als bestes Ergebnis zwölf

Punkte für ein Creative ergeben konnte. Nach drei Testdurchläufen (für drei unterschiedliche Communities) ergibt sich somit ein Höchstergebnis von 36 Punkten pro untersuchtem Kriterium. Außerdem wurden noch beide Kriterien (Klicks und unique Besucher) zusammengefasst, so dass sich schlussendlich eine Höchstpunktzahl von 72 Punkten ergab.

Text-Personalisierung kommt am besten an

Personalisierte Texte erreichen mehr Klicks als nur die personalisierte Anrede

Sowohl bei den Klicks als auch bei den uniquen Besuchern schnitt das Text-personalisierte Creative signifikant am besten ab. Die Resultate haben wir in der Grafik „Ranking aller Performance-Werte gemeinsam" zusammenfassend dargestellt.

Mit einem personalisiertem Text konnten die Performance-Werte gegenüber der unpersonalisierten Variante um knapp 19 Prozent gesteigert werden. Die nur mit der Anrede personalisierte Variante lag mit sechs Prozent Steigerung dazwischen.

unpersönlich	27
persönliche Anrede	48
persönlicher Text	69
Maximalpunkte: 72	

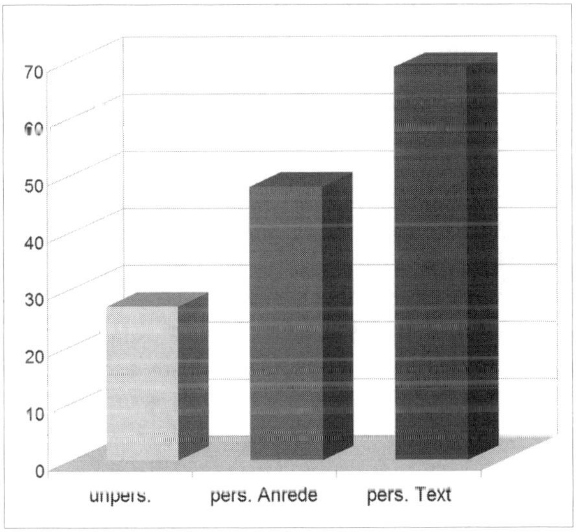

Abb. 1: Ranking aller Performance-Werte der unterschiedlichen Creative-Alternativen, gesamt über alle vier Versandzeitpunkte. Maximal mögliche Punktzahl: 72.

Die Abbildung 1 zeigt deutlich: das positive Ergebnis zugunsten des personalisierten Textes fällt signifikant aus. Weit mehr als doppelt so gute Performance-Werte wie mit einem unpersonalisierten Creative können erreicht werden, wenn der Name des Lesers mehrfach in den Text eingebaut wird. Die Text-Personalisierung konnte sich zudem einen signifikanten Vorsprung vor der – allseits beliebten, aber doch nicht so wirkungsvollen – Personalisierung per Anrede sichern.

unpersönlich	0%
persönliche Anrede	6%
persönlicher Text	19%

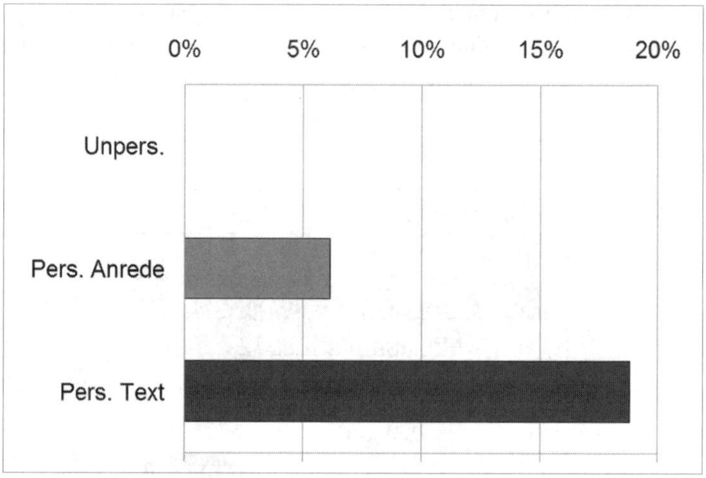

Abb. 2: Steigerung der Performance-Werte durch die Personalisierung in Prozenten.

19 Prozent mehr Interessenten klicken etwas an, wenn der Text personalisiert ist

Abbildung 2 zeigt, dass durch einen personalisierten Text die Performance-Werte (sowohl Klicks als auch unique Besucher) um knapp 19 Prozent gesteigert werden konnten. Dies bedeutet, dass bei einer Versendung welche mit unpersonalisiertem Creative zum Beispiel 25.000 Klicks erhält, dank der Personalisierung des Textes rund 30.000 Klicks erzielt werden können.

Auch wieder hier ist sehr deutlich zu sehen – eine Personalisierung mittels einer Anrede alleine reicht nicht aus. Zwar liegt das Ergebnis deutlich über einem nicht-personalisiertem Creative, aber nur rund sechs Prozent.

Was sagen uns diese Ergebnisse?

Die Ergebnisse sprechen eine deutliche Sprache – die Herausforderung für alle Marketer ist es, Creatives zu gestalten, die **ganz persönlich** für den Leser **zugeschnitten** sind. Eine banale Anrede reicht bei weitem nicht aus, um erfolgreich mit E-Mails zu werben. Marketer können somit etwa **19 Prozent**

mehr Besucher mit einer Werbekampagne auf ihre Landing-Page locken. Ein Ergebnis, das sicherlich den Mehraufwand für das Gestalten eines komplett personalisierten Creatives rechtfertigt.

Das psychologische Phänomen, dass jeder an seinem eigenen Namen mit den Augen hängen bleibt beim Lesen, scheint auch zum Klicken zu verleiten. Insbesondere natürlich dann, wenn auch die Links in ihrer Klick-Aufforderung personalisiert sind.

Mögliche Beispiele für das Personalisieren eines Creatives können sein:

- Überschriften wie: „Speziell für *Vorname* ausgewählte Produkte".
- Link-Hinweise wie: „*Vorname*, Du findest weitere interessante Produkte auf www.abc.de".
- Fragen wie: „Hast Du auch schon alle Weihnachtsgeschenke, *Vorname*?".

Namen in die Handlungsaufforderung einbauen

Je nach üblicher Anrede der Empfängergruppe kann hier selbstverständlich auch wahlweise der Vorname mit den Nachnamen kombiniert werden. Auch eine förmlich Anrede wie: „Frau *Nachname*, hier können Sie sich unverbindlich anmelden", ist für die Personalisierung möglich.

Besonders effektiv ist es, wenn sogar Grafiken mit Variablen versehen und somit personalisiert werden.

Auch der Werbeslogan (oder Claim) der beworbenen Plattform kann so umgebaut werden, dass er personalisiert werden kann. Hier das Beispiel einer Tausch-Community: „*Vorname* ist klug und tauscht bei www.abc.de".

Wichtig ist – der persönliche Name des Lesers sollte nicht nur einmal im Creative auftauchen. Der Prozess des Wahrnehmens ist ein unbewusster und wird nicht mit rationalen Gedanken wie „einmal haben die mich jetzt mit Namen angesprochen, deshalb klicke ich jetzt" gesteuert. Wenn dem so wäre, dann würde die personalisierte Anrede reichen. Die Ergebnisse zeigen aber deutlich, dass dem nicht so ist. Als Faustregel kann man sagen – eine personalisierte Überschrift und eine personalisierte Anrede ist wichtig. In jedem geschriebenen Absatz kann der Name des Users – wenn vom Kontext her passend – ein bis zweimal auftauchen (je nach Länge des Absatzes). Zudem sollte er in der Klick-Aufforderung aller relevanten Hauptlinks mit Namen angesprochen werden. Als „Krönung" folgt dann noch ein personalisierter Abschluss mit zum Beispiel einer Werbebotschaft. Damit ist die unbewusste und effektive Werbewirkung des eigenen Namens aufs Optimum ausgeschöpft.

Resümee

In die **Gestaltung der Creatives** muss deutlich mehr Mühe investiert werden, als dass das bisher der Fall war. Es reicht bei weitem nicht aus, nur mittels einer Anrede die User anzusprechen oder sogar gar ein unpersonalisiertes Mailing (wie in über fünfzig Prozent der Fällen noch üblich) zu versenden. Etwa 19

Prozent mehr Besucher können Marketer erreichen, wenn das Creative von der Überschrift über Links, Texte, Grafiken und Slogan personalisiert wird. Das sollte die Mühe wert sein.

Unsere Ergebnisse gelten dann, wenn Angebote aus dem Privatkunden-Bereich beworben werden. Wir möchten ausdrücklich darauf hinweisen, dass unsere Ergebnisse nicht übertragbar sind für Business-to-Business-Werbemailings!

Literatur

MailerMailer LLC: email marketing metrics report 2008 Q2. – erschienen: Juni 2009. http//imagehosting.mailermailer.com/email-marketing-metrics-2008h2.pdf

Aberdeen Group: Benchmark report June 2008, E-Mail-Marketing: Get personal with your customers. – http://www.aberdeen.com/summary/report/benchmark/4904-RA-email-marketing.asp

MIT VIDEOMAILS RESPONSE STEIGERN

RENÉ KULKA

4

Wie wäre es mit Öffnung- oder Click-Through-Raten von hundert Prozent und mehr? Möglich ist dies zum Beispiel durch Video-E-Mails, die eine besonders hohe Aufmerksamkeit erzeugen und sich zudem über Mund-zu-Mund-Empfehlungen viral verbreiten können. Mit Videos ist eine effiziente Verknüpfung vieler Informationen durch Bilder, Text und Audio auf engstem Betrachtungsraum möglich. Ideal für E-Mails also, die meist nicht breiter als 600 bis 700 Pixel sind und oft im kleinen Vorschaufenster betrachtet werden. Ob 360-Grad-Ansicht eines Artikels oder Präsentation des Produktes in Aktion – ein Videoclip erzeugt viel Aufmerksamkeit, leistet Überzeugungsarbeit und stößt mit überdurchschnittlicher Klickrate auf eine vergleichsweise hohe Werbeakzeptanz [1].

Wirkten bis vor wenigen Jahren noch zu geringe Bandbreiten als Hemmschuh beim Video-Advertising, besitzen heute bereits 58 Prozent der deutschen Haushalte einen Breitbandanschluss [2]. Im E-Mail-Marketing standen zudem vor allem die – trotz Komprimierung – noch großen Gewichte von Videos sowie die restriktiven Sicherheitseinstellungen bei Freemailern und E-Mail-Clients einer breiten Nutzungsmöglichkeit entgegen, aber auch mangelndes Wissen über verschiedene Workarounds. Welche Möglichkeiten derzeit technisch verfügbar und welche davon bei Ihnen wann zum Einsatz kommen können, zeigen die folgenden Ausführungen. Dabei werden unter „Video-E-Mails" solche E-Mails verstanden, die ohne zusätzliche Downloads Animation mit und ohne Ton abspielen können, oder zumindest einen statischen Video-Hinweis enthalten.

Abspielen von Videos sollte keine Spezialsoftware erfordern

Video im E-Mail-Anhang

Videoclips könnten prinzipiell als E-Mail-Anhang der E-Mail hinzugefügt und so im E-Mail-Marketing berücksichtigt werden. Dies ist allerdings aus mehreren Gründen ein **nicht zu empfehlender Ansatz**. Zum einen werden Anhänge vielfach beim Empfänger geblockt und sind daher ohne Umwege nicht aufrufbar. Ferner ist das Video nicht im E-Mail-Inhalt integriert und verfehlt somit möglicherweise die beabsichtigte Aufmerksamkeitswirkung.

Dateianhänge sind nicht zu empfehlen

Die E-Mail erreicht daneben durch die Dateigröße des Videos schnell ein sehr hohes Gewicht. Dies führt beim Empfänger zu einer langen Ladezeit für die E-Mail. Beim Internet Service Provider (ISP) beansprucht der Versand großer E-Mails sehr viele Ressourcen, was sich negativ auf die Zustellungsrate der E-Mails auswirken kann. Und schließlich entstehen Ihnen – je nach Aussendungsmenge – schnell prohibitiv hohe Kosten für das entstandene E-Mail-Versand-

http://www.marketing-boerse.de/Experten/details/Rene-Kulka

Volumen bei Ihrem Dienstleister. Videos in Anhängen sind daher insgesamt für professionelles E-Mail-Marketing keine sinnvolle Option.

Fake-Player

Vorgetäuschtes Abspielgerät ist am verbreitetsten

Die bis heute am weitesten verbreitete Methode, Videos im E-Mail-Marketing zu nutzen, ist die Platzierung eines Bildes, das einen **Videoplayer inklusive Bedienelemente** vortäuscht („Fake-Player"). Im Fake-Player wird ein aufmerksamkeitsstarkes Standbild aus dem Videoclip mit einem Abspielknopf darüber abgebildet. Dies erweckt beim E-Mail-Empfänger den Eindruck, als wäre der Clip in der E-Mail eingebunden und dort direkt abspielbar (daher „Fake").

Beim Klick auf den Abspielknopf beziehungsweise auf das Bild wird der Clip dann auf der Landing-Page oder in der Webansicht abgespielt. Das Video kann auf Basis gängiger Technologien (zum Beispiel Flash, Quicktime, Windows Media) gestreamt und wie beim Nutzer gewohnt vor- oder zurückgespult werden, sodass eine optimale Usability stets gewährleistet ist. Bei vielen Webmailern und E-Mail-Clients werden standardmäßig externe Bilder unterdrückt. Daher sollte unterstützend zum Fake-Player-Bild eine Handlungsaufforderung („Videoclip anschauen") im Alt-Attribut der Grafik sowie eine unterhalb der Grafik platziert werden.

Die Vorteile des Fake-Players liegen in der **hohen Effizienz**. Die Kosten sind denkbar gering. Selbst etwaige Ausgaben für das Hosting des Video-Clips können eingespart werden, wenn hierfür auf den kostenlosen Service gängiger Video-Netzwerke wie YouTube zurückgegriffen wird. Und auch sonst ist diese Variante sehr praktikabel: zwar wird das Video nicht direkt in der E-Mail abgespielt, kann aber allein als Screenshot im vorgetäuschten Player die Click-Through-Rate bereits dauerhaft vervielfachen, da solche interaktiv anmutenden (Video-)Elemente sehr viel häufiger angeklickt werden, als ein entsprechender Text-Link [3].

Dynamic-Source-Attribut im Image-Tag

Abspielen innerhalb der E-Mail nur bei Outlook möglich

Mit dem dynsrc (Dynamic-Source)-Attribut im IMG (Image)-Tag ist es möglich, Videos im Rahmen von Standard-Hypertext Markup Language (HTML) zu nutzen. Einerseits erfreulich ist, dass hiermit theoretisch auch in E-Mails die Einbindung **vollwertiger Videoclips** in gängigen Kodierungen mit hoher Kompression und mit Klanguntermalung möglich ist. Andererseits ernüchternd ist dagegen die Tatsache, das sich die Unterstützung des Attributs hauptsächlich auf E-Mail-Clients beschränkt, die den **Internet Explorer 2 bis 7** zum Darstellen der E-Mails nutzen. Dies sind vornehmlich Outlook Express sowie Outlook 2000, 2002 und 2003. Die allermeisten Webmailer dürften das dynsrc-Attribut automatisch entfernen, sodass hier – unabhängig vom verwendeten Betriebssystem und Browser – kein Clip abgespielt wird.

Wird Dynamic Source nicht unterstützt oder ausgeblendet, ist dennoch die Darstellung einer **Fallback-Grafik** bei den meisten E-Mail-Clients (außer etwa Outlook 2007, das stattdessen ein rotes Kreuzchen anzeigt) möglich. Die Fallback-Grafik ist im src (Source)-Attribut des IMG-Tags wie üblich zu spezifizieren. Gerade im Consumer-Bereich genießen die älteren E-Mail-Clients von Microsoft noch eine hohe Verbreitung [4], [5]. Trotz insgesamt mangelhafter Unterstützung werden somit noch relativ viele E-Mail-Empfänger einen derart eingebunden Clip zu sehen bekommen.

Animierte GIF-Grafiken

Daumenkino als Videoersatz und Blickfänger

Graphics Interchange Format (GIF)-Grafiken ermöglichen Animationen, also Aneinanderreihungen einzelner Bilder (so genannte „Frames"), die sequentiell („Daumenkino") abgespielt werden. Nach einzelnen Frames können Pausen in hundertstel Sekunden und am Ende der Animation kann ein Stop oder eine Wiederholung gesetzt werden. Mit animierten GIFs ist es durch viele Einzelbilder und kurze Pausen also möglich, **stumme Videoclips** abzuspielen. Der Hauptvorteil dabei ist, dass diese in allen gängigen E-Mail-Clients und Webmailern dargestellt werden. Einzige Ausnahme bildet Outlook 2007, das nur das erste Frame der Animation darstellt sowie Apple Mail 3 [8]. Für E-Mail-Marketing-Zwecke kann ein gegebener Videoclip (zum Beispiel ein YouTube-Video) so umgewandelt werden, dass die resultierende GIF-Animation wie ein Video-Clip wirkt.

Die Herausforderung bei der Umwandlung und Optimierung liegt bei der Erzielung einer möglichst geringen Dateigröße der Grafik bei gleichzeitiger Erhaltung einer passablen Bildqualität. Gerade bei großeren E-Mail-Aussendungen und vielen E-Mail-Öffnungen – und damit Grafikabrufen – innerhalb kürzester Zeit kann der Server-Upstream schnell zum Engpassfaktor werden. Dies kann dazu führen, dass das Video nicht flüssig geladen und abgespielt wird. Daher ist es unumgänglich, die **Dateigröße** zu optimieren.

Zur Reduzierung der Dateigröße gibt es vier Hauptansatzpunkte:

Länge

Die Länge des Videos: Je kürzer der Clip, desto geringer ist die resultierende Dateigröße. Binden Sie bei längeren Videos statt des kompletten Clips einen Teaser mit wenigen Sekunden Spielzeit ein. Dieser kann zum Beispiel mit einem halb gefüllten Fortschrittsbalken und einem Abspielknopf enden, um zu signalisieren, dass per Mausklick das komplette Video abrufbar ist.

Pixel

Je weniger Pixel pro Einzelbild gespeichert werden, desto geringer ist die Dateigröße. Es empfiehlt sich, die Standardmaße für Videos (zum Beispiel 640 x 480) um den Faktor ein Drittel – also auf circa 210 x 160 – zu skalieren.

Bilder pro Sekunde

Je weniger Bilder pro Sekunde dargestellt werden, desto geringer ist die Dateigröße. Nach rein optischen Gesichtspunkten reicht meist eine halbierte Rate von zwölf bis dreizehn Bildern pro Sekunde aus, um den Eindruck einer flüssigen Bewegung beizubehalten. Allerdings bilden zehn Bilder pro Sekunde das technisch bedingte Limit, da im Internet Explorer sonst Berichten zufolge Darstellungsprobleme auftreten können [6].

Farben

Sowohl die Anzahl der Farben als auch die Zusammenstellung der Farbpalette kann zur Optimierung genutzt werden. In der Regel reichen 128 oder 64 Farben für eine ordentliche Darstellung des Clips aus. Falls möglich, sollte eine optimierte Farbpalette genutzt werden, bei der für jedes Frame die optimale Anzahl Farben gesetzt wird.

Weitere Dinge, die es zu beachten gilt:

Die Einbindung von Sound ist technisch nicht möglich. Platzieren Sie unter den Clip eine Grafik mit einem durchgestrichenen Lautsprecher-Symbol. So signalisieren Sie, dass es sich nicht etwa um einen Fehler in der E-Mail handelt und dass gegebenenfalls per Mausklick auf das Video der Clip mit Sound im Webbrowser geladen werden kann.

Hohe Traffic-Last nach der Aussendung beachten

Im Ergebnis schlägt der Video-Clip pro E-Mail-Öffnung beziehungsweise pro Abruf mit circa einhundert Kilobyte pro Sekunde zu Buche. Je nach Aussendungsvolumen kann so zu Stoßzeiten eine sehr hohe Traffic-Last von einem Abruf pro Sekunde oder mehr entstehen. Die Last sollte nach Möglichkeit auf mehrere Server verteilt werden. Auch wenn GIF keine Pufferung unterstützt, sollte so dennoch in der Regel ein flüssiges Abspielen sichergestellt sein.

Bedenken Sie, dass ältere Rechner und gerade mobile E-Mail-Clients die hohe Central Processing Unit (CPU)-Last, die bei der Dekomprimierung und Anzeige der Einzelbilder entsteht, mitunter schlecht verarbeiten können.

Outlook 2007 stellt nur das erste Frame des Videos dar. Als erstes Bild empfiehlt sich daher die Darstellung eines Fake-Players mit kurzer Einblendzeit von zum Beispiel ein Hundertstel Sekunde. So weisen Sie darauf hin, dass gegebenenfalls per Mausklick auf das Bild ein Videoclip aufrufbar ist.

YouTube-Videos in Googlemail

Seit April 2009 bietet der Webmailer Googlemail Nutzern die Möglichkeit, YouTube-Videos in E-Mails anzuzeigen und abzuspielen. Bislang ist das Feature allerdings experimentell und muss vom Googlemail-Nutzer in den **Gmail Labs-Einstellung** zunächst aktiviert werden. Danach werden bei der E-Mail-Ansicht alle erkannten YouTube-Videolinks unterhalb des E-Mail-Körpers als direkt abspielbare Clips eingebunden. Beachten Sie, dass Videolinks derzeit nicht erkannt werden, wenn sie zum Beispiel durch ein E-Mail-Versandsystem als Tracking-Links maskiert wurden. YouTube-Links müssen beim Versand also vom Click-Tracking ausschließbar sein. Je nach Verbreitung von Googlemail Nutzern im E-Mail-Verteiler kann es sinnvoll sein, eine entsprechende Segmentierung durchzuführen. Bitten Sie die Googlemail-Nutzer zum Beispiel im Pre-Header der E-Mail darum, die Funktion zu aktivieren, um fortan Ihre (YouTube-)Video-Botschaften zu erhalten.

Eingebettete Objekte und zertifizierte E-Mails

Direkt in die E-Mail eingebettete Objekte von Video-Technologien wie Adobe Flash, Apple Quicktime oder Java galten für E-Mail-Marketing bislang als **ungeeignet**. Die Inhalte werden aus Sicherheitsgründen (außer Apple Mail, das Flash-Filme darstellt) vom E-Mail-Client oder Webmailer unterdrückt. Eventuell werden die E-Mails aufgrund eines höheren Spamscorings vom Mailserver aber auch gar nicht erst im Posteingang zugestellt. Der E-Mail-Service Provider Campaign Monitor hat in diesem Zusammenhang im Januar 2009 eine Untersuchung bezüglich der Unterstützung der Video-Technologien durch die E-Mail-Clients durchgeführt [7]. Im Ergebnis stand fest: eine Unterstützung ist nach wie vor fast flächendeckend nicht gegeben und die Nutzung daher keine sinnvolle Option.

Anfang April 2009 stellte der Authorisations-Dienstleister Goodmail einen Zertifizierungsservice vor, deren Versender gewissen Qualitätsstandards genügen und somit als vertrauensvoll eingestuft werden können. Diese **CertifiedVideo** (CeV)-E-Mails sind in der Lage, „echte" Videos – inklusive Audio, hoher Kompression, Streaming und mit den üblichen Funktionalitäten wie Pause oder Vor- und Zurückspulen – direkt in E-Mails einzubetten. Die Streaming-Technik für das Video basiert dabei auf Adobe Flash. Derzeit ist der Service noch beschränkt auf die Nutzung von AOL-Konten, wobei für 2009 das Angebot über weitere Internet Service Provider in der Planung ist. Es bleibt abzuwarten, wie der Service sich verbreitet. Dies wird nicht zuletzt eine Frage des Preises sein: zum Start fallen pro tausend versandter Mails fünf US-Dollar an.

Zertifizierte Videos können ein Weg sein

Fazit

Im Rahmen des Beitrags sollte deutlich geworden sein, dass die Möglichkeiten der Nutzung von Videos im E-Mail-Marketing durch technische Restriktionen immer noch stark beschränkt sind, sich aber derzeit einiges bewegt. Quasi aus der Not heraus entwickelten sich mit Fake-Playern, Dynamic Source und animierten GIFs einige Ansätze, mit denen Videos trotz der Restriktionen Response-steigernd im E-Mail-Marketing eingesetzt werden können.

Wer Videos im E-Mail-Marketing nutzen möchte, sollte den Einsatz von animierten GIFs oder eines Fake-Players prüfen. Gerade Letzterer besticht durch eine sehr hohe Effizienz und sollte nach Möglichkeit immer berücksichtigt werden. Im Einzelfall kann auch die Einbindung eines Videos mittels Dynamic Source und zum Beispiel einem animierten GIF als Fallback-Grafik sinnvoll sein.

Animiertes GIF oder Fake-Player

Auf jeden Fall dürfen wir erwartungsvoll in die Zukunft blicken um zu schauen, welche Steine mit der Anzeige von YouTube-Videos bei Google und nicht zuletzt mit der Einbindung von vollwertigen Video-Playern als CertifiedVideos für die nahe Zukunft ins Rollen gebracht wurden...

Literatur

[1] http://www.emarketer.com/Article.aspx?R=1006969: The Latest Ad Click Count.

[2] http://bitkom.de/Default_59076.aspx: Große Marktpotenziale für Breitband.

[3] http://www.email-marketing-reports.com/iland/2009/03/video-email-current-practices.html: Video email: current practices.

[4] http://www.campaignmonitor.com/stats/email-clients/: Email client popularity.

[5] http://litmusapp.com/email-client-stats/email-stats-report.pdf: Email client market share.

[6] http://video-commerce.org/2009/the-intersection-of-online-video-and-email-marketing/: The intersection of online video and email marketing.

[7] http://www.campaignmonitor.com/videoinemail/: The current state of video in email.

[8] http://video-commerce.org/?p=751: Are video GIFs used in email marketing campaigns really video?

KAMPAGNENOPTIMIERUNG DURCH SELBSTLERNENDE SYSTEME

4

DR. MARCUS MENDE, CHRISTINA RASIMUS-AUST

Die Onlinekommunikation über E-Mails beziehungsweise Newsletter hat den Vorteil einer schnellen und kostengünstigen Kundenansprache. Dies führt jedoch leider häufig zu einem inflationären Einsatz, der an den Bedürfnissen der Empfänger vorbei geht. Entspricht der Inhalt nicht den Präferenzen des Empfängers, besteht die Gefahr, dass E-Mails und Newsletter erst gar nicht geöffnet werden.

Gerade bei kombinierten Aktionen, über die mehr Traffic im Webshop generiert werden soll, ist vorprogrammiert, dass die Chance, Conversions mit (potenziellen) Kunden zu erzielen, sinkt. Deshalb muss die Qualität des Kundendialogs oberste Priorität besitzen. Das bedeutet nicht nur Personalisierung, sondern die Maximierung des individuellen Nutzens, den der Empfänger aus der Ansprache zieht.

Hochgradig individualisierte Inhalte

Die Chance liegt in der Kombination von Onlinemaßnahmen – zum Beispiel die Bewerbung eines Webshops über E-Mail-Reichweiten-Kampagnen – und sogenannten „selbstlernenden" Systemen. Diese Systeme erzeugen dynamisch auf die persönlichen Präferenzen der Empfänger zugeschnittene **hochgradig individualisierte Inhalte (Content)**. Durch eine Vielzahl an differenzierenden Merkmalen werden gezielte, individualisierte Kampagnen für jedes Sortiment und jeden Shop realisiert. Dadurch werden die grundlegenden Anforderungen sowohl an eine erfolgsorientierte Kampagnensteuerung als auch eine verbesserte Performance im Webshop optimal erfüllt.

Individuell zugeschnittene Inhalte erhöhen die Response erheblich

Bei den **selbstlernenden Systemen** handelt es sich um Empfehlungssysteme wie zum Beispiel der Recommendation Service von epoq. Die Technologie verwendet semantische, selbstlernende Algorithmen, welche beliebige „Event-Chains" verarbeiten. Events beinhalten nicht nur das Klickverhalten, sondern es können auch Downloads, Views oder sogar Calls sein, die in die Analyse einfließen und schließlich trennscharfe Userprofile bilden.

Auf Basis der Profile kann der Recommendation Service anonymen Shopbesuchern bereits vor Registrierung Produkt- und Handlungsempfehlungen geben. Diese Empfehlungen sind auf das jeweilige Interessentenprofil exakt zugeschnitten und werden automatisiert und in Echtzeit übermittelt. Echtzeit bedeutet, die Inhalte werden in dem Moment, in dem der Empfänger eine Seite öffnet, auf sein Profil – also seine Präferenzen – angepasst.

http://www.marketing-boerse.de/Experten/details/Marcus-Mende
http://www.marketing-boerse.de/Experten/details/Christina-Rasimus-Aust

Was bedeutet „selbstlernend"?

„This was simply the idea of a learning system that wants something, that adapts its behavior in order to maximize a special signal from its environment." [1]

Das System lernt aus dem Nutzerverhalten im Onlineshop

Der Recommendation Service „lernt" auf Basis sogenannter **„Reinforcement-Learning-Strategies"**. Übersetzt bedeutet dies „bestärkendes Lernen": Das System erkennt auf Basis von Trial-and-Error, welche Empfehlungen optimal sind. Jede einzelne Reaktion auf die erfolgten Empfehlungen (zum Beispiel der Klick eines Shopbesuchers auf ein angebotenes Produkt) wird als „Belohnung" erkannt. Dies trägt dazu bei, dass das System aus dem aktuellen Verhalten des Shopbesuchers „lernt" und sich sukzessive selbst optimiert. Einmal erlernte Regeln werden dabei fortlaufend auf ihre Gültigkeit überprüft und notfalls sofort angepasst – ob im Webshop, bei einzelnen E-Mail-Aktionen oder ganzen Kampagnen. Das heißt, ändern sich die Vorlieben oder Gewohnheiten der Shopbesucher, so ändern sich auch die Regeln des Recommendation Service und die darauf basierenden Empfehlungen. Auf diese Weise bleibt das Empfehlungssystem immer topaktuell.

Recommendation Service im Webshop

Der Recommendation Service wird über eine standardisierte Schnittstelle direkt in den Webshop eingebunden, wo er selbständig das Verhalten der Shopbesucher analysiert. Es wird untersucht, welche Links angeklickt, welche Produkte wie lange angesehen, welche in den Warenkorb gelegt oder letztendlich gekauft werden. Dabei werden aus dem Nutzerverhalten so genannte **virtuelle Communities** konstruiert. Das Verhalten eines Shopbesuchers wird mit typischen Verhaltensmustern der relevanten Community verglichen und Kaufwahrscheinlichkeiten berechnet. Die Erkenntnisse über die Kaufwahrscheinlichkeiten und die Nutzerprofile fließen dann im Webshop in die automatische Erstellung hochindividualisierter Produktempfehlungen ein.

Produktempfehlungen, die für den Kunden potenziell am interessantesten sind

Dabei werden im Onlineshop an beliebiger Stelle Platzhalter eingefügt, sogenannte „Web API Widgets" – kleine, bannerähnliche Anzeigen, innerhalb derer bestimmte Daten dynamisch angezeigt werden. Öffnet ein Interessent eine Seite mit solchen Platzhaltern, so ermittelt der Empfehlungsdienst sofort, welche Produkte in diesem Moment für diesen Shop-Besucher am interessantesten sind. Die entsprechenden Produktinformationen werden dann in Echtzeit beim Öffnen der Seite in die Platzhalter eingefügt. Auf diese Weise erhält jeder Kunde genau die Informationen, die ihn am meisten interessieren und die im Onlineshop die höchste Wahrscheinlichkeit für eine Conversion bieten.

Die Platzhalter, in denen die Produktempfehlungen bei Seitenaufruf erscheinen, können im Onlineshop an beliebiger Stelle in den vorhandenen HTML-Code eingebaut werden: Zum Beispiel auf der Produktdetailseite unterhalb oder neben der Produktdetailansicht. Auch die Anzahl der gewünschten Empfehlungen ist frei definierbar.

Analyse der Event-Chains

Zusätzlich zu den voreingestellten Empfehlungsregeln können weitere Kriterien manuell definiert werden, nach denen sich der Service optimieren soll (zum Beispiel nach Umsatz oder Deckungsbeitrag). Oder aber es können bestimmte Produkte und Produktkategorien von den Empfehlungen ausgeschlossen oder explizit für Empfehlungen vorgesehen werden. Tagesaktuelle Kennzahlen zur „Performance“ können jederzeit über ein integriertes Reporting abgerufen werden: Zum Beispiel die Anzahl der durchgeführten Empfehlungen oder die getätigten Verkäufe, die durch Empfehlungen stattgefunden haben.

Die Event-Chain-Daten eines jeden Webshop-Besuchers werden aufgezeichnet. Daher können sowohl historische als auch situative Daten zur Berechnung individueller und präziser Kaufwahrscheinlichkeiten herangezogen werden. Durch den Vergleich mit den Daten früherer Shopbesucher führt der Service zu weitaus passenderen Empfehlungen, als dies mit dem klassischen Vergleich verschiedener Warenkörbe möglich ist. Denn dabei wird lediglich die Zusammensetzung von Warenkörben untersucht und darauf geschlossen, was Kunden, die ein bestimmtes Produkt gekauft haben, unter Umständen ebenfalls interessieren könnte.

Der **Recommendation Service** hingegen kann auch Produkte empfehlen, die nicht unmittelbar im Zusammenhang mit dem ausgewählten Produkt stehen, für den Käufer aber potenziell interessant sein könnten.

Die Analyse des Klickverhaltens eines Shopbesuchers gibt nicht nur Aufschluss über die Wahrscheinlichkeit eines Kaufs, sondern auch über die tendenzielle Wahrscheinlichkeit eines Kaufabbruchs. Ein potenzieller Warenkorbabbrecher verhält sich anders als ein möglicher Kunde. Sämtliche Benutzervorgänge (Events) werden während eines Besuchs an das System übermittelt. Hier werden unter anderem auch die Abschlüsse eines Warenkorbes übergeben. Dementsprechend kann diese Zusatzinformation zu einem Besucherprofil hinzugefügt werden und hilft, bei künftigen „verdächtigen“ Verhaltensweisen proaktiv zu reagieren.

Potenziellen Kaufabbrüchen aktiv gegensteuern

Optimiertes Kampagnenmanagement

Durch die Integration eines Kampagnenmanagement-Systems in den Webshop lassen sich die Optimierungen direkt auf E-Mail-Kampagnen und Newsletter anwenden. Dabei werden die Erfahrungen über das Klick- und Kaufverhalten der Kunden zusammen mit den vorliegenden Kundenprofilen genutzt.

Zunächst werden die Empfänger der E-Mail definiert, beispielsweise eine bestimmte Kundengruppe per ID-Zuordnung (Identification) oder aber alle registrierten Kunden. Ebenso können zum Lernstart auch aus der Marktforschung übertragene Typen verwendet werden, das heißt, der Content wird dann für die ersten Öffner „voreingestellt“. Das Lernen auf dieser Basis zeigt, welche Produkte von welchen Typen auch tatsächlich angenommen werden, ob

Lernen, welche Produkte von welchen Typen am besten angenommen werden

die Kombination Produkt und Kundentyp passt und ob Alternativprodukte angeboten werden können. Die definierten Empfänger erhalten anstelle einer E-Mail mit beispielsweise vier unterschiedlichen Produkten ein Template mit vier Platzhaltern. Die Platzhalter stehen dabei für eine beliebig große Anzahl unterschiedlicher Themen, deren zugehörige Produktinformationen in Form von Texten, Preisen und Bildern beliebig kombinierbar sind.

Inhalte werden erst beim Öffnen der E-Mail generiert

Die Inhalte werden erst in dem Moment in das Template integriert, in dem der Empfänger die E-Mail öffnet. Gleichzeitig startet der Optimierungsprozess, indem zunächst die Reaktionen einer gewissen Anzahl von Abonnenten testweise gemessen werden. Diese Test-E-Mail beinhaltet diverse Produkte als Platzhalter, an denen das System das Klick-Verhalten der Abonnenten festmachen kann. Dadurch ist es möglich, die Wahrscheinlichkeit zu errechnen, für wen welches Produkt wie interessant ist. Dabei kann sowohl die Menge der Test-Adressaten individuell bestimmt als auch definiert werden, ob bereits geöffnete E-Mails beziehungsweise Newsletter auch dann noch optimiert werden sollen, wenn sie ohne Klick wieder geschlossen worden sind.

Das System optimiert sich selbst

Die Adressaten einer E-Mail oder eines Newsletters öffnen diesen nicht alle gleichzeitig. Daher kann das System aus dem Klickverhalten der ersten Abonnenten lernen, welche Empfehlungen erfolgversprechend sind und welche eher nicht. Aus diesen Erkenntnissen kann die Befüllung der Platzhalter fortlaufend optimiert werden.

Dynamischer Content wird unabdingbar

Der Trend – oder mehr noch: die Notwendigkeit – der Individualisierung in der Kunden- und Interessentenansprache resultiert auch aus einer Veränderung des Verbraucherverhaltens. Insbesondere durch die schnelle Verfügbarkeit von Informationen über Onlinemedien verfügen Verbraucher heute berechtigterweise über ein neues Selbstbewusstsein und eine neue „Marktmacht". Umso mehr müssen Unternehmen ihre Kunden und Interessenten heute anders wahrnehmen und ansprechen und noch stärker auf die zunehmende Vielfalt an individuellen Wünschen und Bedürfnissen eingehen. Deshalb wird der Einsatz selbstlernender Systeme bei sämtlichen Onlineaktivitäten zukünftig unabdingbar sein. Die bedürfnisorientierte Angebotssteuerung durch dynamischen Content führt zu einem systematischen Kommunikationsmanagement in allen Phasen des Kundenlebenszyklus – von der Markenbildung bis zur Markenbindung.

Literatur

[1] Sutton, Richard S., Barto, Andrew G.: Reinforcement Learning: An Introduction. – Verlag MIT Pr, 1998

Englbrecht, A.: Kundenwertorientiertes Kampagnenmanagement im CRM. – Verlag Dr. Kovac, 1. Aufl., 2007

http://www.epoq.de/epoq-rs-product.html

VERSAND OPTIMIEREN

5

INTRO

Den richtigen Versandzeitpunkt wählen: Michael Kornfeld analysiert den Bestand seiner Mailing und vergleicht den Versandzeitpunkt mit den dabei erzielten Öffnungsraten. Die Ergebnisse sind zum Teil überraschend.

Vergleich verschiedener Versandzeiten: Nicola Battistini und Joana Kruse haben eine aufwendige Studie durchgeführt, bei der jeweils gleiche Mailings zu unterschiedlichen Zeiten verschickt wurden. Die Ergebnisse sind aufschlussreich.

Werbedruck intelligent steuern: Frank Strzyzewski beschäftigt sich neben der Versandzeit auch mit der Frequenz der Mailings. Wichtig ist, dass insgesamt eine nachhaltig hohe Reagiererrate gewährleistet wird. Wer dieses Ziel ernsthaft verfolgt, kommt um eigene Tests nicht herum.

Testen des Newsletters vor dem Versand: Jörg Arnold beschreibt, was alles direkt vor dem Versand noch getan werden sollte, um die Zustellung sicherzustellen. Eine Reihe von Dingen lassen sich vorab mit wenig Aufwand testen.

Spamfilter vermeiden – Zustellung sichern: Britta Queda erklärt eine Besonderheit des E-Mail-Marketing. Anders als bei Postbriefen, werden E-Mails nicht automatisch auch ausgeliefert. Im Kampf gegen die Flut an Spammails geraten auch seriöse E-Mail in die Fänge der Spamfilter. Aber dagegen lässt sich vorsorgen.

Torsten Schwarz

DEN RICHTIGEN VERSANDZEITPUNKT WÄHLEN

5

MICHAEL KORNFELD

Der beste Newsletter ist wertlos, wenn niemand ihn liest. Durch die Wahl des richtigen Versandzeitpunktes lässt sich die Öffnungsrate mitunter verdoppeln.

Der Versandzeitpunkt – Detail mit großer Wirkung

Die Vorbereitungen laufen auf Hochtouren: Die Texte sind geschrieben, die Bilder erstellt, die Betreffzeile getestet – und der Newsletter wird am Donnerstagnachmittag verschickt. So wie immer.

Der stereotype Versand zu diesem Zeitpunkt ist sehr schade. Denn wenn der Newsletter am Montagabend verschickt worden wäre, hätte er vielleicht eine doppelt so hohe Öffnungsrate gezeigt. Doppelt so viele Empfänger, die mit der Botschaft erreicht werden können. Doppelt so viele Kontakte.

Damit zählt der richtige Versandzeitpunkt wohl zweifellos zu den wichtigsten Faktoren, die darüber entscheiden, ob ein Mailing geöffnet wird – oder nicht. Umso unverständlicher ist es, dass dem Versandzeitpunkt in vielen Unternehmen so gut wie keine Beachtung geschenkt wird.

In vielen Unternehmen nicht beachtet

Feldstudie: Montagabend ist am besten

Für eine Studie über die Einflussfaktoren von Öffnungsraten wurden Mails an über zwei Millionen Empfänger analysiert. Hier die wichtigsten Ergebnisse:

- Der **beste Versandzeitpunkt ist** – statistisch gesehen – **der Montagabend**.
- Die Wahl des richtigen Versandzeitpunktes beeinflusst die Wahrscheinlichkeit, dass ein Mailing geöffnet wird, dramatisch. Gegenüber dem ungünstigsten Zeitpunkt (Donnerstagnachmittag) kann man seine Öffnungsrate alleine durch die Wahl des richtigen Zeitpunktes **fast verdoppeln**!
- Mittwoch und Donnerstag sind als Versandtage grundsätzlich weniger zu empfehlen; Ein Versand am **Montag, Dienstag oder Freitag führt zu mehr Öffnungen**.
- Ein Versand zu **Tagesrandzeiten** (in der Früh beziehungsweise abends) führt **zu signifikant höheren Öffnungsraten**.

Versandzeit bestimmt, ob ein Mailing geöffnet wird

http://www.marketing-boerse.de/Experten/details/Michael-Kornfeld

- Mailings **gegen Jahresende** (November und Dezember) werden **deutlich seltener** geöffnet. Besonders hohe Öffnungsraten erzielt man zu Jahresbeginn (Januar, Februar) sowie allgemein in den Monaten, wo weniger Mailings verschickt werden (zum Beispiel in den Sommermonaten).
- Die Schwankungsbreite der Öffnungsraten ist enorm: Das beste Mailing erzielte eine Öffnungsrate von stolzen 92 Prozent, das schlechteste gerade einmal vier Prozent. Der Durchschnitt lag bei **34 Prozent**.

Auch bei Mailings gibt es Saisonen

Jahresanfang und Sommer besser als Weihnachtszeit

Mailings werden nicht gleichmäßig über das Jahr verteilt versendet, sondern es gibt **klare saisonale Schwerpunkte**. Den Analysen der Studie zufolge werden gegen Jahresende (November, Dezember) besonders viele E-Mailings verschickt – rund **+35 Prozent mehr** als im Jahresdurchschnitt. Angesichts der Weihnachtszeit ist das nicht weiter verwunderlich.

Neben dem Jahresende werden besonders viele Mailings im Mai (2008) und September verschickt. In den Sommer-Monaten werden tendenziell weniger Mailings verschickt.

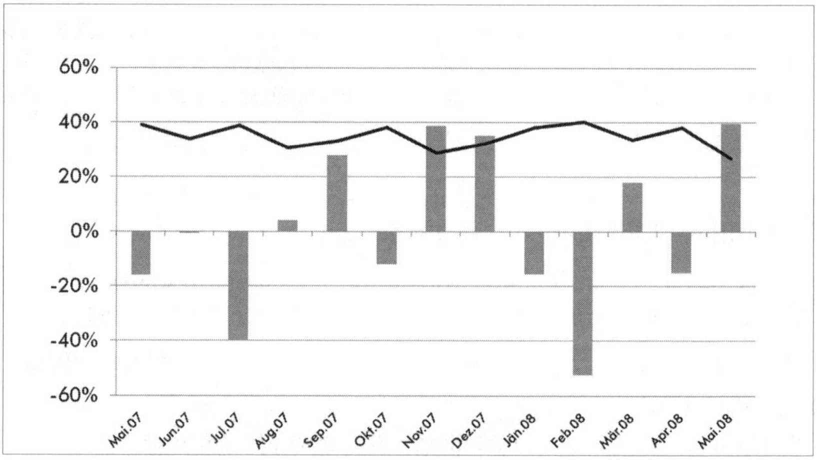

Abb. 1: Versand-Saisonalität (Die Balken geben die prozentuelle Abweichung der Versandmenge eines Monates vom Jahresdurchschnitt an; die Linie stellt die Öffnungsrate in jedem Monat dar.)

Es gibt einen klaren Zusammenhang zwischen der Saison, dem Versandvolumen und der Öffnungsrate. In den Monaten mit einem überdurchschnittlichen Versandvolumen (positive Balken) war die Öffnungsrate (Linie) unterdurchschnittlich. Mailings gegen Jahresende (November und Dezember) werden also deutlich seltener geöffnet (Öffnungsrate von 29 Prozent beziehungsweise 32 Prozent gegenüber dem Jahresdurchschnitt von 34 Prozent). Besonders hohe Öffnungsraten erzielt man zu Jahresbeginn (Januar, Februar) sowie allgemein in den Monaten, wo weniger Mailings verschickt werden (zum Beispiel Mai, Juli, Oktober).

Besser gegen den Strom schwimmen

Wenn die Empfänger besonders viele Mailings bekommen, selektieren sie offensichtlich rigoroser – und öffnen deshalb weniger Mailings. Es empfiehlt sich daher, Mailings eher antizyklisch zu verschicken!

Zeitpunkt und Öffnungsrate: Eine enge Verbindung

Nicht nur der Inhalt eines Newsletters oder seine Betreffzeile ist für die Öffnung ausschlaggebend. Es gibt auch einen hochsignifikanten Zusammenhang zwischen dem Versand-Zeitpunkt und der Öffnungsrate.

Wochentage

Bei der Analyse der Öffnungen nach Wochentagen gibt es vielleicht die größte Überraschung: Die Ergebnisse sind genau im Gegensatz zu den Empfehlungen, die man vielerorts hören und lesen kann.

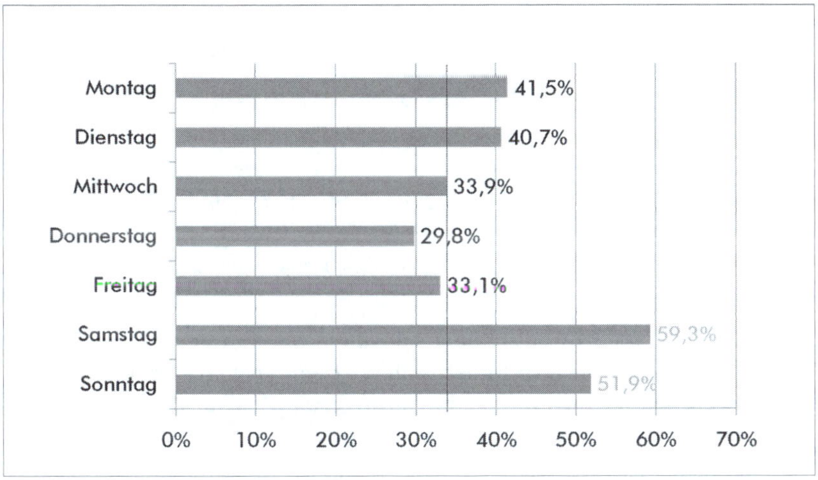

Abb. 2: Öffnungsraten nach Wochentagen

Wochenanfang oder -ende besser

Montag und Dienstag sind allgemein sehr gute Versandtage, ebenso das Wochenende (Achtung: am Wochenende ist die Fallzahl gering, die Ergebnisse sind daher mit Vorsicht zu genießen). Der Rest der Woche schneidet nur unterdurchschnittlich ab; **Die oft gelesene Empfehlung, Mailings vor allem zur Wochenmitte zu verschicken, ist also überholt!**

Unserer Meinung nach lässt sich dieses – für manche vielleicht überraschende – Ergebnis mit der Einheitlichkeit der zu hörenden und lesenden

Empfehlungen begründen. In den meisten Blogs, Foren und Vorträgen werden allgemein Dienstag bis Donnerstag als gute Versandtage genannt. Das hat inzwischen offensichtlich dazu geführt, dass viele Unternehmen sich strikt an diese „Regel“ halten und ihre Mailings daher vorwiegend an diesen Tagen versenden. Dadurch steigt jedoch der „Konkurrenzdruck“ der Mailings an diesen Tagen – und die Öffnungsrate sinkt.

Tageszeit

Ein ähnliches Bild ergibt sich bei der Analyse nach der Tageszeit: **Mailings sollte man grundsätzlich nicht nach Mittag verschicken** – da ist die Öffnungs-Wahrscheinlichkeit deutlich geringer als zu den Tagesrandzeiten:

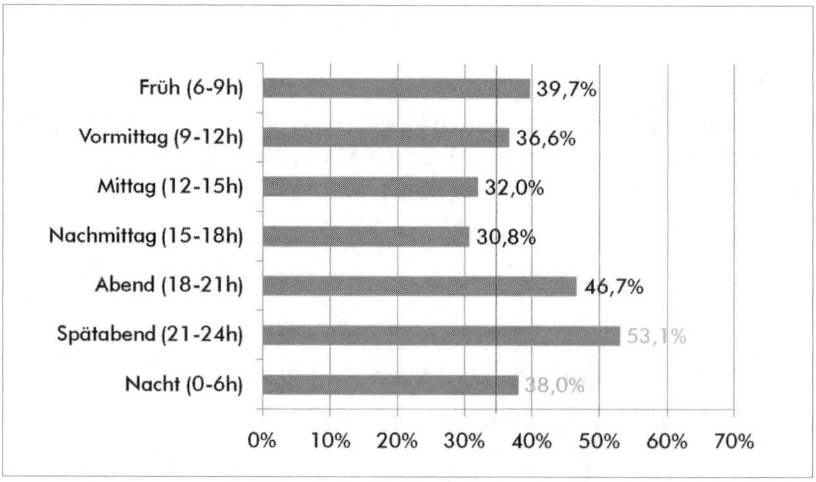

Abb. 3: Öffnungsraten nach Tageszeit

Früh und Abend sind gute Versandzeitpunkte

> Newsletter werden offensichtlich vor allem dann gelesen, wenn es im Alltag etwas „ruhiger“ ist: In der Früh oder am (späten) Abend. Während des hektischen (Nach-)Mittags bleibt oft keine Zeit für das Lesen eines Newsletters.

Versand-Matrix: Öffnungsraten nach Tag und Zeit

In einer aufwendigen Analyse wurden die Versandtage und -Zeitpunkte miteinander kombiniert um zu einer Versandmatrix zu kommen. Die schwarzen Kreise geben positive Abweichungen vom Durchschnitt, die schwarzen Vierecke die ungünstigen Versandzeitpunkte an. (Weiße Kreise sind mit Vorsicht zu genießen, da die geringe Fallzahlen in diesen Zellen nur tendenzielle – aber keine statistisch repräsentativen – Aussagen erlauben.)

	Früh	Vormittag	Mittag	Nachmittag	Abend	Spätabend	Nacht
Montag	●●●	●●●●	●●●	●●	●●●●●		
Dienstag	●●●●	●●	●●●●	●●●	●●●●	○○○○○	
Mittwoch	●●	●	■	■■	●●●●●		
Donnerstag	●	■	■■■	■■■■■	●●●●●	○○○○○	○○○○○
Freitag	●●	●	■■■■	●●●●●	○○○○○	○○○○○	○○○○○
Samstag		○○○○○	○○○○○		○○○○○		
Sonntag		○○○○○			○○○○○		
Legende	● *positive Abweichung*		■ *negative Abweichung*		○ *tendenziell*		

Abb. 4: Versand-Matrix als Übersicht

Empfehlungen – So kommen Ihre Mailings gut an!

Jede Studie ist nur so gut wie die konkreten Schlüsse, die man für sich selber daraus ziehen kann. Deshalb finden Sie hier eine Zusammenstellung der wichtigsten Empfehlungen, die aus den Studienergebnissen abgeleitet werden können.

Wählen Sie den richtigen Zeitpunkt.
Die Versand-Matrix zeigt es deutlich: Der Zeitpunkt des Versandes hat einen enormen Einfluss darauf, ob Ihr Mailing geöffnet wird – oder nicht. Meiden Sie grundlegend die Zeitpunkte, wo es bei Ihrer Zielgruppe erfahrungsgemäß eher hektisch zugeht – und haben Sie keine Angst vor Tagesrandzeiten oder „unüblichen" Versandtagen.

Nicht versenden, wenn es hektisch zugeht

Entwickeln Sie Ihre eigene Versand-Matrix.
Sie sollten Ihre Mailings nun **nicht** plötzlich am Montagabend verschicken, nur weil das statistisch gesehen der ideale Zeitpunkt ist. Denn die Öffnungsrate für **Ihr** Mailing hängt in erster Linie von **Ihrer** Zielgruppe ab – und damit sollte Ihr Mailing vielleicht zu einem ganz anderen Zeitpunkt verschickt werden!

Also: Entwickeln Sie Ihre eigene Versand-Matrix für Ihre Zielgruppe, in dem Sie den Versand zu verschiedenen Zeitpunkten durchführen und die jeweiligen Öffnungsraten messen.

Schwimmen Sie gegen den Strom!
Einige überraschende Ergebnisse der Studie bestätigen es: Man fährt selten gut, wenn man immer nur den ausgetretenen Pfaden folgt. Denn alle allgemeinen Empfehlungen basieren auf Durchschnittswerten – und müssen daher nicht zwangsläufig auch auf Ihre konkrete Situation zutreffen. Gerade bei den Versandzeitpunkten werden meist dann die besten Öffnungsraten erzielt, wenn die Mailings antizyklisch verschickt werden. Also zu einem Zeitpunkt, zu dem nicht alle anderen Unternehmen auch ihre Newsletter versenden. Machen Sie es

Es zahlt sich aus, anders zu sein

also anders als die Anderen – und vertrauen Sie den allgemeinen Daumenregeln nicht blindlings.

Haben Sie etwas zu erzählen?
Einen Newsletter sollten Sie nur dann verschicken, wenn Sie auch wirklich etwas zu erzählen haben – und nicht, weil es wieder Zeit ist. Wenn Ihre Leser aus vergangenen Newslettern wissen, dass nur selten interessante (für den **Empfänger** relevante) Informationen dabei sind, wird sich das unmittelbar auf die Öffnungsrate auswirken.

Manche Empfänger sind gleicher als andere.
Behandeln Sie nicht alle Empfänger gleich; Die Chancen stehen hoch, dass sie das nicht sind.

Männer haben vielleicht andere Zeiten als Frauen

Vielleicht erreichen Sie wesentlich bessere Öffnungs- und Klickraten, wenn Sie Ihre Empfänger einfach nach Mann/Frau unterscheiden. Und dementsprechend auch Versandzeitpunkt, Betreffzeile und Inhalte variieren. Vielleicht macht eine Differenzierung nach A-, B- und C-Kunden für Sie Sinn. Oder eine Segmentierung nach Ländern.

Je weniger Sie Ihre Empfänger als eine große Versandgruppe sehen, desto weniger durchschnittlich werden auch die Ergebnisse Ihrer Mailings sein.

Glauben Sie nicht – testen Sie!
Die vermutlich wichtigste Empfehlung, die wir allen unseren Kunden geben, lautet: Experimentieren Sie! Es gibt viele Schräubchen, an denen Sie drehen können (zum Beispiel Versandzeitpunkt, Betreffzeile, Absender, Anzahl Bilder, Anzahl Links). Wirklich herausfinden, welche Variablen bei Ihrer Zielgruppe und Ihren Mailings funktionieren, werden Sie nur durch gezielte Experimente. Das geht vielleicht manchmal schief; Aber durch diese Erfahrungen können Sie Ihre Mailings laufend optimieren – und so bessere Resultate erzielen. Und langfristig erfolgreich sein.

Literatur

http://www.dialog-mail.com/oeffnungsreport

VERGLEICH VERSCHIEDENER VERSANDZEITEN

NICOLA BATTISTINI, JOANA KRUSE

5

Der Versandzeitpunkt, als einer der am leichtesten zu variierenden Parameter, ist ein intensiv debattierter Erfolgsfaktor im E-Mail-Marketing. Trotz des großen Interesses an einem optimalen Timing verfügt die E-Mail-Branche kaum über valide und profunde Erkenntnisse und Studien zum effektiven Response-Faktor des Versendezeitpunktes.

Gibt es den optimalen Zeitpunkt überhaupt?

Es kursieren einige teils kontroverse Aussagen und Meinungen zum Thema optimaler Versandzeitpunkt. Hier eine Auswahl an Zitaten für Sie:

„Versenden Sie auf keinen Fall nachts, denn dann landet Ihr Newsletter zusammen mit zahlreichen Spam-E-Mails im E-Mail-Postfach des Empfängers und wird, zusammen mit der Spamflut, ungelesen gelöscht."

„Genau genommen gibt es keinen richtigen oder falschen Tag. Wichtig ist, dass die Empfänger frisch generiert sind – dann passt es an jedem Tag."

„Der richtige Zeitpunkt hängt vor allem mit dem Inhalt beziehungsweise dem thematischen Schwerpunkt des Newsletters zusammen."

„Testen, testen und nochmals testen."

„Mittwoch ist der Supertag."

Diese Liste an Aussagen ließe sich noch beliebig weiterführen.

Jede dieser Aussagen hat sicher eine gewisse Berechtigung. Für eine umfassende Beurteilung sollte das individuelle Umfeld, die zur Verfügung stehenden Möglichkeiten und die gewünschte Zielgruppe des E-Mail-Versenders in Betracht gezogen werden.

Jede Versandzeit hat ihre Berechtigung

Die Tatsache, dass jede Newsletter-Liste seine eigenen Gesetze und Eigenheiten hat, ist sicher richtig – und doch sind wir überzeugt, dass es für E-Mail-Kampagnen aus dem Consumer-Bereich allgemeingültige Tendenzen bezüglich Öffnungs- und Klickverhalten gibt. Natürlich sind diese Tendenzen nur eine Momentaufnahme und haben demzufolge eine begrenzte Haltbarkeit. Es gibt außerdem einige nur sehr bedingt messbare Faktoren, welche das Resultat einer Kampagne beeinflussen können. Denken wir an das Wetter, Urlaubs- und Jahreszeiten oder spezifische Eigenheiten, die mit dem beworbenen Produkt zusammenhängen. So macht ein terminiertes Last-Minute-Weekend-Trip-Angebot für einen Versand am Wochenende natürlich keinen Sinn.

Nichtsdestotrotz haben wir uns entschlossen, eine eigene und ziemlich umfassende Studie zu diesem spannenden und viel diskutierten Thema in Angriff zu nehmen.

http://www.marketing-boerse.de/Experten/details/Nicola-Battistini
http://www.marketing-boerse.de/Experten/details/Joana-Kruse

Unser Hauptanliegen bei dieser Studie ist es saubere, gut zu **vergleichende** und damit **valide Ergebnisse** zu erlangen. Nach Sichtung einiger anderer Studien, sowohl im englischsprachigen als auch im deutschsprachigen Raum, ist uns aufgefallen, dass oft „Äpfel mit Birnen" verglichen wurden und die Ergebnisse deshalb weder übertragbar noch aussagekräftig sind. So wurden zum Beispiel redaktionelle Newsletter mit Standalone-Kampagnen vermischt oder sehr kleine mit sehr großen Listen miteinander verglichen. Dies jedoch kann nicht im Sinne einer validen Studie sein. Denn redaktionelle Newsletter haben per se eine ganz andere Klick- und Öffnungsrate als typische Werbe-Standalones. Auch performen große Listen mit über 300.000 Abonnenten anders als kleine Special-Interest-Newsletter mit bis zu 10.000 Abonnenten.

Für Newsletter gelten andere Regeln als für E-Mailings

Der folgende Beitrag fasst die relevanten Ergebnisse der durchgeführten E-Mail-Studie 2009 zum Thema Versandzeitpunkt zusammen.

Die E-Mail-Studie 2009 – Versandzeitpunkt

Alle Studien-Testdurchgänge wurden mit ein und demselben Pool von E-Mail-Adressen durchgeführt, um eine optimale Vergleichbarkeit zu gewähren. Außerdem sind alle Testdurchgänge komplett aus dem Bereich **B2C** (Business-to-Consumer)-Community. So können wir zwar unsere Ergebnisse nicht auf B2B (Business-to-Business)-Kampagnen übertragen, aber wir können sicher sein, für B2C-Kampagnen (circa 95 Prozent aller Buchungen von Standalone-Kampagnen) sind die Ergebnisse relevant!

Werte gelten für B2C und sollten nicht auf B2B übertragen werden

Die Newsmarketing GmbH ist Betreiber mehrerer Online-Communities seit 2002. Die aus diesen Communities gewonnenen Adressen wurden als Adresspool für die Studie genutzt.

Die Lesergemeinde der unterschiedlichen Communities ist sehr homogen: 53 Prozent Frauen, 47 Prozent Männer; durchschnittliches Alter der Hauptlesergruppe ist zwischen 25 und 45 Jahren. Neunzig Prozent der Leser kommen aus Deutschland, fünf Prozent aus Österreich, drei Prozent aus der Schweiz und zwei Prozent aus unterschiedlichen Ländern in Europa und Nordamerika. Alle Leser sind deutschsprachig.

Der Adress-Pool ist regelmäßig Bounce bereinigt und bietet bei jeder Versendung selbstverständlich eine Opt-out-Möglichkeit, so dass alle angeschriebenen Adressen aktuell und interessiert sind.

Inhalte der Standalone-Kampagnen

Für alle Testdurchgänge wurden drei Communities mit unterschiedlichen Creatives beworben. Auf die jeweiligen Creatives wird gegebenenfalls detailliert bei der Beschreibung der jeweiligen Testdurchgänge eingegangen. Dann nämlich, wenn diese einen Einflussfaktor auf die Performance-Werte ausübten.

Die beworbenen Communities waren:

- Eine kostenlose e-Card-Community.
- Eine kostenlose Tausch-Community.
- Eine kostenlose Onlinegame-Community.

Untersuchte Performance-Werte

Bei allen Testdurchgängen wurden folgende **Performance-Werte** untersucht und miteinander verglichen:

- Öffnungsrate – wie oft wurde eine HTML-E-Mail geöffnet?
- Klickrate – wie oft wurde insgesamt auf die unterschiedlichen Links geklickt?
- Unique Besucher – wie viele unique Besucher hat die Werbung gebracht?
- Kombination mit allen drei Kriterien.

Beim ersten Teil dieser Studie geht es nicht darum aufzuzeigen, wie hoch eine durchschnittliche Öffnungsrate oder eine durchschnittliche Klickrate ist. (In diesem Zusammenhang verweisen wir auf unsere jährliche Erfolgsauswertung von E-Mail-Kampagnen, wo genau diese Werte ausführlich dokumentiert sind.) Es ging uns vielmehr darum zu schauen, wie verändern sich die Performance-Werte durch unterschiedliche Variationen in Bezug auf den Versandzeitpunkt.

Erfolg sind nicht Öffnungen sondern Besucher einer Kampagne

Aus diesem Grund haben wir bewusst darauf verzichtet, Ergebnisse durch Durchschnittswerte darzustellen. Dies hätte eine schlechte Vergleichbarkeit und eine Verwässerung der Ergebnisse zur Folge. Denn für ein Thema ist eine einprozentige Klickrate hoch, für ein anderes Thema jedoch eine fünfprozentige Klickrate. Der Durchschnitt von drei Prozent sagt somit gar nichts aus.

Wir haben uns vielmehr dafür entschieden, ein **Ranking mit Punkten** durchzuführen. So lassen sich Ergebnisse optimal miteinander vergleichen und kombinieren. Auf Details wird bei der Beschreibung der jeweiligen Testdurchgänge eingegangen.

Was wurde untersucht?

Es wurde untersucht, welchen Einfluss der Versandzeitpunkt auf die Performance-Werte hat. Wann ist der optimale Versandzeitpunkt für eine Standalone-Kampagne? Hierzu wurde eine Versandmatrix von Wochentagen und Uhrzeiten erstellt.

Es wurde an allen Wochentagen von Montag bis Sonntag versandt, zu jeweils fünf unterschiedlichen Uhrzeiten:

- 09:00 Uhr (morgens)
- 11:00 Uhr (vormittags)
- 13:00 Uhr (mittags)
- 15:30 Uhr (nachmittags)
- 19:00 Uhr (abends)

Wie wurde untersucht?

Jeder der **35 Versandzeitpunkte** wurde dreimal mit der selben Anzahl an Lesern angeschrieben. Es wurden immer unterschiedliche Leser angeschrieben. Die Abstände der einzelnen Versendungen zu dem selben Zeitpunkt betrugen mindestens 14 Tage. Es wurden insgesamt über 2,1 Millionen E-Mails versandt.

Die Performance-Werte wurden exakt und minutengenau nach einer Woche des Versands erhoben. Beispiel: Wenn der Versandzeitpunkt Dienstag, der 13. Januar 2009 um 11 Uhr war, so wurde als Endergebnis die Performance-Werte genommen, die bis Dienstag, den 20. Januar 2009 um minutengenau 11 Uhr eingegangen waren.

Innerhalb eines Versanddurchgangs wurde exakt das selbe Creative genutzt, so dass eine Vergleichbarkeit gewährleistet wurde.

Werte wurden exakt nach einer Woche gemessen

Wie wurde ausgewertet? Das Ranking.

Es wurden Punkte von 1 bis 35 für den jeweiligen Versandzeitpunkt und für die jeweiligen Performance-Werte (Öffnungsrate, Klickrate, unique Besucher) vergeben. 1 stellt das schlechteste Ergebnisse dar, 35 das beste. Außerdem wurden alle drei Performance-Werte miteinander kombiniert, so dass es daraus schlussendlich zu einem Endergebnis kam.

Dies wurde für alle **drei Versanddurchgänge** durchgeführt und diese wiederum mit einander addiert.

So ergibt es sich, dass ein Versandzeitpunkt maximal 105 Punkte pro Performance-Wert erreichen konnte. Dies wäre das beste Ergebnis. In Kombination mit allen drei Performance-Werten wäre das maximal zu erreichende Ergebnis dementsprechend 315 Punkte. Darüber hinaus wurden die Wochentage und die Uhrzeiten zusammengefasst und mit Hilfe der Ranking-Punkte bewertet.

Die Hauptergebnisse

Bei den Öffnungsraten erreichte folgender Versandzeitpunkt die meisten Punkte: Sonntag, 15:30 Uhr (103 von maximal 105 Punkten)

Bei den Klickraten erreichte folgender Versandzeitpunkt die meisten Punkte: Sonntag, 15:30 Uhr (96 von maximal 105 Punkten)

Sonntagnachmittag wird geöffnet und geklickt, Samstagabend jedoch bekommt die Werbung die meisten Besucher

Bei den uniquen Besuchern erreichte folgender Versandzeitpunkt die meisten Punkte: Samstag, 19:00 Uhr (97 von maximal 105 Punkten)

In Kombination mit allen drei Performance-Werten ist folgender Versandzeitpunkt der Beste: **Sonntag, 15:30 Uhr (297 von maximal 315 Punkten)**

Eine erfolgreiche Werbekampagne sollte natürlich sowohl hohe Öffnungsraten, hohe Klickraten als auch viele unique Besucher haben. Aus diesem Grund haben wir alle drei Performance-Werte miteinander kombiniert und ein Ranking aufgestellt.

09:00	721
11:00	1.027
13:00	1.248
19:00	1.286
15:30	1.436
Maximalpunkte: 2.142	

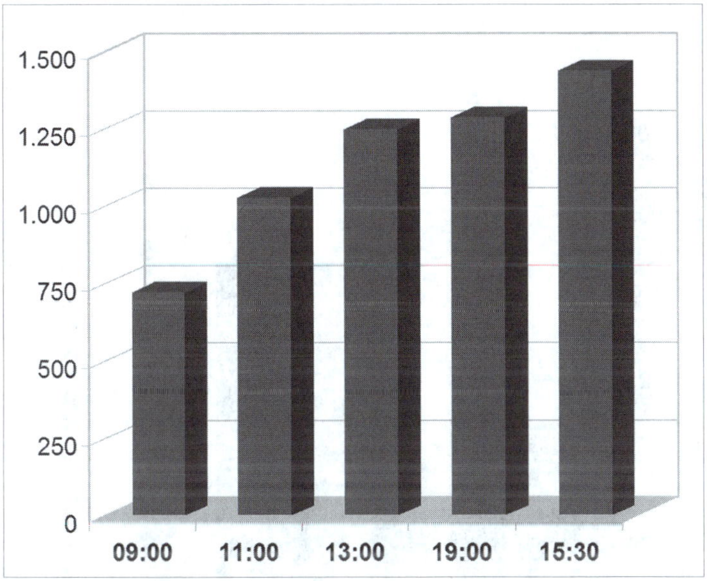

Abb. 1: Ranking nach Uhrzeiten in Kombination mit allen drei Performance-Werten Öffnungsrate, Klickrate und unique Besucher. Maximal mögliche Punktzahl: 2142

Wie Abbildung 1 zeigt, hat der Versandzeitpunkt 9:00 Uhr 721 Punkte erreicht, der Versandzeitpunkt 15:30 Uhr 1436 Punkte.

Morgens und vormittags sollten keine Standalones versandt werden. Eher schon mittags oder abends. Am besten jedoch ist die Performance, wenn nachmittags versandt wird.

Der Donnerstag hat 463 Punkte erreicht, der Samstag 1198 Punkte.

15:30 ist die beste Versandzeit für Verbraucher

Der Donnerstag ist der Tag, am dem die Performance am schlechtesten ist. Dieser Tag sollte als Versandtag vermieden werden. Auch Dienstag und Mittwoch sind nicht empfehlenswert. Besser ist schon der Freitag und der Montag, aber am effektivsten für B2C-Kampagnen ist das Wochenende mit Samstag und Sonntag.

DO	436
DI	601
MI	637
FR	849
MO	871
SO	1.099
SA	1.198
Maximalpunkte: 1.545	

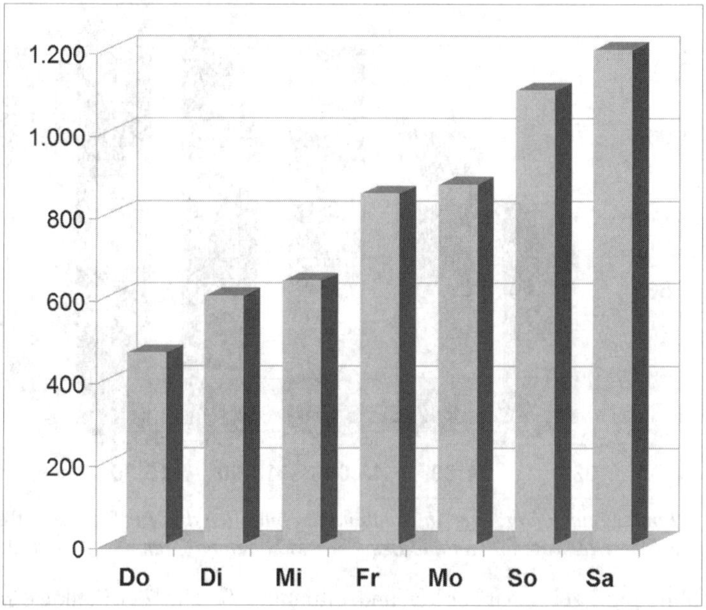

Abb. 2: Ranking nach Wochentagen in Kombination mit allen drei Performance-Werten wie Öffnungsrate, Klickrate und unique Besucher. Maximal mögliche Punktzahl: 1545.

Samstag ist der beste Versandtag für Mailings an Verbaucher

Abbildung 3 zeigt deutlich – das Wochenende ab mittags ist der beste Versandzeitpunkt für eine Standalone-Kampagne aus dem B2C-Bereich. Von Freitag bis Sonntagvormittag könnte auch ein Versand mit guter Performance stattfinden, ebenso am Montagmittag und Nachmittag.

Generell gilt – die Morgenstunden sollten für Kampagnen vermieden werden. Auch die Abendstunden sind innerhalb der Woche nicht empfehlenswert, nur am Wochenende. Wenn innerhalb der Woche versandt werden muss, so höchstens am Nachmittag. Der Donnerstag jedoch sollte komplett vermieden werden.

Tag/ Uhrzeit	09:00	11:00	13:00	15:30	19:00
Montag	135	117	229	233	157
Dienstag	101	92	79	197	132
Mittwoch	62	96	96	171	128
Donnerstag	54	109	56	97	147
Freitag	125	171	195	169	189
Samstag	167	240	253	272	266
Sonntag	77	202	256	297	267
Legende	schlecht	ungünstig	befriedigend	optimal	

Abb. 3: Versandmatrix für den optimalen Versandzeitpunkt in Kombination mit allen drei Performance-Werten. Es sind die jeweils erreichten Punktezahlen abgebildet. Maximal mögliche Punktzahl: 315.

Zusammenfassung der Ergebnisse

Für viele werden diese Ergebnisse überraschend sein. Dies waren sie für uns zunächst auch. Allerdings sind sie eigentlich logisch. Jahrelang galten die Versandtage Dienstag und Donnerstag als DIE Versandtage schlechthin. Und möglichst morgens um 9.00 Uhr wollten die Kunden versenden, damit auch alle Leser Zeit genug haben, die E-Mail zu öffnen. Das Resultat – eine Überflutung von E-Mails zu genau diesen Zeitpunkten – dienstags und donnerstags, eventuell noch mittwochs um 9.00 Uhr. Wenn wundert es da, dass ausgerechnet diese Zeitpunkte am schlechtesten abschneiden. Standalones werden zu diesen Zeitpunkten relativ schnell als „Werbung" klassifiziert und ungelesen gelöscht. Hinzu kommt, dass viele Leser ihre E-Mails auf dem Arbeitsplatz abrufen und dort keine Zeit haben für private Communities, Shopping-Portale oder ähnliche Angebote.

Am Wochenende hingegen ist das E-Mail-Aufkommen wesentlich geringer. Eine Werbebotschaft per Standalone hat hier optimale Gelegenheit, wahrgenommen zu werden. Auch ist die private Zeit großzügiger bemessen, der Leser kann sich deutlich länger und gründlicher mit den beworbenen Angeboten befassen.

Am Wochenende herrscht weniger Wettbewerb im Posteingang

Resümee

Der Onlinemarketer muss umdenken, denn die Leser von E-Mails haben ihr Nutzungsverhalten deutlich geändert. Zu hoch ist das Mail-Aufkommen geworden, als dass alle Standalones noch während der Arbeitszeit (ob dies zu Hause ist oder im Büro) gelesen werden können.

Möchte ein Onlinemarketer möglichst viele Leser erreichen, so sollte er dann versenden, wenn diese Zeit für seine Werbebotschaft haben – am Nachmittag und möglichst am Wochenende.

Dies gilt zumindest dann, wenn er Angebote aus dem Privatkunden-Bereich bewirbt. Wir möchten ausdrücklich darauf hinweisen, dass unsere Ergebnisse nicht übertragbar sind für B2B-Werbemailings!

Literatur

dialog Mail: Öffnungs-Report 2008: Feldstudie über die Öffnungsraten von E-Mailings, November 2008. – http://www.dialog-mail.com/oeffnungs-report/index.php

Schwarz, T. (Hrsg.): Online-Marketing Beratungsbrief. – Ausgabe 05/Mai 2007.

Strzyzewski, F., Strehl, A.: Der optimale Versandzeitpunkt von Newslettern. – In: Schwarz, T. (Hrsg.): Online-Marketing Beratungsbrief. – Ausgabe 05/2007. http://www.xq11.com/DE/_pdfs/onlinemarketing_05-2007.pdf

WERBEDRUCK INTELLIGENT STEUERN

5

FRANK STRZYZEWSKI

„Wie oft soll oder darf ich versenden?“ Für diese elementare Fragestellung des E-Mail-Marketing gibt es keine einfache, pauschale Antwort. Jedes Unternehmen, jede Organisation, jedes Geschäftsmodell hat eigene Besonderheiten, die es zu kennen und zu beachten gilt. Eine wichtige Entscheidungsgrundlage für Versender ist in diesem Zusammenhang die Kenntnis, in welchem Maße mit zunehmender Kontakthäufigkeit die Abmelderate zunimmt. Daraus lassen sich betriebswirtschaftlich vorteilhafte Werbedruck-Grenzen ableiten, die mit Unterstützung geeigneter Technologie auch gut umgesetzt werden können.

Kontakthäufigkeit und Response

Die E-Mail-Kontaktfrequenz ist ein zentraler Faktor für die zu erwartende Response. Mit steigender Kontakthäufigkeit steigt zwar erwartungsgemäß auch die Response, aber der Response-Gewinn nimmt in der Regel auch schnell ab, da Empfänger eben keine beliebigen Mengen an Werbebotschaften verarbeiten wollen und können. Das Resultat sind Sättigungs- und Ermüdungseffekte. Bei einer Befragung aus dem Jahr 2008 stuften bereits über zwei Drittel den Aufwand für das Lesen von E-Mails als hoch oder zu hoch ein, und dass Newsletter oft häufiger als gewünscht versendet werden [1].

Wird zuviel versandt, setzt eine Sättigung ein und die Response geht herunter

Für Versender ist es also wichtig zu verstehen, wie **Versendehäufigkeit** und Response zusammenhängen, um möglichst wenig Umsatzpotential ungenutzt zu lassen. Dabei spielen für eine Renditebetrachtung auch die zusätzlichen Erstellungs- und Versandkosten sowie nicht zuletzt die erhöhten Abmelderaten eine wichtige Rolle.

Durch immer ausgeklügeltere E-Mail-Strategien und Taktiken nehmen die Unterschiede im Werbedruck für einzelne Teile des Adressverteilers immer weiter zu. Während früher jedem Empfänger vielleicht nur einmal pro Monat eine E-Mail zugestellt wurde, können es heute eine Reihe unterschiedlicher E-Mail-Kontakte sein. Beispiel dafür sind Welcome-Mails, Geburtstags-E-Mails, verschiedene abonnierbare Newsletter des Versenders, Warenkorb-Erinnerungen, Kundeneinladungen, Nachfasskampagnen an Reagierer oder Nichtreagierer, Umfragen, Bestellbestätigungen, Rechnungen und so weiter. Außerdem kann es saisonale Unterschiede geben: eine erhöhte E-Mail-Frequenz kann während der Weihnachtszeit durchaus rentabel sein, aber nach dem 24.12. schon nicht mehr.

Eine Vielzahl von E-Mails konkurrieren miteinander

http://www.marketing-boerse.de/Experten/details/Frank-Strzyzewski

Relevanz als Schlüssel zum Kunden

Für einen E-Mail-Empfänger liegt der Wert jeder empfangenen E-Mail in ihrer echten oder zumindest gefühlten Relevanz. Im globalen Wettbewerb um Aufmerksamkeit in der Inbox ist Relevanz das entscheidende Kriterium. Zu einem nicht geringen Teil hängt Relevanz bereits vom Geschäftsmodell ab. Für einen Abonnenten von Börseninformationen sind unter Umständen mehrere Dutzend E-Mails pro Tag hochrelevant. Auf der anderen Seite meldet sich der IT-Leiter eines Unternehmens vermutlich recht zügig von einem Newsletter ab, in dem ihm sein Systemhaus monatlich den neuesten Paradigmenwechsel in der IT vorstellt. Die Länge von Innovationszyklen der angebotenen Produkte und Dienstleistungen haben dabei einen ebenso hohen Stellenwert wie die Erwartungen der Empfänger.

Erwartungen erfüllen

Der Königsweg zur Relevanz und damit zum Kunden ist dabei **Personalisierung**. Durch den Einsatz immer kostengünstigerer Technologien sinken auch die Kosten für individuellere E-Mails. Das wiederum ermöglicht höhere Response-Raten und steigende Versendefrequenzen.

Formen der Reaktanz

E-Mail-Empfänger, die zu häufig E-Mails erhalten, sind konsequent und wenig wählerisch in der Wahl ihrer Mittel. Das erste Mittel ist in der Regel **Ignoranz**. Dabei werden E-Mails immer seltener geöffnet, weil die Relevanz früherer E-Mails nicht den Erwartungen entsprach. Der Versender hat aber immer noch die Chance, den Empfänger wieder zu aktivieren. Bleibt der Newsletter irrelevant, dann ist der nächste Schritt die **Abmeldung**. Dass mit steigendem Werbedruck die Abmelderate steigt, ist nicht nur nachvollziehbar, sondern auch leicht nachzuweisen. Nach einer Untersuchung von Epsilon International und ROI Reasearch ist eine zu hohe E-Mail-Frequenz der zweithäufigste Abmeldegrund (der häufigste ist irrelevanter Content) [2].

Hohe Frequenz zweitwichtigster Abmeldegrund

Immerhin ist ein Abmeldung aber noch eine gut messbare Aktion des Empfängers, und der Versender hat zumindest noch die Möglichkeit, im Abmeldevorgang die Gründe zu erheben oder den Empfänger noch umzustimmen. Im ernsteren Fall wird der Versender einfach als Spam- oder Junkmail-Versender eingestuft und landet ab da nie mehr in der regulären Inbox [1]. Dieser Vorgang ist für den Versender im Prinzip nicht messbar und stellt deshalb ein ernsthaftes Problem für das E-Mail-Marketing generell dar, da in den Kennzahlen diese Form des **privaten Blacklisting** nicht von der **Ignoranz** unterschieden werden kann. In einer Untersuchung gaben 25 Prozent der Empfänger, die E-Mails als Spam einstuften an, dass der Grund dafür zu viele E-Mails des Versenders waren [1].

Im schlimmsten Fall beschwert sich der Empfänger in einer Form, die nachteilige Auswirkungen für das gesamte E-Mail-Marketing des Versenders haben kann. Bei einigen ISPs und Webmailern (zum Beispiel AOL) gibt es nämlich sogenannte **Feedback-Loops für Beschwerden**. Die Feedback-

Loop-Informationen zeigen dem Versender welcher Anteil der Empfänger die E-Mails des Versenders als Spam eingestuft hat beziehungsweise welche Adressen. Übersteigt die **Beschwerderate** einen bestimmten Schwellenwert, dann werden die Versenderinformationen (Domain, IP-Adresse) auf Spam-Blacklists publiziert, etwa Spamcop.net. Von solchen Listen beziehen viele Spamfilter aktuelle Informationen, sodass wenige Beschwerden dazu führen können, dass viele weitere E-Mails auch bei anderen Empfängern blockiert werden. Allein diese Nachteile sind ein starkes Argument für einen sehr einfachen Abmeldeprozess.

Beschwerden können zu Zustellproblemen führen

Die Wirkung von E-Mail-Abmeldungen

Typische E-Mail-Abmelderaten liegen oft weit unter ein Prozent. Dabei übersieht man leicht, wie verheerend die Wirkung von einem oder zwei zehntel Prozent höheren Abmelderaten vor allem bei häufigen Versendungen sein kann. Bei einem Verteiler von 100.000 Adressen, wöchentlichem Versand und 0,5 Prozent Abmelderate sind am Ende eines Jahres nur noch 77 Prozent der Adressen angemeldet.

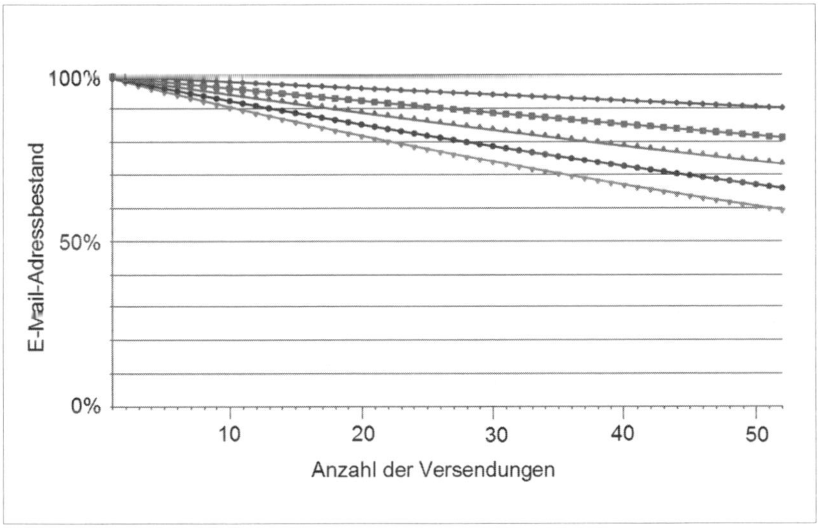

Abb. 1: Die Wirkung von Abmeldungen

Dieser enorme **Abschmelzeffekt** als kumulierte Wirkung selbst geringer Abmelderaten ist die eigentliche Motivation, sich mit der Frage nach Werbedruck und Abmeldungen zu beschäftigen. Eine abgemeldete E-Mail-Adresse bedeutet nämlich nicht nur einen unmittelbaren einmaligen Umsatzausfall, wie etwa bei einem Zustellproblem, sondern ein ganz grundsätzliches Problem. Zum einen hat der Versender nicht mehr die Möglichkeit, den Empfänger über den ROI-starken (Return-on-Invest) Kanal anzusprechen. Der Versender muss zur

Abschmelzeffekt ist kumulierte Wirkung über die Zeit

Ansprache dieses Empfängers auf andere, teurere Kanäle ausweichen, sofern dies überhaupt möglich ist.

Bei guten Bestandskunden ist dies natürlich besonders nachteilhaft, denn auch im E-Mail-Marketing gilt: das Halten eines bestehenden Empfängers auf dem Verteiler ist um ein mehrfaches kostengünstiger als die Gewinnung eines neuen Abonnenten. Auch hat sich die Wiedergewinnung eines abgemeldeten Newsletter-Abonnenten als außerordentlich schwierig erwiesen.

Messung des Zusammenhanges

Um die Wirkung der Kontakthäufigkeit auf die Abmelderate zu erheben, empfehlen sich mehrere Verfahren.

Abmeldegründe erheben

Abmeldegründe sind wichtige Informationen für eine Verbesserung

Relativ einfach umzusetzen ist in der Regel die optionale Abfrage der Abmeldegründe auf einer speziellen Landing-Page, bei der „zu hohe Versendehäufigkeit“ als Option per Checkbox auswählbar ist. Da nicht selten über fünfzig Prozent der Abmelder mindestens einen Abmeldegrund angeben, ist das wertvoller Input für Schwere und Umfang des Abmeldeproblems. Weiterhin ist zu empfehlen, diese Kennzahl regelmäßig zu erheben und zu verfolgen.

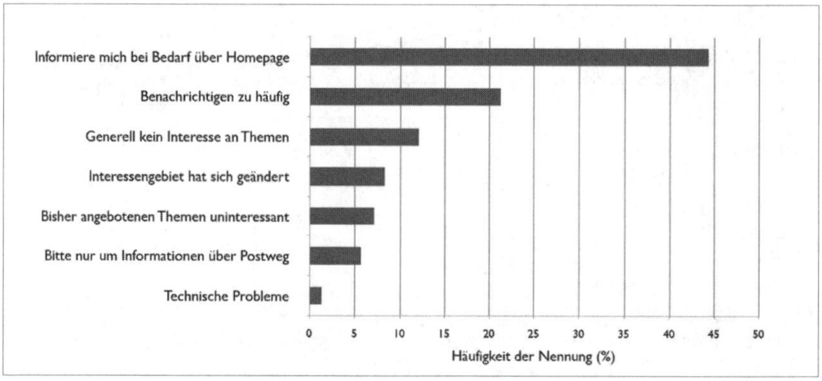

Abb. 2: Beispiel für Verteilung von Abmeldegründen

Kontaktfrequenz-Gruppen auswerten

Bei dieser Auswertung wird zunächst die durchschnittliche Kontaktfrequenz erhoben. Diese wird für ein oder mehrere Zeitintervalle berechnet als die Anzahl aller zugestellten E-Mails (also Anzahl versendete E-Mails abzüglich der Bounces) im Verhältnis zur Anzahl der beschickten E-Mail-Adressen. Beim Auszählen der E-Mails empfiehlt sich eine Differenzierung nach reinen Marketing-E-Mails und sogenannten **Transaktionsmails**, also Bestell- oder Lieferbestätigungen. Letztere Kategorie wird vom Empfänger oft nicht als Werbedruck wahrgenommen, sondern als Kundenservice. Die außergewöhnlich hohen Öffnungsraten von Transaktionsmails sprechen für die Wichtigkeit dieser Kategorie aus Kundensicht, selbst wenn Marketingbotschaften in diesen E-Mails integriert sind.

Als zweiter Schritt empfiehlt sich eine Unterteilung des E-Mail-Adressbestandes in Werbedruck-Gruppen, zum Beispiel Kategorie 1 enthält alle E-Mail-Adressen, die null bis fünfundzwanzig Prozent des durchschnittlichen Werbedrucks ausgesetzt sind, Kategorie 2 alle E-Mail-Adressen, die fünfundzwanzig Prozent bis fünfzig Prozent des **durchschnittlichen Werbedrucks** ausgesetzt sind und so weiter.

Nach Werbedruckgruppen segmentieren

Im dritten Schritt wird für jede der Kategorie die Abmelderate erhoben, also die Abmelderate der in dieser Kategorie befindlichen E-Mail-Adressen.

Visualisiert man diese Daten nun durch eine Punktewolke, wird der Zusammenhang zwischen Abmelderate und Werbedruck deutlich. Charakteristisch ist dabei oft eine relativ flache Kurve bis zu einem bestimmten Schwellenwert, ab dem die Abmelderate überdurchschnittlich ansteigt. Interessant ist in diesem Zusammenhang, dass solche Analysen nicht selten auch zeigen, dass Unternehmen auch deutlich häufiger versenden könnten, als das aktuell der Fall ist. Solange man im flachen Bereich einer solchen Kurve agiert, kann man die Versendefrequenz erhöhen, ohne dafür höhere Abmelderaten in Kauf nehmen zu müssen.

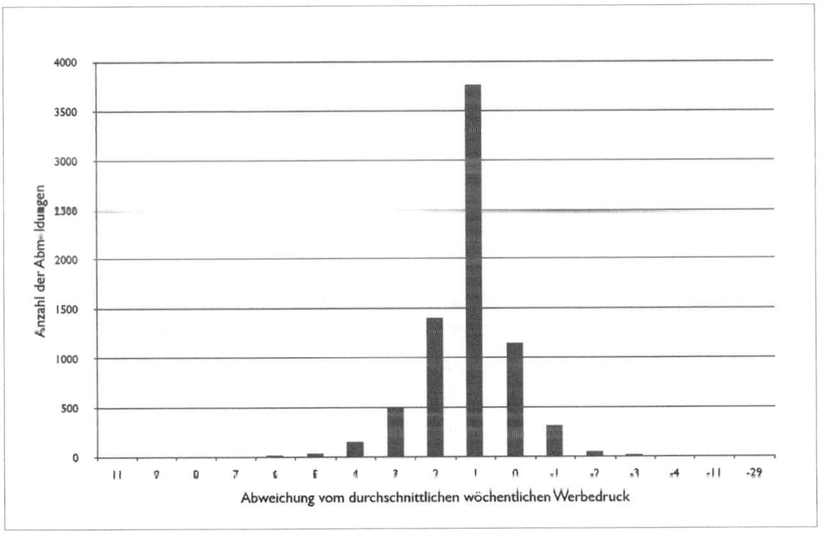

Abb. 3: Beispiel für den Zusammenhang zwischen Werbedruck und Abmelderate (Fast achtzig Prozent aller Abmeldungen erfolgten von Empfängern, die in der Woche vor der Abmeldung überdurchschnittlich viele E-Mails erhielten.)

Werbedruckspitzen erheben

Erfahrungen zeigen, dass neben dem durchschnittlichen Werbedruck vor allem die Werbedruckspitzen hohe Abmelderaten nach sich ziehen. Beträgt beispielsweise der durchschnittliche Werbedruck vier E-Mails pro Monat, dann ist es ein großer Unterschied, ob jemand wöchentlich eine E-Mail bekommt, oder drei Wochen lang nichts und dann vier E-Mails an einem Tag. So kann es bei Trigger-E-Mail-Programmen durchaus vorkommen, dass jemand an einem Tag den regulären monatlichen Newsletter, eine Geburtstagsmail, eine Warenkorberinnerung und eine Kundenzufriedenheitsumfrage erhält.

Lösungsansätze

Es gibt mehrere bewährte Verfahren, um werbedruckverursachte Abmelderaten zu senken.

Frequenz kommunizieren

Sagen Sie vorher, wie oft Sie versenden

Sagen Sie Ihren Newsletter-Anmeldern bereits bei der Adressgenerierung, welche Arten der Kommunikation Sie einsetzen und mit welcher Kontakthäufigkeit zu rechnen ist. Damit haben Sie die Erwartungen auf Empfängerseite gesetzt. Dabei können durchaus höhere Kontaktfrequenzen ankündigt werden, zum Beispiel bei saisonalem Geschäft oder in Zusammenhang mit Events, etwa Sportveranstaltungen oder Messen.

Präferenzen für Kontaktfrequenz erheben

Mit Kundenbefragungen lassen sich recht einfach und schnell die Newsletter-Kontakthäufigkeiten für die Zielgruppe(n) erheben. Natürlich haben nicht alle Empfänger die gleiche Präferenz, aber auf Basis der Antworten lassen sich in der Regel Trends für die Masse der Empfänger ableiten.

Frequenz limitieren

Bei diesem sogenannten **Frequency-Capping** werden Verfahren eingesetzt, die den Werbedruck regulieren. Dazu gehören Techniken wie

Frequency-Capping ist heute Standard

- **Anbieten verschiedener Kontakthäufigkeiten** für den Empfänger, zum Beispiel wöchentlich, zweiwöchentlich oder monatlich. Damit kann jeder Empfänger die zu seiner individuellen Werbeakzeptanz am besten passende Frequenz wählen. Dies kann in der E-Mail selbst erfolgen oder auf speziellen Landing-Pages. Eine einfache Variante davon ist ein „E-Mails weniger häufig erhalten“-Link in der Nähe des Abmeldelinks im Newsletter
- **Pausieren des Newsletters** als Option anbieten. Vor allem bei häufigen Newslettern ist es hilfreich, wenn man als Empfänger die Zustellung beispielsweise für die Urlaubszeit pausieren kann.
- **Globale Limitierung des Werbedrucks**. Dabei werden alle ausgehenden E-Mails daraufhin geprüft, ob für den Empfänger bereits das global eingestellte Werbedrucklimit erreicht ist, etwa maximal drei E-Mails pro Monat mit wenigstens einem Tag Abstand. Ist das der Fall, wird die E-Mail entweder versenderseitig geblockt, oder – was intelligenter ist – automatisch zu einem

späteren Zeitpunkt versendet, bei dem die Werbedruckbeschränkung vermutlich nicht mehr gilt. Dabei sollten allerdings bestimmte „Vorfahrtsregeln" und Ausnahmen eingeführt werden. Transaktions-E-Mails wie Bestellbestätigungen oder Geburtstags-E-Mails sollten nicht unter die Werbedruckbeschränkung fallen.

- **Kontaktfrequenz nach Response-Gruppen steuern**. Dies bedeutet, dass für Reagierer die normale oder sogar eine erhöhte Kontaktfrequenz einsetzt und für Nichtreagierer eine niedrigere. Damit werden beispielsweise Langzeit-Nichtöffner nach bestimmten Zeitintervallen immer seltener beschickt, weil man davon ausgeht, dass diese vielleicht aufgrund eines hohen Werbedrucks in der Vergangenheit die E-Mails ignorieren. Damit lassen sich außerdem zum Teil erhebliche Versendekosten sparen.

Wer lange nicht öffnet, bekommt weniger

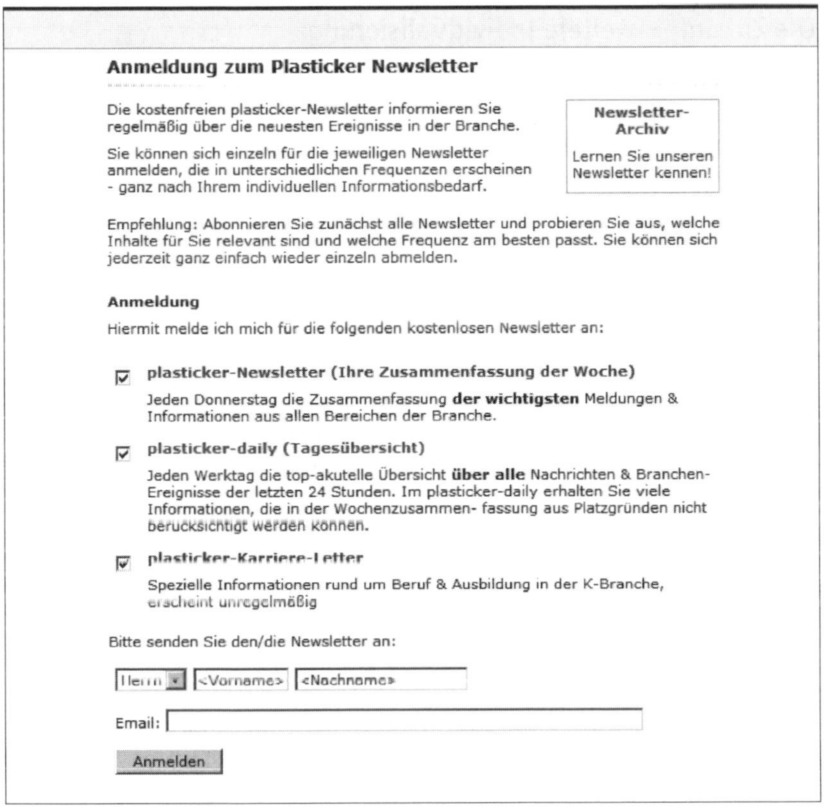

Anmeldung zum Plasticker Newsletter

Die kostenfreien plasticker-Newsletter informieren Sie regelmäßig über die neuesten Ereignisse in der Branche.

Sie können sich einzeln für die jeweiligen Newsletter anmelden, die in unterschiedlichen Frequenzen erscheinen - ganz nach Ihrem individuellen Informationsbedarf.

Newsletter-Archiv
Lernen Sie unseren Newsletter kennen!

Empfehlung: Abonnieren Sie zunächst alle Newsletter und probieren Sie aus, welche Inhalte für Sie relevant sind und welche Frequenz am besten passt. Sie können sich jederzeit ganz einfach wieder einzeln abmelden.

Anmeldung

Hiermit melde ich mich für die folgenden kostenlosen Newsletter an:

☑ **plasticker-Newsletter (Ihre Zusammenfassung der Woche)**
Jeden Donnerstag die Zusammenfassung **der wichtigsten** Meldungen & Informationen aus allen Bereichen der Branche.

☑ **plasticker-daily (Tagesübersicht)**
Jeden Werktag die top-akutelle Übersicht **über alle** Nachrichten & Branchen-Ereignisse der letzten 24 Stunden. Im plasticker-daily erhalten Sie viele Informationen, die in der Wochenzusammen- fassung aus Platzgründen nicht berücksichtigt werden können.

☑ **plasticker-Karriere-Letter**
Spezielle Informationen rund um Beruf & Ausbildung in der K-Branche, erscheint unregelmäßig

Bitte senden Sie den/die Newsletter an:

Herrn <Vorname> <Nachname>

Email:

Anmelden

Abb. 4: Beispiel für einstellbaren Werbedruck

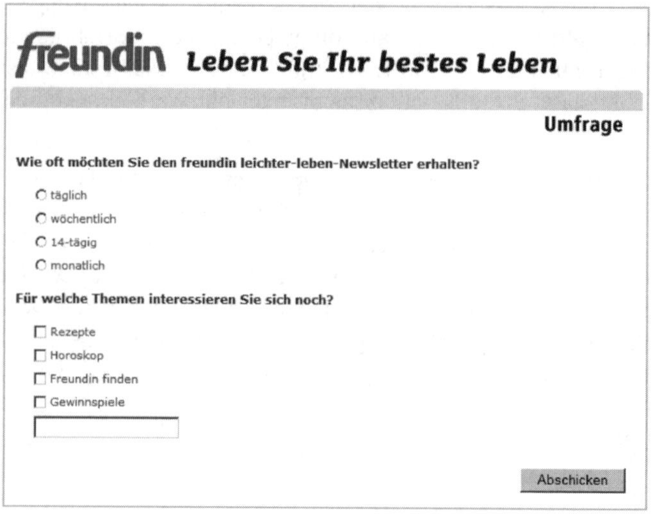

Abb. 5: Beispiel für einstellbaren Werbedruck

Die Zukunft – weitere Individualisierung

Mit den vorab beschriebenen Verfahren lassen sich bereits sehr gute Ergebnisse erzielen. Schon mit einer globalen Werbedruck-Limitierung lassen sich Abmelderaten um deutlich zweistellige Prozente senken.

In Zukunft werden mit noch besser auf den Empfänger abgestimmten Kontaktfrequenzen auch weitergehende Senkungen der Abmelderaten möglich sein.

Literatur

[1] Wieland, D.: Permission Marketing. – S. 42 - 47, Hamburg, Igel Verlag, 2009.

[2] Epsilon International, ROI Research: Inside the Inbox: Trends for the Multichannel Marketer. – http://www.epsilon.com/pdf/Global_Consumer_Email_Study_6_4_09.pdf, S. 4. 2009.

MarketingSherpa: Boost Promotion Frequency Without Taxing Your List. – https://www.marketingsherpa.com/barrier.html?ident=31255. 2009.

MarketingSherpa. 2009 email marketing benchmark report. – 2009.

Nielsen, J., Schade A.: Email Newsletter Usability (3rd Edition). – S. 8, 75. Fremont, USA, Nielsen Norman Group, 2006.

Pollard, S.: Three Strategies to Find the Right Frequency. – http://www.lyrishq.com/index.php/Email-Marketing/Three-Strategies-to-Find-the-Right-Frequency.html. 2007.

Smith-Harmon: Retail Email Year-End Trends for 2008. – http://www.smith-harmon.com/reportlets/010608YearEndTrendsfor2008.pdf. 2009.

Sterne, J., Priore, A.: Email Marketing. – S. 88 - 94. S.l.: John Wiley & Sons, 2000.

W3B-Studie, http://www.w3b.org/nutzungsverhalten/spam-gefaehrdet-e-mail-marketing.html. Juni 2009.

TESTEN DES NEWSLETTERS VOR DEM VERSAND

JÖRG ARNOLD

5

Kennen Sie dieses Szenario? Kurz nach dem Versand Ihres neuen Newsletters trifft eine Reihe von E-Mails in Ihrem Postfach ein. Erfreut beginnen Sie, die Nachrichten zu lesen. War Ihre Aussendung mit aktuellen Produktangeboten wirklich so erfolgreich, dass jetzt – kurz nach dem Versand – bereits erste Reaktionen kommen? Weit gefehlt! Ihre Empfänger beschweren sich, dass Sie mit einer falschen Anrede angesprochen wurden. Zudem funktionieren einige der Links zu den neuen Produkten nicht, die Sie präsentieren wollten. Eine Neuaussendung des Newsletters ist erforderlich – verbunden mit einer Entschuldigung bei Ihren Abonnenten.

Derartig peinliche Probleme lassen sich ganz einfach vermeiden. Professionelle E-Mail-Versandlösungen verfügen über eine Reihe von **Testmöglichkeiten**, mit deren Hilfe Sie Ihren Newsletter genau überprüfen können. Wie man diese gewinnbringend einsetzt, und was es zwischen Fertigstellung und Versand des Newsletters noch zu beachten gibt, erfahren Sie in diesem Artikel.

Welche Testmöglichkeiten bieten sich Ihnen?

Speziell auf die Versendung von E-Mail-Newslettern ausgelegte Softwarelösungen gestatten Ihnen die Durchführung verschiedener Testszenarien. Komfort und Umfang der **Testfunktionen** können dabei von Softwareanbieter zu Softwareanbieter stark variieren.

Testfunktionen sollten vom Softwarehersteller bereitgestellt werden

Eine Reihe von Tests sind vor jedem Versand eines Newsletters zu empfehlen. Ihre Softwarelösung sollte sie daher sozusagen „auf Knopfdruck" beherrschen.

Checkliste: Das sollten Sie vor jeder Versendung prüfen

- ❑ Testversand Ihres Mailings an eigene Adressen.
- ❑ SPAM- beziehungsweise Zustellbarkeitstest bei verschiedenen E-Mail-Providern.
- ❑ Darstellungskontrolle in E-Mail-Postfächern.
- ❑ Kontrolle Ihres Newsletters auf verdächtige Links (Phishing-Test).
- ❑ Analyse der Links im Newsletter.

Weiterhin können Sie mit der Durchführung eines **Newsletter-Split-Tests** wichtige Informationen über Verhalten und Interessen Ihrer Abonnenten erhalten. Somit können Sie den Erfolg Ihres Mailings noch mehr steigern.

http://www.marketing-boerse.de/Experten/details/Joerg-Arnold

Testversand Ihres Mailings

Mit einem **Testversand** können Sie die Versendung Ihres Mailings simulieren, bevor Sie Ihren Abonnentenstamm in Realität ansprechen. Im Gegensatz zu einer Vorschau-Ansicht des Newsletters, die viele Versandlösungen ebenfalls gestatten, findet ein „echter" Versand Ihres Newsletters statt, zum Beispiel an Ihre eigene E-Mail-Adresse. Der Vorteil dieses Tests: Sie sehen Ihren Newsletter im Posteingangsfach Ihres E-Mail-Programms genau so, wie ihn später Ihre Abonnenten erhalten werden.

Der **Testversand** gestattet Ihnen insbesondere die Überprüfung

Testverteiler einrichten, um vorab Fehler zu entdecken

- von Personalisierungsfeldern (Anrede, Name des Empfängers),
- von kundenindividuellen Bestandteilen des Newsletters (wie dynamischen Absenderadressen oder anderen dynamischen Inhalten),
- der Darstellung des Newsletters in Ihrem E-Mail Postfach,
- der korrekten Funktion der Links im Newsletter,
- der Rechtschreibung und des gesamten Erscheinungsbilds Ihres Mailings.

Via **Testversand** können Sie Ihren fertigen Newsletter weiteren Personen zusenden – Sie brauchen diese lediglich als Testabonnenten zu definieren. Nutzen Sie diese Möglichkeit und legen Sie sich einen möglichst großen **Testverteiler** an. Erfassen Sie alle Kollegen, denen Sie den Newsletter vorab zur inhaltlichen Überprüfung zusenden können. Soll der Newsletter Vorgesetzten oder Kunden zur Freigabe vorgelegt werden, sind diese ebenfalls für den Testverteiler prädestiniert.

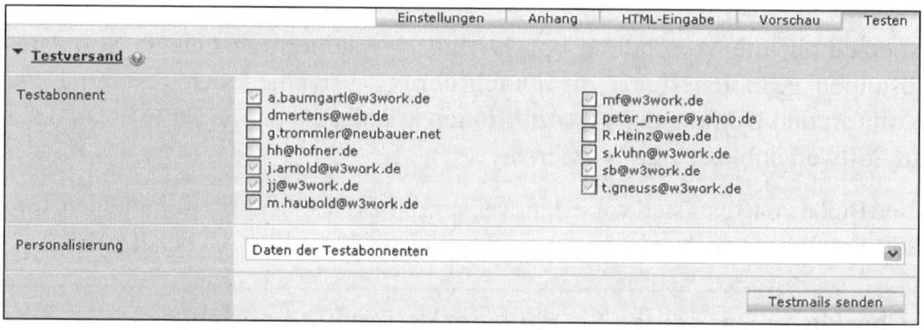

Abb. 1: Der Testversand gestattet es, Newsletter vorab an möglichst viele Personen zur Überprüfung zu senden. Nutzen Sie diese Chance, um Fehler in der späteren Aussendung zu vermeiden.

Zustellbarkeitstest

Auf dem Weg Ihres Newsletters zum Empfänger stellen **Spamfilter** eine große Hürde dar. Um sicher zu gehen, dass Ihr Mailing ungehindert ankommt, sollten Sie einen **Zustellbarkeitstest** durchführen.

Eine Möglichkeit dafür: Sie eröffnen E-Mail-Accounts bei den bekanntesten Web- und Desktop-Mailprogrammen. Ihren fertigen Newsletter versenden

Sie vorab an diese Konten und prüfen anschließend nach, ob Ihre E-Mail im Posteingang zu finden ist und nicht als Spam eingeordnet wurde.

Zustellbarkeitstests können mit spezieller E-Mail-Marketing-Software wesentlich einfacher durchgeführt werden. Eine Vielzahl von E-Mail-Konten bei verschiedenen Providern wie AOL, GMX oder Hotmail stehen für diese Testzwecke bereits zur Verfügung. Ein Mausklick genügt, und Ihr Newsletter wird an diese Postfächer versandt. Die Versandlösung prüft automatisch, ob Ihr Mailing ordnungsgemäß den Posteingang erreicht.

Voraussetzung: viele Konten bei vielen Freemailern und E-Mail-Anbietern

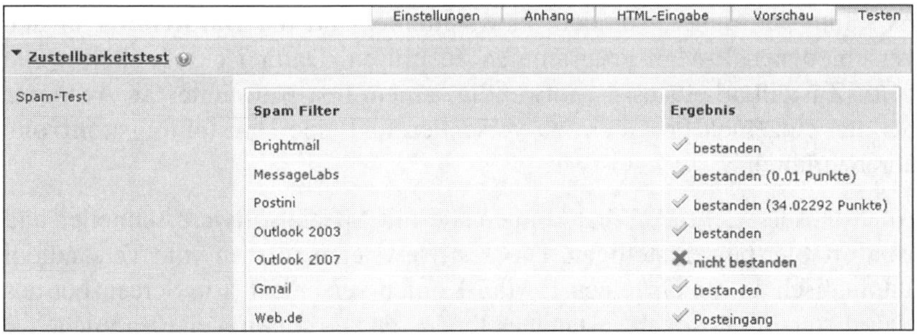

Abb. 2: Im Rahmen des Zustellbarkeitstests kann automatisch geprüft werden, ob Newsletter wichtige Spamfilter passieren können oder diese die Zustellung verhindern.

Wurde Ihr Mailing von Spamfiltern als verdächtig eingestuft, zeigt Ihnen die Software alle zu Spam führenden Inhalte Ihres Newsletters in einer Übersicht an. Nun können Sie Ihren Newsletter zielgerichtet überarbeiten. Grundsätzlich sollten Sie folgende Punkte berücksichtigen, um die **Spamfalle** zu umgehen:

Checkliste: Darauf sollten Sie achten, um die Spamfalle zu umgehen

- ❑ Wählen Sie einen seriösen E-Mail-Versender, der mit Internet Service Providern zusammenarbeitet und in Whitelists eingetragen ist.
- ❑ Bereinigen Sie regelmäßig Ihre Bounces. Dies hilft, Ihr Ansehen gegenüber Internet Service Providern zu steigern.
- ❑ Versenden Sie ausschließlich an Adresslisten, die Sie selbst generiert haben. Achten Sie darauf, dass alle Empfänger mit der Newsletter-Zusendung einverstanden sind.
- ❑ Schaffen Sie einfache Abmeldemöglichkeiten für Newsletter-Abonnenten. Damit verhindern Sie, dass unzufriedene Empfänger Ihr Mailing bei Ihrem Internet Service Provider als Spam melden.
- ❑ Bearbeiten Sie Beschwerden von Newsletter-Empfängern sofort.
- ❑ Vermeiden Sie in Betreff- und Absenderzeile vollständig großgeschriebene Wörter, Ausrufezeichen sowie Dollar- und Eurozeichen.
- ❑ Achten Sie darauf, dass der Empfänger Sie anhand des Absendernamens eindeutig identifizieren kann.

Verteiler pflegen und Bounces entfernen

Darstellungskontrolle in E-Mail-Postfächern

Bei **HTML-Newslettern** kommt es in den einzelnen Web- und Desktop-Mailprogrammen zu abweichenden **Darstellungen**. Um Sicherheitslücken beim E-Mail-Verkehr zu schließen, rüsten die Hersteller ihre E-Mail-Programme mit Konfigurationen aus, die bestimmte HTML- und CSS-Befehle (Cascading Style Sheets) nicht unterstützen. Webmailer wollen zudem ihre eigenen Designstyles nicht durch fremde Formatierungen gefährden. Die Folge: Schriften, Farben und grafische Elemente werden anders angezeigt, wie gewünscht.

Es lohnt sich daher, vor dem Newsletterversand die **Darstellung** in den verschiedenen E-Mail-Programmen zu prüfen. Dafür ist es – ebenso wie beim Zustellbarkeitstest – notwendig, einen Test-Newsletter an Accounts bei den einzelnen Providern zu versenden und eine **Darstellungskontrolle** durchzuführen.

Auch diesen wichtigen Test können Sie mit Spezialsoftware schneller und komfortabler bewerkstelligen. Die Test-Newsletter werden vom Versandtool automatisch an die einzelnen E-Mail-Konten verschickt. Ein Screenshot des Newsletters im Postfach gestattet es Ihnen, die **Darstellung** zu beurteilen.

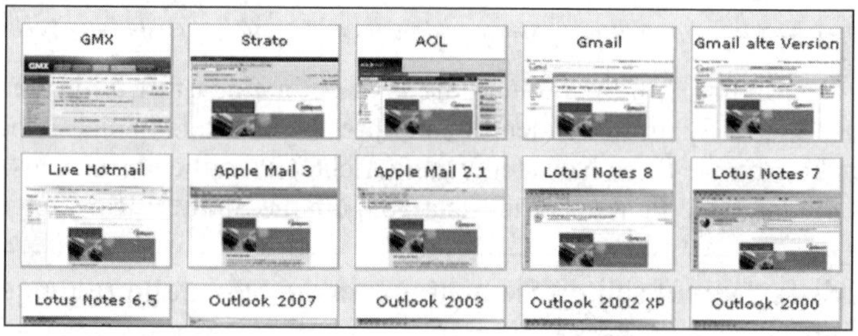

Abb. 3: Screenshots aus den wichtigsten Desktop- und Webmail-Programmen gestattet die Darstellung des Newsletters noch vor dem Versand zu beurteilen.

Es ist möglich, die Darstellung von HTML-Newslettern für möglichst viele E-Mail-Programme zu optimieren. Eine absolute **Darstellungssicherheit** lässt sich jedoch nicht erzeugen. Einerseits würde dies mit einem unvertretbaren zeitlichen Aufwand einhergehen. Andererseits wächst der Quelltext des Mailings dabei stark an, wodurch wiederum die Chance auf Einordnung des Newsletters als **Spam** wächst.

Professionelle Templates vermeiden Ärger

Lassen Sie die Erstellung Ihres Newsletters am besten von einer Agentur vornehmen, die im E-Mail-Marketing Erfahrung hat. Wir empfehlen Ihnen die Verwendung eines **Newsletter-Templates**. Dabei handelt es sich um ein Grundgerüst in Ihrem Corporate Design, in das Sie Ihre Texte und Fotos nur noch einzufügen brauchen. Diese Vorlagen werden von Agenturen für Online-Marketing erstellt und sind bereits für die **Darstellung** in wichtigen E-Mail-Programmen optimiert. So können Sie sich völlig auf die inhaltliche Gestaltung Ihres Newsletters konzentrieren.

Phishing-Test

Bei **„Phishing“** handelt es sich um eine Form des Trickbetrugs im Internet. In HTML-E-Mails werden Links platziert, bei denen Linktext (zum Beispiel http://www.bank.de) und tatsächlich hinterlegter Link (zum Beispiel http: //www.gefaelschte-bank.de) voneinander abweichen. Ziel ist es, sensible Zugangsdaten des Empfängers in Erfahrung zu bringen.

Zum Schutz der Empfänger von E-Mail-Nachrichten verfügen einige E-Mail-Programme über **Phishing-Filter**. Diese prüfen, ob Bestandteile der E-Mail auf Phishing-Mechanismen hinweisen. Insbesondere wird das Mailing auf Abweichungen von Linktext und tatsächlich hinterlegten Link untersucht. Fällt der Test positiv aus, wird der Empfänger vor Benutzung des Links gewarnt.

Für seriöse Newsletter-Versender kann ein derartiger, durch E-Mail-Provider ausgelöster **Phishing-Verdacht** negative Auswirkungen haben. Um den Erfolg eines Newsletter messen zu können, werden die Links im Newsletter in der Regel getrackt. Für diesen Zählvorgang wird der Link jedoch automatisch verändert. Auch dies führt zu einer Abweichung von Linktext und dem tatsächlichen Link. Obwohl Sie glaubwürdige Inhalte versenden, schlägt der Phishing-Filter im E-Mail-Programm des Abonnenten Alarm. Abhängig vom Wissensstand des Empfängers kann dadurch Ihr Newsletter-Erfolg beeinträchtigt werden oder sogar Ihr Image als glaubwürdiger E-Marketer leiden.

Einen automatischen **Phishing-Test**, der Sie vor derartigen Gefahren schützt, gestattet Ihnen eine professionelle E-Mail-Marketing-Software. Die Links in Ihrem Newsletter werden dabei auf die Gefahr hin, dass E-Mail-Programme diese als Phishing einstufen, untersucht. Wenn Sie von vornherein sicher gehen wollen, dass Ihre Newsletter keine Phishing-Warnungen erzeugen, beachten Sie bei der Newslettererstellung folgende Punkte:

Keine URL im Linknamen

Checkliste: Darauf sollten Sie achten, um Phisinq-Warnmeldungen zu vermeiden

- ❑ Verwenden Sie für getrackte Links in HTML-Newslettern im Linknamen keine URL
- ❑ Möchten Sie im Linknamen die URL angeben, so geben Sie diese nicht vollständig wieder (zum Beispiel nicht http://www.mailingwork.de, sondern www.mailingwork.de).

Analyse der Links im Newsletter

In jedem Newsletter werden Links eingesetzt, um aus dem Mailing heraus zu weiteren Inhalten zu gelangen. Bei der **Linkanalyse** wird automatisch geprüft, ob die Verknüpfungen in der E-Mail funktionieren. Für einige Sekunden wird dabei von der **E-Mail-Versandlösung** der Versuch unternommen, die verlinkten Inhalte zu erreichen. Der Erfolg dieses Tests wird für Sie als Benutzer der Software protokolliert. Sie brauchen also nicht alle Links im Newsletter händig auf ihre Funktion zu überprüfen und können sich dennoch sicher sein, dass alle Verknüpfungen ordnungsgemäß arbeiten.

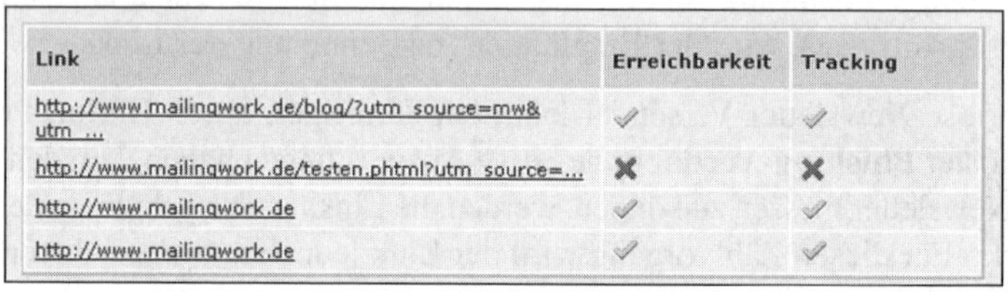

Link	Erreichbarkeit	Tracking
http://www.mailingwork.de/blog/?utm_source=mw&utm_...	✓	✓
http://www.mailingwork.de/testen.phtml?utm_source=...	✗	✗
http://www.mailingwork.de	✓	✓
http://www.mailingwork.de	✓	✓

Abb. 4: Mit Hilfe der Linkanalyse können Sie auf einen Blick überprüfen, ob die im Newsletter enthaltenen Links erreichbar sind und die Klickrate gezählt wird.

Die Ausgestaltung der **Linkanalyse** in technischen Details ist wiederum abhängig vom Anbieter der Software. Versandlösungen prüfen bei der Linkanalyse beispielsweise auch, ob alle obligatorischen Links für erfolgreiches und rechtlich sicheres E-Mail-Marketing im Newsletter enthalten sind. Außerdem wird automatisch getestet, ob die Klickrate korrekt gezählt wird.

Checkliste: **Wichtige Links für erfolgreiches und rechtlich sicheres E-Mail-Marketing**	
Abmeldelink	Ermöglicht das Abbestellen des Newsletters über das Abmeldeformular
Weiterempfehlungslink	Gestattet Abonnenten das Weiterempfehlen des Newsletters an andere Personen
Profillink	Der Abonnent kann seine Profildaten (E-Mail-Adresse und gegebenenfalls weitere persönliche Daten) ändern
Onlineansicht (nur im HTML-Newsletter)	Bei inkorrekter Darstellung des Newsletters im E-Mail-Client kann dieser alternativ im Internet-Browser geöffnet werden
Öffnungsrate (nur im HTML-Format)	Ein in den Newsletter eingefügtes Zählpixel (ein kleines, unsichtbares gif-Bild) erfasst die Öffnungsrate
Inhaltsspezifische Links	Zum Beispiel Links zu Landing-Pages, Shop-Artikeln oder der Firmen-Website

Newsletter-Split-Tests

Dieser Test unterscheidet sich von allen bisher vorgestellten Testtypen, da er nicht zwangsläufig vor jedem Newsletter-Versand durchgeführt zu werden braucht. Sie können jedoch gerade mit dem **Newsletter-Split-Test** den Erfolg Ihrer Aussendungen kontinuierlich steigern. Daher soll zum Abschluss dieses Artikels auf diese Form des Testens näher eingegangen werden.

Dem **Newsletter-Split-Test** (oder auch A/B-Test genannt) liegt – wie der Name bereits vermuten lässt – eine Aufteilung des Adressverteilers in mehrere Gruppen zu Grunde. Sinn des Tests ist es, verschiedene **Newsletter-Varianten** auf Ihren Erfolg hin zu überprüfen. Mit den Testergebnissen können Sie Ihre Newsletter weiter optimieren und den Erfolg Ihrer Aussendungen steigern.

Erst testen und dann die bessere Variante versenden

Das Unterteilen des Adressverteilers kann eine Versandsoftware automatisch erledigen. Sie können entscheiden, in wie viele Untergruppen Sie Ihre Adressliste unterteilen möchten und wie groß diese Teilgruppen sein sollen. Zwei Möglichkeiten zum Aufbau von Split-Tests lassen sich differenzieren:

Beispiel 1:
Einsatz des Split-Tests zur Optimierung späterer Aussendungen.

Zu diesem Zweck unterteilen Sie Ihren Newsletterverteiler in zwei oder mehr gleich große Gruppen. Den aktuellen Newsletter erstellen Sie in entsprechend vielen Varianten, die sich nur in dem Merkmal unterscheiden, über das Sie nähere Informationen erhalten möchten. Testen Sie beispielsweise verschiedene Betreffzeilen, Versandzeitpunkte oder Inhalte. Mit dem Ergebnis des Tests können Sie spätere Aussendungen optimieren.

Beispiel 2:
Einsatz des Split-Tests zur Optimierung der aktuellen Aussendung.

Diese Testvariante setzt einen ausreichend großen Verteiler voraus. Dieser wird in mindestens drei Teile gegliedert: Zwei (oder mehr) Gruppen für den Test und eine Gruppe mit den restlichen Abonnenten. Die Testgruppen dienen Ihnen, um verschiedene Newsletter-Varianten vorab auf ihren Erfolg hin zu überprüfen. Die erfolgreichste Variante senden Sie anschließend an alle übrigen Abonnenten.

Um im Test valide Ergebnisse zu erzielen, sollten die Testgruppen nicht zu klein sein. Berücksichtigen Sie bitte, dass Ihnen bei einer Öffnungsrate von 25 Prozent nur ein Viertel der Testaussendung zur Verfügung steht, um die erfolgreichste Newsletter-Variante zu bestimmen. Diese Form des Split-Tests ist deshalb erst bei Verteilern ab 5.000 Adressen sinnvoll, wobei eine Testgruppe zumindest 500 Adressen umfassen sollte.

Fazit

Eine **professionelle Versandlösung** ist eine unbedingte Notwendigkeit für alle, die erfolgreiches **Newsletter-Marketing** betreiben möchten. Achten Sie bei der Auswahl der Software darauf, dass sie die geschilderten **Testszenarien** beherrscht.

Wir empfehlen Ihnen, bei jeder Aussendung ausreichend Zeit für ausführliche Tests einzuplanen. Dies gilt auch für erfahrene Marketer, die bereits über Routine im Newsletter-Versand verfügen. Schnell schleichen sich kleine Fehler ein, die den Erfolg einer ganzen **Newsletter-Kampagne** gefährden können.

Literatur

http://www.mailingwork.de/blog/category/newsletter-testen/

SPAMFILTER VERMEIDEN – ZUSTELLUNG SICHERN

BRITTA QUEDA

5

Die Überwindung sämtlicher Spamfilter und die Auslieferung ohne Junk-Markierung in eine Inbox, gehört zu den aktuell größten Herausforderungen, die das E-Mail-Marketing zu bieten hat. Um verstehen zu können, wie schwierig diese Aufgabe tatsächlich ist, gilt es, das Geflecht aus technischen Anforderungen, inhaltlichen Vorgaben und teilweise auch unbeeinflussbaren Faktoren zu verstehen.

Sichere E-Mail-Zustellung ist große Herausforderung

Zusammenschlüsse von Providern und Unternehmen (zum Beispiel CSA – Certified Senders Alliance oder AOTA – Authentication and Online Trust Alliance) kämpfen bereits mit vereinten Kräften gegen Spam und für sicheres Versenden. Technische Standards (beispielsweise SPF – Sender Policy Framework oder DK – Domain Keys) helfen Spammer von seriösen Versendern zu trennen. Welche Maßnahmen darüber hinaus noch möglich sind und an welchen Stellen sie greifen, erfahren Sie in den folgenden Ausführungen.

Definition Spamfilter

Als Spamfilter werden Programme oder Module zum Herausfiltern unerwünschter elektronischer Werbung (Spam) bezeichnet. Diese Filter können sowohl direkt auf dem Mail-Server selbst installiert sein, als auch Bestandteil des E-Mail-Programmes des Endnutzers sein. Aufgrund dieser beiden Ansatzpunkte (Server und E-Mail-Programm) ist der Kampf gegen eine ungerechtfertigte Markierung als Spam für Werbetreibende und Newsletterbetreiber so schwierig.

Newsletter werden als vermeintliche Spamwerbung blockiert

Auswertung von Domains, E-Mail-Adressen und IP-Adressen

Realtime Blackhole Lists (RBL) oder DNS-based Blackhole Lists (DNSBL) sind Blacklists, die in Echtzeit geführt werden. Auf ihnen sind E-Mail-Versender eingetragen, die von zweifelhafter Herkunft sind, bereits auffällig geworden sind oder gemeldet wurden. Nutzen Server eine oder mehrere Blacklists, um eingehende E-Mails zu filtern, können gelistete Datensätze dazu führen, das E-Mails komplett abgelehnt, gelöscht, nur mit Verzögerung ausgeliefert oder als Spam gekennzeichnet abgelegt werden. Seriöse Versender überprüfen daher ständig ihre IPs und Domains auf eventuelle Einträge in solchen Listen, um einem Blacklisting entgegenwirken zu können.

Blacklists bedeuten immer Blockierung

Auswertung der Header-Informationen

Eine E-Mail besteht aus dem sogenannten Header (Kopfzeilen) und einem Body (der eigentlichen Nachricht). Lediglich die Absenderangabe und das

http://www.marketing-boerse.de/Experten/details/Britta-Queda

Erstelldatum der E-Mail sind Pflichtangaben, alle weiteren Bestandteile sind optional. Zusätzliche Angaben beziehen sich auf den Weg, den eine E-Mail genommen hat, ihr Format, den Inhalt oder die Empfänger der Nachricht. Da diese Informationen für die Empfänger eher weniger interessant sind, zeigen die meisten E-Mail-Clients nur eine kleine Auswahl davon an:

„From" – der Absender

„To" – der Empfänger

„CC" – weitere Empfänger

„Subject" – der Betreff

„Date" – Zeitpunkt der Erstellung

Die Header-Zeilen einer E-Mail werden, genau wie der restliche Teil der Nachricht, auf Korrektheit überprüft. Leider sind die Headerinformationen durchaus fälschbar und somit nicht sicher nutzbar. Geschickte Spammer nutzen sie sogar gezielt, um ihre Nachrichten ins Ziel zu bringen. Sie fügen fingierte Header-Zeilen ein, die die tatsächliche Herkunft einer E-Mail verschleiern. Spamfilter werden beispielsweise in die Irre geführt, indem eine Header-Zeile vorspiegelt, es stecke ein menschlicher Absender hinter einer E-Mail. In anderen Fällen wird eine Header-Zeile eingefügt, die aussagt, dass bereits eine erfolgreiche Spamprüfung stattgefunden habe und die E-Mail ohne weitere Prüfung passieren kann. Die einzige Information, die sich nicht fälschen lässt, ist die IP-Adresse des Absenders.

Nur die IP-Adresse ist fälschungssicher

Die Betreffzeile – Subjectline – hat durch die Ausbreitung von Spam besonders an Bedeutung zugenommen. Sie gibt dem Empfänger erste wichtige Informationen über den Inhalt der Nachricht. In der Betreffzeile erfolgt teilweise auch direkt die Markierung als Spam – oft eingerahmt von Sternchen „*****SPAM***** New invoice".

Auswertung durch Content-Filter

Content-Filter (von englisch content „Inhalt") werden zur Filterung bestimmter Inhalte eingesetzt und können je nach Intelligenz und Lernfähigkeit sehr effektiv sein. E-Mails (wie auch Webseiten) können hinsichtlich einzelner Wörter, typischer Phrasen, Bilder oder Links gescannt und gefiltert werden.

Einfache Content-Filter suchen lediglich nach gesperrten Worten, ohne den Content zu beachten. Auf diese Weise können Fehler und somit falsche Spam-Markierungen entstehen. Zum Beispiel generelle Sperrung des Wortes „Sex" – hierdurch würde auch die Ankündigung eines Konzertes mit einem weltberühmten Sextett schnell aussortiert, obwohl der Zusammenhang unverfänglich ist. Intelligente Content-Filter hingegen weisen Inhalte erst dann zurück, wenn ein bestimmtes Maß an Relevanz erreicht wurde.

Blacklist als Filtermethode

Bei der sogenannten Blacklist-Methode wird der Inhalt einer E-Mail nach bestimmten Worten oder Ausdrücken durchsucht. Viele Spamfilter arbeiten bereits mit vorgefertigten Blacklists, andere müssen erst mit Begriffen „gefüttert" werden und „lernen". Leider ist die Fehlerquote bei diesen Filtern jedoch sehr hoch und sie lassen sich auch leicht austricksen. So wird aus Sex schnell S*E*X und schon schlägt der Filter nicht mehr an.

Ein sehr bekannter Blacklist-Filter ist SpamAssassin, der eingehende E-Mails nach folgenden Kriterien prüft:

- offensichtlich ungültige Absender,
- bekannte Spam-Textpassagen,
- HTML-Inhalt,
- in die Zukunft datierte Absendedaten.

Spampunkte nach mehreren Kriterien

Alle Prüfergebnisse werden mit Punkten gewichtet und nach Erreichen einer bestimmten Punktezahl wird das Mailing als Spam gekennzeichnet.

Andere Systeme wie zum Beispiel SpamPal und SPAVI überprüfen zusätzlich zu der E-Mail auch noch verlinkte Seiten (Landing-Pages) auf verdächtige Begriffe.

Bayes-Filter-Methode

Ähnlichkeit mit bekannten Spam-mails

Diese Methode verlässt sich ganz auf den jeweiligen Anwender, da dieser seinen Filter erst trainieren muss. Bei den circa ersten eintausend E-Mails muss der User selbst klassifizieren, was Spam ist und was nicht, dann ist das System trainiert und erkennt selbständig bis zu 95 Prozent Spam treffsicher. Da der Anwender auch bei neuen Spam-E-Mails ständig selbst mit sortiert, wird das System immer genauer und die Maschen immer enger, daher ist diese Methode den Blacklists meist überlegen.

Fehlerraten

Egal ob voll automatisiert oder vom Anwender trainiert, kein System ist unfehlbar und auch die Spammer arbeiten täglich an neuen Tricks. Spam-Mails, die nicht vorher erkannt werden und so im Posteingang landen, werden als „falsch negativ" bezeichnet. Umgekehrt können natürlich auch verlangte E-Mails fälschlicherweise als Spam gekennzeichnet werden und im Junk-Ordner landen. In diesem Falle spricht man von „falsch positiver" Kennzeichnung. Gut trainierte Filter schaffen es, positive Fehler fast vollständig auszuschließen und negative auf unter zehn Prozent zu reduzieren. Eine hundertprozentige korrekte Sortierung wird wohl nie erreicht werden können.

Einfluss auf Spam-Klassifizierung

Eine Klassifizierung als Spam wird immer aus unterschiedlichen Richtungen beeinflusst: technische Gegebenheiten, Zusammensetzung der E-Mail und Reaktion der Empfänger. Technische Komponenten lassen sich beeinflussen, die E-Mail selbst lässt sich prüfen, die Reaktion der Empfänger jedoch ist nur bedingt steuerbar.

Sichere Technik

Der Mailserver des Versenders sollte keine Sicherheitslücken aufweisen. Wenn Spammer Server missbrauchen können – sich also von außen „hereinschleichen" und Massenmails versenden können – dann ist ein Blacklisting garantiert. Auch die Anmeldeformulare zu Newslettern müssen „einbruchsicher" programmiert sein! Wichtig ist auch, dass die E-Mails von einem Server mit fester IP und gültiger Domain verschickt werden. Das Einrichten sogenannter SPF-Records (Sender Policy Framework) sichert den E-Mail-Versand zusätzlich ab, da diese das Fälschen des Absenders einer E-Mail erschweren. Dieser Vorgang läuft auf der SMTP-Ebene ab, indem in der DNS-Zone einer Domäne ein Resource-Record vom Format TXT oder SPF hinterlegt wird. Dieser gibt Auskunft darüber, welche Computer E-Mails für diese Domäne versenden dürfen. Der Empfangsserver kann somit die Identität des Senders überprüfen und absichern.

Korrekter E-Mail-Aufbau

Die E-Mail sollte vom Aufbau des Headers und der gesamten Programmierung aktuellen Anforderungen und Standards entsprechen. Zudem sollte auch das richtige Maß an Text zu Bild eingehalten werden und der HTML-Quelltext nicht unnötig aufgeblasen sein.

Sauberer Inhalt

Großbuchstaben sind verdächtig

Bei Betreffzeilen sollten nicht ausschließlich Großbuchstaben verwendet werden, da das sogenannte Shouting als Spamindikator gilt. Zudem sind natürlich spamverdächtige Worte zu vermeiden und eine geeignete Länge einzuhalten. Auch der gesamte Inhalt der E-Mail sollte möglichst frei sein von „kritischen" Begriffen. Auf Anhänge sollte nach Möglichkeit verzichtet werden. Für weiterführende Informationen sollte besser auf Links zurückgegriffen werden.

Gewissenhaftes Adressmanagement

Bereits bei der Erhebung der Adressen sollte auf eine rechtlich einwandfreie Anmeldung geachtet werden. Hierbei gilt es beide Seiten abzusichern. Zum einen muss der Betreiber eines Newsletters jederzeit auf Wunsch des Empfängers dessen Einwilligung zum Erhalt von E-Mails nachweisen können, zum anderen sichert ein sauberer Anmeldeprozess vor späteren Beschwerden ab.

Sollte es doch einmal zu Beschwerden kommen, sollten diese bearbeitet und auch beantwortet werden. Empfänger, die nicht auf Wunsch ausgetragen werden, melden E-Mails gerne bei den Providern als Spam und schnell leidet die eigene Reputation darunter.

Bounces und Abmeldungen müssen zeitnah verarbeitet werden. Ständiges Anschreiben „toter" Adressen wird ebenfalls bei den Providern registriert und negativ gewertet.

Einbeziehen der Empfänger

Empfänger können viel für den Ruf eines Versenders/Newsletterbetreibers tun – und zwar in beide Richtungen. Drücken viele genervte Empfänger auf den „Als Spam melden"-Button, wird dies bei den Providern negativ gewertet.

Adressbuch ist am sichersten

Im Gegenzug kann das Integrieren in ein Adressbuch positive Auswirkungen erzielen. Es schadet daher nichts, den Empfänger aktiv zu bitten, die Absenderadresse in das persönliche Adressbuch zu importieren und somit auf die eigene „Whitelist" zu setzen.

Zusätzliche Maßnahmen sind:

- ausschließlich Opt-in-Adressen verwenden,
- nur das senden, was der Empfänger tatsächlich verlangt hat (Interesse),
- nicht zu oft und vor allem regelmäßig senden,
- den Newsletter gut erkennbar machen (Absender/Subject),
- einfache Opt-out-Möglichkeiten anbieten,
- auf jegliche Kommunikation der Empfänger reagieren (Fragen/Beschwerden).

Zusammenschlüsse von Unternehmen und Providern

CSA Certified Senders Alliance: Die Provider (durch den Verband der Deutschen Internetwirtschaft eco) und die Versender (durch den Deutschen Dialogmarketing-Verband DDV) haben sich in Deutschland zusammengeschlossen und eine gemeinsame Whitelist mit angeschlossener Beschwerdestelle eingerichtet. Das Modell ist erfolgreich und von anderen europäischen Staaten kommt verstärkt Interesse an einer Ausweitung des Whitelistings auf ein europäisches Niveau. AOL und T-Online sind derzeit noch nicht Mitglied. Priorität genießt aktuell das Vorhaben, auch Yahoo, Hotmail und Googlemail mit an Bord zu holen. www.certified-senders.eu

AOTA Authentication and Online Trust Alliance: Zusammenschluss von Unternehmen mit dem Ziel, vorhandene Absenderautentifikationen zentral verfügbar zu machen. AOTA betreibt eine Liste, in die sich Versender eintragen können. www.aotalliance.org

MAAWG Messaging Anti-Abuse Working Group: Diese kann man als die internationale Anti-Spam-Initiative der Wirtschaft bezeichnen. Hier arbeiten

Teilnehmer der Messaging-Branche zusammen, um Spam, Viren, Denial-of-Service-Attacken und andere Formen des Onlinemissbrauchs zu bekämpfen. www.maawg.org

Whitelisting gegen Geld

Goodmail: Goodmail ist ein Unternehmen, das den Providern Geld dafür bezahlt, dass E-Mails am Spamfilter vorbei direkt ausgeliefert werden. Damit wird insbesondere die Zustellung bei AOL, Yahoo und Myspace gewährleistet. www.goodmail.com

Technische Standards

SPF Sender Policy Framework: Eine Technik, die das Fälschen des Absenders einer E-Mail auf SMTP-Ebene erschweren soll. SPF besteht in der Version 1 schon seit Ende 2003 größtenteils unverändert als informelle Spezifikation. Am 28. April 2006 wurde SPFv1 von der IETF als RFC 4408 veröffentlicht und ist damit endgültig in seiner Form festgelegt. Zu den bekanntesten Unterstützern von SPF gehören Microsoft (Hotmail), AOL sowie GMail.

DK Domain Keys: DomainKeys ist ein Identifikationsprotokoll zur Sicherstellung der Authentizität von E-Mail-Absendern, das von Yahoo! entwickelt wurde und seit Ende 2004 in Erprobung ist. Es wurde konzipiert, um bei der Eindämmung von unerwünschter E-Mail wie Spam oder Phishing zu helfen.

DKIM DomainKeys Identified Mail: Im Juli 2005 wurde von Cisco und Yahoo! ein gemeinsamer Entwurf mit dem Titel DomainKeys Identified Mail (DKIM) bei der IETF eingereicht. Unterstützt wurde dieser Vorschlag nun auch von anderen Größen der IT-Branche, darunter mit Microsoft und AOL auch von denjenigen, die als Alternativlösung SPF vorschlugen. DKIM wurde im Mai 2007 als RFC 4871 veröffentlicht.

TLS Transport Layer Security: Wie Secure Sockets Layer (SSL) ist TLS ein hybrides Verschlüsselungsprotokoll für Datenübertragungen im Internet. TLS ist eine Variante von SSL und dient der Verschlüsselung auf SMTP Protokollebene.

Literatur

www.certified-senders.eu
www.aotalliance.org
www.maawg.org
www.goodmail.com

RELEVANZ HERSTELLEN

6

Segmentierung von Verteilerlisten: Frank Strzyzewski und Fabio Tripicchio beschreiben, worauf bei der Unterteilung der Empfänger in Gruppen ähnlicher Interessen zu achten ist. Je mehr segmentiert wird, desto besser kann der Inhalt auf die Empfänger abgestimmt werden. Aber das macht auch mehr Arbeit.

Gender Marketing – Frauen lesen anders als Männer: Maya Reinshagen verrät ein Konzept, das eigentlich auf der Hand liegt: Eine wichtige Empfängerinformation liegt in fast allen E-Mail-Datenbanken vor: Das Geschlecht. Sie verrät, wie sich diese Information geschickt für die Steigerung der Relevanz von Mailings nutzen lässt.

Lifecycle E-Mail-Marketing: Ulf Richter erläutert nicht nur den Begriff, sondern füllt ihn auch mit Leben. E-Mail werden nicht mehr mit der Gießkanne sondern abhängig von der momentanen Situation des Kunden verschickt.

Triggered E-Mails – mehr Umsatz durch Relevanz: Volker Wiewer geht auf ein Thema ein, das immer mehr an Brisanz gewinnt. Während die Öffnungsraten der Newsletter stagnieren, gewinnen Einzelmails. Das können Statusbenachrichtigungen oder Erinnerungen sein. In jedem Fall genießen sie eine weit höhere Aufmerksamkeit.

Anstoßketten und Nachfassmails: Frank Strzyzewski und Tobias Pfeifer beschreiben Marketing-Automation wie es nur per E-Mail geht. Je nach Empfängerverhalten kommen unterschiedliche E-Mails, die jedoch nach einem vorab festgelegten Schema automatisiert versandt werden.

Die Begrüßungsmail – ungenutztes Potential: Daniel Harari erläutert, welche Möglichkeiten es gibt, eine E-Mail-Beziehung gleich von Beginn an positiv zu gestalten: Freundliche aber automatisierte Willkommensmails machen keine Arbeit, kommen aber gut an.

Lead-Warming und Reaktivierung inaktiver Leser: Saskia Blume verrät, wie sie es geschafft hat, Empfänger zu reaktivieren, die ein ganzes Jahr lang ihre E-Mail nicht gelesen hatten. Das Thema Lead-Warming kommt aus den USA und gewinnt nun auch bei uns an Bedeutung.

Torsten Schwarz

6 Segmentierung von Verteilerlisten

Frank Strzyzewski, Fabio Tripicchio

„Divide et Impera – teile und herrsche". Dieses bekannte Prinzip Sun Tse's, der Römer und von Macchiavelli ist einer der wichtigsten Schlüssel zu überdurchschnittlicher Relevanz und damit zu besserer Response im E-Mail-Marketing. Nur durch eine gute Selektion der Adressen kann der Passgrad zwischen dem Kundeninteresse und der Inhalt einer kommerziellen grundsätzlich optimiert werden. Deshalb gehören erfolgversprechende Segmentierungsstrategien und Taktiken in den Werkzeugkasten jedes E-Mail-Marketing-Verantwortlichen.

Der Status Quo

Die Mehrzahl der heutigen Newsletter besteht aus der gleichen Botschaft an den kompletten Verteiler und der Hoffnung, dass sich genügend Empfänger finden, die die Betreffzeile und den Inhalt spannend genug finden, um die gewünschte Response auszulösen. Man setzt auf das Prinzip „die Masse macht's" und strebt größtmögliche Reichweite, also möglichst häufige Versendungen an möglichst große Verteiler an. Dieser Ansatz ist verständlich, denn er ist einfach zu administrieren und verursacht keine großen Newsletter-Erstellungskosten. Aber er ist auch mit einem Problem grundsätzlicher Natur behaftet:

Möglichst viele E-Mails an möglichst viele Empfänger senden

„Man kann es nicht allen recht machen."

Je größer ein Verteiler ist, umso schwerer ist es, Inhalte zu finden, die den Interessen der Empfänger gerecht wird. Die Kurve in Abbildung 1, erhoben über mehrere zehntausend E-Mail-Versendungen, veranschaulicht diese Tatsache.

Mit zunehmender Verteilergröße und einem festgelegten Inhalt sinkt also die durchschnittliche Relevanz für den einzelnen Empfänger. Die Konsequenz aus sinkender Relevanz sind steigende Streuverluste und höhere Abmelderaten und im Endeffekt höhere Kosten und damit ein sinkender ROI (Return-on-Investment).

Je größer der Verteiler, desto geringer die persönliche Relevanz

Gleichzeitig zeigen Newsletter-Analysen, dass segmentierte Versendungen eine zum Teil wesentlich höhere Response erzielen als unsegmentierte [1].

Erhebungen zeigen einen weiteren interessanten Zusammenhang. Newsletter-Empfänger abonnieren Newsletter, bis ihre persönliche Werbedruckgrenze erreicht ist. Abonniert der Empfänger nun einen weiteren, für ihn relevanten Newsletter, so wird dieser, wenn die Werbedruckgrenze bereits erreicht war, sich von einem anderen, weniger relevanten Newsletter abmelden oder diesen ignorieren. Es geht also für Versender darum, nicht nur die E-Mail-Adresse

Was nicht relevant ist, wird abbestellt

http://www.marketing-boerse.de/Experten/details/Frank-Strzyzewski
http://www.marketing-boerse.de/Experten/details/Fabio-Tripicchio

mit Permission zu generieren, sondern in das sogenannte „Relevant Set" des Empfängers zu kommen.

Das Meistern dieser Situation, und hierbei vor allem die Schwierigkeit, Response-Raten mit wachsender Verteilergröße hoch zu halten, ist zweifellos eine der zentralen Herausforderungen des E-Mail-Marketing.

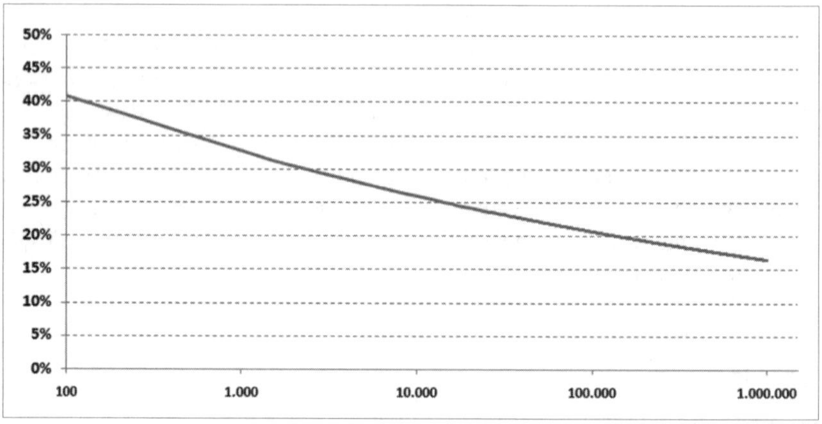

Abb. 1: Zusammenhang zwischen Verteilergröße und durchschnittlicher Öffnungsrate (logarithmische Skalierung)

Die ideale Verteilergröße

Was ist die ideale Verteilergröße? Impulsiv würde man sagen: „So viele Adressen wie nur irgendwie möglich", und nach dem gerade aufgezeigten Zusammenhang wäre die Antwort: „Eine einzige Adresse, denn nur eine Einzelmail lässt sich so gut auf den Empfänger zuschneiden, dass das komplette Response-Potential aktiviert werden kann."

Die Erstellungskosten sind die Barriere

Die Wahrheit liegt irgendwo dazwischen und sie ist für jedes versendende Unternehmen, jede Organisation verschieden. Bezieht man nämlich die Erstellungskosten für einzeln erstellte, sehr persönliche E-Mails in die Betrachtung ein, dann ist der ROI schnell negativ. Das Prinzip ist einfach: die **ideale Verteilergröße** ist die, mit der der Versender aus seiner Sicht den maximalen Nutzen, in der Regel den größten ROI erzielt. Oder zumindest eine größeren Effekt als das einmalige Beschicken des Gesamtverteilers. Intelligentere Segmentierungen erfordern dabei nicht selten nur mehr Zeit, sondern auch Investitionen in geeignete Technologien.

Es kann durchaus sein, vor allem bei kleinen Verteilern an eine sehr homogene Zielgruppe, dass Segmentierung sich nicht lohnt und es rentabler ist, den ganzen Verteiler zu beschicken. Aber da sich mit immer moderneren Online-Marketing-Systemen die Selektion wie auch die Content-Erstellung immer kostengünstiger realisieren lassen, werden sich in Zukunft auch mit immer kleineren Verteilern uberdurchschnittliche ROI erzielen lassen. Permission-Marketing hat in der Form des Precision-Marketing die besten Effekte und größte Zukunft.

Segmentierungsansätze

Grundsätzlich sind alle verfügbaren Merkmale einer E-Mail-Adresse oder eines Kundendatensatzes potentielle Segmentierungskriterien. Das Problem sind in der Regel nicht ein Mangel an Daten, sondern ein Mangel an konzeptioneller Hilfestellung, welche dieser Merkmale Chancen für eine möglichst erfolgreiche Segmentierung bieten. Die Herausforderung ist das Auffinden derjenigen Ansätze, die bei limitierten Ressourcen am erfolgversprechendsten sind. Deshalb stellen wir zunächst praxiserprobte Segmentierungstaktiken vor.

Konzepte sind wichtig – nicht Daten

Selbstsegmentierung nach Präferenzen

Hier wählt der Empfänger selbst aus, zu welcher Zielgruppe er gehört (zum Beispiel Interessent für Produktgruppe A). Dies geschieht in der Regel auf Onlineformularen, es kann aber auch genauso gut über andere Medien oder Kanäle erfolgen.

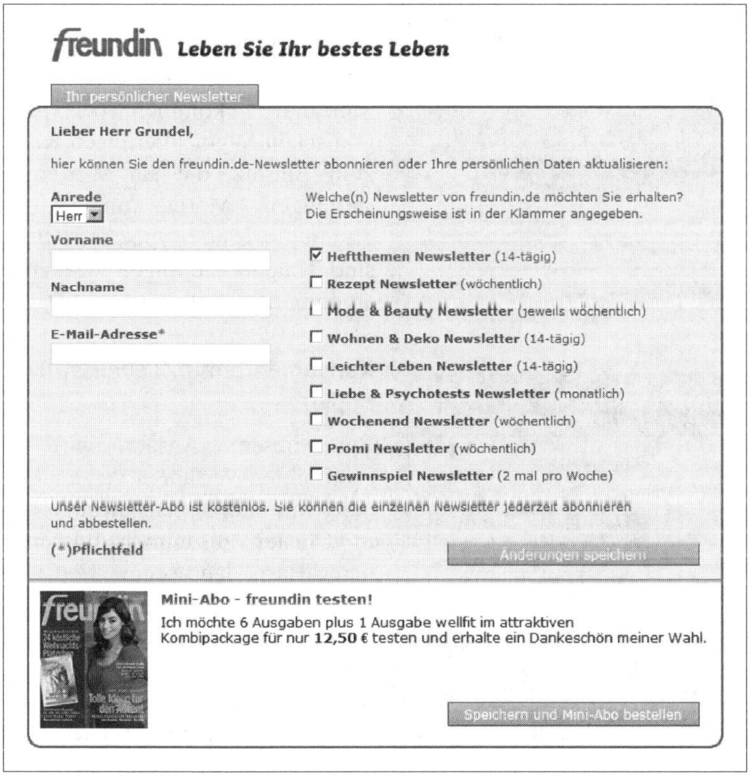

Abb. 2: Beispiel für themenbezogene Selbstsegmentierung (freundin.de)

Soziodemografie

Soziodemografie nur wichtig, wenn es auch Produkte dazu gibt

Diese klassischen Merkmale wie Geschlecht, Alter, Lebensphase, Herkunft, Bildung und so weiter sind immer dann hilfreich, wenn das Produktportfolio des Versenders entsprechend ausdifferenziert ist, etwa Mode.

Geografie

Hier wird nach dem Wohn- oder Arbeitsort segmentiert. Die Segmentierung kann auf verschiedenen Granularitätsebenen erfolgen, zum Beispiel nach Wohnort, Region, Bundesland, Staat und so weiter.

Abb. 3: Beispiel für Geo-Segmentierung (lokale oder regionale Sonderaktion)

Sozio-Ökonomie

Hier wird nach wirtschaftlichen Faktoren selektiert, etwa Kaufkraft, Kundenwert, Umsatzkategorie, Rentabilität oder Umsatzpotential des Kunden. Eine Variante davon ist, diejenigen E-Mail-Adressen zu selektieren, die innerhalb einer bestimmten Preiskategorie geklickt haben.

Sozio-Psychografie

Motive und Gefühle einbeziehen

Im Gegensatz zu demografischen Merkmalen kommen bei psychografischen Segmentierungen Kriterien zum Einsatz, die auf Werten, Einstellungen, Motive und Gefühlen basieren. Eine typisches Beispiel sind Kategorisierungen wie etwa in „progressiv versus konservativ".

Konsumententyp/Lebensstil/Milieu

Bei diesem Ansatz wird nach bestimmten Verfahren versucht, Kunden mit ähnlichem Kaufverhalten in Cluster zusammenzufassen, auf deren Basis dann segmentiert werden kann. Dabei können standardisierte Typen (zum Beispiel Sinus Milieus oder AIO-Verfahren – „Activities, Interests, Opinions") genauso zum Einsatz kommen wie branchen- oder kundenspezifische Typologien.

Typ der Zielgruppe

Das bedeutet eine grundsätzliche Einordnung der Empfänger in zum Beispiel Kunden, Presse, Partner, Lieferanten, Aktionäre, Mitarbeiter und Alumni. Diese Segmentierung ist einfach realisierbar, trotzdem sprechen viele Unternehmen heute ausschließlich ihre Kunden mit E-Mail an. Kunden lassen sich weiter typisieren in B2C/B2B oder nach Kleinkunden/Großkunden und so weiter.

Es gibt nicht nur Kunden

Kundenstatus

Hier wird in der Regel nach der Phase im Customer-Lifecycle selektiert, also zum Beispiel nach Interessent, Neukunde, Bestandskunde, Ex-Kunde. Die Segmentierungsregeln ergeben sich aus dem Lead- und Kundenmanagement eines Unternehmens. Ein häufiger Anwendungsfall ist, nach dem Alter der E-Mail-Adresse zu segmentieren, und mit Welcome E-Mails oder Welcome E-Mail-Stafetten gesondert anzusprechen. Es lässt sich nämlich zeigen, dass nicht nur die Response dieser Adressen höher ist als der Durchschnitt, sondern auch die Abmeldewahrscheinlichkeit.

Online-/Offlineverhalten

Bei diesem Segmentierungsansatz werden charakteristische Verhaltensmerkmale oder Aktionen als Anlass für eine E-Mail-Kommunikation genutzt (**Behavioral Targeting**). Beispiele dafür sind Segmentierungen entlang von Newsletter-Reagierergruppen (Nichtreagierer, Öffner-aber-nicht-Klicker, Klicker, Umfrage Beantworter, Käufer) oder auf Basis von Online- oder Offlineaktivitäten (zum Beispiel Nutzung einer Suchmaschine mit bestimmten Suchbegriffen, Besuch auf der Webseite, Anlegen einer Wunschliste, stehengelassener Warenkorb, Messebesuch, Call-Center-Kontakt).

Abb. 4: Nachfassmail an Onlinekäufer (Land's End)

Reagierer
– Nichtreagierer, Offner
– Nichtöffner

Produkt Lifecycle

Die Phasen des Lifecycles eines Produktes oder einer Dienstleistung können als Basis für produktbezogene Segmentierungen dienen. Beispiele dafür sind Benachrichtigungen über Produktverfügbarkeit, Erinnerungen an Service-

Intervalle, Ankündigungen von Nachfolgeprodukten oder die Vermarktung neuer Releases.

Abb. 5: Empfehlungs-Mail an Käufer, Beispiel Amazon

Quelle der E-Mail-Adresse

Dabei wird unterschieden, ob eine Adresse beispielsweise über die eigene Webseite oder über Affiliate-Partner generiert wurde, oder ob die Adressgewinnung incentiviert war oder nicht. Incentivierte Adressen legen in der Regel mehr Wert auf preiswerte Vorteile.

Zeitpunkt-Präferenzen

Manche lesen am Wochenende, manche werktags

Dabei wird untersucht, zu welchen Zeitpunkten ein E-Mail-Empfänger überdurchschnittliche Response-Raten aufweist. Empfänger mit ähnlichen Zeitpunktpräferenzen werden in einem Kundensegment zusammengefasst. Beispielsweise können Reisebucher, die Urlaube langfristig planen, mit anderen Produkten angesprochen werden als Spontanreisende. Analog können Wochenend-Reagierer anders angesprochen werden als typische Werktag-Reagierer.

Aus den verfügbaren Kundenprofil-Informationen lassen sind nicht nur die direkte Segmentierungsideen ableiten, sondern diese lassen sich auch beliebig kombinieren. Darüber hinaus können analytische **Verfahren** (zum Beispiel Scoring oder predictive Modeling) zum Einsatz kommen, etwa zur Bestimmung einer erhöhten Kaufwahrscheinlichkeit auf Basis der Kundenaktivität. Die Ergebnisse solcher Verfahren können wiederum die Basis für entsprechende Segmentierungen bilden.

Vorgehen

Wie findet man nun den erfolgversprechendsten Segmentierungsansatz? Dafür gibt es zwar keine Standardlösung, aber Orientierungspunkte:

- Was hat in der Offlinewelt funktioniert? Beispielsweise ist das RFC-Modell (Recency, Frequency, Monetary Value) ein häufiger Segmentierungsansatz im klassischen Versandhandel, der online ebenfalls erfolgreich eingesetzt werden kann.
- Was lässt sich schnell und kostengünstig testen?
- Was machen erfolgreiche Mitbewerber?
- Welche Taktiken funktionieren in vergleichbaren Branchen oder im Ausland?
- Welche Ansätze generieren Zielgruppen, die in sich ausreichend homogen sind?

Dynamische Inhalte

Der nächste Schritt wäre die zweitbeste Segmentierung zu finden, dann die drittbeste und so weiter. Nach dem Gesetz der sinkenden Erträge wären die Grenzkosten schnell erreicht. Eine Lösung bieten **dynamische Inhalte** (sogenanntes **Conditional Content**). Heute sind dafür kostengünstige Technologien vorhanden, mit denen sich auch hochgradige Personalisierungen in Newslettern realisieren lassen.

Dynamisch werden Inhalte mit der höchsten Klickwahrscheinlichkeit eingeblendet

Dies ist im Wesentlichen das Gleiche wie manuelle Segmentierungen, nur von der anderen Seite angenähert.

- **Manuelle Segmentierung:**
  Merkmal: Design & Content statisch
  Aufgabe: selektiere die Response-stärksten Adressen
  Ergebnis: n-Kampagnen mit unterschiedlichen Inhalten
- **Dynamische Inhalte:**
  Merkmal: Verteiler statisch
  Aufgabe: selektiere den passendsten Content
  (und das beste Design) für jede Adresse
  Ergebnis: eine Kampagne mit verschiedenen Inhalten.
  Im Extremfall bekommt jeder Empfänger einen anderen Newsletter.

Dynamische Inhalte sind eine andere Umsetzungsform der Segmentierung durch intelligente Marketing-Automation.

Literatur

Anuskiewicz, N.: Boost Email Marketing Response With List Segmenting and Triggered Emails. – http://www.marketingprofs.com/8/boost-email-marketing-response-list-segmenting-triggered-email-anuskiewicz.asp. 2008.

Brown, B. C.: The Complete Guide to E-Mail Marketing. – Ocala, Florida, Atlantic Publishing Group, 2007.

Brownlow, M.: Does segmentation work? Stats and case studies. – http://www.email-marketing-reports.com/iland/2008/10/does-segmentation-work-stats-and-case.html. 2008.

Chaffey, D.: Total E-Mail Marketing. – S. 41-43, 64-67,147-163. s.l., 2. Aufl., Butterworth Heinemann, 2006.

Jennings, J.: Really Simple E-mail Segmentation: A Framework. – http://www.clickz.com/3629708. 2008.

MarketingSherpa: 2009 email marketing benchmark report. – http://www.sherpastore.com/embmg09.html?9120. 2009.

Schmitt, H.: Erfolgreiches Newslettermarketing. – Norderstedt, Books on Demand, 2007.

GENDER MARKETING – FRAUEN LESEN ANDERS ALS MÄNNER 6

MAYA REINSHAGEN

Kaufentscheide und der „kleine Unterschied"

Neu ist das Konzept nicht; bereits in den 30er Jahren des letzten Jahrhunderts richtete Persil seine Werbung geschlechtsspezifisch (sprich auf die weibliche Kundschaft) aus. Dass Frauen anders ticken als Männer, wissen wir also nicht erst seit Buch-Bestsellern wie „Warum Männer nicht zuhören und Frauen nicht einparken können“ oder „Männer sind vom Mars, Frauen von der Venus“. Seit dem „kleinen Unterschied“ jedoch mit dem Konzept des „Gender Marketings“ begegnet wird, ist das Thema wieder in aller Munde.

Frauen kaufen aber längst nicht mehr nur Waschmittel. Laut US-amerikanischen Studien werden achtzig Prozent aller privaten Konsumentscheide von Frauen gefällt. Dem ist auch so, wenn es um gemeinsam benutzte oder eher „männliche“ Produkte wie beispielsweise den neuen Wagen geht. Das Geschlecht ist also ein wichtiger Wirtschaftsfaktor. Ein Fakt, der von einigen Unternehmen schon immer „intuitiv“ in die Planung einbezogen, von anderen aber bis heute schlicht ignoriert oder völlig falsch interpretiert wird.

Der Erkenntnis über den „großen kleinen Unterschied“ begegnet das noch junge Konzept des „Gender Marketing“. Dieses beruht auf der Berücksichtigung der **verschiedenen Bedürfnisse** von Männern und Frauen in **Produktentwicklung, Vertrieb** und **Marketing**. Dabei werden Erkenntnisse aus Hirnforschung und Soziobiologie, der Wandel der Gesellschaft und die daraus resultierenden Veränderung der Geschlechterrollen in Betracht gezogen.

Nur kleiner und pink reicht nicht

Was aber bedeutet das? Frauen treffen (Kauf-)Entscheide tatsächlich aufgrund anderer Kriterien als Männer. Die Annahme, dass sie deshalb alles einfach nur „kleiner und pink“ wollen, ist jedoch so falsch wie simpel; eine Tatsache, die auch der Navigationsgeräte-Hersteller Garmin erfahren musste. Das speziell für Frauen entwickelte „Pink Nüvi“, das zu Weihnachten 2007 mit einer speziellen Kampagne beworben wurde, ist längst und aus gutem Grund wieder vom Markt verschwunden.

Abb. 1: Beispiel Garmin „Pink Nüvi“

http://www.marketing-boerse.de/Experten/details/Maya-Reinshagen

Aber auch der Umkehrschluss ist gefährlich; viele Produkte werden von Männern entwickelt, die fälschlicherweise davon ausgehen, dass eine Konsumentin genauso tickt wie sie.

Männer sind anders, Frauen auch. Auch online.

Was in der Produktentwicklung und der klassischen Werbung gilt, ist auch auf den Onlinebereich anwendbar. Das Internet wird längst nicht mehr nur von „jungen, besser ausgebildeten Männern“ genutzt, wie dies noch vor einigen Jahren der Fall war.

Im E-Mail-Marketing ist meist bekannt, ob Mann oder Frau dahinter steckt

Praktisch jedermann – und auch jede Frau! – ist heute online. Die Entwicklung zielgruppenspezifischer (sprich: „männlicher“ und „weiblicher“) Maßnahmen ist im Onlinebereich schnell, einfach und dadurch relativ kostengünstig umzusetzen. Damit ist der Onlinekanal prädestiniert für Gender Marketing.

Während ein Unternehmen bei einem beliebigen Besucher seiner Website meist nicht weiß, ob dieser Nutzer männlich oder weiblich ist, sieht es im E-Mail-Marketing anders aus. Im optimalen Fall wurden bei der Newsletter-Anmeldung neben der E-Mail-Adresse mindestens Anrede und Name erhoben. Der E-Mail-Absender kann also **mit hoher Sicherheit abschätzen**, ob er sich an eine **vornehmlich weibliche oder männliche Leserschaft** wendet.

Damit aber nicht genug. Moderne E-Mail-Marketing-Systeme ermöglichen die geschlechtsspezifische Auswertung jedes Newsletters, ja jedes einzelnen Links. Wer sich Zeit nimmt, seine Newsletter-Statistiken auszuwerten und sein E-Mail-Marketing-Programm entsprechend auszurichten, wird mit überraschenden Ergebnissen belohnt. Das mag sexistisch klingen. Ist es aber nicht.

Who's the audience?

Wer beim Schreiben seiner Newsletter den „kleinen Unterschied“ berücksichtigen will, muss nicht unbedingt zwei verschiedene Newsletter redigieren. Oft genügt es, sich der **Struktur der Leserschaft** bewusst zu sein. Dazu ein Beispiel aus der Praxis.

Ein großes Kreditkartenunternehmen hatte festgestellt, dass sowohl bestehende wie auch potentielle Kunden meist nicht wissen, dass sie als Kreditkarteninhaber von vielfältigen Bonus- und Rabattprogrammen sowie kostenlosen Zusatzdienstleistungen profitieren. Aus diesem Grund wurde ein Newsletter-Konzept entwickelt, das Kreditkartenkunden und -interessenten regelmäßig über die vielfältigen Angebote informieren sollte. Für jeden Kartentyp, von „Basic“ bis „Luxus“, wurde sorgfältig ein zielgruppenspezifischer Newsletter zusammengestellt.

Bei der Auswertung der ersten Newsletter-Ausgabe stellte sich heraus, dass gewisse Links im Gesamtschnitt sehr dürftig geklickt worden waren. Dies, obwohl die entsprechenden Angebote durchaus attraktiv waren: Christmas Shopping in London, Schmuckangebote, Afternoon Tea im Fünfsterne-Hotel und so weiter.

Was war geschehen? Obwohl auch Frauen oft mit Kreditkarte bezahlen, sind ungefähr 75 Prozent der Haupt-Kreditkarteninhaber männlich. Der Grund ist verblüffend einfach: Frauen besitzen oft „nur" eine so genannte Zusatzkarte; die Hauptkarte läuft auf den Ehemann oder Partner.

Eine Tatsache, die sich auch bei der Struktur der Newsletter-Abonnenten widerspiegelte: 89 Prozent Männer, elf Prozent Frauen. Nun war zwar die durchschnittliche Reaktionsrate der Frauen durchwegs zwischen fünfzig und hundert Prozent besser als jene der Männer (nämlich bei hervorragenden zehn bis fünfzehn Prozent). Da die Leserinnen jedoch in so krasser Unterzahl waren, vermochte dieser Umstand die Performance des Newsletters nicht zu heben. Ein klarer Fall von „dumm gelaufen".

Das Unternehmen wählte für die folgenden Newsletter gezielt eher „männliche" Angebote für die Publikation im Newsletter aus. Und siehe da: Die Newsletter-Performance schnellte nach oben; die durchschnittliche CTR (Click Through Rate) der Männer (und damit von fast neunzig Prozent der Leser) lag plötzlich um fünfzig Prozent höher.

Klickrate schnellte nach oben

Ergo: **Kenne Deine Leser und handle entsprechend.** Ohne zusätzlichen Aufwand lässt sich so das Optimum aus einer Marketing-Mail herausholen.

Mädchen spielen mit Puppen. Jungs mit Autos.

Ein Vorurteil, das längst in die Mottenkiste gehört? Mitnichten. Verschiedene Studien konnten nachweisen, dass bereits Kleinkinder auch ohne externe Beeinflussung geschlechtsspezifische Spielsachen wählen. Trotz Emanzipation und Gleichberechtigung bleiben wir also, als was wir geboren wurden: **Mann oder Frau**.

Widerspricht damit das Gender Marketing dem Prinzip der Gleichberechtigung? Keineswegs! Solange die Unterschiede zwischen Mann und Frau als das begriffen werden, was sie sind: **Verschiedenheit ohne das Attribut von Unter- oder Überlegenheit.** Gleichstellung ist keinesfalls gleichbedeutend mit Gleichmacherei. Gender Marketing ist also das sich Bewusstwerden der Besonderheiten des jeweils anderen.

Modezeitschriften haben das längst begriffen; so sind Produktabbildungen in Frauenmagazinen meist nach Formen und Farben angeordnet; in Männermagazinen sind sie nach Funktionen sortiert. Bestimmt nur ein Detail – dieses kann aber entscheidend sein.

Abbildungen anders sortiert

Übertragen auf ein E-Mail-Marketing-Programm kann dies zweierlei bedeuten:

1. Männliche und weibliche Abonnenten werden gezielt mit einer „eigenen" Newsletter-Version beliefert.
2. Form, Aufbau und Inhalt des Newsletters richten sich nach der geschlechtsspezifischen Mehrheit der Newsletter-Abonnenten.

Lohnt sich der Aufwand?

Je nach Anzahl und geschlechtsspezifischer Verteilung der Abonnenten empfehlen sich eher Variante 1 oder Variante 2. Denn wie immer, wenn **zielgruppenspezifisch** gearbeitet wird, muss der dadurch entstehende **zusätzliche Aufwand** berücksichtigt werden. Ganz abgesehen davon gilt es jedoch erst einmal herauszufinden, wie die „männliche" und die „weibliche" Version auszusehen haben.

Wer reagiert wie?

Männer wollen Fakten, Frauen wägen ab

Die Gender-Forschung hat sich dieser Frage angenommen – und kann tatsächlich belegte Ergebnisse liefern. So sammeln **Männer** vor dem Kaufentscheid **Fakten**, bis sie sich als Experten fühlen, sie bewerten Alternativen und entscheiden erst, wenn sie den Entscheid fachlich „untermauern" können. **Frauen** gehen **weniger geradlinig** vor; sie informieren sich, wägen ab, informieren sich erneut, fragen nach Hilfe und stellen ihre Vorentscheidung immer wieder infrage. (Die Autorin sieht sich in diesem Zusammenhang im Geist in einem Schuhgeschäft stehen und muss zugeben: Diese Erkenntnis ist korrekt.) Den Ausschlag zum Kauf können bei Männern und Frauen ganz unterschiedliche Fakten geben: Männer achten beispielsweise beim Autokauf eher auf die technischen Daten. Für Frauen ist es wichtig, dass der Wagen ihren Bedürfnissen entspricht – ob also der Kofferraum groß genug ist und man gut einsteigen kann.

PS oder pink – kein Patentrezept

Wie das Beispiel von Garmins „Pink Nüvi" wunderbar aufzeigt, ist es aber mit „kleiner und pink" für einen Newsletter an die weibliche Zielgruppe genau so wenig gemacht wie mit „schwarz und viel PS" für die männliche. **Ein Patentrezept**, wie die beiden Geschlechter im spezifischen Fall informiert werden möchten, **gibt es schlicht nicht.**

Wer das Prinzip des Gender Marketing für sich nutzen und für die E-Mail-Kommunikation berücksichtigen möchte, muss deshalb erst einmal **Vorarbeit** leisten. Diese beginnt mit der **Analyse der angebotenen Produkte und Dienstleistungen**:

- Welcher Art sind die eigenen Produkte und Dienstleistungen?
- Wendet sich das Angebot eher an Firmen- oder an Endkunden?
- Ist die angestammte Kundschaft eher weiblich oder eher männlich? Wenn ja, weshalb? Lässt sich das ändern?

- Ist es möglich, das andere Geschlecht gezielter anzusprechen und dadurch eine neue Kundengruppe zu erschließen? Oder wird das beworbene Produkt von beiden Geschlechtern gleichermaßen genutzt?
- Wird das jeweils „andere“ Geschlecht maßgeblich in die Entscheidungsfindung einbezogen (Ehemann/-frau, Sekretärin, Chef)?

Anschließend müssen die **Statistiken bereits versandter Newsletter** akribisch unter die Lupe genommen werden. Folgende Fragen sind dabei maßgebend:

- Wie sieht die geschlechtsspezifische Struktur/Verteilung der Abonnenten aus?
- Wie reagieren männliche und weibliche Abonnenten im großen Ganzen? Wie verteilen sich durchschnittliche Öffnungs- und Klickraten sowie effektive Kaufabschlüsse?

Unterscheiden sich die Klickraten überhaupt signifikant?

- Wie verhalten sich die Reaktionen der beiden Geschlechter auf spezifische Links/Inhalte? Spielen Platzierung, Bilder, Kontext, Wording geschlechtsspezifisch eine entscheidende Rolle?

In diesem Zusammenhang eine Anmerkung am Rande: Voraussetzung für die Beantwortung all dieser Fragen ist natürlich, dass das **Geschlecht der Abonnenten bekannt** ist. Falls dem (noch) nicht so ist, empfiehlt es sich, das Newsletter-Anmeldeformular sofort mit den zusätzlichen Pflichtfeldern Anrede und Nachname (für die persönliche Ansprache!) zu ergänzen. Bestehende Abonnenten kann man in den nächsten E-Mails auffordern, ihr Abonnentenprofil zu überprüfen und zu ergänzen. Dabei darf, ja soll der Abonnent übrigens wissen, weshalb diese Daten erhoben werden; „Je mehr Sie uns über sich verraten, desto gezielter und besser können wir Sie informieren“.

Abb. 2: Newsletter-Anmeldeformular bei ASOS.com

Wird diese „Daten-Aufräumaktion“ mit einem Wettbewerb ergänzt, darf man von einer hohen Reaktionsrate ausgehen. Hier zum Beispiel der Verlosung eines attraktiven Preises unter allen Reagierern oder sogar einem kleinen Dankeschön, etwa einem Onlinegutschein, für jeden Daten-Update.

Es empfiehlt sich übrigens, Nicht Reagierer, die bereits seit einer gewissen Zeit nicht mehr geöffnet/geklickt haben, im gleichen Zug aus der Abonnenten-Datenbank zu entfernen. Denn wer das Interesse an einem Newsletter einmal verloren hat, wird dieses erfahrungsgemäß nicht wieder gewinnen. Meist landen Newsletter an „tote“ Leser ungeöffnet im Papierkorb.

So werden mit der Aktion gleich zwei Ziele erreicht: Einerseits verbessert sich die Qualität der Abonnentendaten durch die Ergänzung von Anrede und Name. Andererseits wird die Datenbank von „toten Usern“ gesäubert. Das Ergebnis ist so einfach wie überzeugend: Die Newsletter-Performance wird sich schlagartig verbessern, da nur noch jene Leser angeschrieben werden, die sich wirklich für den Newsletter interessieren.

Jedem das Seine

Erst jetzt, nachdem die Vorarbeit geleistet ist und erste Erkenntnisse gewonnen wurden, kann mit der geschlechtsspezifischen Kommunikation begonnen werden. Dabei gilt das gleiche Prinzip wie bei der „herkömmlichen" Bearbeitung unterschiedlicher Zielgruppen: **Trial and Error**.

Zwar liefern Internet und Literatur umfassende Erkenntnisse, wie Männer/Frauen reagieren, respektive welche Aspekte bei der geschlechtsspezifischen Vermarktung eine Rolle spielen. Wer das Optimum erreichen will, sollte diese Erkenntnisse jedoch lediglich als grobe Vorgabe nehmen. Es lohnt sich, selber herauszufinden, wie sich die **geschlechtsspezifischen Reaktionen** auf Angebote des eigenen Produkts/der eigenen Dienstleistung verhalten.

Reaktionsmuster genau analysieren

Zeigen sich signifikante Unterschiede bei der geschlechtsspezifischen Performance eines speziellen Newsletters/Inhalts/Links, kann dies ein Hinweis auf ein entsprechendes Reaktionsmuster sein. Jetzt gilt es, dieses Reaktionsmuster weiter auszutesten und es so nachzuweisen oder zu widerlegen. Dabei sollte berücksichtigt werden, dass Männer und Frauen keineswegs homogene Gruppen sind. Je nach Produkt/Dienstleistung reagieren sie anders, als es die alt hergebrachten Klischees postulieren. Die Formel „Männermarketing + Frauenmarketing = Gendermarketing" wäre zu simpel, um das Rätsel frauen- respektive männerspezifischen Marktverhaltens zu lösen.

Die wichtigsten Werkzeuge auf dem Weg zur Verbesserung der Gesamtperformance eines Newsletters sind deshalb – neben der Lektüre entsprechender Literatur – Geduld und Ausdauer. Die konsequente Auswertung der Ergebnisse und die entsprechende Gestaltung nachfolgender Newsletter-Ausgaben werden sich aber lohnen.

Vive la différence!

Die Geschlechtertrennung haben wir hinter uns, die „Emanzipation um jeden Preis" auch. Frauen ergreifen Männerberufe, Männer interessieren sich für Kosmetika und bügeln ihre Hemden selber. **Frauen dürfen aber auch durch und durch weiblich sein, Männer männlich.** Ganz ohne sexistischen Anstrich hat sich die Erkenntnis durchgesetzt: Männer sind anders, Frauen auch – zum Glück! In ihren Fähigkeiten und Wünschen, in der Lebensgestaltung, im Umgang mit technischen Produkten und Alltagsgütern, im Kommunikations- und Kaufverhalten „ticken" beide auf ihre ganz eigene Art und Weise – und wollen entsprechend behandelt werden.

Wer sich diese Erkenntnis zu Nutzen macht und entsprechend handelt, **verbessert den Mehrwert seiner Produkte und Dienstleistungen und kommuniziert**

besser. Das lohnende Resultat: gesteigertes Interesse bei der Zielgruppe, zufriedene Kunden und **nachhaltige Kundenbindung**.

Literatur

www.gendertrends.de

www.bluestone-ag.de

www.frischco.de

Kreienkamp, E.: Gender-Marketing. – 215 S., ISBN: 978-3-636-03108-2, mi-Fachverlag, 1. Aufl., 2007.

Jaffe, D.: Der Kunde ist weiblich. – 328 S., ISBN: 978-3430150033, Econ, 1. Aufl., 2005.

Johnson, L., Learned, A.: Don't Think Pink. – 224 S., , ISBN: 978-0814408155, Mcgraw-Hill Professional, 1. Aufl., 2005.

Tingley, J.C., Robert, L. E.: Gendersell: How to Sell to the Opposite Sex. – 176 S., ISBN: 978-0684864372, Touchstone, 1. Aufl., 2000.

LIFECYCLE E-MAIL-MARKETING

6

ULF RICHTER

Lifecycle-Marketing heißt, passgenaue Mailings und E-Mail-Kampagnen entlang des gesamten Kundenlebenszyklus („Customer Lifecycle") zu platzieren. Zentrale Herausforderungen sind hierbei eine **effektive Segmentierung** sowie eine möglichst **umfassende Kundenhistorie**. Darauf basieren passende Anstoßketten für alle gängigen Kundenszenarien, um relevante und thematisch ausgewählte Informationen zu versenden. Grundsätzlich gehen Lifecycle-Mails immer von den Bedürfnissen der Abonnenten aus und orientieren sich an deren jeweiligen Lebenssituation.

Maximale Relevanz durch zielgruppengenaue Inhalte

Im Lifecycle-Marketing werden in der Regel die Kategorien potenzieller, neuer, bestehender sowie inaktiver Kunde abgebildet. Entsprechend zielgruppengenau werden die Angebote und Informationen ausgerichtet. Eine erfolgreiche Strategie basiert hierbei auf einer soliden und **fortlaufend aktualisierten Datenbasis** sowie einer leistungsstarken Technologie. Der Versand erfolgt entweder automatisiert oder wird manuell angestoßen.

Eine mächtige E-Mail-Gattung für sich

Lifecycle-Mails bedeuten eine 180-Grad-Abkehr vom „Gießkannen-Prinzip". Die Mailings und Kampagnen zeichnen sich besonders dadurch aus, dass sie auf die persönlichen Interessen und Wünsche der Abonnenten eingehen, die sich dadurch ernst genommen fühlen. Zudem steigt das Interesse an dem werbetreibenden Unternehmen im Allgemeinen sowie den Angeboten und Informationen im Besonderen.

Das Ende der Gießkanne

Die „Aufrüstung" auf Lifecycle-Mails ist auch in einem bereits laufenden E-Mail-System mit relativ wenig Aufwand verbunden, da diese E-Mail-Gattung zuallererst auf einer stimmigen Konzeption basiert. Alle Kunden- und Kontaktinformationen werden hierbei ganzheitlich und in einem langfristigen Zeithorizont betrachtet.

Bei so genannten **Trigger-Mails** als einem Bereich von Lifecycle-Marketing werden hingegen die Abonnenten zeit- oder aktionsgesteuert kontaktiert. Die Mailings werden hierbei automatisiert und ohne direktes Zutun des Abonnenten ausgelöst und versandt. Anwendungsfälle sind beispielsweise

Trigger-Mails kommen automatisch

http://www.marketing-boerse.de/Experten/details/Ulf-Richter

Geburtstagsmailings (zeitgesteuert) oder automatisiert versandte Mailings mit neuen Preisinformationen für ein Angebot (aktionsgesteuert).

Abb. 1: Themenspezifisches Valentinstagsmailing mit Angeboten „zum Verlieben“

Den Abonnenten fest im Visier

Eine zielgruppengenaue Ansprache erfordert den schrittweisen Aufbau einer **Kontakthistorie**, um den Kundenlebenszyklus effektiv abdecken zu können. Response-starkes Lifecycle-Marketing basiert immer darauf, dass der jeweilige Kundenstatus bekannt ist. Jedes Mailing und jede mehrstufige Kampagne lässt sich durch neue Informationen feingliedriger ausrichten und noch individueller gestalten. Grundsätzlich bestehen drei verschiedene Arten von Daten, um Lifecycle-Mails zu „befüttern“:

- Klassische Profildaten wie Geschlecht und Postleitzahl.
- Aktionsdaten wie Öffnungs- und Klickraten vergangener Mailings und Kampagnen.

Welches Mailing wurde von welchen Lesern geöffnet und angeklickt?

Werbetreibende Unternehmen sollten kontinuierlich erfassen, welche Mailings in der Vergangenheit durch die Abonnenten geöffnet sowie welche Angebote und Informationen darin geklickt wurden. Dadurch kann analysiert werden, in welchem Stadium des Kundenlebenszyklus sich die Kontakte gerade befinden. So verrät etwa ein Blick auf Aktionsdaten wie Öffnungsraten oder vergangene Käufe, ob es sich bei einem Abonnenten um einen Interessenten oder einen aktuellen beziehungsweise inaktiven Kunden handelt. Bei **Post-Click-Tracking** werden hingegen die Nutzerbewegungen sowie Umsatzinformationen der Abonnenten festgehalten. Hierbei werden alle Aktionen der User auf einer Webseite und in einem Onlineshop erfasst, nachdem diese auf einen Newsletterlink geklickt haben. Zudem besteht die Möglichkeit, E-Mail-Systeme mit **Webanalyse-Software** zu integrieren. Dies erlaubt einen bidirektionalen Datenaustausch zwischen dem E-Mail- und dem Webkanal.

Auf Basis dieser fortlaufend aktualisierten Kundenhistorie können die Unternehmen maßgeschneiderte Informationen anbieten. Interessenten erhalten beispielsweise einen Einkaufsgutschein, der mit der ersten Bestellung verrechnet wird. Bestandskunden werden wiederum solche Produkte per Newsletter empfohlen, die zu ihren bisherigen Einkäufen passen. Bei inaktiven Kunden lassen sich hingegen durch maßgeschneiderte Aktionsangebote besondere Anreize schaffen. Sofern Post-Click-Tracking eingesetzt wird, kann aufgrund detaillierter Umsatzinformationen das Kaufverhalten gezielt angeregt werden (zum Beispiel durch passgenaue Newsletter im Premium-Bereich). Bei der Nutzung von Webanalyse-Daten lassen sich Warenkorbabbrecher durch gezielte Angebote reaktivieren.

Spezifische Segmentierung ist Voraussetzung für erfolgreiche Lifecycle-Mails

Grundsätzlich gilt: Je spezifischer die verschiedenen Zielgruppen segmentiert, kontaktiert und zum Kauf angeregt werden, desto erfolgreicher sind die Lifecycle-Mails.

Besonders hohe Response

Da Lifecycle-Mails, wie bereits erwähnt, auf die konkreten Lebensumstände und Vorlieben der Abonnenten effektiv eingehen, zeichnen sie sich durch eine besonders hohe Relevanz aus. Dies hat entscheidende Auswirkungen auf die Response: Durch relevante und professionell umgesetzte Lifecycle-Mails lassen sich die Öffnungs- und Klickraten durchschnittlich um bis zu fünfzig Prozent steigern.

50 Prozent höhere Klickrate ist möglich

Inhaltlich sind alle Informationen im Bereich Lifecycle-Marketing darauf ausgelegt, bei den Abonnenten ein möglichst hohes Interesse zu erzielen. Auch bei größeren Verteilern sind etwa ein halbes Dutzend unterschiedlicher Anwendungsszenarien für jede der vier Kundengruppen ausreichend. In der Regel decken deshalb auch größere Unternehmen mit einer Vielzahl an typischen Anwendungsfällen mit 20 bis 25 Mailing-Varianten alle relevanten Kundenereignisse ab.

Anstoßketten für alle relevanten Kundenszenarien

Durch Lifecycle-Mails lassen sich auch komplexe Kundenereignisse auf Basis **festgelegter Anstoßketten** abbilden. Die Versandszenarien werden in der Regel vorab für alle relevanten Anwendungsfälle definiert. Diese hängen immer vom eigenen Angebot sowie vom Schwerpunkt in der Kommunikation ab. Viele Unternehmen versenden ihre Lifecycle-Mails auf Basis vordefinierter Inhaltsvorlagen im eigenen Look & Feel. Hierbei werden die Mailings für alle typischen Anwendungsfälle in Wort und Bild eingerichtet. Sofern das Angebot ausgebaut oder neue Produkte eingeführt werden, schlägt sich dies in der Erstellung neuer Inhaltsvorlagen nieder. Zugleich werden die Mailings und Kampagnen mit einer persönlichen Ansprache und individuellen Inhalten ausgestattet.

Bei der Umstellung eines laufenden E-Mail-Systems auf Lifecycle-Mails wird die „Logik" für den Versand vom System selbst vorgegeben oder liegt in einer anderen unternehmerischen Software. Externe Datenquellen können Onlineshop-, CRM (Customer-Relationship-Management)- oder Warenwirtschafts-Systeme beziehungsweise spezielle Kampagnenmanagement-Tools sein.

Auch Lifecycle-Mails müssen rechtskonform aufgebaut werden

Rechtlich gelten alle Bestimmungen für seriöses E-Mail-Marketing: Auch Lifecycle-Mails dürfen nur mit Einwilligung der Empfänger versandt werden. Deshalb muss jedes Mailing neben einem vollständigen Impressum auch über eine Abstellmöglichkeit verfügen. Schließlich soll Lifecycle-Marketing den Abonnenten einen entscheidenden Mehrwert bieten und sie nicht verärgern.

Nachfolgend werden die Möglichkeiten und Einsatzszenarien von Lifecycle-Mails im Kundenlebenszyklus für jede der vier großen Kundengruppen dargestellt.

Interessent

In dieser Kundengruppe erhalten die Abonnenten Informationen, die sie an ein Unternehmen binden und zu einem ersten Kauf bewegen sollen. Dazu gehören beispielsweise Willkommensmails nach der Registrierung für einen Newsletter. In dieser ersten Phase zeichnen sich die Kontakte durch ein besonders großes Interesse und eine hohe Ansprechbarkeit aus. Allerdings sollten die Abonnenten bei der Begrüßung nicht durch zu viele Angebote oder Informationen abgeschreckt werden. Weitere Anwendungsszenarien in diesem Stadium des Kundenlebenszyklus sind etwa **Intervallmails** zur Produktbindung oder **Gutscheinmailings** für den ersten Einkauf.

Neukunde

Kaufanreize schaffen

In dieser Phase ist der Abonnent zwar bereits Kunde, soll aber weiter von dem Produkt oder der Dienstleistung überzeugt werden. Die Maßnahmen im Bereich Lifecycle-Marketing sind deshalb darauf ausgelegt, mit dem Neukunden eine dauerhafte Bindung aufzubauen. Denkbar sind etwa **mehrstufige Kampagnenmails**, um weitere Kaufanreize zu schaffen. Zugleich bietet sich bereits in dieser Phase an, die in der Einleitung genannten Trigger-Mails zu versenden.

Zudem eröffnen sich in diesem Stadium erste Cross- beziehungsweise Up-Selling-Möglichkeiten, beispielsweise indem per Newsletter automatisiert ein Dankeschön nach der ersten Bestellung versendet wird. Hierbei wird das positive Umfeld nach der ersten Bestellung genutzt — die Wahrscheinlichkeit für einen erneuten Kauf ist entsprechend hoch. Ein effektiver Mehrwert kann hierbei durch relevante Informationen und einen speziellen Anreiz in Form eines Gutscheins geschaffen werden.

Bestandskunde

Nunmehr geht es darum, den Abonnenten regelmäßig und zum richtigen Zeitpunkt mit den passenden Angeboten zu versorgen. Die Kundenbeziehung soll in dieser Phase ausgebaut und vertieft werden. Hierbei werden vorrangig Informationen versendet, die thematisch zu den Interessen des Kunden und den in der Vergangenheit getätigten Einkäufen passen. Es können beispielsweise Mailings mit **persönlichen Gutscheincodes** sowie Aktionsangeboten versendet werden. Eingesetzt werden auch passgenaue Top-Kunden-Angebote, interessante Neuigkeiten und Empfehlungen oder Nachkauf-Erinnerungen nach dem Ablauf der natürlichen Lebensdauer eines Produkts.

Klickgesteuerte Nachfassmailings

Sofern Post-Click-Tracking genutzt wird, bieten sich besonders „**Nachfassmailings**" an. Hierbei werden die Kundenbewegungen auf einer Webseite oder im Onlineshop aufgegriffen und durch passende Informationen per E-Mail bedient. Nutzt ein werbetreibendes Unternehmen darüber hinaus Webanalyse-Daten für sein Lifecycle-Marketing, sind weitere Kundenszenarien möglich. Ein Beispiel hierfür stellen individuelle Mailings für Warenkorbabbrecher dar, mit speziellen Anreizen, den Bestellvorgang wieder aufzunehmen.

Inaktiver Kunde

Diese Kundenkategorie soll zu einem erneuten Kauf angeregt werden. Zudem werden häufig die Gründe für die Inaktivität ermittelt. Hierfür können individuelle Reaktivierungs- oder Gutscheinangebote beziehungsweise **Fragebögen** zur Zufriedenheit genutzt werden. Zur Gruppe der inaktiven Kunden gehören auch Abonnentenkreise, die durch einen Aktivierungsfilter nach einem bestimmten Zeitraum zur Öffnung eines Newsletters animiert werden. In dieser Kundenphase sind alle Maßnahmen darauf ausgerichtet, den Kundenwert durch passende Aktionsangebote wiederherzustellen.

Lifecycle-Mails in der Praxis

Nachfolgend wird Lifecycle-Marketing kurz am Beispiel eines großen Internet-Buch- und -Medienhändlers beschrieben. Der Onlinehändler ist auf den Verkauf von Büchern, Musik, Filmen, Software, Games und Spielwaren spezialisiert und bietet außerdem Elektronik- und Büroartikel an. Insgesamt werden derzeit achtzehn Webshops in Deutschland, Österreich und der Schweiz betrieben. Das Unternehmen versendet für alle Onlineshops regelmäßig Informationen zu eigenen Produkten und Angeboten.

Mit dem Versand von Lifecycle-Mails verfolgt der Internet-Buch- und -Medienhändler insbesondere folgende Ziele:

- Erhöhung der Relevanz der versandten Informationen und angebotenen Produkte.
- Mehr Response durch passgenaue Kaufanreize.

- Automatisierung der Versandprozesse für die verschiedenen Empfängergruppen.
- Pflege und Ausbau der Kundenbeziehungen.

Bestandskunden-Marketing

Der Onlinehändler verschickt für die verschiedenen Angebote monatlich zahlreiche Newsletter und **Themenmailings** mit speziellen Inhalten. Die Informationen sind auf produktaffine Empfängergruppen zugeschnitten. So werden beispielsweise Valentinstagsmailings mit thematisch passenden Produkten an eine entsprechende Empfängergruppe versendet. Die Versandprozesse sind hierbei weitgehend automatisiert.

Was passt zu den bereits gekauften Produkten?

Die Newsletter für Bestandskunden werden personalisiert versendet. Hierbei werden vorrangig Informationen veröffentlicht, die sich thematisch an den Interessen und den in der Vergangenheit getätigten Einkäufen der Empfänger orientieren. Neben einem individuellen Dankeschön-Newsletter setzt der Onlinehändler auch auf personalisierte Geburtstagsmails. In diesem Rahmen bietet das Unternehmen seinen Bestandskunden einen Fünf-Euro-Gutschein für Medienartikel wie CDs, DVDs, Software und Spiele. Diese Mailings lassen sich ohne größeren Aufwand einrichten und automatisiert versenden. Voraussetzung ist natürlich, dass der Geburtstagstermin des jeweiligen Empfängers bekannt ist.

Reaktivierung inaktiver Kunden

Zudem werden inaktive Kunden passgenau per Newsletter kontaktiert. Hierbei erhalten die Empfänger Aktionsangebote in Kombination mit **speziellen Kaufanreizen**, die zu einem erneuten Einkauf animieren sollen. Gezielt angesprochen werden auch Kontakte im Bereich „Hörbuch-Downloads". Kunden, die ihre Audiobooks bereits bezahlt, aber noch nicht heruntergeladen haben, werden via E-Mail daran erinnert.

Die zahlreichen Vorteile und Möglichkeiten von Lifecylce-Mails sprechen folglich für deren Integration in den E-Mail-Marketing-Mix. In den Bereichen der Zielgruppenansprache, Relevanz und Response bieten sich vielfältige Anwendungsgebiete. Lifecycle-Mails können für die endgültige Überzeugung von Neukunden, die Weiterentwicklung von Bestandskunden und die Reaktivierung inaktiver Kunden erfolgreich eingesetzt werden. Dadurch ergeben sich ideale Voraussetzungen für eine erfolgreiche E-Mail-Kommunikation sowie eine positive Geschäftsentwicklung.

Abb. 2: Versand personalisierter Geburtstagsmailings

Literatur

The Online Marketing Connect Lifecycle Email Marketing Survey 2008 – Email Marketing Tuned to the Subscriber Life Cycle

Provides Significant ROI (Studie), Online Marketing Connect, http://www.onlinemarketingconnect.com

Bagott, Ch. , Sales, A.: Email Marketing by the Numbers – How to Use the World's Greatest Marketing Tool to take Any Orgnaization to the Next Level. – S. 242, Hoboken, John Wiley & Sons, 2007.

Chaffey, D.: Total E-mail Marketing – Maximizing Your Results From Integratedd E-marketing. – S. 139-143, Oxford, Butterworth-Heinemann, 2007.

Consversion Academy: Wissenswertes über den Kundenlebenszyklus. – http://www.conversion-academy.de/kundenlebenszyklus (zuletzt zugegriffen 09. Juni 2009), 2007.

Egan, J.: Relationship Marketing – Exploring Relational Strategies in Marketing. – S. 56-81, Essex, FT Prentice Hall, 2004.

Hughes, A. M., Sweetser, A.: Successful E-Mail Marketing Strategies from HUNTING to FARMING. S. 282, Chicago, Racom Communicaations, 2009.

TRIGGERED E-MAILS – MEHR UMSATZ DURCH RELEVANZ

VOLKER WIEWER

6

Es ist Zeit für besseres E-Mail-Marketing! Warum? Weil das E-Mail-Marketing in Deutschland in den letzten Jahren in einer Art „Dornröschenschlaf" vor sich hin dämmerte, aus dem es nun glücklicherweise erweckt wird. Jeder E-Mail-Marketing-Anwender in den Unternehmen kennt das Gefühl: man hatte sich komfortabel eingerichtet in seiner „deutschen E-Mail-Marketing-Gemütlichkeit". Ein wenig A/B-Testing hier, ein bisschen Personalisierung dort und immer die Öffnungs- und Klickrate fest im Blick war die Devise. Man war mit den Ergebnissen zufrieden und so ist es kein Wunder, dass Dienstleister und Agenturen in den letzten Jahren regelmäßig negativ beschieden wurden, wenn das Gespräch auf **fortgeschrittene E-Mail-Marketing-Konzepte** wie automatisierte E-Mails oder Individualisierung kam: „Nein, dazu haben wir aktuell keine Ressourcen."

Nun da E-Mail-Marketing gerade als eines der mächtigsten Werkzeuge im Online-Marketing-Baukasten wiederentdeckt wurde, hat sich die Situation grundlegend geändert. Unternehmen sind gewillt, die teilweise bereits seit Jahren verfügbaren E-Mail-Marketing-Technologien endlich auszureizen. Und eines der schlüssigsten und erfolgversprechendsten Konzepte dazu sind die sogenannten **Trigger-E-Mails** oder auch **ereignisgesteuerte E-Mails**. Hundert Prozent aller Anwender von fortgeschrittenen E-Mail-Marketing-Strategien sind der Meinung, dass der Versand ereignisgesteuerter E-Mails einen signifikant positiven Effekt auf die Effizienz ihres E-Mail-Marketings hat. Dies ist das geradezu unglaublich einhellige Ergebnis einer Befragung von MarketingSherpa [1] über diese spezielle Form des E-Mail-Marketings unter 1.763 E-Mail-Marketing-Anwendern in den USA.

E-Mail wiederentdeckt als eines der mächtigsten Werkzeuge

Unter der Lupe: Die Vorteile von Triggered E-Mails

Betrachtet man den gesamten Lebenszyklus eines Kunden und die sich daraus ergebenden Kontaktpunkte für das Online-Marketing, lässt sich der oben erwähnte „signifikant positive Effekt" noch weiter detaillieren. Die Effekte im Einzelnen:

- **Höhere Öffnungsraten**

Automatisierte, ereignisgesteuerte E-Mail-Kampagnen haben im Durchschnitt eine höhere Öffnungsrate und genießen bei den Kunden eine gesteigerte Aufmerksamkeit. Im Jahr 2008 lag die Öffnungsrate von Triggered E-Mails im Durchschnitt bei über fünfzig Prozent. Das heißt, sie war mehr als doppelt so

Triggermails werden doppelt so häufig geöffnet

http://www.marketing-boerse.de/Experten/details/Volker-Wiewer

hoch als bei klassischen E-Mail-Kampagnen, die im Durchschnitt auf zwanzig Prozent Öffnungsrate kamen [1].

- **Gesteigerte Kundenloyalität/-bindung**
Ein Opt-in ist ein Vertrauensvorschuss des Kunden an ein Unternehmen. Automatisierte E-Mails bieten die Möglichkeit, diesen Vertrauensvorschuss durch Service und Kundenorientierung zu rechtfertigen. Zusätzlich können sie die Erwartungen des Kunden auf einfachste Weise übertreffen. Sie stärken die Beziehung zwischen Kunde und Marke.

- **Maximale Relevanz**
Triggered E-Mails sind eine hervorragende Maßnahme um vorhandene – und bisher meistens ungenutzte – Kundeninformationen und -segmente höchst effektiv zu verwerten.

- **Hohe Effizienz**
Einmal eingerichtet und optimiert, kann man Triggered E-Mail-Kampagnen einfach im Hintergrund laufen lassen. Die Inhalte und Ergebnisse können von Zeit zu Zeit im Rahmen einer Routineüberprüfung beispielsweise auf Quartalsebene ausgewertet werden. Das spart Zeit und Geld in den chronisch unterbesetzten und überarbeiteten Marketing-Abteilungen.

- **Wettbewerbsvorteile**
Einzelne E-Mail-Kampagnen sind vom Wettbewerb schnell kopiert. Ein durchdachtes und intelligent aufgesetztes Triggered E-Mail-Programm ist von außen weitaus schwieriger zu überschauen und bietet ein echtes Differenzierungsmerkmal bei den Kunden.

- **Höherer Kundendeckungsbeitrag**
Die verschiedenen Formen von Triggered E-Mails sorgen dafür, dass die E-Mail-Kommunikation für jede Phase des Kundenlebenszyklus optimal gestaltet ist. Diese Formen reichen vom individuellen „Welcome-E-Mail-Programm" bis zur Reaktivierungskampagne. Neue Kunden können besser für die Marke eingenommen, bestehende Kunden besser betreut werden – der Umsatz pro Kunde steigt.

Die Neuerfindung des Konzeptes Autoresponder

Oberflächlich betrachtet könnte man eine Trigger-E-Mail für einen schnöden Autoresponder halten – doch das ist sie nicht. Autoresponder können ebenfalls ereignisgesteuert sein, aber sie sind in den seltensten Fällen **hochgradig individualisiert**. Und genau dies ist die Haupteigenschaft von Trigger-E-Mails. Sie werden ausgelöst, wenn ein bestimmtes, vorher definiertes Ereignis im Lebenszyklus des Kunden eintritt – also der Inhalt der E-Mail für den Kunden von vornherein eine große Relevanz hat. Die Zahl der Anwendungsmöglichkeiten ist dabei schier endlos. Von der klassischen **Willkommens- oder Geburtstags-E-Mail** über **automatisierte Sign-up-Programme** bis hin zu **Warenkorbabbrecher-E-Mails** und Reaktivierungskampagnen.

Nachfass-programme bereitstellen

Technisch gesehen gibt es zwei verschiedene Kategorien von Triggered E-Mails: profilbasierte und ereignisbasierte Kampagnen. Inhaltlich untergliedern sich diese wiederum in drei verschiedene Typen (vergleiche Tabelle 1). Im Fall einer profilbasierten E-Mail wird anhand der bereits vorhandenen Kundenmerkmale in der Datenbank überprüft, ob der Kunde bestimmte Kriterien erfüllt. Wenn zum Beispiel das aktuelle Datum dem Geburtstag entspricht oder der Punktestand des Bonusprogramms größer ist als ein bestimmter Grenzwert. Ist das Kriterium erfüllt, erhält der Kunde eine dementsprechend hinterlegte E-Mail. Im Fall einer ereignisbasierten Kampagne löst eine konkrete Nutzeraktion (zum Beispiel Klick, Registrierung) die E-Mail aus.

Kampagnen-name	Willkommensnachrichten/ Willkommensnachrichten-serie	Triggered/ Ereignisgesteuerte E-Mails	Transaktions-nachrichten
Auslöser (Trigger)	Opt-in	Nutzerverhalten oder profilgesteuert (zum Beispiel bei Geburtsdatum)	Nutzertransaktion
Definition	E-Mail oder E-Mail-Serie für Neuabonnenten	E-Mail oder E-Mail-Serie, die aufgrund einer Nutzeraktion (oder des Fehlens der gewünschten Aktion) oder dem Eintritt eines vorher definierten Ereignisses verschickt wird	Integration von Angeboten (Cross- und Up-Selling) in Transaktionsnach-richten wie zum Beispiel Kaufbestätigungen, Rechnungen, Lieferinformationen
Inhalt	zum Beispiel Willkommensnachricht, Mehrwertargumentation für E-Mail-Programm, Identifikation von Nutzerinteressen	Gutschein zum Geburtstag, komplementäre Angebote, Reaktivierung	Komplementäre Angebote zu vom Nutzer gekauften/ bereits genutzten Produkten
Zeitpunkt	Direkt nach Anmeldung (Opt-in)	Nach Ereigniseintritt (zum Beispiel Warenkorbabbruch, Klick auf Webseite,	Zur Transaktion
Ziel	Opt-in-Bestätigung, Steigerung Anmelderate, Reduzierung Abmelderate, Whitelisting, Steigerung von Adresshaltbarkeit und Response	Kauf, Reaktivierung von inaktiven Adressen/Nutzern, Kundenbindung, Steigerung Kundenlebenswert	Kauf, Upgrade, Registrierung

Tab. 1: Formen von Triggered E-Mails [2]

Die folgende Tabelle zeigt die verschiedenen Formen von Triggered E-Mails und deren Nutzung (in Anlehnung an MarketingSherpa Best Practices in Email Marketing Handbook [2]):

Den Dialog intensivieren

Abhängig von Branche und Geschäftsmodell bietet das E-Mail-Marketing-Konzept der ereignisgesteuerten E-Mails noch unzählige weitere Möglichkeiten. Dadurch ist es beispielsweise möglich, die Interaktion mit den Kunden über das E-Mail-Programm zu intensivieren und mithin **das Nutzungserlebnis zu verbessern**. Ganz nebenbei wird dadurch unabhängig von der eigentlichen Performance also zusätzlich etwas für die Marke getan.

Automatisierte E-Mail-Kampagnen in der Anwendung

Technik löst automatisch den Versand aus, wenn Bedingung erfüllt ist

Tritt ein bestimmter Geschäftsvorfall auf oder entspricht ein Kundenmerkmal in der Datenbank einem vorher definierten Wert, löst die Technik im Hintergrund automatisch den Versand aus. Die Inhalte der E-Mail werden anhand der hinterlegten Kundendaten vor dem Versenden individualisiert. Soweit, so einfach. Doch bei welchen Geschäftsvorfällen, Nutzeraktionen oder Ereignissen macht ein Kontakt per E-Mail Sinn? Darüber sollten sich Unternehmen in der Praxis mittels eines Kommunikationsdiagrammes Gedanken machen. Die wenigsten Unternehmen führen Triggered E-Mails direkt „flächendeckend" ein. Sie konzentrieren sich stattdessen zunächst auf die vielversprechendsten Kontaktpunkte wie zum Beispiel „neue Adresse", „Kauf", „Geburtstag" und „Bonusprogramm".

Serie von Begrüßungsmails

Innovative Unternehmen wie zum Beispiel die Schuhhandelskette Görtz oder der Energieversorger EnBW haben die Wirksamkeit von ereignisgesteuerten E-Mails längst erkannt. Dementsprechende Programme und Inhalte sind fest in ihrer E-Mail-Marketing-Software hinterlegt. Im Beispiel von Görtz ist dies unter anderem eine **ereignisgesteuerte Willkommensnachrichtenserie**, die an neue Adressen, zum Beispiel aus **Onlinegewinnspielen** verschickt wird. Die Zielsetzung ist einerseits die Abmelderate (englisch „Churnrate") bei neuen Adressen zu verringern und die Kunden für die Marke Görtz einzunehmen und zu interessieren. Gleichzeitig soll die hohe Aufmerksamkeit bei frischen Adressen zu direkten Abverkäufen genutzt werden.

Entsprechend dieser Zielsetzung wurde ein dreistufiger E-Mail-Prozess eingerichtet. Zunächst bekamen die Teilnehmer eine Willkommensmail mit Fokus auf den sympathischen Erstkontakt mit der Marke ohne direkt den Bereich Verkauf in den Vordergrund zu stellen. Stattdessen war als „Dankeschön" für das gezeigte Interesse ein Wertgutschein für einen Einkauf im Onlineshop enthalten.

Unterstützt wurde dieser Erstkontakt durch zwei Erinnerungs-E-Mails. Sie riefen in den beiden darauf folgenden Wochen zum Einsatz des Gutscheins auf. Darüber hinaus wurden das Sortiment und bestimmte Produkte stärker thematisiert. Hatte der Empfänger nach Empfang einer der ersten beiden E-Mails den Gutschein eingelöst, wurde er automatisch in den Datenbestand des Görtz-Newsletters überführt. Danach erhielt er keine weiteren Erinnerungsnachrichten mehr.

Ziel: Gutschein einlösen

Über die Wirksamkeit derartiger fortgeschrittener E-Mail-Marketing-Strategien schweigen sich die Unternehmen aus durchaus nachvollziehbaren Gründen gerne aus. Die Erfahrung zeigt jedoch, dass zum Beispiel die Abmelderate von neuen Adressen durch entsprechende Triggered E-Mail-Programme um zwanzig bis dreißig Prozent verringert werden kann.

Fazit

Ereignisbasierte, automatisierte E-Mail-Kampagnen werden zukünftig einer der stärksten Treiber für den ROI (Return-on-Investment) eines jeden E-Mail-Marketing-Programms sein. Neben diesen gewinnt nur noch die differenzierte und segmentspezifische Kundenansprache ähnlich rasant an Bedeutung. Gleichzeitig sind sie der mächtigste Verbündete jeder Online-Marketing-Abteilung. Denn durch sie ist es möglich E-Mail-Marketing professionell auszubauen, auch wenn man nur bedingt über die notwendigen personellen Ressourcen verfügt. Aus diesen Gründen werden wir in nächster Zeit noch viele interessante und innovative Ansätze erleben – seien wir gespannt.

Literatur

[1] MarketingSherpa: Email Marketing Benchmark Survey. – In MarketingSherpa: Email Marketing Benchmark Guide 2009. – S. 173, 2008.

[2] MarketingSherpa: Best Practices in Email Marketing Handbook. – S. 3, 2009.

ANSTOSSKETTEN UND NACHFASSMAILS

6

FRANK STRZYZEWSKI, TOBIAS PFEIFER

Die meisten heutigen E-Mail-Versendungen sind Fire & Forget-Aktionen. Die Effizienz dieses punktuellen Marketings lässt sich steigern, wenn man versucht, den bekannten Effekt zu nutzen, dass zusätzliche Marketingbotschaften eine deutlich größere Werbewirkung entfalten können. Im Folgenden werden einige erfolgreiche und trotzdem einfach umzusetzende Taktiken vorgestellt.

Vom Kontakt zur Anstoßkette

Der typische Newsletter in Deutschland wird einmal pro Woche oder Monat versendet mit einem statischen Inhalt an alle Empfänger. Ist die Response hoch, freut sich der Versender, wenn nicht, dann ist es meist auch kein Problem, denn das Medium ist ja kostengünstig.

Dieses anerkannt kostengünstige Marketingprinzip verschenkt Response-Potential. Das ist den meisten Versendern sicher auch bewusst. Allein knappe Budgets, viele anstehende Aufgaben und wenig Zeit zum Testen in den Marketing-Abteilungen führen dazu, dass dieser Status Quo lange Zeit erhalten bleibt.

Im Endeffekt wird bei den meisten Newslettern ein Produkt oder ein bestimmter Inhalt nur einmal angeboten. Dabei ist der klassische Marketingzusammenhang bekannt, dass mit steigender Anzahl von Marketingbotschaften für ein Produkt auch die Response für dieses Produkt steigt. Zumindest bis zu einem bestimmten Punkt, ab dem eine weitere Erhöhung des Marketingbudgets keine zusätzliche Response mehr generiert. Aus diesem Zusammenhang heraus, der sogenannten Wirkungskurve (Advertising-Response-Function), stellt sich die Frage, ob sich über den kostengünstigen E-Mail-Weg nicht solche Mehrfachkontakte organisieren lassen und mit welchem Erfolg.

Versender müssen umdenken

Der Versender steht nunmehr vor der Herausforderung, statt einmaligen, im schnelllebigen Internet auch schnell vergessenen Angeboten, einen zwei- oder mehrstufigen Kontext aufzubauen. Der Versender muss statt einem Einmalkontakt eine geeignete Anstoßkette inszenieren.

Ganz sicher ist es dabei keine gute Idee, alle Empfänger mit dem gleichen Inhalt immer häufiger zu beschicken, denn das ist der schnellste Weg zu spektakulären Abmelderaten. Trotzdem lassen sich mit einfachen Konzepten erfolgreiche Mehrfachkontakte abbilden. Und so funktioniert es:

http://www.marketing-boerse.de/Experten/details/Frank-Strzyzewski
http://www.marketing-boerse.de/Experten/details/Tobias-Pfeifer

Nachfassmails – die Idee

Das Grundprinzip ist, die Kontaktrate nicht für alle Empfänger zu erhöhen, sondern sehr gezielt nur für eine qualifizierte Untergruppe des Gesamtverteilers. Die Selektion erfolgt dabei auf Basis eines messbaren Interesses oder Desinteresses an einem Thema oder einem Produkt. Voraussetzung für eine erfolgreiche Nachfasskampagne ist also eine gute Segmentierung. Nachfassmails sind demnach konkrete Anwendungsfälle von Segmentierungen, wobei vor allem Ansätze des Behavioral Targeting zum Einsatz kommen.

Voraussetzung: Interesse messen

Prinzipiell ist jedes gemessene Verhalten eines Kunden eine potentiell handlungsrelevante Information, also ein möglicher Trigger für eine oder mehrere Nachfassaktionen.

Beispiel 1

Alle Empfänger, die deutliches Interesse an einem Produkt gezeigt haben, die es nämlich in den Warenkorb gelegt haben, ohne es zu kaufen, erhalten eine geeignete Erinnerungsmail. Diese Art von Erinnerungsmails haben immer wieder ihre hohe Effizienz bewiesen. Ganz ähnliche Nachfassmails lassen sich bei allen messbaren Aktionen eines Empfängers versenden, die auf eine mehr oder weniger konkretes Interesse schließen lassen: Onlinekauf, Wunschlisten-Eintrag, Newsletter-Anmeldung, Webseiten-Aufruf, persönlicher Kontakt und so weiter. Aus all diesen Vorgängen lassen sich Nachfassaktionen ableiten. Analog dazu lässt sich aber auch Desinteresse messen und gezielt nachfassen:

Beispiel 2

Alle Empfänger, die eine E-Mail nicht geöffnet haben. Man kann leider gar nicht sagen, ob diese den Inhalt interessant fanden oder nicht, weil sie aufgrund von Absender, Betreff und Versendezeitpunkt offenbar gar nicht erst zum Inhalt gekommen sind. Ein oft erfolgreicher Ansatz ist hier, die Nichtöffner zu selektieren und einige Tage später die inhaltlich gleiche E-Mail mit einem anderen Betreff und/oder Absender zuzustellen.

Nichtöffner ein zweites Mail anschreiben

Praxisbeispiele

Das Prinzip der Nachfassmails soll an einigen konkreten Beispielen aus der E-Mail-Marketing-Praxis illustriert werden:

Kundenbefragung nach Transaktion

Das Erheben von Kundenfeedback nach einer Transaktion wie einem Kundenkontakt oder einem Kauf ist ein integraler Bestandteil von Optimierungskreisläufen (Closed-Loop). Ausprägungen davon sind beispielsweise Feedback-Fragebögen nach Schulungen, Bewertungen von Produkten (zum Beispiel Hotelaufenthalt) oder Verkäufern (eBay, Amazon).

Geschäfts- und Kompetenzentwicklung

VOLVO

Volvo Seminar-Follow-up 'Das perfekte Kundengespräch' 09.-10.06.2009

Sehr geehrter Herr Strzyzewski,

vielen Dank, dass Sie vor einigen Wochen an unserem Volvo Seminar 'Das perfekte Kundengespräch' teilgenommen haben. Um die Volvo Seminare kontinuierlich zu verbessern, sind uns Ihre Erfahrungen und Eindrücke im Seminar, aber auch bei der Anwendung der Lerninhalte am Arbeitsplatz sehr wichtig. Wir haben daher einen weiteren Online-Fragebogen (Follow-up) entwickelt, der Ihnen die Möglichkeit gibt, das Seminar insbesondere in seiner Nachhaltigkeit zu bewerten.

Nutzen Sie bitte den nachfolgenden Link **innerhalb der nächsten 7 Tage**, d.h. bis Donnerstag, 16. Juli, um Ihre Beurteilung abzugeben.

Frankfurter Allgemeine

ZEITUNG FÜR DEUTSCHLAND

Sehr geehrter Herr Mika,

Sie wurden vor einiger Zeit von einem unserer Call-Center angerufen, um Ihnen ein Kennenlern-Angebot der Frankfurter Allgemeinen Zeitung zu unterbreiten. Hinter unserer Marke steckt immer ein kluger Kopf - und das erwarten wir auch von unseren Call Centern. Wir möchten Sie heute daher nach Ihren Erfahrungen mit unserem Call Center befragen. Nehmen Sie sich bitte 3 Minuten zeit - so können Sie uns helfen, stetig besser zu werden, um die Qualität zu leisten, die Sie von uns erwarten.
Wir freuen uns auf Ihre Antworten!

Mit freundlichen Grüßen

Maike Lange & das gesamte FAZ Team
Steuerung der Call Center

Zur Umfrage

Abb. 1: Beispiele für Erhebung von Kundenfeedback

Spezialangebote an Klicker

Wer klickt, kauft auch

Analysen zeigen, dass Empfänger, die auf einen Link in einer E-Mail klicken, später oft mit fünf bis zehn Mal höherer Wahrscheinlichkeit einen Kauf tätigen, als Nichtöffner. Die Klick-Information kann deshalb für Nachfassmails genutzt werden, indem dem Empfänger ähnliche Produkte angeboten werden wie das oder die angeklickten. Vor allem bei abstimmungsbedürftigen Produkten (zum Beispiel Reisen), wo der Kauf oft erst einige Tage nach dem Klick erfolgt, kann diese Form der Nachfassmails erfolgreich eingesetzt werden.

Bestätigung oder Dank

Nach relevanten Kunden-Aktivitäten können per E-Mail Bestätigungen oder Dank übermittelt werden. Ein Beispiel dafür sind Nachfassmails an Newsletter-

Anmelder (Welcome-Mail), Umfrage-Beantworter oder Messebesucher. Diese Art E-Mails erzielen häufig signifikant höhere Response-Raten als regelmäßige Newsletter. Solche Mails lassen sich gut mit Zusatzfeatures wie Feedback-Fragebögen oder Incentives (Gutschein als Dank) anreichern.

Cross-Selling/Upselling

Wer kauft, kauft auch mehr

Nachfassmails nach Kauftransaktionen verfügen in bestimmten Fällen über interessantes Nachfasspotential. Beispielsweise können Reiseversicherungen oft besser nach der Buchung einer Reise in einer separaten E-Mail verkauft werden, als im Rahmen der Reisebuchung selbst. Der Grund dafür dürfte darin liegen, dass die Entscheidungskomplexität bei einem kombinierten Produkt aus Reise und Reiseversicherung überdurchschnittlich hoch ist. Bewährt haben sich ebenfalls Nachfassmails, die nach dem Kauf eines Produktes passende Zusatzprodukte anbieten, etwa Zubehör für Heimelektronik (Speicherkarte für Digitalkameras). Ein anderes Beispiel sind Verbrauchsartikel, die regelmäßig nachgekauft werden, wie etwa Bürobedarf oder bestimmte Medikamente.

Abb. 2: Beispiel für Cross-Selling und Upselling

Top-Content des letzten Newsletters

Eine Sonderform von Nachfass-Aktionen ist die Taktik, den meistgeklickten Content oder das meistgeklickte Produkt aus dem vorangegangenen Newsletter im nächsten Newsletter als Top-Content oder Bestseller vorzustellen. Die „Weisheit der Masse“ ist für viele Empfänger ein starkes Argument, sich mit genau diesem Inhalt oder Produkt noch einmal zu beschäftigen.

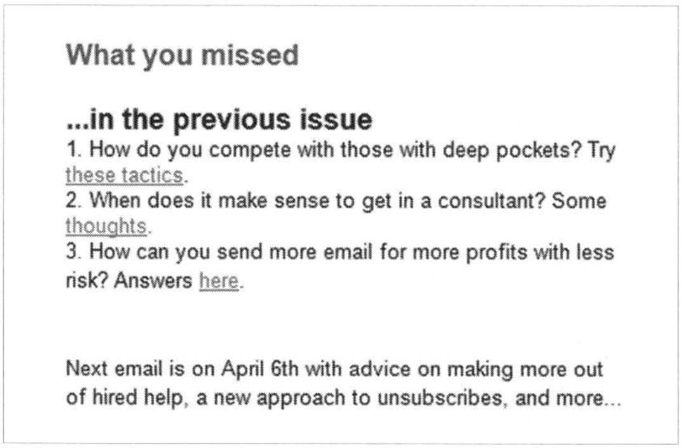

What you missed

...in the previous issue

1. How do you compete with those with deep pockets? Try these tactics.
2. When does it make sense to get in a consultant? Some thoughts.
3. How can you send more email for more profits with less risk? Answers here.

Next email is on April 6th with advice on making more out of hired help, a new approach to unsubscribes, and more...

Abb. 3: Beispiel für Cross-Selling über Nachfassmails

Anstoßketten

Nach manchen Kundentransaktionen können durchaus mehrere, in geeigneter Form und Frequenz gestaffelte E-Mails eingesetzt werden. So kann beispielsweise der Welcome-Prozess für Neukunden in mehreren Schritten erfolgen. Ein anderes Beispiel ist die schrittweise Konvertierung von Interessenten zu Kunden etwa bei Probe-Abo-Interessenten von Zeitungen oder Zeitschriften. Mehrstufige E-Mail-Stafetten sind auch geeignet, um umfangreichere Inhalte in kleineren Dosen zu transportieren (E-Mail-Kurs) oder wenn im Zeitverlauf unterschiedlich relevante Informationen angeboten werden (Tipps in Abhängigkeit der Schwangerschaftswoche).

Der Anfang ist am interessantesten

Aktivierung von Nichtreagierern

E-Mail-Empfänger, die nur einen sehr geringen Grad an Interaktion und Response gezeigt haben, können über spezielle E-Mailings angesprochen werden. Bewährte Taktiken für die Reaktivierung solcher Empfänger sind Umfragen, Incentives und die Möglichkeit, das eigene Interessensprofil zu aktualisieren, um in Zukunft relevantere Inhalte zu erhalten.

Gutscheine wirken

Literatur

Churchill, W.: Email Marketing for Complex Sales Cycles. – S. 48-49, New York, Morgan James Publishing, LLC, 2008.

Bronto Software. Re-mailing: Targeting Those That Don't Open. – 2007.

Middleton Hughes, A., Sweetser, A.: Successful E-Mail Marketing Strategies. – S. 227-240, Chicago, Racom Communications, 2009.

DIE BEGRÜSSUNGSMAIL – UNGENUTZTES POTENZIAL

6

DANIEL HARARI

Ein neuer Abonnent will sich für Ihren Newsletter anmelden. Was passiert, wenn er den „Anmelden“-Knopf auf der Website betätigt hat? In den meisten Fällen erhält er entweder eine Anmeldebestätigung (Confirmed-Opt-in) à la „Vielen Dank für die Anmeldung. Sie erhalten ab jetzt unseren Newsletter und Sie können sich jederzeit wieder abmelden“, oder eine Aufforderung zur erneuten Bestätigung der Anmeldung (Double-Opt-in) durch Klick auf einen Link. Dadurch gelangt man auf eine Website mit eingangs erwähntem Bestätigungstext, oder man erhält eine weitere Mail mit selbigem Wortlaut.

Der erste Eindruck zählt

Und was passiert danach? In der Regel wartet der frischgebackene Newsletterabonnent auf die erste Ausgabe des soeben abonnierten Newsletters. In den seltensten Fällen wird diese sofort verschickt. Zumeist muss der neue Abonnent bis zu einem Monat auf die erste Ausgabe warten. Von „sofortiger Bedürfnisbefriedigung“ kann man wohl nicht sprechen und genau hier liegt das enorme – ungenutzte – Potenzial eines Willkommensnewsletters.

Am Anfang ist das Interesse am größten

Zum Zeitpunkt der Newsletteranmeldung ist der neue Abonnent am empfänglichsten. Er interessiert sich ganz klar für Ihr Unternehmen. Er will Informationen und Angebote von Ihnen erhalten und gibt Ihnen zu diesem Zweck seine Kontaktdaten. Eine idealer Moment um den neuen Abonnenten in einen Dialog zu verwickeln, ihn mit Informationen zu versehen und zu gezielten Handlungen zu bewegen. Die E-Mail, die Sie in diesem Moment verschicken, hat einen großen Einfluss auf das gesamte zukünftige Verhältnis zwischen dem Abonnenten und Ihrem Unternehmen. Wahrscheinlich sogar mehr als jedes andere, zu einem späteren Zeitpunkt verschickte, E-Mail.

Liebe(r) Newsletterabonnent(in),

vielen Dank für Ihr Interesse am kostenlosen Newsletter der Karstadt Warenhaus GmbH!

Ab sofort informieren wir Sie regelmäßig über unsere interessanten Angebote und Schnäppchen.
Wir wünschen Ihnen viel Spaß beim Lesen!

Ihr Team der Karstadt Warenhaus GmbH

Haben Sie diesen Newsletter nicht bestellt?
Dann klicken Sie bitte hier

Ihre E-Mail Adresse wird somit aus unserem Verteiler gelöscht.

KARSTADT Warenhaus GmbH, Theodor-Althoff-Straße 2 | D-45133 Essen
Vorsitzender des Aufsichtsrats: Dr. Karl-Gerhard Eick
Geschäftsführung: Stefan W. Herzberg (Vorsitzender), Marco Schöner, Dr. Emmanuel Siregar, Dr. Thomas Toepfer, Andreas Weuster

Karstadt Warenhaus GmbH | Sitz: 45133 Essen, Theodor-Althoff-Straße 2
Registergericht: Essen | Handelsregister-Nr.: HR B 18928 | UStID-Nr.: DE 811 167 998

Abb. 1: Typische Willkommensmail im Text-Format, wie sie bei den meisten Unternehmen üblich ist.

http://www.marketing-boerse.de/Experten/details/Daniel-Harari

Nur 38 Prozent haben Begrüßungsmail

Im Juni 2009 wurde im Rahmen einer Studie [1] das Newsletterangebot der fünfzig umsatzstärksten Einzelhändler Deutschlands untersucht. Dabei kam heraus, dass nur 38 Prozent einem neuen Abonnenten eine Willkommensbotschaft zukommen lassen. Eine ähnliche Studie [2] wurde im März 2009 in den USA durchgeführt. Von den mehr als hundert untersuchten Onlineeinzelhändlern haben 76 Prozent einen Willkommensnewsletter verschickt. Das ist fast doppelt soviel wie die Einzelhändler in Deutschland.

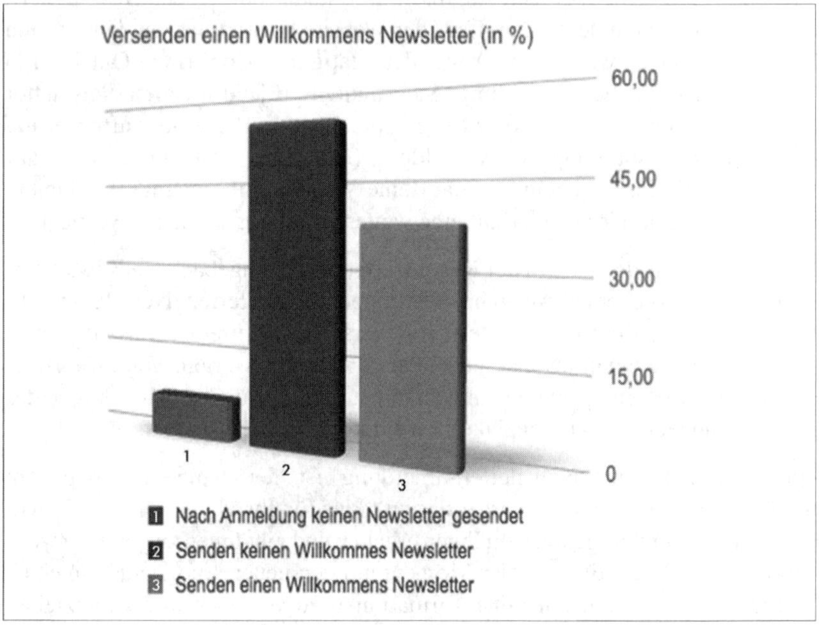

Abb. 2: Willkommensnewsletter bei deutschen Einzelhändlern [1]

Elemente eines guten Willkommensnewsletters

Danke sagen

Bedanken Sie sich. Jemand hat Interesse an Ihrem Unternehmen gezeigt und war begeistert genug, Ihnen die Erlaubnis zu erteilen, ihn regelmäßig zu kontaktieren. Sie sollten sich wirklich darüber freuen, und diese Freude in ein ehrliches, schriftliches „Dankeschön" umwandeln. Schreiben Sie dem neuen Abonnenten, wie sehr Sie es schätzen, dass er Ihnen das Vertrauen seiner Zustimmung geschenkt hat.

Bieten Sie dem Abonnenten **eine Belohnung** für sein Zustimmung an. Überraschen Sie ihn mit einem kleinen Anmeldebonus, zum Beispiel einem Spezialrabatt oder einem anderen Sonderangebot, einem kostenlosen Whitepaper oder anderen interessanten Inhalten (Einladung zur Teilnahme an einem Gewinnspiel), die „nur für Abonnenten" bestimmt sind. Um den Überraschungseffekt auch aufrechtzuerhalten, empfiehlt es sich, die „Belohnung" zum Beispiel jedem zweiten oder dritten Neuabonnenten zukommen zu lassen (technisch heutzutage kein Problem mehr). Zumindest aber sollten Sie sicherstellen, dass Personen, die sich bereits einmal angemeldet haben, bei einer neuerlichen Registrierung keine nochmalige Belohnung erhalten.

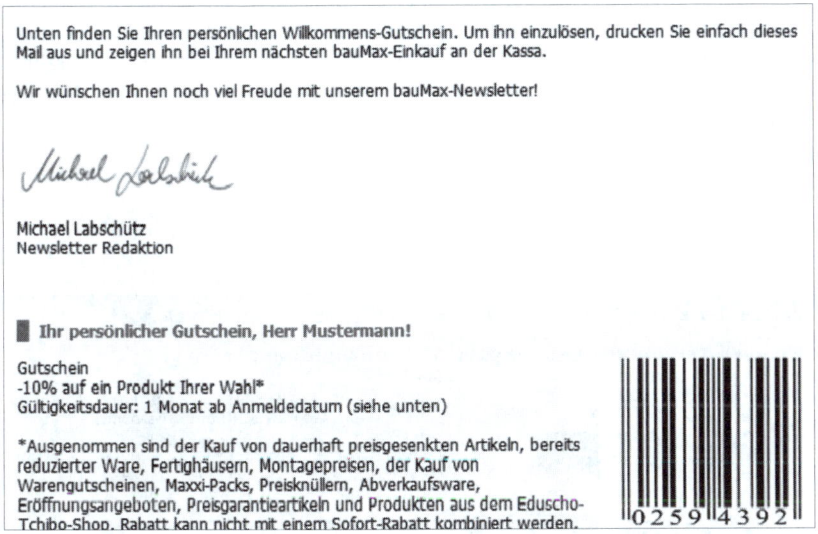

Unten finden Sie Ihren persönlichen Willkommens-Gutschein. Um ihn einzulösen, drucken Sie einfach dieses Mail aus und zeigen ihn bei Ihrem nächsten bauMax-Einkauf an der Kassa.

Wir wünschen Ihnen noch viel Freude mit unserem bauMax-Newsletter!

Michael Labschütz
Newsletter Redaktion

Ihr persönlicher Gutschein, Herr Mustermann!

Gutschein
-10% auf ein Produkt Ihrer Wahl*
Gültigkeitsdauer: 1 Monat ab Anmeldedatum (siehe unten)

*Ausgenommen sind der Kauf von dauerhaft preisgesenkten Artikeln, bereits reduzierter Ware, Fertighäusern, Montagepreisen, der Kauf von Warengutscheinen, Maxxi-Packs, Preisknüllern, Abverkaufsware, Eröffnungsangeboten, Preisgarantieartikeln und Produkten aus dem Eduscho-Tchibo-Shop. Rabatt kann nicht mit einem Sofort-Rabatt kombiniert werden.

0259 4392

Abb. 3: Willkommensgutschein mit zeitlicher Begrenzung

Bitten Sie den Abonnenten, die verwendete Absenderadresse (es ist wichtig, dass Sie diese Adresse auch bei jedem Versand verwenden) in das Adressbuch seines E-Mail- oder Webmail-Clients einzutragen. Diese **Maßnahme** sichert die **Zustellbarkeit in den Posteingang**, und dass Ihr E-Mail nicht im Spamordner landet. Außerdem werden bei den meisten Clients dadurch die **Bilder automatisch dargestellt** und nicht unterdrückt. Sie sind unsicher, ob Ihre Zielgruppe mit dieser Aufforderung zurechtkommen wird? Fügen Sie eine Aufforderung „So geht's" hinzu mit Link auf eine Website, auf der dieser Schritt für die gängigsten E-Mail- und Webmail-Clients erklärt wird.

Ins Adressbuch eintragen

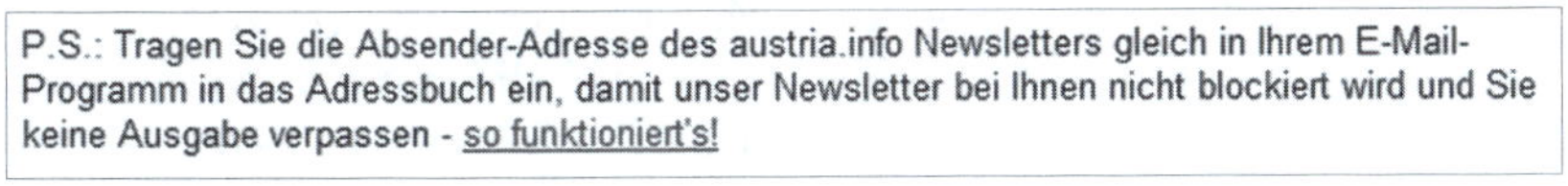

P.S.: Tragen Sie die Absender-Adresse des austria.info Newsletters gleich in Ihrem E-Mail-Programm in das Adressbuch ein, damit unser Newsletter bei Ihnen nicht blockiert wird und Sie keine Ausgabe verpassen - so funktioniert's!

Abb. 4: Beispiel einer Aufforderung, die Absenderadresse in das Adressbuch einzutragen.

Erinnern Sie den neuen Abonnenten daran, **welche Inhalte** er in Zukunft erwarten kann und in **welcher Frequenz** er die Newsletter erhalten wird. Inkludieren Sie einen **Link zur aktuellen oder zu vergangenen Ausgaben**. Das hilft seine Erwartungen zu festigen und er kann sich besser auf Ihr E-Mail-Marketing-Programm einstellen. Es ist jedoch wichtig, dass Sie dieser Erwartungshaltung auch gerecht werden. Es ist sehr leicht, Spambeschwerden zu generieren (und dadurch die Zustellbarkeit drastisch zu verschlechtern), wenn Sie die falsche Frequenz ankündigen. Zum Beispiel kündigen Sie einen

Transparenz schaffen

monatlichen Newsletter an, der Abonnent aber erhält tatsächlich jede Woche eine E-Mail von Ihnen im Posteingang.

Beschreiben Sie die Vorteile, zum Beispiel exklusive Sonderangebote, Vorabinformation über Abverkäufe, Coupons, Gewinnspiele, die das Newsletterabo für den Empfänger mit sich bringt, auch wenn Sie das schon bei Anmeldung auf der Website getan haben. Das Ziel ist es, beim Abonnenten eine regelrechte Vorfreude auf Ihren nächsten Newsletter zu wecken, damit er, sobald er ihn erhalten hat, auch tatsächlich öffnet und liest.

Abb. 5: Erklärung der Vorteile des Newsletterabos eines Onlinereisebüros

Zum Handeln auffordern

Denken Sie an die Zielsetzung des E-Mail-Marketing-Programms, für das sich der Abonnent gerade angemeldet hat und inkludieren Sie eine angepasste **Aufforderung zu Interaktion**. Verwenden Sie Ihre E-Mails zur Markenbildung oder Verkauf von Dienstleistungen? Sind Sie primär daran interessiert, E-Mail-Empfänger dazu zu bringen, Produkte in Ihrem Onlineshop zu kaufen? Oder wollen Sie sie einfach zurück zur Website bringen, um Views und Visits für Werbekunden zu generieren? Überlegen Sie sich für jeden Ihrer Ziele, wie der neue Abonnent dazu kommt und fordern Sie ihn direkt dazu auf. Ein zeitlich begrenzter Incentive, zum Bespiel Sonderangebot nur bis X.X.XX gültig, kann ein zusätzlicher Anreiz zur baldigen Interaktion sein.

Abb. 6: Ein gut gemachter Willkommensnewsletter, dem eigentlich nur ein klarer Aufruf zur Interaktion fehlt, zum Beispiel „Zu den aktuellen Angeboten".

Vermeiden Sie allzuviel technische Fachbegriffe und trockene Sprachen. **Werden Sie persönlich** und versuchen Sie mit dem Empfänger in einem locker, menschlichen Ton zu kommunizieren, sofern es irgendwie mit dem Rest Ihrer E-Mail-Kommunikation zu vereinbaren ist. Wenn möglich lassen Sie den Willkommensnewsletter von einer wirklichen Person, zum Beispiel dem Redakteur des Newsletters, dem Marketingleiter, dem Vorstand unterschreiben.

Gedanken zum Schluss

Hohe Relevanz

In Newsletter und anderen Werbe-E-Mails wird in der Regel viel Zeit und Geld investiert. Ereignisbasierte E-Mails (auch „Trigger-E-Mails“) wie der Willkommensnewsletter erhalten leider nicht so viel Aufmerksamkeit. Und das, obwohl sie von der Relevanz der Inhalte und dem Zeitpunkt des Versandes viel eher dem Interesse der Empfänger entsprechen.

Sollten Sie sich dazu entscheiden, einen Willkommensnewsletter einzuführen oder einen bestehenden zu optimieren, dürfen Sie das Projekt nicht als notwendigen Nebenposten angehen. Schenken Sie ihm die Art von Aufmerksamkeit, die ein wertvolles Element Ihrer Relationship-Marketing-Aktivitäten verdient. Und testen, testen, testen Sie jedes Element Ihres Willkommensnewsletter – von der Betreffzeile bis zur Aufforderung zur Interaktion. Machen Sie sich das volle Potenzial des Willkommensnewsletter als Umsatzbringer und/oder Kundenbinder zu Nutzen. Angepasst auf die Anforderung Ihres Unternehmen.

Sie wissen ja, der erste Eindruck zählt. Machen Sie das Beste aus Ihrem Willkommensnewsletter.

Literatur

[1] emarsys eMarketing Systems AG: E-Mail-Marketing im deutschen Einzelhandel. – Juni 2009.

[2] Smith Harmon Inc.: Retail Welcome Email Benchmark Study. – März 2009.

6 LEAD-WARMING UND REAKTIVIERUNG INAKTIVER LESER

SASKIA BLUME

E-Mail-Marketing gehört heute zum Basisinventar jedes Online-Marketing-Mix. Kostengünstig, zeitnah und einfach zu individualisieren. Leider wird aber gerade letzterer Punkt aus verschiedensten Gründen häufig vernachlässigt. Dabei bieten gerade Individualisierung und Abstimmung auf Kundenbedürfnisse großes Potenzial bei der Optimierung des E-Mail-Marketing. Aber ist es im Vergleich zum Nutzen so aufwendig, die eigene Strategie zu individualisieren und stärker am Kundenbedarf auszurichten? Nein, eigentlich nicht.

Optimieren ja – aber wie?

Ansätze zur Optimierung des E-Mail-Marketing gibt es viele. Im Folgenden soll es darum gehen, die E-Mail-Marketing-Strategie am Kunden auszurichten. Denn kennt man seinen Kunden, dessen Bedürfnisse und Verhalten, dann gilt es nur noch, dieses Wissen auf die Ansprache des Kunden anzuwenden. Wenn man nun noch die Möglichkeit hat, die einzelnen Stadien des Kunden im **Kundenlebenszyklus** auszumachen, dann lässt sich dieses Wissen in der E-Mail-Marketing-Strategie abbilden. So entfaltet sich das ganze Potenzial dieses Marketinginstruments, da es möglich wird, den Kunden zu jedem Zeitpunkt des Kundenlebenszyklus relevant und individuell anzusprechen.

Beispielhaft soll dies an der E-Mail-Marketing-Strategie der Steganos GmbH gezeigt werden. Dieser Softwarehersteller hat sich auf Datenverschlüsselung und -anonymisierung spezialisiert. Diese Produkte besitzen einige spezifische Merkmale, die in der Marketingstrategie berücksichtigt werden müssen. Bei den Nutzern muss zunächst ein Bewusstsein für das Thema geschaffen werden, um daraufhin Produktbedarf zu wecken. Darüber hinaus handelt es sich um erklärungsbedürftige Produkte.

Erst einmal Bedarf und Interesse wecken

Kundenlebenszyklus

Warum aber das E-Mail-Marketing am Kundenlebenszyklus und den einzelnen Stadien des Kunden ausrichten? Die Antwort liegt auf der Hand: Ein **Interessent** hat sicherlich andere Bedürfnisse und benötigt eine andere Ansprache als ein **Bestandskunde**. Und wieder anders sieht es bei einem **verlorenen Kunden** aus, der auf Mailings nicht mehr reagiert. Schafft man es, den Kunden immer passend, also mit relevanten Informationen, anzusprechen, so hat man die Möglichkeit ihn dauerhaft zu binden.

http://www.marketing-boerse.de/Experten/details/Saskia-Blume

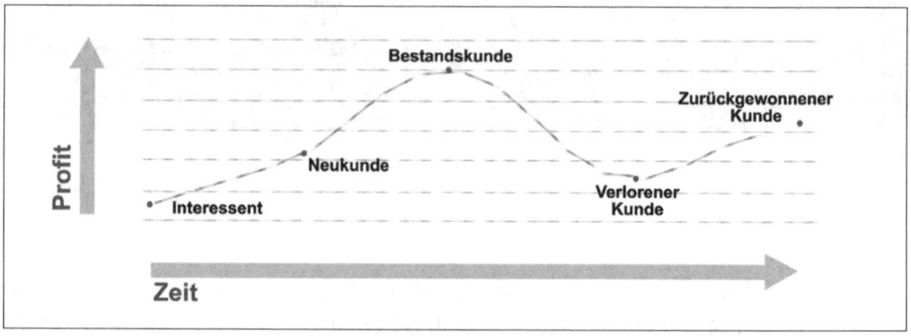

Abb. 1: Kundenlebenszyklus auf Zeit- und Profitachse

Interessent/Neukunde

Auch wenn Interessent und Neukunde zeitlich aufeinander folgende Stadien des Kundenlebenszyklus darstellen, kann sich die Art und Weise der Ansprache hier überschneiden. In beiden Fällen handelt es sich um Nutzer, die sich noch nicht oder zumindest nicht intensiv mit dem Produkt oder Unternehmen auseinandergesetzt haben. Die Ziele der Ansprache und somit die Inhalte sollten jedoch unterschiedlich sein. Muss der Interessent noch von Produkt und Unternehmen überzeugt werden, so ist der Neukunde schon einen Schritt weiter. Ziel bei ihm ist es, seinen Produktkauf oder seine Wahl des Unternehmens positiv zu bestätigen und ihn so zum Bestandskunden zu machen.

Informieren

Zur Information ist noch immer der **redaktionelle Newsletter** ein probates Mittel, das einen Mehrwert und somit Kundenbindung erzeugen soll. Obwohl der informative Charakter hauptsächlich Produktverständnis und Kundenbindung in den Mittelpunkt rückt, ist es trotzdem möglich, den Abverkauf „weich" zu unterstützen.

Beispiel: Weihnachtsnewsletter

Im Folgenden das Beispiel des Steganos-Weihnachtsnewsletters vom Dezember 2008. Er wurde in vier Teile gegliedert: Editorial mit Inhaltsverzeichnis, Top-Thema, Internes und Tipps & Tricks.

Informationen sind die Basis des Newsletters

Das Top-Thema mit Informationen rund um das Thema Verschlüsselung hat die Aufgabe den Kunden zu informieren. Gleichzeitig soll es aber auch sensibilisieren und dem Kunden die Notwendigkeit der angebotenen Produkte nahe bringen.

Internes Thema war das zu der Zeit aktuelle Onlinespiel mit einem Interview. Auch hier steht zunächst der informierende und unterhaltende Aspekt im Vordergrund. Ziel war aber auch die Bekanntmachung dieses Spiels und die Erzielung von Reichweite durch den Newsletter.

Schließlich die Tipps & Tricks zu einem der Produkte. Hier soll ein Mehrwert für den Leser geschaffen und ein Produkt vorgestellt werden. Gleichzeitig wird durch einen Rabattgutschein auch ein „weicher" Abverkauf erzielt.

Gutschein schafft Mehrwert

Informieren, überzeugen und pflegen

Redaktionelle Newsletter sind zwar ein gutes und wichtiges Instrument zur Information der Nutzer, jedoch sind sie nur punktuell einsetzbar. Darüber hinaus stellen sie gerade in kleinen Unternehmen einen zusätzlichen Aufwand dar, der nicht immer geleistet werden kann.

Relevante und zeitnahe Informationen für Nutzer können dagegen durch **automatisierte E-Mail-Abläufe** geleistet werden. Dabei handelt es sich um ein- oder mehrteilige E-Mail-Strecken, die durch definierte Ereignisse ausgelöst werden und den Nutzer rund um dieses Ereignis begleiten und informieren. Sie erreichen den Nutzer dadurch zeitnah und sind aufgrund des direkten Bezugs zum Ereignis höchst relevant.

Beispiel: Lead-Warming nach Adressgenerierung

Ab Oktober 2008 wurde von der Steganos GmbH ein Onlinespiel zur Adressgenerierung eingesetzt. Es handelte sich dabei um ein Flash-Spiel, bei dem es möglich war, einen Jackpot und diverse Sachpreise zu gewinnen. Die Nutzer hatten hierfür am Ende des Spiels die Möglichkeit, ihre E-Mail-Adresse einzutragen. Beworben wurde das Spiel sowohl auf der eigenen Homepage wie auch auf diversen Onlinespiele-Portalen. Gerade letztere waren hier Schwerpunkt, da eine große Reichweite erzielt werden konnte.

Lassen sich Aktionsadressen einfach in den Newsletter-verteiler integrieren?

Was aber mit den generierten Adressen tun? Sie einfach in den normalen Verteiler aufnehmen und hoffen, dass sich der Bedarf an Verschlüsselungssoftware eigenständig entwickelt und die Produkte sich von selbst verkaufen? Gerade bei erklärungsbedürftigen Produkten wäre dies eine naive Herangehensweise.

Aus diesem Grund wurde eine dreistufige E-Mail-Strecke zur Sensibilisierung der Nutzer konzipiert – eine **Lead-Warming-Strecke**. In der ersten E-Mail wurde noch allgemein auf das Spiel und die Anmeldung zum Newsletter Bezug genommen. Die zweite E-Mail ging schon sehr viel stärker auf das Thema Verschlüsselung ein und verknüpfte es durch Anwendungsbeispiele mit dem Alltag der Nutzer. Hier war es wichtig, trotz generischer Ansprache, relevanten Inhalt zu liefern. Im dritten und letzten Schritt war schließlich eine direkte Auseinandersetzung mit dem Produkt durch einen Testdownload das Ziel.

Für die Auswahl der Ansprache wurde vorausgesetzt, dass die Nutzer keine oder eine nur sehr geringe Affinität zum Thema und Produktportfolio aufweisen. Inhaltlich wurde aus diesem Grund grafisch wie auch textlich ein starker Bezug zum Onlinespiel gewählt, da der Adressursprung zu diesem Zeitpunkt die einzige Information über den Nutzer war.

Beispiel: Lead-Warming nach Testdownload

Interessenten nach dem Testdownload nicht aus den Augen lassen

Zusätzlich zu den oben besprochenen Nutzern gibt es aber auch die sehr affinen, die sich bereits in irgendeiner Form mit dem Thema, den Produkten oder dem Unternehmen auseinandergesetzt haben. Aus diesem Grund müssen diese affinen Nutzer inhaltlich anders angesprochen werden. In diesem Beispiel handelt es sich um Kunden, die ein Softwareprodukt in einer kostenlosen 30-tägigen Testversion installiert haben. Als Ereignis wurde der Download definiert. Die dazugehörige Lead-Warming-Strecke hat die Begleitung des Kunden im Testprozess und schließlich den Kauf des getesteten Produkts zum Ziel. Inhaltlich werden dem Kunden Produktnutzen, Tipps & Tricks, ein Tutorial sowie ein Rückrufservice bei Fragen angeboten.

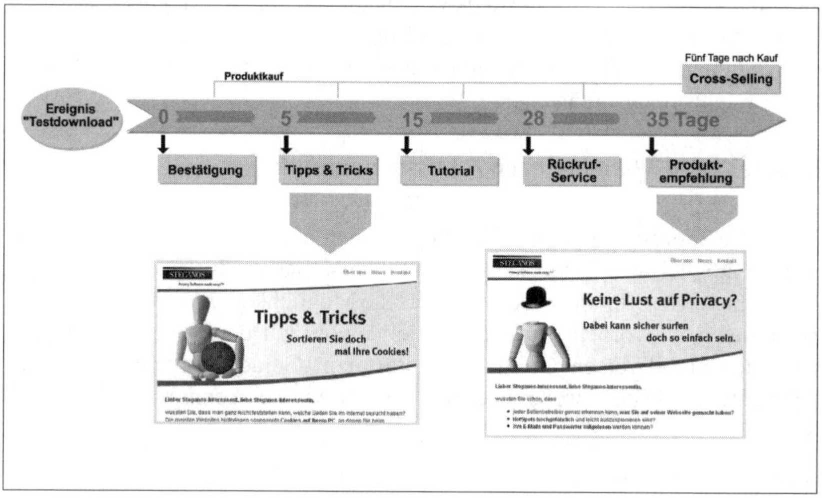

Abb. 2: Prozessablauf der Lead-Warming-Strecke bei einem Testdownload

Im Falle eines Kaufs während der 30-tägigen Testversion wird der Nutzer aus der Prozess-Strecke herausgenommen, um ihm fünf Tage nach dem Kauf ein ergänzendes Produkt zum Kauf anzubieten. Sollte sich ein Nutzer innerhalb der Testphase nicht zum Produktkauf entscheiden, so wird ihm fünf Tage nach Beendigung ein weiteres Produkt aus dem Portfolio empfohlen.

Bestandskunde

Die Bestandsadresse erhält im Normalfall regelmäßige Abverkaufsmailings. Um Adressermüdung vorzubeugen und den Kunden dauerhaft bei Laune zu halten, sind **relevante und interessante Inhalte** ein Muss. Wie kann man nun durch möglichst geringen Aufwand genau dies erreichen? Ein meist recht einfacher Weg ist, dies auf Basis von **Segmentierungskriterien** zu tun, die individuell anhand bereits vorhandener Kundendaten definiert werden können.

Ein großer Vorteil ist sicherlich die Skalierbarkeit. Je nach vorhandenen Ressourcen, Datenbasis oder auch Größe des bestehenden Verteilers, kann hier mit einer sehr individuellen Detailtiefe gearbeitet werden. Eine kleinere Firma mit wenigen Ressourcen kann das Prinzip der Segmentierung also in einem anderen Maßstab ebenso anwenden wie ein Großkonzern. Hinzu kommt natürlich auch der positive Effekt auf die Kundenbeziehung. So würde wahrscheinlich kein Kunde gerne eine E-Mail mit einem Super-Sonderangebot für ein Produkt erhalten, das er sich gerade vor einer Woche zum vollen Preis gekauft hat.

Die Kriterien zur Segmentierung können je nach Produkt, Branche oder Kundengruppe sehr unterschiedlich ausfallen. Im Folgenden einige Beispiele für Basiskriterien, die sich in dieser oder ähnlicher Form auf die meisten Unternehmen anwenden lassen. Darüber hinaus aber auch Ideen für individuelle Kriterien, die eher unternehmens- und produktabhängig sind.

Allgemeine Kriterien

Wonach soll segmentiert werden?

• Produktkauf
Auf Basis getätigter Produktkäufe kann ein grundsätzliches Interesse abgeleitet werden. Den Kunden können ergänzende Produkte oder aber auch Produktinnovationen angeboten werden.

• Adressherkunft
E-Mail-Adressen werden häufig über verschiedene Kanäle generiert. Dabei kann es sich um Gewinnspiele, Tester, Newsletter-Abonnenten oder Teilnehmer von Sonderaktionen handeln. Diese Informationen ermöglichen eine gezielte Ansprache und unter Umständen kann bereits aufgrund der Adressherkunft eine Produktpräferenz abgeleitet werden.

• Aktivität der Adresse
Auch die Aktivität des Angeschriebenen kann als Segmentierungskriterium verwendet werden. Ein Nutzer, der beispielsweise eine E-Mail nicht geöffnet hat, könnte mit dem gleichen Mailing und geänderter Betreffzeile einfach noch ein weiteres Mal angeschrieben werden. Öffnet ein Nutzer über einen längeren Zeitraum die E-Mails nicht mehr, so sollte über eine Änderung der Ansprache nachgedacht werden (siehe auch Reaktivierung).

Individuelle Kriterien

• Ablauf der Laufzeit
Einige Produkte und Dienstleistungen sind Laufzeit-beschränkt. Der Kunde kann in diesen Fällen kurz vor Ende der Ablaufzeit darüber informiert und ihm eine Verlängerung angeboten werden. Eine solche E-Mail ist nicht nur verkaufsfördernd, sondern stellt durch ihren informativen Charakter sogar einen Mehrwert für den Nutzer dar.

- Produkttests

Bei einigen Unternehmen gibt es die Möglichkeit, ein Produkt vor dem Kauf über einen bestimmten Zeitraum zu testen. Der Kunde kann hier im Testprozess zeitnah begleitet und zum Kauf bewegt werden (siehe Lead-Warming). Aber auch die gezielte Incentivierung des Produkts zu einem späteren Zeitpunkt ist vorstellbar. Diese Information kann aber auch als Interesse an einem bestimmten Produktsegment gewertet werden, sodass in einem Mailing Angebote zu verwandten Produkten gemacht werden könnten.

Verlorene Kunden

Auch wenn die Inhalte noch so relevant und interessant sind: Kunden können sich jederzeit dazu entscheiden, sich von einem Unternehmen und dessen Produkten abzuwenden. Dies hat nicht zwingend eine Abmeldung zur Folge, sondern kann sich auch einfach im **Ignorieren der Mailings** äußern. Die normale Ansprache reicht in diesem Fall nicht mehr aus. Auch die schönsten Angebote, die besten neuen Produkte und Features helfen nicht mehr, denn öffnet der Kunde die E-Mails nicht, so werden ihn diese Informationen nie erreichen.

Adressen einfach aus dem Verteiler streichen? Nein, das wäre zu schade!

Und nun? Die Adressen einfach aus dem Verteiler nehmen wäre eine Lösung. Aber eine sehr brachiale. Schließlich verbirgt sich hinter jeder Adresse ein Kunde, der sich einmal für Sie interessiert hat. Wäre es also nicht viel sinnvoller, diesen Kunden durch eine gezielte Aktion wieder zurückzugewinnen? Sicherlich. Denn die Alternative wäre, die verlorenen Adressen durch kostenintensive und aufwendige Lead-Generierungs-Maßnahmen zu ersetzen.

Wann eine Adresse als inaktiv gekennzeichnet werden sollte, ist individuell unterschiedlich. Als Kriterien könnten beispielsweise die Größe der Produktpalette oder auch die Innovationsfähigkeit der Produkte hinzugezogen werden. Je höher die Abwechslung für den Kunden, desto kürzer sollte die Inaktivität sein. Schließlich kann hier mit relevanten und abwechslungsreichen Informationen gearbeitet werden.

Beispiel: Provokante Reaktivierungskampagne

Die Steganos GmbH stand im Dezember 2008 genau vor diesem Problem. 65 Prozent der Adressen des deutschsprachigen Verteilers waren inaktiv, gekennzeichnet durch keine Reaktion auf Mailings in den letzten sechs Monaten. Die Entscheidung zur Reaktivierung dieser Adressen war schnell gefällt. Sie waren eine kostenseitige Belastung und hätten auch nicht ohne Weiteres durch neue Adressen ersetzt werden können.

Zusammen mit dem Consulting des Dienstleisters eCircle wurde ein **Konzept zur Reaktivierung** erarbeitet. Alle inaktiven Adressen wurden in der Vorweihnachtszeit 2008 in einem dreistufigen Prozess angeschrieben. Sobald ein Nutzer eine E-Mail öffnete, wurde er als „aktiv", markiert und kein weiteres Mal angeschrieben. Öffnete er aber nicht, so erhielt er bis zu drei E-Mails. Die

Mailings unterschieden sich dabei nur in der Wahl der Betreffzeile, die sukzessiv provozierender wurde.

Inhaltlich wurde die Vorweihnachtszeit aufgegriffen, allerdings mit einem recht provozierenden Ansatz, der neben den Betreffzeilen auch durch Header-Grafiken unterstrichen wurde. Das Szenario sollte einerseits lustig und herausfordernd sein, andererseits aber auch den Produktnutzen reflektieren. Zusätzlich fand eine auf die Vorweihnachtszeit abgestimmte Incentivierung statt. Die Nutzer erhielten das Angebot, bei großen namenhaften Onlineshopanbietern einzukaufen. Dieser Einkauf konnte noch vor Weihnachten geliefert werden. Zusätzlich erhielten die Nutzer ein Kernprodukt der Steganos GmbH kostenlos zu diesem Einkauf hinzu.

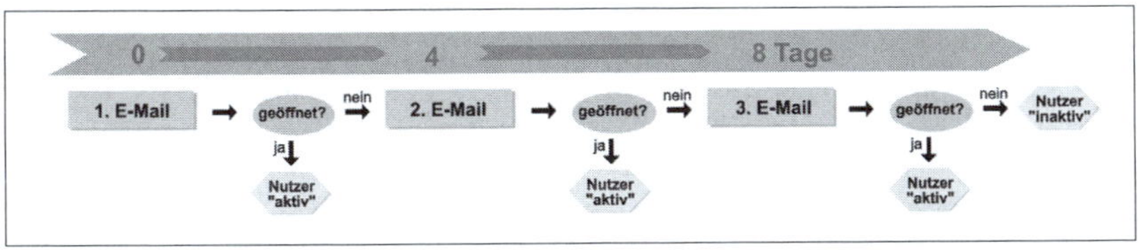

Abb. 3: Prozessablauf der Reaktivierungskampagne

Der herausfordernde dreistufige Ansatz gepaart mit der passenden Incentivierung zur Jahreszeit hatte eine sehr erfolgreiche Reaktivierungsrate von über vierzig Prozent zur Folge. Dies bestätigt die Annahme, dass diese Adressen durchaus noch interessiert waren, es aber einer anderen Ansprache bedurfte.

Herausfordernd aber erfolgreich

Aussichten

Auch dieser Reaktivierungsprozess kann auf Basis eines Ereignisses automatisiert werden. Das Ereignis ist in diesem Fall allerdings ein Nicht-Ereignis wie beispielsweise das Nicht-Öffnen, das Nicht-Klicken oder das Nicht-Kaufen über einen bestimmten zu definierenden Zeitraum. Der Vorteil der **Automatisierung** liegt hier sicherlich an der zeitlichen Nähe zum definierten Ereignis der „Inaktivität“. Die Chance der Reaktivierung wird höher sein, als bei einem punktuellen Mailing, das einen relativ langen Abstand zur Inaktivität als Ereignis haben kann.

Zusammenfassung

Der Inhalt und die Ansprache von Kunden im Kundenlebenszyklus sollte immer individuell sein. Genauso individuell muss aber auch die E-Mail-Strategie jedes Unternehmens auf die Bedürfnisse der Kunden sowie auf die internen Ressourcen abgestimmt werden. Dabei gibt es kein „Alles oder Nichts“. Nicht alle Stadien müssen in einem Schritt abgebildet werden, sondern vielmehr handelt es sich um einen fortlaufenden und parallelen Prozess von Implementierung und Tests.

Literatur

http://www.emailmarketingblog.de/category/optimierung/: Blogeinträge des Online-Marketing-Experten Nico Zorn zum Thema E-Mail-Marketing-Optimierung.

http://www.marketingsherpa.com: Englischsprachige Website mit Fallbeispielen und Artikeln um alle Themen des Online-Marketing.

Lindo W.: Newsletter-Marketing – Das Praxisbuch. – 312 S., Franzis, 2009.

TRENDS ERKENNEN

7

E-Mail 2.0: Twitter und Social Media Messaging: Christoph Salzig erläutert den zu Redaktionsschluss noch relativ jungen Dienst Twitter und seine Synergien zum E-Mail-Marketing.

E-Mail-Marketing mit Social Media verbinden: William Schnabel erläutert einen der möglicherweise wichtigsten Trends für das E-Mail-Marketing: Fast jeder hat heute ein Netzwerk von Bekannten in Communities wie Facebook oder StudiVZ. Durch Weiterleiten steigt automatisch die Reichweite des Newsletters.

Weiterempfehlungen in die sozialen Netzwerke: René Kulka erklärt ganz konkret, welcher Code eingefügt werden muss, damit Inhalte aus E-Mails mit einem Mausklick in den fünf wichtigsten sozialen Netzwerken landen.

E-Mail-Marketing-Wissen: Inbound-E-Mails: Frank Strzyzewski und Anouar Haha nehmen sich eines Themas an, das derzeit noch nicht genügend Aufmerksamkeit genießt: Das systematische Auswerten des Wissens, das in automatischen Rückantworten steckt. Gerade im B2B-Marketing kann das Gold wert sein.

Mobile E-Mail-Marketing: Stefan von Lieven präsentiert ein aktuelles Thema: Je ausgereifter die Mobiltelefone sind, desto mehr Menschen rufen ihre E-Mails unterwegs ab.

Technische Anforderungen an mobil empfangene E-Mails: Thomas Göring erklärt, worauf Marketer achten müssen, wenn ihre E-Mails auch auf Mobilgeräten lesbar sein sollen. Dabei geht es um weit mehr als die Bildschirmgröße.

RSS – die neue Form des Dialogmarketings: Stefan von Lieven erläutert eine Technik, die wie die E-Mail wunderbar zum Weitergeben von Informationen geeignet ist: RSS.

RSS als Syndication-Technik: Jörg Rensmann beschreibt, wie RSS eingesetzt werden kann, um Inhalte beliebig zu multiplizieren. Dabei spielt das Ausgabegerät nur noch eine untergeordnete Rolle.

Reichweite von Newslettern im Web erhöhen: Martin Philipp zeigt auf, wie der einmal erstellte Newsletter dazu genutzt werden kann, Inhalte auch im Web zu publizieren. Das spart Arbeit und erhöht die Wirkung.

Newsletter-Management in einer Filialorganisation: Andreas Landgraf nimmt sich eines Themas an, das leider zu oft noch brachliegt. Filialleiter haben oft keine Möglichkeit, ihren Kunden eine E-Mail zu senden. Das muss nicht sein.

Torsten Schwarz

E-MAIL 2.0: TWITTER UND SOCIAL MEDIA MESSAGING

7

CHRISTOPH SALZIG

„E-Mail ist tot!“ [1], das titelte vor sechs Jahren eine Fachzeitschrift und prognostizierte, in Anlehnung an eine These des amerikanischen E-Mail-Marketingexperten Chris Pirillo [2], das zeitnahe Ableben der elektronischen Post. Heute wissen wir, dass die E-Mail-Kommunikation immer noch das wichtigste Nutzungsmotiv [3] online ist. Doch ist damit dauerhaft der Erhalt dieser Spezies gesichert? Immer wieder finden sich Apologeten, die zum vorzeitigen Nachruf auf die E-Mail im Allgemeinen und auf E-Mail-Marketing im Besonderen ansetzen.

E-Mail wichtigstes Nutzungsmotiv

Einerseits muss diesen Vertretern entgegen gehalten werden, dass sich bis dato trotz Instant-Messaging, Skype und sozialen Netzwerken offenbar nicht allzu viel an der Bedeutung der E-Mail geändert hat. Vielmehr ist es so, dass viele der Netzwerke bei der Registrierung, bei Verbindungsanfragen oder Kommentierungen zumeist E-Mail-Benachrichtigungen verschicken. Ob das tatsächlich nötig ist, sei dahingestellt. Ein Indiz für die Bedeutung der E-Mail, gerade auch in Sachen Authentifizierung, ist es allemal.

Soziale Netzwerke lösen E-Mails nicht ab

Der Microblogging-Dienst Twitter

Dennoch: Mit der rasant wachsenden Bedeutung des Microblogging-Dienstes Twitter erlebt die Debatte über den schleichenden Tod eine Renaissance. Dabei ist Twitter, wie noch zu betrachten sein wird, keine wirkliche Alternative zur E-Mail und ist auch vom Grundkonzept her gar nicht so angelegt. Überhaupt kommt dem Dienst, der ursprünglich für Statusmeldungen konzipiert wurde („What are you doing?“), angesichts der zwar dynamisch steigenden, insgesamt aber doch noch recht bescheidenden Reichweite eine ungewöhnliche Aufmerksamkeit zu.

Wohlwollende Schätzungen gehen von etwa 100.000 Twitter-Accounts [4] in Deutschland (Stand: Anfang Juni 2009) aus. Im Vergleich zur Internet-Penetration eine eigentlich zu vernachlässigende Reichweite, insbesondere vor dem Hintergrund, dass viele „Twitteratis“ – wie das bei E-Mail-Adressen auch üblich ist – über mehrere Accounts verfügen dürften. Demzufolge stehen rund 70.000 Twitterer oder gerade einmal etwas mehr als 0,1 Prozent der Gesamtbevölkerung mehr als 37 Millionen E-Mail-Nutzern [5] gegenüber. Diese Gegenüberstellung ist mehr konstruiert denn real. Aber es gibt eben doch einige Gründe, warum sich gerade jüngere Nutzer Twitter zuwenden und sich schrittweise von der E-Mail verabschieden.

Von der E-Mail zu Twitter

http://www.marketing-boerse.de/Experten/details/Christoph-Salzig

Twitter-Applikationen schießen wie Pilze aus dem Boden

Da ist vor allem die Vielzahl an Twitter-Applikationen, die wie Pilze aus dem Boden schießen und die das Einbetten von Links, Fotos, Videos oder Dateien ermöglichen und dabei immer weiter verfeinern. Hinzu kommen **komfortable Such- und Auswertungsmöglichkeiten** sowie die **Vernetzung mit anderen Diensten** und vor allem den Social Networks. Statusmeldungen, die bei Twitter gepostet wurden, lassen sich auch in Facebook, LinkedIn und anderen Netzwerken für Freunde oder die Öffentlichkeit sichtbar machen. An dieser Stelle muss darauf hingewiesen werden, dass eben nicht nur reine Statusmeldungen kursieren. Twitter, das sind auch Eins-zu-eins-Dialoge sowie Verweise auf webbasierte Quellen jeglicher Art. In einer Zeit der Link-Ökonomie und der wachsenden Webkollaboration hat sich das Versenden von Dateianhängen via E-Mail nahezu überlebt. Cloud-Computing, Kollaborationsplattformen und Social Media können diesen Job problemlos übernehmen.

Linkökonomie forciert Twitter-Nutzung

Es sei aber noch einmal an die unterschiedlichen Nutzungsmuster erinnert, die sich allein schon aus dem Umfang, den Gestaltungsmöglichkeiten und den Informationen zum Empfänger (wie sie beim Permission-Marketing in aller Regel zum Einsatz kommen) ergeben. Der maximale Umfang eines „Tweets“ (140 Zeichen), auch wenn er mit Hilfe von Short-Links weiterführende Informationen referenziert, **kann das Spektrum einer E-Mail kaum aufwiegen**. Vielleicht war es ja das, was Google-Chef Eric Schmidt meinte, als er Twitter als “E-Mail des armen Mannes“ bezeichnete [6].

„Twitter ist die E-Mail des armen Mannes"

Parallelen zwischen E-Mail und Twitter

Dennoch gibt es natürlich Parallelen zwischen den beiden **webbasierten Dialogtools**, womit die ersten beiden genannt sind. **Orientierung und Relevanz** sind im Kampf um die Aufmerksamkeit des potentiellen Dialogpartners heute von entscheidender Bedeutung. Sowohl für Twitter als auch für die E-Mail-Kommunikation gilt daher: In der Kürze liegt die Würze. Twittern ist so gesehen durchaus eine gute Übung für das Verfassen von interessanten Betreffzeilen und Texten im Sichtbereich (“Above the fold”). Auch die nichtsichtbare One-to-One-Kommunikation sowie die Mitteilung an einen ausgewählten Nutzerkreis sind jeweils möglich. Kaum denkbar sind hingegen – zumindest für meinen Nutzungshorizont – vertriebslastige Twittereien im großen Stil. Auf der anderen Seite fehlt es der E-Mail an der unmittelbaren **Viralität und dem hohen Vernetzungsgrad**. Beides hat Twitter so unglaublich populär gemacht und einzelnen Tweets eine so große Kraft verliehen.

In der Kürze liegt die Würze

Spam bei E-Mail und Twitter

Eine eingehendere Betrachtung der E-Mail-Kommunikation macht deutlich, was sich eigentlich verändert hat und was von einer immer größer werdenden Nutzerschar bei der E-Mail offensichtlich vermisst wird. Zugegeben: Die

Funktionsvielfalt der Mailbrowser dürfte den meisten Usern immer noch verborgen sein. Regeln, Benachrichtungen, Organisationshilfen oder Ansichtsoptionen liegen bei vielen Nutzern brach. Auch kann ich mich des Eindrucks nicht erwehren, dass die Klage über Spam immer noch auf den unzulänglichen Einsatz geeigneter Filter- und Schutzsoftware zurückzuführen ist. Nebenbei bemerkt, nehmen übrigens schon in diesem noch recht frühen Stadium die Hinweise auf gefakte Links und das Stöhnen über Spam im Twitterland zu. Eine weitere, wenn auch unerfreuliche Parallele beider Webdienste.

Isolierte E-Mail-Kommunikation

Woran es der E-Mail-Kommunikation im „Social Web" am meisten mangelt, ist die Anbindung an Netzwerke sowie weitere Kommunikations- und Kollaborationsdienste. Auch E-Mails wollen in aller Regel nicht nur informieren, sondern einen Impuls auslösen – insbesondere dann, wenn es einen kommerziellen Hintergrund gibt. Egal, ob es sich dabei um Newsletter handelt, die auf Nachrichtenportale verweisen, Kampagnen, die auf Microsites führen oder E-Commerce-Angebote, die zum Kauf animieren sollen. Der Weg aus der E-Mail führt über einen Link, der einzigen Verbindung zur „Außenwelt". E-Mail-Kommunikation findet weitestgehend isoliert von der restlichen Onlinewelt statt – Backendprozesse einmal ausgeblendet.

E-Mail-Kommunikation findet isoliert statt

Auch innerhalb der Mailbrowser und Posteingänge werden E-Mails mehr oder weniger isoliert verarbeitet. Intelligente Tools, die als Plug-in diese Isolation aufbrechen, gibt es zwar, in der Regel stammen sie aber nicht von den Herstellern der E-Mail-Software. Das belegt, dass dieser Aspekt von den großen Anbietern bisher fast ausnahmslos ausgeblendet worden ist. Die Realität des Social Web ist in der E-Mail-Kommunikation noch nicht angekommen. E-Mail ist 1.0. So wird sie gesehen und so fühlt sie sich im Normalfall auch an.

Es lohnt sich, eines der angesprochenen Tools und ihre derzeit noch einigermaßen rudimentäre – Funktionsweise genauer unter die Lupe zu nehmen: Xobni [7]. Erfahren habe ich von diesem Tool interessanterweise nicht per E-Mail, sondern über eines meiner RSS-Abonnements, das ich mir über eine Desktop-Anwendung zu Gemüte führe. Xobni stößt die Tür aus dem Mailbrowser in das World Wide Web weit auf. Aber das ist nur eine Seite des Plug-ins, denn es hilft auch die **E-Mail-Kommunikation zu strukturieren** und Zusatzinformationen zu liefern.

Vom Mailbrowser ins World Wide Web

Mit Hilfe der E-Mail-Adresse des Absenders sucht Xobni nach Bezügen im Web. Allein die Tatsache, dass Telefonnummern direkt via Skype wählbar sind oder das Skypeprofil des Absenders für die weitere Verwendung angeboten wird, entspricht dem zunehmend üblichen Nutzerverhalten. Wer seine E-Mails mobil abruft, kann in der Regel direkt aus der E-Mail heraus die Nummer wählen und den E-Mail-Absender anrufen. **Hier ist das mobile Web bereits weiter als das stationäre** – eigentlich unglaublich. Doch zurück zu Xobni. Vernetzungen mit dem Absender der E-Mail in Skype, bei LinkedIn oder Facebook sind dank des

Verknüpfung mit Skype, LinkedIn und Facebook

Plug-ins nur einen Klick entfernt. Bei der unmittelbaren Anbindung an Skype gilt das auch für den Chat oder den Videoanruf.

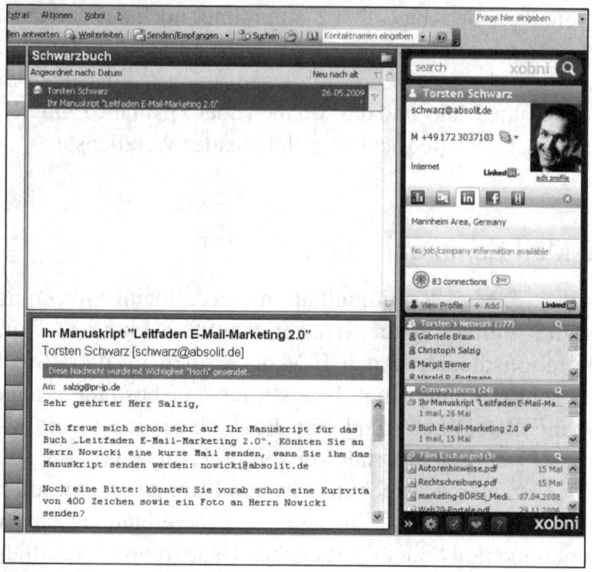

Abb. 1: Möglichkeiten bei xobni

Ranking der Dialogpartner

Eine eher nette Spielerei, deren Nutzwert sich mir noch nicht vollends erschlossen hat, ist das Ranking der Dialogpartner. Hier werden dem Nutzer nicht nur die Kontakthäufigkeit, sondern auch die Zeiträume, in denen die E-Mail-Kommunikation stattgefunden hat, angezeigt. Was diese Informationen am Ende für einen Nutzwert haben, außer der Überprüfung der Versandzeitpunkte von Newslettern etwa, bleibt offen.

Vernetzung, Organisation und Kollaboration

Kontext des E-Mail-Dialogs wird ausgearbeitet

Dafür gibt es andere Funktionen, mit denen die E-Mail-Kommunikation tatsächlich effektiver wird. So wird beispielsweise das Netzwerk des jeweiligen Absenders mit Hilfe der adressierten Verteiler seiner E-Mails, priorisiert nach der Häufigkeit des Kontakts, abgebildet. Das hilft bei der Einordnung der Person, sollte einem das im Mailbrowser mit Hilfe der Profilsuche im Web eingeblendete Gesicht nicht auf Anhieb auf die Sprünge helfen. Auch der jeweilige Betreff und Zeitpunkt der letzten Konversationen wird aufgelistet sowie die ausgetauschten Dateien angezeigt. So ist man bei jeder eingehenden E-Mail sofort über die entsprechende Vorgeschichte im Bilde.

Zusätzliche Optionen, die es den Nutzern erlauben, Terminoptionen für ein Gespräch automatisiert zu verschicken oder einige der Fakten aus der gemeinsamen E-Mail-Historie miteinander zu teilen, geben Hinweise, wo weiteres Entwicklungspotenzial dieses smarten Plug-ins liegt und für wen es entwickelt wurde. Jeder, der tagtäglich mit zahlreichen archivierten E-Mails, E-Mail-Kontakten und unterschiedlichen Projekten zu kämpfen hat, wird das derzeit noch kostenlose Tool schnell schätzen lernen. Eigentlich unfassbar, dass Vergleichbares nicht längst Standardinstrumentarium der trotz regulärer Updates und neuer Versionen immer noch vergleichsweise altbackenen Mailbrowser ist.

Die Aspekte Vernetzung, Organisation und Kollaboration spielen auch bei einem anderen Tool, das zwar noch nicht auf dem Markt ist, Microsoft & Co. aber schon heute Kopfzerbrechen bereiten dürfte, eine außerordentliche Rolle. Im Vordergrund steht auch hier die Kommunikation – wobei formell kaum zwischen E-Mail, Statusmeldung oder Blogeintrag unterschieden wird.

Google Wave revolutioniert die webbasierte Kommunikation

Es geht um webbasierte Kommunikation und im konkreten Falle um Google Wave. Die neue „Welle" des wahlweise mal als „allwissende Müllhalde" (geben Sie doch mal http://allwissende.muellhal.de/ in Ihren Browser ein) und mal als „Datenkrake" titulierten Suchmaschinenanbieters definiert die Onlinekommunikation völlig neu. Er überlässt es den Beteiligten selbst, wie und wo sie ihre Kommunikation stattfinden lassen wollen. Ob in der Inbox oder eingebettet in einen Blog – das kommt eben ganz darauf an, welches konkrete Kommunikationsziel verfolgt wird. Entsprechende Implikationen für die Vernetzung sind die Folge: Von der simplen Eins-zu-eins-Interaktion über die Kommunikation innerhalb eines definierten Nutzerkreises bis hin zur kompletten Öffnung ist alles möglich. Kommentieren im Stile von Retweets oder Network-Kommentaren, ohne sich direkt in den laufenden Dialog einzumischen, oder Kommunikation in Echtzeit zählen ebenso dazu.

Fazit

Die Trägheit der Browser-Hersteller kann ihnen in absehbarer Zeit zum Verhängnis werden. Und zwar dann, wenn sie nicht selbst für eine Aufwertung, Flexibilisierung und effizientere Organisation der webbasierten Kommunikation via E-Mail sorgen. So oder so stehen wir vor einer Zäsur. Was in der Onlinewerbung die Zuwendung zu qualitativeren Messgrößen jenseits der Page-Impression ist, dürfte auf kurz oder lang im E-Mail-Marketing die Ausrichtung auf Aktivitäten jenseits der Öffnung und der Klicks sein. Auch wenn es noch einige Zeit dauern wird bis es soweit ist, den Veränderungen darf mit Spannung entgegen gesehen werden.

Literatur

[1] Internet World, Seite 1, Ausgabe 12/2003

[2] Internet World, Seite 3, Ausgabe 12/2003

[3] AGOF internet facts 2009–I (http://www.agof.de/studie.583.html)

[4] Boersenblatt.net, Online Magazin für den deutschen Buchhandel (http://www.boersenblatt.net/322790/)

[5] AGOF internet facts 2009–I, http://www.agof.de/studie.583.html

[6] Wirtschaftswoche Online, wiwo.de, 25.03.2009, http://www.wiwo.de/unternehmer-markte/vom-wahn-im-web-zum-wirtschaftsfaktor-391540/

[7] http://www.xobni.com

E-MAIL-MARKETING UND SOCIAL MEDIA VERBINDEN

7

WILLIAM SCHNABEL

In den guten alten Tagen traditioneller Werbung brauchte ein Marketer wenig mehr zu tun als die Aufmerksamkeit des Publikums mit einem attraktiven Werbeclip zu gewinnen, um erfolgreich zu sein. Aber die Zeiten haben sich gewandelt: Heute werden die Adressaten tagtäglich mit tausenden von Werbeanzeigen konfrontiert. Unter diesen Voraussetzungen sind die Bedingungen für Marketer im Kampf um Aufmerksamkeit und Markentreue ungleich härter geworden.

Aber der Wandel von der Dominanz der Massenmedien zum digitalen Zeitalter hat eine ganze Reihe neuer Marketingkanäle hervorgebracht. Durch das Internet hat der Verbraucher Zugang zu einer enormen Menge an Informationen über Unternehmen und Produkte – und er kann sogar die Marketingbotschaften kontrollieren, die ihn erreichen. Der kometenhafte Aufstieg der Social Media gibt den Menschen Gelegenheit, Wissen und Meinungen in Social Networks wie zum Beispiel Facebook und You Tube, aber auch Foto- und Video-Communities, Blogs, Foren, Wikis und so weiter auszutauschen. Wer in diesem Umfeld auffallen will, muss mehr tun, als die hergebrachten Werbeinhalte in E-Mails zu verpacken und erneut auf die Konsumenten loszulassen. Er muss eine starke, persönliche Beziehung zu seinen potenziellen und bestehenden Kunden aus- und aufbauen.

Wer auffallen will, muss mehr tun als Werbebotschaften in E-Mails zu verpacken

In dem neuen Marketing-Zeitalter geht es vor allem um **Marketing-Engagement** – im Sinne von Dialog und Einbindung.

Um in dem neuen Umfeld erfolgreich zu sein, müssen Marketer die Vorteile von Social Media für sich nutzen. Sie müssen selbst zum dialogorientierten Kommunikator werden und an der Diskussion in Foren und anderen Social Media teilnehmen. Sie müssen verstehen, dass die Verbraucher inzwischen eine Schlüsselrolle beim Aufbau einer Marke spielen. Also ist es nur logisch, ebendiese Verbraucher zu fragen, welche Art von Ansprache sie bevorzugen. Das ist das Neue am "neuen" Marketer: Er hört mindestens genauso oft zu wie er spricht. Er geht auf Individuen ein, und nicht auf ein anonymes „Publikum". Er analysiert die Verhaltensweisen der Adressaten und richtet sich daran aus, statt mit seinen Botschaften die Adressaten bei ihren Tätigkeiten zu unterbrechen.

Genau so oft zuhören wie sprechen

Social Media erobern Europa

Mehr als die Hälfte aller Erwachsenen in Europa, die im Internet aktiv sind, konsumieren regelmäßig Social Media wie Blogs, Foren und Onlinerezensionen. Dies hat das unabhängige Technologie- und Marketing-Forschungsinstitut Forrester Research [1] herausgefunden. Diese Zahl steigt stetig an. Zudem

http://www.marketing-boerse.de/Experten/details/William-Schnabel

sind nach Forrester Research achtzehn Prozent aller internetaffinen Europäer regelmäßig in Social Networks aktiv [2].

Deutschland hat europaweit stärkstes Wachstum an Community-Mitgliedern

Die Deutschen sind dabei besonders engagiert. Laut einem aktuellen Nielsen-Report gibt es in Deutschland das europaweit stärkste Wachstum an neuen Community-Mitgliedern. Heute sind es bereits 51 Prozent gegenüber 39 Prozent vor einem Jahr [3].

Nicht ohne Grund hat Facebook im März 2008 eine deutschsprachige Seite gelauncht – und damit enormen Erfolg erzielt. Insgesamt erhöhten sich die Nutzerzahlen bei Facebook im zweiten Halbjahr 2008 um das Dreifache auf nunmehr über 2,4 Millionen.

Für E-Mail-Marketer ergibt sich daraus eine einmalige Chance – durch die Kombination von E-Mail und Social Marketing.

Social E-Mail-Marketing – die Vorteile

Der bekannteste und offensichtlichste Vorteil der Kombination von E-Mail- und Social Marketing ist die Möglichkeit, **Zugang zu Social Networks** zu erlangen. Hier ist nahezu jeder mit jedem verbunden, und Personen mit ähnlichen Interessen bilden Gruppen. Dies ermöglicht das folgende Szenario, das jeden E-Mail-Marketer begeistern wird: Eine der verlinkten Personen hat einen E-Mail-Marketingdienst abonniert. Sie stellt eine Nachricht auf ihre Social Network-Seite. Nun kann diese von Hunderten anderer User gesehen und angeklickt werden.

Eine Nachricht im Nutzerprofil hat Hunderte weiterer Leser

Ein weiterer Aspekt von Social E-Mail-Marketing: Die wichtigsten und meinungsstärksten **Multiplikatoren** unter den Adressaten sollten die Gelegenheit zum Dialog mit der Marke erhalten. Marketer können sie zur Diskussion mit ihresgleichen animieren – zum Beispiel in Blogs oder Produktbesprechungen.

Jedes Marketing braucht Instrumente für die **Evaluation**. Damit kann überprüft werden, ob strategische Ziele des Unternehmensmarketings erreicht werden. Mithilfe der gesammelten Daten können zudem die individuellen Vorlieben einzelner Adressaten besser identifiziert und bedient werden. Zum Beispiel lassen sich auf diese Weise Inhalt und Sendezeitpunkt von E-Mail-Nachrichten optimieren. Sind E-Mails ein elementarer Bestandteil des Social Marketing-Mix, kann eine große Menge relevanter Daten erhoben werden, die sich für ein besseres, weil zielgenaueres Marketing nutzen lassen.

So wird aus der E-Mail eine virale Botschaft

Seit einigen Jahren kreieren Marketer verstärkt virale Kampagnen – Botschaften, die von den Empfängern weiterverbreitet werden sollen, um auf diese Weise ganz neue Zielgruppen zu erreichen. Bis heute jedoch gibt es hierfür kein

Erfolgsrezept. Viele haben sich daran versucht, aber nur wenige waren erfolgreich.

Doch Social E-Mail-Marketing kann dafür den Durchbruch bringen. Die Gründe: Die Weiterleitung von Nachrichten geschieht deutlich einfacher. Pro Adressat können mehr Menschen erreicht werden. Und der Marketer kann zusätzlich Daten sammeln, die ihm die Konzeption künftiger Kampagnen erleichtern.

Weiterleitung wird einfacher

Social E-Mail-Marketing funktioniert so: Marketing-E-Mails enthalten **Links zu beliebten Social Network-Seiten**. Daneben steht die Aufforderung an die E-Mail-Abonnenten, die Botschaft mit Freunden zu teilen. Der Empfänger klickt dann auf die Links und postet die Botschaft damit auf sein Social Network-Profil. Hier kann die Botschaft von allen Besuchern gelesen und erneut weiterverbreitet werden. So erreicht eine E-Mail, die ursprünglich an eine einzige Person adressiert war, unter Umständen Hunderte von Menschen. Und jeder Empfänger, der die Botschaft verlinkt, vergrößert den Effekt. Daneben sollten Marketer, die Social E-Mail-Marketing anwenden, noch weitere Vorteile ausnutzen:

1. Vergrößern Sie Ihre E-Mail-Liste. Durch die Ausweitung der Marketingaktivitäten in Social Networks können die einzelnen Botschaften als Instrument für die Akquise neuer, hochwertiger Adressaten genutzt werden. Das Besondere: Jeder der neuen Kontakte teilt die Interessen der Adressaten, die sich als besonders wertvoll herausgestellt haben.

2. Verfolgen Sie die viralen Effekte von Marketing-Botschaften nach. Social E-Mail-Marketing kombiniert die Evaluationsmöglichkeiten von E-Mail-Kommunikation mit dem viralen Potenzial von Social Networks: Der Absender kann nachvollziehen, wer die jeweilige Botschaft verlinkt. Und er erfährt, mit welchem Social Network sie verlinkt wird. Ebenfalls erfassbar ist, wie oft eine Botschaft weiterverlinkt wurde, und wie viele dieser Weiter-Verlinkungen auf einen ursprünglichen Empfänger zurückzuführen sind. Die Möglichkeit, nachzuvollziehen, wie Botschaften viral wirken, bedeutet für Marketer, dass sie weitere Botschaften auf der Basis gesicherter Fakten anstelle von Spekulationen konzipieren können.

3. Identifizieren Sie Ihre einflussreichsten Kunden. Auf Social Network-Seiten tauschen die Menschen Meinungen aus – und das innerhalb von Minuten mit manchmal bis zu Hunderten anderen Usern. Hier kommt es darauf an, die engagiertesten Kunden zu identifizieren, und zu erkennen, was sie antreibt und wodurch sie sich von anderen Usern unterscheiden. Denn nur so können ihnen genau die Inhalte geboten werden, die sie wollen – und die sie gerne an andere weiterleiten.

Welche Nutzer sind am engagiertesten im Social Web?

Etwa jeder vierte Internetnutzer ist in der Lage, andere User im Hinblick auf Webseitenbesuch und Onlineeinkaufsverhalten zu beeinflussen. Zu diesem Ergebnis kommt eine Studie von JupiterResearch [4]. Mehr noch: Diese Meinungsführer geben auch selber mehr Geld online aus und entscheiden sich oft für größere Anschaffungen. Und sie schreiben öfter Produktbewertungen, die von anderen gelesen und berücksichtigt werden. Deshalb ist es so wichtig, genau diese Personen zu identifizieren, kennenzulernen und auf eine Weise mit ihnen zu kommunizieren, die sie für die jeweilige Marke einnimmt.

Allein die Möglichkeit, eine größere Anzahl an Social Network-Links in die Marketing-E-Mail zu integrieren, heißt noch lange nicht, es auch in jedem Fall tun zu müssen. Die E-Mail-Marketing-Szene kennt viele Beispiele frühzeitig verendeter viraler Kampagnen, die es niemals über den Posteingang des ersten Adressaten hinaus geschafft haben. Auch dabei gilt: Auf den Inhalt der E-Mail kommt es an. Diese Richtlinien sollten Marketer auf jeden Fall beachten:

- **Passt die Nachricht zum jeweiligen Social Network?** Bevor eine E-Mail mit Verlinkung losgeschickt wird, lohnt es sich, die Social Network-Seiten, auf die verlinkt werden soll, zunächst genauer unter die Lupe zu nehmen. Nur die Social Networks sollten aufgenommen werden, die zur jeweiligen Zielgruppe passen.
- **Ist die Nachricht interessant genug, um weitergeleitet zu werden?** Allein die Tatsache, dass es gerade die wertvollsten Abonnenten sind, die als Multiplikator fungieren sollen, legt nahe, die Relevanz der Nachricht selber genau zu überprüfen. Ist sie aktuell und interessant genug, dass der Abonnent sie wahrscheinlich nicht nur selbst spannend findet, sondern sie auch gern in seinem eigenen Namen verlinkt?

Der zweite entscheidende Vorteil des Social E-Mail-Marketing liegt in der Option, Markenbotschafter zu beeinflussen, die in der Netzöffentlichkeit positiv über die jeweilige Marke sprechen.

Förderung von nutzergenerierten Inhalten

Die meisten Menschen vertrauen vor allem den Empfehlungen von Freunden und Familienmitgliedern. Aber sie bevorzugen auch anonyme Produktbewertungen gegenüber bezahlter Werbung – ungeachtet der Marken und Produkte.

Gleichgesinnte reden miteinander

Der Meinungsaustausch und die kollektive Meinungsbildung ist der Kern des Social Networking – hier reden Gleichgesinnte miteinander. Die folgende Zahl macht den Vorteil für das Marketing deutlich: Positive Bewertungen von anderen Nutzern überzeugen Website-Besucher, die nach Produkten mit hohen Bewertungen surfen, bis zu 49 Prozent stärker davon, ein bestimmtes Produkt zu kaufen. Das ergaben Studien von Bazaarvoice, einem Anbieter von Tools für nutzergenerierten Content.

Marketer können ihre E-Mailbotschaften dazu verwenden, ihre Abonnenten und Markenfans zu einem Austausch über Produkte und Services einzuladen. Beispiel: Sie laden zu einer Rezension auf der eigenen Unternehmenshomepage ein. Oder sie bieten Abonnenten an, den Unternehmens-Blog zu besuchen und zu kommentieren. Wichtig ist, die Zielgruppe anzusprechen und dazu anzuregen, ihre Meinung zu veröffentlichen. Dabei sollte es den Angesprochenen natürlich so leicht wie möglich gemacht werden. Ein Anfang ist beispielsweise ein

Produkt-Rating per Sternchenvergabe. Auch Kommentare werden in der Regel gerne abgegeben – wenn der Rahmen entsprechend einladend ist.

Der dritte entscheidende Vorteil von Social E-Mail-Marketing betrifft die generelle Eigenschaft des Mediums E-Mail, Messungen und Bewertungen zu ermöglichen.

Response-Metriken und -Analytiken für tiefere Einsichten

Social und E-Mail-Marketing passen nicht zuletzt so hervorragend zusammen, weil die meisten E-Mail-Programme auch als Depot für Kundendaten dienen. Diese Daten sind die Basis für personalisierte, individuelle Marketingbotschaften. Darüber hinaus bietet das Medium E-Mail an sich schon einen hohen Grad an Messbarkeit: Es ermöglicht Metriken, die eine genaue Quantifizierung der Kampagnen-Performance ermöglichen. E-Mail kann aber auch genutzt werden, um Analysen zu erstellen, die das Kundenverhalten genauer untersuchen. Beispiel: Einerseits liegen demografische Daten wie Geschlecht, Einkommen oder Alter vor. Andererseits weiß der Marketer, mit welcher Wahrscheinlichkeit User eine E-Mail mit einem Social Network verlinken oder einen bestimmten Link anklicken. Zwischen diesen Daten lassen sich nun Zusammenhänge herstellen.

E-Mail erlaubt Kundenverhalten genauer kennen zu lernen

Interessante E-Mails sind Treiber für die Markentreue

Marketer können davon profitieren, dass die Menschen eine Vielzahl neuer Kommunikationskanäle nutzen. Denn ihnen stehen ebenfalls neue und unterschiedliche Wege offen, ihre Zielgruppen anzusprechen. Das Internet ist ein soziales Kommunikationsmedium, bei dem die Kunden das Sagen haben. E-Mail Marketer, die das verstanden haben, werden bei dem Aufbau einer stabilen Markenbekanntheit und Markentreue erfolgreich sein und langfristige Kundenbeziehungen mit zuverlässigem ROI (Return-on-Investment) schaffen.

Literatur

[1] Forrester Research: The Practicalities of European Social Media Marketing. – 10. Juni 2009

[2] Forrester Research: European Technographics Benchmark Survey. Q2 2008. – In: Forrester Research: The Social Technographics Profile of European Baby Boomers. – 10. April 2009.

[3] Nielsen: Global Faces and Networked Places. – März 2009.

[4] JupiterResearch: Targeting Influential E-mail Subscribers. – Juli 2008.

Case Study „National Express East Coast". http://www.silverpop.com/marketing-resources/case-studies/engage/national-express.html, Silverpop, April 2009.

WEITEREMPFEHLUNGEN IN DIE SOZIALEN NETZWERKE

7

RENÉ KULKA

Weiterleitungen von Newslettern über „An-Freunde-Empfehlen"-Funktionen (Forward-To-A-Friend, FTAF) sind bereits lange Zeit ein etabliertes Mittel, um die Reichweite zu erhöhen. Zudem genießen Weiterleitungen – als persönliche Empfehlungen – höchste Wertschätzung und Glaubwürdigkeit beim Empfänger. Dies kann wie ein großer Hebel auf die Response wirken. Mit steigender Bedeutung der sozialen Netzwerke wie studiVZ, Facebook, Twitter & Co. entstanden seit Ende 2008 neue Arten von E-Mail-Weiterleitungen, die als **Share-With-Your-Network**- oder kurz **SWYN**-Funktionen bezeichnet werden. SWYN kann FTAF sinnvoll ergänzen und bietet darüber hinaus starke Vorteile. Denn mit SWYN

FTAF ist Pflicht – SWYN ist Kür

- können einzelne interessante Newsletterartikel mit nur zwei bis drei Klicks weitergeleitet und verbreitet werden.
- ergeben sich besonders starke virale Potenziale durch das vielfache Weiterreichen einzelner Empfehlungen.
- entstehen im Gegensatz zu FTAF keine rechtlichen Probleme durch den E-Mail-Versand an Dritte ohne explizite Erlaubnis (Opt-in).
- lassen sich Berichten zufolge zwei- bis dreifach höhere Weiterleitungsraten erzielen, als etwa bei FTAF [1].

Doppelt so effektiv

Damit SWYN (bestmöglich) funktioniert, müssen beziehungsweise sollte

- die zu verbreitenden Newsletterartikel einzeln statisch im WWW hinterlegt worden sein.
- die Zielgruppe eine gewisse Affinität zum Thema „Social Networking" besitzen und die SWYN-Funktion kennen.
- der Inhalt aus Sicht der Nutzer teilenswert („shareworthy") sein [2], [3].

SWYN in den fünf wichtigsten Netzwerken

Wer bei SWYN auf umfangreiche Auswertungsmöglichkeiten und Komfort verzichten kann, braucht nicht auf eine professionelle E-Mail-Versandlösung für SWYN-Funktionalität zurückgreifen. Diese kann auch manuell recht einfach implementiert werden. Die sozialen Netzwerke stellen hierzu **spezielle Hyperlinks** bereit, in denen in Parametern der zu empfehlende Artikel und Informationen hierzu übergeben werden.

http://www.marketing-boerse.de/Experten/details/Rene-Kulka

In der Regel werden ein oder mehrere der folgenden **Parameter** verwendet:

- [URL] enthält die Internetadresse des Artikels,
- [TITEL] enthält eine kurze Überschrift,
- [BESCHREIBUNG] enthält einen Anreißer,
- [QUELLE] enthält den Autor des Artikels.

Links sind einfach generiert

Für eine korrekte Verarbeitung sollten alle Parameter URL-kodiert werden. Über das Tool http://bit.ly/SWYNme im World Wide Web (WWW) ist eine relativ einfache Linkgenerierung für die folgenden fünf Netzwerke per Mausklick möglich:

Facebook.com

Facebook ist mit über 250 Millionen Mitgliedern weltweit [4] derzeit das größte soziale Netzwerk. Es vernetzt sowohl private als auch geschäftliche Kontakte. Um es Nutzern zu ermöglichen, Newsletterartikel in ihrem Facebook zu verbreiten, nutzen Sie folgende Hyperlink-Form [5]:

http://www.facebook.com/share.php?u=[URL]

Description-Tag sollte sein

Klickt der Nutzer auf den Link, loggt er sich zunächst bei Facebook ein. Sodann erhält er die Vorschau des Beitrags, der bei Bestätigung auf seiner öffentlichen Pinwand erscheinen oder als Privatnachricht an ausgewählte Kontakte versandt wird. Die Vorschau besteht aus einem Titel, der automatisiert aus dem <title>-Tag von [URL] ausgelesen wird, einer Auswahl möglicher Vorschau-Bilder für den Artikel, der Internetadresse selbst sowie einer Kurzbeschreibung, die aus dem description-<meta>-Tag ermittelt wird. Ist das description-<meta>-Tag nicht verfügbar, wird stattdessen der erste Textabsatz für den Anreißer gewählt.

LinkedIn.com

LinkedIn ist ein international verbreitetes Netzwerk für Geschäftskontakte mit derzeit mehr als 44 Millionen Mitgliedern [6]. Für die Weiterleitungs-Funktion innerhalb von LinkedIn nutzen Sie folgende Hyperlink-Form [7]:

http://www.linkedin.com/shareArticle?mini=true&url=[URL]&title=[TITEL]&summary=[BESCHREIBUNG]&source=[QUELLE]

Der Anreißer in [BESCHREIBUNG] ist auf 256 Zeichen begrenzt. Alle Parameter sind zwar freiwillig, fehlende Angaben werden aber beim Nutzer erfragt und können so die Abbrecher-Quote erhöhen. Daher empfiehlt sich von vornherein die Ersetzung aller Parameter. Nach dem Klick auf den SWYN-Link und erfolgtem Login erhält der Nutzer eine Vorschau der Nachricht. Fehlende Angaben müssen hier gegebenenfalls noch eingesetzt werden. Sodann kann der Artikel per Mausklick an ausgewählte persönliche Kontakte oder an eine Gruppe weitergeleitet werden.

MySpace.com

MySpace ist soziales Netzwerk für private Kontakte mit sehr hoher Verbreitung. Für eine SWYN-Funktionalität versehen Sie Ihre Newsletter-Artikel mit Hyperlinks der folgenden Form [8]:

http://www.myspace.com/index.cfm?fuseaction=postto&u=[URL]&t=[TITEL]&c=[BESCHREIBUNG]&l=[ORT]

Ort definieren, wo der Artikel erscheinen soll

Das Parameter [ORT] ist eine freiwillige Angabe und bezeichnet die Stelle, an der der weitergeleitete Artikel im Profil des Nutzers erscheinen soll. Der Standard-Wert ist 1 und platziert den Artikel im „Blog“-Bereich des Profils. Der Wert 2 steht für das Bulletin, 3 steht für den Bereich „Über mich“. Nachdem der User auf den MySpace-SWYN-Link geklickt hat, erhält er eine Vorschau des Postings, bei dem [ORT], [BESCHREIBUNG] und [TITEL] angepasst werden können. Mit den Login-Daten kann sodann die Empfehlung im Profil veröffentlicht werden.

Twitter.com

Twitter verzeichnete seit vielen Monaten ein stetiges, rasantes Wachstum. Mitglieder teilen im Netzwerk Textmitteilungen mit maximal 140 Zeichen (so genannte „Tweets“) miteinander (das „Tweeten“). Besonders interessante Tweets werden häufig weitergeleitet (der „Retweet“) und entfalten ein sehr großes virales Potenzial. Damit Nutzer Ihre Artikel einfach tweeten können, nutzen Sie folgende Hyperlink-Form:

Titel, Teaser und Link auf 140 Zeichen

http://twitter.com/home?status=[BESCHREIBUNG]

[BESCHREIBUNG] wird hier ersetzt durch die URL-enkodierte Kurznachricht, die einen Teaser sowie einen Link zum Artikel in den verfügbaren 140 Zeichen unterbringen sollte. Klickt der User auf den Twitter-Link, loggt er sich zunächst ein. Hiernach erhält er eine Vorschau des Tweets, die er bearbeiten und sodann bestätigen und damit in seinem Twitter-Kanal einstellen kann.

StudiVZ.net, schülerVZ.net, meinVZ.net

Das ursprüngliche Studentenverzeichnis StudiVZ und dessen Ableger genießen im deutschsprachigen Raum eine sehr hohe Verbreitung. Um den Nutzern das einfache Empfehlen von Artikeln an Kontakte zu ermöglichen, nutzen Sie folgende Hyperlink-Form [9]:

http://www.studivz.net/Suggest/Selection/?u=[URL]&desc=[BESCHREIBUNG]&prov=[QUELLE]

[URL] enthält mit der Internetadresse des Artikels die einzige Pflichtangabe; [BESCHREIBUNG] und [QUELLE] sind freiwillige Parameter. Nachdem der Nutzer auf den Link geklickt hat, wählt er zunächst eines der drei Verzeichnisse aus und loggt sich ein. Anschließend werden die Kontakte selektiert, an die das Fundstück per Privatnachricht innerhalb von VZ weitergeleitet wird.

Checkliste

- ❑ Ist die Zielgruppe im ausgewählten Netzwerk aktiv, sodass der SWYN-Link gerechtfertigt ist?
- ❑ Ist allen E-Mail-Empfängern die Funktion der SWYN-Links bewusst?
- ❑ Sind die Artikel und Inhalte verbreitungswürdig?
- ❑ Ist eine gezielte Aufforderung zum Teilen eines Artikels eventuell sinnvoll?
- ❑ Sind die SWYN-Piktogramme/-Links sinnvoll platziert?
- ❑ Wurden alle Parameter in den Links URL-kodiert? Oder gibt es Darstellungsfehler bei Umlauten und Sonderzeichen?
- ❑ Nutzen Sie die offiziellen Piktogramme der Netzwerke zur schnellen Wiedererkennung?
- ❑ Funktionieren die SWYN-Links? Auch nach einer Linkersetzung durch die E-Mail-Versandsoftware?

Literatur

[1] http://www.mediapost.com/publications/?fa=Articles.showArticle&art_aid=100468: Personalized Forwarding: It's PERF!

[2] http://www.mediapost.com/publications/index.cfm?fa=Articles.showArticle&art_aid=100168: Are your Emails 'Shareworthy'?.

[3] http://www.strongmail.com/email/advisor/advisor-014-0709.html: Driving Viral Social Programs with Email Marketing.

[4] http://www.facebook.com/press/info.php?statistics, Facebook | Statistics.

[5] http://www.facebook.com/share_partners.php: Facebook | Share Partners.

[6] http://press.linkedin.com/about: LinkedIn Public Relations.

[7] http://www.linkedin.com/static?key=developers_widget_shareonlinkedin: LinkedIn Applications Platform: Share on LinkedIn.

[8] http://x.myspace.com/download/posttomyspacedeveloperdocumentation001.pdf: Adding Post To MySpace to Your Site.

[9] http://developer.studivz.net/bookmarking/: Bookmarking.

E-MAIL-MARKETING-WISSEN: INBOUND-E-MAILS

7

FRANK STRZYZEWSKI, ANOUAR HAHA

Wer E-Mail-Kampagnen versendet, generiert nicht nur Öffnungen und Klicks, sondern auch mehr oder weniger zahlreiche eingehende E-Mails. Diese kommen nicht nur als Bounces oder Abwesenheitsnachrichten, sondern in ganz verschiedenen Formen, darunter einige mit Umsatzrelevanz. Damit wird das Wissen über und die Verarbeitung von Inbound-E-Mails zu einem ernsthaften Wettbewerbsfaktor. Der folgende Beitrag gibt einen Überblick über diese oft wenig beachteten E-Mails und gibt Hilfestellung für die Technologieauswahl.

Inbound-E-Mails: fünf plus x Prozent des Outbound Volumens

Es ist ein Fakt: Jede versendete E-Mails erzeugt potentiell auch eingehende E-Mails an die versendende E-Mail-Adresse. Diese Anzahl dieser E-Mails übersteigt bei vielen kommerziellen Versendungen fünf Prozent der Verteilergröße und kann auch zehn Prozent oder fünfzehn Prozent leicht übersteigen. Auf einen Newsletter an 100.000 Empfänger kommt man auf 5.000 bis 15.000 eingehende E-Mails.

Warum kommen auf kommerzielle E-Mail-Versendungen E-Mails an das versendende Unternehmen in so großer Zahl zurück? Immerhin sind solche Versendungen in der Regel darauf optimiert, dass der Call-to-Action ein Klick in der E-Mail ist, der auf eine bestimmte Landing-Page weiterführt.

Wichtige Gründe warum Empfänger auf E-Mails antworten

Die Antwort ist zweifach: Zum einen laufen wichtige technische Statusinformationen, etwa über die Nichtzustellbarkeit der E-Mail, über den E-Mail-Weg, und andererseits gibt es eine Reihe an Gründen, warum Empfänger den Versender über den E-Mail-Kanal kontaktieren.

Eine Vielzahl an Gründen

Diese eingehenden E-Mails kommen in einer Reihe verschiedener Ausprägungen und enthalten jede Menge handlungsrelevante Informationen für den Versender. Deshalb ist sowohl die Kenntnis der Typen eingehender E-Mails wie auch deren Verarbeitung eine wichtige Komponente des professionellen E-Mail-Marketing.

Die wichtigsten Quellen für eingehende E-Mails sind:

Bounces

Empfangende oder weiterleitende Mailserver liefern Informationen über die Nichtzustellbarkeit von E-Mails. Diese Bounces kommen, grob gesagt, in zwei Kategorien: permanent nicht zustellbar (Hard-Bounce) und temporär

http://www.marketing-boerse.de/Experten/details/Frank-Strzyzewski
http://www.marketing-boerse.de/Experten/details/Anouar-Haha

nicht zustellbar. Für die Detailgründe gibt es eine Reihe an Bounce-Codes im Format 5xx für Hard-Bounces und 4xx für Soft-Bounces.

Spam
Die Existenz einer bestehenden E-Mail-Adresse (Absender) führt sofort zu eingehenden Spammails, die oft mehr als fünfzig Prozent aller eingehenden E-Mails ausmachen.

Manuelle Antwort

Nicht nur Beschwerden sondern auch Anfragen, Bestellungen und Aufträge

In diese Kategorie sind vom Empfänger manuell erstellte E-Mail-Nachrichten des Empfängers, die über die Antworten-Funktion des E-Mail-Programmes erstellt wurden und sich dadurch in der Regel direkt auf die versendete E-Mail beziehen. Typische Kategorien dieser E-Mails sind Anfragen, Bestellungen oder Beschwerden.

An- oder Abmeldewunsch
Dies sind vom Empfänger manuell erstellte Nachrichten mit der Bitte um Aufnahme in den oder Löschen aus dem Verteiler.

E-Mail-Adressänderung
Bei Änderungen von E-Mail-Adressen, beispielsweise bei Namensänderung oder wenn der Empfänger in einem anderen Unternehmen arbeitet, wird häufig ein Autoresponder eingeschaltet, der auf jede eingehende Nachricht im Postfach eine Antwort-E-Mail mit den neuen Kontaktdaten schickt. Aus juristischer Sicht darf der Versender die Adresse ändern, da er davon ausgehen kann, dass nur der ursprüngliche Empfänger Zugriff auf die betreffende Mailbox hat.

Abwesenheitsnotiz
Diese out-of-office-Nachrichten sind in der Regel Autoresponser-Nachrichten, und können meistens ignoriert werden.

Sehr geehrte Dame, sehr geehrter Herr,
Ihre Mail ist an meine neue Mailadresse mit der Endung @deka.de weitergeleitet worden.
Bitte verwenden Sie ab sofort anstatt der Endung @dekabank.de ausschließlich die Endung @deka.de.

Vielen Dank.

Dear Sir or Madam,
Your e-mail has been forwarded to my new e-mail-address with the ending @deka.de.
Please, use exclusively the ending @deka.de instead of @dekabank.de as from now.

Thank you.

Abb. 1: Beispiel für E-Mail-Adressänderung

Dear Sir, Madam,

Our policy in security and the fight against spam requires our outside senders to be recognized in order for their messages to be accepted.

You are certainly receiving this message because it is the very first time that you have sent me a mail.

For your messages to be forwarded to me, simply :
http://asp11.mailinblack.com/v/?DE3581A2698&tmstp=20090512172813&tk=message_confirm&am
p;tkid=759134&lang=2

This identification needs only to be done once. All your future messages will come straight to me.

Thank you very much for playing your part in the fight against spam.

Sincerely yours,

Powered by MailInBlack

Abb. 2: Beispiel für Challenge-Response

Mailblock/Spamfilter/Feedback Loops

Einige Mailserver informieren den Versender, wenn die E-Mail wegen der Nichteinhaltung bestimmter Richtlinien nicht zugestellt wurde, beispielsweise weil die E-Mail als Spam eingeordnet wurde. Diese E-Mails können sowohl an die versendende E-Mail-Adresse, als auch an die Adresse abuse@<domain des versenders>.com gehen.

Challenge/Response

In diese Kategorie gehören automatisierte Antwort-E-Mails des Empfängers mit der Bitte an den Versender, eine kleine Aufgabe zu lösen. Ist die Aufgabe richtig gelöst, dann wird der Versender in die Whitelist des Empfängers aufgenommen. Die zu lösenden Aufgaben sind typischerweise Link-Klicks oder Captchas. Da Spammer Challenge-Response in der Regel nicht verarbeiten, will der Empfänger sicher gehen, dass nur seriöse Versender auf seiner Whitelist stehen. Der Challenge-Response-Anteil liegt normalerweise weit unter einer Promille der versendeten E-Mails und steigt leicht an.

Empfangsbestätigung

Diese E-Mails werden von manchen annehmenden Mailservern automatisch versendet, um den erfolgreichen Empfang der E-Mail zu bestätigen. Dies ist allerdings keine Garantie dafür, dass die E-Mail auch am Spamfilter vorbeigekommen ist.

Vielen Dank - Ihre E-Mail haben wir erhalten.

Hierzu ein Hinweis: aus rechtlichen Gründen ist uns die Entgegennahme von rechtsverbindlichen Erklärungen und Aufträgen (wie z.B. Überweisungen, Wertpapierorders u.s.w.) über E-Mail leider nicht möglich.

Bitte erteilen Sie uns solche Aufträge

1. über unser KundenServiceCenter (Telefon 07551 9300),

2. per Internet mittels E-Banking/E-Brokerage (www.volksbank-ueberlingen.de) oder

3. über Ihren Berater bzw. die nächstgelegene Filiale.

Herzlichen Dank.

Volksbank eG
Überlingen-Immenstaad-Markdorf-Stockach

Abb. 3: Beispiel für Empfangsbestätigung

Grundlagen der Verarbeitung

Eingehende E-Mails sind erfolgsrelevant und müssen deshalb präzise verarbeitet werden. Dabei ist allein aufgrund der Menge der eingehenden E-Mails die Automatisierbarkeit der Verarbeitung eine zentrale Anforderung.

Gleichzeitig entwickeln sich das Internet und damit die E-Mail-Kommunikation immer weiter, was neue Formen und Unterformen der Inbound-E-Mails nach sich zieht.

E-Mail-Marketing-Technologien müssen in diesem Umfeld vier Herausforderungen lösen:

Klassifizierung

Eingehende E-Mails vollautomatisiert, schnell und treffsicher in die oben genannte Kategorien einzuordnen, ist die wichtigste Anforderung an die Verarbeitung. Diese Aufgabe ist überaus komplex, da natürliche Sprache, verschiedene Zeichensätze und technische Parameter (Absender-Adressen, E-Mail-Header, Bounce-Codes und so weiter) in Kombination ausgewertet werden müssen. Da natürliche Sprache oft nicht eindeutig ist und weil viele Mailserver gängige Internetstandards nicht einhalten, können eine Reihe der eingehenden E-Mails nicht hundertprozentig einer der oben genannte Kategorien oder Subkategorien zugewiesen werden. Beispiel: um eingehenden Spam gut identifizieren zu können, benötigt man Spamfilter, aber Spamfilter erzeugen

Jede Einordnung hat Grenzen

sogenannte **False Positives**, das heißt, es kann durchaus vorkommen, dass eine eingehende manuelle Antwort als Spam klassifiziert wird oder umgekehrt.

*** ATTENTION ***

Your e-mail is being returned to you because there was a problem with its delivery. The address which was undeliverable is listed in the section labeled: "----- The following addresses had permanent fatal errors -----".

--AOL Postmaster

----- The following addresses had permanent fatal errors -----
<cliffkai@aol.com>
(reason: 552 cliffkai MAILBOX FULL)

----- Transcript of session follows -----
... while talking to air-da07.mail.aol.com.:
>>> RCPT To:<cliffkai@aol.com>
<<< 552 cliffkai MAILBOX FULL
554 5.0.0 Service unavailable

Wir dürfen Sie darauf aufmerksam machen, dass wir über das von Ihnen soeben genutzte E-Mail-Verfahren keine Aufträge oder Weisungen entgegennehmen können. Zur Übermittlung von beispielsweise Überweisungen, Wertpapierorders, Einwendungen gegen Rechnungsabschlüsse und Belastungsbuchungen aus Lastschriften, Widersprüche gegen Änderungen Allgemeiner Geschäftsbedingungen oder sonstige für die Geschäftsbeziehung wesentliche Tatsachen nutzen Sie bitte das durch unser Institut angebotene Homebanking- bzw. Onlinebanking-Verfahren. Sollten Sie diese Nachricht irrtümlich erhalten haben, bitten wir Sie, sich mit dem Absender in Verbindung zu setzen und die Nachricht zu löschen. Wir weisen darauf hin, dass über das Internet per E-Mail übermittelte Nachrichten verändert oder verfälscht werden können. Herkömmliche E-Mails sind nicht gegen den Zugriff Dritter geschützt und deshalb ist auch die Vertraulichkeit unter Umständen nicht gewahrt. Von der Übermittlung sensitiver Geschäftsdaten sollten Sie daher absehen.

Mit freundlichen Grüßen
Sparkasse Germersheim-Kandel

Abb. 4: Beispiele für nicht-standardkonforme Bounce-E-Mails (oben: keine Angabe von Bounce-Gründen; unten: mehrere inkonsistente Bounce-Gründe)

Ebenfalls anzutreffen sind Inkonsistenzen in eingehenden E-Mails, beispielsweise fehlende oder inkonsistente Bounce-Gründe. Auch kann auf eine versendete E-Mail zunächst eine Hard-Bounce-Nachricht und danach eine Soft-Bounce-Nachricht folgen. Dabei ist eine treffsichere Bounce-Klassifizierung die wichtigste Grundvoraussetzung für eine gute Adresslistenhygiene. So fordert zum Beispiel die Mitgliedschaft in der deutschen Whitelist CSA (Certified Sender Alliance), dass alle dreimalige Hard-Bounces, die hintereinander erfolgen, aus einer Adressliste entfernt werden.

Guten Klassifizierungsverfahren liegen oft komplexe mathematische Algorithmen zugrunde. In der Regel werden dabei Ansätze genutzt, die in der Computerlinguistik (zum Beispiel Text Mining) und in anderen Klassifizierungsaufgaben (zum Beispiel Bayes-Filter) eine Rolle spielen.

Zuordnung zu Versendern und Kampagnen und Adressen

Idealerweise möchte man jede eingehende E-Mail auch einer versendeten E-Mail zuordnen. Das gelingt aber nicht immer. So kann zum Beispiel eine Abwesenheitsnotiz oder E-Mail-Adressänderung der Adresse max.mustermann @firmenname.com von der Absender-Adresse autoreply@firmenname.com eingehen. Analog kann die Bounce-Nachricht auf eine yahoo.de-Adresse über yahoo.com zurückkommen. Wenn die Informationen in der eingehenden E-Mail nicht ausreichend detailliert sind, und mehrere Adressen der Domain firmenname.com oder yahoo im Verteiler waren, ist die gewünschte Zuordung zu einer E-Mail-Adresse nicht möglich. In diesem Fall versucht man, die E-Mail einer Versendung zuordnen zu können. Gelingt auch das nicht, wird versucht, den versendenden Account zu identifizieren.

Internationale Aspekte

Achtung Sprachprobleme

E-Mail-Inhalte in einigen der oben genannte Kategorien, besonders die manuellen Antworten und Autoresponder-Nachrichten, aber auch Mailblock-E-Mails können – theoretisch – in allen im Internet unterstützten Sprachen verfasst sein. Je internationaler der Verteiler ist, umso wichtiger ist die Unterstützung der Mehrsprachigkeit bei der Analyse der Inbound-E-Mails.

Verarbeitungsregeln

Die exakten Verarbeitungsregeln für eingehende E-Mails können sich im Zeitverlauf ändern, und für Versender sollten die Regelwerke auch änderbar sein. Beispielsweise kann es durchaus vorkommen, dass man als Versender am Anfang alle eingehenden manuellen Antworten und auch die Abwesenheitsnachrichten automatisch an den Kundenservice weiterleitet, um eventuell wichtige manuelle Antworten, die fälschlicherweise als Abwesenheitsnotiz klassifiziert wurden, zu erkennen. Später, wenn sich die Regeln zum Erkennen der Abwesenheitsnachrichten als treffsicher herausgestellt haben, kann man die Abwesenheitsnachrichten unter Umständen ignorieren, weil der Aufwand der manuellen Sichtung und der Nutzen in keinem ökonomisch begründbarem Verhältnis mehr stehen.

Reporting

Im Berichtswesen ist essentiell, wie zeitnah und auf welcher Detailebene Inbound-E-Mail-Kennzahlen erhoben und benutzerfreundlich angezeigt werden. Hilfreich ist in diesem Zusammenhang auch die Möglichkeit, automatische Benachrichtigungen einstellen zu können, wenn bestimmte Schwellenwerte erreicht werden, etwa eine zu hohe Beschwerderaten bei den Feedback Loops.

Checkliste Technologie

- ❑ Welche Kategorien von Inbound-E-Mails werden unterstützt?
- ❑ Welcher Automatisierungsgrad ist implementiert?
- ❑ Wie intelligent sind die Klassifizierungsregelwerke? (Wie viele Regeln stehen zur Verfügung? Kann die Wahrscheinlichkeiten einer richtigen Klassifizierung angegeben werden?)
- ❑ Sind die Regelwerke zur Klassifizierung leicht erweiter- beziehungsweise änderbar?
- ❑ Können die klassifizierten E-Mails flexibel verwaltet werden? (zum Beispiel automatisches Weiterleiten der manuellen Antworten an den Kundenservice oder automatische E-Mail-Adressänderung)
- ❑ Welche Fremdsprachen und internationale Zeichensätze werden unterstützt?
- ❑ Ist das System lernfähig?
- ❑ Wie aussagekräftig ist das Reporting?
- ❑ Können für auffällige Werte Benachrichtigungen eingestellt werden?

Klassifizierte E-Mails flexibel verwalten

Literatur

Büttner, K. E-Mail- und Newsletter-Marketing. – S. 156. s.l.: Data Becker, 2007.

Challenge/Response Spam Filters. – http://spamlinks.net/filter-cr.htm

Certified Sender Alliance: http://www.certified-senders.eu.

RFC 3834 – Recommendations for Automatic Responses to Electronic Mai. – http://tools.ietf.org/html/rfc3834, 2004.

7 MOBILE E-MAIL-MARKETING

STEFAN VON LIEVEN

Keine Technologie konnte bisher ein vergleichbar schnelles Wachstum verzeichnen wie die mobile Kommunikation. Nur sieben Jahre vergingen in Deutschland von der Einführung bis zur Überschreitung der Nutzeranzahl von fünfzig Millionen. Die hohe Wachstumsgeschwindigkeit wird deutlich, wenn man die Entwicklung anderer Innovationen zum Vergleich heranzieht: Festnetztelefon – fünfzig Jahre, Fernsehgeräte – zwanzig Jahre, das Internet – fünfzehn Jahre.

Mittlerweile sind auch das mobile Internet und die Ausbreitung der E-Mail als Kommunikationsmedium unter den mobilen Anwendern endgültig Realität. Der Startschuss für den unaufhaltsamen Siegeszug fiel bereits 2006. In den Jahren davor spielte das Internet in der Welt der Handys auf Grund unausgereifter Technik und hoher Kosten keine Rolle. Dementsprechend war auch Mobile Marketing, außerhalb des begrenzten SMS-Formats, nur wenig verbreitet.

Mobile Datentarife werden bezahlbar

Dies änderte sich mit der Jahreswende 2006/2007. Der Grund: einige Discount-Marken der großen Netzbetreiber senkten die Entgelte für Datenübertragung (inklusive mobile E-Mail-Nutzung) um bis zu 97 Prozent [1]. Dadurch wurde etwa eine via GPRS (General Packet Radio Service) geschickte E-Mail in den meisten Tarifen wesentlich günstiger als eine SMS- oder MMS- (Multimedia Messaging Service) Nachricht [2]. Seitdem bieten Provider die Möglichkeit, zu bestehenden Sprachtarifen volumenbasierte Datentarife und Flatrates hinzu zu buchen. Die Infrastruktur wurde zudem mit EDGE, UMTS und HSDPA erweitert und nachhaltig beschleunigt.

Damit waren die Grundvoraussetzungen Verfügbarkeit und Bezahlbarkeit für die Massenphänomene Mobile Internet und Mobile E-Mail geschaffen.

Was ist Mobile E-Mail?

Die rein technische Fähigkeit, E-Mails auch auf mobilen Endgeräten zu empfangen, ist nur die Voraussetzung, nicht die Besonderheit des mobilen E-Mail-Marketings. In der Praxis unterscheiden sich **klassisches E-Mail-Marketing** und die Unterdisziplin **Mobile E-Mail-Marketing** deutlich voneinander.

Ein fundamentaler Unterschied ist die Art des Zielmediums. So setzt Mobile E-Mail-Marketing keine Ortsgebundenheit des Anwenders voraus. Im Gegensatz zum konventionellen PC ist der Anwender auf seinem Mobile Phone in nahezu allen Lebensbereichen und zu jeder Tages- und Nachtzeit überall erreichbar.

http://www.marketing-boerse.de/Experten/details/Stefan-von-Lieven

Als Nutzer mobiler Dienste erwartet er deswegen auch überall Zugang, um sich Informationen holen zu können („**Pull**"). Für das Marketing mit Mobile E-Mail besteht nun die Herausforderung, die speziellen Nutzungspräferenzen mobiler Empfänger zu erkennen und sie für das Bereitstellen dieser Informationen zu berücksichtigen.

Es gilt die mobilen Situationen zu erkennen, in denen Empfänger auch „**Push**"-Informationen akzeptieren. Schlüsselfaktoren für den Erfolg sind hier die präzise Betrachtung des Kundenlebenszyklus, die Integration des mobilen E-Mail-Marketings in die geschäftsmodell-spezifischen Prozesse sowie die cross-mediale Vernetzung zu TV, Radio, Print und mobilen Onlinediensten.

Technische Restriktionen auf mobilen Endgeräten

Ein anderer fundamentaler Unterschied zwischen klassischem E-Mail-Marketing und mobilem E-Mail-Marketing sind die technischen Restriktionen in der Darstellung von E-Mails und Webinhalten auf mobilen Endgeräten. E-Mail-Marketer benötigen hier stets den Überblick, um Mailinhalte und Formatierungen den Anforderungen der Endgeräte und ihrer Browser anzupassen.

Handy, Smartphone, Netbook – alles Mobile?

Mobilität bieten heute viele technische Errungenschaften aus der Welt der Computer. Mobile Empfangsgeräte im Sinne des Mobile E-Mail-Marketings sind jedoch nur **Mobile Phones** (im deutschsprachigen Raum – und NUR dort – auch „Handy" genannt) sowie **Smartphones**.

Notebooks, Tablet- und **Ultra Mobile (UM) PCs** sind nur die mobile Variante klassischer PCs. Sie sind daher für eine gesonderte Betrachtung im Rahmen des Mobile E-Mail-Marketings weder hinsichtlich der technischen Restriktionen noch der Art der Nutzung relevant.

Als Mobile Phone wird ein mobiles Endgerät bezeichnet, das primär auf die Nutzung von Telefonfunktionalität ausgelegt ist. Über die Sprachfunktionen hinaus wurden später mehrere Dienste und Funktionalitäten wie **SMS, MMS** oder **WAP (Wireless Application Protocol)** integriert. Ebenso wurde die Ausführung höherer Programmiersprachen wie Java möglich.

Die Anbindung an die Unterhaltungsindustrie beziehungsweise die Konsumelektronik beeinflussen mittlerweile nachhaltig das Angebot der verschiedenen Funktionalitäten der Mobile Phones. Gemeint sind im Wesentlichen die Einbindung von Kamera-/Video-Funktionen sowie das Abspielen und Speichern von Audioinhalten. Form und Dimensionierung des Gehäuses sind nach den primären Anwendungsbereichen ausgerichtet. Man unterscheidet klassische Bauweise, Klapphandy, Modellen mit horizontalem Drehgelenk, vertikal über die Wähltasten schiebbarem Display und Bedientasten und Klapphandy mit drehbarem Bildschirm. Egal welche Bauweise: Die technischen Ausstattungen sowie die **Leistungsfähigkeit** von Mobile Phones wachsen unaufhaltsam.

Smartphones sind mobile Minicomputer

Smartphones sind eine besonders leistungsfähige Variante des mobilen Telefons. Sie stellen eine Konvergenz aus den einstmals als mobile Mini-PCs entworfenen

Personal Digital Assistant-Computern (PDA) und Mobile Phones dar. Dabei wurde der – meist an Office-Anwendungen orientierte – Leistungsumfang eines PDAs mit dem Formfaktor und dem Funkmodul eines Mobile Phones verbunden. Produzenten von Mobile Phones tendieren dazu, technische Neuerungen zunächst exklusiv in Smartphones verfügbar zu machen. Der damit verbundene hohe Gerätepreis und die konzeptuelle Ausrichtung führen dazu, dass sich diese Endgeräte meist zuerst im Business-Bereich etablieren.

Relevanz und Reichweite

Um die Bedeutung des **Mobile E-Mail-Marketings** zu erfassen, muss es als Teil des **Dialog- und Mobile Marketings** sowie im Kontext von **Hardwaremarkt** und **Nutzerverhalten** betrachtet werden.

Der Hardwaremarkt

Der **Mobile Phone-Markt** in Deutschland wächst trotz einer vorübergehenden Wachstumspause. Davon geht der Hightech-Verband BITKOM aus. Nach einem Plus von 4,4 Prozent im Jahr 2008 werden die Verkaufszahlen im laufenden Jahr voraussichtlich um 5,2 Prozent auf 26,3 Millionen Stück zurückgehen. Im kommenden Jahr ist dann wieder mit einem Anstieg um 2,3 Prozent auf 26,9 Millionen Geräte zu rechnen [3].

Die ständig fortschreitende Entwicklung der Ein- und Ausgabefähigkeiten von mobilen Endgeräten sorgen zumindest für eine bessere Handhabung im Umgang mit Internet und E-Mails. Zudem bieten an die mobilen Bedürfnisse angepasste, pro aktive **E-Mail-Dienste** wie IMAP-Idle oder E-Mail-Push (zum Beispiel Blackberry) dem Nutzer einen Anwendungsmodus ähnlich der gewohnten SMS.

E-Mail-Pushdienste sind wie SMS

Die Werbetreibenden

Mobile Marketing hat bislang nur eine untergeordnete Rolle im Marketing-Mix eingenommen. Zu hoch waren die Kosten, zu ungewiss die Nutzung und der Erfolg. Durch die zunehmende Konvergenz von Mobile und Internet ändert sich diese Rolle. Onlinemedien (E-Mail-Werbung, Websites im Internet, Bannerwerbung) besitzen einerseits generell die höchsten Zuwachsraten in den Werbeausgaben. Andererseits ist mit der Etablierung der E-Mail ein bereits erfolgreiches Medium nun auch im mobilen Alltag verfügbar. Dialogmarketing wird so erstmals in relevantem Umfang mit der mobilen Zielgruppe möglich und bezahlbar.

Das schon heute den Werbemarkt dominierende **Direkt- oder besser Dialogmarketing** sieht sich dadurch noch weiter gestärkt. Dialogmarketing wird als Marketing-Instrument immer wichtiger und hielt 2008 mit 5,2 Milliarden Euro Umsatz einen Anteil 19,8 Prozent am gesamten deutschen Marketingmarkt [4]. Einer der wichtigsten Punkte ist hierbei das E-Mail-Marketing, welches nach wie vor einen der erfolgreichsten Direktmarketingkanäle überhaupt darstellt.

Eine absolit-Studie (Dr. Schwarz Consulting) bestätigt die Fortsetzung dieses Trends auch nach Einsetzen der globalen Wirtschaftskrise. Von den 474 befragten Unternehmen setzen 85 Prozent unter anderem verstärkt auf E-Mail-Marketing [5]. Auch wenn in dieser Studie nicht zwischen **E-Mail-Marketing** und **Mobile E-Mail-Marketing** differenziert wird, so lässt das hohe geplante Engagement in **Mobile Marketing** Rückschlüsse auf die wachsende Bedeutung des Mobile E-Mail-Marketings zu.

Das große Plus von E-Mail und Mobile E-Mail-Marketing – die direkte Ansprache – wird in Zukunft durch verbesserte Adressdaten (zum Beispiel Kundenkarten, Nutzerprofile et cetera) noch stärker für zielgenaue Werbung ins Gewicht fallen. Beim Mobile E-Mail-Marketing rücken E-Mail-gestützte Service-Kommunikation und Newsletter noch näher an die Kunden. Allerdings nicht wie die SMS in ihre Privatsphäre, sondern über die ihnen durch E-Mail-Anwendungen vertrauten Gewohnheiten unmittelbar auf das mobile Endgerät.

Mobile Direct-Marketing gilt bei hoher Profilierung des Nutzers als „goldene Zukunft" für Marketer. Den engen und sensiblen Grenzen des **Datenschutzes** sowie der raschen Ablehnung bei Missachtung der allgemeinen Regeln des **Permission-Marketings** muss man sich jedoch stets bewusst sein.

Mobiltelefon unverzichtbar

Am Ende bestimmt die Zielgruppe selbst, ob das Mobile Marketing zur Killer-Applikation des Marketings wird. Bei der Ansprache junger Zielgruppen ist man sich mittlerweile sicher, dass das Mobile Phone unverzichtbar ist. Aber auch Business-Anwender und zunehmend ältere Zielgruppen sind auf dem mobilen Weg immer besser erreichbar. Eine besonders wichtige Rolle spielen die Entwicklungen im bereits betrachteten Sektor der mobilen Endgeräte. Die sprunghaften Anstiege des Absatzes, zunächst des Blackberrys, dann des iPhones und nun möglicherweise auch des Google-Phones, verdeutlichen die kurzen Innovationszyklen. Darauf muss sich das Marketing insbesondere im Bereich mobiler Kommunikation einstellen.

Die mobile Zielgruppe

Seit Mitte April 2008 gibt es in Deutschland mehr als einhundert Millionen Mobilfunkanschlüsse [6]. Damit besitzt statistisch bereits heute jeder fünfte Deutsche zwei Handys oder Mobilfunkkarten. Das Mobiltelefon übertrifft so die Verbreitung aller anderen **Informationsmedien**. Diese Entwicklung hat dazu geführt, dass mobile Endgeräte als „der dritte Bildschirm" (the third screen) neben dem Fernsehen und dem PC bezeichnet werden.

In der Nutzung des mobilen Begleiters wird das Internet-Surfen immer beliebter. Grundlage ist hier vor allem der breitbandige Mobilfunkstandard UMTS. Nach BITKOM-Berechnungen gab es bereits Ende 2008 rund 16 Millionen UMTS-Anschlüsse. Das sind sechzig Prozent mehr als 2007. Mit mobilen Datendiensten haben die Netzbetreiber in Deutschland 2008 nach BITKOM-Schätzungen rund 5,5 Milliarden Euro umgesetzt, eine Steigerung von 7,1 Prozent zum Vorjahr [7]. Die Hälfte dieses Umsatzes entfällt in diesem Jahr auf das Internet-Surfen mit dem Handy, die andere Hälfte auf den Versand von SMS und MMS. Mobile Datendienste sind damit zu einem Milliardenmarkt und Wachstumstreiber der Telekommunikation geworden. Vor allem E-Mails, Verkehrsmeldungen, Wettervorhersagen und Nachrichten werden häufig unterwegs abgerufen.

Eine im November 2008 im Focus veröffentlichte Untersuchung (ebenfalls im Auftrag des BITKOM) ging der Frage der **Präferenzen von Anwendern** nach. Demnach nutzt fast die Hälfte das Handy als Adressbuch und jeder Dritte als Kalender, 19 Prozent als Musikspieler oder Radio und 13 Prozent zum E-Mail-Verschicken und -Empfangen [8]. Das Handy hat sich so zum „vollwertigen **Multimediagerät**" beziehungsweise zum „**Miniaturbüro** für unterwegs" – zu einem ständigen Begleiter entwickelt. Gefragt wurde unter anderem danach, für welchen **Lebensbereich** des Nutzers das Handys einen Gewinn darstellt. Das Ergebnis: **Sicherheit** (95 Prozent), **Lebensqualität** (89 Prozent), **Flexibilität** (87 Prozent), **Informationen** (59 Prozent), **Zeitmanagement** (fünfzig Prozent), **Produktivität** (fünfzig Prozent), **Unterhaltung** (vierzig Prozent).

Eine Umfrage von TNS Infratest (2008) relativiert diese Angaben hinsichtlich des mobilen Unterhaltungsangebotes. Die Nutzung informationslastiger Internetdienste (Suchmaschinen, Nachrichten, E-Mail-Portale et cetera) steht dabei den Unterhaltungssegmenten (Spiele, Klingeltöne, Musik et cetera) in etwa gleichbedeutend gegenüber [9].

Mit Blick auf die **Nutzung** von **Mobile E-Mails** ergab eine aktuelle Studie (April 2009) im Auftrag des Bundesverbandes Digitale Wirtschaft (BVDW) e. V., dass fünfzig Prozent der Befragten die mobile Verfügbarkeit und Bearbeitung von E-Mails für nützlich halten. Zwar hatte mehr als die Hälfte der befragten Verbraucher bislang noch keine E-Mail via Handy verschickt – was insbesondere daran liegen dürfte, dass zwanzig Prozent die Kosten für noch zu hoch halten – trotzdem sehen nur dreißig Prozent der Befragten keinen Bedarf [10]. Daher ist davon auszugehen, dass die Nutzung mit sinkenden **Kosten** für **Datentarife** und Hardware in den nächsten Jahren stark zunehmen wird.

Noch sind die Kosten zu hoch

E-Mail-fähige mobile Endgeräte wie Blackberrys, Pocket PCs oder Smartphones gehören bereits zur **Grundausstattung** im Geschäftsalltag. Damit ist der erste Schritt auf dem Weg vom Prestigeobjekt des Managements zum unverzichtbaren Gebrauchsgegenstand der breiten Masse gemacht.

Die United Internet AG, einer der größten E-Mail-Anbieter, versucht mit dem „1&1 Pocket Web" (inklusive günstige **Gerätekosten** und **Datenflatrate**) die mobile E-Mail-Nutzung auch für private User attraktiv zu machen.

Anbieter schnuren attraktivere Pakete

In den **USA** liegt der Anteil der **Geschäftskunden auf Entscheiderebene**, die über mobile Endgeräte auf ihre E-Mails zugreifen, bereits heute bei 64 Prozent [11]. Wir stehen hierzulande also immer noch am Anfang einer rasanten Entwicklung. Und das mit guter Ausgangslage, denn in der Anzahl der mobilen Telefone je Einwohner liegen Europa und Deutschland deutlich vor den USA.

Herausforderung Mobile E-Mail-Marketing

Die ständig fortschreitenden Entwicklungen der Ein- und Ausgabefähigkeiten von mobilen Endgeräten sorgen für eine bessere Handhabung von Mobile E-Mails. Allerdings birgt die nach wie vor uneinheitliche Technik im Vergleich zu stationären PCs zum Teil deutliche Handicaps in der Nutzung.

Eine wesentliche Rolle spielen die Anzahl der darstellbaren Zeichen für E-Mail-Betreff und Lesbarkeit der Inhalte sowie die Fähigkeit zur Darstellung von HTML. Diese Parameter sind abhängig vom eingesetzten Betriebssystem des mobilen Endgeräts sowie dem verwendeten E-Mail-Client und Browser – letztlich sogar von den Einstellungen des einzelnen Empfängers.

Ein weiterer Aspekt, der im Mobile E-Mail-Marketing zu berücksichtigen ist, sind die Nutzerpräferenzen mobiler Empfänger. Sowohl aus den technischen Restriktionen wie auch aus der mobilen Situation entstehen hier im Vergleich zur klassischen E-Mail andere Anforderungen an Inhalt und Gestaltung.

Kein einheitlicher Standard – die Welt der mobilen Betriebssysteme

Bisher haben sich mit Windows Mobile, Symbian und WebOS (ehemals PalmOS) drei kommerzielle **Betriebssysteme** für Smartphones und Mobiltelefone etabliert. Googles Android dürfte das vierte im Bunde werden. Daneben existieren diverse Linux-Portierungen und proprietäre Systeme der Endgerätehersteller. Hierunter fallen BlackBerry OS oder das modifizierte OS X des iPhones. Beide Geräte-Betriebsystem-Kombinationen sind sowohl im Business-Bereich (Blackberry) als auch im privaten Umfeld (iPhone) sehr erfolgreich. Insbesondere Apples iPhone gilt auf Grund seiner innovativen **Benutzeroberfläche** als wegweisend bei der Gestaltung zukünftiger Funktionen und Applikationen im mobilen Kontext. Ähnliche Prognosen werden Googles G1 Phone bescheinigt, das seit Anfang 2009 auf dem deutschen Markt ist.

Darstellung der E-Mail variiert stark zwischen den Endgeräten

Seit 2007 untersucht und veröffentlicht die artegic AG **Darstellungsfunktionalitäten** von verschiedenen mobilen Endgeräten in Bezug auf Mobile E-Mails. Die Tests zeigen, dass die Darstellung von E-Mails stark abhängen von **Displayauflösung** und **Schriftbild** sowie vom eingesetzten **E-Mail-Client** und **Webbrowser** ist. Die aktuelle Studie kann unter www.mobile-marketing-studie.de abgerufen werden.

Displayauflösung und Schriftbild

Displayauflösung, Schriftart und **Schriftgröße** entscheiden über die Menge darstellbarer Zeichen auf dem Display und damit über die Anzeige von E-Mails und Webinhalten. Die auf dem mobilen Endgerät des Anwenders gezeigten Schriftarten werden dabei von dem verwendeten **Betriebssystem** und dem **E-Mail-Client** vorgegeben. Dabei zeigt sich, dass Blackberrys wegen der großen Laufweite ihrer Standardschriftart vergleichsweise wenig Zeichen darstellen. Schriftart und -größe lassen sich innerhalb der Blackberry E-Mail-Clients jedoch in weiten Bereichen konfigurieren.

Aktuelle, auf Windows Mobile basierende Geräte zeigen dagegen deutlich mehr Zeichen an. Dazu kommt die Möglichkeit, den Bildschirminhalt um neunzig Grad zu drehen und somit die volle Breite des Displays nutzbar zu machen.

Beim iPhone kann der User die ersten Zeilen einer E-Mail als Vorschau direkt innerhalb des Posteingangs einsehen. Zudem ermöglicht das iPhone durch die hohe **Pixeldichte** des Displays eine **Kantenglättung** (englisch: anti-aliasing) bei allen verwendeten Schriftarten und damit eine bessere Lesbarkeit kleiner Schriftgrößen. Während bei iPhone, Palm, Blackberry und Windows Mobile die Displayauflösungen wenig variieren, verwenden auf Symbian basierende Smartphones (unter anderem Nokia, Sony Ericsson und Motorola) eine große Palette verschiedener Displays. Oftmals werden dabei höhere Auflösungen auf gleicher Fläche durch erhöhte Schriftgröße kompensiert. 240 x 320 Pixel ist die hochformatige Displayauflösung, die am weitesten verbreitet ist und mit der sich über alle Hersteller und Betriebssysteme hinweg entsprechend gut arbeiten lässt. Auf diese Auflösung sollten mobile E-Mail und Websites hin optimiert werden, um möglichst viel Inhalt ohne Scrolling in den Aufmerksamkeitsbereich des Nutzers zu bringen.

iPhone ermöglicht bessere Lesbarkeit kleinerer Schriften

E-Mail-Client und Webbrowser

Der **E-Mail-Client** der meisten Smartphones ist eng mit dem **Betriebssystem** verwoben. Unter den verschiedenen Geräten ist die Fähigkeit HTML darzustellen sehr unterschiedlich. Vorreiter in der korrekten Anzeige von HTML-E-Mails, also mit Schriftformatierungen, Tabellen, Links und Grafiken, war und ist das iPhone. Sein E-Mail-Client (Apple Mail) kommt der Darstellung auf PCs bereits recht nahe. Dies liegt nicht zuletzt daran, dass Apple zur Darstellung von **HTML-E-Mails** direkt auf den **Webbrowser** zurückgreift. Dies ist in der Welt der mobilen Endgeräte jedoch noch kein Standard. Üblicherweise werden die mitgelieferten E-Mail-Clients mit ihren integrierten Darstellungsfunktionen genutzt. Deren HTML-Fähigkeiten sind jedoch meist eingeschränkt. So zeigen beispielsweise Blackberrys keinerlei HTML-Elemente an, sondern extrahieren den Text aus den E-Mails.

Blackberry zeigt kein HTML an

Der E-Mail Client „Pocket Outlook" der Windows Mobile Smartphones orientiert sich in Design und Handhabung an dem Vorbild der Desktop-PC-Version. Er verfügt jedoch erst seit Windows Mobile 6 über eine **HTML-Darstellung**. Seither werden einfache Tabellen, Links, Schriftformatierungen und Grafiken (nach dem Freischalten durch den Nutzer) dargestellt. Frühere Versionen haben ebenfalls nur einen Textauszug angezeigt.

Die auf Symbian basierenden Geräte haben – ähnlich der Blackberry Geräte – nahezu keinerlei HTML-Darstellungsfähigkeiten. Einige Modelle bieten immerhin die Möglichkeit, über den Mailanhang den **HTML-Code** im Webbrowser anzeigen zu lassen. Auf diese Art können ebenfalls Grafiken, Links und Formatierungen dargestellt werden. Palm (E-Mail-Client „Versamail") blockiert in der Standardkonfiguration, wie „Pocket Outlook" von Windows Mobile, jegliche Grafiken.

Eine weitere Möglichkeit mobile E-Mails zu verarbeiten, stellt die Nutzung von **Webinterfaces** der großen **E-Mail-Provider** wie GMX, WEB.DE, Yahoo, Hotmail oder Gmail dar. Viele der Anbieter, insbesondere Google, bieten spezielle Versionen ihrer Seiten für mobile Endgeräte an. Oftmals wird hier der Smartphone-Anwender anhand des User-Agents erkannt und auf die entsprechend optimierten Seiten umgeleitet. Dabei bestimmt der Webbrowser und nicht der E-Mail-Client die Qualität der HTML-Darstellung. Es bleibt abzuwarten, ob sich mobile Webinterfaces in dieser Form durchsetzen können. Denn die Möglichkeiten der pro-aktiven E-Mail-Zustellung (Push), sowie die Integration in andere lokale Anwendungen sind nur eingeschränkt.

Inhalte und Nutzerpräferenz

Die technischen Restriktionen in der Darstellung von E-Mails wirken auch auf die konzeptionelle Gestaltung von mobilem E-Mail-Marketing. Wenig darstellbare Zeichen auf dem Display bedeuten wenig Platz für eine Botschaft. Daher müssen alle Inhalte und ihre gestalterische Aufbereitung einem Credo genügen, welches mit der mobilen Zielgruppe einmal mehr an Bedeutung gewinnt: Fasse Dich kurz!

Betreffzeilen werden abgeschnitten

Betreffzeilen werden noch früher abgeschnitten, das Scrolling von Seiten ist um einen Faktor häufiger nötig und zudem störender als bei klassisch zugestellten E-Mails. Es ist also wichtig, die mobile E-Mail nicht nur als eine Darstellungsvariante zu betrachten, sondern sich ernsthaft mit dem Anwender und seiner mobilen Situation zu beschäftigen. So haben Studien der artegic AG ergeben, dass klassische Newsletter kaum mobil gelesen werden [12]. Sie sind mit viel Text und Gestaltungselementen für große Bildschirme ausgelegt. Ein „Lesen“ auf mobilen Endgeräten ist kaum möglich und entspricht auch nicht der informationsorientierten Handlungsweise von mobilen Nutzern. Sie erhalten dann zwar den Newsletter mitunter mobil, lesen ihn aber (hoffentlich) am stationären PC.

Abb. 1: Mobilen und damit direkt am POS einsetzbaren Coupons wird künftig eine besondere Rolle im Mobile E-Mail-Marketing zukommen.

Dem gegenüber werden Service-Mitteilungen sehr häufig und zum Teil auch mehrfach gelesen. Dies erklärt sich aus der Nutzungssituation. E-Mails mit Service-, Termin- oder Kontaktdaten als Inhalt werden als „Informationsquelle“ aufgehoben und im – meist mobilen – Bedarfsfall wieder aufgerufen.

Die Nutzung als „Informationsquelle“ muss dabei nicht zwangsläufig ein akuter Bedarf sein – oft ist es auch nur die Überbrückung von Wartezeiten. Der Anwender erinnert sich in diesen Momenten an interessante Informationen oder Einstiegspunkte dazu. Besonders interessant dabei: die sonst übliche, extrem schnelle Entscheidung über Relevanz oder Irrelevanz einer Information scheint in diesen

Situationen ausgehebelt. Informationen, die sonst kaum Beachtung gefunden hätten, erreichen in dieser besonderen Situation die Aufmerksamkeit des Nutzers. Welcher Wert sich hinter dieser Besonderheit versteckt, wird klar, wenn man sich vorstellt, genau jetzt alle Manager zu erreichen, die gelangweilt in einem Meeting mit ihrem Blackberry spielen.

Es gilt also zu bedenken, welche Informationen genau dieses Bedürfnis befriedigen können. Hierzu eignen sich nur solche Informationen, die sowohl als interessante Informationsquelle zur näheren Beschäftigung dienen können, als auch geeignet sind, mobil weiterverfolgt zu werden. Eine Status-Info oder eine neue Produktinformation sind Beispiele, welche beiden Anforderungen genügen. Die Aufforderung die eigenen Userdaten zu ändern, wäre vielleicht ebenfalls ein Einstieg zu einer Gelegenheit, eine Wartesituation zu füllen. Die Durchführung ist aber aufgrund des technischen Handicaps auf dem kleinen Eingabegerät wenig attraktiv.

Was geschieht nach dem Klick?

Womit eine weitere, wichtige und oft übersehene Anforderung an mobiles E-Mail-Marketing ins Spiel kommt: die Mobilfähigkeit der Reaktion beziehungsweise der referenzierten Webinhalte. Was nützt eine hervorragend dargestellte mobile E-Mail mit spannendem Inhalt, wenn der Nutzer nach einem Klick in ein nicht für mobile Anforderungen konzipiertes Webangebot wechselt.

Daher müssen mit einer mobilen E-Mail, wie überall im Dialogmarketing, auch stets die ausgelösten Reaktionen bedacht werden. Es gilt zu überprüfen, was Nutzer des Mailings oder des Newsletters mobil damit machen sollen – beispielsweise einen Einkauf im E-Shop, die Reaktion über eine Landing-Page oder der Besuch einer Website.

Vor diesem Hintergrund bietet sich der mobilen E-Mail ein völlig neuer Ansatz im Marketing. Voraussetzung hierfür ist das Erkennen des einzelnen Empfängers als mobilen Abrufer.

Checkliste: Mobile E-Mail-Marketing

Für die praktische Arbeit mit mobilem E-Mail-Marketing gilt es eine Reihe von Aspekten zu berücksichtigen. Folgende **Maßnahmen** können mobilen E-Mail-Marketern helfen, erfolgreich in den neuen Kanal zu starten:

- Vor weiteren Planungen ist grundsätzlich zu analysieren, wie viel Prozent der entsprechenden **Zielgruppe** unterwegs E-Mails nutzt. Das kann beispielsweise mit einer **Kundenbefragung**, einem Voting auf der eigenen Website oder durch Analyse der User-Agents innerhalb von Serverprotokollen geschehen. Einige E-Mail-Marketing-Lösungen bieten die Erkennung mobiler Empfänger direkt an.
- Je nach Zielgruppe kann es sich lohnen, bereits während der Newsletter-Anmeldung nach der mobilen E-Mail-Nutzung zu fragen und neben Text und HTML ein weiteres Format für Handys und PDAs anzubieten. Bei entsprechender **Nachfrage** kann anschließend ein separater Newsletter, für mobile Endgeräte optimiert, verschickt werden.

- Grundsätzlich sollte immer auch eine **Textversion** des Newsletters angeboten werden, denn viele mobile Endgeräte können bislang HTML-Mails nur unvollständig oder gar nicht darstellen. In jedem Fall sollte die Möglichkeit vorhanden sein, die HMTL-Version über einen Link als „Website" erreichbar zu machen. Denn die geräteeigenen Webbrowser verfügen meist über weitreichendere HTML-**Darstellungsfähigkeiten** als der E-Mail-Client.

- Vor allem im Rahmen bestehender **CD-Vorgaben** (Corporate Design) ist es empfehlenswert zu **testen**, wie ein Newsletter auf mobilen Endgeräten dargestellt wird.

- E-Mails werden selten vollständig gelesen, sondern meist nur überflogen. Das gilt umso mehr für mobile E-Mails, da hier die Darstellungsmöglichkeiten aufgrund der kleinen **Displays** (meist 240 x 320 Pixel) beschränkt sind [13]. Sofern E-Mails gezielt an mobile Endgeräte verschickt werden, sollte der Text nicht mehr als zwei oder drei Absätze haben.

- Denken Sie an die **besonderen Nutzungspräferenzen** mobiler User. Newsletter werden beispielsweise kaum mobil gelesen. Dem Anwendungsumfeld angepasst, sind hingegen Service-Mails, die aktuell sind oder auf die man im Bedarfsfall zurückgreifen kann (zum Beispiel zu Termin- oder Reisedaten). Gleiches gilt für kompakte Mitteilungen, die bei Warte- oder Pausenzeiten als Einstieg zu weiteren Informationen im mobilen Web dienen können.

Mobil unterscheiden sich die Nutzungsgewohnheiten

- Beim Texten von **Betreffzeile** und **Absendernamen** sollte den ersten Zeichen besondere Aufmerksamkeit geschenkt werden. Die darstellbare Zeichenmenge ist von Gerät zu Gerät unterschiedlich und reicht von sechs bis 93 Zeichen. Ziel ist es, mit den ersten Worten in der Betreffzeile das Interesse bei den Empfängern zu wecken. Setzen Sie die **wichtigen Keywords** und **Call-to-Action**-Elemente daher an den Anfang der Betreffzeile. Vermeiden Sie unbedingt Redundanzen im Absendernamen und dem Anfang der Betreffzeile, um nicht wertvolle Zeichen zu verschwenden.

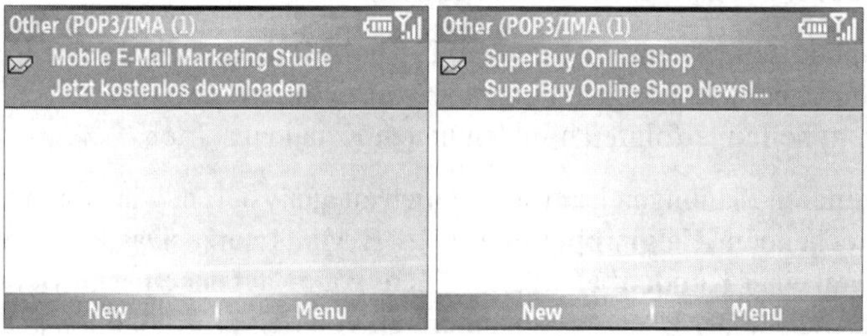

Abb. 2: Gutes und schlechtes Beispiel für Call-to-Action-Button

- Die Zeichenanzahl der **Links** sollte möglichst gering gehalten werden, damit sie auch auf kleinen Displays korrekt dargestellt werden können. Denn anders als in HTML-E-Mails kann in Text-E-Mails keine **Linkzeichenkette** im Code „versteckt" werden und überflutet somit das kleine Handydisplay.

- Wie immer gilt: Die wichtigsten Informationen sollten „above the fold“ stehen, das heißt, ohne dass der Bildschirm **gescrollt** werden muss. Im mobilen Kontext bedeutet das: Die ersten zwei bis drei Sätze sollten bereits die wichtigsten Informationen enthalten. Denn auf dem Display sind unmittelbar meist nur die ersten einhundert Zeichen oder 20 - 25 Wörter zu sehen.

- Viele Newsletter beginnen mit einem Hinweis auf eine **alternative Onlinedarstellung**. In der Textversion wird durch den Hinweistext und den meist langen technischen Link bereits viel wertvolle Fläche verschenkt, die dann nicht mehr anderweitig genutzt werden kann. Versuchen Sie, den Text und den Link daher kurz zu halten und weisen Sie gegebenenfalls direkt auf eine **mobilfähige Onlineversion** der E-Mail hin. Diese kann entweder separat verlinkt sein – oder über eine **Browser-Weiche** automatisch durch Erkennung des mobilen Abrufs gewählt werden. Einige E-Mail-Marketing-Lösungen können dies bereits von Haus aus.

- Darüber hinaus sollte mobilen Usern ein Rückkanal angeboten werden, denn das Web ist unterwegs – wenn überhaupt – nur eingeschränkt verfügbar. So kann es beispielsweise Sinn machen, die Telefonnummer prominent in der E-Mail zu platzieren. Viele Mobiltelefone bieten die Möglichkeit, **Telefonnummern** innerhalb einer E-Mail direkt ins Telefonbuch zu übernehmen oder unmittelbar eine SMS auszulösen. Achten Sie dabei auf ein internationales Format ohne Sonderzeichen, damit die Telefonnummern vom E-Mail-Programm automatisch erkannt werden.

- Bedenken Sie immer auch, was ein Nutzer mit der erhaltenen E-Mail im Weiteren machen soll. Es ist stets sinnvoll, für mobile Endgeräte angepasste Websites oder **Landing-Pages** zu erstellen. Diese sollten kein **Java-Script** enthalten, da viele **Mobile Browser** deren Ausführung nicht unterstützen. Des Weiteren sollte bei der Gestaltung auf die verminderte Displaybreite (meist 240 Pixel) geachtet werden. In Fällen bei denen der genaue Handymodelltyp des Nutzers bekannt ist, kann eine Browser-Weiche mithilfe von CSS verschieden formatierte oder gar in WAP oder cHTML codierte Inhalte ausliefern.

- Mobile Nutzer haben unterwegs in der Regel keine guten Lichtverhältnisse, keinen definierten Abstand zum Monitor und keine Maus als Eingabe zur Verfügung stehen. Um die **Benutzerfreundlichkeit** (Convenience) von mobilen Endgeräten zu verbessern, sollte bei der Ausgestaltung von HTML auf gute Farbkontraste und große Navigationselemente geachtet werden.

Schlechte Lichtverhältnisse stellen neue Anforderungen an Usability

- Mobile Datenübertragung ist langsam und teuer. Geringere Bandbreiten und höhere Latenzzeiten machen drahtlose Datenübertragung generell langsamer im Vergleich zur erdgebundenen Variante. Die Auswahl von Fotos, Grafiken oder gar Videos sollte daher mit Bedacht gewählt werden. Zusätzlich verbraucht die Übertragung dieser Daten wertvolle **Volumenkontingente** in den **Datentarifen** der Nutzer.

- Zu überprüfen ist, ob sich die Abonnenten auch unterwegs von Ihrem **Newsletter** abmelden können. Wenn sich der User zur Abmeldung beispielsweise zuerst auf einer Website einloggen muss, wird dies häufig nicht möglich sein. Eine Abmeldung via **One-Click-Unsubscribe** wird hingegen in der Regel auch mobil funktionieren.

- Natürlich gilt auch für das mobile E-Mail-Marketing: Die Nachricht muss unbedingt erwünscht und relevant sein. Unangeforderte Werbung stört auf einem Blackberry noch viel mehr als auf einem Desktop PC.
- Auf Formulare sollte im weiterführenden Angebot weitgehend verzichtet werden. Da bislang kein Trend zu Hardware-Tastaturen sondern eher zu Touchscreen-Eingaben zu verzeichnen ist, stellen Eingaben stets eine Hürde dar. Daher sollten Formulare, sofern ihr Einsatz nötig ist, weitgehend vorausgefüllt sein oder auf ein Minimum an Eingaben reduziert werden. Verwenden Sie beispielsweise Multiple-Choice-Antworten statt Eingabefelder.
- Nicht alle E-Mails werden mobil gelesen. (Genau gesagt ist es eine Kunst, das mobile Lesen von E-Mails überhaupt zu erreichen). Newsletter oder grafisch umfangreiche E-Mails werden dann zwar gegebenenfalls mobil empfangen, aber erst auf dem PC gelesen. Es ist also nicht immer notwendig, jede E-Mail-Kommunikation mobilfähig zu gestalten. Bedenken Sie jedoch: Die Relevanz aus Betreff und dem ersten erkennbaren Inhalt entscheidet mitunter, ob Ihre Nachricht überhaupt bis zum Lesen auf dem PC überlebt. Nutzen Sie daher – wie auch bei für vollständig mobiles Lesen optimierten E-Mails – den Absender, den Betreff und den ersten Text (zum Beispiel vor dem grafischen E-Mail-Header), um das Interesse ausreichend zu wecken, damit die E-Mail nicht direkt als irrelevant gelöscht wird.

Absender, Betreff und ersten Text optimal nutzen

- Ein interessanter Blick über den Tellerrand und mitunter eine Alternative zur mobilen E-Mail sind mobile RSS-Feeds. RSS kommt dem Bedürfnis nach kompakter Information noch stärker entgegen als E-Mail. Zudem stehen die einzelnen Mitteilungen im Rahmen des jeweils exklusiven Feeds nicht in Konkurrenz zu einer Vielzahl eintreffender anderer Mails. Viele Handys können heute bereits RSS, da es plattformunabhängig ist.

Fazit und Ausblick

Für die meisten Nutzer hat sich das Mobiltelefon zu einem allgegenwärtigen Wegbegleiter, einem persönlichen Medium und vielfach sogar zu einem „life-support-tool“ entwickelt. Es ist heute ein multifunktionales Kommunikations- und Organisationswerkzeug. Umfragen und Studien bestätigen den Trend zur mobilen Internetnutzung. Man muss weder Ökonom noch Prophet sein, um dem zuzustimmen.

Doch sind es nicht die Waren, Kunden, Partner oder die meisten Dienstleistungen, die virtuell werden. Es sind die Geschwindigkeit und die Formate der Kommunikation, die sich und damit die gesamte Wirtschaft geändert haben und weiter ändern werden.

Die profitorientierte Teilnahme an dieser Kommunikation ist nicht nur von strategischen, sondern auch von technischen Voraussetzungen abhängig. Hinsichtlich des mobilen Gebrauchs von Internet und E-Mail ist ein Paradigmenwechsel im Gange. Handys sind nicht länger nur die mobile Variante des Telefons.

Diese Entwicklungen, die Internet und E-Mail bereits für den B2B (Business-to Business)-Markt erschlossen haben, beginnen nun auch den Consumer-Markt zu erobern. Auch wenn das Instrument Mobile E-Mail-Marketing derzeit häufig noch mit Skepsis und mystifizierter Unkenntnis gesehen wird – es ist Realität und Zukunft. „Die Menschen werden immer mehr über das Handy online gehen, um Infos und Hilfe zu bekommen. Darauf stellen wir uns ein", prognostizierte bereits Google-Chef Eric Schmidt 2007 [15]. Die Vorzeichen für einen sprunghaften Anstieg der Nutzung von Mobile E-Mail und damit der Zielgruppe für Mobile E-Mail-Marketing stehen gut. Anbieter und Werbetreibende sollten auf Mobile Web und Mobile E-Mail-Marketing als wichtige Bestandteile des künftigen Dialogmarketings vorbereitet sein.

Literatur

[1] Schäfer, R.: Mobile E-Mail: Erkennung mobiler Nutzer und Darstellung von E-Mails werden immer wichtiger. – In: Schwarz, T. (Hrsg.): Online-Marketing Beratungsbrief. – 01/2008. S. 1, 4, Schimmel Media Verlag, 2008.

[2] Zorn, N.: Mobile E-Mail-Marketing. – In: Schwarz, T (Hrsg.): Leitfaden Online Marketing. – S. 497, marketing-BÖRSE, Waghäusel, 2007.

[3] Handy-Absatz soll 2010 wieder zulegen. – In: Bundesverband Informationswirtschaft, Telekommunikation und neue Medien e.V. (Hrsg.): BITKOM Presseinformation. – S. 1, Berlin, 01.06.2009.

[4] Holst, C.: Trends im Dialogmarketing 2009. – In: Siegfried Vögele Institut (Hrsg.): Dialog Forschung (Präsentation). – S. 12, Königstein, Januar 2009.

[5] Studie Online Marketing Trends 2009. – Dr. Schwarz Consulting (Hrsg.), S. 2, Absolit, 2009.

[6] Reder, B.: Mehr als 100 Millionen Mobilfunk-Anschlüsse in Deutschland. – In: CMP-WEKA Verlag Beteiligungs GmbH (Hrsg.): network Computing, Poing, 28.04.2008

[7] 16 Millionen UMTS-Anschlüsse in Deutschland. – In: Bundesverband Informationswirtschaft, Telekommunikation und neue Medien e.V. (Hrsg.): BITKOM Presseinformation, S. 1 - 2, Berlin, 15.02.2009.

[8] Der Markt der Informationstechnologie – Daten, Fakten, Trends. – In: FOCUS Magazin Verlag GmbH (Hrsg.): Projekt Zukunft, MediaLine. – Onlinedienst der FOCUS Magazin Verlag GmbH, S. 10, München, 2008.

[9] Männer und Frauen nutzen das mobile Internet deutlich unterschiedlich. – In: TNS Infratest (Hrsg.): TNS Infratest stellt Zwischenergebnisse der Mobile Internet Benchmarking Studie 2008 vor. – S. 2 - 3, Bielefeld, 28. Oktober 2008.

[10] BVDW sieht starkes Wachstumspotenzial des mobilen Internets in Deutschland. – In: Bundesverband Digitale Wirtschaft (BVDW) e. V. (Hrsg.): BVDW Presseinformation. – Düsseldorf, 09.04.2009.

[11] Schäfer, R.: Mobile E-Mail: Erkennung mobiler Nutzer und Darstellung von E-Mails werden immer wichtiger. – S. 1, Absolit, 2008.

[12] artegic AG, eigene Untersuchungen.

[13] Schäfer, R.: Mobile E-Mail: Erkennung mobiler Nutzer und Darstellung von E-Mails werden immer wichtiger. – S. 1, Absolit, 2008.

[14] Empfehlungen – In: artegic AG (Hrsg.): Mobile E-Mail Marketing 2008, Analyse der Endgeräte und Praxisempfehlungen. – S. 43, Bonn, 2008.

[15] Schmidt, E.: Google sieht Web-Zukunft auf dem Handy. – In: FOCUS Magazin Verlag GmbH(Hrsg.): FOCUS Online. – München, 10.09.2007.

TECHNISCHE ANFORDERUNGEN AN MOBIL EMPFANGENE E-MAILS

THOMAS GÖRING

7

E-Mail-Marketing ist eines der effizientesten Vermarktungsinstrumente. Die Empfänger erhalten relevante und personalisierte Inhalte zum idealen Zeitpunkt. Das werbetreibende Unternehmen profitiert neben der Messbarkeit vor allem auch von den vielfältigen, interaktiven Möglichkeiten, um die Empfänger „dort abzuholen", wo sie gerade stehen.

Bei mobilem E-Mail-Marketing bekommt die Betrachtungsweise des „Abholens" von Zielgruppen nicht nur eine übertragene, sondern eine im besten Wortsinne gegebene Bedeutung: nämlich die **der räumlichen Unabhängigkeit**. Der Einzelne gewinnt schlicht ein Maximum an Flexibilität. Er kann an jedem Ort zu jeder Zeit „seine" Newsletter auf seinem mobilen Endgerät abrufen und ist somit nicht mehr an den heimischen oder den betrieblichen Rechner gebunden.

Konkret: Empfänger nutzen **freie Zeitfenster**, wie zum Beispiel Wartezeiten oder Bahnfahrten, um Mails oder eben auch Newsletter zu lesen. Jeder Fünfte checkt gar beim Essen seine Mails. Beides trifft für Endkonsumenten ebenso zu wie für geschäftliche Nutzer. Außerdem werden unterwegs Mails statistisch gesehen in einer deutlich höheren Frequenz abgerufen als die im Durchschnitt üblichen vier Mal pro Tag. Daraus lässt sich auch auf eine erhöhte Aufmerksamkeit schließen.

Im Business-to-Business-Segment sind Push-Mails seit langem etabliert. Und auch der private Endverbraucher nimmt sich immer mehr dieser Technik an. Ein Blick in die Statistiken verrät: Das Interesse an mobiler Webnutzung in Deutschland steigt sowohl für Business-to-Business als auch für Business-to-Consumer stetig. Zwischen dem ersten und dem vierten Quartal 2008 ist die Zahl der deutschen mobilen Internetnutzer um 62 Prozent gewachsen. Deutschland liegt nun mit elf Prozent an vierter Stelle hinter Großbritannien (16 Prozent), Frankreich (15 Prozent) und Italien (15 Prozent).

Zahl der mobilen Internetnutzer steigt stetig

Auf der Seite der Unternehmen, die E-Mail-Marketing bereits praktizieren (88 Prozent in Deutschland) sind es derzeit **immerhin schon 27 Prozent**, die die Wirkung ihrer Newsletter durch mobiles E-Mail-Marketing verbessern wollen. Das sind jetzt schon mehr als SMS-Marketing bisher erreicht hat – und der Trend wird anhalten. Zur gedanklichen Einordnung: Der Markt für E-Mail-Marketing betrug 2007 1,7 Milliarden Euro in Deutschland, bei gesamten Werbespendings von etwas über siebzig Milliarden Euro.

Anhand von Research in Motion und Apple mit ihren Produkten Blackberry und iPhone sollen nun die wichtigsten Implikationen für die Anforderungen an mobiles E-Mail-Marketing gegenübergestellt werden. Beide zählen zu den

http://www.marketing-boerse.de/Experten/details/Thomas-Goering

Anbietern, die das „Mailen von unterwegs“ quasi gesellschaftsfähig gemacht haben. Die Blackberrys waren und sind vor allem im Businessbereich stark, wohingegen das iPhone derzeit vor allem im Endkundenbereich eine hohe Verbreitung aufweist.

Inhaltliche Erfolgsfaktoren

Für interessierte Unternehmen und natürlich auch Agenturen stellen sich folgende Eingangsfragen: Erstens, wie kann diese Technologie werberelevant im allgemeinen Sinne von mobilem E-Mail-Marketing kommerzialisiert werden? Und zweitens im spezifischen Sinne nutzerorientiert umgesetzt werden? Ansonsten bleibt es ein beliebiges technisches Feature. Im eigentlichen Kontext gilt es herauszukristallisieren, was für jede professionelle (E-Mail-)Marketing-Kampagne gilt: Was ist das Ziel des Newsletters? Wer ist die Zielgruppe? Was ist das zu bewerbende Produkt und wie wird das Produkt heute vermarktet?

Relevanz

Bei mobilen Mails ist die inhaltliche Relevanz noch viel wichtiger

Bevor technologische Aspekte in den Vordergrund rücken, wird als erstes auf das zentrale Element von E-Mail-Marketing – und damit auch von mobilem E-Mail-Marketing – eingegangen: Relevanz. **Relevante Inhalte** stehen immer im Vordergrund und werden sich auch wie ein roter Faden durch alle Erfolgsfaktoren hindurchziehen. Nicht umsonst werden 73 Prozent aller Abmeldungen aus dem Grunde der Irrelevanz vorgenommen. Aus was für einem Grund auch sonst? Hinsichtlich mobilem E-Mail-Marketing spitzt sich die Frage nach relevanten Inhalten noch einmal mehr zu.

Status Quo in Deutschland

Lassen sich in normalen Newslettern schwache Inhalte noch durch Bilder, Animationen oder animierende Interaktionsmöglichkeiten kaschieren, ist dies beim Handy nicht mehr möglich. Derzeitige E-Mail-Marketing-Trends, wie zum Beispiel „share-with-your-network”, müssen erst einmal aus den USA zu uns herüberschwappen, sich dann im klassischen Newsletter behaupten und dann aufs Handy gelangen. Dies scheint derzeit noch weit entfernt, da hierzulande noch an den **Pflichtaufgaben** wie zum Beispiel intelligenten Begrüßungsmails gearbeitet wird. Und auf Seiten der Empfänger wird wie immer auf Platz eins aller Umfragen „interessante Inhalte“ genannt.

Um einen Newsletter dauerhaft lesenswert zu halten, können folgende Punkte als Checkliste verstanden werden:

1. Newsletter auswerten

Welche Inhalte kamen besonders gut in den letzten Newslettern an? Welche Kennziffern innerhalb einer Newsletter-Auswertung lassen sich in konkrete Maßnahmen umsetzen?

2. Ich bin selbst Kunde
Wenn ich selbst Kunde bei einem Unternehmen und Abonnent des entsprechenden Newsletters wäre, welche Themen würden mich aktuell bewegen? Gibt es zur Einschätzung dieses Punktes die Möglichkeit, direkt mit Kunden oder Vertriebsmitarbeitern zu sprechen?

3. Welches Know-how habe nur ich?
Wenn der Absender über Wissenswertes verfügt, welches andere nicht haben, bietet dies zweifelsohne einen Grund zum Lesen des Newsletters.

4. Was ist der konkrete Nutzen meines Newsletters?
Ziel ist es durch Tipps und Tricks dem Leser einen „Vorsprung" zu bieten, der ihm das Leben erleichtert oder sein Vorhaben leichter erreichbar macht. Diese schlagen sich dann in der Performance nieder.

5. Welche Änderungen gibt es im Umfeld meiner Leserschaft?
In Abhängigkeit der Zielgruppe sind zum Beispiel Gesetzesnovellen, Gerichtsurteile oder neue Verordnungen sinnvoll. Auch Hinweise auf Studien können den berühmten Mehrwert liefern, wenn diese zum Interessensgebiet der Leser gehören.

6. Was finde ich im Netz?
In Zeiten von Google, Youtube, Yigg und Technorati stößt man nicht nur auf Relevantes, das unter Punkt eins bis fünf subsumiert wird. Auch Kurioses, Unterhaltsames und weiteres Interessantes ist im Netz zu finden. Da es sich demnach um Online-Content handelt, sollte auch darauf verlinkt werden.

Betreff und Editorial

Das erste, was der Leser eines Newsletters wahrnimmt, sind der Absendername und die Betreffzeile – das ist auch auf einem mobilem Endgerät nicht anders. Vor allem der Betreffzeile sollte immer besondere **Aufmerksamkeit** geschenkt werden. Auch bei Handys ist die darstellbare Zeichenmenge der Betreffzeile von Gerät zu Gerät unterschiedlich und hat eine große Spannbreite.

Die ersten drei Worte im Betreff zählen

Auch wenn der Betreff tendenziell immer kurz sein sollte, sollte besonders viel Wert auf die Dramaturgie der ersten drei, vier Wörter gelegt werden. Diese können in fast jedem Falle gelesen werden. Studien weisen zudem eine 28 Prozent höhere Öffnungswahrscheinlichkeit bei **sachlichen Betreffzeilen** auf.

Gleiches gilt auch für das Editorial und das Inhaltsverzeichnis. Letzteres wird in den meisten Fällen mit Ankern versehen. Aber gerade das Inhaltsverzeichnis hält einer kritischen Betrachtung unter unserem Kernthema nur bedingt Stand: Natürlich ist es komfortabel, mit einem Klick zu einem bestimmten Inhalt zu springen. Aber mit einem Handy? Das Blackberry-Rad oder die „Pearl" des gleichen Herstellers sowie die Touchscreens – allen voran das iPhone – sind ergonomisch und **intuitiv**. Das geht mithin schneller als über die Ankerfunktion.

Technische Erfolgsfaktoren

Bei der Versendung von Newslettern auf mobile Endgeräte dürfen folgende Faktoren nicht außer Acht gelassen werden:

Datenmenge

Die Übertragungsgeschwindigkeit zu mobilen Geräten ist tendenziell derzeit noch langsamer als herkömmliche Übertragungswege und die Nutzung zum Teil noch verhältnismäßig teuer. Daher sollte die Datenmenge eines (HTML-) Newsletters immer angepasst werden. Beide Einschätzungen sind Randbereiche und werden hier nicht weiter ausgeführt. Denn einerseits kennen die Marktkräfte für Verbindungspreise und -geschwindigkeit seit Jahren nur eine Richtung.

Begrenzte Bandbreite

Und andererseits zeigen Erhebungen, dass schon heute die Kilobyte-Größen der Newsletter in **akzeptablen Bandbreiten** sind. Für die Statistiker: 7Kb bei reinen Text-Newslettern und 64Kb bei HTML-Newslettern.

Darstellung

Ältere Blackberry-Modelle konnten nur Plain Text darstellen. Sowohl die neueren Modelle als auch das iPhone unterstützen heute von Haus aus die Anzeige von HTML. Natürlich gehen auch alle anderen Hersteller diesen Weg. Genau darin liegt aber auch eine der größten Herausforderungen von mobilem E-Mail-Marketing: Nur weil es geht, heißt das nicht, dass es auch von großem Nutzen ist.

Kleiner Monitor

Im Gegensatz zu Desktop- oder Notebook-Monitoren mit handelsüblichen Spannweiten von 10 bis 24 Zoll findet bei **der Projektionsfläche** eine wahre Eruption auf 3 bis 4,5 Zoll statt.

Eine weitere Herausforderung: Auf den unterschiedlichen Endgeräten sind unterschiedliche Webbrowser und E-Mail-Clients vorhanden. So kommen verschiedene Render-Engines zum Einsatz, die wiederum eine unterschiedliche Anzahl an HTML- und CSS-Befehlen beherrschen. Die Anpassung betreffen insbesondere folgende Punkte, die gleichermaßen als Checkliste verstanden werden können:

Layout

Dieses beschränkt sich auf eine einfache und reduzierte Form. So sollte zum Beispiel der Hintergrund hinter den Texten weiß beziehungsweise hell sein und der Text schwarz. Klare Strukturen und Kontraste vereinfachen dem User das Lesen. Schon aus dem Grund, dass zum Beispiel das iPhone Telefonnummern im Text automatisch blau hinterlegt – ein dunkler Hintergrund würde diese Funktion neutralisieren.

Links

Die Links im Fließtext sollten hingegen zum Rest des Textes farbig und unterstrichen sein. Sie heben sich somit ab und sind auch bei einer kleinen Darstellungsform gut zu erkennen. Zudem sollte die Zeichenanzahl von Links möglichst gering gehalten werden. Bei reinen Text-Newslettern, die zum Beispiel über ältere Blackberrys abgerufen werden, kann der Link nicht abgekürzt (zum Beispiel als Tiny URL) dargestellt werden und trägt hier noch zur Unübersichtlichkeit bei.

Text

Der Text sollte nur einspaltig aufgebaut sein. Der Vorteil: Eine Spalte fokussiert die Aufmerksamkeit des Lesers und wirkt übersichtlicher. Bei einer Tabellenbreite von etwa 270 – 300 Pixel stellt beispielsweise das iPhone eine Tabelle optimal dar. Die ganze Breite des Bildschirmes ist ausgefüllt und die Buchstaben so groß, das sie gut ohne zoomen zu lesen sind. In eine Reihe passen etwa **35 Zeichen**. Der User kann, ohne viel hin und her zu scrollen, alle Informationen erfassen.

Einspaltiger Text

Bilder

Zunächst gilt natürlich auch, was für „normales“ E-Mail-Marketing gilt: Bilder nur dann verwenden, wenn sie die Botschaft und die Zielsetzung des Newsletters unterstützen – Stichwort **Relevanz**. Bei einer vielfach geringeren Auflösung als bei Monitoren – Apples iPhone 480 x 320 Pixel, aktuelle Versionen des Blackberrys 320 x 240 Pixel – sollte sich das werbende Unternehmen diese Frage sehr intensiv stellen.

Größe

Beim Lesen eines Newsletters am Desktop-Monitor gilt – egal über welchen Client oder Provider – eine Breite von maximal 600 Pixel als Standard. Das ist jedoch viel zu breit für das Lesen über das mobile Endgerät. Für mobiles E-Mail-Marketing muss mit einer maximalen Breite von 250 bis 300 Pixeln gerechnet werden. Die Kilobyte-Größe müsste wie oben beschrieben nicht zwingend angepasst werden.

Maximal 300 Pixel breit

Ein Tipp:

Um dem Empfänger als ersten Schritt das Lesen auf dem mobilen Endgerät zu erleichtern, kann eine für das Endgerät **optimierte Version** auf einem Server hinterlegt werden. Diese Version kann der Nutzer bei Bedarf durch Klicken auf einen Link mit zum Beispiel den Worten „Newsletter auf mobilem Endgerät lesen“ anschauen.

Weitere Erfolgsfaktoren

Weitere wichtige Faktoren eines Newsletters sind Ab- und Anmeldefunktion sowie Landing-Pages, welche gleichzeitig den Leser zur Interaktion auffordern.

Abmelden und Weiterleiten

Die Funktion „Abmelden“ ist vorgeschrieben. „Weiterleiten“ hingegen ist ein Standardfeature. Beim Abmelden sollte ein Pre-filling des E-Mail-Adress-Feldes umgesetzt sein. Die Eingabe der eigenen Adresse ist aufgrund des kleinen Bildschirms und der Doppelbelegung aller Tasten umständlich. Zudem haben die wenigsten ihre eigene Mail-Adresse im Adressbuch für Active Filling hinterlegt.

Abmelden ohne Eingabe der E-Mail-Adresse ermöglichen

„Weiterleiten" funktioniert beim Standard-Newsletter vor allem dann, wenn eine Incentivierung stattfindet. Hier muss man abwägen. Einerseits entsteht Interaktion, andererseits braucht die Erklärung des Incentives Raum und die Eingabe der Empfänger-Adresse Zeit. Repräsentative Erfahrungswerte liegen derzeit noch nicht vor, das kann nur bedeuten, es selbst als Lernfeld mit einem entsprechenden Creative auszuprobieren.

Anmeldung

Die Anmeldebox – auf der Webseite oder über Multiplikatoren – wird in diesem Kontext eher am Ende aufgeführt, da die absolute Mehrheit ihre Mails „nur" auf ihr Mobile weiterleitet. Dies kommt dem Werbetreibenden, sofern er seine programmierseitigen Hausaufgaben für eine korrekte Darstellung gemacht hat, entgegen. Denn zum jetzigen Zeitpunkt ist es noch offen, ob eine spezifische mobile Newsletterversion **kommerziellen Erfolg** darstellen würde.

Des Weiteren gelten alle rechtlichen Aspekte natürlich uneingeschränkt und unabhängig des Empfangsgerätes.

Landing-Pages

Für Landing-Pages gilt im Grunde das Gleiche wie für spezifische mobile Newsletterversionen. Eine Anpassung hinsichtlich Aufbau und Design sowie eine inhaltliche Aufbereitung ist von **Vorteil**, letztlich aber eine Frage der Zielsetzung und auch des Budgets. Das Wesentliche zum Thema Landing-Pages in fünf Punkten:

Lesererwartungen erfüllen

Die mobile Landing-Page muss alles bieten, was der Besucher aufgrund des Newsletters erwartet. Von dort wiederum auf eine Subseite springen zu müssen, wird nicht funktionieren. Der Grad zwischen Reduktion und Ausführlichkeit ist bei mobilen Landing-Pages nochmals schmaler als bei normalen Landing-Pages.

Klare Handlungsaufforderungen

Response-Element direkt ansteuerbar

Machen weitere Klicks nur bedingt Sinn, dann ist es wichtig, eine Telefonnummer oder eine E-Mail-Adresse prominent zu platzieren. Sie fordern zum Handeln auf. Die Telefonnummer und die E-Mail Adresse müssen allerdings direkt vom Handy aus angesteuert werden können. So erhöht es die Interaktion. Repräsentative Auswertungen zeigen immer wieder, dass Kontakt und Impressum die Seiten mit den **meisten Klicks** sind. Sollte doch ein weiterführender Klick Sinn machen, den Link unbedingt farbig unterstreichen und somit optisch im Text hervorheben.

Mehrwert bieten

Wer eine mobile Landing-Page besucht, signalisiert Interesse. Dieses Interesse sollte belohnt werden. Die Inhalte auf der Landing-Page müssen dem Leser einen echten Mehrwert bieten. Zudem sollte der Besucher durch einen Klick weitere Informationen anfordern können.

Headlines

Headlines sollten möglichst kurz gehalten werden, auf Subheadlines darf ganz verzichtet werden.

Bilder

Durchschnittlich weisen HTML-Newsletter 14 Bilder auf. Dies lässt sich in der mobilen Version nicht mehr realisieren. Bilder müssen aufgrund der eingeschränkten Darstellungsmöglichkeiten sparsam eingesetzt werden – getreu dem Über-Motto „Relevanz“.

Bilder sparsam einsetzen

Fazit

Fast jeder besitzt heute ein Handy und nutzt dieses sowohl privat als auch geschäftlich schon lange nicht mehr nur zum reinen Telefonieren. Die Geräte werden zunehmend multimedial. Die eigene Mailkorrespondenz hierüber abzuwickeln ist in vollem Gange und wird weiter zunehmen.

Werbetreibende Unternehmen müssen sich fragen, wann und wie mobiles E-Mail-Marketing dem Empfänger einen Mehrwert im Gegensatz zum Lesen am festen Bildschirm bietet. Einerseits gelten aufgrund der Größenverhältnisse erweiterte Darstellungsrestriktionen, andererseits gewinnt der Empfänger nun vollends die vielgepriesene Unabhängigkeit.

Der Professionalisierungsgrad von klassischem E-Mail-Marketing in Deutschland ist trotz immer größerer Budgets und vermehrter Verzahnung im Marketingplan **ambivalent**. Obwohl Deutschland als einer der wichtigsten Märkte in Europa gilt, schlagen sich die werbetreibenden Unternehmen hierzulande immer noch mit fundamentalen Anforderungen herum.

Beispielhaft dafür sind an erster Stelle Begrüßungsmails und die Rückkopplung von Auswertungen auf Folgekampagnen zu nennen. Ebenso optimierte Versandzeiten oder auch die intelligente cross-mediale Verzahnung.

Die technologische Entwicklung hält dabei durchaus Stand mit den Anforderungen und dient nicht als Entschuldigung. Die eigentliche – und vor allem hohe – Dynamik entsteht durch die permanente Veränderung **im Nutzungsverhalten**, welche immer anspruchsvoller wird.

Der gewollte Empfang von Newslettern auf mobile Endgeräte ist hierfür geradezu exemplarisch. Unternehmen stehen nun vor der Herausforderung, das eine zu tun, oder das andere zu lassen: Die **Hausaufgaben** im klassischen E-Mail-Marketing anzugehen und umzusetzen. Und gleichzeitig das mobile Userverhalten genau zu beobachten und daraus die richtigen Schlussfolgerungen zu ziehen. Ein Blick in die USA hilft dabei, zu sehen, was möglich ist. Der Empfänger hierzulande bestimmt immer noch, worauf es ihm ankommt. Und das sind zum jetzigen Zeitpunkt nach wie vor relevante Inhalte.

Literatur

Absolit Dr. Schwarz Consulting: Studie E-Mail-Marketing-Trends 2009. – Kurzversion, S. 6 und 10, 2009.

www.absolit.de

artegic: Mobile E-Mail Marketing 2008. – Analyse der Endgeräte und Praxisempfehlungen, S. 24/25, 2008.

internet world business: Internet World Business Guide. – Mobile Internet 2009, S. 4, 2009.

RSS – DIE NEUE FORM DES DIALOGMARKETINGS

STEFAN VON LIEVEN

7

Die Idee ist an sich nicht neu: Schon vor zehn Jahren wurden Versuche unternommen, Nutzern **Website-unabhängige und offline-verfügbare Nachrichten** anzubieten. Ein Beispiel sind die von Microsoft mit Windows 98 eingeführten „Active Channels“. Damals mangelte es allerdings noch an einer kritischen Masse – sowohl im Hinblick auf die Inhalte als auch auf die Nutzer. Das hat sich mit RSS verändert. RSS bedeutet wörtlich „Rich Site Summary“ und ist ein standardisiertes Austauschformat für Onlineinhalte. Seinerzeit eine kleine Revolution, was „Web 2.0 Erfinder“ Tim O‘Reilly dazu veranlasste, RSS als den „bemerkenswertesten Fortschritt in der grundlegenden Architektur des Netzes“ zu bezeichnen. Die Anwendungsfelder sind heute sehr differenziert und erstrecken sich von der gezielten Ad-hoc-Information bis hin zum Wissensmanagement und neuen Formen des Direktmarketings.

RSS – vom Datenaustauch zum Informationsdienst

Ursprünglich war RSS die technische **Spezifikation eines Austauschformats für artikelbasierte, redaktionelle Inhalte** (sogenannte Content-Syndizierung – der RSS-Begriff wird daher alternativ auch als „Really Simple Syndication“ definiert). Damit ist das Format insbesondere für Nachrichtenportale oder Informationsdienste interessant, die ihre Inhalte mittels eines standardisierten Formats anderen Webseiten zur Verfügung stellen können. So können die News oder das Wetter aus der Region unkompliziert in die eigene Website eingebunden oder in anderer Form automatisiert weiterverarbeitet werden.

Erst in der jüngeren Vergangenheit ist der Internet-Endanwender auf RSS aufmerksam geworden. Grundsätzlich sind für ihn RSS-Feeds spannend, da sie sein individuelles Informationsbedürfnis auf direkte Art und Weise bedienen können. Zudem tragen sie zu einer Vereinfachung der regelmäßigen Informationsbeschaffung bei. Es müssen nicht mehr einzelne Websites besucht werden um Informationen zu beschaffen. Websites informieren den Anwender per RSS automatisch, wenn es Neuigkeiten gibt – ganz gleich ob Weblog, Unterhaltung, Termine, Nachrichten, Shop-Angebote oder Branchen-News.

Zur Nutzung von RSS ist jedoch ein geeignetes Leseprogramm nötig – ein sogenannter Feed-Reader. Die Einstiegsbarrieren für nicht technikaffine Internetnutzer waren hier zu Anfang sehr hoch. Ein spezielles, mehr oder weniger einfach zu bedienendes Programm musste in der Regel extra heruntergeladen und installiert werden. Mit der letzten Generation der Internet-Browser, Betriebssysteme und E-Mail-Clients ist diese Hürde endlich gefallen. Sie

Eigenes Leseprogramm erforderlich

http://www.marketing-boerse.de/Experten/details/Stefan-von-Lieven

unterstützen RSS als nativen Bestandteil und machen sie somit für jeden User einfach und sofort verfügbar.

Gleichzeitig wächst die Anzahl der Anwendungen, die RSS lediglich als Dienst im Hintergrund verwenden. Dazu zählen persönliche Webstartseiten wie iGoogle oder Netvibes. Auf diesen Seiten können sich Nutzer aus einer Vielzahl von Informationsangeboten eine **eigene Portalseite** oder auch **aggregierte News** zusammenstellen. Beliebt sind auch Widgets, kleine Tools, die Wetter, News oder Events direkt in einer ansprechenden Gestaltung auf den lokalen Desktop oder das Handy liefern. Hinter den Anwendungen steckt – meist für den Anwender nicht ersichtlich – RSS als Austauschformat für die Inhalte.

Die Anzahl der verschiedenen Anwendungsformen und damit die Anzahl der über RSS als Medium der Informationsdistribution erreichbaren Anwender steigen über diese Dienste kontinuierlich.

Welches Potenzial RSS in der Verbreitung erreichen kann, wenn technische Hürden entfallen, zeigt bereits das **Podcasting** – ein RSS-basierter Austausch von Audio- und Videodateien. Hier waren bereits sehr früh einfach zu bedienende und attraktive Anwendungen verfügbar – nicht zuletzt in Form des Apple iPods.

RSS wird zum zentralen Format – auch mobil

RSS ist für den mobilen Empfang interessant

Eine der Grundeigenschaften von RSS wird dabei in Zeiten der Mobilisierung des Internets zum wichtigen Vorteil für das Marketing: die Technologieplattformen übergreifende Verwendbarkeit. RSS funktioniert mit Windows, Mac und Mobiltelefon. Das eröffnet RSS eine zunehmende Reichweite gerade auf mobilen Endgeräten und in der Unterhaltungselektronik.

Fast jedes moderne Handy besitzt heute neben E-Mail und Webbrowser auch einen RSS-Reader. RSS bietet sich dabei als kompaktes News-Format geradezu an, um auf kleinen Bildschirmen und unterwegs genutzt zu werden. Sinkende Preise, schneller Datentransfer und das Propagieren des „mobilen Internets“ schaffen zudem eine wachsende Zahl von Nutzern, die den mobilen Informationsabruf mittels RSS entdecken.

Auch im Bereich der Unterhaltungselektronik stehen zunehmend neuartige Internet- und RSS-fähige Geräte zur Verfügung, wie Spielekonsolen, Stereoanlagen und Fernseher. Von mittelfristigen Zukunftsvisionen wie In-car-Kommunikation und Rezepte suchenden Kühlschränken gar nicht zu sprechen.

Ohne Registrierung nutzbar

SPAM-Sicherheit und Datenschutz

Für den Nutzer bietet das RSS-Konzept noch einen weiteren Vorteil: Anders als bei der sonst üblichen Push-Kommunikation (etwa der E-Mail-Zustellung) ist **keine vorherige Registrierung erforderlich**. Das Abonnieren eines RSS-Newsfeeds erfolgt ausschließlich auf der Nutzerseite („clientseitig“) durch den Eintrag in ein RSS-Leseprogramm – zum Beispiel mittels Klick auf das RSS-Icon im Webbrowser.

Dadurch ist jederzeit eine einfache Abmeldemöglichkeit gegeben: Der Nutzer muss lediglich den Eintrag für den betreffenden Feed aus seinem Abrufprogramm entfernen. Das klassische Problem der Push-Kommunikation, dass eine Nachrichtenübermittlung vom Empfänger nicht wirksam unterbunden werden kann, ist so ausgeblendet. RSS wird damit zum **SPAM-freien Kanal**. Das schafft Vertrauen beim Nutzer. Zumal auch keine personenbezogenen Daten – wie beispielsweise die E-Mail-Adresse – angegeben werden müssen. Vor dem Hintergrund der aktuellen Datenschutzdebatte und der individuellen Schutzbedürfnisse des Nutzers ist das ein wichtiges Argument pro RSS.

Hohe Aktualität

Die Wahrnehmung von RSS als Push-Dienst hat noch einen weiteren Effekt, der die Nutzung des Formats für die Verteilung von (Ad-hoc-)Nachrichten optimal macht: Die Kommunikation wird **als sofort zugestellt wahrgenommen**. Zwischen der Publizierung eines Artikels in einem Nachrichtenportal und der Benachrichtigung des Lesers besteht – zumindest in der Wahrnehmung – kein nennenswerter Zeitverzug. Tatsächlich definiert das vom Abonnenten in seinem RSS-Reader eingestellte Aktualisierungsintervall, wie schnell eine neue Meldung angezeigt wird. Der Trend geht hier jedoch zu sehr kurzen Aktualisierungszyklen im Bereich von unter fünfzehn Minuten [1].

Welche Reichweite hat RSS?

Schätzungen zufolge kommt heute bereits jeder zweite Internet-User mit RSS-Inhalten in Kontakt. Und die RSS-Nutzung steigt weiter deutlich an – im Gegensatz zur Anzahl der Internetnutzer insgesamt, die jährlich nur noch mit etwa 7,7 Prozent wächst [2], [5], [6]. Damit zählt RSS zu den am schnellsten wachsenden Kommunikations-Kanälen im Internet, schneller als Social Networking oder Video-Sharing [6].

Kaum Kennzahlen zur Reichweite möglich

In der Regel ist den meisten Nutzern gar nicht bewusst, dass sie RSS verwenden. Schon seit Jahren liegt die Zahl derer, die RSS bewusst nutzen, nur bei maximal einem Fünftel bis einem Drittel der tatsächlichen RSS-Nutzer. Viele User **nutzen RSS unbewusst** über Anwendungen wie etwa persönliche Webstartseiten. Die Zahl der aktiv RSS-Feeds abonnierenden Internetanwender liegt je nach Studie bei nur rund acht Prozent (bei den 14 - 29-jährigen Männern immerhin bei achtzehn Prozent) [3], [4]. Das zeigt, dass „unverpackte“ – also nicht in einer smarten Anwendung versteckte – RSS immer noch einer recht technologie-affinen Klientel vorbehalten ist.

Den RSS-Begriff kennen inzwischen zwar viele, kaum jemand weiß aber, was sich tatsächlich dahinter verbirgt. Für die Verbreitung von RSS ist das jedoch unwesentlich. Denn: Welcher Internet-Surfer und E-Mail-Nutzer weiß schon, dass er http oder smtp als technische Grundlage verwendet? Das ist auch einer der Gründe, warum valide Kennzahlen zu den Reichweiten von RSS-Feeds generell kaum verfügbar sind.

Der andere – und im Kern viel gravierendere – Grund ist, dass RSS-Feeds derzeit (noch) kaum statistisch ausgewertet werden. Das Problem liegt in der **Automatisierung der Informationsabrufe**. Der RSS-Reader des Users prüft selbstständig in regelmäßiger Frequenz die eingestellte RSS-Abrufadresse auf neue Meldungen hin. Hat ein Nutzer hierfür eine kurze Aktualisierungsrate konfiguriert oder mehrere Endgeräte, so werden täglich eine Vielzahl von automatischen Webzugriffen generiert. Sie alle erfolgen allerdings von nur einer einzelnen Person. Aus der Anzahl der Zugriffe auf einen RSS-Feed kann daher nicht auf die Anzahl von Abonnenten geschlossen werden. Nicht einmal relative Aussagen (etwa „mehr Zugriffe bedeutet mehr Abonnenten") sind belegbar.

Zumindest teilweise schaffen Analyse-Dienste wie Googles Feedburner (www.feedburner.com) Abhilfe. Aber auch diese geben nur vage Auskunft über die Anzahl von Abrufen. Exaktere und insbesondere marketingrelevante Kennzahlen aus Click- und Conversion-Tracking liefern fortschrittlichere Messtechnologien wie das iRSS Advanced Fingerprinting (www.rss-marketing.de).

RSS in der Online-Marketing-Praxis

RSS hat mittlerweile seinen Weg in die Marketing-Kommunikation gefunden. Als Dienst zum Abonnement von Website-News ist RSS bereits ein etablierter Kanal. Doch RSS kann mehr als Website-Neuigkeiten verteilen. So wächst die Zahl spezialisierter RSS-Dienste mit besonderen Mehrwerten ebenso wie die Anwendung von RSS in E-Commerce- oder für die Service-Kommunikation.

RSS bei Nachrichtenportalen

Klassiker für RSS sind und bleiben aktuelle News-Dienste im Bereich Portale und Verlage. Der regelmäßige „Website-Besuch" kann so automatisiert werden. Die richtige Ausgestaltung von RSS-Anlesern und Onlinevolltexten macht RSS zu einer wichtigen Quelle für Website-Traffic.

Doch genau hier liegt oft auch ein Problem, denn der Gratis-Service aktueller Meldungen bringt eine Reichweite, die bislang nur wenig Bedeutung in der Vermarktung gefunden hat. Mangelnde Analysemöglichkeiten und eine nach wie vor an Banner-Einblendungen orientierte Media-Planung **verhindern bislang eine ernsthafte Erschließung** des Werbepotenzials via RSS. Dabei bietet RSS die Fähigkeiten eines Direktmarketingkanals und damit ein deutlich effektiveres Werbeumfeld. Das wird in Zeiten zunehmender Verlagerung der Media-Ausgaben in Richtung Performance-Marketing zu einem Schlüsselkriterium.

RSS im E-Commerce

Im E-Commerce hat RSS erst vor kurzem Einzug gehalten. Doch die Zahl der Anbieter von Shopping-RSS-Feeds steigt rasch an. So bietet etwa der Onlineshop der Drogeriemarktkette Schlecker via RSS einen „Schnäppchen Radar". Abonnenten erhalten regelmäßig, mehrmals pro Woche, Hinweise auf besonders günstige oder limitierte Angebote. Ähnliches bietet auch der US-Shopping-Sender QVC mit dem „Today's Special Value"-Feed. Die Angebote beinhalten meist einen kurzen und knackigen Betreff, eine Artikelbeschreibung, ein Produktbild sowie einen direkten Link in den Onlineshop.

Vertriebs-instrument RSS

RSS als Sprachrohr des Web 2.0

Den Durchbruch in puncto allgemeiner Bekanntheit schaffte RSS einst mit der Anwendung als **„Lesezeichen" für Weblogs**. Durch sie konnten die neuesten Meldungen einfach per RSS abonniert werden. Diese praktische Anwendungsform hat sich mittlerweile in der gesamten Web 2.0-Landschaft durchgesetzt. So können Kommentare zu Foren oder auch Neuigkeiten und Mitteilungen aus Social Networks per RSS abonniert werden. Auch der neueste „Hype" im Internet setzt auf RSS: Twitter. Twitter erlaubt es, ad hoc-Informationen in granularer Form zu publizieren. Es ist damit – sehr vereinfacht – **vergleichbar mit SMS-Gruppen**, in denen ein User einer Anzahl von Freunden kurze Informationen übermitteln kann. Die neuesten Meldungen aus Twitter können die Zuhörer (Follower) wiederum einfach per RSS abonnieren.

RSS-Such-Agenten

Eine Anwendung, die – clever eingesetzt – das Potenzial von RSS wirklich zu erschließen vermag, sind Suchagenten. Egal ob Jobs, Events, Immobilien oder Finanzmarktdaten – der Anwender definiert einmal ein persönliches Interessenprofil. Er erhält somit auf sein individuelles Such-Muster zugeschnittene Informations-Updates. Im Unterschied zu den vorhergenannten Anwendungen wird RSS spätestens hier zu einem echten **Eins-zu-eins-Medium**. Eines der bekanntesten Beispiele ist ebays „Search while you sleep" – ein Dienst, der passende neue Auktionen heraussucht und via RSS dem Abonnenten vorschlägt.

Im Vergleich zu E-Mail-gestützten Diensten punktet RSS hier durch die besondere Eignung für hochfrequente, granulare Informationen. Zudem können alte, nicht mehr aktuelle Inhalte wieder entfernt werden. Die separate Darstellung der RSS-Feeds hilft – zumindest in Bezug auf die einzelnen Anbieter – den Überblick zu behalten und so ein bestimmtes Informationsangebot im Auge zu behalten. Unterstützen können hier Profilierungsmethodiken, die das Interesse der Nutzer anhand ihres Klick- und Leseverhaltens bewerten. Die bereitgestellten Inhalte können so an das Interessenprofil dynamisch angepasst werden.

Status-Updates

Wo ist meine Lieferung?

Eine andere praktische Anwendung von RSS ist die Nutzung für Updates von Statusmeldungen im Service-Bereich. Ein Beispiel sind hier Statusmeldungen im Bereich des **Logistik-Trackings**. So bieten UPS- und DHL-Widgets an, die mittels RSS jederzeit aktuell über den Versandstatus von Paketen Auskunft geben. Ein Service, der nicht nur beim Kunden gut ankommt, sondern im Falle von UPS sogar im Zentrum einer internationalen Werbekampagne stand.

Ist RSS die Ablösung von E-Mail im Marketing?

Die vielfältigen und praktischen Fähigkeiten von RSS haben mitunter auch zu überzogenen Erwartungen geführt. So kann die Frage nach der Ablösung von E-Mail-Marketing durch RSS getrost mit einem „Nein“ beantwortet werden. RSS hat nicht einmal annähernd die Verbreitung von E-Mail (per E-Mail sind immerhin 82 Prozent aller Internetnutzer erreichbar). Allein dieser Unterschied verhindert, dass RSS eine Alternative zur E-Mail darstellt.

Viel wichtiger aber ist die grundsätzlich **andere Nutzungspräferenz und Anwendung** von RSS. RSS eignet sich für granulare, hochfrequente Informationen im Sinne eines Benachrichtigungsdienstes. Diese Beschaffenheit macht RSS bislang ungeeignet für redaktionell oder grafisch umfangreiche Inhalte. Dementsprechend stellt sich weniger die Frage, ob und wo RSS die E-Mail-Kommunikation ablösen kann. Vielmehr erschließt RSS Zielgruppen oder Anwendungen, für die E-Mails ungeeignet sind. Hierzu zählen neben granularen, hochfrequenten Informationen beispielsweise Finanzdienstleistungen. Letztere vermeiden mit RSS die Gefahr im Spam- und Phishing-Filter unterzugehen und so ihre Kunden gar nicht zu erreichen.

Höhere Aufmerksamkeit weil weniger Durchmischung

Es gibt aber noch weitere Unterschiede zwischen RSS und E-Mail, die in eine Bewertung der Einsatzmöglichkeiten einfließen müssen. So profitiert RSS von der exponierten Darstellung in einer eigenen Anwendung oder einem eigenen Ordner. Abonnierte RSS-Feeds sind meist klar voneinander abgegrenzt und unterliegen somit nicht dem Problem einer Durchmischung mit anderen Informationen wie das in einem vollen E-Mail-Postfach der Fall ist. Sie erzielen damit eine höhere Aufmerksamkeit gegenüber E-Mails und damit letztlich auch eine deutlich höhere Klickrate [1]. Angesichts einer generell **sinkenden Aufmerksamkeit für Direktmarketing** ein wichtiger Pluspunkt für RSS.

Ein weiterer Vorteil von RSS gegenüber E-Mail-basiertem Direktmarketing ist die anspruchslose **Rechtssicherheit**. RSS wird vom Abonnenten selbst abgerufen und erfordert für die Anwendung keinerlei personenbezogene Daten – wie etwa eine E-Mail-Adresse. Dadurch sind Datenschutzfragen per se kein Thema. Eine Auswertung des Nutzerverhaltens und eine entsprechende Profilierung sind so ohne rechtliche Fallstricke möglich. Eine echte Rarität im Bereich Direktmarketing.

Herausforderung RSS

Die Tatsache, dass RSS-Feeds vom User selbst abgerufen werden – also im **Pull-Verfahren** abonniert werden – macht RSS zu einem echten Permission-Marketing-Kanal. SPAM-Freiheit, geringe psychologische Hürden beim Abonnement und hohe Aufmerksamkeit beinhalten jedoch auch die Herausforderung Kunden nicht zu verlieren. Ein einmal verlorener Abonnent kann – zumindest via RSS – nicht mehr zurückgewonnen werden.

In der Praxis zeigt sich allerdings, dass **RSS-Feeds kaum abbestellt werden**. Im Bereich B2C (Business-to-Customer) liegt die Abmelderate im Schnitt unter 0,5 Prozent [1]. Tatsächlich erfolgt eher ein Ausblenden der Information. Ein RSS-Feed wird dann zwar abgerufen, aber nicht mehr gelesen. Unterstützt wird dieser Verlust an Wahrnehmung seitens des Abonnenten durch eine zu hohe Frequenz des Informationsflusses durch den Anbieter. Kommen neue Items für den Abonnenten zu häufig, wird er sie nicht mehr lesen beziehungsweise wahrnehmen. So blendet der Abonnent den ganzen Feed als nicht interessant aus – man spricht von **Frequency Disinvolvement**. Das Maximum an Items für den Einzelnen ist dabei abhängig von der jeweiligen Zielgruppe und den Inhalten sowie vor allem vom individuellen Anwendungskontext.

Einem potenziellen Wahrnehmungsverlust kann durch gezielte, inhaltlich und zeitlich individuelle Kommunikation entgegengewirkt werden. Das Abruf- und Leseverhalten ermöglicht die Erstellung eines Interessen-Profils des einzelnen RSS-Users. Auf diesem Profil basierend wird im nächsten Schritt eine Vorselektion relevanter Inhalte durchgeführt. Der User erhält dann nicht mehr ungefiltert alle Informationen, sondern nur noch solche, die seinem Interesse und seiner individuellen Lesekapazität entsprechen.

So starten Sie Ihr RSS-Marketing

RSS ist ein hervorragendes Instrument, um Kunden und Interessenten regelmäßig mit neuen Inhalten zu versorgen und damit an das eigene Unternehmen zu binden. Eine nachhaltige Nutzung von RSS als Marketinginstrument bedarf vorab einer klaren Zielsetzung. Stellen Sie sich also zunächst die Frage, was Sie mit dem RSS-Angebot erreichen möchten. Mögliche Einsatzzwecke sind das Generieren von Website-Traffic, die Vermarktung des Feeds für Werbung sowie der Einsatz als Vertriebs- oder Service-Instrument. Einige konkrete Anwendungsbeispiele haben Sie ja bereits im vorhergehenden Abschnitt kennengelernt.

Die meisten Content-Management-Systeme können RSS-Feeds generieren

Sind die Ziele klar, gilt es die nötige technische Basis zu schaffen. Die meisten Content-Management-Systeme (CMS) sind in der Lage RSS-Feeds zu generieren. Hier stellt sich daher eher die Frage nach einer funktionierenden redaktionellen Ausgestaltung. RSS-Informationen müssen kurz und auf den Punkt gebracht sein. Zudem sollten sie eine gewisse Regelmäßigkeit haben. Nur mit mehreren relevanten Neuigkeiten pro Woche wird ein RSS-Feed als „lebendig“ wahrgenommen.

Checkliste RSS

Im Folgenden möchte ich Ihnen noch einige Tipps an die Hand geben, die dabei helfen, RSS effektiv in den Online-Marketing-Mix zu integrieren:

- Platzieren Sie das RSS-Icon möglichst prominent auf Ihrer Seite und verlinken Sie es mit Ihren Feeds. Unter feedicons.com finden Sie das Icon in verschiedenen Formaten und Auflösungen als Download.
- Legen Sie eine neue Seite an, auf der Sie RSS erläutern und Ihre verfügbaren RSS-Feeds anzeigen. Diese Seite können Sie zum Beispiel neben dem RSS-Icon verlinken („Was ist RSS?“). Erklären Sie auf dieser Seite kurz und knapp, welchen Nutzen RSS für den User bietet und fügen Sie Links zu RSS-Leseprogrammen ein. Beispiele sind curiostudio.com sowie die webbasierten RSS-Reader bloglines.com und netvibes.com.
- Vergessen Sie nicht, Ihren RSS-Feed im Quelltext Ihrer Website zu vermerken, damit Webbrowser die Verfügbarkeit von RSS erkennen können und dem Nutzer die Möglichkeit des direkten Abonnements bieten.
- Besonderes Augenmerk sollten Sie dem Namen Ihres RSS-Feeds schenken. Nicht selten haben RSS-User dreißig oder fünfzig Feeds abonniert. Ihr Feed kämpft also gegen viele Konkurrenten um die Aufmerksamkeit des Users. Wählen Sie einen interessanten und einprägsamen Namen, der neugierig macht. Bedenken Sie dabei, dass die meisten RSS-Reader die Feeds alphabetisch sortieren.
- Genauso wichtig wie der Name Ihres Feeds sind natürlich die Titel der einzelnen Beiträge. Es lohnt sich, über die Wahl des Titels länger nachzudenken, denn er entscheidet als „Türöffner“ maßgeblich darüber, ob der jeweilige Beitrag geöffnet wird. Halten Sie die Titel möglichst kurz und machen Sie auf den Inhalt des Beitrags neugierig. Auch hier hilft – analog zum Testen der Betreffzeile im E-Mail Marketing – ein Testen von Titeln.
- Veröffentlichen Sie viele Meldungen und aus verschiedenen Themenbereichen? Dann lohnt es sich, die wichtigsten Themen entweder als eigenständige RSS-Feeds aufzubereiten oder dem Nutzer die Möglichkeit zu lassen, gewünschte Inhalte selbst auszuwählen. Auf diesem Weg können sich die User genau die Inhalte aussuchen, die für sie wirklich interessant sind.

Kategorien mit in den RSS-Feed aufnehmen

- Sofern Ihre Inhalte unterschiedlichen Kategorien oder Themen zuzuordnen sind, nehmen Sie diese Begriffe in Ihre RSS-Feeds mit auf.
- Werten Sie den Erfolg Ihres RSS-Feeds aus: Wie viele User haben Ihre RSS-Seite aufgerufen? Wie viele Besucher erhalten Sie über Ihre RSS-Feeds? Wie viele Empfänger hat Ihr Feed? Welche Items werden gelesen oder geklickt?
- Erhöhen Sie die Bekanntheit und Reichweite Ihrer RSS-Feeds, indem Sie sie in RSS-Verzeichnisse und Webdienste eintragen. Beispielsweise bei: rss-verzeichnis.de, rss-scout.de, rss-nachrichten.de, rss-verzeichnis.net.

- Auch wenn RSS praktisch ist: Vergessen Sie den klassischen E-Mail-Newsletter nicht, denn RSS ist nach wie vor nicht jedermanns Sache. Kombiniert ergänzen sich E-Mail und RSS ohnehin hervorragend, um je nach Kundenbedürfnis den richtigen Kanal wählbar zu machen.
- Wenn Sie aus RSS-Abonnenten im Laufe der Zeit E-Mail-Abonnenten machen möchten, hilft es, wenn Sie die Vorteile von RSS in Bezug auf die inhaltliche und frequenzbezogene Selbstbestimmung übertragen. Bieten Sie dazu mit dem Angebot auf E-Mail umzusteigen eine thematische Auswahl sowie eine Auswahl, wann der Newsletter gesendet werden soll. Beispielsweise sobald eine neue Meldung verfügbar ist oder als Zusammenfassung von Meldungen einmal die Woche.

Literatur

[1] Eigene Untersuchungen der artegic zur RSS Nutzung innerhalb der ELAINE iRSS Plattform

[2] BITKOM: http://www.bitkom.org/46074_46069.aspx

[3] von Eimeren, B., Frees, B.: ARD/ZDF-Onlinestudie 2008.

[4] Fitkau und Maass Consulting: 27, WWW-Benutzer-Analyse W3B.

[5] Katz, J.-M.: What's Holding RSS Back? – Forrester 2008.

[6] Avenue A Razorfish / Universal McCann, aus Internet World 2008.

RSS ALS SYNDICATION-TECHNIK

JÖRG RENSMANN

7

RSS-basierte Services, die Mehrwerte und Information aus einer Hand bieten, sind eine smarte Lösung, die Firmen bei der Bewältigung dieser Aufgabe helfen können. Auf diese Weise werden Zielgruppen auf verschiedenen Kanälen mit relevanten Inhalten versorgt.

Verschiedene Zielgruppen auf verschiedenen Kanälen bedienen

Richtig eingesetzt, leistet RSS einen Beitrag zur sinnvollen Verarbeitung und effizienten Verteilung von Informationen in einer immer komplexeren und fragmentierteren **Kommunikationskultur** [1]. RSS fungiert dabei als zentrale Drehscheibe, die Firmen die Erstellung von personalisierten Informationspaketen in Form von Newslettern, Online-Widgets für Plattformen wie Facebook, iGoogle und Co. und über intelligente Tools, die den User direkt am Desktop erreichen, ermöglicht.

In der Unternehmenskommunikation eingesetzt, kann ein **RSS-basiertes Kommunikationssystem** helfen, die passenden Informationen für unterschiedliche Ausgabekanäle automatisiert zusammen zu stellen und diese zu bedienen. Dabei können neben Inhalten aus dem Internet auch firmeneigene Quellen wie das Content-Management-System (CMS) oder die ERP-Software angedockt und deren Inhalte verfügbar gemacht werden. Ein **Corporate-RSS-Server** macht es so möglich, Input und Output für unterschiedliche Zielgruppen zentral zu managen. Der Einsatz von RSS hilft etwa, relevante Inhalte und Themen automatisch zu filtern und Informationen zu vordefinierten Themen über die unterschiedlichen Plattformen hinweg effizient zu beobachten. Eine solche RSS-Plattform fasst relevante Fundstellen zusammen und sorgt so für einen optimalen Überblick über die Informationsangebote zu bestimmten Bereichen. Anschließend können Informationen ausgewählt und auf verschiedene Output-Kanäle wie Newsletter, Websites, Widgets und Tools oder auch auf mobile Endgeräte verteilt werden.

RSS versus E-Mail?

Lange Zeit wurde darüber diskutiert, ob RSS die E-Mail-Kommunikation wenigstens teilweise ablösen wird. Diese Diskussion ist deplatziert. Vielmehr ist RSS eine sinnvolle Ergänzung [2]. So werden Marketing-Maßnahmen wie zum Beispiel E-Mail-Marketing durch die Möglichkeiten, die sich aus dem Einsatz von RSS ergeben, unterstützt, flexibilisiert und vervielfältigt. RSS und E-Mail-Marketing sind hierbei komplementär: E-Mail-Marketing wird verbessert und userrelevant gemacht. Inhalte, die im firmeneigenen Content-Management-System (CMS) produziert werden, werden per RSS in das System übernommen

http://www.marketing-boerse.de/Experten/details/Joerg-Rensmann

und in einen **Newsletter-Redaktionsprozess** integriert. Beim Erstellen des Newsletters sind automatisch sämtliche Informationen und News im System als Vorschlag vorhanden und können dann per Klick beziehungsweise Drag & Drop für das Endprodukt zusammengestellt werden (**E-Mail2RSS** respektive **RSS2E-Mail**). Zudem können weitere Inhalte (etwa ein Editorial) direkt erstellt und eingeflochten werden.

Einheitlicher Redaktionsprozess

Dabei erlaubt die RSS-basierte Schnittstelle das gleiche Redaktions- und Auswahlverfahren auch für andere Output-Kanäle wie Desktop-Widgets und interaktive Tools für den Computer der Nutzer.

Eine Aufbereitung als **personalisierter Service** für den Nutzer ist so ganz einfach und ohne weiteren Aufwand zu realisieren. Der User kann die Inhalte individuell zusammenstellen und sich für bestimmte Themenbereiche entscheiden, die ihn interessieren. Vom Newsletter über Desktop-Tools und Newstickerband bis zur persönlichen Startseite im Internet, die selbst konfigurierbar ist, können Inhalte immer wieder neu kombiniert werden [3].

RSS-basierte Schnittstelle als Relevanzgenerator

Eine webbasierte RSS-Schnittstelle beinhaltet beide Seiten der Informationsverarbeitung. Abgebildet sind die **Inputseite** mit internen Quellen, externen Inhalten, Filterfunktion und Archiv. Zusätzlich ist aber auch die **Outputseite**, in der die relevanten **Ausgabekanäle** definiert werden, die das System bedient oder die vom System generiert werden, enthalten. Das können Inhalte für die Erweiterung bestehender Intranet-Portale, interne oder externe Corporate-Blogs oder Wikis sein. Oder aber Newsletter, ein Firmen-Twitter-Account, das unternehmenseigene Profil bei Facebook, MySpace oder auch Widgets für die verschiedenen Onlineplattformen. Dabei bildet die RSS-Plattform auch plattformübergreifende **Redaktions- und Freigabeprozesse** ab. So werden Social Media und Web 2.0 Plattformen nicht losgelöst von der Gesamtstrategie der Unternehmenskommunikation bedient. Redakteure wählen aus den vorhandenen News dann Informationen für verschiedene Ausgabekanäle aus. Auf diese Weise können **Newsletter, Widgets, Desktop-Tools, E-Mails, SMS-Alerts, mobile Ausgabekanäle** etwa für iPhone, Blackberry und Windows CE-Geräte gespeist werden. Das System generiert sogar automatisiert PDFs und verteilt diese auf Knopfdruck. Die RSS-Plattform fungiert dabei als „Melting Pot“: Informationen aus verschiedenen relevanten Quellen bilden den Input. Durch einfache Auswahlprozesse und Drag & Drop-Funktionen können Inhalte ausgewählt und für verschiedene Output-Kanäle individuell vermischt und zusammengestellt werden. Außerdem ist es möglich, direkt im Backend der RSS-Plattform Inhalte zu erstellen, einzuspeisen und in gleicher Weise auf die Kanäle zu verteilen. Unternehmen profitieren von mehr Struktur und Übersicht im Redaktionsprozess und haben eine einfache und schnelle Übersicht über die Verbreitung ihrer Inhalte. Marketingtreibende Firmen verleihen ihren Kommunikationsmaßnahmen so letztlich mehr Relevanz und Aufmerksamkeit beim Empfänger.

Newsletter, SMS oder Twitter

Variable Outputgestaltung

Innerhalb der RSS-Plattform übernehmen **automatische Filter** und Verknüpfungsregeln in Verbindung mit konfigurierten Eingabemasken die Aufgabe, die gewünschten Inhalte für das jeweilige Ausgabeformat Maß zu schneidern. Ein und dasselbe Element kann dabei in unterschiedliche Channels eingespeist werden. Die Redaktion muss dazu einfach die gewünschte Information in verschiedenen Formaten anlegen und anschließend auf die passenden Kanäle verteilen. Twitter etwa limitiert einzelne Einträge auf 140 Zeichen. Statusmeldungen oder Einträge in den Profilen der sozialen Netzwerke bei XING, Facebook, LinkedIn et cetera haben ebenfalls spezifische Anforderungen. So ist sicher gestellt, dass trotz des userindividuellen Customizings wichtige News auch bei allen Empfängern ankommen und das richtige Format haben.

Das Unternehmen kann also verschiedene Pflichtfelder im Ausgabekanal zentral vorgeben. Konkrete Inhalte werden dabei weiterhin redaktionell eingespeist, die Themengewichtung und -zusammenstellung bleibt individuell und vom User festgelegt. Inhalte müssen nicht für die jeweiligen Kanäle redaktionell bearbeitet werden. Heterogene Quellen werden im Corporate-RSS-Server zusammengefasst und für die gezielte und kontrollierte Veröffentlichung von internen und externen Inhalten bereit gestellt. Für sämtliche Output-Kanäle existiert nur noch ein **einheitlicher, simpler Redaktionsprozess**.

RSS für Communities

Durch intelligent genutzte RSS-Systeme kann auch für den Social Media-Bereich relevanter Inhalt erstellt werden. Dieser kann übernommen, umgewandelt, automatisiert angepasst und in die verschiedenen Plattformen und Communities eingebunden werden. Das Angebot eines reinen RSS-Feeds, den User abonnieren und in die von ihnen genutzten Social Media-Plattformen integrieren können, reicht nicht mehr aus. Unternehmen, die ihr Angebot durch fertige **Widgets und Tools mit Mehrwert** aufstocken, haben einen klaren Vorsprung. Denn Widgets können nicht nur Informationen und News verarbeiten und verbreiten. Sie können auch weitere Services für Nutzer beziehungsweise Kunden enthalten, die beiden Seiten Vorteile bieten und dadurch **Kundenbindung** generieren. Für internetaffine User kann RSS außerdem eine Schnittstelle sein, um relevante Informationen zugeschnitten auf die Ausgabekanäle zu verbreiten. Durch die Definition von Gruppen innerhalb der Outputkanäle wie Twitter oder den Networks wie Facebook kann die Verteilung der Informationen jeweils beurteilt und dann entsprechend lanciert werden. Dabei lassen sich nicht nur die verschiedenen Kanäle in „Verteilern" organisieren, sondern auch Gruppen innerhalb der Netzwerke (Geschäftspartner, Kunden, Mitarbeiter) ansteuern.

Segmetierung über unterschiedliche Kanale

Maßgeschneiderte Lösungen für Nutzer und Unternehmen

RSS-basierte Systeme und -Ausgabekanäle bieten Firmen und Usern gleichermaßen entscheidende Vorteile. **Marketing- und Kommunikationsziele** werden effizienter, schneller, einfacher, flexibler und kostengünstiger erreicht als auf den herkömmlichen eindimensionalen Pfaden.

Für Unternehmen ist es wichtig, nicht einfach nur RSS-Feeds anzubieten, oder in die eigene Website einzubinden, um dann passiv auf Abonnenten zu warten. Aktiv clevere Services mit relevantem Mehrwert für User anzubieten, schafft mehr **Aufmerksamkeit** und eine größere Reichweite für die Unternehmen.

Letztlich passen sich Unternehmen so dem Kommunikationsverhalten und Informationsbedürfnis an. In Zeiten permanenter Reizüberflutung ist das ein konsequenter und dringend erforderlicher Schritt.

Abb. 1: Corporate RSS-Server wie go!RSS sammeln Inhalte von externen und internen Quellen ein und bieten intelligente Filter- und Alerting-Funktionen. So können relevante Inhalte per Drag & Drop einfach und komfortabel direkt in verschiedene Ausgabekanäle übernommen werden.

Abb. 2: Der Desktop TV-Guide von Pay-TV Anbieter Sky nutzt RSS-Technologie für die Übertragung, die Anzeige und das Durchsuchen des TV-Programms.

Literatur

[1] Grimm, S.: Die Kommunikationskanäle. – In: Schwarz, T. (Hrsg.): Leitfaden Online Marketing. – S. 91, marketing-BÖRSE, 2007.

[2] Reinshagen, M: Die E-Mail ist tot – Es lebe die E-Mail – In: Schwarz, T. (Hrsg.): Praxistipps E-Mail Marketing 2.0 – S. 7, marketing-BÖRSE, 2009.

[3] Zorn, N.: RSS ergänzt E-Mail-Marketing. – In: Schwarz, T. (Hrsg.): Leitfaden Online Marketing. – S. 472, marketing-BÖRSE GmbH, 2007.

REICHWEITE VON NEWSLETTERN IM WEB ERHÖHEN 7

MARTIN PHILIPP

Manch Marketingverantwortlicher hat wohl schon einmal davon geträumt, seine Newsletter-Kampagnen würden nicht nur die bisherigen Abonnenten erreichen. Sondern **per Knopfdruck eine Vielzahl weiterer Interessenten** mit hoher Affinität zu den Unternehmensangeboten. Und diese ließen sich dann schnell als neue Kunden gewinnen – fürwahr ein traumhafter Geschäftserfolg. Doch Permission-Marketing setzt hier enge rechtliche Grenzen. Wer sie verletzt, muss mit Sanktionen rechnen. Aus ist vorläufig der Traum von vielen neuen Kunden.

Deshalb ist **Kreativität** gefragt, um auf neuen Wegen Wirkung und Reichweite von Kampagnen zu erhöhen – und zwar auf rechtlich abgesicherten Wegen. Dieser Beitrag zeigt, welche Wege zum Ziel führen und welche Software-Voraussetzungen dafür erforderlich sind.

Die intelligente Vernetzung von E-Mail und Web

Grundvoraussetzung ist eine moderne Softwarearchitektur, die als **offene Kommunikationslösung** E-Mail-Marketing und Internet intelligent miteinander verbindet. Nur so lässt sich ein effizienter Informationsaustausch über verschiedene Medien und Kanäle mit direktem Kunden-Feedback effizient organisieren – mit deutlich größeren Freiheitsgraden als bisher.

Crossmedia: **Inhalte zentral erstellen und auf vielen Kanälen verteilen**

Eine weitere wichtige Voraussetzung ist die Effizienz: Man erstellt die Inhalte an der Quelle ein einziges Mal in einem Metaformat mit Links auf Landing-Pages oder Microsites. Nach Freigabe lassen sich diese Inhalte mehrfach nutzen und über verschiedene Kanäle sowie in unterschiedlichen Darstellungsformen an Kunden und Interessenten kommunizieren.

Dieser offene Ansatz überwindet die engen rechtlichen Grenzen des Permission-Marketing. Kein Gesetz verbietet es, Informationen und Angebote aus dem Newsletter 1:1 in Webseiten zu integrieren.

Das reine Verschicken von E-Mails steht damit nicht länger im Vordergrund sondern der Empfang von Informationen. Die E-Mails selbst werden mehr zum Trägermedium für die neuen Kommunikationskanäle.

http://www.marketing-boerse.de/Experten/details/Martin-Philipp

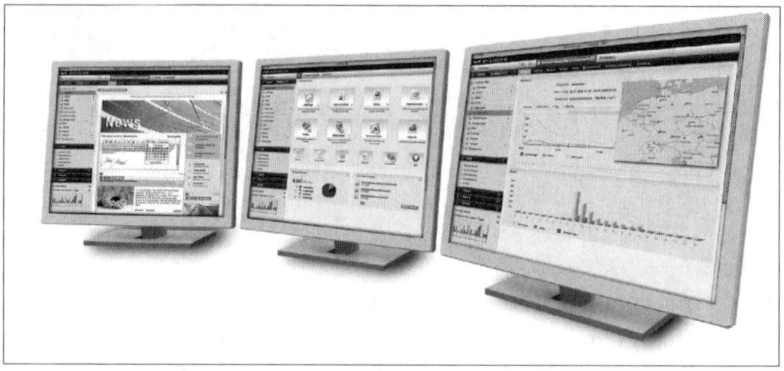

Abb. 1: Intelligente Vernetzung

Die Vorlieben der Empfänger bedienen

Empfänger eines Newsletters wählen zunehmend je nach persönlichen Gewohnheiten und Vorlieben sowie je nach aktuellem Umfeld, über welche Kommunikationskanäle sie Informationen aufnehmen wollen:

- Viele schauen Newsletter direkt am Bildschirm an – in Text- oder HTML-Darstellung, die jeder E-Mail-Client unterstützt.
- Andere blättern gerne in Ruhe Gedrucktes durch und bevorzugen deshalb das Plattform-übergreifende Dateiformat PDF (Portable Document Format).
- Einige, die viel unterwegs sind, lassen sich Newslettertexte vorlesen – per Sprachsynthese (Text-to-Speech) über Lautsprecher oder Kopfhörer.

Auch auf weitere Gewohnheiten der Empfänger – etwa ob sie Informationen aktiv oder passiv beziehen möchten – gehen technische Entwicklungen ein und bedienen sie. Der klassische Newsletter-Versand per E-Mail zählt aus Sicht des Versenders zur aktiven Kommunikation. Diese setzt das Einverständnis der Empfänger voraus. Bei der passiven Kommunikation, zum Beispiel per RSS-Feeds oder Podcast, bietet der Versender Informationen zum Abonnieren an. Empfänger bestimmen frei, zu welchem Zeitpunkt sie welche individuellen Informationen abholen möchten.

Einmal pflegen, mehrfach kommunizieren

Aus einer Lösung heraus Newsinhalte und Werbebotschaften zu pflegen und für unterschiedlichste Kommunikationskanäle zielgenau aufzubereiten, wird der Maßstab der Zukunft für eine wirkungsvolle 1:1 Kommunikation sein.

Newsletter und RSS-Marketing

RSS als Ergänzung

RSS (Really Simple Syndication)- und **E-Mail-Marketing** führen derzeit noch weitgehend ein Eigenleben. Dabei könnten beide Kommunikationsinstrumente voneinander profitieren, weil sie sich gut ergänzen. Kunden sollten zukünftig die Wahl haben, RSS, E-Mails oder beides zu empfangen.

RSS gilt als der Standard für die Verbreitung von Onlineinhalten. Viele Webseiten bieten inzwischen RSS-Feeds an, die ähnlich einem Newsticker Informationen kurz anreißen und über einen Link zur Originalseite führen. Nutzer, die solche Services abonnieren, können verschiedene RSS-Angebote per Webbrowser, mit einem RSS-Reader oder über diverse Webanwendungen wie beispielsweise iGoogle bündeln und lesen.

Anfangs haben vor allem Weblogs und Wikis dieses **XML-basierte** Datenformat eingesetzt. Das hat sich mittlerweile geändert. Heute verwenden Unternehmen aller Branchen, Medien, Suchmaschinen und Privatpersonen diesen Standard. RSS unterstützt dabei den Austausch von Textinhalten als Feeds sowie von Audio- und Videoformaten als **Podcasts**.

Einsatz auf der eigenen Website

Newsletter-Inhalte automatisch auf der eigenen Website einbinden

Hierbei geht es um die parallele Nutzung der Inhalte von Newslettern auf der eigenen Website. Beispiele sind die Rubriken Aktuelles, Referenzen, **RSS-Feeds**, Podcast-Downloads und News vorlesen lassen.

Der Vorteil: Es gibt keine doppelte Pflege, Inhalte von Newsletter und Website sind identisch und stets aktuell. Mit suchmaschinenfreundlichem Inhalt, einheitlicher News-Struktur für die Website und mit crossmedialem Dialog ohne Mehraufwand.

Warum ist das so interessant? Bekannt ist, dass man **Newsletter** direkt aus Content-Management-Systemen (CMS) oder Customer-Relationship-Management-Systemen (CRMS) heraus versenden kann. Neu ist der umgekehrte Weg, Inhalte aus dem E-Mail-Marketing-System direkt und automatisiert in Websites zu exportieren.

Einblenden von Newsinhalten

Zur Bewerbung der Newsletter-Bestellmöglichkeit auf der Website kann man den letzten Newsletter in Form von Newsletter-Thumbnails über einen Betreffzeilen-Ticker einblenden. Ziel ist, dem Interessenten vorab zu zeigen, was ihn an interessanten Informationen und Angeboten im Newsletter-Abo erwartet, um bessere Eintragungsquoten zu erzielen.

Einsatz auf externen Websites

Hierbei geht es ums Einblenden von Newsletterinhalten in externen, zielgruppenaffinen Portalen – zum Beispiel über das WAI (Wide Area-Informationboard), in Marketing-Weblogs wie Twitter und Social Communities wie Xing oder Facebook sowie in Multiplikator RSS-Feedverzeichnissen. Besucher dieser Websites geben Suchbegriffe ein und filtern so gezielt die für sie passenden Inhalte aus dem gesamten Angebot heraus.

Hier lassen sich mit einfachen Mitteln **höhere Reichweiten** erzielen, indem man einzelne Newsletter oder komplette Serien zielgerichtet nach außen übermittelt. Ohne Streuverluste lassen sich so neue Leads generieren.

Effizientes News-Management in Großkonzernen

Inhalte für Filialen bereitstellen

Hier heißt das Zauberwort Content-Syndication: Konzernübergreifende Informationen und News an zentraler Stelle einmal erstellen und freigeben, damit man sie von allen Geschäftsbereichen und regionalen Niederlassungen einheitlich nutzen kann – über alle Informationskanäle in den verschiedensten Darstellungsformen. Das spart Ressourcen und lässt den einzelnen Geschäfts- und Regionalbereichen den Fokus, sich voll auf die speziellen Kundeninformationen für ihr Segment konzentrieren zu können.

Individuell und im Dialog

E-Mail-Marketinglösungen der neuesten Generation bieten für den Newsletterversand und für **RSS-Abonnenten** flexible Möglichkeiten zur Individualisierung von Anrede und Betreffzeile sowie von Inhalten. Hierfür stellen sie Werkzeuge für eine einfache Nutzung mit hohem Automatisierungsgrad bereit. So können Marketingfachleute auch ohne Programmierkenntnisse Newsletterkampagnen hochwertig gestalten und einfach durchführen.

Besondere Bedeutung haben dabei integrierte Webformulare. Damit können Kunden direkt aus dem Newsletter heraus den Dialog führen. **Moderne E-Mail-Marketinglösungen** bieten hierzu einfach nutzbare Funktionen per CMS – zum Editieren und Gestalten von maßgeschneiderten Formularen. Diese Formulare kann man vorab mit personalisierten Adressdaten ausfüllen – automatisiert und mit direkter Verbindung zur Profildatenbank.

Resumee

Die bisherigen Grenzen zwischen herkömmlichem E-Mail-Marketing und dem klassischen Web sind mit modernen Softwarelösungen der neuesten Generation aufgehoben. Ein **crossmedialer** Informationsaustausch über standardisierte Verfahren und XML-Formate ist zukünftig in allen Richtungen möglich. Damit öffnen sich neue Wege im E-Mail-Marketing, um die Reichweite und Wirkung von Newsletterinhalten deutlich zu erhöhen.

Literatur

www.onlinemarketing-experts.de
www.emailmarketingblog.de
www.onlinemarketingblog.de
www.wai.de
www.evalanche.com

NEWSLETTER-MANAGEMENT IN EINER FILIALORGANISATION

7

ANDREAS LANDGRAF

Vom Solisten zum Orchester: die meisten E-Mail-Marketing-Tools gehen noch vom **„Ein-Kampagnen-Modell“** aus. Ein einzelner Absender gestaltet eine einzige Kampagne. Tut er das mehrmals, werden die Kampagnen zwar in einer Art von Archiv nacheinander aufgereiht, aber sie haben keinen inneren, sinnbehafteten Zusammenhang. Jede ist ein singuläres Ereignis. Vergleiche, Verlaufskontrollen und erweiterte Auswertungen finden in der Welt von Excel statt.

Mehrstufige Handelsorganisationen haben andere Anforderungen

Sobald eine **mehrstufige Handelsorganisation** gemeinsam aktiv werden will, ändert sich die Perspektive. Wenn ein Markenhersteller mit — sagen wir — zehn Großhändlern und einigen hundert Einzelhändlern verkaufsorientierte Newsletter plant, ergeben sich neue Aufgaben:

- Die Kerneigenschaften des beworbenen Produkts dürfen von keinem Teilnehmer im Alleingang abgewandelt oder verfälscht werden. Markenzeichen, Bilder und Beschreibungen müssen vom Hersteller autorisiert, die **Corporate-Identity** gewahrt sein.
- Alle **technischen und juristischen Anforderungen** müssen zuverlässig in hoher Qualität erfüllt sein. Auch dann, wenn das dazu erforderliche Know-how ganz ungleichmäßig auf die einzelnen Teilnehmer verteilt ist.
- Die Auswertung der **Kampagnenergebnisse** erfolgt auf unterschiedlichen Ebenen: einzelner Teilnehmer, Gesamtkampagne, Land, Region. Oder als Benchmark zwischen Teilnehmern, die (beispielsweise nach Umsatzgröße) als „vergleichbar“ betrachtet werden.
- Je größer der Teilnehmerkreis wird, desto wahrscheinlicher werden **Länder- und Sprachgrenzen** überschritten. Dabei müssen nicht nur Texte übersetzt, sondern auch Preise, Währungen, Produktvarianten et cetera für Teilauflagen angepaßt werden.
- Um die **Akzeptanz** der einzelnen Teilnehmer für ein solches Vorgehen sicherzustellen, müssen dennoch individuelle Bausteine möglich sein. Der „Gebrauchtwagen der Woche“ des Händlers XYZ kann nun einmal nicht mit einem zentral vorgegebenen Foto und Beschreibungstext verkauft werden.

Vom Solisten zum Orchester

Der Übergang vom Solisten zum Orchester ändert nichts an der Basistechnologie. Die Mailserver am Ende der Kette bleiben die gleichen, aber das Kampagnenmanagement findet auf höherem Level statt.

http://www.marketing-boerse.de/Experten/details/Andreas-Landgraf

Einmal denken, zigtausendmal anwenden

Produktionskosten sind quasi null

Bereits beim klassischen White Mailing war es nicht unüblich, Kampagnen zentral zu entwickeln und an teilnehmende Partner unterzuverteilen. Dabei ging es in erster Linie darum, die **Entwurfskosten** auf möglichst viele Schultern zu verteilen. Außerdem konnten durch die gemeinsame Produktion Mengenrabatte erzielt werden. Beim E-Mail-Marketing sind die Entwurfskosten tendenziell niedriger und die **Produktionskosten** praktisch gleich null.

Risiko Abmahnung

Dafür gibt es nun technische und juristische Hürden zu nehmen, die nicht nur Fachwissen erfordern, sondern auch neuartige Risiken bergen. Ein Werbebrief auf Papier muss keine **Spamfilter** überwinden und wird nicht mit unterschiedlichen Mailprogrammen, Webmail-Interfaces und Browsern betrachtet. Mit ordentlicher Adresse kommt ein Brief zuverlässig an und die Frage, ob er denn bei jedem Empfänger „korrekt dargestellt“ wird, stellt sich nicht. Die Gefahr, kostenpflichtige Abmahnungen zu kassieren, ist beim klassischen Brief so gut wie ausgeschlossen. E-Mail-Marketing ernährt dagegen eine wachsende **Abmahnindustrie**, die aus Fehlern der Absender Kapital schlägt. Unwissenheit schützt vor Strafe nicht, ergo spielt es keine Rolle, ob der ertappte Absender versehentlich, gleichgültig oder absichtlich zum Spammer geworden ist.

Daher ist es vernünftiger denn je, Kampagnen zentral vorzudenken, sorgfältig zu prüfen und dann weitgehend risikolos zu vervielfältigen. So werden Newsletter nach den Grundsätzen industrieller Produktion in Serie gefertigt. Individuelle Konfigurationen sind — wie die Sonderausstattungen im Automobilbau — nicht ausgeschlossen. Aber sie werden stets kontrolliert und nicht per Zufall eingesteuert.

Die Filialorganisation abbilden

Erste Voraussetzung für die rationalisierte Arbeitsweise ist ein **mandantenfähiges Content-Management-System** (CMS), in dem die Organisationsstruktur der Kampagnenteilnehmer abgebildet werden kann. Die unterschiedlichen Hierarchieebenen haben spezifische Aufgaben im Vertriebsprozess. Außerdem sind sie „Besitzer“ bestimmter Informationen. Für deren Ausgestaltung und Pflege tragen sie die Verantwortung.

Deshalb werden Assets wie **Vorlagen, Bilder** und **Textbausteine** auf der jeweiligen Hierarchieebene bereitgestellt:

- der Hersteller bringt das globale Markenzeichen ein,
- die Landesgesellschaften liefern die auf das jeweilige Land angepaßten Inhalte,
- die Händler ergänzen ihre individuellen Angaben: Angebotspreise, vorrätige Produkte.

Gerade auf Länderebene sieht man, dass der Teufel im Detail steckt:

- Produktfotos — auf welcher Seite ist das Lenkrad abgebildet?
- Produktname — der VW Golf heißt in den USA Rabbit.
- Deklaration von Inhaltsstoffen — Alkohol in Lebensmitteln muss in Deutschland unter 0,5 Prozent nicht angegeben werden, in England schon.
- Gewährleistungsbestimmungen — wie sind die Fristen?
- Layoutvorlagen — passt das Layout auch für hebräische Schrift?

Golf heißt in den USA Rabbit

Die jeweils höhere Instanz stellt den darunterliegenden die Elemente zur Verfügung und garantiert, dass sie korrekt, vollständig und zur Verwendung freigegeben sind.

Komfort und Sicherheit durch Managed Content

Das CMS ermöglicht nicht nur, dass die Platzhalter in der Layoutvorlage gefüllt werden können, es kontrolliert auch, wie das geschieht. Das muss sich nicht darauf beschränken, dass in ein Textfeld nur Text und kein Bild eingefügt werden kann. Je nach Intelligenz des Systems kann vorgegeben werden, welche Lücken aus einer vorgegebenen Auswahl oder mit eigenem Inhalt gefüllt werden können. Platzhalter haben nicht nur einen technischen Typ „Bild“ oder „Text“, sondern auch Bedeutungen wie „Logo“, „Impressum“ oder „Unsubscribe Link“. Damit werden handwerkliche Fehler vermieden. Ein Anwender plaziert nicht versehentlich das Logo dort, wo eigentlich das Produktfoto vorgesehen war. **Pflichtangaben** wie „Impressum“ bleiben nicht unabsichtlich leer.

Handwerkliche Fehler vermeiden

Je präziser die verschiedenen Platzhalterpositionen definiert sind, desto einfacher gestaltet sich das Ausfüllen per Drag & Drop. Und desto zuverlässiger werden Fehler vermieden. Aber: im gleichen Maß, wie die Bedienung für den Mandanten einfacher wird, steigt der Vorbereitungsaufwand in der Zentrale. Als Layoutvorlage reicht daher kein einfaches HTML-Gerüst. Das würde ja nur die geometrische Grundstruktur liefern. Eine intelligente Vorlage hat **zusätzliche Attribute**, die in einer Datenbank hinterlegt werden.

Die aufwendigere Vorbereitung der Vorlagen hat den Nebeneffekt, dass sie eine flexible Gestaltung der **Workflows** ermöglicht. Der Anwender ist nicht gezwungen, seine Tätigkeiten in einer starren Reihenfolge abzuarbeiten. Er kann sich mit einem **Ampelsystem** führen lassen. Alle offenen Punkte bekommen jeweils eine Ampel zugewiesen.

Es ist gleichgültig, in welcher Reihenfolge die Ampeln umspringen. Wenn alle auf grün stehen, ist der Newsletter versandfertig.

Das kommt den Anforderungen aus der Werberealität sehr entgegen. In der Praxis weiß man nie, ob erst die Adressen oder die Produktfotos bereitstehen. Da die Zeit am Ende aber grundsätzlich knapp wird, ist es gut, jeden Handgriff so früh wie möglich erledigen und abhaken zu können.

Offener Punkt	Ampelfarbe	Bedeutung
Bilder	gelb	noch nicht alle vorhanden
Textblöcke	grün	komplett
Links	gelb	noch nicht alle vorhanden
Impressum	grün	vorhanden und freigegeben
Adressen	rot	fehlen noch
Personalisierungsdaten	rot	Bilder

Natürlich birgt eine solche Flexibilität in den Abläufen die Gefahr, dass die Kampagne völlig aus der **Synchronisation** gerät. Dem kann aber leicht abgeholfen werden. Die Zentrale kann sich das Recht vorbehalten, die letzte Freigabe auszulösen. Frühestens dann können die Filialisten auf den Sendebutton klicken.

Wem gehören eigentlich die Adressen?

Adressmanagement unterliegt Restriktionen

Durch die strengen rechtlichen Vorgaben ist es nicht einfach, an **legal bewerbbare E-Mail-Adressen** heranzukommen. Der Zukauf von Fremdadressen ist problematisch und wird künftig wohl immer weiter eingeschränkt, wenn nicht komplett untersagt. Aber die umständlich generierten Fremdadressen erzielen ohnehin schlechte Erfolgsquoten. Ergo ist die Akquisition von Eigenadressen permanente **Pflichtübung** bei allen Marketing-Maßnahmen.

In einer Filialorganisation gibt es immer einen Mix aus zentralen und lokalen Maßnahmen. Dadurch fallen auch die neu gewonnenen Adressen an unterschiedlichen Stellen in der Hierarchie an. Ideal ist, wenn zwei Bedingungen erfüllt sind:

1. Die **Adressdaten** können an allen Positionen in der Hierarchie gespeichert werden, also überall dort, wo sie originär anfallen.
2. Die **Zustimmungserklärung** des Empfängers ist so formuliert, dass sie einen Austausch innerhalb der Organisation in allen Richtungen zulässt.

Dank Punkt 1. müssen die Adressen nicht zwanghaft entweder „in einen zentralen Topf geworfen" oder alternativ sofort nach unten zu den einzelnen Filialen delegiert werden. Der „zentrale Topf" findet keine Akzeptanz bei den Filialisten und eine frühzeitige Bindung einer Adresse an nur einen Händler ist nicht flexibel. Es kann ja durchaus Sinn machen, eine Adresse aus dem Besitz der „Vertriebsorganisation Süd" bei einer Kampagne dem Händler A und bei einer anderen Kampagne dem Händler B zur Verfügung zu stellen. Wenn diese auf unterschiedliche Produkte spezialisiert sind, wird es sie nicht einmal stören. Denn: auf jeder Ebene werden zusammen mit der Adresse Profilinformationen gesammelt, die primär für diese Ebene interessant sind und die besten Chancen für zielgerichtete Selektionen bieten. Klar ist, dass das Ganze ausschließlich dann funktionieren kann, wenn auch Punkt 2. erfüllt ist.

Und wer entscheidet über die Permission?

Wer sich die Strategie des letzten Kapitels zueigen macht, nimmt billigend in Kauf, dass die E-Mail-Adressen mit großer Wahrscheinlichkeit in ziemlich **heterogenen Systemen** gespeichert werden. Von der CRM-Datenbank (Customer-Relationship-Management) des Konzerns bis herunter zum einfachen Excel-Sheet des Händlers ist alles möglich. Je größer das System ist, desto wahrscheinlicher trägt es das Prädikat „Legacy“ und ist historisch bedingt nicht in der Lage, die heute notwendigen Permission-Details vorschriftsmäßig zu speichern. Je kleiner das System ist, desto wahrscheinlich hat sein Erbauer gar nicht daran gedacht, das vorzusehen.

Daher hat sich eine Aufgabenteilung bewährt, bei der die Adressen und alle Zusatzinformationen originär beim jeweiligen Versender gespeichert werden. Dort werden Adressänderungen eingepflegt und Zielgruppen anhand von Profilmerkmalen selektiert. Eine zusätzliche **„Schattendatenbank“** im Versandsystem speichert die für das Newsletter-Management relevanten Daten:

Newsletter-relevante Daten getrennt ablegen

- Jede E-Mail-Adresse, die das System jemals gesehen hat, samt Permission,
- Bestätigungen aus dem Double-Opt-in-Prozess,
- Abmeldungen,
- Bounces,
- Blacklists (Empfänger, an die grundsätzlich nichts verschickt wird).

Das kann und soll die originären Datenquellen keinesfalls ersetzen. Die Schattendatenbank hat keine Ahnung, ob der Besitzer einer E-Mail-Adresse gerne Rotwein trinkt, im PLZ-Gebiet 9 wohnt oder einer bestimmten Altersklasse angehört. Ihre Aufgabe ist es nicht, Kampagnen zu gestalten, sondern nur, einzelne unerlaubte Ansprachen zu unterbinden. Dafür allerdings ist sie die verantwortliche und entscheidende Instanz.

Im Idealfall werden **Double-Opt-in-Verfahren, Unsubscribes** und **Bounces** direkt über die Schattendatenbank abgewickelt, so dass sie „aus erster Hand“ weiß, welche Adressen ansprechbar sind und welche nicht. Ausnahmsweise können auch **Bestandsadressen** inklusive Permission importiert werden. Da diesen Informationen zwangsläufig blind vertraut wird, versteht sich von selbst, dass das nur entsprechend ausgebildeten und für die Rechtslage sensibilisierten Benutzern erlaubt werden kann. Der umgekehrte Weg ist unproblemtisch: die Schattendatenbank kann dem CRM-System jederzeit mitteilen, welcher Kunde sich zum Beispiel abgemeldet hat — sofern es sich überhaupt dafür interessiert.

Auswertung 2.0: jetzt auch konsolidiert

Auf unterster Ebene wird die Perfomance der Newsletter mit den üblichen Verfahren ausgewertet und in Kennzahlen wie **Öffnungs-, Klick-** und **Umwandlungsquoten** ausgedrückt. Darüber hinaus ist in der Regel gefordert, Gesamtwerte aller Händler einer Region, eines Landes oder als „Grand Total" zu sehen. Das geht besonders einfach, wenn auch das Reporting-System die Struktur der Filialorganisation kennt und verarbeiten kann. Noch besser, wenn frei wählbare Untermengen der Mandanten temporär zur Auswertung zusammengefaßt werden können, etwa die drei größten Händler einer Region.

Werte korrekt berechnen

Dabei muss selbstverständlich **mathematisch korrekt** vorgegangen werden. Eine kleine Adressmenge mit einer Öffnungsquote von vierzig Prozent und eine große Adressmenge mit dreißig Prozent ergeben zusammen keine 35 Prozent. Nicht der Durchschnitt der Teilergebnisse, sondern die Neuberechnung aus den Detaildaten liefert das korrekte Ergebnis.

Wo stehen wir?

Das eingangs zitierte „Ein-Kampagnen-Modell" konnte schnell, einfach und kostengünstig in die Tat umgesetzt werden. Es wird auch von zahlreichen **Dienstleistern** und als **ASP-Lösung** angeboten. Das konzertierte Vorgehen mit smart organisierten Mandanten hat sich noch nicht flächendeckend durchgesetzt, birgt aber Potenzial. Es ist weder technologische Sensation noch Hexenwerk, sondern einfach nur konsequent und geschickt. Somit stellt es eher keinen „x.0"-Meilenstein im Online-Business dar. Aber als **leise Innovation** wird es wohl seinen Weg machen.

Literatur

www.defacto-newsletter-suite.de
Schwarz T. (Hrsg): Leitfaden Online-Marketing. – 750 S., marketing-BÖRSE, 2007.

RECHTSLAGE BEACHTEN

8

INTRO

Rechtliche Rahmenbedingungen im E-Mail-Marketing: Jens Eckhardt erläutert die Rechtslage rund um das Thema E-Mail-Marketing. Es sind verschiedene Gesetze, die in diesem Bereich eine Rolle spielen. Eines der wichtigsten neben dem Teledienstegesetz ist jedoch das Bundesdatenschutzgesetz.

Eine rechtssichere Einwilligung gewinnen: Martin Schirmbacher geht detailliert auf die unterschiedlichen Urteile ein, die es inzwischen rund um das Thema „Einwilligung" gibt. Zumindest eines scheint klar: Der Trend zum Double-Opt-in setzt sich fort.

Torsten Schwarz

8

RECHTSLAGE BEACHTEN

RECHTLICHE RAHMENBEDINGUNGEN IM E-MAIL-MARKETING

8

JENS ECKHARDT

Aus rechtlicher Sicht ist das **personalisierte E-Mail-Marketing 2.0** im Kern durch das **Wettbewerbsrecht** und das **Datenschutzrecht** bestimmt: Das Wettbewerbsrecht befasst sich mit der Frage, ob dem Empfänger eine E-Mail zugesendet werden darf. Das Datenschutzrecht regelt hingegen, ob und wie die Daten der Interessierten zur Adressierung und gegebenenfalls zur Personalisierung verwendet werden dürfen.

Eine pauschalisierte rechtliche Bewertung der denkbaren Ausgestaltungen von E-Mail-Marketing 2.0 ist allerdings ebenso wenig möglich wie es das eine richtige E-Mail-Marketing gibt. Seinen Grund hat das darin, dass die rechtlichen Vorgaben einem ständigen Wandel – auch durch die Rechtsprechung – unterliegen. Auch sind die gesetzlichen Bestimmungen nicht immer so eindeutig, dass es nur eine richtige Verhaltensweise gibt. Die grundlegenden rechtlichen Rahmenbedingungen lassen sich dennoch allgemein beschreiben. Der Beitrag stellt daher diese Rahmenbedingungen in Form von Leitlinien dar.

Die beiden Rechtskreise Wettbewerbsrecht und Datenschutzrecht sind nicht deckungsgleich, weshalb in die beiden Rechtskreise zunächst getrennt eingeführt wird. Bei der Gestaltung der erforderlichen Einwilligung werden die Anforderungen beider Rechtskreise zusammen behandelt, weil sie beide bei der Erstellung der Einwilligung zu beachten sind.

Datenschutzrecht vs. Wettbewerbsrecht

Wettbewerbsrecht als Maßstab

Nach der Regelung in § 7 Abs. 2 Nr. 3 und Abs. 3 des Gesetzes gegen den unlauteren Wettbewerb (UWG) ergibt sich für das E-Mail-Marketing eine klare Ausgangssituation. E-Mail-Marketing ist danach zulässig, wenn die **Einwilligung des Adressaten** vorliegt (§ 7 Abs. 2 Nr. 3 UWG) oder die **gesetzliche Erlaubnis** des § 7 Abs. 3 UWG greift. Derselbe Grundsatz – wenn auch aufgrund anderer gesetzlicher Bestimmungen – gilt im Datenschutzrecht.

Gesetzliche Erlaubnis und Einwilligung

Der **Vorteil einer gesetzlichen Erlaubnis** besteht klar darin, dass eine Einwilligung beim Adressaten nicht eingeholt werden muss und daher geworben werden kann, bis dieser ausdrücklich nein sagt. Der Nachteil einer gesetzlichen Erlaubnis besteht darin, dass diese auch den – begrenzten – Umfang der zulässigen Nutzung festlegt. Der **entscheidende Vorteil beim Einholen einer Einwilligung** des Adressaten ist also: Der Werbende hat es in der Hand, durch die Gestaltung des Einwilligungstextes den Umfang der zulässigen Nutzung zu bestimmen.

http://www.marketing-boerse.de/Experten/details/Jens-Eckhardt

Einwilligung als Pflichterfordernis

Ansprüche wegen (vermeintlich) unzulässiger Zusendung einer E-Mail können sich aus zwei verschiedenen Gesetzen ergeben: §§ 3, 7 Abs. 2 Nr. 3 UWG oder aus §§ 823, 1004 Bürgerliches Gesetzbuch (BGB) analog. Beide sind in dieser Darstellung unter dem Begriff „Wettbewerbsrecht" zusammengefasst.

§ 7 Abs. 2 Nr. 3 UWG stellt klar, dass eine Werbung unter Verwendung „elektronischer Post" grundsätzlich die **Einwilligung** „der Adressaten" – der Empfänger – der Werbung voraussetzt. Der Anknüpfungspunkt **„elektronische Post"** verdeutlicht, dass es keinen Unterschied macht, wie die E-Mail bezeichnet wird. Insbesondere die Rechtsprechung wendet diese Bestimmung – ohne zu zögern – auf **Newsletter** und auf Werbung enthaltende **E-Cards** an [1]. Die Regelung lässt auch keinen Zweifel daran, dass bereits die erste E-Mail einen Verstoß darstellt, wenn sie nicht von einer Einwilligung gedeckt ist.

Einwilligung auch im B2B notwendig

Das Einwilligungserfordernis nach dem UWG gilt unterschiedslos auch für **Gewerbetreibende**. Es genügt nicht mehr, wie unter dem alten UWG, dass eine Einwilligung aufgrund einer Geschäftsbeziehung vermutet werden kann.

Der mit Blick auf die Einwilligung relevante Unterschied zwischen §§ 3, 7 Abs. 2 Nr. 3 UWG oder §§ 823, 1004 BGB analog ist: Es gibt nach wie vor Gerichtsentscheidungen, die den Eindruck vermitteln, dass im Rahmen von §§ 823, 1004 BGB analog anstatt einer Einwilligung auch ein sogenanntes **mutmaßliches Einverständnis** im Rahmen einer bestehenden Geschäftsbeziehung zu einem Gewerbetreibenden genüge [2]. Aus zwei Gründen sollte hierauf aber keine Marketingstrategie gestützt werden: Diese Ansicht hatte der BGH in seinem Urteil vom 20.05.2009 (Az. I ZR218/07) verneint. Darüber hinaus hat es der Werbetreibende nicht in der Hand, ob er auf der Grundlage des UWG oder des BGB abgemahnt wird. Die Marketingstrategie sollte daher an dem (vermeintlich) strengeren Maßstab des UWG ausgerichtet werden.

Durch zwei Entscheidungen des **BGH** ist für die Frage nach den Anforderungen an die Einwilligung nach dem UWG Verwirrung entstanden. Denn der Bundesgerichtshof hat es dort **als (konkludente) Einwilligung genügen lassen, dass der Adressat seine Kontaktdaten veröffentlicht hatte** [3]. Eine aktive Einwilligung des Adressaten hat der BGH nicht gefordert. Zu diesen Entscheidungen muss klar und unmissverständlich gesagt werden, dass ihnen eine **Spezialkonstellation** zugrunde lag: **Nachfragewerbung**. Nachfragewerbung ist es dann, wenn per E-Mail angefragt wird, ob der Adressat der E-Mail ein Produkt verkaufen möchte. Der Versender also Nachfrage erzeugt. **Die Aussage des BGH ist aber nicht auf die Absatzwerbung übertragbar.** Absatzwerbung sind die Fälle, in denen der Absender der E-Mail dem Empfänger eine Leistung anbietet. Für den typischen Fall der E-Mail-Werbung in Form der Absatzwerbung hat sich durch diese Entscheidungen also nichts geändert.

Ausnahmen vom Erfordernis der Einwilligung

Nach § 7 Abs. 3 UWG ist E-Mail-Werbung unter bestimmten Voraussetzungen auch ohne Einwilligung des Empfängers zulässig. Es handelt sich um eine **gesetzliche Erlaubnis**.

§ 7 Abs. 3 UWG regelt Folgendes:

Eine unzumutbare Belästigung ist „bei einer Werbung unter Verwendung elektronischer Post nicht anzunehmen, wenn

1. ein Unternehmer im Zusammenhang mit dem Verkauf einer Ware oder Dienstleistung von dem Kunden dessen elektronische Postadresse erhalten hat,
2. der Unternehmer die Adresse zur Direktwerbung für eigene ähnliche Waren oder Dienstleistungen verwendet,
3. der Kunde der Verwendung nicht widersprochen hat und
4. der Kunde bei Erhebung der Adresse und bei jeder Verwendung klar und deutlich darauf hingewiesen wird, dass er der Verwendung jederzeit widersprechen kann, ohne dass hierfür andere als die Übermittlungskosten nach den Basistarifen entstehen."

Was bedeutet das? In der juristischen Fachliteratur ist umstritten, ob ein „Verkauf" im Sinne des § 7 Abs. 3 UWG auch bereits dann anzunehmen ist, wenn ein Geschäft nur angebahnt, letztlich aber nicht abgeschlossen wurde. Mit guten Argumenten lässt sich auf eine konkrete Anbahnung – nicht aber beispielsweise auf eine bloße Katalogbestellung – abstellen. Eine sichere Konstellation ist aber nur gegeben, wenn tatsächlich ein Erwerb der Leistung erfolgte. Es darf dann auch nur für „eigene" und „ähnliche" Leistungen geworben werden. Dies schränkt die Werbemöglichkeiten erheblich ein, zumal in der juristischen Fachliteratur Tendenzen bestehen, die Ähnlichkeit recht eng zu verstehen. Eine eindeutige Linie der Rechtsprechung hat sich noch nicht herausgebildet.

Der Hinweis auf die genannten Aspekte muss bei der Erhebung und bei jeder Zusendung von Werbe-E-Mails erfolgen. Dem Kunden müssen also im Zuge des Erwerbs einer Leistung die erforderlichen Hinweise gegeben werden. Mit dem **Hinweis** auf die Basiskosten ist gemeint, dass dem Kunden auch mitgeteilt werden muss, dass ihm keine ungewöhnlichen Kosten – wie beispielsweise bei 0900-Rufnummern – entstehen. Ein Abstellen auf § 7 Abs. 3 UWG ist damit bei Altkunden praktisch kaum möglich. Denn die umfangreichen Hinweispflichten werden gegenüber Altkunden nicht erfüllt sein.

Beweislast liegt beim Werbetreibenden

Die **Beweislast** für sämtliche Voraussetzungen trägt das werbende Unternehmen [4]. In der Praxis muss damit der Nachweis geführt werden, dass ein späterer Widerspruch nicht erfolgt ist. Diese Erfordernis ist damit in der Praxis das K.O.-Kriterium. Denn dieser Nachweis ist praktisch kaum möglich. Die Regelung des § 7 Abs. 3 UWG ist daher eigentlich nur dann interessant, wenn der Empfänger im Rahmen einer Auseinandersetzung bereits mitgeteilt hat, dass er nicht widersprochen hat.

In diesem Zusammenhang ist auf eine **„datenschutzrechtliche Fehlleistung" des Gesetzgebers** hinzuweisen: Auch wenn nach § 7 Abs. 3 UWG eine Einwilligung nicht erforderlich ist, bedeutet das nicht automatisch, dass eine Einwilligung auch datenschutzrechtlich entbehrlich ist. **Denn in dem 2007 in Kraft getretenen TMG ist keine Regelung enthalten, welche der in § 7 Abs. 3 UWG entspricht.** Kommt also datenschutzrechtlich das TMG zur Anwendung, fehlt es an der datenschutzrechtlichen Zulässigkeit. Es ließe sich zwar im Anwendungsbereich des TMG argumentieren, dass dort dasselbe gelten muss wie in § 7 Abs. 3 UWG, weil § 7 Abs. 3 UWG auf einer vorrangigen EU-Richtlinie beruht. Für die Praxis kann aber nicht davon ausgegangen werden, dass ein Gericht oder eine Aufsichtsbehörde dieser Argumentation ohne Weiteres folgt. Ein Risiko bleibt also.

Zusammenfassend ist festzuhalten, dass sich diese gesetzliche Regelung nur eingeschränkt zum Aufbau einer Marketingstrategie eignet. Gleichwohl sollten die hier aufgezeigten Anforderungen bei der Gestaltung des Einwilligungstexts in die Überlegungen mit einbezogen werden. Denn falls der Nachweis der Einwilligung „auf wackeligen Beinen steht" und der Empfänger sich in der Auseinandersetzung bereits dahingehend geäußert hat, dass er nie widersprochen hat, kann § 7 Abs. 3 UWG der „Helfer in der Not" sein.

Werbung aus dem Ausland

Ausland ist keine Lösung

Auch falls die **Werbung aus dem Ausland** versandt wird, gilt grundsätzlich deutsches Wettbewerbsrecht. Denn nach dem Markt- und Tatortprinzip gilt das Recht des Landes, in dem die Interessen aufeinanderprallen. Im Fall des Marketings ist das dort, wo der Beworbene seinen Sitz hat. Aber Achtung: Falls unter den Beworbenen auch Personen beziehungsweise Unternehmen mit Sitz im Ausland sind, dann muss zusätzlich das ausländische Recht beachtet werden.

Das LG Stuttgart hat auch für die Frage, nach welchem Recht sich die Wirksamkeit einer Werbeeinwilligung bestimmt, das Marktortprinzip angewendet [5]. Für die Wirksamkeit der Einwilligung gilt das Recht des Landes, in dem der Adressat tatsächlich seinen Sitz hat. Es hat darüber hinaus ausgesprochen, dass die Länderkennung (Top-Level-Domain) der E-Mail-Adresse zum Marktort keine Aussage enthält.

Datenschutzrecht

Das Datenschutzrecht in Deutschland ist gerade mit Blick auf das Online-Marketing nicht leicht zu erfassen. Denn im Online-Marketing können grundsätzlich drei verschiedene Datenschutzbestimmungen zur Anwendung kommen: das Telekommunikationsgesetz (TKG), das Telemediengesetz (TMG) und das Bundesdatenschutzgesetz (BDSG). Hinzukommt, dass die Abgrenzung gesetzlich nicht so eindeutig geregelt ist, dass sie in der Praxis einfach umsetzbar wäre.

Zum Teil weisen diese Gesetze unterschiedliche Regelungen auf. Zwei Aspekte sind jedoch allen gemeinsam: Es muss um personenbezogene Daten gehen. Auch sind die drei entscheidenden Grundsätze gleich: Erlaubnisvorbehalt, Transparenz und Freiwilligkeit. Diese grundlegenden Aspekte werden zunächst einleitend beleuchtet, um ein Grundverständnis zu schaffen, bevor auf die speziellen Aspekte des Online-Marketings eingegangen wird.

Beim Online-Marketing ist aber regelmäßig die Ebene des TMG entscheidend; eine pauschale Einstufung ist aber nicht möglich. In den Vordergrund der vorliegenden Darstellung wird daher das TMG gestellt.

Datenschutzrecht – Wann ist es zu beachten?

Das Datenschutzrecht ist zu beachten, sofern und soweit **personenbezogene Daten** erhoben oder verwendet werden. Hierunter fallen alle Informationen über eine bestimmte oder bestimmbare natürliche Person. Entscheidend ist die Zuordnung zu einem Namen.

Die **Informationen allein über ein Unternehmen** fallen nicht unter das Datenschutzgesetz. Das Datenschutzrecht ist beim Umgang mit diesen Daten allerdings zu beachten, wenn zu einem Unternehmen auch eine Ansprechperson erfasst wird. Denn die Informationen in dem Datensatz können dieser Person zugeordnet werden.

Die meisten E-Mail-Adressen sind personenbezogene Daten

Sobald einer **E-Mail-Adresse** der Name eines Menschen zugeordnet werden kann, ist ein personenbezogenes Datum gegeben. Bei jeder E-Mail-Adresse, die aus einem Namen einer natürlichen Person gebildet ist, ist das allein schon deshalb ein personenbezogenes Datum. Das gilt sowohl für jenseckhardt@beispielfirma.de als auch für info@jenseckhardt.de. Wenn einer sonstigen E-Mail-Adresse ein Name zugeordnet werden kann, ist ebenfalls das Datenschutzrecht zu beachten. Dies gilt insbesondere für die Fälle, in denen zum Beispiel eine anonyme Firmen-E-Mail-Adresse, wie einkauf@beispielsfirma.de, der zuständigen Person namentlich zugeordnet werden kann.

In der Praxis kommt es im Ergebnis auf diese Unterscheidung meist nicht entscheidend an. Denn bei Onlineanmeldungen lässt sich nicht zwischen personalisierten und anderen E-Mail-Adressen unterscheiden. **Praktisch kann daher nur einheitlich das Datenschutzrecht beachtet werden.**

Grundsätze des Datenschutzrechts

Der erste entscheidende Grundsatz des Datenschutzrechts lässt sich so umschreiben: Alles ist verboten, es sei denn, es ist konkret erlaubt. Der Fachbegriff hierfür lautet: **Erlaubnisvorbehalt**. Jede Erhebung oder Verwendung von personenbezogenen Daten – bildlich gesprochen: jeder „Verarbeitungsschritt“ – muss für sich zulässig sein.

Für die Verwendung personenbezogener Daten bedarf es daher entweder einer **Erlaubnis im Gesetz** oder der **Einwilligung** des Betroffenen. Die Einwilligung eines Dritten genügt grundsätzlich nicht. Für die Verwendung personenbezogener

Daten bedeutet das Folgendes: Der Umgang mit den Kundendaten muss aus datenschutzrechtlicher Sicht zunächst in seine einzelnen Schritte zerlegt werden. Dann muss grundsätzlich jeder Schritt auf seine Abdeckung durch Erlaubnis – durch Gesetz oder durch Einwilligung – überprüft werden. Wenn zum Beispiel die Verwendung der E-Mail-Adresse für die Zusendung von Werbung zulässig ist, ist nicht automatisch auch die Auswertung der Reaktion auf die Werbung zulässig.

Der zweite wesentliches Grundsatz des Datenschutzrechts ist: **Transparenz**. Um Transparenz für den Betroffenen zu schaffen, sieht das Datenschutzrecht allgemeine Hinweispflichten vor. Der Betroffene soll informiert werden, dass und wie Informationen über ihn erhoben und verwendet werden. Die Information soll ihn – so die Vorstellung des Gesetzgebers – in die Lage versetzen, sein Verhalten entsprechend dieser Information auszurichten.

Verwendung klar und deutlich nennen

Der Betroffene muss konkret über Zweck, Art und Umfang der Erhebung und Verwendung seiner Daten sowie darüber, wer diese Daten erhebt, unterricht werden. Konkret zu unterrichten bedeutet, dem Nutzer mit den an ihn gerichteten Informationen verständlich zu machen, zu welchem Zweck er seine Daten mitteilt und was mit diesen Daten geschieht. **Unzureichend**, weil nichtssagend, ist: „Wir verwenden Ihre Daten nur entsprechend dem geltenden Datenschutzrecht." An dem Erfordernis einer konkreten Unterrichtung als Voraussetzung einer wirksamen Einwilligung scheitert auch die Einholung einer „allumfassenden", weil damit zu unbestimmten Einwilligung wie zum Beispiel die Formulierung „Wir verwenden Ihre Daten für die Werbung.".

Nach dem TMG muss der Inhalt dieser Unterrichtung für den Nutzer jederzeit abrufbar sein [6]. Da sich verschiedene technische Gestaltungsmöglichkeiten anbieten, werden die grundsätzlichen Anforderungen an die **jederzeitige Abrufbarkeit** dargestellt. Abrufbarkeit bedeutet, dass das werbende Unternehmen die konkrete Unterrichtung zum Lesen bereithalten muss. Das macht es erforderlich, dass der Hinweis nicht nur im Zeitpunkt der Kenntnisnahme für den Nutzer vorhanden ist, sondern zu jedem beliebigen Zeitpunkt.

Die Unterrichtung muss nach dem TMG zu Beginn des Nutzungsvorgangs erfolgen [7]. Eine solche Gestaltungsmöglichkeit besteht beispielsweise darin, die Unterrichtung in einer Datenschutzerklärung auf der Internetseite bereitzuhalten. Die Datenschutzerklärung wird teilweise auch als **„Privacy Policy"** bezeichnet. Der Hinweis sollte – gegebenenfalls durch einen entsprechend bezeichneten Link – auf der Startseite stehen.

Die **„Privacy Policy"** auf den Internetseiten kann aber auch zur **Stolperfalle** werden. Das kann wie folgt geschehen: In der „Privacy Policy" wird eine über das gesetzlich Erforderliche hinaus gehende Verpflichtung zum Datenschutz erklärt. Wenn diese weitergehende Selbstverpflichtung dann tatsächlich nicht eingehalten werden kann, kann der Verstoß dagegen eine Abmahnung nach dem Gesetz gegen den unlauteren Wettbewerb (UWG) nach sich ziehen. Dasselbe gilt, falls das Unternehmen im Laufe der Zeit die Selbstverpflichtung nicht mehr einhalten möchte. Die „Privacy Policy" sollte also – über das gesetzlich

Erforderliche hinaus – nur Verpflichtungen enthalten, die auch langfristig erfüllt werden können (und sollen).

Auch der Text einer Einwilligungserklärung kann zusätzlich in die „Privacy Policy" aufgenommen werden. Damit kann das Erfordernis der jederzeitigen Abrufbarkeit des Einwillgungstextes umgesetzt werden. Niemals ersetzt der Hinweistext in der „Privacy Policy" aber den Hinweistext im Rahmen einer Einwilligung.

Der dritte wesentliche Grundsatz des Datenschutzrechts ist die **Freiwilligkeit**. Gegen diesen wird dann verstoßen, wenn der Betroffene keine Entscheidungsalternative hat, ob seine personenbezogenen Daten verwendet werden. In diesem Kontext stellt sich die Frage nach **Einwilligungen in AGB** (Allgemeine Geschäftsbedingungen) und **bereits „aktivierten Häkchen"**, die im Rahmen der Gestaltung der Einwilligung erläutert wird. Im TMG hat der Grundsatz der Freiwilligkeit eine besondere Ausprägung in Form des sogenannten **Koppelungsverbots** gefunden, auf das im Folgenden näher eingegangen wird.

Keine aktivierten Häkchen

Wie eine Einwilligung gestaltet wird

Bei der Gestaltung der Einwilligung überschneiden sich die „wettbewerbsrechtlichen" und die datenschutzrechtlichen Anforderungen. Das Datenschutzrecht enthält – anders als das „Wettbewerbsrecht" – auch formale Anforderungen an eine Einwilligung. Obwohl eine Einwilligung sowohl nach wettbewerbs- als auch nach datenschutzrechtlichen Maßstäben erforderlich ist, kann diese in einer gemeinsamen Erklärung erfolgen.

Die inhaltlichen und formalen Anforderungen wirken sich unmittelbar oder mittelbar als Begrenzung des zulässigen Umfangs einer Einwilligungserklärung aus. Bei der Gestaltung der Einwilligung sind sowohl inhaltliche als auch formale Vorgaben umzusetzen. **Werden diese Grenzen überschritten, ist die Einwilligung unwirksam. Das bedeutet dann nichts anderes, als dass keine Einwilligung vorliegt.** Da diese „Grenzen" im Datenschutzrecht strikter als im Wettbewerbsrecht sind, sind nachfolgend vor allem datenschutzrechtliche Vorgaben zu erläutern.

Bedeutung des Einwilligungstextes

Den **Text der Einwilligung**, welche der Interessierte abgibt, gestaltet der Werbende. Der Einwilligungstext wiederum bestimmt den Umfang der zulässigen Nutzung der Daten. Kurzum: **Der Werbende kann den Umfang der zulässigen Nutzung gestalten.**

Der Werbende ist aber auch an diesen Umfang gebunden, weshalb eine „enge" Einwilligung ihn unangemessen behindern kann. Die Ausgestaltung der Erklärung als „allumfassende" Einwilligung ist andererseits auch kein gangbarer Weg. Denn der Umfang des Zulässigen unterliegt gesetzlichen „Grenzen". Werden diese „Grenzen" überschritten, ist die Einwilligung unwirksam. Vor der Gestaltung der Einwilligungserklärung muss also gut überlegt werden, wofür die personenbezogenen Daten benötigt werden. Nur so kann die tatsächlich geeignete Einwilligungserklärung formuliert werden.

Der **Text der Einwilligung** kann sich auch mit der **allgemeinen Unterrichtung/ Hinweispflicht** überschneiden, ist aber **nicht inhaltsgleich**. Der entscheidende Unterschied ist, dass die allgemeine Unterrichtung nur darüber informiert, was ohnehin gesetzlich zulässig ist. Der Umfang der danach zulässigen Verwendung kann allein mit einer Unterrichtung, welcher der Betroffene nicht zustimmt – und nicht zustimmen muss –, nicht erweitert werden.

Dieser Unterschied hat ferner Auswirkungen auf die Verwendung von personenbezogenen Daten. Denn wird gegen die allgemeine Informationspflicht verstoßen, ist die Erhebung und Verwendung der personenbezogenen Daten im Rahmen der gesetzlichen Erlaubnis weiterhin zulässig. Unterbleibt aber die Unterrichtung im Rahmen der Einwilligung oder ist sie unvollständig, dann ist die Erhebung und Verwendung der Daten in diesem Umfang unzulässig. Im schlimmsten Fall sind die entsprechenden Daten zu löschen. Die Unterrichtung im Rahmen der Einwilligung bedeutet mitzuteilen, was mit den Daten geschehen soll.

Einwilligungstext

Der Text der Einwilligung legt – über die gesetzlichen Erlaubnistatbestände hinaus – den Rahmen einer zulässigen Erhebung und Verwendung von personenbezogenen Daten fest. Voraussetzung ist allerdings, dass der Betroffene zustimmt. Dementsprechend ergeben sich **zwei Anforderungen**:

Text der Einwilligung muss vor Erteilung derselben bekannt sein

- Dem Betroffenen muss der Text der Einwilligung vor einer entsprechenden Zustimmungserklärung bekannt gemacht werden.
- Und es muss dann durch ihn eine Reaktion erfolgen, die als seine Zustimmung gewertet werden kann.

Wichtig ist also: Der Interessierte muss den Text zur Kenntnis nehmen können, bevor er seine Einwilligung – zum Beispiel durch das Anklicken eines Bestätigungsbuttons – zum Ausdruck bringt. Ein Ablauf nach dem Muster „Zustimmen, dann Text anzeigen“ würde nicht zu einer wirksamen Einwilligung führen.

Mit dem **Text der Einwilligung** wird also festgelegt, für was, für wen und durch wen geworben werden darf. Der Kunde muss konkret über Zweck, Art und Umfang der Erhebung und Verwendung seiner Daten sowie darüber, wer diese Daten erhebt, unterricht werden.

Konkret zu unterrichten bedeutet dabei, dem Nutzer auf der Grundlage der Informationen verständlich zu machen, zu welchem Zweck er seine Daten mitteilt und was mit diesen Daten geschieht. Unzureichend sind nichtssagende, aber vor allem auch „allumfassende“ Einwilligungen wie zum Beispiel „Wir verwenden Ihre Daten für die Werbung und geben sie auch an unsere Partner weiter.". Denn der Betroffene kann nicht ernstlich erkennen, was mit seinen Daten geschieht und damit dem auch nicht zustimmen.

Nachweisbarkeit der Einwilligung

Nach § 7 Abs. 2 Nr. 3 UWG ist grundsätzlich die **Einwilligung des späteren Empfängers** erforderlich. Der Werbende muss im Falle einer Auseinandersetzung die erteilte Einwilligung und ihren Umfang beweisen. Gelingt dies nicht, gilt die Werbemaßnahme als ohne Einwilligung erfolgt und damit – mit Ausnahme des § 7 Abs. 3 UWG – als unzulässig. **Der Werbende muss also die wettbewerbsrechtlichen und die datenschutzrechtlichen Anforderungen beweisen können.** Das beinhaltet insbesondere auch den Nachweis, dass der konkrete Empfänger der Werbung die Einwilligung erteilt hat. Dahinter steht der Gedanke, dass die Einwilligung irgendeines Dritten nicht genügt. Ausnahme: Werbung gegenüber Kindern; hier kann unter Umständen sogar die Einwilligung der Eltern zwingend erforderlich sein. Der Wert einer Einwilligung hängt in der Praxis damit entscheidend von ihrer Nachweisbarkeit ab.

Einwilligung der Eltern

Bei einer Erhebung der E-Mail-Adresse, beispielsweise mittels Postkarte und Unterschrift, besteht eine recht hohe Nachweischance. Gleichwohl besteht auch hier die Gefahr, dass die Postkarte von einem Dritten mit einer gefälschten Unterschrift eingesandt wurde. Auseinandersetzungen sind bei der Onlineerhebung der E-Mail-Adresse aber nicht selten auf zwei Probleme zurückzuführen: Ein unberechtigter Dritter hat die E-Mail-Adresse in ein Online-Anmeldeformular eingetragen. Der Inhaber der E-Mail-Adresse erinnert sich nicht mehr an die Anmeldung. Denn die Leichtigkeit der Anmeldung gegenüber dem Postkartenverfahren steigert auch das Risiko des Missbrauchs oder des „flüchtigen" Eintragens.

Single-Opt-in, Confirmed-Opt-in oder Double-Opt-in

Wettbewerbsrechtlich genügt die Eintragung in ein Onlineformular. Allein damit lässt sich in der Praxis allerdings nicht nachweisen, dass diese Eintragung tatsächlich durch den späteren Empfänger der E-Mail erfolgt ist. In diesem Kontext wird vom Single-Opt-in, Confirmed-Opt-in und Double-Opt-in gesprochen. Aber – was ist das und ist es gesetzlich geregelt?

- **Single-Opt-in**: Einmalige Anmeldung durch den Interessierten. Zum Beispiel: in einem Onlineformular auf einer Internetseite.
- **Confirmed-Opt-in**: Einmalige Anmeldung durch den Interessierten mit anschließender Bestätigung durch den Anbieter. Zum Beispiel: Anmeldung in einem Onlineformular auf einer Internetseite mit anschließender Information über die Anmeldung und die Widerrufsmöglichkeit per E-Mail
- **Double-Opt-in**: Erstmalige Anmeldung durch den Interessierten mit automatischer Aufforderung zur Bestätigung und anschließender Bestätigung der Anmeldung durch den Interessierten. Zum Beispiel: Anmeldung in einem Onlineformular auf einer Internetseite mit anschließender Aufforderung zur Bestätigung der Anmeldung per E-Mail.

- Keines dieser Verfahren ist gesetzlich geregelt – also weder gesetzlich definiert noch gesetzlich vorgeschrieben.

Das **Double-Opt-in-Verfahren** ist interessant, weil der später Beworbene im Normalfall nicht behaupten kann, er habe seine E-Mail-Adresse nicht angemeldet. Denn die Bestätigung konnte nur derjenige vornehmen, der auch den Zugriff auf den E-Mail-Account hatte, an welchen die Bestätigungsanfrage ging.

Drei Aspekte sind aus rechtlicher Sicht beim Double-Opt-in zu beachten:

Bestätigung kann nur vom Adresseigner kommen

- In einer späteren Auseinandersetzung kann mit diesem Verfahren nur belegt werden, dass der Beworbene diese E-Mail beantwortet hat. Es kann hingegen nicht belegt werden, dass er sich tatsächlich ursprünglich im Online-Anmeldeformular selbst eingetragen hat. Das bedeutet: Die E-Mail, mit der die Bestätigung angefragt wird, muss (nochmals) den vollständigen Einwilligungstext einschließlich sämtlicher relevanter Hinweise enthalten.
- Die Nachweisbarkeit der Einwilligung besteht erst für E-Mails, die nach Beantwortung der Bestätigungsanfrage durch den Kunden versendet werden.
- Bis und falls diese Bestätigung nicht erfolgt ist, sollte keine E-Mail-Werbung zugesandt werden.

Die Praxis hat aber gezeigt, dass trotz dieser Verfahren **Restrisiken** bestehen bleiben:

Das Double-Opt-in-Verfahren hat in der Rechtsprechung noch keine Anerkennung dahingehend erfahren, dass es bei seiner Verwendung zu einer Beweislastumkehr oder einem Anscheinsbeweis zugunsten des Werbetreibenden kommt. Die Erfahrung zeigt hier, dass – gerade – Amtsgerichte bei der Bewertung solcher Konstellation auch „eigene Wege“ gehen.

Die Rechtsprechung anerkennt allerdings zunehmend das Double-Opt-in als geeignetes und ausreichendes Verfahren, den unbefugten Eintrag von E-Mail-Adressen in Verteiler eines Newsletters oder bei Werbe-E-Mails zu verhindern. In diesem Zug wird auch zunehmend ausgesprochen, dass in Anwendung des Double-Opt-in-Verfahrens unverlangt verschickte „Bestätigungsanfrage-E-Mails“ nicht als unzulässige Beeinträchtigung zu beurteilen sind [8]. Eine allgemein anerkannte und gesicherte Rechtsprechung ist das derzeit aber noch nicht. Es zeichnet sich allerdings endlich ein Umbruch in der Rechtsprechung ab, das Double-Opt-in-Verfahren anzuerkennen. Denn bisher hat die Rechtsprechung in Einzelfällen auch die „Bestätigungsanfrage-E-Mails“ als Verstoß bewertet.

Für die praktische Handhabung bedeutet das: In jedem Fall sollte darauf geachtet werden, dass diese erste E-Mail nur die Anfrage zur Bestätigung und keine Werbung enthält. Denn anderenfalls ist die Argumentation, dass es sich bereits hierbei um die Werbe-E-Mail und nicht um einen Teil des Anmeldeverfahrens handelt, naheliegend. Aus der Bestätigungsanfrage sollte sich auch unmissverständlich ergeben, dass es sich um eine bloße Bestätigungsanfrage handelt. Des Weiteren sollte sich daraus unmissverständlich ergeben, dass eine weitere Zusendung per E-Mail nur stattfindet, falls die Bestätigung erfolgt. Sinnvoll kann es auch sein, den Empfänger zu unterrichten, wann und wo die Eintragung der E-Mail-Adresse erfolgt ist.

Sinnvoll ist es auch, **dieses Verfahren bereits auf der Anmeldeseite zu erläutern**. Denn damit wird eine möglichst große Transparenz des Verfahrens geschaffen und auch vermieden, dass der Empfänger nur versehentlich eine Bestätigung seiner Anmeldung unterlässt.

Im Falle einer Auseinandersetzung muss dem Gericht die Bedeutung des automatisierten Anmeldeverfahrens vernünftig erläutert werden.

Verfahren vorher erläutern

Elektronische Einwilligung

Nach dem Bundesdatenschutzgesetz muss die Einwilligung grundsätzlich der **Schriftform** genügen. Schriftlich bedeutet die eigenhändige Unterschrift des Betroffenen. Nach dem BDSG kann bei „besonderen Umständen“ ausnahmsweise auch eine andere Form angemessen sein. Eine typische Konstellation sind Telefongespräche; hier stellt sich dann aber das Problem der Nachweisbarkeit der telefonisch erklärten Einwilligung. Nach § 28 Abs. 3a BDSG (in der Fassung vom 01.09.2009) muss die Einwilligung „am Telefon” entweder schriftlich gegenüber dem Kunden bestätigt oder in elektronischer Form eingeholt werden.

§ 13 Abs. 2 TMG, § 94 TKG und § 28 Abs. 3a BDSG n.F. lassen auch die **elektronische Erklärung der Einwilligung** zu. Die Voraussetzungen sind, dass

1. der Nutzer seine Einwilligung bewusst und eindeutig erteilt hat,
2. die Einwilligung protokolliert wird,
3. der Nutzer den Inhalt der Einwilligung jederzeit abrufen kann und der Nutzer die Einwilligung jederzeit mit Wirkung für die Zukunft widerrufen kann.“

Die Einwilligung muss also durch ein aktives Tun ausgelöst werden. Dies kann ein „Maus-Klick“, ein Tastendruck oder das Ausfüllen eines Freifeldes – zum Beispiel durch Eintragung der E-Mail-Adresse – sein. Es muss protokolliert werden, wer der Urheber der Einwilligung ist. Wegen des Grundsatzes der Datensparsamkeit muss hierfür die Angabe der E-Mail-Adresse genügen. Des Weiteren muss der Zeitpunkt sowie der unveränderte Text der Einwilligungserklärung protokolliert werden. Die Informationen sollten für die Dauer des Nutzungsverhältnisses vorgehalten werden.

Aktives Tun notwendig

Für die jederzeitige Abrufbarkeit gilt das bereits oben Erläuterte entsprechend. Für den Fall, dass der Einwilligungstext im Laufe der Zeit verändert wird, müssen alle Einwilligungserklärungen, und nicht nur die aktuelle, abrufbar sein. Aufgrund der Protokollierung der Einwilligung sollte im Falle einer

Nachfrage des Kunden auch später noch feststellbar sein, welche Erklärung für den jeweiligen Kunden gilt.

Kopplungsverbot

Als besondere Ausprägung des Erfordernisses der Freiwilligkeit ist in § 28 Abs. 3b BDSG (in der Fassung vom 01.09.2009) ausdrücklich das sogenannte **Kopplungsverbot** geregelt. Danach ist es verboten, die Erbringung der Dienstleistung von der Einwilligung in die Verarbeitung oder Nutzung der Daten für Werbezwecke abhängig zu machen. Das gilt aber nur dann, wenn dem Nutzer ein Zugang zu einer gleichwertigen Leistung ohne eine solche Einwilligung nicht oder nicht in zumutbarer Weise möglich ist.

Auch im übrigen Datenschutzrecht ist dieser Grundsatz zu beachten, obwohl er bis zum 01.09.2009 im BDSG nicht ausdrücklich geregelt war [9].

Redaktioneller Newsletter und Werbe-E-Mails

Die Regelung greift beispielsweise in folgender Konstellation: Dem Kunden wird ein regelmäßig erscheinender E-Mail-Newsletter angeboten. Die Zusendung des Newsletters wird aber davon abhängig gemacht, dass dem Kunden auch (andere) Werbung per E-Mail zugesandt werden darf. Dasselbe gilt, falls die Nutzung einer Internetplattform von der Einwilligung in die Zusendung von Werbung abhängig gemacht wird. Allein die Anwendbarkeit des sogenannten Kopplungsverbots bedeutet aber noch nicht, dass die Kopplung auch unzulässig ist.

Die Rechtsprechung hat die Anforderungen an einen Verstoß gegen das Kopplungsverbot zwischenzeitlich zunehmend konkretisiert. Ob ein anderer Zugang im Sinne der Regelung besteht, wird in Bezug auf die Art des Dienstes bestimmt; es kommt also nicht darauf an, dass der konkret angebotene Dienst anderweitig zugänglich ist. Seit dem 01.09.2009 kommt es außerdem darauf an, dass der Dienst auf dem „relevanten Markt" nicht ohne eine solche Einwilligung genutzt werden kann. Letztlich liegt die Beweislast für diese Voraussetzungen eines Verstoßes gegen das Kopplungsverbot beim Beschwerdeführer.

Je nach konkreter Situation sind als „Ausweg" Umgestaltungen des Leistungsangebots denkbar. Es kann versucht werden, das Angebot so zu gestalten, dass dem Kunden eine zweite, alternative Nutzungsmöglichkeit derselben Dienstleistung eröffnet wird.

Anonymität/Datensparsamkeit

Die Angabe beliebiger, den Werbenden interessierender personenbezogener Daten darf nicht zur Voraussetzung der Nutzung des Dienstes, beispielsweise des Newsletters, gemacht werden. Das Datenschutzrecht ist an dem Grundsatz der Datensparsamkeit und -vermeidung ausgerichtet. Die Zielvorstellung des Datenschutzrechts ist, dass über den Einzelnen so wenig Daten wie möglich erhoben und verwendet werden.

Das TMG verlangt, dass dem Nutzer eine **anonyme** oder **pseudonyme** Nutzung ermöglicht wird, soweit dies technisch möglich und zumutbar ist

[10]. Der Nutzer ist hierüber auch zu informieren. Nur die für die Nutzung des Dienstes erforderlichen Angaben dürfen als Pflichtangaben ausgestaltet sein. Beim E-Mail-Marketing – also auch bei einem Newsletter – dürfen nur die zur Zusendung der E-Mail erforderlichen Felder als Pflichtfelder eingerichtet werden. Im Regelfall ist das allein die E-Mail-Adresse. Praktisch bedeutet dies, dass bereits die Angabe der Anrede oder die Angabe des Namens neben der E-Mail-Adresse als freiwillige Angabe ausgestaltet sein muss.

Trotzdem muss auf zusätzliche Abfragen nicht verzichtet werden. Es ist nämlich nicht verboten, weitere Informationen als freiwillige Angaben abzufragen.

Recht zum Widerruf

Nach § 13 Abs. 2 Nr. 4 TMG / § 94 Nr. 4 TKG / § 28 Abs. 3b BDSG n.F. muss der Nutzer seine Einwilligung jederzeit widerrufen können. § 13 Abs. 3 TMG regelt für Telemediendienste zusätzlich, dass der Nutzer vor der Erklärung seiner Einwilligung auf sein **Recht zum jederzeitigen Widerruf** der Einwilligung hingewiesen werden muss. Aus dem Hinweis muss sich ergeben, dass ein **Widerrufsrecht** besteht, der Nutzer es zu jedem Zeitpunkt mit Wirkung für die Zukunft ausüben kann und wem gegenüber er es geltend machen kann.

Dieser Hinweis muss jederzeit für den Nutzer abrufbar sein. Das bedeutet, dass der Hinweis so erfolgen muss, dass er die Entscheidung des Nutzers noch beeinflussen kann. Der Hinweis sollte daher räumlich vor beziehungsweise oberhalb des Eintragungsfeldes oder des Bestätigungsbuttons angebracht werden. Der Kunde nimmt diesen Hinweis so immer logisch vor dem letzten Akt der Anmeldung zur Kenntnis. Eine besondere Hervorhebung ist nach dem TMG nicht erforderlich, solange die Kenntnisnahme durch den Kunden gewährleistet ist. Die jederzeitige Abrufbarkeit kann genauso gestaltet werden, wie oben im Rahmen der Einwilligung beschrieben.

Hinweis auf die Abbestellmöglichkeit vor der Einwilligung

Nach dem TKG besteht eine solche Hinweispflicht nicht. Der Hinweis sollte jedoch gleichwohl erfolgen, da er sich inzwischen eingebürgert hat. Im Übrigen dürfte im Fall einer Auseinandersetzung ein Gericht geneigt sein, eine Hinweispflicht trotz fehlender ausdrücklicher gesetzlicher Pflicht zum Hinweis anzunehmen.

Im Übrigen besteht nach **§ 28 Abs. 4 BDSG** die allgemeine Pflicht, den Betroffenen über sein Widerrufsrecht bezüglich der Verwendung seiner Daten für Werbung zu informieren.

Das Gesetz enthält keine konkreten Angaben darüber, wie der Betroffene den Widerruf auszugestalten hat. Allerdings sind in diesem Zusammenhang auch die Vorgaben des Wettbewerbsrechts zu berücksichtigen. Denn ebenso wie eine einheitliche Einwilligung gestaltet werden kann, kann und sollte auch der Hinweis auf die Widerrufsmöglichkeit einheitlich gestaltet sein. Die eröffneten Gestaltungsmöglichkeiten sind im Kontext des E-Mail-Marketings auch in diesem Kapitel dargestellt.

Werbeerlaubnis als AGB-Klausel

Eine Einwilligung stellt eine Klausel in **Allgemeinen Geschäftsbedingungen (AGB)** dar, wenn sie durch den Adressaten zusammen mit vertraglichen Erklärungen oder neben anderen Erklärungen erteilt wird.

Werbung für eigene Produkte ist O.K.

Bis vor Kurzem hätte die Bewertung von AGB-Klauseln zur E-Mail-Werbung kurz und bündig gelautet: „Eine Zustimmung zur E-Mail-Werbung in Form einer AGB-Klausel ist unwirksam." Für extreme Klauseln zum Adresshandel dürfte dies auch weiterhin gelten. In der jüngeren Rechtsprechung zeichnen sich jedoch Tendenzen ab, wonach eine AGB-Klausel zur Zustimmung zu E-Mail-Werbung für eigene (!) Produkte als zulässig bewertet werden könnte. Die Diskussion dreht sich um Folgendes: Einerseits könnte ein generelles Verbot solcher Klauseln das Selbstbestimmungsrecht des Betroffenen zu sehr beschneiden. Andererseits dürfte das Zulassen solche Werbeklauseln faktisch zu einem Opt-out für diese Werbung führen. Die Entwicklung der Rechtsprechung sollte zu diesem Aspekt verfolgt werden [11].

Nach wie vor eindeutig unwirksam sind solche Einwilligungsklauseln, die in AGB „versteckt" werden. Diese verstoßen – unabhängig von ihrem Inhalt – gegen das AGB-rechtliche Transparenzgebot.

Zusammengefasst: Einwilligungsklauseln in AGB sind weiterhin problematisch.

„Aktivierte Häkchen"

Falls die Einwilligung in die Zusendung von Werbung neben anderen Erklärungen eingeholt wird, erweisen sich Anmeldemöglichkeiten mit einem bereits aktivierten Bestätigungsfeld als kritisch. Das gilt beispielsweise für ein bereits gesetztes Häkchen in einem Aktivierungskästchen. Generell muss die Einwilligung nämlich freiwillig erfolgen. Zum Teil wird die Freiwilligkeit in der juristischen Fachliteratur in solchen Fällen verneint. Diese Frage ist aber noch nicht abschließend geklärt. Daher sollte sich der Verwender einer solchen Anmeldefunktion jedenfalls darüber im Klaren sein, dass eine so erhaltene Einwilligung als unwirksam bewertet werden könnte.

Nutzung „fremder" Adressen

Die Nutzung „fremder" E-Mail-Adressen zur Werbung für eigene Leistungen ist in erster Linie eine Thematik des Datenschutzrechts. Für diese **Nutzung „fremder" E-Mail-Adressen** sind verschiedene rechtliche Konstruktionen und auch verschiedene tatsächliche Ausgestaltungen denkbar. Hierbei sind seit dem 01.09.2009 auch die Neuregelungen in §§ 28, 29, 30a BDSG zu beachten. Grundvoraussetzung für eine rechtskonforme Nutzung „fremder" E-Mail-Adressen ist zunächst, dass die rechtliche Konstruktion und die tatsächliche Ausgestaltung übereinstimmen. Kurioserweise ist dies nicht stets der Fall.

Aufgrund der vielen verschiedenen Möglichkeiten zur Gestaltung sind an dieser Stelle nur allgemeine Hinweise zur Nutzung „fremder" Adressen sinnvoll und möglich.

Die Einwilligung des Betroffenen, die der Anbieter dieser Adressen eingeholt haben sollte, muss so ausgestaltet sein, dass auch Werbung von einem Dritten zulässig ist. Das heißt nicht zwingend, dass die Werbung eigenständig zugesendet werden darf. Was konkret zulässig ist, hängt von der der Ausgestaltung der Einwilligung ab. Der Betroffene muss aber in jedem Fall zugestimmt haben, dass ihm nicht nur Werbung des Unternehmens zugesandt wird, welches die Adressen erhoben hat.

Bei Mietadressen Einwilligungs-vorgang erläutern lassen

Bei der Nutzung „fremder" Adressen muss sich das nutzende Unternehmen auf die Zusage des bereitstellenden Unternehmens verlassen, dass die Einwilligung vorliegt. Deshalb sollte als vertragliche Zusicherung Folgendes geregelt sein: Es wurde die erforderliche Erlaubnis für eine Nutzung dieser Adressen durch Dritte eingeholt. Das bereitstellende Unternehmen kann die wirksame Einwilligung erforderlichenfalls beweisen und nimmt diese Nachweis vor. Um die Risikoverteilung eindeutig zu gestalten, sollte mit dem Anbieter eine Freistellung vereinbart werden, falls diese Zusicherung nicht eingehalten wird. Das heißt, das bereitstellende Unternehmen verpflichtet sich, alle Schäden und Kosten zu ersetzen, die entstehen, falls diese Zusicherung nicht eingehalten wird.

Eine Freistellungsvereinbarung bewirkt aber nicht, dass der Werbende gegenüber dem Anspruch des Betroffenen „aus dem Schneider" ist. Auch wenn „fremde" Adressen genutzt werden, haftet das werbende Unternehmen gegenüber dem Empfänger, falls die erforderliche Einwilligung nicht nachgewiesen werden kann. Das heißt, das werbende Unternehmen ist zur Abgabe einer Unterlassungserklärung verpflichtet. Hieran ändert auch eine Freistellungsvereinbarung mit dem Unternehmen, das die E-Mail-Adressen bereitgestellt hat, nichts. Diese befreit nur von den finanziellen Folgen.

Zur Verdeutlichung, dass die Problematik ernst zu nehmen ist, kann auf eine Entscheidung des LG Traunstein [12] hingewiesen werden. Denn das Gericht stellte klar: Ein „Anmieter" von Fremdadressen darf sich nicht auf die Aussage des „Vermieters" verlassen, dass eine wirksame Werbeeinwilligung vorliegt. Sollte sich herausstellen, dass eine wirksame Werbeeinwilligung nicht vorliegt, haftet der „Anmieter" uneingeschränkt.

Die vorstehenden Hinweise stellen eine Leitlinie dar. Sie gehen davon aus, dass in der versandten E-Mail allein Werbung des werbetreibenden Unternehmens enthalten ist. Wird die Werbung hingegen lediglich als untergeordneter Bestandteil in einen E-Mail-Informationsdienst eingebunden wird, bestehen geänderte Anforderungen an den Umfang der Einwilligung. Die jeweiligen Anforderungen müssen jeweils im Einzelfall bestimmt werden.

Nutzungsprofile

Auch bei der Erstellung von **Nutzungsprofilen**, gilt, dass dies nur zulässig ist, falls eine gesetzliche Erlaubnis oder die Einwilligung des Betroffenen greift. Aus datenschutzrechtlicher Sicht gibt es im Grundsatz drei Abstufungen der Anreicherung:

- Die Erstellung **personenbezogener Nutzungsprofile** darf grundsätzlich nur mit Einwilligung erfolgen,
- **Pseudonymisierte Nutzungsprofile** sind unter bestimmten gesetzlichen Voraussetzungen bis zum Widerspruch des Betroffenen zulässig,
- **Anonymisierte Nutzungsprofile** unterliegen – mangels Personenbezug – keiner datenschutzrechtlichen Beschränkung.

Nutzer- und Nutzungsdaten voneinander trennen

Für das E-Mail-Marketing bedeutet das: Das Zusammenführen der Daten über das Nutzungsverhalten mit den Daten des Inhabers der E-Mail-Adresse ist nur auf der Grundlage einer Einwilligung des Betroffenen zulässig ist. Hierunter fällt jede zusätzliche Information, die erfasst wird, beispielsweise auch das Öffnen der E-Mail oder ein Klick-Verhalten.

Nach § 15 Abs. 3 TMG ist die Erstellung von Nutzungsprofilen zur Werbung und zur Marktforschung gesetzlich erlaubt, sofern drei Voraussetzungen gemeinsame beachtet werden:

- Es müssen Pseudonyme verwendet werden.
- Der Betroffene ist im Zuge der Erhebung seiner Daten auf sein Widerspruchsrecht gegen die Erstellung von Nutzungsprofilen hingewiesen worden; ein nachträglicher Hinweis genügt nicht.
- Das Nutzungsprofil darf nicht mit dem Träger des Pseudonyms zusammengeführt werden.

Ein **Pseudonym** ist gegeben, wenn der Name und andere Identifikationsmerkmale durch ein Kennzeichen zu dem Zweck ersetzt werden, die Bestimmung des Betroffenen auszuschließen oder wesentlich zu erschweren.

Aus dem Hinweis auf das Widerspruchsrecht ergibt sich, dass der Betroffene auch darüber zu informieren ist, dass Nutzungsprofile erstellt werden. Der Hinweis muss zu Beginn der Nutzung des Dienstes durch den Betroffenen, also am besten zusammen mit der Einwilligung in die Werbung, erfolgen. Ein Hinweis nach der Erstellung der Nutzungsprofile genügt nicht. Um den Kunden nicht vor die „Alles-oder-Nichts"-Wahl zu stellen, sollte er die Möglichkeit haben, diese Profilierung sofort abzulehnen.

Für die anonymen Nutzungsprofile muss die **Anonymität** bereits bei der Erhebung der Information, beispielsweise des Öffnens der E-Mail oder des Klick-Verhaltens, gegeben sein. Anonyme Auswertungen bedürfen grundsätzlich keiner datenschutzrechtlichen Erlaubnis, denn mit der Anonymisierung ist das

Datenschutzrecht eigentlich nicht mehr anwendbar. Anonymisiert sind die Daten dann, wenn die personenbezogenen Daten derart verändert sind, dass die Informationen einer bestimmten oder bestimmbaren natürlichen Person nicht mehr oder nur mit einem unverhältnismäßig großen Aufwand an Zeit, Kosten und Arbeitskraft zugeordnet werden können. Im Anwendungsbereich des TKG dürfen Nutzungsprofile auch nicht pseudonymisiert erstellt werden. Die Erstellung von Nutzungsprofilen bedarf vielmehr der Einwilligung des Betroffenen.

Je nachdem, ob und welche Art der **Profilierung** erfolgen soll, muss diese bereits bei der Gestaltung des Einwilligungstextes berücksichtigt werden. Denn personenbezogene Nutzungsprofile sind im Rahmen des TMG und des TKG nur mit Einwilligung des Betroffenen zulässig.

Wer haftet und was bedeutet das?

Bei der Bewertung einer Marketingstrategie muss auch ein Blick auf die Haftung bei einem Verstoß geworfen werden. Damit wird das mit einem Verstoß verbundene Risiko erkennbar.

Wer haftet bei unzulässiger E-Mail-Werbung?

Für eine unzulässige E-Mail-Werbung haftet grundsätzlich derjenige, der die E-Mail-Werbung versendet hat, der sogenannte Täter oder Teilnehmer. Das ist praktisch in erster Linie das Unternehmen, das in der Werbung genannt wird und damit als deren Veranlasser erscheint.

Der Veranlasser haftet

Durch die Rechtsprechung wird die Haftung jedoch sehr weit auf Mitwirkende ausgedehnt. Als Mit-Störer wird in die Haftung genommen, wer willentlich an der unzulässigen Werbung eines Dritten mitwirkt. Entscheidend ist, dass der Störer – anders als der Täter oder Teilnehmer – auch haftet, wenn er nicht schuldhaft gehandelt hat. Diese Konstellation kommt vor allem bei Kooperationen mit anderen Unternehmen in Betracht.

Daneben wird die Haftung für sogenannte Beauftragte durch die Rechtsprechung mit folgender Zielsetzung angewendet: Es soll verhindert werden, dass sich diejenigen, denen die Werbung zugute kommt, bei Wettbewerbsverstößen hinter mehr oder weniger von ihnen abhängigen Dritten verstecken können. Beauftragte sind Personen, die nicht Mitarbeiter sind, deren Tätigkeit zumindest aber auch dem Unternehmen in irgendeiner Weise nutzt. Des Weiteren muss das Unternehmen auf diese in irgendeiner Form dahingehend einen bestimmenden Einfluss ausüben können, dass es das Risiko weiterer Rechtsverstöße verringern kann.

Zusammenfassend zeigt sich, dass es dem Werbenden kaum möglich ist, sich der Haftung für eine rechtswidrige E-Mail-Werbung, die ihm zugute kommt, zu entziehen.

Zu beachten ist aber, dass der Abmahnende die Beweislast für die Voraussetzungen des Unterlassungsanspruchs mit Ausnahme der Einwilligung hat.

Konsequenzen unzulässiger E-Mail-Werbung

Bei einer unzulässigen E-Mail-Werbung ist typischerweise der erste Schritt eine **Abmahnung** desjenigen, der seine Rechte verletzt sieht. Das kann der Empfänger der E-Mail sein, ein Mitbewerber oder ein entsprechend berechtigter Verband. Mitbewerber und die Verbände stützen ihr Unterlassungsverlangen auf das UWG, andere Betroffene können nur aus §§ 823, 1004 BGB analog vorgehen.

Die **Reaktion auf die Abmahnung** kann in der Abgabe einer (strafbewehrten) Unterlassungserklärung oder darin bestehen, es auf eine gerichtliche Auseinandersetzung ankommen zu lassen. Es lässt sich nicht pauschal das eine oder das andere Vorgehen bevorzugen. Entscheidend sind die konkreten Umstände. Ein wesentlicher Aspekt der Entscheidung über das Vorgehen ist, welche Konsequenzen der vermeintliche Verstoß nach sich zieht.

Konsequenz eines Verstoßes gegen das UWG:

- Das werbende Unternehmen hat es zukünftig zu unterlassen, Werbung per E-Mail an Personen zu senden, deren Einwilligung durch das werbende Unternehmen nicht nachgewiesen werden kann. **Konkret bedeutet das**: Die Nachweispflicht besteht zukünftig nicht nur für die E-Mail-Adresse, die konkret die Auseinandersetzung ausgelöst hat, sondern generell für jede Werbe-E-Mail, gleichgültig, an welche E-Mail-Adresse.
- Die Sanktion in Form der **Vertragsstrafe** beziehungsweise des **Ordnungsgeld** wird fällig, wenn in einer nachfolgenden Auseinandersetzung mit demselben Gegner (wiederum) der Nachweis der Einwilligung fehlt. Es wird eine Vertragsstrafe – typischerweise zwischen 3.000 und 10.000 Euro – oder ein Ordnungsgeld – bis zu 250.000 Euro – fällig.
- Ein solcher Verstoß liegt aber nicht nur dann vor, wenn dieselbe E-Mail-Adresse nochmals angeschrieben wird, sondern – und das ist die Besonderheit des UWG – bereits, wenn irgendeine angeschrieben wird, bei der die Einwilligung nicht nachgewiesen werden kann. **Die Crux in der Praxis ist**, dass in den Fällen, in denen ein Verbot ausgesprochen wurde, weil die Einwilligung nicht nachgewiesen werden konnte, diese auch in den späteren Fällen nicht nachgewiesen werden kann. Denn ist das gewählte Erhebungsverfahren für einen Nachweis nicht ausreichend, dann gilt dies prinzipiell für alle so erhobenen E-Mail-Adressen.

Das Risiko nimmt zu

Für das E-Mail-Marketing bedeutet das, dass das Risiko der Nutzung von E-Mail-Adressen, die in einem unzureichenden Verfahren erhoben worden sind, stetig zunimmt. Eine Problemlösung können hier geschickte, auf den konkreten Einzelfall abgestimmte Nachfassaktionen sein.

Wird hingegen durch den Abmahnenden **nur ein Verstoß gegen §§ 823, 1004 BGB analog** geltend gemacht, dann kann die Unterlassungserklärung auf die von der Werbung konkret betroffenen E-Mail-Adressen des Beschwerdeführers beschränkt werden.

Allerdings ist zu beachten, dass das werbende Unternehmen selbst nicht steuern kann, ob eine Abmahnung auf einen Verstoß gegen das UWG oder gegen §§ 823, 1004 BGB analog gestützt wird. Eine Strategie lässt sich also auf diese Beschränkungsmöglichkeit nicht stützen.

Gefahren bei Verstößen gegen das Datenschutzrecht

Neben der Pflicht zum Löschen unzulässig gespeicherter Daten sind Verstöße gegen die Datenschutzbestimmungen sowohl nach dem BDSG als auch nach dem TMG und dem TKG mit **Bußgeldern** bedroht. Die maximalen Bußgeldspannen reichen von 50.000 bis 300.000 Euro. In Extremfällen können Verstöße auch als **Straftaten** (mit Haft- und **Geldstrafen**) verfolgt werden.

Rechtliche Anforderungen an die Durchführung

Auch bei der Gestaltung der Werbe-E-Mail müssen rechtliche Anforderungen beachtet werden. Die wesentlichen „E-Mail-spezifischen" Anforderungen sind kurz im Überblick zusammengefasst:

Transparenzgebot

Aus der E-Mail muss sich ergeben, dass es sich um Werbung handelt [13] und die Identität desjenigen klar sein, der – bildlich gesprochen – hinter der Werbung steht [14]. Da das Gesetz nur verlangt, dass die Identität nicht verschleiert oder verheimlicht wird, genügt es, wenn sich die Identität aus der E-Mail eindeutig ergibt, ohne dass eine explizite Hervorhebung wie „Der Urheber dieser Werbung ist ..." erforderlich wäre.

Keine Verschleierung

„Anti-Spam-Regelung"

Im Kontext des E-Mail-Marketings ist immer wieder der Begriff **„Spam"** anzutreffen. Im Kontext der rechtlichen Aspekte des E-Mail-Marketings ist entscheidend, dass das Gesetz diesen Begriff nicht kennt. Er wird weder definiert noch verwendet. Das UWG spricht in der einschlägigen Bestimmung von „elektronischer Post" und das TMG von „kommerzieller Kommunikation". Im Kontext von vermeintlich unzulässiger E-Mail-Werbung hat der Begriff „Spam" daher nichts zu suchen.

Dennoch wurde unter dem Schlagwort „Anti-Spam-Gesetz" eine Regelung diskutiert. Diese hat mit der Ablösung des Teledienstegesetzes (TDG) und des Mediendienstestaatsvertrags (MDStV) durch das TMG in das TMG Eingang gefunden. Aber auch diese neue Regelung definiert nicht, was „Spam" ist; sie regelt nicht einmal direkt das Phänomen, das mit „Spam" umschrieben wird.

Nach § 6 Abs. 2 TMG darf in der Kopf- und Betreffzeile weder der kommerzielle Charakter der Nachricht noch der Absender verschleiert oder verheimlicht sein. Ein Verstoß ist sicherlich gegeben, wenn im Betreff „Rechnung“ steht, aber nur Werbung zugesendet wird, oder im Absender „Amt für …“ steht, aber tatsächlich behördenfremde Absender auftreten. **Bildlich gesprochen: Die Kopf- und Betreffzeile müssen ehrlich sein.**

Ein Verstoß löst ein Bußgeld von bis zu 50.000 Euro aus, wenn der Verstoß absichtlich begangen wird. Absicht ist dann anzunehmen, wenn es dem Absender gerade auf diese Verschleierung oder dieses Verheimlichen zielgerichtet ankommt. Eine versehentliche Unklarheit darf daher nicht genügen.

Pflichtangaben in einer Werbe-E-Mail

§ 5 Abs. 1 TMG nennt explizit Angaben, die im Rahmen der Allgemeinen Informationspflicht – bekannt unter dem Schlagwort **„Impressumspflicht“** – mitzuteilen sind. Diese Verpflichtung sollte auch in jeder E-Mail berücksichtigt werden. Die Information muss leicht erkennbar, unmittelbar erreichbar und ständig verfügbar sein. Ein Hyperlink auf die Internetseite mit den geforderten Angaben ist mit Blick auf das Erfordernis der unmittelbaren Erreichbarkeit problematisch, weil E-Mails auch „offline“ gelesen werden können.

Ins Impressum gehören alle Absenderangaben

In Werbe-E-Mails sollten auch die **Angaben, die nach handels- und gesellschaftsrechtlichen Bestimmungen in Geschäftsbriefen der klassischen Briefpost enthalten sein müssen**, aufgenommen werden. Ein Merkmal eines Geschäftsbriefs ist, dass er an einen bestimmten Adressaten gerichtet ist. Das ist bei Werbe-E-Mails und bei Newslettern wohl nicht der Fall. Bei einer personalisierten – also den Empfänger ansprechenden – Werbe-E-Mail, welche unmittelbar in einen Verkauf münden kann, dürfte die Bewertung schon nicht mehr so eindeutig sein. In Grenzfällen dürfte es sinnvoller sein, die Angaben einzufügen; zumal sie sich mit der sogenannten Impressumspflicht überschneiden. Obwohl sich die gesetzlichen Regelungen dazu nicht ausdrücklich äußern, wird ein Hyperlink auf die Angaben auf einer Internetseite nicht genügen.

Verstöße können auch hier Buß- und Zwangsgelder nach sich ziehen. Wahrscheinlicher ist jedoch eine Abmahnung wegen eines Verstoßes gegen das UWG durch das Weglassen der Informationen. Im konkreten Fall kommt es dann aber darauf an, ob die fehlende Information unter die Bagatellgrenze des UWG fällt.

Abmeldung – Was ist zu beachten?

Die Gestaltung der Abmeldemöglichkeit, insbesondere des Hinweistextes, sollte dieselbe Sorgfalt zuteilwerden wie der Anmeldung. Denn Missverständnisse über die **Abmeldung** können ebenso problematisch sein wie solche über die Anmeldung. Die wesentlichen Aspekte sind nachfolgend zusammengefasst:

Der Hinweis – Ist er erforderlich?

Nach § 7 Abs. 2 Nr. 4 UWG ist eine E-Mail-Werbung unzulässig, „bei der keine gültige Adresse vorhanden ist, an die der Empfänger eine Aufforderung zur Einstellung solcher Nachrichten richten kann, ohne dass hierfür andere als die Übermittlungskosten nach den Basistarifen entstehen". Das werbende Unternehmen soll – nach der Vorstellung des Gesetzgebers – nicht an der Mitteilung der Ablehnung verdienen dürfen. Obwohl das Gesetz nur eine gültige Adresse vorschreibt, sollte in jeder E-Mail auch ein Hinweis auf die Abmeldemöglichkeit enthalten sein. Besondere Anforderungen an die Adresse stellt das Gesetz aber nicht; insbesondere muss es sich nicht um eine ladungsfähige Anschrift im Sinne der Zivilprozessordnung handeln. Auch wenn das Gesetz ebenfalls nicht vorschreibt, dass eine Abmeldung auf elektronischem Weg möglich sein muss, ist es besser, eine solche einzurichten.

Der Hinweis auf die Abmeldemöglichkeit in jeder Werbe- und jedem Newsletter-E-Mail ist zwischenzeitlich als „Best-Practice" zu betrachten. Er sollte daher schon aus diesem Grund in jede E-Mail aufgenommen werden.

Auf die Abmeldemöglichkeit deutlich hinweisen

Der Hinweistext ist auch eine Möglichkeit einer Kanalisierung der Abmeldungen. Das heißt, der Großteil der Abmeldungen wird auf dem vorgegebenen Weg mitgeteilt, was die Nachbearbeitung erleichtert. Dieser Aspekt sollte auch bei der Gestaltung des Impressums der E-Mail und der Internetpräsenz bedacht werden. Gleichwohl ist der Kunde/Empfänger nicht verpflichtet, seine Abmeldung beziehungsweise seinen Widerruf auf diesem Weg mitzuteilen. Es muss jede Abmeldung beziehungsweise jeder Widerruf, gleichgültig in welcher Form erfolgt, beachtet werden.

Der Text einer vorgegebenen **Abmeldefunktion** sollte also eindeutig formuliert sein. Nur so kann klar beurteilt werden, von was sich der Kunde abmelden will. Missverständnisse gehen zu Lasten des Werbenden. Dies gilt insbesondere dann, wenn der Kunde auf verschiedene Weise beworben wird oder ihm beispielsweise neben dem Newsletter auch noch Werbung per E-Mail zugesendet werden darf. Missverständlichkeiten gehen auch hier zu Lasten des Werbenden.

Was gilt nach einer Abmeldung?

Macht der Kunde seinen Wunsch deutlich, keine Werbung mehr zu erhalten, dann ist dies stets zu beachten. Es darf keine Werbung per E-Mail zugesendet werden und die über ihn gespeicherten Daten sind zu löschen, es sei denn, sie werden zwingend aus anderen Gründen benötigt.

Die Unterlassungspflicht kann vernünftig nur durch die Führung einer **Sperrliste** sichergestellt werden. Die Rechtsprechung hat nunmehr anerkannt, dass eine E-Mail-Adresse nicht gelöscht, sondern nur „gesperrt" werden muss, wenn sie zur Verhinderung der Zusendung weiterer E-Mails benötigt wird.

Schlusswort

Im Kern sind die rechtlichen Vorgaben von zwei Grundsätzen geprägt:

Transparenz und Freiwilligkeit

- Transparenz – Der Kunde muss darüber informiert werden, in was er einwilligt und was mit seinen Daten geschieht!
- Einwilligung und Freiwilligkeit – Dem Kunden darf eine Einwilligung weder „untergeschoben" noch „abgepresst" werden!

Im Licht dieser Grundsätze sind die einerseits zum Teil vagen und andererseits zum Teil komplizierten Regelungen zu verstehen und damit auch leichter umzusetzen.

Literatur

[1] vergleiche BGH Urteil vom 11.03.2004, Az. I ZR 81/01, vergleiche BGH Urteil vom 20.05.2009, Az. I ZR 218/07

[2] vergleiche AG Berlin, Urteil vom 11.06.2008, Az. 21 C 43(08; LG Berlin, Urteil vom 13.03.2007, Az. 15 O 821/06

[3] BGH, Urteil vom 17.07.2008, Az. I ZR 197/05; BGH, Urteil vom 17.07.2008, Az. I ZR 75/06

[4] LG Hamburg Beschluss v. 04.08.2008, Az. 327 O 493/08

[5] LG Stuttgart, Urteil vom 15.05.2007, Az. 17 O 490/06

[6] § 13 Abs. 1 S. 3 TMG

[7] § 13 Abs. 1 S. 1 TMG

[8] AG München, Urteil vom 30.11.2006, Az. 161 C 29330/06; AG Hamburg, Urteil vom 11. 10.2006, Az. 6 C 404/06; vergleiche LG Berlin, Urteil vom 23.01.2007, Az. 15 O 346/06

[9] Jens Eckhardt, Datenschutz im Direktmarketing nach dem BDSG – Quo vadis, CR 2009, S. 337

[10] § 13 Abs. 6 TMG

[11] Peter Schmitz/Jens Eckhardt, AGB – Einwilligung in Werbung, CR 2006, 533

[12] LG Traunstein, Urteil vom 20.05.2008, Az. 7 O 318/08

[13] § 6 Abs. 1 Nr. 1 TMG

[14] §§ 7 Abs. 2 Nr. 4 UWG, 6 Abs. 1 Nr. 2 TMG

Eckhardt, J.: Datenschutz im Direktmarketing nach dem BDSG – Quo vadis. – S. 337, CR 2009.

Eckhardt, J.: Unerwünschte Telefonwerbung. – NET S. 46, 4/2009.

Eckhardt, J.: Schutz von Daten – schärfere Gesetze nötig? – S. 47, NET 9/2008.

Eckhardt, J.: IP-Adresse – Ein Datenschutzproblem? – Online-Marketing-Experts Beratungsbrief S. 14, 05/2008.

Schmitz, P., Eckhardt, J.: AGB – Einwilligung in Werbung. – S. 533, CR, 2006.

Eckhardt, J.: Keine Abmahnkosten für Rechtsanwalt in eigener Sache. – Online-Marketing-Experts Beratungsbrief, S. 10, 04/2007.

Eckhardt, J.: Kein generelles Verbot von E-Cards. – Online-Marketing-Experts Beratungsbrief, S. 12, 04/2006.

Eckhardt, J.: Datenschutzerklärungen und Hinweise auf Cookies. – S. 46 ff., ITRB, 2005.

Eckhardt, J.: Datenschutzrichtlinie für elektronische Kommunikation – Auswirkungen auf Werbung mittels elektronischer Post. – S. 557 ff., MMR 2003.

EINE RECHTSSICHERE EINWILLIGUNG GEWINNEN

8

MARTIN SCHIRMBACHER

Bekanntlich bedarf die Werbung per E-Mail, genauso wie die Direktansprache per Telefax oder SMS, in Deutschland grundsätzlich der Einwilligung des Empfängers. Die deutschen Vorschriften im **Gesetz gegen den unlauteren Wettbewerb** (UWG) beruhen auf europäischen Richtlinien. Die Rechtslage in Europa ist somit weitgehend einheitlich.

Grundsätze

Wann genau liegt eine Einwilligung vor?

Während die generellen Fragen inzwischen geklärt sind, liegt der Teufel wie so oft im Detail. Die „Gretchenfrage" ist: Wann genau liegt eine ausreichende Einwilligung des Empfängers vor? Manchmal ist nicht einmal offensichtlich, wer überhaupt der Empfänger ist. Macht es einen Unterschied, wenn der Empfänger Kunde des Absenders ist? Genügt es, wenn Allgemeine Geschäftsbedingungen (AGB) akzeptiert werden, in denen ein Einverständnis erklärt wird? Darf man annehmen, dass der Empfänger mit Nachfragen nach der von ihm angebotenen Leistung per E-Mail einverstanden ist?

Die Werbung an fremde E-Mail-Adressen spielt rechtlich in mehrerlei Hinsicht eine Rolle. Wesentlich ist vor allem das bereits genannte UWG. § 7 UWG verbietet „**unzumutbare Belästigungen**" gegenüber Marktteilnehmern. Gemäß § 7 Abs. 2 Nr. 3 UWG ist es eine unzulässige Werbemaßnahme, wenn dabei „elektronische Post" verwendet wird, ohne dass eine vorherige ausdrückliche Einwilligung des Adressaten vorliegt.

Belästigung von Privatpersonen beurteilt sich nach anderen Maßstäben als die von Unternehmen

Neben den wettbewerbsrechtlichen Aspekten, die vor allem das Verhältnis der Konkurrenten untereinander betreffen, ist auch das **allgemeine bürgerliche Recht einschlägig**. So ist es nach der Rechtsprechung des Bundesgerichtshofes (BGH) eine unerlaubte Handlung, wenn E-Mails ohne Einwilligung des Empfängers versandt werden (BGH vom 11.3.2004, Az. (Aktenzeichen) I ZR 81/01). Diese unerlaubte Handlung ist mit zivilrechtlichen Unterlassungsansprüchen verfolgbar. Handelt es sich bei dem Inhaber der E-Mail-Adresse um eine Privatperson, soll es sich um eine Verletzung des allgemeinen Persönlichkeitsrechts handeln. Ist hingegen ein Unternehmen Inhaber der E-Mail-Adresse, soll dessen eingerichteter und ausgeübter Gewerbebetrieb verletzt sein.

Schließlich sind die **Vorschriften zum Datenschutz** zu berücksichtigen. Personenbezogene Daten dürfen grundsätzlich nur erhoben, verarbeitet und gespeichert werden, wenn dies das Gesetz ausdrücklich zulässt oder eine Einwilligung des Betroffenen vorliegt.

http://www.marketing-boerse.de/Experten/details/Martin-Schirmbacher

E-Mail-Marketing – Betroffene Rechtsgebiete
- **Wettbewerbsrecht (UWG)**
- **Bürgerliches Recht (BGB)**
- **Datenschutzrecht (BDSG, TMG)**

Sowohl die Speicherung der E-Mail-Adresse als auch deren Verwendung zu Werbezwecken bedarf damit der vorherigen Einwilligung des Inhabers der E-Mail-Adresse.

Wer muss einwilligen?

Wer darf die Einwilligung erteilen?

Dies wirft die Frage auf, wer denn überhaupt in die Übersendung von E-Mails einwilligen muss. Dies ist unproblematisch, wenn die E-Mail-Adresse eindeutig einer Person, dem **Inhaber der E-Mail-Adresse**, zuzuordnen ist. In diesen Fällen bedarf es der Einwilligung gerade eben dieser Person.

Problematischer kann es jedoch sein, wenn die E-Mail-Adresse nicht personalisiert ist (zum Beispiel: mail@haerting.de). In diesen Fällen kommt es grundsätzlich darauf an, wer berechtigt ist, eine Einwilligung für die betreffende E-Mail zu erteilen. Unproblematisch ist dies für den Unternehmensinhaber, deren Geschäftsführer oder Vorstände zu bejahen.

Doch auch sonstige **Vertretungsberechtigte** kommen für die Erteilung einer Einwilligung in Betracht. Schwierig ist hier, dass der Werbende den Status desjenigen, der die Einwilligung erteilt hat, häufig nicht erkennen kann. Jedenfalls beim Double-Opt-in-Verfahren und im Rahmen von Kundenbeziehungen muss es genügen, wenn die Einwilligung von einer objektiv berechtigten Person kommt. Wer offenbar befugt und in der Lage ist, die betreffende allgemeine Unternehmens-E-Mail-Adresse zu nutzen, muss auch als für die Einwilligung befugt gelten. Nicht genügend ist hingegen ein vorgängiger Telefonanruf beim Zielunternehmen und die Einholung des Einverständnisses mit der Übersendung von E-Mails durch Sekretariats- oder Telefonpersonal. Auch wenn diese Methode in der Praxis teilweise anzutreffen ist, ist sie dennoch regelmäßig unzulässig.

Nicht völlig unproblematisch ist auch die Erteilung einer Einwilligung in die Übersendung von Werbung per E-Mail durch **Minderjährige**. Rechtlich ist bei einseitigen Willenserklärungen stets die Zustimmung der Erziehungsberechtigten erforderlich. Eine Bagatellschwelle gibt es nicht, so dass Minderjährige wirksam eine Einwilligung nicht erteilen können. Praktisch ist dies jedoch nur ein kleines Problem. So lange sich nachweisen lässt, dass der Minderjährige tatsächlich selbst in die Übersendung der Werbung eingewilligt hat, dürfte das Risiko rechtlicher Konsequenzen überschaubar sein.

Was ist Werbung?

Untersagt ist nicht per se jede E-Mail, sondern in erster Linie die Werbung. Was unter Werbung zu verstehen ist, definiert das Gesetz selbst nicht. Nach den europäischen Richtlinien ist Werbung „**jede Äußerung** bei der Ausübung eines Handels, Gewerbes, Handwerks oder freien Berufs **mit dem Ziel, den Absatz** von Waren oder die Erbringung von Dienstleistungen … **zu fördern**". Das ist denkbar weit und erfasst letztlich jede Äußerung, die mittelbar oder unmittelbar der Absatzförderung dient.

Alles ist Werbung

Zwei Urteile des BGH vom Sommer 2008 lassen erkennen, dass auch die **Nachfragewerbung** Werbung in diesem Sinne sein soll. In der einen Entscheidung ging es darum, ob als Werbung auch eine Anfrage nach Dienstleistungen gegen (vom ‚Werbenden' zu zahlendes) Entgelt anzusehen ist. Ein Online-Fußballportal hatte bei dem Fußballverein FC Troschenreuth nachgefragt, ob der Verein daran interessiert sei, auf seiner Website Bannerwerbung für das Fußballportal anzubringen.

Werbung ist:

- **jede Äußerung eines Unternehmens mit dem Ziel, den Absatz zu fördern und**
- **auch die Nachfragewerbung**

Der BGH meint, dass es keinen Unterschied mache, ob die E-Mail Dienstleistungen des Versenders bewerbe oder Dienstleistungen des Empfängers nachfrage. Nach den europäischen Vorgaben ist das allerdings keineswegs zwingend. Auch eine solche E-Mail- oder Telefaxsendung bedürfe grundsätzlich der Einwilligung des Adressaten (BGH vom 17.7.2008, Az.: I ZR 197/05). In dem konkreten Fall lag die Einwilligung nicht etwa darin, dass der Verein seine E-Mail-Adresse auf der Website veröffentlicht hatte. E-Mail-Anfragen erwarte der Fußballclub allenfalls zum Spielbetrieb oder den Vereinsaktivitäten, nicht jedoch nach vereinsfremden Leistungen.

Unerwünschte Angebote belästigen

An diesem Grundsatz hält der BGH auch für die Anfrage eines Autohandels per Telefax an einen Konkurrenten fest, mit der der Versender konkrete Automodelle nachfragte und mitteilte, an dem Erwerb dieser Gebrauchtwagen gegebenenfalls interessiert zu sein (BGH vom 17.7.2008, Az.: I ZR 75/06). Allerdings kam der BGH in dieser Entscheidung genau zu dem gegenteiligen Ergebnis und hat die Unterlassungsklage des Empfängers abgewiesen. Zwar gelte auch hier, dass es grundsätzlich einer Einwilligung bedürfe, die habe im konkreten Fall allerdings vorgelegen.

Werbung ist – nach dieser Rechtsprechung – also nicht nur die Absatzwerbung, sondern auch die Dienstleistungsanfrage.

Einwilligung außerhalb von Kundenbeziehungen

Ausdrücklich und nicht nach den äußeren Umständen

Das UWG sieht eine vorherige ausdrückliche Einwilligung vor. Dies bedeutet, dass sich ein Einverständnis nicht allein aus den äußeren Umständen ergeben kann. Es genügt also für die Übersendung von Werbung per E-Mail keineswegs, dass die E-Mail-Adresse dem Werbenden irgendwie bekannt geworden ist. Auch eine Veröffentlichung der E-Mail-Adresse auf der Website et cetera genügt nicht (BGH vom 17.7.2008, Az. I ZR 197/05).

Hier hat sich das Gesetz zum Jahresanfang 2009 noch einmal verschärft. Zwar musste der Werbende schon bisher beweisen können, dass er von einem konkreten Einverständnis des Empfängers ausgehen durfte. Jetzt bedarf es jedoch einer **ausdrücklichen Erklärung des Umworbenen**.

Zunächst stellt sich die Frage, wie man außerhalb von konkreten Kundenbeziehungen eine rechtssichere Einwilligung des Empfängers erhalten kann. Dabei ist darauf zu achten, dass der Unternehmer die Erteilung der Einwilligung durch den Empfänger gegebenenfalls auch beweisen können muss.

Single-Opt-in genügt nicht

Aus diesem Grunde ist das so genannte Single-Opt-in-Verfahren nicht empfehlenswert. Dabei wird dem Besucher einer Website die Möglichkeit gegeben, seine E-Mail-Adresse in ein Kontaktformular einzutragen. Gleichzeitig hat er zu bestätigen, dass er mit der Werbung durch das Unternehmen (etwa einem Newsletter-Versand) einverstanden ist.

Grundsätzlich würde dies zwar als Einwilligung ausreichen. Wegen der **Missbrauchsgefahr** und weil sich nicht beweisen lässt, dass tatsächlich der Inhaber der E-Mail-Adresse die Adresse eingegeben hat, taugt das Single-Opt-in-Verfahren jedoch nicht. Das Unternehmen wird nicht beweisen können, dass die Eintragung in der Maske tatsächlich von dem Inhaber der E-Mail-Adresse durchgeführt wurde. Auch eine etwa mitprotokollierte IP-Adresse reicht für einen Beweis nicht aus.

Double-Opt-in-Verfahren

Aus diesem Grund hat sich das Double-Opt-in-Verfahren etabliert. Hier wird zunächst wie beim Single-Opt-in vorgegangen. Sodann wird an die eingegebene E-Mail-Adresse eine Bestätigungs-E-Mail gesandt. Nur wenn der Empfänger auf diese E-Mail noch einmal reagiert (etwa einen entsprechenden **Bestätigungs-Link** anklickt), wird die fragliche E-Mail-Adresse tatsächlich in den Verteiler aufgenommen.

Double-Opt-in auch von Gerichten gefordert

Das Double-Opt-in-Verfahren hat inzwischen auch die Feuertaufe vor mehreren Gerichten bestanden (LG Berlin vom 23.1.2007, Az.: 15 O 346/06). Dabei ist allerdings dafür Sorge zu tragen, dass die Bestätigungs-E-Mail als solche tatsächlich erkennbar ist und in dieser E-Mail keine Werbung für das Unternehmen enthalten ist. Anderenfalls könnte man schon diese E-Mail als werbende E-Mail ansehen mit der Folge, dass der Beweis geführt werden muss, dass bereits für die erste E-Mail eine Einwilligung vorlag.

Vorformulierte E-Mails

Eine Alternative zum Double-Opt-in-Verfahren ist die Arbeit mit vorformulierten E-Mails.

Beim Anklicken des entsprechenden Links auf der Unternehmens-Website öffnet sich ein gegebenenfalls vorformuliertes E-Mail-Fenster. Sendet der potenzielle Abonnent diese E-Mail an das Unternehmen, liegt eine Einwilligung vor. In tatsächlicher Hinsicht besteht jedoch der Nachteil, dass potenzielle Abonnenten ohne entsprechendes E-Mail-Programm von der Einwilligungserteilung ausgeschlossen sind.

Einholung der Einwilligung außerhalb einer Kundenbeziehung	
METHODE	AUSREICHEND?
Single-Opt-in	nein
Double-Opt-in	ja
E-Mail des Empfängers	ja

Protokollierung der Einwilligungserklärung

Im Zweifel muss das Unternehmen beweisen können, dass sich der betreffende Empfänger tatsächlich mit dem Erhalt von Werbung per E-Mail einverstanden erklärt hat. Daher ist dringend zu empfehlen, die **Einwilligungen dauerhaft zu protokollieren**.

Hierfür kann es genügen, geeignete technische Systeme zu verwenden, die auch die IP-Adresse speichern. Wichtig ist dies insbesondere, wenn Dienstleister mit der Generierung von E-Mail-Adressen beauftragt werden. In entsprechenden Verträgen mit den Anbietern sollte detailliert festgelegt werden, auf welche Weise die Adressen erhoben werden. Zu regeln ist auch, wie sich die Einwilligung noch Jahre nach der Erteilung nachweisen lässt.

Art der Erhebung protokollieren!

Tell-a-friend

Ein Grenzfall ist das Tell-a-Friend-Format. Hierbei wird die E-Mail nicht von dem Unternehmen selbst, sondern von einem Nutzer der entsprechenden Website initiiert. Häufig wird als Absender der E-Mail der Name desjenigen eingetragen, der den Versand der E-Mail auf der Website des Unternehmens veranlasst hat. Technisch wird die E-Mail aber von dem System des Unternehmens angestoßen und versandt.

Obgleich die Werbung von Bekannten des Empfängers initiiert wird, wird dies in der Rechtsprechung eher skeptisch gesehen (OLG Nürnberg vom 25.10.2005, Az. 3 U 1084/05). Um einen solchen Dienst rechtlich zulässig ausgestalten zu können, muss sich zum einen die Nachricht tatsächlich als E-Mail des Website-Nutzers darstellen. Zum anderen muss sich der Inhalt der Nachricht auf die Mitteilung über die Existenz der Website ohne weitere werbende Hinweise des Unternehmens beschränken.

Offline erteilte Einwilligung

Vielfach werden E-Mail-Adressen offline erhoben. Beliebt ist dabei insbesondere die Teilnahme an Gewinnspielen per Postkarte. Grundsätzlich gelten offline keine anderen Grundsätze als online. Auch hier muss der Werbende im Zweifel beweisen können, dass der Empfänger sich mit der Werbung einverstanden erklärt hat. Hier wird es im Zweifel auf die Unterschrift des Gewinnspielteilnehmers ankommen. Gegen Missbrauch ist der Werbende bei dieser Methode nicht gefeit.

Außerdem ist zu beachten, dass auch bei Gewinnspielen ein echtes Opt-in vorliegen muss. Der Teilnehmer muss also der Nutzung der angegebenen E-Mail-Adresse zu Werbezwecken (und nicht nur zur Gewinnbenachrichtigung) ausdrücklich zustimmen (vergleiche BGH vom 16.7.2008, Az.: VIII ZR 348/06; OLG Hamburg vom 4.3.2009, Az. 5 U 62/08).

Einwilligung bei bestehender Kundenbeziehung

Bei Vertragsabschluss Einwilligung einholen

Es ist klar, dass E-Mail-Adressen, die dem Unternehmen im Rahmen des Vertragsschlusses mit Kunden bekannt geworden sind, nicht ohne Weiteres für Werbezwecke genutzt werden können. Der Vertragsschluss gibt dem Unternehmen aber die Gelegenheit, eine Einwilligung einzuholen. Die genaue Verfahrensweise kann der Werbetreibende flexibel gestalten, so dass die bestehenden Spielräume genutzt werden sollten.

Einwilligung in Allgemeinen Geschäftsbedingungen?

Es ist sehr beliebt, die Einwilligung des Empfängers in den AGB des Unternehmens unterzubringen. Wer bei einem Anbieter etwas kauft, akzeptiert damit auch die AGB des Unternehmers, wenngleich er diese natürlich nicht liest. Wird auch ein Einverständnis mit Werbung per E-Mail in die AGB integriert, stellt sich die Frage, ob damit eine wirksame Einwilligung des Kunden verbunden ist.

Einwilligung muss auch hier explizit sein

Nach den europäischen Vorgaben muss eine Einwilligung stets ohne Zwang und in Kenntnis der Sachlage erfolgen. Nach neuem deutschen Recht muss die Einwilligung **ausdrücklich** erfolgen. Wenn die Einwilligung in den AGB quasi versteckt wird, kann man nicht davon sprechen, dass der Empfänger seine Einwilligung ausdrücklich und in Kenntnis der Sachlage erteilt hat. Vielmehr wird man sagen müssen, dass der Kunde die Einwilligung gerade ohne Kenntnis der Sachlage erteilt hat. Dies genügt den Vorgaben nicht.

Deshalb hat der BGH auch festgehalten, dass eine unangemessene Benachteiligung des Vertragspartners vorliegt, wenn die Einwilligungsklausel in AGB untergebracht wird (BGH vom 16.7.2008, Az.: VIII ZR 348/06). Dies gilt umso mehr, wenn die Erklärung mit anderen Erklärungen des Kunden verbunden wird und lediglich eine **Opt-out-Möglichkeit** vorhanden ist. Der BGH hat dabei klar entschieden, dass es **nicht ausreichend** ist, dass der Verbraucher die Möglichkeit hat, die Werbung abzulehnen. Vielmehr setze § 7 Abs. 2 Nr. 3 UWG ein vorheriges Tätigwerden des Kunden voraus. Die Einwilligungsklausel muss so gestaltet sein, dass der Kunde selbst tätig werden muss, um seine Einwilligung in die Zusendung von Werbung per E-Mail zu erklären.

Opt-out reicht nicht

In AGB lässt sich die Einwilligung des Kunden in die Werbung per E-Mail daher nicht wirksam integrieren.

Häkchenfelder

Diesen Urteilen wird man entnehmen müssen, dass es sich um eine echte Opt-in-Erklärung des Kunden handeln muss.

Nach dieser Rechtsprechung ist auch von der Benutzung vorher angekreuzter Häkchenfelder für die Einwilligung in die E-Mail-Werbung im Rahmen der Registrierung als Kunde des Unternehmens abzuraten. Letztlich folgt aus dem BGH-Urteil, dass es dem Verbraucher stets möglich sein muss, den Dienst in Anspruch zu nehmen, ohne ausdrücklich seine Zustimmung in den Empfang von Werbe-E-Mails zu erteilen.

Keine vorangekreuzten Felder

Einholung der Einwilligung innerhalb einer Kundenbeziehung	
METHODE	AUSREICHEND?
Integration in AGB	nein
vorangekreuztes Häkchenfeld	nein
Opt-out-Möglichkeit	nein
leeres Häkchenfeld	ja

Gleiches gilt letztlich für alle anderen Formen der Kommunikation mit dem Empfänger. So genügt es nicht, wenn der Verbraucher an einem Gewinnspiel teilnimmt und damit automatisch seine Einwilligung in die Werbung per E-Mail erteilt. Zudem muss dem Verbraucher eine Teilnahme an dem Gewinnspiel auch möglich sein, ohne dass er damit seine Einwilligung in die Werbung per E-Mail erteilt.

Begrenzter Ausweg für Kundendaten

Das Gesetz sieht in § 7 Abs. 3 UWG eine Hintertür für den Versand von Werbung per E-Mail an bestehende Kunden vor. Danach ist die E-Mail-Werbung zulässig, wenn

(1) die E-Mail-Adresse im Zusammenhang mit dem Verkauf einer Ware oder einer Dienstleistung von dem Kunden generiert wurde,

(2) der Kunde der Verwendung nicht widersprochen hat und

(3) bei der Erhebung der Adresse und bei jeder Verwendung klar und deutlich darauf hingewiesen wird, dass der Kunde der Verwendung jederzeit widersprechen kann.

(4) Zudem darf der Unternehmer die Adresse dann nur für Direktwerbung für eigene Angebote und auch nur solche, die denen der Erstbestellung ähnlich sind, verwenden.

Es gibt also grundsätzlich die Möglichkeit, Kundendaten für die E-Mail-Werbung zu nutzen. Erforderlich ist aber, dass die E-Mail-Adresse im Zusammenhang mit einem Vertragsschluss erlangt wurde. Darauf, ob der Verkauf dann tatsächlich durchgezogen wurde, soll es nicht ankommen. Wichtig ist aber, dass es sich dabei um einen entgeltlichen Vertrag handelte. Kostenlose Dienstleistungen (etwa die Mitgliedschaft in einem Portal oder einer Community) genügen dafür nicht.

Immer auch Abbestellmöglichkeit bieten

Anders als im Normalfall genügt es nach § 7 Abs. 3 UWG, wenn der Kunde der Verwendung der E-Mail-Adresse zu Werbezwecken nicht widersprochen hat. Die Möglichkeit muss ihm aber gegeben sein, so dass es sich auch im Verhältnis zum Kunden empfiehlt, ein Häkchenfeld mit aufzuführen. So sollte auch – was in seriösen Newslettern ohnehin Standard ist – eine Möglichkeit existieren, den Newsletter abzubestellen. Außerdem ist der Kunde schon bei der Erhebung der E-Mail darauf hinzuweisen, dass der Kunde der Verwendung seiner E-Mail-Adresse zu Werbezwecken widersprechen kann.

Schließlich ist wichtig, dass die so generierte Einwilligung des Kunden ausschließlich für Werbe-E-Mails des betreffenden Unternehmens gilt. Eine Weitergabe an Dritte (auch im Konzern) ist mit der Vorschrift nicht vereinbar.

Zudem muss sich die Werbung auf ähnliche Produkte beziehen. Dazu, was als ähnliches Produkt anzusehen ist, gibt es bisher keine belastbare Rechtsprechung. Tendenziell wird davon ausgegangen, dass eine großzügige Auslegung zu Gunsten des Unternehmens erfolgen sollte. Der Empfänger willigt also in die Werbung für all jene Produkte ein, mit deren Angebot er schon bei der Erstbestellung rechnen konnte. Wer also bei einem großen Versandhaus einen DVD-Player bestellt, darf anschließend auch Werbung für Waschmaschinen erhalten. Dies gilt allerdings nur, wenn der Verbraucher damit rechnen konnte, dass das Versandhaus auch Waschmaschinen im Angebot hat. Andererseits wäre Werbung für Versicherungsdienstleistungen wohl nicht mehr von der Ausnahmevorschrift gedeckt.

Aus Sicht des Unternehmens bietet § 7 Abs. 3 UWG nur geringe Vorteile, denen gravierende Einschränkungen gegenüberstehen. Einziger Vorteil ist, dass ein Häkchenfeld (Ich bin mit der Nutzung meiner E-Mail-Adresse zu Werbezwecken einverstanden) bereits vorangekreuzt sein darf. Nachteilig ist aber, dass schon zu diesem Zeitpunkt der ausdrückliche Hinweis erfolgen muss, dass der Kunde der Nutzung jederzeit widersprechen kann. Zudem dürfen dann nur ähnliche Produkte des Unternehmens beworben werden. Hier muss jedes Unternehmen entscheiden, ob die Vorteile die Nachteile aufwiegen.

Literatur

[1] BGH Urteil vom 11.3.2004 , Az. I ZR 81/01 – E-Mail-Werbung

[2] BGH Urteil vom 17.7.2008 , Az. I ZR 197/05 – FC Troschenreuth

[3] BGH Urteil vom 17.7.2008 , Az. I ZR 75/06 – Faxanfrage im Autohandel

[4] LG Berlin Urteil vom 23.01.2007 , Az. 15 O 346/06 – Störerhaftung des Versenders eines Newsletters

[5] OLG Nürnberg Urteil vom 25.10.2005 , Az. 3 U 1084/05 – Produktempfehlungen per E-Mails mit Werbung

[6] BGH Urteil vom 16.7.2008 , Az. VIII ZR 348/06 – Payback

[7] OLG Hamburg Urteil vom 4.3.2009 , Az. 5 U 62/08 – Gewinnbenachrichtigung

Härting, N.: Internetrecht. – 527 S., Otto-Schmidt, 3. Aufl., 2008.

Pauli, D.: Direktmarketing und die Gewinnung von Kundendaten: Ist die Veranstaltung eines Gewinnspiels ein geeigneter Weg? – In: Wettbewerb in Recht und Praxis, S. 245, 2009.

Schirmbacher, M.: Anmerkung zum Payback-Urteil des Bundesgerichtshofes. – In: Betriebsberater, S. 2430, 2008.

Schirmbacher, M.: Der Schutz des Verbrauchers vor unerbetener Werbung per E-Mail. – In: Verbraucher und Recht, S. 54, 2007.

Schirmbacher, M.: UWG 2008 – Auswirkungen auf den E-Commerce. – In: Kommunikation und Recht, S. 443, 2009.

Sokolowski, K.: E-Mail-Werbung als Spamming. – In: Wettbewerb in Recht und Praxis, S. 888, 2008.

FALLBEISPIELE

9

INTRO

Adressdatenbanken aufbauen, verwalten und nutzen: Schlechte Adressen machen niemanden glücklich: Weder den Empfänger, noch den Versender. INTEWA ist ein Investitionsgüter-Hersteller: Er bietet seinen Kunden nutzwertige Informationen. RTL löst das Problem inaktiver E-Mail-Empfänger durch aktivitätsbasiertes Scoring. Die niederländische TMG-Group stößt ins gleiche Horn: Nicht der Massenverteiler per Gießkanne, sondern spezifische Botschaften an Zielgruppensegmente sind das Zaubermittel. Besonders einfach hat es da mymuesli. Hier erhalten Kunden nicht nur ihr persönliches Müsli, sondern ebensolche E-Mails. Die höchsten Öffnungsraten erreichen Einzelmails. Fluggesellschaften nutzen zum Beispiel Datenbank-Informationen, um gezielt solche Transaktions- oder Trigger-Mails zu versenden.

E-Mail-Kampagnen einbinden, gestalten und optimieren: Nicht jeder will nur E-Mails. Gutes E-Mail-Marketing verwaltet Inhalte und erlaubt dem Empfänger, diese auch auf anderen Kanälen zu empfangen. Die Süddeutsche Zeitung versendet auf Wunsch auch Informationen per Weckruf auf das Handy. Welche Wirkung Onlinekampagnen entfalten können, wird am Beispiel eines Energie Start-ups beschrieben. Wie die Wirkung noch detailliert verfeinert wird, zeigt sich im hart umkämpften Telekommunikationsmarkt. Hier wird auch noch das letzte i-Tüpfelchen optimiert. Wer aber glaubt, damit sei die E-Mail komplett, wird von Opodo eines Besseren belehrt. Das Reiseportal wertete die Zustellung aus und fand viele defekt zugestellte E-Mails. Opodo löste das Problem und heute sehen alle Empfänger auch die Bilder in der E-Mail.

Versandsysteme auswählen, integrieren und automatisieren: E-Mail-Marketing ist zu einem guten Teil auch Informations-Logistik: Die Deutsche Welle zeigt, wie sie verschiedene Newsletter managt, die jeweils noch in unterschiedlichen Sprachen rausgehen sollen. BMS beschreibt, wie verschiedene Schulbuchverlage Content-Management und Newsletter-versand kombiniert haben. An einem Beispiel aus der Automobilbranche wird aufgezeigt, wie Händler ein zentrales System nutzen, ohne ihre Eigenständigkeit zu verlieren. Bei Leica Geosystem bedeutete die Integration der Systeme erheblich weniger Arbeitsaufwand bei der Erstellung des Newsletters. Der Maschinenhersteller zur Massivholz-Bearbeitung Weinig beweist, welch wichtige Rolle E-Mails beim Key-Account-Management spielen.

Neue Kunden gewinnen und Bestehende halten: Inhalte von Newslettern lassen sich auch zur Neukundengewinnung nutzen. Schlecker zeigt zum Beispiel seine Newsletter vollautomatisch auch auf wichtigen Portalen an. Die i-magazine AG nutzt Content dezidiert für die Lead-Generierung. Das Interesse an spezifischen Inhalten wird dabei zur Profilierung eingesetzt. DHL wiederum nutzt Inhalte, um Widgets zu befüllen. Dass E-Mail aber noch weit mehr Möglichkeiten zur Kundenbindung bietet, zeigt schließlich die Erfahrung von Nikon.

Torsten Schwarz

9

FALLBEISPIELE

SO OPTIMIERT INTEWA DIE ADRESSDATENBANK

9

RALPH KREUZER

Die INTEWA GmbH ist ein großer Hersteller von Regenwassersystemen, die sowohl im privaten, öffentlichen als auch im gewerblichen Bereich europaweit eingesetzt werden. Das Unternehmen entwickelt und vertreibt Komponenten und Komplettsysteme für Regenwassernutzung, Regenwasserversickerung, Regenwasserrückhaltung und Rinnenentwässerung für jegliche Art von versiegelten Flächen. Um erfolgreich Marketing-Maßnahmen durchführen zu können, die zur Unterstützung und Optimierung der Vertriebsaktivitäten dienen, ist die richtige Adresse wesentlich. Besonders in der schnelllebigen Zeit von heute ist die Aktualität der Entscheider-Kontaktdaten wichtig.

Zu Fachinformationen willigt jeder zweite Entscheider ein

Es ist ärgerlich und kostet Zeit, wenn die Adressdatenbanken aus vielen Karteileichen bestehen oder die direkten Ansprechpartner nicht bekannt sind. Um die gewünschte Zielgruppe effizient ansprechen zu können, bestand der Auftrag für die INTEWA GmbH daher aus der Optimierung der zentralen Datenbank. Ziel war es, neben der Ermittlung des vollständigen Namens des Einkaufsleiters sowie seiner E-Mail-Adresse, ein Opt-in zum mehrfachen Versand von Informationsmaterial und News einzuholen. Hierbei wurden 2.000 Entscheider von Hoch- und Tiefbauunternehmen qualifiziert und deren Bedarf an Regenwasserkomponenten ermittelt. Von den angesprochenen Kontaktpersonen meldeten 935 den Bedarf von Regenwassersystemen an und gaben ihre Zustimmung zum Erhalt aktueller Informationen.

Jedes Gespräch dient der Adressqualifizierung

Der erste Schritt bestand in der Ermittlung des korrekten Ansprechpartners. Nur so ist sichergestellt, dass die Botschaft auch ankommt. Je genauer nun aber die Zielgruppe eingegrenzt wird, desto geringer ist der Streuverlust einer Kampagne. Dazu wurden Zusatzinformationen eingeholt. Ziel ist immer die Schaffung von gutem Adressmaterial. Daher wurde hier ein strukturierter Prozess beim Aufbau der Adressdatenbank von INTEWA verfolgt.

Als Ausgangspunkt diente die Stammadresse, die Aufschluss über Firmennamen und Anschrift gibt. Dann wurde im Unternehmen der Entscheider des zu bewerbenden Themas ausfindig gemacht. Ein ähnliches Prozedere ergab sich auch bei den Datensätzen der Bestandskunden, denn dabei spielt die Aktualität der vorhandenen Daten eine wesentliche Rolle. Es musste geprüft werden, ob der vorhandene Kontakt des Ansprechpartners samt E-Mail-Adresse noch mit der jetzigen Firmenstruktur übereinstimmt. Als die Datensätze dem aktuellen Stand angepasst waren, konnte der Bedarf des Unternehmens qualifiziert werden.

www.marketing-boerse.de/Experten/details/Ralph-Kreuzer

Gesetzliche Regeln um B2B-E-Mail-Marketing

Bevor der ermittelten Zielgruppe Informationsmaterial zugesandt wurde, um das Interesse an den Produkten zu wecken, mussten eine Reihe von gesetzlichen Vorgaben erfüllt werden. Denn das Versenden von Werbung per E-Mail ohne Einwilligung gilt als Belästigung, sowohl im B2B als auch im B2C, und muss unterlassen werden. Aus diesem Grund wurde eine explizite Einverständniserklärung (Opt-in) vom Empfänger eingeholt. Es musste darauf geachtet werden, dass die Entscheider ihre Einwilligung abgeben müssen, bevor es zur Versendung der Informationsmaterialien kommt. Diese Frage wurde in einem persönlichen Telefonat geklärt. Dabei wurden gleichzeitig auch weitere relevante Daten eingeholt und in der Datenbank ergänzt.

Durch zunehmende Mobilität veralten Adressen schnell

Der heutige Markt lebt von seiner Dynamik, was sich nicht nur in den kurzen Produktlebenszyklen, sondern auch in den Firmenstrukturen widerspiegelt. Früher blieben Arbeitnehmer lange in einem Unternehmen und auf einer Position. Die heutige Zeit weist eine höhere Fluktuation, aber auch Freiberuflichkeit und somit Flexibilität auf. Daher aktualisiert INTEWA kontinuierlich seine Daten. Beim E-Mail-Marketing werden dazu die Rückläufer (Bounces) herangezogen. Sobald eine E-Mail-Adresse nicht mehr existiert, kommt eine Fehlermeldung zurück. In solchen Fällen wird zeitnah durch ein Telefonat der Nachfolger ermittelt.

Die in diesem Zusammenhang ermittelten Daten belegen die hohe Fluktuation. Innerhalb eines Jahres ändern sich

21 Prozent der Ansprechpartner in der 1. Führungsebene,

20 Prozent der Firmenanschriften,

18 Prozent der Telefonnummern sowie

17 Prozent der Firmierungen.

DER WERT AKTIVER ABONNENTEN BEI RTL

9

STEFAN VON LIEVEN

Interessierte, aufmerksame und aktive Newsletter-Abonnenten sind stets der Wunsch im Permission-Marketing. Dieses konterkariert in der Realität eine Vielzahl von meist unspezifischen und irrelevanten Werbebotschaften, die über jeden Einzelnen hereinbricht. Wie kann also die Relevanz erhöht, das Interesse geweckt und der einzelne Empfänger nachhaltig begeistert werden?

Verlage und Medien müssen umdenken

Die ausschließliche Fokussierung auf Reichweite ist nicht mehr zeitgemäß, denn von den mit der „Gießkanne des E-Mail-Marketing 1.0" betreuten Abonnenten ist die Hälfte vollständig inaktiv. Sie lesen also weder die Newsletter noch die Werbebotschaften des Anbieters. Vor dem Hintergrund sich verändernder Vermarktungsmechanismen und erfolgsorientierter Onlinewerbung ist dies ein dramatischer Verlust. Zeit also, die Wertigkeit der Kontakte im Sinne von Zielgenauigkeit, Reaktionsbereitschaft und Kundenwert zu beleuchten.

Aktives Lifecycle-Management sichert Wettbewerbsvorteil

Die Lösung sind relevante Nachrichten zur richtigen Zeit und in der richtigen Häufigkeit. Das klingt einfach, ist jedoch eine Herausforderung, die eine differenzierte Auswertung der Nutzeraktivität und ein proaktives Management des Abonnenten-Lebenszyklus erfordert. Es gilt, nachlassendes Interesse frühzeitig zu erkennen, um eine Abmeldung als letzte Reaktion auf Irrelevanz oder zu häufige E-Mail-Kontakte zu vermeiden.

Im E-Commerce werden Kontakte schon seit langem mit Methoden wie RFM-Kenngrößen (Recency Frequency Monetary) analysiert. Im Bereich der Verlage, Medien und Vermarkter findet dies noch kaum statt. Dabei ist die präzise Kenntnis der Abonnenten, ihrer Präferenzen, ihres Interesses und Involvements die Basis für ein werthaltiges Permission-Marketing.

Aktivitätsbasierte Scoring-Methoden und Segmentierungsmodelle helfen, das Potential im E-Mail-Marketing auch langfristig zu sichern. Diese steuern die Frequenz von Mailings und führen automatisierte Aktivierungskampagnen durch.

Technologien für Lifecycle-Management

Es zeigt sich, dass beispielsweise die individuell präferierte Frequenz sehr unterschiedlich ist. So führt eine falsche Steuerung von Inhalten und Frequenz zu einem rasch nachlassenden Interesse der Abonnenten. Nach einer Phase niedriger Aktivität folgen meist Abmeldungen oder sogar Spam-Beschwerden. Hier helfen

www.marketing-boerse.de/Experten/details/Stefan-von-Lieven

intelligente Technologien und eine geschickte Kommunikationsstrategie. Interessen und Aktivität können gemessen und als gewichtete Bewertungskriterien herangezogen werden. Hochaffine Abonnenten können erkannt und in Bezug auf die Frequenz- und Aktivierungssteuerung anders behandelt werden als Nutzer mit geringem Involvement. Transaktionsmails wie Anmeldebestätigungen oder Community-Statusberichte sollten als übergreifende Aktivitätsmessung stets in die E-Mail-Marketing-Systematik integriert sein. Sie vermitteln zusätzliche Angebote in einem Kontext hoher Aufmerksamkeit. Gezielt eingesetzte Call-to-Action-Elemente helfen zudem, aktives Verhalten zu trainieren.

Aktive Abonnenten als strategischer Wert

Welche Potenziale in einem professionellen Management des Abonnenten-Lebenszyklus liegen, zeigt die Mediengruppe RTL Deutschland. So werden über den hauseigenen Vermarkter IP Deutschland alle Abonnenten der unterschiedlichen Portale zentralisiert verwaltet.

Anlassbezogene Kommunikation wie Geburtstagsmails erfährt eine hohe Aufmerksamkeit.

Das Zusammenwirken aus redaktionellen Newslettern, vermarktungsorientierten Vorteilsmails und gezielter Aktivierung, steigerte die Anzahl der aktiven Abonnenten bereits um mehr als dreißig Prozent. Dies führt zu interessierteren Empfängern, die häufiger aus den Newslettern heraus auf die Inhalte der Portale zugreifen. Vor allem aber verbessern sich die Erfolgskennzahlen für die Vermarktungskunden. Auch die Öffnungs- und Klickraten liegen deutlich höher als der Durchschnitt in vergleichbarem B2C-Marketing.

TMG STEIGERT ERTRAG DURCH SEGMENTIERUNG

WILLIAM SCHNABEL

9

Keine leichte Zeit für Marketer: Einerseits verwenden sie viel Zeit zur Maximierung ihrer Adressenbestände. Auf der anderen Seite wollen sie eine möglichst relevante, zielgenaue Kommunikation. Genau hier liegt das Problem, denn beides zusammen schließt sich auf den ersten Blick gegenseitig aus.

Je kleiner der Verteiler, desto relevanter die Botschaft

Natürlich kann eine umfangreiche E-Mail-Liste eine gute Sache sein. Dazu muss man sich aber die Mühe machen, sie zu gebrauchsfähiger Größe zurechtzustutzen. Das geschieht durch Segmentierung. Dass kleinere Gruppen von Adressaten mit ähnlichen Eigenschaften und Vorlieben den Relevanzfaktor von Kampagnen entscheidend steigern können, ist erwiesen.

Zielgenaue Botschaften sorgen für eine deutlich niedrigere Opt-out-Rate als wahllos über den gesamten Verteiler versendete Massenmails. Die TMG (Telegraaf Media Groep N.V.) ist die größte Mediengruppe der Niederlande und Marktführer bei Tageszeitungen, Magazinen, Radioformaten sowie Onlinemedien. Sie verfügt über ein hoch komplexes E-Mail-Marketing-Programm. Millionen von Adressen sind verteilt auf verschiedene Stellen im gesamten Unternehmen.

Die TMG hat insgesamt 26 Titel und den Zugang zu etwa 4,5 Millionen individuellen E-Mail-Adressen. So kommt sie leicht auf mehr als sechs Millionen Anschreiben pro Monat. Bis dato setzte das Unternehmen zur Realisierung seiner Kampagnen auf viele verschiedene Dienstleister. Das Ergebnis war nicht selten ein Zustand, bei dem vieles – ungewollt – dem Zufall überlassen war. Daher wurden in einem ersten Schritt all diese Daten in einer einzigen, zentralen Datenbank zusammengeführt.

Mitarbeiter müssen von zentraler Datenbank überzeugt werden

Natürlich mussten zu Beginn auch die Bedenken einiger TMG-Mitarbeiter an verschiedenen Stellen im Unternehmen zerstreut werden, die jeweils ihren eigenen Bestand von Kundendaten verwalteten. Edouard Leeuwenburg, Projektmanager im Bereich E-Mail-Marketing bei der TMG, ging das Projekt daher sowohl Top-down als auch Bottom-up an.

Bequemer Versand und höhere Erträge

So zeigte er den Mitarbeitern mit eigenen Kundendaten-Beständen, wie leicht sich ein E-Mail-Versand mithilfe eines zentralen Prozesses umsetzen lässt. Darüber hinaus überzeugte er sie von den Vorteilen der Kombination

www.marketing-boerse.de/Experten/details/William-Schnabel

sämtlicher Kundenlisten. Die verbesserten Segmentierungsmöglichkeiten führen zu einer gezielteren Ansprache der Adressaten. Newsletter erzielen mithilfe hochprofitabler Bannerwerbung und Advertorials deutlich höhere Erträge als vorher. Die TMG-Geschäftsleitung zeigte sich beeindruckt von den Ertragspotenzialen, die Leeuwenburgs Projekt versprach. Also gab sie grünes Licht.

Klickrate neunmal höher

Den Praxistest bestand das neue System mit Bravour: Die Click-through-Rate schnellte um satte 900 Prozent nach oben. Darüber hinaus bewirkten die auf den Adressaten abgestimmten Newsletter einen um 94 Prozent gestiegenen Verkauf von Bannerwerbung.

In der Vergangenheit wurde Newsletter-Werbung den Werbekunden oft kostenlos als Kompensation für zu wenige Klicks auf die korrespondierende Websitewerbung zugestanden. Angesichts des enormen Erfolgs der Bannerwerbung in den Newslettern wurde daraus ein eigenes Produkt.

Kundenbindung verstärkt und Frequenz erhöht

Doch damit nicht genug: Nicht nur, dass TMG ihre Einnahmen mithilfe der neuen, zielgenauen Kampagnen steigern konnte – sie spart auch noch. Die Lösung ist sehr leicht zu bedienen und die zentrale Datenbank erlaubt tiefe Einsichten in die Kundenstruktur. So können die B2C-Marketer ihre Bestandskunden ohne erhöhten Aufwand wesentlich häufiger und intensiver ansprechen als vorher.

Newsletter generiert sechsmal mehr Abonnenten als die Website

Kürzlich fand eine spezielle Promotion-Kampagne zur Gewinnung neuer Abonnenten statt. Kommuniziert wurde die Kampagne mithilfe gezielter Ansprache im Newsletter sowie auf der Website der TMG. Der Newsletter generierte 650 Prozent mehr neue Abonnenten als die Website. Wichtiger noch: Die Kosten, die die Gewinnung eines einzigen neuen Abonnenten per Website verursachte, waren um 3.900 Prozent höher als diejenigen, die pro Abonnent bei der E-Mail-Kampagne anfielen.

MYMUESLI: MASS-CUSTOMIZATION PER E-MAIL

9

ULF RICHTER

Gern gelesen werden E-Mails, wenn die Adressdatenbank benutzt wird, um die Inhalte auf die Interessen des jeweiligen Lesers abzustimmen. Auf mymuesli.com können User ihre ganz persönlichen Lieblingsmischungen kombinieren und bestellen. Das Geschäftsmodell basiert darauf, individuell zusammengestellte und maßgeschneiderte Müslikombinationen zu vertreiben. Was für das Müsli gilt, wird auch für die E-Mails realisiert: Die Kunden bekommen Informationen auf ihren individuellen Geschmack abgestimmt.

Das E-Mail-Versandsystem wird gemietet

Der E-Mail-Versand erfolgt in dem besonders kosteneffektiven ASP-Modell (Mietverfahren). Der Onlinezugang sowie der Aufbau der designkonformen Inhaltsvorlagen wurden einmalig vorgenommen. Die Software steht mymuesli rund um die Uhr zur Verfügung. Sie kann mit allen gängigen Webbrowsern bedient werden. Das Abrechnungsmodell ist so aufgebaut, dass keine Kosten entstehen, sofern keine mymuesli-Rundschreiben versendet werden.

Gelungene Bild- und Textindividualisierung

Alle Inhalte der E-Mails können zielgruppengenau und individualisiert versandt werden. Die maßgeschneiderten Informationen basieren auf den persönlichen Interessen der User. So unterschiedlich die Geschmäcker bei der Zusammenstellung der Müslis sind, so individuell sollten auch die entsprechenden Informationen per E-Mail sein. Das Versandsystem „lernt", was dem einzelnen Müslifreund besonders gut schmeckt.

Eine Besonderheit ist die Bildpersonalisierung. Hierbei werden den Usern in ihren Rundschreiben grafisch aufbereitet ihre individuellen Müslifavoriten angezeigt. Auch personalisierte Textinformationen sind problemlos möglich. Die Texte werden in der Regel einfach per Copy & Paste in das integrierte Content-Management-System eingegeben.

Für die Bild- und Textindividualisierung ist die Unterscheidung zwischen Frau und Mann besonders wichtig. Weitere Differenzierungsmerkmale für dynamische Inhalte sind unter anderem das Alter, das Postleitzahlgebiet oder der Wohnort.

Lifecycle-Mails für mehr Response

Zugleich ist mymuesli in der Lage, den gesamten Kundenlebenszyklus effektiv zu berücksichtigen. Für passgenaue Inhalte kann das Start-up nach den Kategorien Interessent, Neukunde, Bestandskunde und inaktiver Kunde beziehungsweise

www.marketing-boerse.de/Experten/details/Ulf-Richter

Exkunde unterscheiden. Die Inhalte basieren auf der jeweiligen Aktionshistorie sowie den Interessen und dem Profil. Hierbei werden für eine möglichst große Response keine Standard-Newsletter versendet, sondern Informationen, die sich an den Wünschen und Vorlieben des Müslifreunds orientieren.

Beispielsweise erhalten all jene Kontakte, die sich in der Vergangenheit für das Müsli „Apple Addict“ entschieden haben, in ihrem Rundschreiben vergleichbare Inhalte, mit der Aufforderung, diesen Müslityp weiter zu „customizen“ und nachzubestellen.

Vorabtest unterschiedlicher E-Mail-Varianten

Zudem nutzt mymuesli auch A/B- oder Split-Tests, um verschiedene Varianten zu testen. Hierbei versendet das Unternehmen meist zwei unterschiedliche Versionen an kleinere Testgruppen des Gesamtverteilers. Alle übrigen User erhalten anschließend die Version mit der größten Resonanz. Grundsätzlich können alle relevanten technischen und formalen Parameter getestet werden. Mit Split-Tests kann mymuesli seine Kampagnen fortwährend optimieren. Im Bestfall bieten etwa eine besonders griffige Betreffzeile oder optimal angeordnete Grafik- und Textelemente bis zu fünfzehn Prozent mehr Response.

Steigerung der Empfängerzahl um 70 Prozent

Die Anmeldung für das mymuesli-Rundschreiben ist an ein Benutzerkonto gekoppelt. Pro Monat erhalten die User in der Regel bis zu zwei Rundschreiben, die besonders über neue Zutaten oder saisonale Mischungen wie Herbst- und Weihnachtsmüslis informieren.

Das erfolgreiche E-Mail-Marketing spiegelt sich unter anderem in der dynamischen Verteilerentwicklung wieder. In dem ersten Halbjahr nach dem Start des neuen Versandsystems konnte mymuesli die Anzahl seiner Abonnenten um mehr als siebzig Prozent steigern.

TRANSAKTIONSMAILS ERHÖHEN DIE KUNDENBINDUNG

9

JÖRN GRUNERT

Transaktionsmails sind eines der wichtigsten Elemente im digitalen Geschäftsverkehr. Es handelt sich dabei um E-Mails, die auf spezielle Datenbankabfragen hin an einzelne Kunden verschickt werden. Das reicht von elektronischen Bestätigungen über Statusmeldungen bis hin zu Mitteilungen aus Communities. Dennoch stellen sie bislang für die meisten Versender kaum mehr als eine technische Pflichtaufgabe dar, was ihrer eigentlichen Bedeutung und Verantwortung kaum gerecht wird. So werden viele Potenziale verschenkt.

Transaktionsmails weisen sehr hohe Öffnungsquoten auf

Sie sind die unauffälligen Routine-Meldungen des täglichen Onlinegeschäftsverkehrs: Transaktionsmails, auch Systemmails genannt, sind die individuellen E-Mails, die von den Backend-Systemen der Onlineangebote automatisch generiert werden. Beispiele sind Registrierungs-, An- und Abmeldebestätigungen von Online-Communities und Portalen. Auch die digitalen Auftrags- und Buchungsbestätigungen etwa von Fluggesellschaften oder auch die Versand- und Lieferbestätigungen, Rechnungen, Mahnungen oder Gutschriften von Onlineshops zählen dazu.

Benachrichtigungen von sozialen Netzwerken als Anstoß

Auch die automatisch generierten Status-Meldungen der Kontakte in den beliebten sozialen Netzwerken wie Xing oder Facebook gehören dazu. Für jeden geübten Online-User sind diese Systemmails ein etablierter und akzeptierter Bestandteil seiner täglichen digitalen Kommunikation. Und genau hier liegt ihre ganz besondere Bedeutung: Transaktionsmails werden von den Empfängern als wichtige Benachrichtigungen wahrgenommen.

Viele Systemmails sind eine Blackbox

Nach wie vor werden die meisten Transaktionsmails von den Backend- und Mailsystemen der jeweiligen Onlineangebote direkt verschickt. Meist verfolgen diese Systeme jedoch den automatisierten Sende-Prozess nicht nach, weil sie hierfür auch gar nicht konzipiert sind. Daher haben die meisten Unternehmen keinerlei Rückmeldung über die Zustell- oder Öffnungsraten ihrer Benachrichtigungen an ihre Kunden. Die traurige Wahrheit: Die eigenen Transaktionsmails stellen für viele Onlineangebote eine Black Box dar!

www.marketing-boerse.de/Experten/details/Joern-Grunert

Transaktionsmails übertreffen Marketingmails

Hier wird viel Potenzial verschenkt. Das Volumen an Systemmails, das von einem Unternehmen verschickt wird, ist bis zu zehnmal höher als die Zahl der „normalen" Marketingmails. Ein weiterer, nicht zu unterschätzender Aspekt:

Automatisch generierte Systemmails werden technisch wie anderer E-Mail-Verkehr verarbeitet. Das bedeutet: Auch Systemmails müssen die Spamfilter der Service Provider und der Endkunden passieren, um ihre Adressaten zu erreichen. Und genau an dieser Hürde scheitert eine immense Zahl der wichtigen Benachrichtigungen.

Outsourcing ist einfach abzuwickeln

Viele Unternehmen schrecken dennoch vor der Auslagerung ihrer Systemmails zurück. Doch das Outsourcing an einen professionellen E-Mail-Dienstleister ist in den meisten Fällen reibungslos zu bewerkstelligen: Anstatt eine Transaktionsmail zu erstellen, kann das Backend-System problemlos auch so programmiert werden, dass es lediglich die Datensätze mit den relevanten Informationen für die Kunden-Benachrichtigungen bereitstellt. Über eine Schnittstelle werden diese Daten an ein professionelles E-Mail-System weitergeleitet, das dann den Versand der Systemmails übernimmt.

Sichere Zustellung

Die Vorteile für den Plattformbetreiber sind vielfältig. E-Mail-Marketing-Service-Provider garantieren neben der Bereitstellung von System-Ressourcen im Falle von Leistungspeaks vor allem die zuverlässige Auslieferung. Überprüfung der Zustellung, Einhaltung der Anti-Spam-Anforderungen, Tracking der Öffnungsraten und das Handling der Remittenten werden von professionellen Systemen abgewickelt.

Neue Potenziale für das Marketing

Das Outsourcing der Systemmails eröffnet auch neue Potenziale für das Marketing: Automatisierte Transaktionsmails bestehen oft aus schlichten Textnachrichten. Durch die Vergabe an einen Dienstleister stehen alle Optionen eines professionellen E-Mail-Marketings auch für die Systemmails zur Verfügung. Templates können nach Belieben geändert und an die Anforderungen der Kunden oder des Marketings angepasst werden.

MULTICHANNEL E-MAIL-MARKETING BEI VERLAGEN

SEBASTIAN BÖTTGER

9

Wer mit seinen Kunden in Kontakt bleiben will, muss verschiedene Kommunikationswege anbieten. Dabei gilt es, Medien wie Papier, E-Mail, SMS und Sprachanrufe sinnvoll und effizient zu kombinieren.

Die Zahl der verschiedenen Kommunikationsmöglichkeiten mit den Kunden hat zugenommen. Je nach Alter bevorzugen Kunden unterschiedliche Kommunikationskanäle. E-Mails und E-Mail-Newsletter werden inzwischen von allen Altersgruppen akzeptiert, sogar noch vor den Papiermailings.

In Krisen schnell und effektiv alle informieren

Alle größeren Unternehmen setzen daher inzwischen E-Mail-Newsletter als Instrument ein, um Kunden und Mitarbeiter zu informieren. Steigende Bedeutung erlangt dabei auch der Mitarbeiter-Newsletter, der regelmäßig über das Unternehmen informiert und das „Schwarze Brett" ersetzt. Er unterstützt die (Krisen-)Kommunikation zu wichtigen Vorgängen.

Einige Unternehmen haben Inhouse Systeme etabliert, mit denen innerhalb von weniger als fünf Minuten über 100.000 Mitarbeiter per E-Mail und Fax (zum Beispiel Aufsichtsrat) informiert werden können. Diese werden um SMS-Nachrichten an Mitarbeiter außer Haus, im Urlaub oder in Besprechungen ergänzt. Hier wird der Multichannel-Ansatz angewendet, um möglichst alle zur Verfügung stehenden Kanäle zur Nachrichtenübermittlung zu nutzen.

Die Süddeutsche Zeitung als Weckruf am Telefon

Der Süddeutsche Verlag bietet mit „SZ Audio" (www.sz-audio.de) die Zeitung zum Hören an. Ausgewählte Inhalte werden – neben einem E-Mail-Newsletter – auch als MP3 angeboten und ab 2009 sogar als gesprochener „Weckruf" auf das Handy zur Wunschzeit des Empfängers. Dieser Service ist für Hörer kostenlos und wird von Anzeigenkunden sehr gut angenommen, so dass hier ein tragfähiges Geschäftsmodell entsteht.

Einen Schritt weiter geht die irische-amerikanische Firma „Zignals.com". Sie bietet aktuelle Börseninformationen per E-Mail, SMS, Fax und ebenfalls als Sprachnachricht an. Damit hat sie sich über den Multichannel-Ansatz als Alleinstellungsmerkmal schon im ersten Jahr im Markt etabliert. Die Verteilung von zeitkritischen, hochpersonalisierten Informationen erfolgt hier nach Nutzerpräferenz und nach Art der Information.

www.marketing-boerse.de/Experten/details/Sebastian-Boettger

Anlagenhersteller erinnert an Update

Ein weiteres Beispiel für den Einsatz verschiedener Kanäle ist ein Hersteller von Telefonanlagen. Er verteilt Updates zum Download via E-Mail-Benachrichtigung an seine Kunden. Über die Statistikfunktion der E-Mail-Marketing-Software kann genau erkannt werden, ob ein Download erfolgt ist oder nicht. Wird das Update nicht geladen, so erfolgen zwei weitere Zusendungen mit wechselnden Betreffzeilen.

Wird bei allen Zusendungen kein Download und auch keine Öffnung registriert, so werden die Datensätze der Empfänger an ein Callcenter weitergereicht. Dieses übernimmt die Nachbereitung. Durch die Mehrstufigkeit und den Automatismus der Kampagne lassen sich Kosten deutlich senken und gleichzeitig der Service verbessern, da der Kunde nicht selbst nach Updates suchen muss.

E-Mail auch in Zukunft das preiswerteste Medium

E-Mail ist prädestiniert, um Informationen aktiv und schnell zu verteilen. Auch die Akzeptanz ist dafür bei den Empfängern am höchsten. Für viele Anwendungsfälle bringt jedoch die Ausweitung des Angebots auf SMS, Fax- und Sprachanrufe eine weitere Service-Verbesserung. Es kann sogar ein Alleinstellungsmerkmal oder ein ganz neues Geschäftsmodell sein.

Die technischen Voraussetzungen zur Umsetzung von Multichannel-Marketing waren noch nie so gut und preiswert wie heute. In vielen Firmen hat die Voice-over-IP-Technik inzwischen Einzug gehalten. Damit stehen die Schnittstellen bereits zur Verfügung, die man benötigt. Sie werden nur in den meisten Fällen noch nicht genutzt. Mit E-Mail-Marketing fängt elektronische Kommunikation an. Mit Response-Messung und Kampagnenplanung wird sie gut. Aber erst mit Multichannel wird sie zu einem überragenden Werkzeug bei dem man genau den Wert und die Effizienz jeder Aktion ermitteln kann.

ENERGIE START-UP SETZT AUF ONLINE-POWER

CHRISTOPH MORACH

9

Rückgang fossiler Brennstoffe, Klimawandel, drohende wirtschaftliche Rezession oder die Umsetzung der „Anreizregulierungsverordnung“ (ARegV) sprechen eine deutliche Sprache: Die Prognosen prophezeien, dass vor allem die kleinen und mittleren Strom- und Gasnetzbetreiber in ihrer Existenz bedroht sind. Nicht gerade die optimalen Voraussetzungen für den Markteinstieg eines neuen Unternehmens also.

Unbefriedigende Homepage und Suchmaschinenposition

Und dennoch hat es ein Energie Start-up geschafft, sich erfolgreich am Markt zu positionieren. Das Zauberwort und somit der Schlüssel zum Erfolg lautet: Online-Marketing. Das Energie Start-up entschied sich für einen Full-Service Partner, der von der Beratung über die Durchführung bis hin zum Reporting alles übernahm. Die Aufgabenstellung lautete schlicht und ergreifend, das Tochterunternehmen eines etablierten Branchenriesen im Billigsektor zu etablieren.

Erste vorhergehende Versuche mit Suchmaschinen-Marketing, E-Mailings und einer Energie-Homepage sowie vereinzelt auch Print-Mailings waren bis dahin unzufriedenstellend verlaufen.

Als Kommunikationsziel stand im Vordergrund die Bekanntheit und Aufmerksamkeit in der Zielgruppe für das Unternehmen und sein Portfolio zu erhöhen. Auf dieser Basis galt es, neue Leads zu generieren sowie eine signifikante Steigerung der direkten Abverkaufsrate im Internet zu erzielen.

Newsletter und E-Mailings durch Banner flankieren

Strategisch entschied man sich für eine Konzentration auf die Onlinewelt als exklusiven Kommunikationskanal. Gemeinsam wurde ein Maßnahmenmix entwickelt, der seine Hauptwirkung im Rahmen einer Offensive von Juni bis Dezember 2008 entfalten sollte.

Das Konzept beinhaltete unter anderem den wöchentlichen Versand von Newslettern und E Mailings in einem komplett neuen, attraktiven Erscheinungsbild an einen optimierten Adresspool. Als flankierende Maßnahmen plante man über den gesamten Zeitraum hinweg breit gefächerte Bannerkampagnen auf ausgewählten Werbeflächen im Internet. Ein weiterer Fokus lag auf der qualitativen und quantitativen Verbesserung der Auffindbarkeit der Start-up-Website.

Anzeigen, Suchbegriffe und Landing-Page optimieren

In der Umsetzungsphase galt es zuerst einmal die in der Analyse zutage getretenen Versäumnisse im Suchmaschinen-Marketing (SEM) sukzessive abzuarbeiten: Anzeigentexte und Suchbegriffauswahl wurden vollständig überarbeitet. Die SEM-Kampagne wurde ausgeweitet. Die Landing-Pages wurden komplett neu konzipiert. Beim Verlassen der Website des Energieunternehmens wurden Exit-Pop-ups zwischengeschaltet, die über eine Umfrage mit Gewinnanreizen Informationen und neue Leads für eine spätere aktive Ansprache generieren sollten.

Mehr Adressen der passenden Zielgruppe

Die Adressbestände des Energie Start-ups wurden parallel mit qualifizierenden Merkmalen angereichert und zu einem trennscharfen Zielgruppenprofil verdichtet. Auf Basis dieses Profils wurde die bestehende Datenbasis mit passenden E-Mail-Adressen aufgestockt.

Ranking, Klickrate und Konversion verbessert

Bei der Konversionsrate übertraf die Kampagne die Zielvorgabe des Auftraggebers um beeindruckende fünfzig Prozent. Auch die entscheidenden Verbesserungen im Google-Ranking führten zu deutlich mehr Traffic auf der Website. Die Click-Through-Rate wurde bei gleichzeitiger Senkung des durchschnittlichen Klick-Preises glatt verdoppelt.

Das überaus positive Ergebnis belegt, dass eine stringente Onlinekampagne zu einer merklichen Steigerung der Abschlussraten führen kann. Essentieller Bestandteil dabei ist eine klare, zielgerichtete Führung des Interessenten hin zu dem Angebot, das ihn interessiert. Die erfolgreiche Umsetzung von Suchmaschinen-Marketing in Verbindung mit gut durchdachten Newsletteraktionen und Bannerschaltungen führt hier auf direktem Wege zum gewünschten Erfolg.

TELEKOMMUNIKATIONSANBIETER STEIGERT KONVERSION

9

SEBRUS BERCHTENBREITER

In Zeiten, in denen potenzielle Kunden einer riesigen Flut von täglich ankommenden E-Mails ausgesetzt sind, wird es zunehmend schwieriger, sich aus dieser Menge an Angeboten hervorzuheben. Dies gilt insbesondere für die stetig wachsende Telekommunikationsbranche. Deren Angebote von Spezialtarifen überschwemmen täglich die E-Mail-Eingänge vieler Verbraucher und landen deshalb häufig im Mülleimer. Werbemaßnahmen sollten daher beim Kunden nicht nur Interesse wecken, sondern echtes Verlangen bewirken.

Ein junges Telekommunikationsunternehmen führte hierzu eine mehrstufige Kampagne durch, in der das Unternehmen sein Angebot den Wünschen und Bedürfnissen der potenziellen Kunden anpasste.

Erstes E-Mailing an gesamten Verteiler

In einer ersten Kampagne wurden Standalone-E-Mails an den gesamten Datenbestand einer Spezialagentur für E-Mail-Marketing gesendet. Dieser bestand aus etwa 160.000 Adressen. Das Mailing erreichte eine Öffnungsrate von 24 Prozent, eine Klickrate von 2,2 und eine Konversion von 1,2 Prozent.

Reminder an Nicht-Öffner und Nicht-Besteller

Im Anschluss wurde eine zweite Kampagne gestartet. Um den Erfolg noch weiter zu steigern, wurden Reminder eingesetzt. Konkret wurden zwei Zielgruppen erneut angesprochen, die auf das Initialmailing nur unzureichend reagierten:

- Klicker, aber Nicht-Besteller
- Nicht-Öffner

Die Personengruppe „Klicker, aber Nicht-Besteller“ wurde im Reminder incentiviert. Die Auszahlung eines Geldbetrags wurde angekündigt, um das Angebot nochmals attraktiver zu gestalten. Bei den so Angeschriebenen wurde eine Öffnungsrate von 120 Prozent sowie eine Klickrate von 37 Prozent erreicht. Viele öffneten mehrfach. Die Konversion versechsfachte sich. Auch die Nicht-Öffner wurden angeschrieben. Hier lag die Öffnungsrate bei 8,6 Prozent.

Betreffzeile ändern und höher incentivieren

Um den Kampagnenerfolg weiter zu maximieren, wurden die Betreffzeilen geändert und die Incentivierung erhöht. Für die Nicht-Öffner wurden in einem Nachfassmailing mehrere Betreffzeilen gegeneinander gestellt. Bei der Auswahl der vier Betreffzeilen wurden folgende Elemente getestet:

www.marketing-boerse.de/Experten/details/Sebrus-Berchtenbreiter

- Referenz auf Telekommunikationsunternehmen,
- Referenz auf Datenbank,
- Verweis auf den USP des Produktes zur Aktivierung,
- ein Geldbetrag als Incentivierung und geringfügige Angebotsänderung.

Die erneute Ansprache der Zielgruppe mit unterschiedlichen Betreffzeilen lieferte keine signifikanten Unterschiede. Die Öffnungsraten lagen zwischen 6,9 und 8,4 Prozent. Da es sich hierbei jedoch bereits um die dritte Ansprache der Nicht-Öffner handelte, sind diese Werte beachtlich. Es handelte sich schließlich um die Zielgruppe, die im Verlauf der Kampagne noch nicht einmal eine „Minimalreaktion“ auf das E-Mailing zeigte.

Incentivierung wirkt, wenn geklickt aber nicht bestellt wird

Die „Klicker, aber Nicht-Besteller“ wurden durch eine Incentivierung mit einem erhöhten Geldbetrag aktiviert. So konnte nochmals eine Öffnungsrate von 87,7 Prozent, eine Klickrate von 37,8 und eine Konversion von 6,2 Prozent erzielt werden. Die Maximierung des Incentives ging einher mit einer zeitlichen Begrenzung des Angebots, die in der Betreffzeile kommuniziert wurde.

Auf Vorlieben des Kunden reagieren

Der Grund für diesen Erfolg lag in der richtigen Kombination aus einem interessanten Produkt, einer Datenbank, die eine Incentivierung ermöglicht sowie den passenden E-Mail-Marketing-Maßnahmen. Mit Hilfe dieser Kombination war es möglich, die Präferenzen des Kunden zu erkennen und darauf im richtigen Maße zu reagieren.

Auch in Zukunft wird die Ausrichtung der Onlinekommunikation auf die Bedürfnisse der Kunden eine große Rolle im Bereich Online-Marketing spielen. Besonders die Kombination aus E-Mail-Marketing und Webanalyse liefert hier ein detailliertes Bild des Konsumentenverhaltens.

Diese Daten ermöglichen es, die E-Mail-Kommunikation inhaltlich exakt auf die Empfänger zuzuschneiden. Ziel ist dabei jedoch nicht nur eine direkte Steigerung der Konversionsrate. Ebenso wird aufgrund der passgenauen Ansprache die Kundenbindung verbessert.

OPODO ERHÖHT ZUSTELL-QUALITÄT BEIM VERSAND

9

KATI SCHULZE

Um seine Zustellqualität beim E-Mail-Versand zu verbessern, entschied sich der Onlinereiseservice Opodo für eine Optimierung seines Versandsystems.

Opodo versendet wöchentlich einen Newsletter mit Reiseangeboten für Flüge, Pauschalreisen, Städtereisen, Mietwagen, Kreuzfahrten und Ferienwohnungen. Dabei stand Opodo vor dem Problem, dass Bilder und Links nicht standardmäßig aktiviert sind und Newsletter immer weniger geöffnet werden.

Die folgenden Fragen begleiteten das Projekt: Wie kann die Reputation als seriöser E-Mail-Versender und damit die Zustellrate sichergestellt werden? Wie grenzt sich das Unternehmen vom Wettbewerb und von Millionen anderer Newsletter ab?

Opodo identifizierte die folgenden Punkte, die optimiert werden sollten:

- Verbesserung der Öffnungsraten,
- Garantierte Zustellung der E-Mails zu den Kunden,
- E-Mail-Zustellung mit intakter Nachricht und Bildern,
- Aufhebung der Spamfilter.

Zertifizierung verbessert die Zustellrate

Erster Schritt war die Teilnahme am Akkreditierungsprogramm von Goodmail, dem sogenannten „Goodmail Systems' CertifiedEmail". Das Programm ist ein Zusammenschluss seriöser E-Mail-Versender und hat sich zum Ziel gesetzt, das Vertrauen in die E-Mail wieder herzustellen.

Die Ergebnisse der ersten Wochen sind sehr positiv. Die Öffnungsraten sind mit Goodmail im Durchschnitt um fünfzehn Prozent gestiegen. Möglich wird dies unter anderem dadurch, dass die E-Mails deutlich durch ein blaues Band im Posteingang gekennzeichnet sind. Somit wird keine Nachricht mehr versehentlich gelöscht. Das Vorschaufenster zeigt Links und Bilder standardmäßig an und lädt dazu ein, sofort durch die E-Mail zu browsen. Weil das System die Spamfilter umgeht, wird bei den beteiligten Providern jede einzelne E-Mail zugestellt.

Im Resultat profitiert Opodo von einer Steigerung der Öffnungsraten um zwanzig Prozent bei Yahoo.de. Die Öffnungsraten stiegen bei Yahoo.com um fünfzehn Prozent. Bei AOL stiegen die Öffnungsraten um neun Prozent.

www.marketing-boerse.de/Experten/details/Kati-Schulze

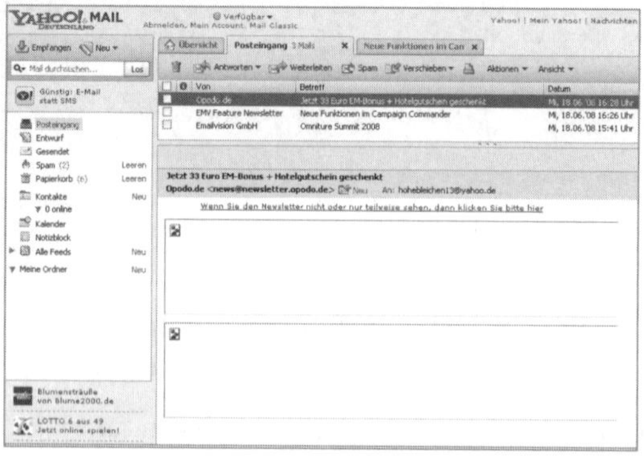

Ohne Goodmail sind Bilder nicht sichtbar und Links nicht aktiviert.

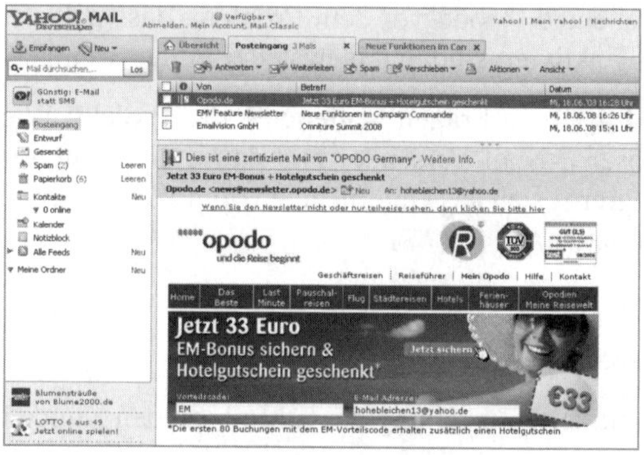

Mit Goodmail sind Bilder und Links aktiviert.

Ferner wurden die E-Mails als vertrauenswürdig und sicher markiert. Auch erfüllen die E-Mails nun die Anforderungen der Spamfilter und laufen keine Gefahr auf einer Blacklist zu landen. Am wichtigsten aber: E-Mails zeigen aktivierte Bilder und Links im Vorschaufenster der teilnehmenden Provider.

DEUTSCHE WELLE BIETET INTERNATIONALE THEMENVIELFALT 9

VOLKER WIEWER

E-Mail-Marketing in internationalen Unternehmen oder weit verzweigten Filialorganisationen stellt an die Prozesse und Software ganz spezifische Herausforderungen. Wie bewältigt man dreißig verschiedene Newsletter? Wie organisiert man technisch den Versand in mehreren Sprachen und dazu noch eine weltweit sichere Zustellung der E-Mails?

Die Deutsche Welle (DW) zeigt etablierten Unternehmen wie es geht: Der deutsche Auslandsrundfunk bietet Informationen aus Deutschland und Europa plus fundierte Analysen der Weltpolitik. Er wendet sich mit seinen Angeboten in dreißig Sprachen an Menschen weltweit.

Neben Radio und TV setzt der Sender bei der Distribution seiner Inhalte auch auf das Internet und die Auslieferung per E-Mail: Über die Webseite dw-world.de können bereits heute themenspezifische Newsletter in fünfzehn Sprachen abonniert werden. Der Versand in weiteren fünfzehn Sprachen ist in Umsetzung.

Um den Interessen und Nutzungsgewohnheiten der unterschiedlichen Zielgruppen gerecht zu werden, unterscheiden sich die Newsletter-Angebote dabei je nach Sprache in Umfang und Inhalt voneinander.

Zentraler Versand in 30 Sprachen für die Deutsche Welle

Die Herausforderung des Newsletter-Versandes bei der DW besteht darin, eine Fülle an permanent wechselnden redaktionellen Inhalten zu bündeln und zuzustellen. Vor Einsatz einer professionellen Versandtechnologie erfolgte die Newsletter-Erstellung manuell. Das war aufwendig und fehleranfällig. Die geforderte E-Mail-Marketing-Software sollte ein hohes Maß an Automatisierung leisten und möglichst viele offene Schnittstellen bieten, um Inhalte entsprechend flexibel einbinden zu können.

Kernpunkt war somit die Anbindung des Content-Management-Systems (CMS) der DW an die E-Mail-Marketing-Software. Dies geschah durch die Verknüpfung des CMS von dw-world.de über ein zusätzliches Feed-CMS. Dieses erlaubt eine individuelle Zusammenstellung der Themeninhalte je Sprache in entsprechende Text- und HTML-Feeds. Durch die einmalige Einbindung der dynamischen Feeds in die Newsletter können die wechselnden Inhalte von der Webseite flexibel integriert werden. Die Informationen werden im Anschluss in festgelegten Intervallen automatisch abgefragt und an die jeweiligen Verteiler verschickt.

Organisation der weltweiten Zustellbarkeit von E-Mails

Der weltweite Newsletter-Versand stellt besondere Anforderungen. Bei allen weltweit relevanten E-Mail-Programmen und Webmailanbietern muss eine möglichst fehlerfreie Darstellung der Newsletter gewährleistet werden.

Neben den, in der ASP-Lösung integrierten, Anti-Spam-Funktionen sorgen Kooperationen mit Zustellbarkeits-Spezialisten, wie zum Beispiel Return Path für höchste Zustellsicherheit. Vor allem für internationale Versender wie die DW, bietet diese Zusammenarbeit einen attraktiven Zusatz-Service: Mit dem Sender Score Monitor von Return Path sieht die DW auf einen Blick, ob einer der großen ISPs E-Mails blockiert oder filtert.

Ein weiterer Vorteil ist die Vorschaufunktion, mit der die E-Mail-Darstellung bei den wichtigsten ISPs und Free-Mail-Anbietern überprüft werden kann. Etwaige Fehler können so vor dem ersten Sendout behoben werden.

Zielgruppengenaue Inhalte rund um den Globus

Das Instrument E-Mail ist für die DW ein wichtiges Push-Element, um Informationen gezielt an ihre Nutzergruppen auszuliefern. So bietet die DW nach unterschiedlich definierten Themengebieten E-Mails im Stunden-, Tages- oder Wochenrhythmus. Die heterogenen Zielgruppen können auf dw-world.de direkt bei der Registrierung die Inhalte der Newsletter nach Themenschwerpunkten bestimmen.

Angeboten werden insbesondere Newsletter mit politischen oder wirtschaftlichen Inhalten, programmbegleitende Informationen für bestehende DW-TV Zuschauer und DW-RADIO Hörer oder Deutschkurse.

INDIVIDUELLE, EFFIZIENTE NEWSLETTER FÜR LEHRKRÄFTE

CLAUDIA JOEST

9

Ein fester Bestandteil des Onlineangebotes der Schulbuchverlage Westermann, Schroedel, Diesterweg, Schöningh und Winklers ist der E-Mail-Newsletter für Lehrerinnen und Lehrer. Jeder Newsletter besteht aus redaktionellen Beiträgen sowie aus aktuellen Informationen zu Veranstaltungen, Produkten und Neuerscheinungen.

Über die Jahre haben sich verschiedene Newsletter-Formate nebeneinander ausgeprägt. Einerseits verlags- oder schulformbezogen, andererseits produktbezogen. Das vielfältige Newsletter-Angebot war für die Kunden der Verlagsgruppe nicht mehr transparent.

Gleichzeitig erforderte jedes einzelne Mailing einen relativ hohen Produktionsaufwand. Alle Daten wurden in einem isolierten System manuell erstellt und verwaltet. An eine Mehrfachverwendung der Inhalte war nicht zu denken. Die Newsletter-Abonnenten wurden über ein separates System verwaltet.

Eine neue Strategie

Die neue E-Mail-Marketing-Strategie wurde verlagsübergreifend konzipiert. Mit geringem Produktionsaufwand sollten individuelle, an den jeweiligen Interessen orientierte, Mailings erstellt werden.

Ziel: Jede Lehrkraft erhält einen individuellen Newsletter – bezogen auf Bundesland, Schulform und Fach. Dies würde die Alltagsbedürfnisse der Kunden besser treffen und somit zu einer höheren Reaktionsrate führen. Die Abonnenten steuern selbst, welche Inhalte sie erhalten möchten.

Verbunden mit diesen konzeptuellen Veränderungen war die Notwendigkeit, verschiedene Systeme zu verzahnen. Die Newsletter-Texte sollten in dem bestehenden Content-Management-System (CMS) produziert und mit den entsprechenden Klassifizierungen und den Abonnentendaten an ein externes E-Mail-Marketing-System übergeben werden.

Wer, Wie, Was: Zielgruppenbefragung

Diese Idee wollte natürlich vorab überprüft werden, um sicher zu stellen, dass sie mit den Kundenbedürfnissen übereinstimmt. Eine repräsentative Gruppe wurde zum gewünschten Umfang, der Frequenz und bevorzugten Inhalten des geplanten Newsletters befragt. Die Ergebnisse bestätigten den Ansatz der individuellen Information. Die Umsetzung konnte erfolgen.

www.marketing-boerse.de/Experten/details/Claudia-Joest

Drei Systeme arbeiten vernetzt: CRM, CMS und EMS

Die Produktion der Inhalte findet im CMS statt, das auch für die Websites der Verlagsgruppe genutzt wird. Die Anbindung an das System erfolgt per XML mit einer plattformunabhängigen, erweiterbaren Schnittstelle.

Das führende System für die Abonnentenverwaltung ist eine verlagsinterne Datenbank (CRM). So können die vorhandenen Profil- und Stammdaten auch anderen Anwendungen und Anwendern zur Verfügung gestellt werden. Daher muss das externe E-Mail-Marketing-System (EMS) in Echtzeit mit der internen Datenbank synchronisiert werden.

Flexible Integration in die IT-Landschaft

Existiert ein Mailingsystem, welches den definierten Anforderungen entspricht? Eine Hauptanforderung stellte die Anbindung an das CMS und die Schnittstelle zum CRM dar.

Die Lösung sollte in der ersten Projektstufe im ASP-Betrieb laufen. Das System bietet perspektivisch die Möglichkeit der vollständigen Integration in die Unternehmens-IT.

Abonnentenzahlen steigen stetig

Das Newsletter-Projekt konnte erfolgreich abgeschlossen werden. Die Abonnentenzahlen steigen seit der Einführung des neuen individualisierten Newsletter-Formates. Die Öffnungsrate liegt über dem deutschen Durchschnitt.

Gleichzeitig ist der Aufwand für die Produktion dank CMS- und CRM-Anbindung deutlich gesunken. Mit der neuen Datenverwaltung können ausführliches Reporting und Erfolgsmessungen vorgenommen werden. Die Umstellung hat sich ausgezahlt.

DEZENTRALE E-MAILINGS IN DER AUTOMOBILBRANCHE

9

ANDREAS LANDGRAF

In der Automobilbranche ist die Vertriebsorganisation eine Hierarchie aus Hersteller, Importeur/Landesgesellschaft, Händlerkette und Händler. Damit dieser Verbund das Marketinginstrument E-Mail optimal nutzen kann, braucht er ein System, das Organisationsstrukturen berücksichtigt. Diese werden als Mandantschaften abgebildet, um die Zusammenarbeit der zahlreichen Mitwirkenden effizient zu organisieren.

Das zu bewältigende Volumen fordert eine hohe Skalierbarkeit der technischen Plattform, eine ausgefeilte Qualitätssicherung und – am wichtigsten – ein lückenlos rechtssicheres Permission-Management. Meist ist es keine böse Absicht, sondern „nur" Unwissenheit, Versehen oder Nachlässigkeit, die zu Spamfällen führt. Zurück bleiben jedoch Image-Schaden und juristische Folgen. Diese sind nicht auf den einzelnen Verursacher beschränkt, sondern fallen auf die gesamte Organisation zurück.

Wozu eine Mandanten-Hierarchie?

Hat man die Mandanten-Struktur angelegt, kann man die Assets einsortieren, aus denen später Newsletter entstehen sollen: das Firmenlogo ganz oben beim Hersteller, den offiziellen Pressetext zur Modelleinführung in der jeweiligen Sprache bei der Landesgesellschaft und das Foto der Werkstatt beim einzelnen Händler. So ist sichergestellt, dass zentrale Elemente stets in der für alle verbindlichen Version verwendet werden. Individuelles Material landet nicht versehentlich beim Nachbarn. Dieser kann es in seiner Mandanten-Umgebung noch nicht einmal sehen.

Analog verfährt man mit den Layout-Vorlagen: wer es bequem mag, bedient sich bei den zentral vorgefertigten Mustern, wer etwas Eigenes gestaltet, tut das in seinem Workspace, ohne andere zu stören. Auch Mischformen sind möglich: in einem zentral entwickelten Template ist die Ankündigung eines neuen Modells fest vorgegeben. Trotzdem kann weiter unten der „Gebrauchtwagen des Monats" individuell eingesetzt werden.

Qualitätssicherung durch „geführte Selbstbedienung"

In der Mandanten-Hierarchie werden Elemente von oben nach unten zur Verfügung gestellt. So können die Verwender sich darauf verlassen, dass der Ersteller alle Qualitätssicherungs-Maßnahmen vorgenommen hat, bevor er die Freigabe erteilt. Dies sind zum Beispiel Farbkorrektur oder Retusche bei Bildern und das Lektorat bei Texten.

www.marketing-boerse.de/Experten/details/Andreas-Landgraf

Durch Vorlagen wird gesteuert, wie diese Bausteine verwendet oder miteinander kombiniert werden können. Es gibt Elemente, die keinesfalls verändert oder individuell „interpretiert“ werden dürfen, etwa technische Daten eines Fahrzeugmodells. Schließlich gibt es Freiräume, die individuell und unbürokratisch genutzt werden können. Sein Sonderangebot der Woche zur Autowäsche kann jeder Händler selbstverständlich ohne Rücksprache mit dem Hersteller platzieren.

Permission-Management: der Türsteher des E-Mail-Marketing

E-Mail ist nur einer von mehreren Kommunikationskanälen und nicht das führende System zur Verwaltung von Kunden- und Interessentendaten. Folglich muss man mit Adressen aus einer sehr heterogenen Sammlung von Kundenkarteien, Adresslisten und CRM-Datenbanken arbeiten. Hier kann ein belastbarer Nachweis der Einwilligung nicht erwartet werden.

Deshalb werden alle E-Mail-Adressen durch eine zentrale Permission-Prüfung geleitet. Werbliche E-Mails werden nur an Adressaten durchgelassen, deren Einwilligung unzweifelhaft vorliegt. Für noch nicht freigegebene Adressen werden Double-Opt-in-Mails generiert. Zusätzlich gibt es Blacklists für einzelne Adressen und ganze Domains, mit denen einmal abgemeldete Adressen zuverlässig ausgeschlossen sind. Auch Abmahnungen profitorientierter Organisationen können so unterbunden werden.

Auch hier kommt die Mandanten-Hierarchie zum Tragen. Zunächst gehört jede Einwilligung eines Kunden zum Newsletter-Empfang natürlich demjenigen Mandanten, der sie selbst akquiriert hat. Allerdings ist es je nach Einwilligung auch möglich, dass der Hersteller alle Kundenkarteien seiner Händler nutzt. Umgekehrt können Kontakte aus dem zentralen Adresspool an die Händler delegiert werden.

LEICA GEOSYSTEMS STEUERT REDAKTIONS-WORKFLOW

9

JAN-PHILIP RIEHLE

Bei vielen Unternehmen besteht der Wunsch, Inhalte und redaktionelle Workflows auch für das E-Mail-Marketing aus ihrem bestehenden Content-Management-System (CMS) zu nutzen.

Leica Geosystems hat sich aus diesem Grund für eine Lösung entschieden, welche die E-Mail-Marketing-Prozesse mit dem vorhandenen CMS verbindet. Inhalte des CMS werden auch für die Erstellung der E-Mail-Newsletter verwendet. Für ein integriertes E-Mail-Marketing werden bei Leica Geosystems die Newsletter im unternehmensweiten CMS erstellt und die Versandprozesse gesteuert.

Anforderungen eines international tätigen Unternehmens

E-Mail-Marketing-Kampagnen einfach, effizient und unabhängig durchzuführen, zählt zu den zentralen Anforderungen des Unternehmens. Wichtig sind:

- Dezentraler, browserbasierter Zugriff bei Nutzung eines Systems,
- Einhaltung der Gestaltungsvorgaben und interner Workflows,
- Wiederverwendung von Inhalten, Vernetzung mit dem Webauftritt,
- Eigene Benutzerdatenhaltung, Anbindung interner Datenbanken,
- Forderung nach Dienstleisterunabhängigkeit und Kostensicherheit.

Nahtlose Integration einer E-Mail-Marketing-Lösung

Die integrierte E-Mail-Marketing-Lösung erscheint für die Redakteure als Bestandteil des CMS. Neben den allgemeinen Vorlagen (Templates) stehen im CMS separate Newslettertemplates zur Verfügung. So können Newsletter in der gewohnten Arbeitsumgebung des CMS erstellt werden. Die Wiederverwendung von Inhalten erfolgt durch Verlinkungen, auf Wunsch können separate Container innerhalb der Newsletter automatisch mit aktuellen Meldungen befüllt werden.

Kampagnenmanagement und inhaltliche Personalisierung

Redakteure können zu jedem Zeitpunkt neue Kampagnen starten. Hierzu steht ihnen ein Assistent zur Verfügung, mit dessen Hilfe alle relevanten Parameter und Zielsegmente konfiguriert werden.

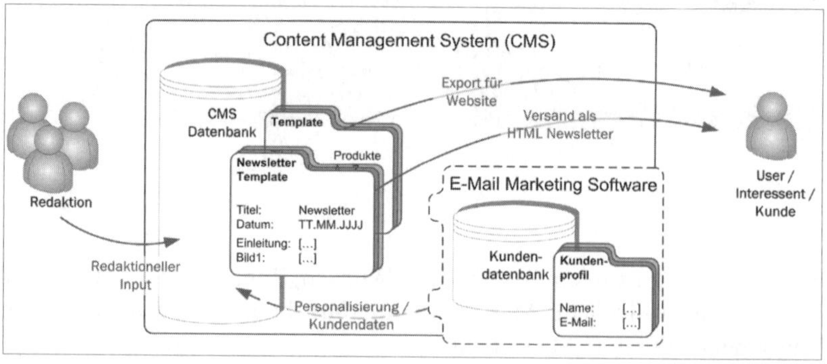

Gleichzeitig wurde bei Leica Geosystems eine umfassende Personalisierung und Individualisierung realisiert. Neben einer personalisierten Anrede können alle Inhaltselemente innerhalb der Newsletter um Personalisierungsfunktionen erweitert werden. Diese steuern die Anzeige der Objekte je nach Abonnentenpräferenzen.

Abonnentenverwaltung und Newslettercontrolling

Die Abonnentenverwaltung und das Newslettercontrolling können ebenfalls direkt aus dem eingesetzten CMS aufgerufen werden. Neben standardisierten Prozessen zum Abonnement (Double-Opt-in) stehen Importfunktionen und Schnittstellen für das Einspielen von Benutzerdaten zur Verfügung.

Das Controlling ist auf Newsletter- und Abonnentenebene möglich. So lassen sich Öffnungs- und Klickraten pro Newsletter und bezogen auf jedes einzelne Kundenprofil oder Kundensegment auswerten. Insbesondere die kundenbezogene Auswertung liefert die Grundlage für die Durchführung mehrstufiger E-Mail-Marketing-Kampagnen.

Erweiterbar, zukunfts- und investitionssicher

Mit der Integration eines professionellen E-Mail-Marketings in das vorhandene CMS besitzt Leica Geosystems heute ein zentrales System einschließlich einer gemeinsamen Nutzerdatenhaltung. Das Unternehmen ist nicht mehr auf Dienstleistungen zur Durchführung von Kampagnen angewiesen. Dies führt zu einer signifikanten Kosteneinsparung und Investitionssicherheit mit gleichzeitiger Gewissheit, sensible Kundendaten nicht aus der Hand geben zu müssen.

MASCHINENHERSTELLER WEINIG AG BIETET B2B-NEWS

9

BRITTA QUEDA

Die weltweit vertretene Weinig Group ist Marktführer für die gesamte Prozesskette der Massivholzbearbeitung. Dass sich ein solches Unternehmen auch in den neuen Medien entsprechend positionieren möchte, ist selbstverständlich. Fraglich war jedoch, ob die Zielgruppe mit Informationen per Newsletter zu erreichen sein würde und welcher Nutzen erzielt werden könnte.

Ein stark limitiertes Marketingbudget und der Wunsch nach minimalem internen Personalaufwand stellten die Rahmenanforderungen dar. Gleichzeitig sollte das neue Medium die größtmögliche Reichweite erzielen. Hochpreisige Maschinen und Anlagen via Onlineshop und Newsletter zu vertreiben, war nicht Teil der Zielsetzung. Vielmehr sollten bestehende Kunden und Interessenten umfassende Produktinformationen und praxisorientierte Anwendungsbeispiele erhalten. Auch Einladungen zu Onlineseminaren und Trainings sowie eine Eventübersicht sollten verschickt werden.

Weltweite Abdeckung mit zweisprachiger Ausgabe

Die Einrichtung des Newsletters erfolgte in Deutsch und Englisch, um alle Zielländer abdecken zu können und dennoch den redaktionellen Aufwand gering zu halten. Die Newsletteranmeldung ist bereits nach Eingabe einer gültigen E-Mail-Adresse möglich, zusätzliche freiwillige Angaben wie Branchenzugehörigkeit und Kundenbeziehung verfeinern das Profiling.

Klare Strukturen mit Landing-Pages

Umfassende Messeinformationen, Success-Stories und komplette Schulungsprogramme hätten den Rahmen gesprengt. Daher wurde ein Layout gewählt, bei dem kurze prägnante Teasertexte über einen verweisenden Link zu den Details führen. Diese Landing-Pages können Webseiten, PDF-Dokumente oder Anmeldeformulare sein. Ein detailliertes Linkreporting mit First-Klick-Auswertung ermöglicht, die Leserinteressen gezielt auszuwerten. So können die Inhalte folgender Newsletter immer weiter optimiert werden.

Der Inhalt bestimmt den Versandrhythmus

Der Leitgedanke war „Praxisorientierter Onlineservice statt unüberschau-bare Informationsflut". Daher stand von Anfang an fest, dass es keinen starren Versandrhythmus geben wird. Ausschlaggebend für einen Versand ist nach wie vor ausschließlich eine ausreichende Menge an relevanten Themen.

Auf diese Weise können bis zu drei Monate zwischen zwei Aussendungen liegen. Die Leser danken es dem Unternehmen mit einer äußerst geringen Abmelderate von unter 0,3 Prozent.

Wachstum dank CRM-Verknüpfung

Das „Startkapital" beider Verteiler stellte der aktuelle nationale und internationale Kundenstamm dar. Dieser wurden mittels einer Initialeinladung auf das neue Angebot aufmerksam gemacht. Um ein stetiges Wachstum des Verteilers zu erzielen, wurde recht bald auch die CRM-Datenbank hinzugezogen.

Überdurchschnittliche Öffnungs- und Klickraten

Der Newsletter erfreut sich überdurchschnittlich guter Ergebnisse. Deutschsprachige Leser erzielen Öffnungsraten (unique) von 56 Prozent und eine Klickrate (unique) von 34 Prozent. Der internationale Newsletter steht diesem Ergebnis nicht nach. Hier werden Öffnungsraten von 57 Prozent bei 35 Prozent Klickrate erzielt. Auch die Newsletterverteiler selbst wachsen ohne weiteren Budgetaufwand monatlich um ein bis drei Prozent, was bei der begrenzten Zielgruppe sehr erfreulich ist.

Gesicherte Zustellung durch umfassende Spamchecks

Vor jedem Versand erfolgt ein umfassender Spamcheck um sicherzustellen, dass die Newsletter in den Inboxen und nicht im Junkordner ankommen. Auch eine korrekte Programmierung ist für Spamfilter von Bedeutung. Im B2B-Bereich kommt zudem hinzu, dass viele Unternehmen Lotus-Notes einsetzen und auch hierfür die Darstellung optimiert sein muss. Auf angehängte Dateien wird zu Gunsten hoher Zustellungsraten ebenfalls verzichtet.

Weiter auf Erfolgskurs

Die weitere Zielausrichtung des Unternehmens liegt in der stetigen Optimierung der Inhalte und der Erweiterung des Verteilers. Die hohen Öffnungs- und Klickraten sollen stabil gehalten werden und Weinig nicht nur als Technologieführer der Branche, sondern auch als Informationsleitbild gestärkt werden.

PROFESSIONELLE SOFTWARE FÜR AGENTUR-KUNDEN

9

MARTIN PHILIPP

Nicht wenige Werbeagenturen versenden E-Mailings ihrer Kunden mit selbstgestrickten Software-Lösungen. Die Zeche zahlen Agenturkunden, deren Newsletter zerhackt oder gar nicht ankommen. Zunehmend erkennen Agenturen daher die Notwendigkeit professioneller, spezialisierter Lösungen. Diese sind nicht nur einfach zu bedienen, sondern inzwischen auch bezahlbar. Und es steckt ein professionelles Abonnentenmanagement sowie Zustellsicherheit dahinter. Newsletter verschwinden nicht mehr in Spamfiltern oder werden ohne Bilder übertragen.

Interessenten-Anfragen automatisch verarbeiten

Die Münchener Marketing-Agentur GFB & Partner betreut ihre Kunden aus den Bereichen Tourismus, Sport und Lifestyle rund um das Thema Marketing. Die Newsletter-Abonnenten von Hotels, Restaurants, Wellness- oder Kultureinrichtungen erfahren regelmäßig von aktuellen Veranstaltungen, Angeboten oder Produkten. GFB setzt dabei auf Qualitätsadressen, welche über E-Marketing-Kampagnen akquiriert werden. Die so gewonnenen Anfragen (Leads) werden sofort an den Kunden der Agentur zur Bearbeitung weitergeleitet.

Kundenverwaltung ganz einfach

Rund einhundert Unternehmen unterschiedlichster Größe stehen auf der Kundenliste von GFB. Sie alle haben unterschiedliche Anforderungen an Adressengenerierung und -pflege, automatisierte Weiterleitung von Anfragen ebenso wie an Gestaltung, Inhalte, Versand und Erfolgskontrolle. Dies stellte die Agentur vor die Frage: Welche Lösung bietet uns den nötigen Spielraum, um mit einem Produkt beim Kunden auftreten zu können? Und welcher Technologieanbieter ist unser Partner, nicht unser Konkurrent?

GFB entschied sich für eine E-Mail-Marketing-Software, die speziell für Agenturen entwickelt wurde. Aufgrund ihrer Mandantenfähigkeit bildet sie alle Kunden unkompliziert auf einer Plattform ab. Dem Sofortstart der Kampagne steht nichts im Wege, weil das System in Windeseile eine umfangreiche Musterumgebung im Corporate Design des Kunden erzeugen kann. Diese kann nachträglich noch individueller gestaltet werden. Dabei ist es egal, ob der Kunde selbst das System nutzt oder von der Agentur nutzen lässt. Durch individuell vergebene Zugriffsrechte ist für die klare Abgrenzung der Arbeitsbereiche gesorgt.

www.marketing-boerse.de/Experten/details/Martin-Philipp

Mehr Response auf Newsletter

Seit Einführung der Lösung ist die Attraktivität der versendeten Newsletter nachweislich gestiegen. Die Öffnungsrate bei den Empfängern liegt über sechzig Prozent. Auch die Klick- und Response-Raten haben jeweils um Prozentpunkte im zweistelligen Bereich zugenommen. Das Ergebnis: Personalisierte Crossmedia-Mailings, die dem Informationsbedürfnis der Empfänger entgegenkommen. Die Kunden der Agentur können das Reporting live mitverfolgen. So hilft eine detaillierte Erfolgskontrolle die Kampagnen noch besser auszutarieren. Dargestellt werden die Ergebnisse in dreidimensionalen Grafiken, die dynamisch, zoombar und animiert sind.

Geringe Kosten und hohe Zeitersparnis

Die Einführung des neuen E-Mail-Systems macht sich bezahlt. Dies wird am Beispiel des monatlichen Newsletter-Versands für einen Hotelkunden von GFB deutlich. Über 5000 Empfänger weist der bestehende Adresspool auf, der über Webformulare generiert wurde. Die Newsletter sind inhaltlich und vom Layout völlig frei gestaltete HTML-Mails. Sämtliche Kosten für die HTML-Gestaltung des Newsletters und für den E-Mail-Versand inklusive Abwicklung und Auswertung des Feedbacks liegen bei rund tausend Euro. Das sind zwanzig Cent pro Empfänger.

Der Zeitbedarf für den Versand variiert von einer bis zu fünf Minuten, inklusive der Zeit für Personalisierung und Individualisierung. Diese Argumente überzeugen im Vergleich mit klassischem Direktmarketing per Post. Auch die Abrechnung wird durch die Software unterstützt. Per Knopfdruck lässt sich eine komplette Gebührenabrechnung online einsehen.

Integrativ und flexibel

Einheitliche Plattformen für jedes Einsatzszenario sind die Zukunft. Diese kommunizieren mit dem Newsletter-Empfänger über alle möglichen Kanäle personalisiert. Diese Perspektive eröffnet professionelle E-Mail-Marketing-Software. Denn die Erwartungen der Kunden werden weiter steigen. Somit wird entscheidend sein, wie integrativ und flexibel die Technik dahinter ist.

SCHLECKER GEWINNT NEUE KUNDEN PER NEWSLETTER 9

MICHAEL MOHR

Newsletter zu versenden, ist heute weit verbreitet und sehr beliebt. Kostet es doch vergleichsweise wenig und ist schnell umzusetzen. Leider ist aber der Wirkungsgrad von Newslettern auf die eigenen Adressen beschränkt. Neue Zielgruppen und Kunden anzusprechen, ist nur stark eingeschränkt möglich.

Newsletter automatisch auf Fachportalen anzeigen

Dabei gibt es Wege, den oft aufwendig produzierten eigenen Newsletter nicht nur im E-Mail-Account der eigenen Abonnenten landen zu lassen. Er kann auch auf Portalen angezeigt werden, auf denen sich die thematisch interessierte Zielgruppe befindet. Dies funktioniert vollautomatisiert binnen Sekunden. So lassen sich auch täglich wechselnde kurzfristige Aktionen, Produkteinführungen, Sonderangebote und Events im Internet veröffentlichen.

Inhalte einmal produzieren und mehrfach einsetzen

Durch die Zusatznutzung erhöhen sich Reichweite und Wirkungsgrad eines jeden Newsletters schlagartig. Und es müssen keine zusätzlichen Werbemaßnahmen konzipiert, umgesetzt und bezahlt werden. Informationen müssen nur einmal produziert und danach automatisch in verschiedene Kommunikationskanäle distribuiert werden. Binnen Sekunden erscheint das Sonderangebot, die Produktneuheit oder der Event auf anderen Fachportalen.

Ebenso angezeigt wird er auf der eigenen Website, auf Preisvergleichen, Partner-Websites, in Affiliate Netzwerken oder in Branchenbüchern. Und dies in allen wichtigen Darstellungsformen. Möglich sind Ticker, Text-Anzeigen, Grafik-Banner, mobile Anwendungen auf Handys, Gadgets bei iGoogle oder eine Kombination aus allem.

Schlecker zeigt Tagesangebote automatisch im Affiliate-Netzwerk

Die Drogeriekette Schlecker informiert ihre Kunden via Newsletter über täglich wechselnde Produktangebote. Sie nutzt diesen Kunden-Newsletter nun auch zur Neukundengewinnung auf der eigenen Unternehmens-Website sowie für Performance-Marketing-Maßnahmen in Affiliate-Netzwerken.

Um die Angebote einer größeren Zielgruppe zugänglich zu machen, hat Schlecker Mitte 2008 das Wide Area Infoboard (WAI) auf der Homepage eingebunden. Vollautomatisch veröffentlicht die WAI-Technologie nun alle Angebote, Aktionen und News aus dem regulären Newsletter auch im Onlineshop. Darüber hinaus setzt Schlecker das WAI auch als Werbemittel in Affiliate-Netzwerken ein zum Beispiel als Ticker und Textanzeige. So erhält Schlecker

www.marketing-boerse.de/Experten/details/Michael-Mohr

ein hochdynamisches und sich täglich änderndes Werbemittel, das nicht extra produziert werden muss.

Gleichzeitig steigen der Wirkungsgrad und die Effektivität des Newsletters, während die Advertiser sich freuen, stets topaktuelle Angebote auf der eigenen Website zu haben.

Um das Infoboard und das Banner mit Inhalten zu befüllen, wurde lediglich eine speziell codierte E-Mail-Adresse in den normalen Newsletter-Verteiler aufgenommen. Mit jedem neuen Newsletter-Versand erscheinen die Inhalte seitdem im Infoboard auf www.schlecker.de im Bereich „Marktplatz" und im Affiliate-Netzwerk. Weiterer Aufwand entsteht für die Drogeriemarktkette nicht.

Cisco veröffentlicht exklusive News auf Partner-Websites

Cisco nutzt als Anbieter von Networking-Lösungen für das Internet selbstverständlich klassisches E-Mail-Marketing. Seit Anfang 2009 kommt jedoch parallel die Wide Area Infoboard Technologie zum Einsatz, um das eigene E-Mail-Marketing noch effektiver zu gestalten. Damit kann Cisco die Inhalte seines regulären Newsletters automatisiert auch auf Websites von Partnerunternehmen veröffentlichen. So kann das Unternehmen den Abverkauf der eigenen Produkte erhöhen, Neukunden gewinnen und Partner enger an sich binden.

Dazu wurde je ein Cisco-Infoboard auf den Websites von fünf exklusiven Partnerunternehmen, Vertragshändlern und Distributoren, eingebunden. Sobald Cisco einen Newsletter versendet, wird dieser automatisiert binnen Sekunden auf den Infoboards der Partner-Websites angezeigt. Dazu musste Cisco lediglich eine speziell codierte E-Mail-Adresse in seinen Newsletter-Verteiler aufnehmen. Die Aufbereitung, Zuordnung und Veröffentlichung der Daten erfolgt anschließend ganz automatisch.

TOURISTIK NUTZT ERFOLGS-BASIERTES E-MAIL-MARKETING

9

THOMAS VETTER

Die Werbewirkung von E-Mail-Marketing wird standardmäßig anhand von Öffnungs- und Klickrate gemessen. Beide Werte geben nur bedingt die Leserbindung wieder. Interaktive E-Mail-Formate erlauben dagegen, die Interaktion mit dem Leser umfassender abzubilden. Mit dieser Technik kann indirekt der Wert angemieteter Adressen berechnet werden. Dieser zählt weit mehr als die schiere Anzahl von Adressen.

Auf der Suche nach neuen Kunden gehen Unternehmen heute sehr kreative Wege. Die erfolgreichste Methode für einen sukzessiven Ausbau des eigenen Adressbestandes ist das sogenannte „Co-Sponsoring". Bei dieser Art von Verbundwerbung beteiligen sich mehrere Unternehmen an einer Kampagne zur Gewinnung von neuem Datenmaterial. Die Kosten eines Datensatzes mit einer Double-Opt-in-Permission fallen durch die Aufteilung schnell auf unter vierzig Cent.

Eine Segmentierung nach Land, Alter, Geschlecht oder Postleitzahl aber auch Interessensgebieten ist möglich. Jeder Sponsor vergütet ausschließlich die Daten, die bisher noch nicht in seinem eigenem Adressbestand vorhanden sind. Auf die Datengewinnung spezialisierte Dienstleister erheben so bis zu drei Millionen neue Permission-Datensätze pro Jahr.

Co-Sponsoring 2.0: Klasse statt Masse

Der Versandhandel, die Tourismusbranche aber auch zunehmend die Finanz- und Versicherungsbranche sind die größten Profiteure von Co-Sponsoring-Maßnahmen. Sie konnten innerhalb der letzten Jahre beachtliche Gewinne durch den regelmäßigen Zukauf von neuen Datensätzen erwirtschaften. Dabei ist eine gut durchdachte Segmentierungsstrategie einer der größten Hebel für den Erfolg. Wer die Interessen seiner Empfängergruppe kennt, erreicht mit der passenden Botschaft die richtige Zielgruppe.

Den User fragen, was ihn interessiert

Um einen möglichst hohen ROI in Zusammenhang mit Co-Sponsoring-Maßnahmen zu erwirtschaften, wird es zunehmend wichtiger, schon bei der Datengewinnung möglichen Streuverlusten aus dem Weg zu gehen. Dies wird durch die Zusammenarbeit mit Dienstleistern sichergestellt, die in der Lage sind, die Daten schon zum Zeitpunkt der Generierung zu segmentieren und zu qualifizieren. Wer in einem Nischenmarkt tätig ist oder nicht mit Produkten handelt, die massenkompatibel sind, generiert seine Daten am besten via

www.marketing-boerse.de/Experten/details/Thomas-Vetter

„Checkbox Unterregistrierung". Bei diesem Verfahren klickt der User explizit auf das Produkt oder die Dienstleistung, für die er sich interessiert.

i-magazine AG misst, welche Katalogseiten Interesse wecken

Die i-magazine AG ist führender Anbieter für digitale Magazine und Blätterkataloge. Printprodukte werden über eine Schnittstelle in digitale Blättermagazine adaptiert. Die Verteilung dieser Magazine erfolgt nicht wie herkömmlich auf postalischem Wege sondern ausschließlich per E-Mail. Die Besonderheit liegt neben der innovativen Bedienung in einem ausgeklügelten Tracking-System. Es misst die Verweildauer der Leser auf den einzelnen Seiten. Damit sind direkte Rückschlüsse auf die Interessen der Leser möglich.

Die so gewonnenen Profile werden anonymisiert in der E-Mail-Datenbank abgelegt. Der Auftraggeber einer Broschüre oder eines Kataloges weiß somit, für was sich der Leser interessiert. Er kann beim nächsten Mailing Zielgruppen spezifisch auf ihre Interessen hin ansprechen. Durch die Dynamisierung der Inhalte kann man exakt auf die Bedürfnisse der Leser eingehen. Das erhöht die Leserbindung und damit den Wert der E-Mail-Adressen.

TUI interactive lanciert TUI.com Reisemagazin

Seit die i-magazine AG modernste Versende-Technologie einsetzt, konnte die Zustellquote der E-Mails von 86 auf über 98 Prozent gesteigert werden. Der größte Zuwachs wurde bei den Providern AOL, Hotmail und Gmail erzielt. Durch intelligentes Co-Sponsoring stieg die Zahl der monatlichen Leser des Reisemagazins www.reisemagazin.com innerhalb eines Jahres von anfänglich 30.000 auf 430.000. Dies ist nur eines der Themenmagazine der i-magazine AG. Die Einnahmen durch die Erhöhung der Auflage stiegen um mehr als das Zehnfache.

Die Wirtschaftlichkeit der erfolgskritischen Faktoren Datengewinnung, E-Mail-Zustellbarkeit und Leserbindung ist mittlerweile gegeben. Einer Expansion mit neuen Themenmagazinen steht nichts mehr im Wege. Bei dem aktuellsten Produkt handelt es sich um das monatlich erscheinende TUI.com Reisemagazin.

DHL BINDET KUNDEN PER WIDGET

JÖRG RENSMANN

9

Neben E-Mail-Marketing gibt es noch weitere Möglichkeiten, mit elektronischen Inhalten Kunden zu binden. Eine Ergänzung bieten iSaver, Desktop-Widgets und Tools auf Basis der RSS-Technologie. Die Methode ist effizient, da redaktionelle Inhalte von Website und Newsletter verwendet werden.

Die leicht zu bedienenden Desktop-Anwendungen bringen Usern mehr als nur komprimierte Informationen. Auf die eigenen Bedürfnisse zugeschnitten, können die Tools Nutzern individuell angepasste Tipps, Infos und Services liefern. Überdies leisten sie einen Beitrag zum Branding des User-Desktops.

DHL Versandhelfer mit Zusatznutzen

Für den Logistikkonzern DHL ist seit Herbst 2008 ein 3D-Desktop-Widget im Einsatz. Es bietet Usern auf fünf verschiedenen Ebenen Zusatznutzen: Vom Portokalkulator bis zur Sendungsverfolgung gibt der „Versandhelfer" als virtuelles Paket am PC verlässliche Auskunft. Gleichzeitig sind klassische E-Mail-Funktionen eingebunden: Die Sendungsverfolgung liefert den aktuellen Status über das Widget oder auf Wunsch auch per E-Mail.

Über den DHL-Versandhelfer können Nutzer ihre Pakete und Päckchen durch die Angabe weniger Daten zum Sendegut online frankieren. Dank Adressbuch und gespeicherten Absendedaten ist das aus dem Widget viel komfortabler, als jedes Mal die Onlinefunktionen auf www.dhl.de zu verwenden.

Der User erhält im Anschluss einen Barcode, den er ausdrucken und statt Briefmarken auf sein Päckchen aufklebt. So verschickte Pakete landen dann auch automatisch in der Paketverfolgung. Ohne erneutes Abtippen der Sendungsnummer ist man immer im Bilde, wo sich das Paket gerade befindet.

Premiere-Abonnenten profitieren vom iSaver

Der Pay-TV-Anbieter stellt einen iSaver zur Verfügung, der das aktuelle Programm auf den Desktop holt. Im Tool kann gezielt nach Genres und nach Sendungen gesucht werden. Personalisierte Programminformationen sind auf die TV-Interessen des Nutzers abgestimmt. Gleichzeitig kann der User den Premiere-Schoner mit seinen eigenen Fotos personalisieren.

Die User entscheiden dabei selbst, ob sie das Tool herunterladen und nutzen wollen. Die Zusendung von allgemeinen Inhalten, die der Nutzer gar nicht auf seinem Computer haben möchte, sind dann praktisch ausgeschlossen.

www.marketing-boerse.de/Experten/details/Joerg-Rensmann

Streuverluste sind kaum vorhanden. Durch gezielte Belieferung mit personalisierten Infos gemäß der Nutzerwünsche erreichte man die Kunden direkt und ohne Umwege. So können besonders wichtige Informationen nach dem Instant-Messaging-Prinzip direkt auf den Bildschirm gepusht werden.

Response-starkes Marketing bei TUIfly

Der Reiseanbieter TUIfly nutzt ein Widget, das Kunden die gewünschte Flugreise bei Verfügbarkeit direkt auf dem Desktop anzeigt. Bei Aktionen und Sonderangeboten wird ein „Schnäppchenflieger" am PC eingeblendet. Der User kann dann mit einem Klick direkt aus dem TUIfly-Widget buchen.

Aktuelle Programminfos gemischt mit eigenen Fotos des Anwenders schaffen dauerhafte Kundenbindung!

Qualitatives Monitoring

RSS-basierte Marketingmaßnahmen können auch in der Auswertung punkten: Jeder Klick gibt Aufschluss über die Relevanz einzelner Themen und Rubriken. Außerdem lässt sich die Qualität von Inhalten und der angebotenen Services bewerten. Genau aufgeschlüsselte User-Zahlen lassen erkennen, welche Bestandteile einer Desktop-Anwendung angenommen und besonders häufig genutzt werden.

Stehen dem Anwender Auswahloptionen zur Personalisierung der angezeigten Inhalte zur Verfügung, lassen sich so auch Rückschlüsse auf die wahren Interessen der eigenen Zielgruppe schließen.

KUNDEN-FEEDBACK PER E-MAIL IM KOMMEN

9

FRANK PRENNINGER

Kundenorientierte Unternehmen müssen flexibel bleiben, um ihren Kunden kontinuierlich und nachhaltig erstklassige Erlebnisse zu gewährleisten und somit die Kundenbindung zu sichern. Eine effektive Methode ist es, sich permanent bewerten zu lassen – am besten durch Kunden-Feedback.

71 Prozent begrüßen Feedback

Wenn der Kunde weiß, dass sein Feedback konstruktiv genutzt wird, ist er in der Regel auch gerne bereit, an einer Umfrage teilzunehmen. Das Bedürfnis, Feedback zu geben, ist sogar sehr hoch: 71 Prozent der Deutschen finden es gut, nach einem Kauf oder anderen Interaktionen mit dem Unternehmen um Feedback gebeten zu werden, und mehr als ein Drittel wünscht sich, Unternehmen würden Feedback proaktiver, auch ohne eine vorausgehende Transaktion, einholen. Dies ergab eine Umfrage unter eintausend Deutschen zwischen 18 und 65. Die im „Kundenerlebnisreport Deutschland" zusammengefassten Ergebnisse zeigen, wie wichtig Service ist.

E-Mail-Umfragen am beliebtesten

Umfragen via E-Mail kommen am besten an: 74 Prozent der Deutschen bevorzugen diesen Feedback-Kanal. Die E-Mail als Umfrage-Tool ist nicht nur für Unternehmen mit jungen Zielgruppen geeignet. Während bei den 18- bis 39-Jährigen 68 Prozent Feedback am liebsten per E-Mail geben, sind es sowohl bei den 40- bis 49-Jährigen als auch bei 50- bis 65-Jährigen sogar 78 Prozent.

Beliebt sind daneben noch Onlineumfragen, die mehr als die Hälfte der Befragten gerne nutzt, weil man sofort nach einer Interaktion seine Meinung zum Ausdruck bringen kann. Interessanterweise wird das Kundenverhalten allein schon dadurch positiv beeinflusst, dass man sie nach ihrer Zufriedenheit mit einer Service-Interaktion befragt. Analysen von Peppers & Rogers Consulting haben gezeigt, dass bei befragten Kunden die Chancen weniger als fünfzig Prozent sind, dass sie abtrünnig werden. Außerdem sind sie profitabler als nicht befragte Kunden.

Welchen Kommunikationskanal der Kunde auch nützt; wichtig ist, dass das Unternehmen auf das Feedback reagiert. Die Kunden wollen ernst genommen werden: 81 Prozent aller Befragten würden einem Unternehmen den Rücken kehren, wenn sie den Eindruck haben, ihr Feedback wird ignoriert.

www.marketing-boerse.de/Experten/details/Frank-Prenninger

Integriertes Feedback-Management

Wichtig ist, dass Feedback-Informationen an zentraler Stelle zusammenfließen. Ein Kunde kann von sich aus eine E-Mail schreiben, bei der Hotline anrufen oder an einer Web- oder E-Mail-Umfrage teilnehmen. Werden Umfragedaten nicht in die individuellen Kundendaten integriert, fehlen dem Unternehmen wichtige, kundenbezogene Informationen. Die Meinung des Kunden kann somit nicht analysiert und für Verbesserungen der Kundenbeziehungen genutzt werden. Nur wenn ein Unternehmen alle Feedback-Informationen unternehmensweit erfasst und auswertet, kann es richtig darauf reagieren.

Nikon verbessert Kundenzufriedenheit

Nikon setzt auf eine integrierte CRM-Lösung mit Feedback zur Verbesserung des Kundenerlebnisses. Nikons Service-Mitarbeiter können in Echtzeit auf aktuelle Informationen zu sämtlichen Kunden zugreifen. Dabei spielt es keine Rolle, ob die Kontaktaufnahme telefonisch, per E-Mail oder über das Internet erfolgt. Dank dieser Informationen können die Mitarbeiter den Kunden schnellstmöglich bei der Lösung ihres Problems helfen und gleichzeitig die Qualität jeder einzelnen Kundeninteraktion optimieren.

Nikon kann abgestimmte Umfragen zur Kundenzufriedenheit per E-Mail, Web, Online-Chat und Telefon durchführen. Die zentrale Erfassung der Ergebnisse und die Integration von individuellem Feedback in die Kundenhistorien sind gesichert. Umfassende Analyse-Tools stellen sicher, dass Nikons Umfragen nicht ins Leere laufen und das Unternehmen seinen Kundenservice perfekt an die Bedürfnisse des einzelnen Kunden anpassen kann.

E-Mail-Beantwortung in nur fünf Stunden

Das Unternehmen konnte innerhalb von drei Jahren einen ROI von 3.431 Prozent erwirtschaften. Nikon gelang es, die Antwortzeit auf eingehende E-Mails auf durchschnittlich fünf Stunden zu reduzieren und eine Kundenzufriedenheit von über 95 Prozent zu erreichen.

Die Studie „Kundenerlebnisreport“ kann per E-Mail angefordert werden.

ANHANG

10

AUTORENVERZEICHNIS 10

Gregor Abt ist Geschäftsführer der mailandsale GmbH. Die mailandsale ist als Tochter von the performance network der E-Mail-Full-Service-Anbieter von Holtzbrinck Digital. Gregor Abt hat Erfahrung in der On- und Offlinekommunikation. Seine Karriere begann er als Produktmanager bei L'Oréal Paris. Weitere Stationen waren die eCircle AG, Marketingleiter bei Marc O'Polo, die internationale Vermarktung der DOTWINS und die Beratung von beautynet.

Stefan Appenrodt ist geschäftsführender Gesellschafter der McCrazy GmbH. McCrazy wurde vor zehn Jahren gegründet, verfügt aktuell über vier Millionen Adressen und betreibt mehr als zwanzig Gewinnspiele parallel. Appenrodt vertritt McCrazy in den wichtigsten Fachverbänden und betreibt aktive Verbandsarbeit im Deutschen Direktmarketing Verband und beim Creditreform e. V.

Jörg Arnold ist Geschäftsführer bei w3work. Der Spezialist für webbasierte Software verfügt mit mailingwork über eine der führenden deutschen ASP-Versandlösungen. mailingwork gestattet professionelles E-Mail- und Crossmedia-Marketing. Als Full-Service Internet-Agentur betreut w3work erfolgreich Kundenprojekte. Jörg Arnold ist Referent bei Workshops, Fachvorträgen und Kundenveranstaltungen.

Martin Aschoff ist Vorstand der von ihm 1999 gegründeten AGNITAS AG und Geschäftsführer der AGNITAS-Tochter ADAMATIS GmbH. Er ist Autor zahlreicher Bücher und Fachartikel zum Thema E-Mail-Marketing, E-Selfservice und anderer IT-Themen und betreibt ein Blog unter www.os-inside.de. Darüber hinaus ist er als Vorstand in der Open Source Business Foundation (OSBF) aktiv.

Daniel Augustin arbeitet als Manager Online-Marketing bei der drittgrößten E-Commerce-Plattform in Deutschland: der Quelle GmbH. Der diplomierte Volkswirt ist spezialisiert auf die Bereiche E-Mail-Marketing und Online-Lead-Generierung. Als Manager Partner Service des E-Mail-Marketing Service-Providers XQueue konnte er seine Erfahrungen in der Marketing-Beratung von Schlüsselkunden aufbauen. Außerdem referiert er auf Fachveranstaltungen und publiziert im Bereich E-Mail-Marketing im E-Commerce.

Sebastian Badenberg zog es nach seinem Studium der Wirtschaftswissenschaften von Wuppertal nach Bonn. Dort machte er erst ein Volontariat und arbeitete dann einige Jahre als Redakteur für ein Wirtschaftsmagazin. Seit 2007 ist er bei der Data Becker GmbH in Düsseldorf angestellt. Seit 2009 verantwortet er als leitender Redakteur die „webselling". Themenschwerpunkte sind Online-Marketing und E-Commerce. Nebenbei schreibt er für spiegel.de, handelsblatt.com und Titanic.

Nicola Battistini verantwortet seit 2008 den Bereich Business Development bei Newsmarketing und verfügt über langjährige Erfahrung im Bereich Marketing & Communications.

Sebrus Berchtenbreiter verfügt über langjährige Erfahrungen als PR- und Marketingleiter im Onlinebuchhandel und als Leiter Consulting in den Bereichen Onlinedienstleistung, E-Commerce und in der freien Unternehmensberatung. Er ist als Geschäftsführer von promio.net für die Bereiche Marketing/Vertrieb und Presse verantwortlich. Außerdem ist er Vorstandsmitglied des Deutschen Dialogmarketing Verbands und Vorsitzender des Councils Digitaler Dialog.

Saskia Blume studierte Medienwissenschaften an der Hochschule für bildende Künste Braunschweig und der University of Auckland in Neuseeland. Danach arbeitete sie zunächst bei Google Ireland Ltd. als Relationship Manager für Google AdWords im Bereich Finance. Anschließend war sie als Online-Marketing-Managerin der Steganos GmbH für alle Onlineaktivitäten des Softwareherstellers verantwortlich. Seit September 2009 ist Saskia Blume freiberuflich tätig.

Sebastian Böttger ist Gründer und Geschäftsführer der Melin GmbH (www.melin.de). Schon während seines Studiums 1999 gründete er den Content-Management-System-Hersteller „Imperia AG“ mit Sitz in Köln mit heute über 30 Mitarbeitern. Melin wurde 2004 als Tochtergesellschaft gegründet und ist heute unabhängig mit Sitz in München.

Jens Eckhardt ist Rechtsanwalt in der Kanzlei JUCONOMY Rechtsanwälte (www.juconomy.de). Er ist auf die Bereiche Direktmarketing und Neue Medien, insbesondere Online-Marketing, spezialisiert. Seit 2001 hält er regelmäßig Vorträge und verfasst Veröffentlichungen zum Wettbewerbs- und Datenschutzrecht. Zuletzt verfasste er die Kapitel „E-Mail-Marketing – Rechtliche Rahmenbedingungen“ und „Datenschutz“ im Leitfaden Online-Marketing (Herausgeber Dr. Torsten Schwarz). Er wirkt an dem „Handbuch zum Telekommunikationsrecht“ zum Thema Fernmeldegeheimnis, Datenschutz und öffentliche Sicherheit im Dr. Otto-Schmidt-Verlag, Köln, ebenso wie an dem Kommentar „Recht der elektronischen Medien“ zu diesem Thema im Verlag C.H. Beck, München, mit.

Susanne Fittkau ist Diplom-Kauffrau und gründete 1995 zusammen mit Holger Maaß das erste Internet-Marktforschungsunternehmen in Deutschland und zählt damit zu den Branchenpionieren. Heute ist sie geschäftsführende Gesellschafterin der Fittkau & Maaß Consulting GmbH mit Sitz am Hamburger Gänsemarkt. Fittkau & Maaß führt Internet-Marktstudien durch sowie kundenindividuell konzipierte Forschungsprojekte (Zufriedenheits- und Werbewirkungsforschung, Web-Site-Tests, Usability-Labs).

Thomas Göring ist Geschäftsführer der marmato GmbH in Stuttgart und Baden-Baden. Der studierte Diplom-Volkswirt setzt sich seit 1999 in verschiedenen Führungspositionen mit allen Facetten der Vermarktung von Onlinegeschäftsmodellen auseinander. Zuletzt zeichnete er für Marketing & PR diverser Töchter des DEKRA-Konzerns verantwortlich.

Jörn Grunert arbeitete nach dem Studium der Betriebswirtschaftslehre in der erweiterten Geschäftsleitung der wallstreet: online AG und verantwortete dort den Bereich Business Development. Später übernahm er innerhalb der Falk eSolutions AG das Vorstandsressort Sales & Marketing bevor er als gesamtverantwortlicher CEO zum E-Mail-Marketing-Spezialisten United MailSolutions wechselte.

Ralf Haberich ist bei Nedstat seit Juli 2009 als General Manager gesamtverantwortlich für Deutschland, Österreich und die Schweiz tätig. Davor verantwortete er als Head of Marketing Europe mit seinem internationalen Team die Marketingplanung für Europa. Herr Haberich ist Mitglied des europäischen Management-Teams und nebenberuflich Dozent an der Deutschen Dialogmarketing Akademie (dda).

Anouar Haha studierte Informatik an der TU Darmstadt, wo er zwei Jahre lang als Forschungsassistent in der Ubiquitous Knowledge Group tätig war. In diesem Rahmen beschäftigte er sich unter anderem intensiv mit kollaborativen Wissenskonzepten und Natural Language-Processing. Parallel dazu war er als Berater für objektorientierte Programmierung an mehreren Software-Projekten beteiligt. Bei der XQueue GmbH verantwortet er mehrere zentrale Java-Komponenten.

Daniel Harari ist Mitbegründer und Marketingleiter von emarsys. Nach dem Marketingstudium auf der Webster University Vienna, ersten Versuchen im dot.com-Bereich und im Projektmanagement bei Internet Consultingfirmen, gründet er schließlich Ende 2000 zusammen mit Hagai Hartman den E-Mail-Service-Provider emarsys.

Claudia Joest studierte an der FU Berlin und arbeitet seit 1989 als (Online) Redakteurin im Bereich Medien und Bildung. Nach langjähriger Tätigkeit für den Cornelsen Verlag wechselte sie 2007 zum Bildungshaus Schulbuchverlage in Braunschweig, um dort ein neues E-Mail-Marketing-Konzept zu realisieren. Als Projektleiterin im Bereich E-Publishing ist sie für die Entwicklung verschiedener digitaler Lernmedien verantwortlich.

Burkhard Köpper, Dipl. Ing. (FH), ist Gründungsgesellschafter und Geschäftsführer der 1996 gegründeten jaron GmbH. Davor war er unter anderem als Berater für die EU in Luxemburg und für die GTZ (Gesellschaft für Technische Zusammenarbeit) tätig. Von Dezember 2003 bis April 2005 war er Arbeitskreisleiter Performance-Marketing des BVDW (Bundesverband Digitale Wirtschaft e.V.). Bereits im Jahr 2000 entwickelte Burkhard Köpper das Konzept des Performance-Marketing.

Michael Kornfeld ist das Mastermind hinter dialog-Mail, einer der führenden E-Mail-Marketing-Software-Anbieter in Österreich. Er ist Lektor an der Wirtschafts-Universität Wien, Mitbegründer des Online-Marketing-Forum.at und gefragter Redner im In- und Ausland.

Ralph Kreuzer verfügt über 20 Jahre Erfahrung im Bereich telefonisches Dialogmarketing und ist Mitgründer der gleichnamentlichen KREUZER Dialogmarketing GmbH mit heute rund 80 Mitarbeitern. Verantwortlich für Marketing, Unternehmenskommunikation sowie die länderübergreifende Präsens im Internet (Online-Marketing).

Swen Krups leitet als Country Director seit Juli 2005 das Deutschlandgeschäft von Epsilon International (vormals DoubleClick E-Mail Solutions). Er ist seit über zehn Jahren in der Kundenbetreuung und im Vertrieb tätig. Zu seinen vorhergehenden Stationen zählen Tätigkeiten als Software- und Projektingenieur. Krups war unter anderem als Account Director bei MessageMedia für Zentraleuropa verantwortlich (im Januar 2002 von DoubleClick erworben) und beschäftigt sich seit circa neun Jahren intensiv mit dem Thema E-Mail-Marketing.

Joana Kruse gründete 1999 die Vermarktungsagentur Newsmarketing, die erste auf Newsletter-Werbung spezialisierte Agentur im deutschen Raum und führt diese heute als Newsmarketing GmbH erfolgreich aus der italienischen Schweiz (Lago Maggiore) als Geschäftsführerin.

René Kulka ist seit September 2009 als E-Mail-Marketing Evangelist für den E-Mail-Service-Provider optivo tätig. Davor war er seit 2006 E-Mail- und Affiliate-Marketingmanager bei der Direktmarketing-Agentur DZ-Media Verlag GmbH in Essen. Der Absolvent der Universität Duisburg-Essen ist ferner Herausgeber des Fachblogs EMailMarketingTipps.wordpress.com, in dem er regelmäßig über Neuigkeiten, Trends sowie Tipps und Tricks rund um das Thema E-Mail-Marketing berichtet.

Andreas Landgraf, Dipl.-Ing. Univ., ist Gründer und Geschäftsführer der defacto software GmbH in Erlangen. Sein Softwarehaus ist seit 15 Jahren spezialisiert auf Marketing, Vertrieb und E-Commerce. Mit seinem Team entwickelt er innovative und zuverlässige Lösungen für internationale Auftraggeber. Seine Erfahrung beruht auf CRM-Projekten mit mehreren Millionen Endkunden in 120 Ländern, über 500 Millionen Kundenkontakten und einem verarbeiteten Umsatzvolumen von über einer Milliarde Euro pro Jahr.

Dr. Marcus Mende ist Geschäftsführer der Schober Consulting Solution GmbH. Nach seinem Betriebswirtschaftsstudium und seiner Promotion an der Universität zu Köln arbeitete er zunächst an der Deutsch-Koreanischen Industrie- und Handelskammer in Seoul (Südkorea). Danach erfolgte der Einstieg bei Mercuri International. Heute leitet er den Bereich New Business Development + Marketing der Schober Group und ist dem Holding-Vorstand direkt unterstellt.

Michael Mohr verfügt über eine 16-jährige Erfahrung im Internet. Er ist Vorstand der DCI AG, die er 1993 gegründet und in 2000 erfolgreich an die Börse gebracht hat, Preisträger des Philip-Morris Forschungspreis/1. Deutschen Internet Preis/IBM eBusiness-Arward, ehemaliger Internet-Berater der Bayerischen Staatsregierung und Know-how-Träger mit fünf eigenen Patenten im Bereich eCommerce/E-Mail-Marketing.

Christoph Morach ist seit über zehn Jahren erfolgreich im Onlinebereich tätig. Als Geschäftsführer der Qualiclick AG war er maßgeblich für die Geschäftsentwicklung verantwortlich. Nach der erfolgreichen Gründung und Leitung der Mailprofiler AG wechselte er 2006 zur Schober Group. Dort verantwortet Christoph Morach als Vorstand den Bereich Produkt-Management und Marketing.

Yvonne Perdelwitz ist eine der beiden Geschäftsführerinnen der auf E-Mail- und Online-Marketing spezialisierten Agentur postina.net. Die Agentur realisiert für mittelständische Unternehmen, Konzerne und Institutionen seit 2004 erfolgreich E-Mail-Marketing-Kampagnen. Mit Kompetenzen aus den Bereichen Marketing, Webdesign und Redaktion sowie einer professionellen und leistungsstarken Mailing-Software bietet das Team um Julia Nati und Yvonne Perdelwitz einen ganzheitlichen Service an.

Tobias Pfeifer ist Gründer und Geschäftsführer der empaction GmbH Frankfurt am Main. Seine Erfahrung basiert auf einem Betriebswirtschaftsstudium sowie internationalen Tätigkeiten in England, Norwegen und Deutschland. Bereits seit 2005 beschäftigt er sich hauptberuflich mit dem Thema E-Mail-Marketing und betreut inzwischen zusammen mit seinem Team über 100 nationale und internationale Kunden.

Martin Philipp hat über zehn Jahre Erfahrung bei der Vermarktung und dem Vertrieb von beratungsaufwendigen webbasierten Produkten und Dienstleistungen im B2B-Umfeld. Der diplomierte Betriebswirt ist Marketing- und Vertriebsleiter bei SC-Networks und verantwortlich für die internationale Vermarktung von EVALANCHE.

Dirk Ploss ist Partner der Multichannel-Beratung Cubic Consulting GmbH aus Hamburg und gilt als einer der führenden Experten für Online-Marketing und E-Commerce in Deutschland. Zudem ist er seit Februar 2009 als Teamleiter für das E-Mail-Marketing des Hamburger Multichannel-Händlers OTTO verantwortlich. Bereits seit 2000 publiziert Dirk Ploss regelmäßig Bücher und Artikel zu Themen des Online-Marketings, der Kundenorientierung und des E-Commerce. Als Fachbeirat des Internet World Kongresses, erfahrener Moderator und Seminarleiter sowie Gastdozent unter anderem an der FH Wedel, vereint Dirk Ploss den theoretischen Background wie kaum ein anderer mit eigenen Erfahrungen aus der alltäglichen Praxis.

Frank Prenninger ist seit April 2005 als Major Account Director bei RightNow in München tätig. In dieser Position ist er verantwortlich für den Vertrieb und Umsatz der RightNow-Produkte und Dienstleistungen in den Bereichen CPG, FMCG, Retail. Herr Prenninger bringt über zehn Jahre Vertriebserfahrung in das Unternehmen ein. Bevor er zu RightNow wechselte, war er mehrere Jahre als Senior-Account-Manager bei Microstrategy für die Bereiche öffentliche Verwaltung, Handel und Finanzen verantwortlich. Weitere Stationen seiner Karriere waren unter anderem Positionen im Senior-Management bei Andersen Consulting und Siemens Business Services in den USA. Frank Prenninger ist diplomierter Wirtschaftsinformatiker.

Britta Queda ist Gründerin und Geschäftsführerin der Insecon eMarketing GmbH & Co. KG. Diese betreut internationale Kunden in den Bereichen E-Mail-Marketing (B2C/B2B), Newslettermanagement und Versanddienstleistungen. Der Insecon mailcompiler (die hauseigene Versandlösung) bietet den Kunden ein marktführendes Kampagnen-Reporting und beinhaltet neben Open- und Klick-Rate auch eine Provider- und Domainstatistik für erfolgreiches Bounce-Management und Whitelisting.

Christina Rasimus-Aust studierte Betriebswirtschaftslehre mit den Studienschwerpunkten Marketing und Management. Seit 2006 ist sie als Projektleiterin Consumer Marketing bei der Schober Group und berichtet direkt an den Holding-Vorstand. Sie ist verantwortlich für verschiedene Projekte in den Bereichen Marketing und Unternehmenskommunikation.

Oliver Reinke ist seit Juli 2009 Geschäftsführer der Deutsche Post Direkt GmbH, einer Tochtergesellschaft der Deutsche Post AG. Zuvor verantwortete Herr Reinke seit 2000 den vertrieblichen Auf- und Ausbau der arvato online services GmbH (vormals webmiles GmbH) innerhalb der Bertelsmann AG. Neben dem Aufbau der originären Kundenbindungsdienstleistungen etablierte Reinke zuletzt online Agenturdienstleistungen wie E-Mail- und Affiliate-Marketing sowie den Marktforschungs-/Sampling-Bereich. Seit 2007 leitet er als Mitglied der Geschäftsleitung den gesamten Vertrieb der arvato online services GmbH. Vor seiner Tätigkeit in der arvato arbeitete Reinke mehrere Jahre im Key Account Management der Konsumguterindustrie.

Maya Reinshagen ist Mitgründerin und Partner der Mayoris AG, Agentur für E-Mail- und Permission-Marketing in Hünenberg/ZG. Die Mayoris AG bietet professionelle E-Mail-Marketing-Lösungen für kleine, mittlere und große Unternehmen. Als Geschäftsführerin der Mayoris AG betreut und berät Maya Reinshagen seit 2002 Kunden wie Mercedes-Benz, Coop, Swisscard, Scout24, Sunrise und viele mehr; daneben ist sie als Dozentin an verschiedenen Fachhochschulen tätig.

Jörg Rensmann ist Geschäftsführer der infoMantis GmbH, Hersteller innovativer, XML-basierter Software-Tools und Online-Widgets für kreatives Marketing und effiziente One-to-One Kommunikation im Internet und in der unternehmensinternen Kommunikation. Der 36-Jährige ist in Verbänden aktiv (unter anderem im BVDW e.V.) und Vorsitzender des Business Angel Netzwerks Nordwestdeutschland (Osnabrück).

Ulf Richter führt die Bereiche Sales und Marketing von optivo. Zuvor hat er bereits das Internet-Auktionshaus versteigern.de gegründet. Weitere berufliche Stationen waren der Multimedia-Dienstleister aperto und Bertelsmann. Ulf Richter verfügt über eine langjährige Erfahrung in der Internet-Branche. Zugleich setzt er sich aktiv für hohe Qualitäts- und Transparenzstandards im E-Mail-Marketing ein.

Jan-Philip Riehle studierte Wirtschaftswissenschaften an der Leibniz Universität Hannover und ist seit Anfang 2006 als Strategic Marketing Manager für die Berliner Multimedia-Agentur Pinuts media+science tätig. Schwerpunkt seiner Arbeit ist konzeptionelle Entwicklung von Online-Marketing-Strategien im Umfeld von E-CRM, E-Mail-Marketing und Behavioral Targeting-Projekten.

Christoph Salzig ist studierter Kommunikationswissenschaftler und Inhaber der Agentur pr://ip – Primus Inter Pares mit Sitz in Münster. Er war zuvor als Pressesprecher des Bundesverband Digitale Wirtschaft (BVDW) e.V. tätig. Mit seinem Team hat er sich auf webbasierte Kommunikation spezialisiert und berät Unternehmen und Organisationen in Fragen rund um die Themen PR und Marketing.

William Schnabel ist Vice President und General Manager International Markets bei Silverpop und für das internationale Geschäft sowie die Expansionsstrategie des Unternehmens in Europa und Asien verantwortlich. Schnabel publiziert regelmäßig und hält Vorträge zu Themenbereichen wie Marketingstrategien, Relationship Management-Technologien sowie dem Einfluss SaaS-basierter Lösungen auf eine optimierte Businessperformance.

Dr. Martin Schirmbacher ist Fachanwalt für IT-Recht und seit Jahren in der auf Medien und Technologie spezialisierten Rechtsanwaltskanzlei HÄRTING Rechtsanwälte tätig. Er prüft dort unter anderem Onlinegeschäftskonzepte seiner Mandanten und berät unter anderem Softwareunternehmen und Internet-Portale bei Vertragsverhandlungen und wettbewerbrechtlichen Streitigkeiten.

Dr. Torsten Schwarz ist der renommierteste Experte für E-Mail-Marketing in Deutschland. Er ist Autor vieler Bücher, mehrfacher Lehrbeauftragter und gehört laut „aquisa" zu den Vordenkern in Marketing und Vertrieb. Er ist Herausgeber des Fachinformationsdienstes „Online-Marketing-Experts". Der Onlinepionier war Marketingleiter eines Softwareherstellers und berät heute internationale Unternehmen.

Kati Schulze verantwortet bei der Emailvision GmbH als Account Director das Bestandskundengeschäft in Deutschland und betreut mit ihrem Team von Hamburg aus namhafte nationale und internationale Kunden. Sie war zuvor für Gruner und Jahr sowie für ricardo.de tätig.

Uwe-Michael Sinn zählt zu den Pionieren des E-Mail-Marketing in Deutschland. Seit 1999 beschäftigt er sich mit diesem Thema. rabbit eMarketing, 2004 von ihm gegründet, wurde international bereits mehrfach ausgezeichnet und zählt zu den führenden Agenturen für E-Mail-Marketing in Europa. Sinn ist ein gefragter Berater und Referent sowie Autor zahlreicher Beiträge für Fachzeitschriften und Bücher.

Steffen Stahl studierte Politologie, Volkswirtschaft und Marketing in Frankfurt am Main. Seit vielen Jahren im Bereich des strategischen Investitionsgüter-Marketings in Deutschland und der Schweiz tätig, verantwortet er die branchenübergreifende Positionierung des SAS Lösungsportfolios für analytisches Kundenbeziehungsmanagement auf dem deutschen Markt.

Frank Strzyzewski ist Geschäftsführer der XQueue GmbH, einem auf E-Mail-Marketing-Technologien und -Dienstleistungen spezialisierten Unternehmen. Nach seinem Informatikstudium an der TU Budapest arbeitete er sowohl in der IT- wie in der Managament-Beratung (Accenture, McKinsey), darunter mehrere Jahre in den USA, UK, Ungarn und in Luxemburg. Seit 2001 ist er hauptberuflich im E-Mail-Marketing tätig.

Fabio Tripicchio ist Gründer und Geschäftsführer des gleichnamigen E-Mail-Marketing-Unternehmens. Er startete seine Laufbahn als Industrie-Kaufmann, passierte verschiedene Stationen im Versandhandel und diverse Positionen in der Marketingbranche, unter anderem als Konzeptionier, Kontakter, Produktionier und Geschäftsleiter einer Media-Agentur. Damit kann er bereits auf über zwölf Jahre Erfahrung in Marketing und Werbung zurückblicken.

Thomas Vetter ist Vertriebsleiter der adRom Media Marketing GmbH. Der Dipl. Wirtschaftsinformatiker verfügt über eine umfangreiche, 15-jährige Erfahrung im Direktmarketing. Vor seiner Tätigkeit bei der adRom war er für den Vertrieb und die Weiterentwicklung des Privat- und Business-Adressgeschäftes sowie für das E-Mail-Marketing des größten Direktmarketing-Dienstleisters der Schweiz verantwortlich.

Stefan von Lieven studierte Maschinenbau und Betriebswirtschaft an der RWTH Aachen. Ende der neunziger Jahre gründete er ein Unternehmen für webbasierte Softwaretechnologien, welches 2005 zur artegic AG wurde. Von Lieven betreut im Vorstand Vertrieb und Marketing, seit 2008 als CEO. Der gebürtige Münchner verfügt über eine langjährige Erfahrung in der Onlinebranche und engagiert sich in Verbänden und als Gastdozent für die Modernisierung von Kundenbeziehungen mittels E-CRM.

Olav A. Waschkies ist Director Strategic Marketing & Mobile Internet bei Pixelpark. Seit 1993 in der Marketing-Kommunikation tätig, ist der Diplom- Kaufmann ein Mann der ersten Stunde im Internet. Nach einer Auslandstätigkeit als Assistent Professor für Marketing & Volkswirtschaftslehre stieg Herr Waschkies 2000 bei Pixelpark ein und verantwortet heute die Themen Online-Marketing & Mobile Internet für nationale und internationale Großkunden.

Dr. Karsten Winkler fokussiert sich als Business Expert Customer Intelligence bei SAS Deutschland auf den Vertriebskanal Internet und analytisches Kundenbeziehungsmanagement. Der Datenverarbeitungskaufmann studierte Betriebswirtschaftslehre an der Humboldt-Universität zu Berlin und war als wissenschaftlicher Mitarbeiter am Lehrstuhl für Wirtschaftsinformatik des E-Business der Handelshochschule Leipzig (HHL) tätig.

Volker Wiewer ist Vorstandsvorsitzender der eCircle AG, einer der größten Werbevermarkter und Technologieanbieter für digitales Direktmarketing in Europa. Vorhergehende Stationen des studierten Diplom-Informatikers waren Roland Berger & Partner und Tchibo. Wiewer ist Autor zahlreicher Artikel und Studien zum Thema E-Mail-Marketing sowie einer der führenden Referenten auf branchenrelevanten Kongressen.

Jan-Philip Ziebold hat Betriebswirtschaftslehre mit Schwerpunkt Kommunikationswirtschaft an der FOM in Essen studiert. 1998 gründete er die LQP-Webpräsenz GbR, die sich bis zum Jahr 2000 auf die Beratung von Unternehmen hinsichtlich Online-Marketing konzentrierte. Seit Sommer 2000 ist er, bis zum heutigen Zeitpunkt, geschäftsführender Gesellschafter der DZ-Media Verlag GmbH mit Sitz in Essen sowie seit 2006 zudem beratender Gesellschafter bei der Octopodo GmbH, ebenfalls mit Sitz in Essen. Privat betreibt Herr Ziebold einen Direktmarketing-Blog unter http://www.direktmarketing-fibel.de und ist seit dem Jahr 2007 als Gast-Dozent an verschiedenen Universitäten aktiv.

STICHWORTVERZEICHNIS 10